W0257872

# INFORMATIK-HANDBÜCHER

Herausgegeben
im Auftrag der Gesellschaft für Informatik e.V.

Herausgeberbeirat: R. Gnatz, München; W. Brauer,
München; J. Encarnação, Darmstadt; P. C. Lockemann,
Karlsruhe; J. W. Schmidt, Hamburg

# CAM-Handbuch

Herausgegeben von
U. Rembold  A. Bien  L. Fehrle  H. Fischer
K. Hörmann  H. König  K. Mally  K. Rohmer

Mit 158 Abbildungen

Geleitworte von F. Krückeberg und J. Encarnação

Springer-Verlag Berlin Heidelberg New York
London Paris Tokyo Hong Kong

ISBN-13:978-3-642-74839-4     e-ISBN-13:978-3-642-74838-7
DOI: 10.1007/978-3-642-74838-7

CIP-Titelaufnahme der Deutschen Bibliothek
CAM-Handbuch / hrsg. von U. Rembold ... - Berlin; Heidelberg; New York;
London; Paris; Tokyo; Hong Kong: Springer, 1990
  (Informatik-Handbücher)
  ISBN-13:978-3-642-74839-4

NE: Rembold, Ulrich [Hrsg.]

Dieses Werk ist urheberrechtlich geschützt. Die dadurch begründeten Rechte,
insbesondere die der Übersetzung, des Nachdrucks, des Vortrags, der Ent-
nahme von Abbildungen und Tabellen, der Funksendung, der Mikroverfil-
mung oder der Vervielfältigung auf anderen Wegen und der Speicherung in
Datenverarbeitungsanlagen, bleiben, bei auch nur auszugsweiser Verwertung
vorbehalten. Eine Vervielfältigung dieses Werkes oder von Teilen dieses Werkes ist auch im Einzelfall nur in den Grenzen der gesetzlichen Bestimmungen
des Urheberrechtsgesetzes der Bundesrepublik Deutschland vom 9. September
1965 in der Fassung vom 24. Juni 1985 zulässig. Sie ist grundsätzlich vergü-
tungspflichtig. Zuwiderhandlungen unterliegen den Strafbestimmungen des
Urheberrechtsgesetzes.

© Springer-Verlag Berlin Heidelberg 1990
Softcover reprint of the hardcover 1st edition 1990

Die Wiedergabe von Gebrauchsnamen, Handelsnamen, Warenbezeichnungen
usw. in diesem Werk berechtigt auch ohne besondere Kennzeichnung nicht zu
der Annahme, daß solche Namen im Sinne der Warenzeichen- und Marken-
schutz-Gesetzgebung als frei zu betrachten wären und daher von jedermann
benutzt werden dürften.

2145/3140-543210   Gedruckt auf säurefreiem Papier

# Geleitwort

Die GI verfolgt als erstrangiges Ziel, im Rahmen ihrer Aktivitäten
die Technische Informatik auszubauen. Daran hat der GI-Fach-
bereich 4 „Informationstechnik und Technische Nutzung der Informatik" erheblichen Anteil. Innerhalb dieses Fachbereichs befaßt sich dessen Fachausschuß 4.2 „Rechnergestütztes Entwerfen,
Projektieren und Fertigen" schon seit vielen Jahren in bestimmten Arbeitskreisen mit den Themen CAD und CAM. Es ist für die
GI ein wichtiger weiterer Schritt in die Richtung der obengenann-
ten Zielsetzung, wenn nun der neue Band „Computer Aided Manufacturing" (CAM) fertiggestellt ist, nachdem mit dem ebenfalls
von der GI initiierten Band „Computer Aided Design" im Jahre
1984 bereits ein wesentlicher Beitrag dazu geleistet wurde.

Die Informatik kann mit ihren Systemen, Werkzeugen und Methoden erheblich zum industriellen Entwicklungsprozeß beitragen. Dabei ist gerade der Wandel der Entwicklungsrichtung der
industriellen Produktion von der eher quantitativen Dimension in
eine Vielzahl qualitativer Dimensionen zu einem sehr wesentlichen Teil erst durch den Einsatz der Informatik möglich geworden. Um nur einige Beispiele zu nennen: Dezentralisierung der
Produktionssteuerung, Varianz der Produkte, wirtschaftliche Produktion auch kleiner Stückzahlen und für kleinere und mittlere
Betriebe, bessere und gleichmäßigere Produktqualität, Flexibili-
sierung der Arbeitszeit, der Arbeitsdauer und des Arbeitsortes für
die Beschäftigten und nicht zuletzt eine weitere Humanisierung
der Arbeitsplätze. Der Informatisierung der industriellen Produktion und dem Denken in informatischen Systemen gehört die Zukunft.

Die GI dankt den Mitgliedern des Arbeitskreises und allen Beteiligten sehr herzlich für die Schaffung des CAM-Handbuches
und wünscht dem Handbuch eine gute Verbreitung und Wirkung.

Bonn, Januar 1990               F. Krückeberg
Präsident der
Gesellschaft für Informatik

# Geleitwort

Die Reihe „Informatik-Handbücher", herausgegeben im Auftrag der Gesellschaft für Informatik (GI), hat 1984 einen ersten Band mit dem Titel „CAD-Handbuch; Auswahl und Einführung von CAD-Systemen" herausgegeben. Nach dem Erscheinen dieses Bandes habe ich als dessen Herausgeber dem GI-Präsidium und dem Reihenherausgeber, Herrn Dr. Rupert Gnatz, vorgeschlagen, die Reihe mit einem Band zum Thema CAM fortzusetzen. Ich fand dabei Unterstützung, und es ist mir damals gelungen, den prominenten, international anerkannten Experten Herrn Professor Dr.-Ing. U. Rembold von der Universität Karlsruhe für das Thema und die Übernahme der Gesamtleitung bei der Erarbeitung und Herausgabe des nun vorliegenden CAM-Handbuches zu gewinnen. Wie es nicht anders zu erwarten war, hat es Herr Professor Rembold in sehr kompetenter, aber auch sehr geduldiger Arbeitsweise geschafft, zusammen mit der ihm helfenden und aus mehr als insgesamt 50 Experten bestehenden Gruppe ein CAM-Handbuch mit einem sehr fundierten Inhalt fertigzustellen.

Das Thema wird sehr praxisnah und sehr umfassend behandelt. Es ist in acht Kapitel gegliedert; dabei werden alle wichtigen Fragestellungen behandelt, wie das CAM-Umfeld, die Arbeitsplanung, die Fertigung bis hin zur Qualitätssicherung und zur Behandlung von Auswirkungen und der Wirtschaftlichkeit von Investitionen. Alle Kapitel sind systematisch aufgebaut und vermitteln nicht nur Methoden und Verfahren für das jeweilige Thema, sondern auch viel Information aus der industriellen Praxis. Das vorliegende CAM-Handbuch ist daher ein sehr reichhaltiger Fundus an wertvollen Informationen sowohl für den Entwerfer und Realisierer von CAM-Systemen als auch für den Praktiker, der diese Systeme aussuchen, beschaffen, einführen und wirtschaftlich verantworten muß. Man kann nun nur dem Autorenteam, und dabei allen voran Herrn Professor Dr. U. Rembold und seinem Redaktionsausschuß, zu diesem gelungenen Werk herzlichst gratulieren.

Der Gesellschaft für Informatik und Herrn Dr. Gnatz ist es zu wünschen, daß es gelingt, in dieser Reihe weitere Bände zu so aktuellen Themen und in solcher Qualität herauszugeben. Damit würde die GI den an der angewandten Informatik und an den Anwendungen der Informatik interessierten Experten einen sehr wertvollen Dienst erweisen.

Darmstadt, Januar 1990          J. Encarnação
                               Technische Hochschule Darmstadt
                               Fachgebiet Graphisch-Interaktive
                               Systeme

# Vorwort der Herausgeber

Der hier vorliegende Band ist das Ergebnis der mehrjährigen Tätigkeit eines von der Gesellschaft für Informatik (GI) angeregten Arbeitskreises. Das wirtschaftlich eminent wichtige und sich stürmisch entwickelnde Gebiet der rechnerunterstützten Systeme in der Fertigung zeigte einen großen Bedarf für ein solches Handbuch. Durch dieses Handbuch soll einerseits dem Experten ein Leitfaden und Nachschlagewerk in die Hand gegeben und andererseits das Management bei der Entscheidungsvorbereitung auf diesem Gebiet unterstützt werden. Es soll eine Hilfestellung sowohl bei der Beurteilung und Auswahl als auch bei der Entwicklung und Einführung solcher Systeme sein.

Unter den vielen vom Computer Aided Manufacturing beeinflußten Unternehmensbereichen ist besonders die Entwicklung aufzuführen, in der heute häufig schon mit CAD-Techniken gearbeitet wird. Der Bereich CAD wird eingehend in dem ebenfalls von der GI initiierten CAD-Handbuch* behandelt und ist daher in dem vorliegenden CAM-Handbuch ausgespart. Daher sind das CAD- und das CAM-Handbuch als zwei sich ergänzende Werke zu betrachten. Der Leser, der sich intensiv mit CAM befaßt, sollte genügend Grundkenntnisse über CAD besitzen, um die Zusammenhänge zwischen diesen beiden Technologien zu verstehen.

Die Erstellung des hier vorliegenden CAM-Handbuches wurde durch den Fachausschuß 4.2 „Rechnergestütztes Entwerfen, Projektieren und Fertigen" der GI angeregt. Zu diesem Zweck hat sich im November 1984 ein Arbeitskreis konstituiert, dem Systemhersteller, beratende Wissenschaftler und fortgeschrittene Anwender beitraten. Dadurch war es möglich, die Kenntnisse und Erfahrungen eines sehr großen Kreises von Spezialisten und Kennern der Materie einzubringen und die Arbeit damit auf eine sehr breite Basis zu stellen. Das Buch wurde in 8 Kapitel aufgeteilt, deren Inhalt und Strukturierung der Arbeitskreis festlegte.

---

* J. Encarnação, H.-E. Hellwig, E. Hettesheimer, W. F. Klos, S. Lewandowski, L. A. Messina, W. Poths, K. Rohmer, H. Wenz (Hrsg.): CAD-Handbuch, Springer-Verlag, 1984.

Für jedes Kapitel wurde eine eigene kleinere Arbeitsgruppe ins Leben gerufen. Ein Redaktionsausschuß koordinierte die Arbeitsgruppen und hatte die schwierige Aufgabe, in 22 Sitzungen und mühevoller Kleinarbeit die Beiträge der verschiedenen Kapitel miteinander abzugleichen und redaktionelle Modifikationen vorzunehmen. Dabei wurde großer Wert darauf gelegt, den jeweils neuesten Stand der Technik einfließen zu lassen.

Nach fast 4jähriger Arbeit konnte das Manuskript abgeschlossen und dem Springer-Verlag zur Veröffentlichung übergeben werden.

An dieser Stelle möchten wir in erster Linie der GI und dabei besonders den Herren R. Gnatz und D. Krönig für ihre Unterstützung danken. Unser besonderer Dank gilt den Mitarbeitern des Arbeitskreises für die erfolgreiche Zusammenarbeit bei der Erstellung dieses Werkes. Diese Mitarbeiter waren:

B. Bonsels (Universität Passau); J. Bunten (mbp, Dortmund); R. Donn (Universität Stuttgart); R. Eisele (Universität Erlangen-Nürnberg); V. Fuchs (Siemens AG, München); V. Gerbig (Siemens AG, Erlangen); R. Hegelmann (Volkswagen AG, Wolfsburg); G. Herrmann (Ing.-Büro Herrmann, Reutlingen); E. Hettesheimer (Robert-Bosch GmbH, Leinfelden), H. Hildebrandt (Thyssen Industrie AG – Henschel, Kassel); M. Jacksch (Ernst Leitz Wetzlar GmbH, Wetzlar); H. Kampa (Bartec Barlian-Technik GmbH, Bad Mergentheim); B. Kandziora (Universität Karlsruhe), W. Kersten (Universität Passau); R. König (Agiplan Unternehmensberatung GmbH, Karlsruhe); H. R. Ludwig (Universität Karlsruhe); F. W. Major (IPK Berlin); B. Müller (Price-Waterhouse Unternehmensberatung, Stuttgart); M. Nehab (Die CAM Systeme für rechnergestützte Produktion GmbH, Coburg); P. Oltmanns (CAD/CAM-Partner Firnig + Hellwig GmbH, Goslar); H. Reichel (Universität Erlangen-Nürnberg); J. Rothley (Forschungszentrum Informatik, Karlsruhe); H. Schäfer (Universität Karlsruhe); R. Schmid (Siemens AG, München); M. Schneider (McDonnell Douglas Information Systems GmbH, München); G. Schönbach (Ing. Büro Schönbach, Taunusstein); J. Sluis (Werkzeugtechnik Mayen GmbH, Düren); F. Sodha (Price-Waterhouse Unternehmensberatung, Stuttgart); E. Stein (MAHO AG, Pfronten); H. Weule (Universität Karlsruhe); E. Wörns (SAMPOH Meßgeräte Vertriebsgesellschaft mbH, Oberndorf/Neckar); H. Wohak (Daimler-Benz AG, Stuttgart); R. Woll (Technische Universität Berlin); H.-R. Wollersheim (EXAPT NC Systemtechnik GmbH, Aachen); P. Wrba (Technische Universität München).

Aus dem großen Kreis der Autoren sind besonders die Herren A. Weckenmann (Universität der Bundeswehr, Hamburg) und H. Wildemann (Universität Passau) zu nennen. Herr Weckenmann bearbeitete maßgeblich den Abschnitt 4.4 „CNC-Koordinatenmeßgeräte", Herr Wildemann verfaßte das Kapitel 8 „Auswirkungen der Integration auf die Wirtschaftlichkeit von Investitionen in eine rechnergesteuerte Produktion". Beiden Herren sei hierfür herzlich gedankt.

Nicht zuletzt gilt unser Dank dem Springer-Verlag, der viele unserer Wünsche erfüllt hat.

Unsere Zusammenarbeit war durch eine hohe Einsatzbereitschaft und ein kollegiales Klima gekennzeichnet. Beides trug sehr viel zum guten Gelingen des Buches bei. Der Redaktionsausschuß wünscht diesem Werk im Namen aller Mitarbeiter viel Erfolg. Wir hoffen, daß dieser Band auf breites Interesse stoßen und dem Leser bei seiner Arbeit mit CAM-Systemen von Nutzen sein wird.


Der Redaktionsausschuß

| | |
|---|---|
| U. Rembold (Sprecher) | Universität Karlsruhe |
| A. Bien | Thyssen Industrie AG – Henschel, Kassel |
| L. Fehrle | Siemens AG, Erlangen |
| H. Fischer | Universität Erlangen-Nürnberg |
| K. Hörmann | Universität Karlsruhe |
| H. König | Siemens AG, München |
| K. Mally | TELENORMA, Frankfurt |
| K. Rohmer | AEG AG, Frankfurt |

# Inhaltsverzeichnis

Kapitel 4

## NC-Werkzeugmaschinen, Industrieroboter, CNC-Koordinatenmeßgeräte



Kapitel 5

## Fertigung



Kapitel 6

## Qualitätssicherung

Kapitel 0

# Einführung

Dieses Buch hat CAM zur Überschrift. Es beschäftigt sich mit rechnerunterstützter Fertigung. Es befaßt sich auch mit den die Fertigungsprozesse gestaltenden planerischen Aktivitäten, häufig als Computer Aided Planning (CAP) bezeichnet, und mit dem Rechnereinsatz in der Qualitätssicherung (CAQ = Computer Aided Quality Assurance).

Die Bedeutung der Verknüpfung der einzelnen CAP-, CAM- und CAQ-Anwendungen untereinander wird herausgestellt. Das Buch wird eine Vielzahl Aussagen zu Zielen und Möglichkeiten der Integration der DV-Unterstützung in der Produktion machen. Die sogenannte Computer Integrierte Produktion (CIM) stellt eine Zielsetzung dar, bei der eine Integration aller rechnerunterstützten Informationsträger im Unternehmen erfolgen soll, um im Idealfall eine vollautomatisierte Produktion zu ermöglichen. Wegen der Vielzahl hierbei wirksam werdender Informationsträger mit kommerziellem und administrativem Inhalt haben sich die Herausgeber entschlossen, den Anspruch eines CAM- und nicht CIM-Handbuches zu stellen. Es wird also über den Rechnereinsatz für eine Vielzahl von Funktionen im Produktionsunternehmen gesprochen, speziell aber unter dem Gesichtswinkel der Einbindung in den gesamten Fertigungsprozeß.

Bild 0.1 zeigt die schematisierte Anordnung der Funktionen eines produzierenden Unternehmens, wobei nur diejenigen aufgeführt und dargestellt sind, die unmittelbaren Einfluß auf den Fertigungsprozeß haben. Da das vorliegende Buch sich vornehmlich mit CAM beschäftigen soll, werden die Funktionen Entwicklung, Entwurf und Detaillierung nicht behandelt. Sie sind zu einem erheblichen Teil in dem CAD-Handbuch, Herausgeber Encarnação u. a., Springer-Verlag 1984, erörtert. Deshalb beginnt der vorliegende Band mit den in die Arbeitsplanung eingeführten Stücklisten, Zeichnungen, Spezifikationen u. a.

Die Abbildung zeigt deutlich, daß in den eigentlichen Fertigungs-, sprich Materialbearbeitungs- und -umwandlungsprozeß, zwei Linien eingreifen, und zwar eine einerseits produkt-/betriebsmittelorientierte sowie andererseits eine auftragsorientierte. Parallel zur produktorientierten Linie werden Funktionen wahrgenommen, die im wesentlichen unabhängig von der Einzelauftragsgröße und dem Termin des Einzelauftrags sind.

Um den Inhalt dieses Buches auf das eigentliche rechnerunterstützte Fertigen zu beschränken, sind bewußt die auftragsorientierten Funktionen, die vielfach unter dem allerdings nicht sauber abgegrenzten und definierten Begriff „Produktionsplanungs- und -steuerungssysteme" (PPS) zusammengefaßt werden, nicht enthalten. Sie unterstützen die Auftrags- und Kapazitätsplanung und Auftragsablaufsteuerung in einem Zeitraum bis ca. 2 Tage vor Beginn des Bearbeitungsprozesses.

Die Funktionen Arbeitsplanung, rechnergesteuerte Maschinen, Fertigung und Qualitätssicherung sind in ihrer einzelnen Ausprägung selbstverständlich von den Produktions- und Auftragsabwicklungsarbeiten abhängig. So müssen wir von den 4 Extremfällen
- auftragsbezogene Einzelfertigung,
- auftragsbezogene Serienfertigung,
- programmbezogene Lagerfertigung nach vom Produzenten selbst festgelegtem Programm in Einzelfertigung,
- programmbezogene Lagerfertigung nach vom Produzenten selbst festgelegtem Programm in Serienfertigung

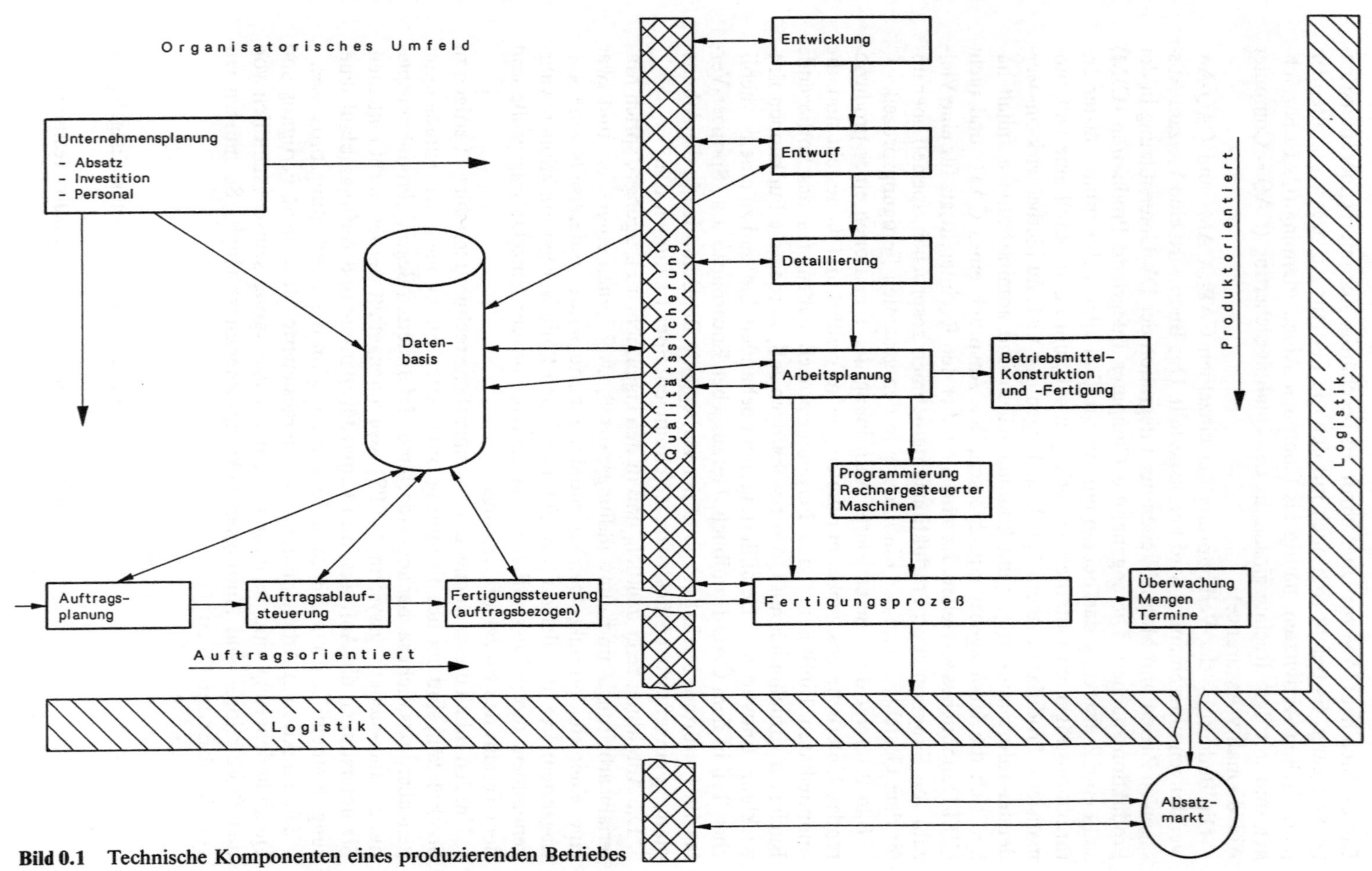


**Bild 0.1**   Technische Komponenten eines produzierenden Betriebes

ausgehen, wobei allerdings die meisten Unternehmen Mischarten dieser Verfahren unterliegen.

Das vorliegende Handbuch beschäftigt sich vorwiegend mit rechnerunterstützter diskontinuierlicher, also Stückgutfertigung. Der Rechnereinsatz für kontinuierliche Fertigungsprozesse als solche wird nicht behandelt. Es versteht sich von selbst, daß auch Teile eines diskontinuierlichen Fertigungsprozesses kontinuierlich ablaufen können. Nur insoweit besteht ein Bezug zu kontinuierlichen Fertigungsprozessen.

Besonderer Wert wurde bei der Darstellung der einzelnen rechnerunterstützten Funktionen auf die jeweils in den Funktionsträger eingehenden Informationen sowie die von ihm bearbeiteten und die von dem Funktionsträger ausgegebenen Informationen gelegt. Letztlich ist das Wissen um diese Verknüpfung die notwendige Voraussetzung, wenn man einzelne rechnerunterstützte Funktionsträger miteinander integrieren, also den Übergang von CAM auf CIM systematisch betreiben will.

Die Logistik steht in Wechselwirkung sowohl mit den auftragsorientierten als auch den produkt-/betriebsmittelorientierten Funktionen zur Realisierung des Fertigungsprozesses. Als „Logistik wird die Kenntnis, Beherrschung und Kontrolle aller Bewegungsvorgänge im Material-/Warenbereich einschließlich der Verweilvorgänge auf Lager und auf dem Entstehungswege des Produkts" verstanden [RKW81]. Die Logistik betrifft alle auftragsgebundenen Mittel, aber ebenso die auftragsungebundenen Rohstoffe, Halbzeuge, Hilfs- und Betriebsstoffe, Halbfabrikate und andere. Sie ist somit, wie in der Abbildung dargestellt, im Betriebsgeschehen einzuordnen. Das vorliegende CAM-Handbuch geht mit voller Absicht auf die rechnerunterstützte Logistik nicht ein. Sehr wohl werden im Kapitel der Komponenten eines Fertigungssystems die Betriebsmittel behandelt, die zur Sicherung der Logistik notwendige Voraussetzung sind.

Das Handbuch setzt sich vornehmlich mit der DV-Ausrüstung für mechanische Fertigungen auseinander, ganz spezifisch elektrotechnische Produkte, insbesondere elektronische Produkte, werden nur am Rande angesprochen. Allerdings ist ein großer Teil von DV-Ausrüstungen und zugehörigen Betrachtungen auch für die Fertigung elektrotechnischer oder elektronischer Baugruppen geeignet oder auf sie übertragbar. Der Produzent solcher Produkte wird diesem Buch daher eine Vielzahl Anregungen entnehmen können.

## 0.1 Literatur zur Einführung

[RKW81]     Baumgarten, H. u.a. (Hrsg.) in Zusammenarbeit mit dem Rationalisierungs-Kuratorium der deutschen Wirtschaft (RKW): RKW-Handbuch Logistik. Integrierter Material- und Warenfluß in Beschaffung, Produktion und Absatz. Ergänzbares Handbuch für Planung, Einrichtung und Anwendung logistischer Systeme in der Unternehmenspraxis, 1981

Kapitel 1

# Das Unternehmen und sein Umfeld

## 1.1 Vorbemerkungen

Das Handbuch ist auf die CAP-, CAM- und CAQ-Anwendungen in Unternehmen der Fertigungsindustrie ausgerichtet. Diese Anwendungen können nicht isoliert betrachtet werden, sondern als Teilbereiche eines Betriebes, der mit seinem Umfeld in verschiedenen Beziehungen steht. Aus diesem Grund befaßt sich dieses Kapitel mit dem Unternehmen und seinem Umfeld.

## 1.2 Unternehmensziele

Die wichtigste Aufgabe der Führung eines Unternehmens besteht nach Wöhe [WÖHE81] darin, in einer Zielentscheidung die Zielfunktion des Unternehmens zu formulieren, in der alle Ziele bzw. Teilziele, deren Realisierung angestrebt wird, zum Ausdruck kommen.

Für marktwirtschaftlich orientierte Unternehmen ist die langfristige Gewinnsicherung oberstes Ziel. In der betrieblichen Praxis wird dieses Ziel nicht isoliert verfolgt, sondern unter Beachtung zusätzlicher Zielsetzungen, die als Nebenbedingungen in der Zielfunktion zu berücksichtigen sind. Wöhe spricht von einem Zielsystem, da mehrere gleichzeitig zu verfolgenden Ziele vorliegen. Diese Situation ist oft eine Folge des Sachverhalts, daß im Zielbildungsprozeß unterschiedliche Einflüsse Beachtung finden müssen: das Zielsystem ist als Kompromißlösung anzusehen.

Eine Systematik der möglichen Zielvorstellungen unterscheidet zwischen monetären und nicht-monetären Zielen.

Unter ersteren sind Ziele zu verstehen, die sich in Geldeinheiten messen lassen, z. B.

- das Gewinnstreben,
- das Umsatzstreben,
- die Sicherung der Zahlungsfähigkeit,
- die Kapitalsicherung.

Beispiele für nicht-monetäre Zielvorstellungen, die sowohl ökonomischer als auch außerökonomischer Art sein können, sind

- das Streben nach Marktanteilvergrößerung,
- das Erreichen bestimmter Wachstumsziele,
- die Erhaltung der wirtschaftlichen Eigenständigkeit,
- die Sicherung der Arbeitsplätze,
- die Verminderung von Umweltbelastungen.

## 1.3 Einflüsse des Umfeldes auf die Unternehmensziele

Eine Betrachtung der Einflüsse des Marktes auf die Ziele fertigungstechnisch orientierter Unternehmen – auf diese ist das Handbuch vornehmlich ausgerichtet – läßt einen Wandel erkennen, auf den sich die Unternehmen verstärkt einzustellen haben. Während sich der Markt früher an dem Angebot der Industrie orientierte, sind es heute die Industrieunternehmen, die ihre Produkte an den Bedürfnissen des Marktes ausrichten müssen [BORG85].

Ein Unternehmen der Fertigungsindustrie sieht sich heute einem vom Markt ausgeübten Zwang ausgesetzt, der durch nachstehende Merkmale gekennzeichnet ist:

- Kürzere Lebenszyklen und damit kürzere wirtschaftliche Nutzungszeit der Produkte,
- Stärkere Anpassung der Produkte an kundenspezifische Wünsche, Zunahme der Produktvarianten,
- Kurze Lieferzeiten,
- Hohe Qualitätsanforderungen.

Von Bedeutung sind außerdem eine Reihe wirtschaftspolitischer Faktoren, die die heutige Situation der deutschen Industrie kennzeichnen [WARN88]:

- Eine Verschlechterung der Wettbewerbsfähigkeit gegenüber Ländern mit dollargebundener Währung,
- Der Nachfragerückgang erdölexportierender Länder,
- Die Zahlungsschwäche der Entwicklungsländer,
- Die nach der Schweiz weltweit höchsten Arbeitskosten,
- Die niedrigsten Arbeitszeiten,
- Eine hohe Besteuerung der Unternehmensgewinne.

Nicht zuletzt sind die vom Gesetzgeber und von Industrieverbänden erlassenen Gesetze und Vorschriften von Einfluß auf die Produktherstellung und damit auf die Unternehmensziele.

Von Unternehmen, die auf dem Markt bestehen wollen, wird eine entsprechende Anpassung an die Marktsituation durch eine veränderte Strategie gefordert. Diese muß unter Beachtung der Wirtschaftlichkeit den zu verfolgenden Markt- und Betriebszielen Rechnung tragen (Bild 1.1).

Eine Verbesserung der Marktchancen und das Erringen von Wettbewerbsvorteilen sind zu erreichen durch [WIEN88, WALL87]:

- Verkürzung der Innovationszyklen durch schnelle Produktentwicklung und Fertigungseinführung,
- Kurze Durchlaufzeiten,
- Hohe Produktqualität,
- Hohe Lieferbereitschaft und Termintreue.

Eine auf die Zukunft ausgerichtete Werks- und Produktplanung zur Sicherung des Unternehmens und der Arbeitsplätze, eine ökonomische Materialwirtschaft (niedrige Bestände), eine hohe Flexibilität und eine gute Auslastung der zur Produktherstellung eingesetzten Einrichtungen sind Betriebsziele; sie sind in erster Linie für das Unternehmen von Vorteil.

Die technische Weiterentwicklung der Mikroelektronik mit ihren zahlreichen Ausprägungen in der Informationstechnik stellt heute Mittel zur Verfügung, die

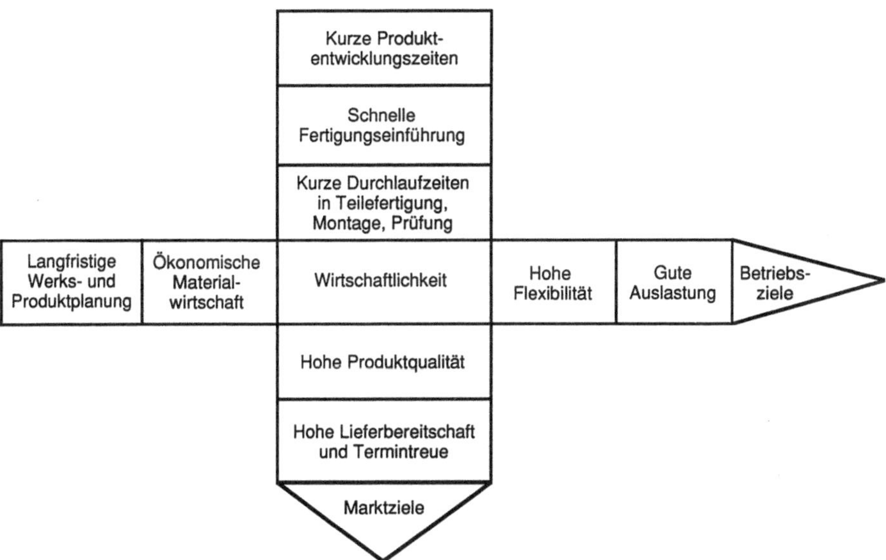


**Bild 1.1**   Unternehmensziele (in Anlehnung an [WIEN88])

das Erreichen dieser Ziele unterstützen können, wobei natürlich der Aspekt der Wirtschaftlichkeit nicht außer Betracht bleiben darf.

Beispiele hierfür sind

- rechnergesteuerte Einrichtungen für Fertigungs-, Handhabungs- und Prüfaufgaben in Verbindung mit automatisierten Systemen für Lager, Transport und Arbeitsmittelbereitstellung,
- dialogfähige graphikunterstützte Datenverarbeitungsverfahren im Rechnerverbund.

Bevor auf das Thema „Unternehmen und rechnerunterstützte Produktion" (Kap. 2) näher eingegangen wird, sollen im folgenden Abschnitt die funktionale Struktur eines Unternehmens der fertigenden Industrie und die darin ablaufenden Informations- und Materialflüsse betrachtet werden. Deren zeitgerechte Beherrschung, auch im Fall von Änderungen und Störungen des Produktionsablaufs, ist mit konventionellen Mitteln und zunehmend unter Nutzung der Informationstechnik sicherzustellen.

## 1.4 Struktur eines Unternehmens der fertigenden Industrie

In Bild 1.2 ist die funktionale Struktur eines Unternehmens der fertigenden Industrie (Beispiel einer auftragsorientierten Herstellung von Produkten in kleinen und mittleren Losen) mit seinem Umfeld dargestellt. Die darin durch Rechtecke markierten funktionalen Einheiten (meist gleichbedeutend mit Organisationsein-

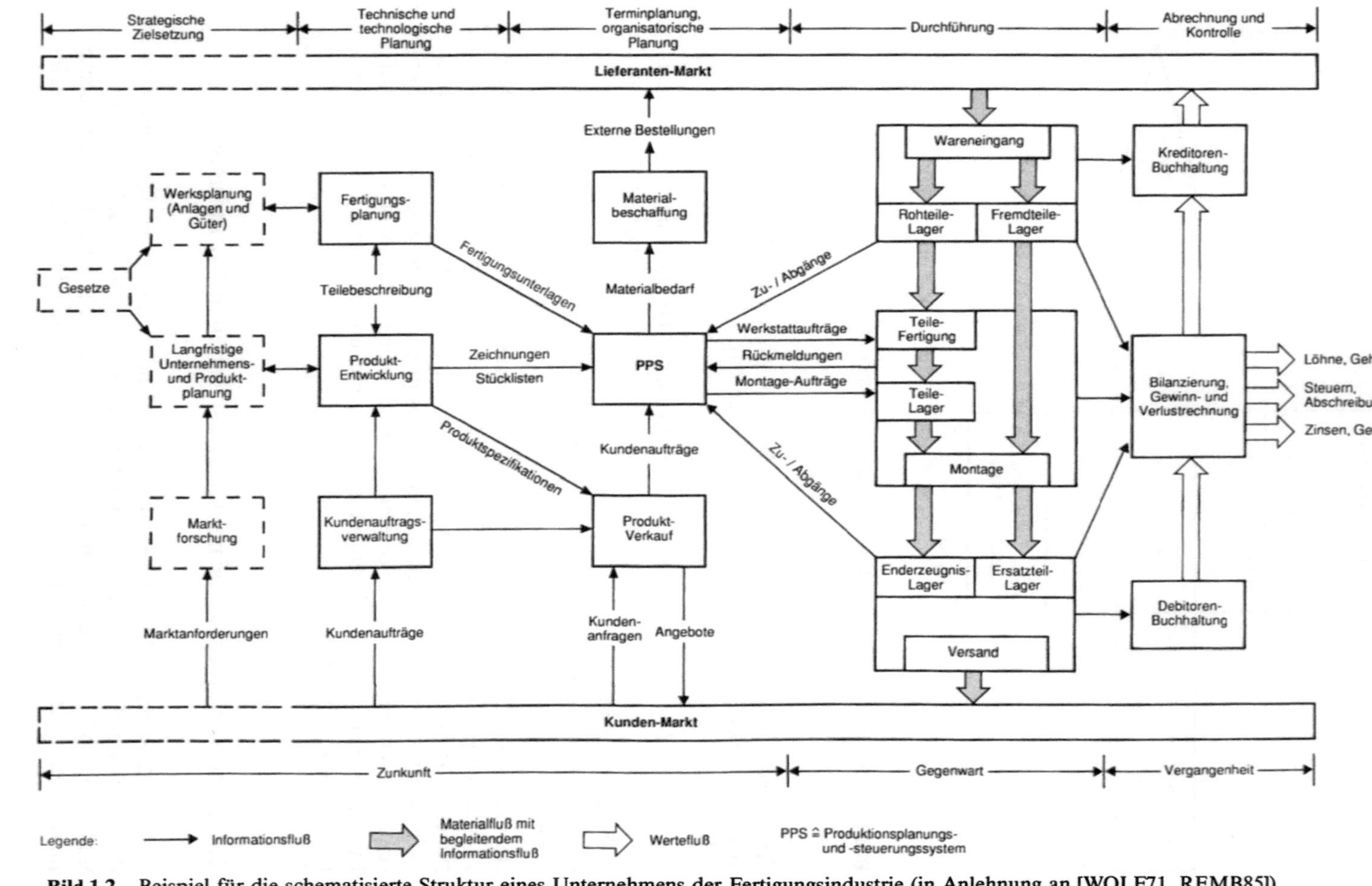


**Bild 1.2**    Beispiel für die schematisierte Struktur eines Unternehmens der Fertigungsindustrie (in Anlehnung an [WOLF71, REMB85])

heiten) sind mit ähnlichen oder abgewandelten Bezeichnungen fast in jedem Fertigungsunternehmen vorhanden. Das Bild ist natürlich nicht repräsentativ für alle Unternehmen dieser Branche; die Produkte, die Art der Produktion (auftragsorientiert, Produktion nach Programm usw.) und die zu ihrer Herstellung benötigten Einrichtungen bestimmen im wesentlichen die Funktionen der jeweiligen Einheiten, wobei die Funktionen in Abhängigkeit von der Größe des Unternehmens entweder weiter untergliedert oder enger zusammengefaßt sein können.

Durch unterschiedlich gezeichnete Pfeile sind global

- die Informationsflüsse zwischen den einzelnen Funktionseinheiten,
- die Materialflüsse im Fertigungsbereich einschl. der sie begleitenden Informationsflüsse und
- die Werteflüsse

hervorgehoben. Der besseren Übersicht wegen wurden die Elemente der Qualitätssicherung, die von der Produktentwicklung bis zur Endrevision wirksam sind sowie Informationen über den Feldeinsatz der Produkte auswerten und die entsprechenden Ergebnisse in das Unternehmensgeschehen einspeisen, weggelassen; vergl. hierzu Bild 0.1 der Einführung.

Am oberen Rand des Bildes sind die Unternehmensaktivitäten zusammengefaßt in

- Strategische Zielsetzung,
- Technische und technologische Planung,
- Terminplanung und organisatorische Planung,
- Durchführung,
- Abrechnung und Kontrolle.

Am unteren Rand ist der Zeithorizont aufgezeichnet, über den sich die einzelnen Aktivitäten erstrecken. Die strategische Zielsetzung ist die langfristige Planung. Mit ihr soll das Bestehen des Unternehmens für die Zukunft gesichert werden. Ein typischer Zeithorizont ist 5 bis 10 Jahre. Es werden die Produkte, Fertigungsmittel, Standorte für Fertigungsanlagen usw. festgelegt.

Die technischen und technologischen Planungen sind kurzfristige Aktivitäten. Sie beginnen mit dem Festlegen der Produktpalette. Es wird das Produkt entwickelt, und es werden die Fertigungsverfahren dafür festgelegt. Ein typischer Zeitraum ist 1 bis 5 Jahre.

Mit dem Erteilen der Aufträge der Kunden erfolgen die Termin- und organisatorischen Planungen. Das Produkt muß in den Fertigungsablauf eingegliedert werden, damit der Kunde es termingerecht erhält. Typischerweise werden mehrere Produkte um die gleichen Fertigungsressourcen konkurrieren. In dieser Zeitperiode werden die Fremdteile und Rohmaterialien bestellt, die zur Fertigung des Produktes benötigt werden.

Die Fertigung des Produktes findet in der Gegenwart statt. Es werden die Teile hergestellt und zum Endprodukt montiert. Das fertige Produkt wird über ein Lager an den Kunden ausgeliefert.

Die Ermittlung der Einnahmen und Ausgaben des Unternehmens wird für die Vergangenheit durchgeführt. Im Zusammenhang mit der Bilanz werden dann die Gewinne oder Verluste dargestellt.

## 1.5 Informations- und Materialflüsse im Unternehmen

Dem Taylor'schen Gedanken der Arbeitsteilung folgend sind die Funktionseinheiten häufig deckungsgleich mit den entsprechenden Organisationseinheiten.

Die Flüsse von Material und Informationen verlaufen über Schnittstellen zwischen den einzelnen Einheiten und bilden – was in Bild 1.2 aus Gründen der Übersichtlichkeit nicht weiter detailliert dargestellt werden kann – ein feinmaschiges Netz, in das jeder Mitarbeiter und jede Einrichtung (Maschine, Gerät, Handarbeitsplatz usw.) des Unternehmens einbezogen ist.

Die Schnittstellen grenzen zum einen die Verantwortlichkeit der einzelnen Einheiten untereinander ab, zum andern wird durch sie vorgegeben, welche Informationen und welches Material von einer im Ablauf vorgeschalteten Stelle an eine nachgeschaltete Stelle weiterzuleiten sind. Durch die Schnittstelle werden also der Transportweg (Abgangsort und Ziel), das Transportmittel (z. B. Formulare, maschinenlesbare Datenträger, Hubstapler, automatisiertes Transportsystem) und das zu transportierende Gut (Information, Material) festgelegt. Bearbeitung und Weiterleitung von Informationen und Material sind in den zeitlichen Ablauf der Produktherstellung eingebunden.

Das Entstehen und Weiterverarbeiten von Informationen setzt neben der Kreativität, der Erfahrung und dem Können der beteiligten Menschen zusätzlich längerfristig gültige Datenbestände voraus, die ebenfalls als Quellen der Informationsflüsse wirken; Beispiele für derartige Datenbestände sind Normteilkataloge in der Produktentwicklung, Angaben über den zur Verfügung stehenden Maschinenpark in der Fertigungsplanung.

Selbst wenn man die vor Ort zu haltenden Datenbestände sowie die zu erstellenden und weiterzuleitenden Informationsmengen nach dem Motto
„So viel wie nötig, so wenig wie möglich!"
einzuschränken versucht, steht ein Unternehmen oft einer kaum mehr zu überschauenden Informationsflut gegenüber. Es ist immer wieder darauf zu achten, daß keine überflüssigen, Kosten verursachenden Datenbestände entstehen.

Als Beispiel für die bereitzuhaltenden und jährlich zu bewältigenden Informationen sei das Mengengerüst der Arbeitsplanung einer Fabrik des Elektromaschinenbaus mit etwa 2000 Beschäftigten aufgeführt:

Ausgehend von den von der Produktentwicklung erstellten Informationen (Zeichnungen, Konstruktionsstücklisten usw.) sind pro Jahr 24000 Arbeitspläne mit durchschnittlich 8 Positionen je Plan neu zu erstellen und ca. 600000 Änderungen in vorhandenen Arbeitsplänen vorzunehmen. An lebenden Arbeitsplänen sind für die Teilefertigung 160000, für die Montage 70000 Pläne als Datenbestand bereitzuhalten. Die Summe der jährlich zu erstellenden Materialscheine, Laufkarten, Lohnscheine, Terminkarten und sonstiger aus den Arbeitsplänen abzuleitenden Belege beträgt rund 2,5 Millionen.

Je nach dem Zweck, zu welchem die Informationen benötigt werden, sind diese weiter zu detaillieren oder zu verdichten.

Ein für die Bearbeitung eines Werkstückes auf einer NC-Werkzeugmaschine zu erstellendes Steuerprogramm muß sämtliche geometrischen und technologischen Daten für den automatischen Ablauf enthalten.

Hingegen benötigt die Leitung eines Unternehmens zum erfolgreichen Erreichen der Markt- und Betriebsziele sowie zur Problemerkennung die Bereitstellung von verdichteten Informationen, die als Grundlage zur Entscheidungsfindung heranzuziehen sind. Diese entscheidungsbezogene Informationsbereitstellung, z. B. Informationen über Absatzmengen, Absatzpreise, abgesetzte Produkte, Auswirkungen von Umsatzveränderungen auf die betriebliche Kosten- und Erfolgsstruktur, zu hoher Ausschuß, unwirtschaftliche Verfahrensabläufe, kostenstellenbezogene Überwachung der Produktionskosten, ist Aufgabe des Controlling; es bedient sich dabei eines Systems von Kennzahlen, mit welchem quantifizierbare Sachverhalte in konzentrierter Form erfaßt werden [REIC85].

## 1.6 Unternehmensstrategie

Eine gute Strategie zum Erreichen der Unternehmensziele ist auf eine langfristige Sicherung des Unternehmens und der Arbeitsplätze ausgerichtet, wobei gem. Abschnitt 1.2 innerhalb des Zielsystems die Gewinnsicherung an erster Stelle steht: Keine Arbeitsplatzsicherung ohne nachhaltige Gewinne und keine Gewinne ohne lebendige Arbeit.

Die Unternehmensziele

- Verkürzung der Durchlaufzeiten,
- Verbesserung der Kapazitätsauslastung,
- Erhöhung der Flexibilität in der Fertigung

setzen u. a. voraus, daß die benötigten Informationen und das benötigte Material zum richtigen Zeitpunkt am richtigen Ort bereitstehen.

Die von der Informationstechnik (IT) angebotenen Mittel (Hard- und Software) bieten Möglichkeiten, das Erreichen dieser Ziele zu unterstützen, wobei in jedem Fall die Frage der Wirtschaftlichkeit genau zu prüfen ist.

In einem Unternehmen der Fertigungsindustrie ist man seit jeher gewohnt vorwiegend gegenständlich zu denken, z. B. in Teilen, Lagern, Maschinen. Um die erwähnten Mittel sicher beurteilen und richtig anwenden zu können, ist die vielfach vorhandene Unsicherheit in der Einschätzung der informationstechnischen Bedürfnisse des Unternehmens zu beseitigen. Diese Unsicherheit kommt vor allem in einem erhöhten „neutralen Beratungsbedarf" zum Ausdruck. Man engagiert außenstehende Berater, die in Zusammenarbeit mit Betriebsangehörigen für Transparenz der betrieblichen Abläufe und wirtschaftliche Lösungen sorgen sollen.

Generell werden z. Z. von den Unternehmen und Beratungsfirmen zwei Vorgehensweisen verfolgt:

Realisierung von rechnerunterstützten Informationskonzepten nach dem

- Top Down- oder dem
- Bottom Up-Prinzip.

Im ersten Fall wird eine Generallösung geplant, die von oben nach unten durchgesetzt wird. Hierbei werden auch solche Bereiche in die Datenverarbeitung mit einbezogen, die für sich allein betrachtet einen Einsatz von DV-Investitionsmitteln nicht rechtfertigen würden.

Im zweiten Fall wird mit punktuellen Maßnahmen versucht, den Rechnereinsatz von unten nach oben durchzusetzen. Es besteht hierbei die Gefahr der „Inselbildung", die als Einzelmaßnahme für sich betrachtet wirtschaftlich ist.

Meistens liegt die anzustrebende Lösung zwischen den Extremen, d. h. es muß in einer Schleife sowohl „Buttom Up" als auch „Top Down" gedacht werden.

Problemgerecht ist nicht nur die Ausarbeitung einer Lösung, sondern auch die Entwicklung eines bestimmten Verhaltens zum Problem, d. h. Denken in einer Strategie!

Was heißt das im einzelnen?

Beispielhaft und ohne Anspruch auf Vollständigkeit werden im folgenden Anregungen gegeben, denen eine Unternehmensstrategie folgen sollte, s. hierzu Bild 1.3.

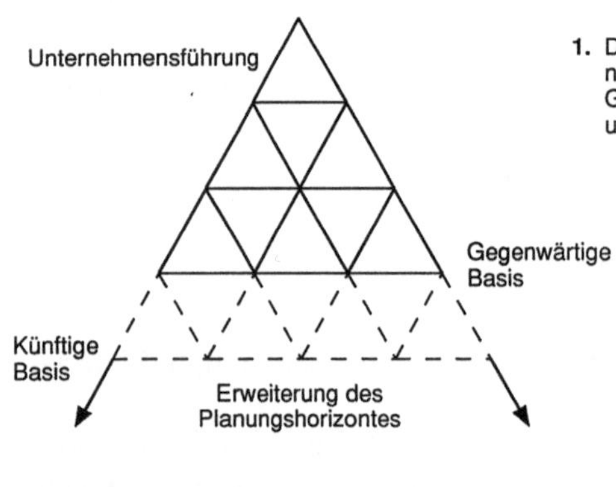


1. Durchplanung der Unternehmenspyramide nach einheitlichem Raster (Abteilungsstärke, Gruppenstärke...). Denken von "oben nach unten" und von "unten nach oben".

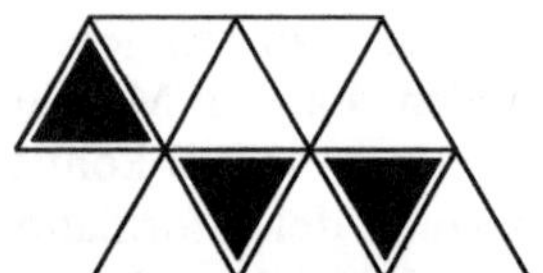

2. Realisierung temporärer Inseln, die als autonome Einheiten schon gewinnbringend sind (Primärer Nutzen).

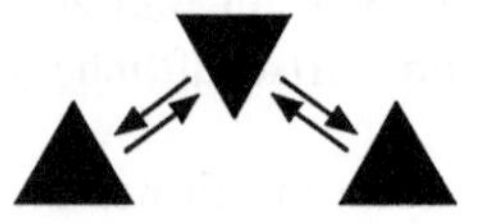

3. Austausch eines Datenminimums zwischen den Inseln (relevantes Minimum). Durch Integration wird ein zusätzlicher Nutzen erschlossen (Sekundärer Nutzen).

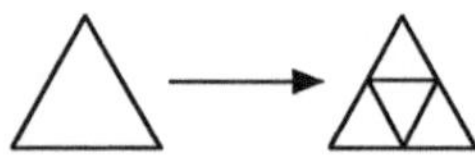

4. Gegebenenfalls Verfeinerung des Planungsrasters bzw. Erweiterung desselben.

**Bild 1.3**   Vorgehensweise zur Ermittlung der informationstechnischen Struktur eines Unternehmens

1. Durchdenken der informationstechnischen Struktur des Unternehmens von oben nach unten und von unten nach oben.
2. Sind die Strukturen (Zusammenhänge informationstechnischer Art) erkannt, dann kann das Unternehmen mit den notwendigen Informationen und einem Minimum an Informationsaustausch gesteuert werden.
3. Aufgrund der Rationalisierungs- bzw. Kostenpotentiale wird entschieden, was konventionell mit den bisherigen Mitteln und was mit Rechnersystemen realisiert werden soll.
   Die Investitionen sind so zu planen und vorzunehmen, daß sie einem qualifizierten Controlling standhalten.
   Das Controlling trägt zur Planabstimmung und Koordination aller betrieblichen Teilbereiche sowie aller Entscheidungsebenen bei und wirkt damit einer dem gesamtbetrieblichen Erfolgsziel abträglichen Suboptimierung einzelner Teilbereiche des Unternehmens entgegen [REIC85].
4. Die Realisierung beginnt in der Regel mit den rentabelsten Rechneranwendungen, wobei die Möglichkeiten für spätere Erweiterungen zu einem Rechnerverbund (Hard- und Software-Schnittstellen) besonders zu beachten sind.
   Bei günstigen Preis-/Leistungsverhältnissen werden Zug um Zug weitere Anwendungsfelder erschlossen.
   Es wird soviel investiert wie notwendig, nicht wie möglich.
5. Es wird das benötigte Maximum an Informationen vor Ort verarbeitet und nur das notwendige Minimum an Informationen weitergeleitet.
6. Nicht die Produktion von Informationen ist intelligent, sondern deren Reduktion auf das relevante Minimum.
7. Das relevante Minimum kann nur von „oben nach unten" festgelegt werden, d. h.: immer von der Spitze einer organisatorischen Pyramide (oder eines ihrer Teile) ist festzulegen, welche Schnittstellen und damit Schnittmengen an Informationen zu erarbeiten sind.
8. Die Steuerung der im Unternehmen fließenden Informationsmengen erfolgt mittels Kennzahlen.
   Die rationale Erarbeitung entsprechenden Datenmaterials, das zu Kennzahlen führt, ist Sache jeder einzelnen Organisationseinheit (Kostenstelle).
9. Das Management wird die Kennzahlen in ihrem zeitlichen Verlauf beobachten und im Sinne der Unternehmenszielsetzung zu beeinflussen versuchen.
10. Gegenwärtig wird mit „unternehmerischem Gespür", mit Versuch und Irrtum oder auf Druck von außen entschieden und damit auf die Kennzahlen eingewirkt.
    Im Netz der verwickelten Abhängigkeiten ist nicht immer vorhersehbar, wie das Gesamtsystem der Kennzahlen reagieren wird.
    Eine Aufgabe der Zukunft ist es, durch die Anwendung der Simulationstechnik das Verhalten der Kennzahlen für vorausliegende Zeitperioden durchzuspielen, um damit die jeweils angenommenen Einflüsse, z. B. vom Absatzmarkt oder durch betriebliche Änderungen, besser zu überblicken.
    Voraussetzung für die Anwendung der Simulation, die sich schon in vielen Fällen als sehr nützliches Planungsinstrument erwiesen hat, ist
    - ein in sich schlüssiges System der Kennzahlen sowie
    - eine leistungsfähige Soft- und Hardware.

Ein nach den vorgenannten Punkten durchgeführtes Vorgehen führt in vielen Fällen zu der Entscheidung, die Informationstechnik im Unternehmen einzuführen oder bereits vorhandene Systeme zu erweitern.

Aufgrund des heute immer stärker feststellbaren Trends zu einer Dezentralisierung der Informationstechnik, sehen sich die Unternehmensleitungen oft einer Situation gegenüber, die Peisl [PEIS88] folgendermaßen beschreibt:

„Der Einsatz von Informationstechniken im Unternehmen hat sich vom zentralen großen Computer zu dezentralen Anwendungen kleiner Geräte und Systeme hin entwickelt. Um das richtige Maß für Investitionen in dezentralen Informationstechniken zu finden, ist es erforderlich, daß das Management einerseits die Funktionen und die Leistungsfähigkeit des Marktangebotes für diese Produkte kennt und daß es sich andererseits ausreichendes Wissen über die durch informationstechnische Hilfen unterstützbaren Abläufe im Unternehmen verschafft. Beiden Forderungen wird heute in der Praxis nicht immer ausreichend entsprochen. Auch wenn sie beachtet werden, gibt es noch eine Reihe weiterer Bedingungen, die für einen dauerhaften effizienten Einsatz von dezentralen informationstechnischen Hilfen erfüllt sein müssen."

Peisl folgend, muß es also Aufgabe der verschiedenen Managementebenen sein,

- sich vor Investitionsentscheidungen über den Stand und den Nutzwert des Informationstechnik-Marktangebotes zu informieren,
- die Auswahl der Arbeiten und Abläufe an den einzelnen Arbeitsplätzen zu treffen, die mit Hilfe dieser Techniken wirtschaftlich besser abgewickelt werden können als bisher mit konventionellen Mitteln oder mit bereits vorhandenen Informationstechnik-Produkten.

Weiter ist für wirtschaftlich sinnvolle IT-Investitionen vorauszusetzen [PEIS88],

„ - daß eine laufende, umfassende Kontrolle der tatsächlichen Benutzung und Auslastung des angeschafften IT-Investments für die vorher klar definierten Aufgaben durchgeführt wird,
- daß den im Geschäftsleben üblichen schnellen Veränderungen von Abläufen durch entsprechend elastische Anpassung der IT-Strukturen quantitativ und qualitativ Rechnung getragen wird,
- daß der zum wirtschaftlichen Erfolg des IT-Investments erforderliche Fachpersonaleinsatz bedarfsgerecht konzipiert und zielgerecht gesteuert wird,
- daß der richtige Schnitt zwischen gekaufter und selbstentwickelter Anwendersoftware gefunden wird. (Dieser kann nicht durch generelle Regeln vorgegeben werden; ihn zu finden ist als gemeinsame Aufgabe für das Management und die IT-Fachleute zu betrachten, wobei allen Beteiligten klar sein muß, daß die laufende Anpassung und Pflege von Anwenderprogrammen viel größere Ausgaben erfordert als die Erstentwicklung.)
- daß das gesamte Management eine nüchterne, auf Kenntnissen aufgebaute Einstellung zur gesamten Informationstechnik hat und unsinnigen Auswüchsen genau so energisch begegnet, wie es andererseits dafür sorgt, daß ein noch offener Bedarf für notwendige und sinnvolle IT-Einsätze so schnell wie möglich gedeckt wird."

## 1.7 Literatur zu Kapitel 1


[BORG85]    Borges, A., Hildebrandt, F.: Moderne Fabrikorganisation als Voraussetzung für eine wirtschaftliche Leistungserstellung und eine menschengerechte Arbeitsgestaltung. In: F. v. Below, A. Borges, F. Hildebrandt (Hrsg.): Moderne Fabrikorganisation. Springer, Berlin Heidelberg New York Tokyo 1985

[PEIS88]    Peisl, A.: Dezentralisierung der Informationstechnik – Herausforderung für das Management. Zeitschr. f. Betriebswirtschaft. *58* (4) (1988) 454–460

[REIC85]    Reichmann, T.: Grundlagen einer systemgestützten Controlling-Konzeption mit Kennzahlen. Zeitschr. f. Betriebswirtschaft. *55* (9) (1985) 887–898

[REMB85]    Rembold, U., Blume, C., Dillmann, R.: Computer-integrated manufacturing technology and systems. Marcel Dekker, New York Basel 1985

[WALL87]    Waller, S.: Stand und Entwicklungstendenzen von CIM aus der Sicht eines Herstellers und Anwenders. In: R. Hackstein (Hrsg.): Einsatz neuer Technologien aus arbeits- und betriebsorganisatorischer Sicht. TÜV Rheinland, Köln 1987

[WARN88]    Warnecke, H.-J., Dangelmaier, W.: Warum Produktionslogistik? VDI-Berichte *691*, 1–20 VDI Verlag, Düsseldorf 1988

[WIEN88]    Wiendahl, H.-P.: Grundgesetze der Produktionslogistik – vom Losdenken zum Flußdenken. VDI-Berichte *691*, 157–178 VDI-Verlag, Düsseldorf 1988

[WÖHE81]    Wöhe, G.: Einführung in die allgemeine Betriebswirtschaftslehre 14., überarb. Auflage Franz Vahlen, München 1981

[WOLF71]    Wolf, S.: Deterministisches Informationssystem für Programm- und Auftragsfertigung von Erzeugnissen mit vielen Varianten. VDI-Berichte *173*, 13–42 VDI-Verlag, Düsseldorf 1971

# Kapitel 2

# *Unternehmen und rechnerunterstützte Produktion*

## 2.1 Vorbemerkungen

Etwa in der Mitte der 50er Jahre begannen Unternehmen, die von der elektronischen Datenverarbeitung (DV) gebotenen Möglichkeiten zur Bearbeitung kaufmännischer, technischer usw. Aufgaben zu nutzen. Diese moderne Technik löste die über viele Jahre vorwiegend im kaufmännischen Bereich praktizierte Lochkartenverarbeitung mit elektromechanischen Rechenstanzern, Sortier-, Tabelliermaschinen und ähnlichen Geräten ab.

Zunächst standen für den Kauf und die Miete von Rechnern ausschließlich ausländische Fabrikate zur Verfügung, etwas später auch Produkte deutscher Hersteller. Die Rechner waren sehr teuer und wurden vielfach als Luxus angesehen. Aufgrund der hohen Kosten waren es daher meist Großunternehmen, die sich diese Geräte leisten konnten.

In den seither vergangenen drei Jahrzehnten hat sich die Situation grundlegend geändert. Dank der technischen Weiterentwicklung auf dem Gebiet der Mikroelektronik haben sich ganz erhebliche Vorteile für DV-Anwender ergeben, z. B.

- Wesentliche Verbesserung des Preis-/Leistungsverhältnisses,
- Trend zu leistungsfähigen kleinen Rechnern für graphikunterstützten Dialogbetrieb,
- Dezentralisierung der Datenverarbeitung,
- Datenverbund zwischen den für unterschiedliche Aufgaben eingesetzten Rechnern (Rechnernetze),
- Datenbanksysteme für die Verwaltung großer Datenbestände mit geeigneten Such- und Zugriffsmöglichkeiten für die Weiterverarbeitung.

Von dieser Entwicklung hat auch die Automatisierungstechnik in großem Maße profitiert. Rechner in Steuerungen für Fertigungs-, Montage-, Prüf-, Transportprozesse usw. sind Stand der Technik.

Die heutige Situation in den Unternehmen ist in vielen Fällen durch einen inselartigen Einsatz von Rechnern gekennzeichnet. Es wurden in der Vergangenheit für diejenigen Bereiche eines Unternehmens Investitionen getätigt, für die sich durch Rechneranwendung zur Automatisierung bestimmter Arbeitsabläufe wirtschaftliche Vorteile ergaben. Da sich die technische Weiterentwicklung nicht von heute auf morgen vollzog, hat man jeweils von den am Markt verfügbaren DV-Systemen (Hard- und Software) Gebrauch gemacht und oft vorhandene Programme durch Eigenentwicklungen ergänzt.

Die Informations- und Kommunikationstechnik hat inzwischen jedoch einen Stand erreicht, der die Unternehmensleitungen dazu zwingt, Überlegungen darüber anzustellen, ob und wie die Datenverarbeitung einzuführen ist, bzw. bei bereits vorhandenen DV-Systemen, wie die bisher mit konventionellen Mitteln zwischen den Rechner-Inseln abgewickelten Informationsflüsse unter Nutzung von DV-Systemen im Rechnerverbund zur Verkürzung der Durchlaufzeiten flexibler und wirtschaftlicher gestaltet werden können. In Abschnitt 1.6 wurde beschrieben, wie hierbei vorgegangen werden kann. Es sei nochmals darauf hingewiesen, daß eine Untersuchung über den Einsatz von DV-Systemen für das gesamte Unternehmen vorgenommen werden soll, unabhängig davon, ob die Datenverarbeitung erstmalig eingeführt wird oder bereits vorhandene Systeme zu erweitern sind. Denn nur so ist gewährleistet, daß die Verflechtung der im Unternehmen zu transportierenden Informationen von der Entstehung über die Weiterverarbeitung bis zum Ziel klar erkennbar ist.

## 2.2 Begriffe der rechnerunterstützten Produktion

Für Teilaufgaben des Rechnereinsatzes in der Produktion haben sich in der Literatur und in der Alltagssprache eine Reihe von Abkürzungen und Schlagwörtern, meist in Anlehnung an den angelsächsischen Sprachgebrauch, eingebürgert, deren Bedeutung nicht immer einheitlich verwendet wird. Im einzelnen handelt es sich um die Funktionen

| | | |
|---|---|---|
| CAD | Computer Aided Design | ≙ rechnerunterstützte Entwicklung/Konstruktion |
| CAP | Computer Aided Planning | ≙ rechnerunterstützte Arbeitsplanung |
| CAM | Computer Aided Manufacturing | ≙ rechnerunterstützte Fertigung |
| Robotik | Rechnergesteuerte Handhabung (Teil von CAM) | |
| CAQ | Computer Aided Quality Assurance | ≙ rechnerunterstützte Qualitätssicherung |
| PPS | Produktionsplanungs- und -steuerungssysteme | |
| CIM | Computer Integrated Manufacturing | ≙ rechnerintegrierte Produktion |
| CAI | Computer Aided Industry | ≙ rechnerunterstützte Industrie |
| DNC | Direct Numerical Control | ≙ Führung numerisch gesteuerter Einrichtungen durch einen übergeordneten Leitrechner zur Versorgung mit Steuerprogrammen sowie zur Erfassung von Zustandsdaten (Teil von CAM) |

Die Kap. 3 bis 7 dieses Buches behandeln die in Bild 2.1 stark umrandet gezeichneten Funktionen CAP, CAM, CAQ und ihren Datenverbund untereinander sowie die möglichen DV-Verbindungen mit den Funktionen CAD und PPS. Da sich das Handbuch auf das eigentliche rechnerunterstützte Fertigen beschränkt, wird auf die Funktionen CAD und PPS nur insoweit eingegangen, als es zum besseren Verständnis erforderlich ist. Die Funktion CAD ist ausführlich in dem von der Gesellschaft für Informatik herausgegebenen CAD-Handbuch [ENCA84] beschrieben; Hauptfunktionen eines PPS sind [PAUL88]

- die Gesamtauftragssteuerung (bei Einzelfertigern),
- die Produktionsprogrammplanung (bei Serienfertigern),
- die Mengenplanung,
- die Termin- und Kapazitätsplanung,
- die Auftragsfreigabe,
- die Auftragssteuerung.

Die technisch-technologisch orientierten Funktionen CAD, CAP, CAM und CAQ können in einem Unternehmen durchaus ein inselartiges Eigenleben führen, und vielfach ist das heute auch noch der Fall.

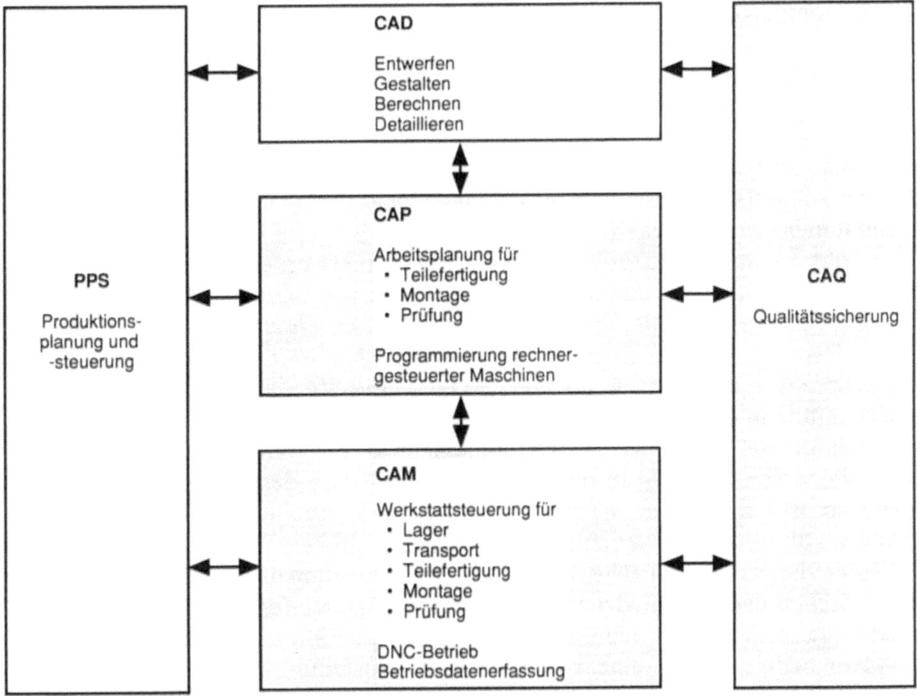


**Bild 2.1**    Funktionen der rechnerintegrierten Produktion

CIM hingegen setzt für diese Funktionen die integrierte Datenverarbeitung voraus und bezieht außerdem die betriebswirtschaftlich orientierte, sich auf Mengen, Termine und Kapazitäten beziehende Funktion PPS in den Datenverbund mit ein [KRAL86].

Einige Autoren verwenden eine noch weitergehende CIM-Definition, die zusätzlich die Bürokommunikation, das Finanz- und Rechnungswesen einschließt, also den gesamten Rechnereinsatz eines Unternehmens umfaßt und damit mit CAI identisch ist.

## 2.3 Problemfelder der rechnerunterstützten Produktion

Die behandelten Problemfelder „Schnittstellen" und „Datenhaltung" sind generell für die Datenverarbeitung von großer Bedeutung. Besonderes Gewicht haben sie für die Produktion, da sich hier eine immer stärkere DV-Durchdringung zum Erreichen der Unternehmensziele als notwendig erweist.

Wenn im folgenden von Rechnern, Informationsverarbeitung u. ä. gesprochen wird, so ist darunter vornehmlich der Rechnereinsatz in den technischen Büros, Werkstätten usw. der in Bild 2.1 dargestellten Funktionen zu verstehen.

## 2.3.1 Schnittstellen

Jedes Rechnerprogramm setzt Eingabeinformationen voraus und liefert Ergebnisse; letztere werden im Prinzip entweder zu einer Entscheidungsfindung herangezogen und/oder nach entsprechender Dokumentation einer Weiterverarbeitung zugeführt. Ziel des Rechnereinsatzes ist es, die Ergebnisse schnell zur Verfügung zu stellen und schnell an die im Arbeitsablauf nachfolgenden Stellen (Funktionen) weiterzuleiten.

In Bild 2.1 ist das Weiterleiten der Informationen von einer zu einer benachbarten Funktion über die durch Pfeile markierten Schnittstellen dargestellt. Diese Schnittstellen stellen bei jeder integrierten Datenverarbeitung, ob sie auf einem Rechner oder mit einem Rechnernetz durchgeführt wird, ganz erhebliche Anforderungen an die dazu eingesetzte Hard- und Software.

Da gerade in der Produktion, die verschiedene Organisationsbereiche umfaßt und mit anderen Bereichen des Unternehmens in Verbindung steht, viele unterschiedliche Schnittstellen in den Büros, der Werkstatt, dem Lager usw. vorhanden sind, ist bei Nutzung der integrierten Datenverarbeitung der Schnittstellenproblematik besondere Beachtung zu schenken.

Durch die organisatorische Struktur eines Unternehmens sind z. B. Schnittstellen zwischen den verschiedenen Organisationseinheiten festgelegt. Schnittstellen sind i. allg. nicht nur an den Grenzen zweier Organisationseinheiten vorhanden, sondern bedingt durch eine vorgegebene Arbeitsteilung auch innerhalb einer Einheit, letzten Endes immer dort, wo die Tätigkeiten zweier Mitarbeiter oder automatisierter Einrichtungen durch den Arbeitsablauf miteinander verbunden sind.

An einer Schnittstelle erfolgt eine Übergabe von Informationen von einer im Produktionsablauf vorgeschalteten Stelle an eine nachgeschaltete Stelle. Das klassische Mittel für eine derartige Informationsweiterleitung ist der Papierbeleg, dessen Informationen für einen Mitarbeiter der nachgeschalteten Stelle Basis für die von ihm durchzuführende Arbeit ist. Das kann z. B. die Umsetzung einer Detail-Zeichnung in einen Arbeitsplan oder die Bearbeitung eines Werkstückes auf einer bestimmten Maschine sein. Aufgrund seiner Fachkenntnisse und seiner Erfahrung ist der Betreffende in der Lage, die ihm zugeleiteten Informationen richtig zu interpretieren, logisch zu verknüpfen und die ihm übertragenen Aufgaben durchzuführen.

Strebt man in einem Unternehmen eine integrierte Datenverarbeitung zur Verkürzung der Durchlaufzeiten, Erhöhung des Informationsdurchsatzes und der Flexibilität durch erstmalige DV-Anwendung oder Erweiterung bereits vorhandener DV-Systeme an, so müssen die für die zu verbindenden Funktionen zuständigen Stellen in Zusammenarbeit genaue Festlegungen treffen über

- Art und Umfang der auszutauschenden Informationen und
- deren Aufbau, Interpretation und logische Verknüpfung (Datenstruktur).

Nur so wird sichergestellt, daß eine empfangende Funktion mit einem Minimum an Aufwand die Weiterverarbeitung der erhaltenen Informationen durchführen kann. Es kann sich bei dieser Zusammenarbeit herausstellen, daß es für den Gesamtablauf beider Funktionen günstiger ist, Teilaufgaben von einer Funktion zur anderen zu verlegen; d.h.: die Rechnerunterstützung zwingt die Unternehmen, ihre bisherige Organisationsstruktur zu überdenken und ggf. zu vereinfachen. Nicht zuletzt trägt die Zusammenarbeit zu einem besseren Verständnis der innerbetrieblichen Zusammenhänge und Abläufe bei.

Die integrierte Datenverarbeitung setzt eine geeignete Hard- und Software voraus. Auf Einzelheiten zur Integration wird in Kapitel 7 näher eingegangen.

Das Erkennen der Schnittstellenproblematik hat dazu geführt, daß von DV-Herstellern/-Anwendern, Hochschul-/Forschungsinstituten und Behörden sowie von nationalen und internationalen Normungs- und Industrieverbänden versucht wird, einheitliche Richtlinien für die Gestaltung von Schnittstellen zu erarbeiten. In der Bundesrepublik Deutschland hat sich unter der Federführung des DIN Deutsches Institut für Normung e.V. die Kommission KCIM (Kommission Computer Integrated Manufacturing) dieser Aufgabe angenommen [DIN87].

## 2.3.2 Datenhaltung

In den verschiedenen Bereichen der Produktion werden Informationen, auf die immer wieder zugegriffen wird, in Form von Katalogen oder ähnlichen Zusammenstellungen als ständige Arbeitsunterlagen verwendet, z.B. Standard-Arbeitspläne, Kataloge für Werkzeuge.

DV-Systeme bieten den Vorteil, derartige Datensammlungen als Dateien zu speichern; im Bedarfsfall kann gezielt und schnell auf gesuchte Informationen zugegriffen werden, so daß diese sofort vor Ort, z.B. einem Graphik-Arbeitsplatz, zur weiteren Bearbeitung verfügbar sind.

Werden in der Produktion Rechner für CA*-Funktionen eingesetzt, so stellt sich natürlich sofort die Frage, wie die Dokumentation bestimmter Ergebnisse vorzunehmen ist. Da mit dem Rechnereinsatz u.a. eine erhebliche Verringerung der Flut der Papierbelege angestrebt wird, ist genau festzulegen, welche Daten an welcher Stelle zu speichern sind, also aufbewahrt werden sollen. Mit den heute vorhandenen Möglichkeiten kann z.B. eine zentrale Datenbank alle erforderlichen Unterlagen zur Beschreibung eines Produktes für die Dauer seines Lebenszyklus aufnehmen, während dezentrale Datenbasen für bestimmte Funktionen nur die von diesen Funktionen benötigten Daten sowie die von diesen Funktionen erzeugten und zu speichernden Daten enthalten. Der Datenverbund mit einer leistungsfähigen Hard- und Software ermöglicht den Austausch von Informationen zwischen den lokalen Datenbasen der verschiedenen Funktionen und einer ggf. vorhandenen zentralen Datenbank.

Für Verwaltung und Pflege der Datenbestände sind entsprechende Programme erforderlich, die am Markt verfügbar oder selbst zu entwickeln sind. Die Datenbestände sind in bestimmten Zeitabständen auf ihre Aktualität zu überprüfen; überholte Informationen sind zu löschen, um den zur Verfügung stehenden Speicherraum (Kosten!) sinnvoll zu nutzen.

---

* Computer Aided

## 2.4 Kosten der Rechnerunterstützung

Die Einführung der Datenverarbeitung in ein Unternehmen bzw. die Erweiterung bereits vorhandener DV-Systeme verursacht Kosten, insbesondere erfordern Konzeption und Realisierung einer integrierten Datenverarbeitung erhebliche Investitionen, deren Nutzeffekte sich oft erst nach einigen Jahren einstellen.

An Hand der in Abschnitt 1.6 aufgeführten Empfehlungen zur Ermittlung des DV-Bedarfs und unter Beachtung der Möglichkeiten zur Vereinfachung der organisatorischen Struktur des Unternehmens wird man den Rechnereinsatz bei den Funktionen beginnen, bei denen das beste Kosten/Nutzen-Verhältnis erreichbar ist.

Bei dieser Vorgehensweise sollten allerdings von vornherein die Möglichkeiten des Datenverbundes zwischen benachbarten Funktionen (Verfahrensketten) Berücksichtigung finden, um nicht in eine Sackgasse zu geraten. Bei einer DV-technischen Verbindung von Funktionen ist neben dem Kosten/Nutzen-Verhältnis jeder beteiligten Funktion auch das entsprechende Verhältnis des Funktions-Verbundes zu ermitteln. Da die Funktionen oft verschiedenen organisatorischen Bereichen zugeordnet sind, kann die Gefahr des „Denkens in Bereichen" unter Mißachtung des gesamten Betriebsgeschehens bestehen. Zur Durchsetzung einer integrierten Datenverarbeitung ist es daher unbedingt erforderlich, das Zusammenspiel der Funktionen genau zu analysieren und einem eventuell vorhandenen Insel-Denken energisch entgegenzuwirken.

Da der Rechnereinsatz nicht zum Selbstzweck ausarten darf, muß das damit erreichbare Ziel ein Gewinn für das Unternehmen sein.

Für die verschiedenen CA-Funktionen der Produktion werden auf dem Markt viele Systeme (Hard- und Software) mit unterschiedlichem Leistungsumfang angeboten. Bei der Auswahl eines Systems sollte nicht nur das Kosten/Nutzen-Verhältnis für die betreffende Funktion, sondern auch die Eignung seiner Hard- und Software für die Einbeziehung in einen Datenverbund sowie die Einhaltung von Standards beachtet werden, ebenso der Aufwand für eine ggf. nötige Anpassung an die speziellen Betriebsgegebenheiten.

Da die Kosten für den Rechnereinsatz und der damit erzielbare Nutzen letzten Endes den Ausschlag für seine Einführung oder seinen weiteren Ausbau geben, lassen sich nachstehende Schlußfolgerungen ziehen:

- Der Rechnereinsatz setzt ein klares Gesamtkonzept voraus, das alle Funktionen des Unternehmens umfassen muß.
- Die Organisationsstruktur des Unternehmens ist den Anforderungen einer integrierten Datenverarbeitung anzupassen, um mit einem Minimum an Informationsaustausch und Datenhaltung die Unternehmensziele zu erreichen.
- Die Rechnerunterstützung beginnt dort, wo ein unmittelbarer Nutzen nachweisbar ist.
- Die Integration temporärer CA-Inseln erfordert eine sorgfältige Untersuchung der Schnittstellen; sie ist dann sinnvoll, wenn damit weiterer Nutzen erzielbar ist. Bereichseinzelgängen ist dabei energisch entgegenzutreten.

## 2.5  Literatur zu Kapitel 2

[DIN87]     Deutsches Institut für Normung (Hrsg.): DIN-Fachbericht 15, Normung von Schnittstellen für die rechnerintegrierte Produktion (CIM). Beuth Verlag, Berlin Köln 1987

[ENCA84]    Encarnação, J. u.a. (Hrsg.): CAD-Handbuch. Springer, Berlin Heidelberg New York Tokyo 1984

[KRAL86]    Krallmann, H.: CIM zur Verbesserung der betrieblichen Wettbewerbsfähigkeit. In: R. Hackstein, F.-J. Heeg, F. v. Below (Hrsg.): Arbeitsorganisation und Neue Technologien, 95–121, Springer, Berlin Heidelberg New York Tokyo 1986

[PAUL88]    Paul, H. J.: Kosten- und Nutzenbetrachtung neuer Konzepte der Produktionslogistik. VDI-Berichte *691*, 223–250 VDI-Verlag, Düsseldorf 1988

Kapitel 3

# *Arbeitsplanung*

## 3.1 Vorbemerkungen

Die Aufgabe der Arbeitsplanung ist es, den Fertigungsprozeß in einem produzierenden Betrieb vorzubereiten. Diese Tätigkeiten sind in den Entstehungsprozeß eines Produktes (siehe Bild 0.1) eingebunden und somit im Informationsfluß Bindeglied zwischen den entwickelnden und fertigenden Aktionseinheiten. Die Abteilung plant den Einsatz der Produktionsfaktoren Mensch, Betriebsmittel, Material und Energie.

Die Arbeitsplanung benötigt zur Vorbereitung des Fertigungsprozesses einen wesentlichen Anteil der Auftragsdurchlaufzeit (teilweise bis zu 40%). Zur Durchführung der Aufgaben der Arbeitsplanung (Planungsvorbereitung, Arbeitsplanerstellung, Betriebsmittelplanung, Investitionsplanung, Technologieberatung, Kostenrechnung, ...) ist eine große Informations- und Wissensmenge in relativ kurzer Zeit mit hoher Wirksamkeit zu verarbeiten.

Gefordert werden hierbei:

- geringer Aufwand
- hohe Planungsgenauigkeit
- rasche Informationsverarbeitung

Die Funktion „Arbeitsplanung" wird in vielen Unternehmen von der Organisationseinheit „Arbeitsvorbereitung", in kleineren Betrieben gelegentlich auch von der Werkstatt wahrgenommen.

Die Aufgaben der Arbeitsplanung, ihre Einbindung in das organisatorische Umfeld eines produzierenden Betriebes sowie die Möglichkeiten bzw. die Notwendigkeiten des DV-Einsatzes sind in den folgenden Abschnitten dargestellt.

## 3.2 Informationsfluß im Umfeld der Arbeitsplanung

### 3.2.1 Umfeld der Arbeitsplanung

Das Bild 3.1 – Umfeld der Arbeitsplanung – zeigt im wesentlichen:

- die Aktionsbereiche Konstruktion, Betriebsmittelkonstruktion und -fertigung, Programmierung rechnergesteuerter Maschinen, Qualitätsplanung, Fertigungssteuerung (auftragsbezogen), Werkstattsteuerung (auftragsbezogene Feinsteuerung) und Fertigung, in die die Arbeitsplanung eingebunden ist,
- die einzelnen Informationen, wie Stücklisten, Stammdaten, Arbeitsdaten, Materialdaten, Kapazitätsdaten, Betriebsmitteldaten, ..., die in den o.g. Aktionsbereichen bearbeitet werden,
- den Informationsfluß zwischen den einzelnen Aktionsbereichen und
- die Möglichkeit des Aufbaues einer Datenbasis.

Die Einbindung der Arbeitsplanung in das beschriebene Umfeld sowie der Informationsfluß zu den einzelnen Aktionsbereichen werden im folgenden näher erläutert.

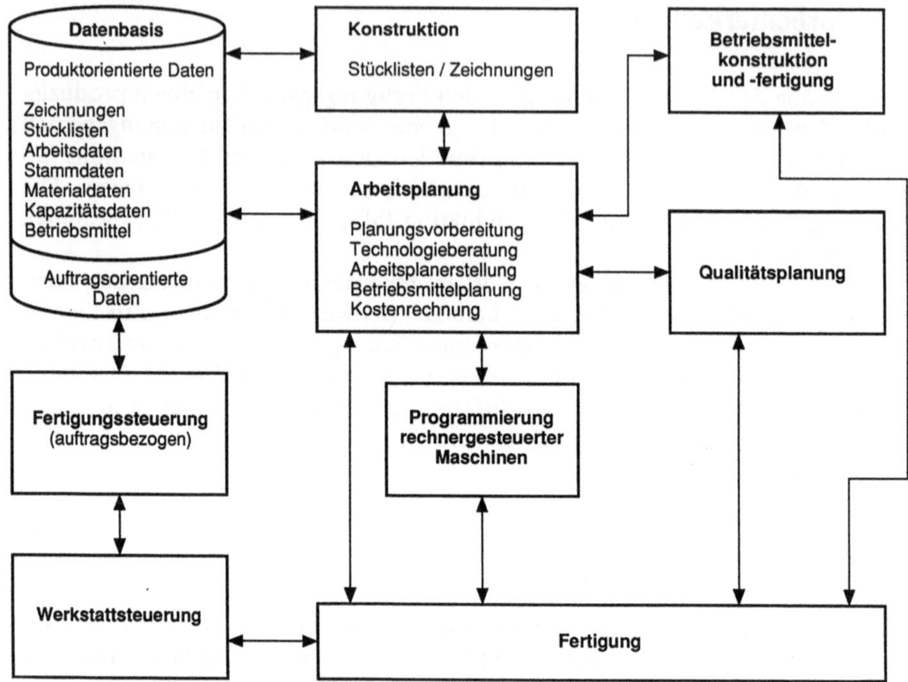

**Bild 3.1**   Umfeld der Arbeitsplanung

### a) *Konstruktion*

Die Konstruktion legt die Funktion und Gestalt der herzustellenden Werkstük-
ke, die Toleranzen, die Werkstoffe und die Oberflächengüte fest. Diese produktbeschreibenden Informationen werden durch Zeichnungen, Stücklisten und Tei-
lestammsätze dokumentiert. Die Arbeitsplanung ergänzt diese Informationen
mit Technologie- und Betriebsdaten. Es entsteht der Arbeitsplan mit den Detailinformationen Arbeits-, Material-, Betriebsmittel- und Betriebsdaten, wie z.B.
Maschinen- und Transportdaten.

### b) *Betriebsmittelkonstruktion und -fertigung*

Die Betriebsmittelkonstruktion ermittelt anhand der Arbeitsplaninformationen
den Bedarf von Betriebsmitteln zur Fertigung der geplanten Teile. Sie veranlaßt
die Beschaffung bzw. Neukonstruktion und Fertigung der Betriebsmittel. Es entstehen weitere Informationen, wie Betriebsmittelzeichnungen und Arbeitspläne.

### c) *Qualitätsplanung*

Die Qualitätsplanung setzt sowohl in den planenden und steuernden Bereichen
als auch im Werkstattbereich an. Prüfgeräte, Meßsensoren und BDE-Stationen

(BDE ≙ Betriebsdatenerfassung) liefern Ist-Daten, die mit den geplanten Auftrags-, Fertigungs- und Montagedaten verglichen und ausgewertet werden müssen. Die Arbeitsplanung kann in Abstimmung mit der Qualitätsplanung Prüfpläne erstellen und im Arbeitsplan entsprechende Prüffolgen bzw. -abläufe festlegen.

### d) Programmierung rechnergesteuerter Maschinen

Die Arbeitsplanung entscheidet über den Einsatz numerisch gesteuerter Werkzeugmaschinen, Industrieroboter und fahrerloser Transportsysteme. Sie veranlaßt das Erstellen entsprechender Arbeitsfolgen und Steuerprogramme, die alle erforderlichen Technologie- und Betriebsdaten enthalten. Fertigungstechnologiedaten beinhalten Fertigungsverfahren, geforderte Eigenschaften der Fertigungsmaschinen und Handhabungseinrichtungen, Material- und Bearbeitungswerte sowie Angaben über Aufspannvorrichtungen. Betriebsdaten sind: Betriebszustand der Maschinen, Transport- und Lagereinrichtungen und Auftragsdaten. Dabei wird auf die produktbeschreibenden Informationen der Konstruktion zurückgegriffen.

### e) Fertigung

Der Informationsfluß zwischen Arbeitsplanung und Fertigung ist im wesentlichen abhängig von der Art der Serien- oder Einzelfertigung.

*Serienfertigung*
Die auftragsneutralen Arbeitspläne liegen bei Auftragserteilung weitgehend vor. Sie werden von der Fertigungssteuerung um die Auftragsdaten wie Menge, Termine, Losgröße ergänzt. Es entstehen Fertigungsunterlagen wie Stückbegleitkarten (Informationsinhalt: z.B. teilebeschreibende Daten, Material-, Arbeits-, Arbeitsplatz-, Betriebsmitteldaten), Material-, Lohn-, Transport- und Qualitätsscheine. Anhand dieser Unterlagen erfolgt in der Werkstattsteuerung die Feinsteuerung, d.h. die Festlegung der Reihenfolge für die Bearbeitung der einzelnen Aufträge sowie deren Zuordnung zu den Betriebsmitteln.

*Einzelfertigung*
Konstruktionsaufträge oder einzelne Zulieferaufträge führen zu Einzel- oder Kleinserienfertigung. Produktbeschreibende Daten stehen häufig erst vollständig im Verlauf des Fertigungsvorganges zur Verfügung. Die Arbeitsplanung erfolgt schrittweise auf der Teileebene. Sie ist im Gegensatz zur Serienfertigung aktiv bei der Auftragsauslösung im vorplanenden Bereich und teilweise im bereits begonnenen Fertigungsprozeß.

## 3.2.2 Nutzungspotential, Automatisierung der Arbeitsplanung

*a) Nutzungspotential*

Der oben dargestellte Informationsfluß im Umfeld der Arbeitsplanung zeigt deutlich die zu verarbeitende große Informations- und Wissensmenge. Die Grunddaten werden insbesondere bei der konventionellen Auftragsabwicklung wiederholt generiert.

Es wird verständlich, daß bei einer konventionellen Organisation eine vorausschauende Planung und Engpaßerkennung nur mit erheblichem Aufwand möglich ist, der Papieraufwand von Fachbereich zu Fachbereich exponentiell zunimmt und eine aktuelle Auftragsverfolgung am Mengengerüst scheitert. Es steckt also in diesem Umfeld ein noch auszuschöpfendes Automatisierungspotential, wobei der Informationsfluß beschleunigt und der Zeitanteil der Arbeitsplanung zur Vorbereitung des Fertigungsprozesses reduziert werden können.

*b) Automatisierung der Arbeitsplanung*

Es ist ein naheliegendes Ziel, den genannten Papierkreislauf im Umfeld der Arbeitsplanung zu minimieren. Die Betrachtung der Arbeitsplanung in ihrem Umfeld bedeutet also, den Ablauf des Informationsflusses innerhalb der verschiedenen Aktionsbereiche zu optimieren (Integration). Angestrebt wird, die starre Trennung zwischen Konstruktion, Arbeitsplanung, Fertigungssteuerung und den Werkstattbereichen aufzuheben. Schwierigkeiten bereitet derzeit noch die Erstellung von Arbeitsplänen mittels DV-Systemen unter Verwendung der in Konstruktionssystemen erzeugten Geometriedaten. Die Formalisierung und Strukturierung der Arbeitsplanung stößt auf ungelöste Probleme. Die vollständige automatische Arbeitsplanerstellung ist derzeit nicht möglich. Schnittiefe, Vorschub, Werkzeuge müssen z. B. vom Arbeitsplaner ausgewählt werden. Möglich ist die menügesteuerte interaktive Arbeitsplanerstellung zwischen Arbeitsplaner und Rechner, die die Arbeitsplanerstellung komfortabler gestaltet, indem Schnittwert- und Material-Tabellen über den Bildschirm abrufbar sind.

Auf weitere Einzelheiten wird in Abschnitt 3.5 eingegangen.

## 3.3 Aufgaben der Arbeitsplanung

Aufgabe der Arbeitsplanung ist es, festzulegen, was, wie und womit hergestellt werden soll. Die Arbeitsplanung kann je nach Art der Planungsaufgabe in die Bearbeitungs-, die Montage- und die Prüfplanung unterteilt werden. Bei der Durchführung der Arbeitsplanung werden grundlegende und operationelle Aufgaben unterschieden.

### 3.3.1 Grundlegende Aufgaben

Die Güte der Planung des Fertigungsprozesses hängt wesentlich von der Güte der Planungen aller Bereiche in einem Unternehmen ab. Grundlegende Aufgaben der Arbeitsplanung sind die Planungsvorbereitung, die Investitionsplanung und die Methoden- und Verfahrensplanung. Sie beziehen sich auf die Gesamtheit der Erzeugnisse in einem Unternehmen. Bei der Durchführung dieser Aufgaben werden Teilespektren oder komplette Produktionsprogramme berücksichtigt. Sie betreffen z. B. ein zukünftiges Produktspektrum, neue Fertigungsbedingungen für Produkte und bestimmen die dazu erforderlichen neuen Maschinen, Abläufe usw.

Bei diesen Aufgaben wird auch auf Ergebnisse und Einzelplanungen aus anderen Bereichen Bezug genommen. Als Beispiele seien aufgeführt:

- Erweitertes Produktspektrum,
- Auslagerung von Betriebsstätten,
- Kapazitätserweiterung,
- Erschließung neuer Märkte.

Zur Informationsbasis für die grundlegenden Aufgaben gehören geometrische, technologische und organisatorische Daten schon bearbeiteter oder zukünftiger Produkte.

### 3.3.1.1 Planungsvorbereitung

Die Planungsvorbereitung betrifft Aufgaben, die im Vorfeld der Fertigungs- und Planungsaktivitäten zu lösen sind. Es sind dies in erster Linie vorbereitende Maßnahmen. Sie betreffen die Abläufe, Arbeitsweisen und Arbeitsmittel, die bei der Kommunikation mit vor- und nachgeschalteten Abteilungen notwendig sind, sowie die internen Aufgaben der Arbeitsplanung selbst.

Das wichtigste Mittel der Informationsübergabe ist die Zeichnung. In ihr wird das Produkt in seiner Gestalt definiert. Toleranzen und Oberflächenspezifikationen detaillieren die geometrischen Informationen. Mit seinem technologischen Wissen ist der Arbeitsplaner in der Lage, in den vorliegenden Informationen relevante Muster, wie z. B. Bohrungen, Taschen, Nuten oder Fasen, zu erkennen und daraus Fertigungsmaßnahmen abzuleiten. Ausgehend von einer CAD-basierten Konstruktion ergibt sich für die rechnerunterstützte Arbeitsplanung die Forderung, daß rechnerintern fertigungsorientierte Muster vorhanden und zugreifbar sind.

#### *a) Beratung der Konstruktion*

Das Ziel dieser Aktivität ist es, dem Konstrukteur frühzeitig Fertigungsnormen und Richtlinien vorzugeben.

Gegenwärtig werden Anstrengungen unternommen, geometrische Modellierer mit der Fähigkeit zu erweitern, fertigungsorientierte Muster abspeichern zu können. Da im allgemeinen davon ausgegangen wird, daß der Konstrukteur selbst in funktions- oder fertigungsorientierten Mustern denkt, kann die Einführung solcher Muster in die CAD-Technologie eine wesentliche Verbesserung der rechnerunterstützten Konstruktion bewirken. Bestimmte Muster, wie Bohrungen für Gewinde, Preßfedernuten in Wellenenden oder Einstiche für Federringe, sind nach DIN genormt, so daß die rechnerinterne Verfügbarkeit den Konstrukteur vom Nachschlagen in DIN-Blättern und Katalogen befreit.

In nationalen und internationalen Normungsausschüssen wird dieses Thema bearbeitet.

Die Automatisierung im Fertigungsbereich macht es immer notwendiger, in der Entwicklung und der Konstruktion Produkte zu konzipieren, die zum einen wertanalytisch sinnvolle Alternativen darstellen und zum anderen in der Arbeitsplanung durch Planungssysteme weiter bearbeitet bzw. auch auf automatisierten Fertigungseinrichtungen (z.B. NC-Werkzeugmaschinen) gefertigt werden können.

Das wird ermöglicht, wenn dem Konstrukteur Informationen aus der Arbeitsplanung, Teilefertigung und Montage zur Verfügung gestellt werden. Solche Informationen sind Richtlinien über Werkstoffe, Roh- und Hilfsstoffe, Halbzeuge sowie Kataloge von Normteilen und Funktionselementen. Viele dieser Informationen stehen dem Konstrukteur im allgemeinen in Form von Katalogen bereits zur Verfügung. Durch unübersichtliche Darstellung und großen Umfang sind sie jedoch für den Konstrukteur schlecht nutzbar. Insbesondere bei der Konstruktion mit CAD wird das Nachschlagen in umfangreichen Katalogen umständlich und unterbleibt in vielen Fällen. Daher bietet sich auch in diesem Bereich die CA-Unterstützung geradezu an.

Selbstverständlich ist auch der Informationsfluß in umgekehrter Richtung gegeben.

In erster Linie wird bei der Konstruktion angestrebt, das Produkt den funktionalen Anforderungen gemäß zu erstellen. Gleichzeitig kommen dabei wirtschaftliche Überlegungen zum Tragen. Wirtschaftliche Randbedingungen werden in der Regel durch fertigungstechnische Maßnahmen und Möglichkeiten erfüllt. Als Quelle für Informationen aus der Fertigung kann nur die Arbeitsplanung dienen, da sie im Produktionsprozeß zwischen der Konstruktion und Werkstatt steht. Derartige Informationen sind jedoch heute kaum ohne hohen Zeitaufwand zu bekommen.

Indirekte Konstruktionstätigkeiten durch Gespräche, Änderungstätigkeit, Informationsbeschaffung aus unterschiedlichen Quellen usw. nehmen viel Zeit in Anspruch. Um den Konstrukteur ohne großen Zeitaufwand zu „informieren", ist ein weitgehend automatisierter Informationsaustausch über fertigungstechnische Grunddaten zu realisieren. Die Daten sind dem Konstrukteur so zur Verfügung zu stellen, daß sie gezielt und mit geringem Aufwand nutzbar sind.

### b) Langfristig bestehende Informationen

Unter feststehenden Daten sind solche Daten zu verstehen, die langfristig benutzt werden und sich fertigungstechnisch auswirken.

Beispiel:
Werknormen, DIN-Normen, Teilekataloge, Werkzeugkataloge usw. mit ihren Kenndaten.

Vor der eigentlichen Konstruktionsphase stehen die Planung und die Konzeption der Produkte. Auch in diesen Phasen der Entwicklung ist eine Information der Konstruktion im Sinne der generellen Klärungen gefordert. Es werden die Möglichkeiten der Fertigung im Unternehmen geprüft und die entstehenden Kosten abgeschätzt. Bei der evtl. Überschreitung aktueller innerbetrieblicher Fertigungsmöglichkeiten müssen Alternativen aufgezeigt werden, die eine Methoden- und Verfahrensplanung initiieren können oder zu einer Produktionsauslagerung führen. Hier sind innerbetriebliche Detailinformationen und Informationen über externe Fertigungsmöglichkeiten mit den daraus resultierenden Anforderungen an konstruktive Maßnahmen zur Verfügung zu stellen.

Die Produktgestaltung erfolgt auf der Grundlage vieler Wissens- und Erfahrensbereiche. Bei der funktions-, fertigungs- und montagegerechten Konstruktion benutzt der Konstrukteur wiederkehrende Funktionselemente und -teile bestimmter Abmessungen und Ausprägung. Diese wiederkehrenden Geometrien können als Makros bzw. Maßvarianten verwendet werden.

Beispiel:
- Normteile wie Schrauben, Stifte usw.,
- Funktionselemente wie Wellenenden, Freistiche, Senkbohrungen.

Bei konsequenter Anwendung resultieren daraus wiederkehrende Verfahren und Abläufe in der Fertigung. Der erste Schritt, diese Wissens- und Erfahrungswerte für eine integrierte Anwendung nutzbar zu machen, ist die Normung. Sie dient der Reduzierung der Teilevielfalt im Produkt und bei der Fertigung.

Die Normung ist gleichbedeutend einer Standardisierung und Nutzung der vorhandenen Ressourcen in Entwicklung/Konstruktion und Fertigung. Entwicklung und Konstruktion sind in der Verantwortung für die Produktgestaltung, für die Fertigung des Produktes ist die Arbeitsplanung mit der NC-Programmierung angesprochen. Die Ressourcen und Anforderungen dieser Bereiche sind gemeinsam zu erarbeiten und in Normen zu definieren, wie z.B. Werknormen/DIN-Teile, Standardbaugruppen, Werkzeuge, Vorrichtungen, NC-Teilefamilienprogramme.

*Verfahrenskette, Prozeßkette*
Die Zielsetzung, ein integriertes Konzept zu erstellen, läßt sich nur durch die Definition und die Anwendung von im Planungs- oder Produktionsprozeß wirkenden Prozeßketten realisieren, die auf Wissen und Erfahrungen der beteiligten Abteilungen eines Unternehmens basieren.

Eine Prozeßkette ergibt sich durch die Zuordnung von komplexen Fertigungsverfahren bzw. -vorgängen und Werkzeugen zu Geometriemakros und Variantenprogrammen sowie umgekehrt durch die Abbildung von Geometriekomplexen in Fertigungsverfahren/NC-Programme und Werkzeuge.

Als Beispiel soll die Prozeßkette „Bohrung/Bohren" in der Entwicklung/ Konstruktion und Fertigung betrachtet werden.

*Entwicklung und Konstruktion*
Für die Bohrbearbeitungen ergeben sich die Anforderungen an eine Verfahrenskette aus den für das Produkt notwendigen Norm- und DIN-Teilen (z.B.

Schrauben, Stifte, Auswerfer, Schnittstempel, Führungssäulen, Lager, usw.) sowie der geforderten Funktion (z. B. Führung, Schnitt, Sitz, usw.).

Diese Anforderungen führen zu unterschiedlichen Bohrungstypen, die sich durch ihre Gestalt (Gewindesackloch, Senkbohrung, usw.) und durch ihre Oberfläche (Toleranzen, Rauhigkeit, usw.) unterscheiden.

*Fertigung*

Die Prozeßketten werden aus der Sicht der Fertigung durch die in der Werkstatt vorhandenen Maschinen, Werkzeuge/Vorrichtungen, Rohmaterialien/Halbzeuge bestimmt. Diese Ressourcen führen bei der Planung immer zu ähnlichen Arbeitsplänen bzw. NC-Programmen.

Davon ausgehend ergibt sich bei unterschiedlichen Bohrungstypen die Möglichkeit der Zuordnung bestimmter logischer oder technischer Informationen als Attribute, die die zur Herstellung erforderlichen Verfahren und Werkzeuge definieren. Die Definition und Zuordnung dieser Attribute ist Aufgabe der Arbeitsplanung. Eine Bohrung, die in der Konstruktion auf dem Bildschirm als Vollkreis dargestellt ist, wird mit Attributen versehen. Diese Attribute kennzeichnen beispielsweise die Bohrung als eine einfache Durchgangsbohrung. Sie wird durch Zentrieren und Bohren hergestellt. Zum Zentrieren wird ein Zentrierbohrer eingesetzt, dessen Größe in Abhängigkeit vom Bohrungsdurchmesser vorgegeben werden kann. Für die Zuordnung der Attribute zu den verschiedenen Bohrungstypen gibt es zwei Möglichkeiten:

- Die Konstruktion verwendet heute bereits entsprechende Attribute in Form von Makros und Mustervarianten.
- Die Arbeitsplanung fügt später entsprechende Attribute hinzu.

Sinnvoll ist die erste Lösung, die im Sinne der Integration anzustreben ist. Die Zuordnung ist dabei nur einmal zu treffen und in der Arbeitsplanung werden lediglich die für einen Arbeitsgang gewünschten Bohrungen ausgewählt.

Die Aufgabe der Arbeitsplanung ist die Auswahl bzw. die Definition der Makros, insbesondere die Vorgabe der einzugebenden Maße. Der Arbeitsplaner versucht in der Regel diese Informationen durch seine Erfahrungen zu ergänzen. Die vorgegebenen Maße müssen in der Arbeitsplanung nutzbar sein.

### c) Aufbereiten der Planungsunterlagen

Der zentrale Informationsträger aller Tätigkeiten ist der Arbeitsplan. Der Arbeitsplan ist auch die Grundlage für längerfristige Planungen. Die technische Investitionsplanung sowie die Konzeption der Fertigung sind dafür ein Beispiel. Voraussetzungen für gute Planung sind:

- vollständige,
- genaue,
- formal einheitliche,
- verständliche und
- reproduzierbare

Planungsunterlagen.

*Informationsträger,* auf die der Arbeitsplaner zurückgreift, sind:

- Normen, innerbetriebliche Vorschriften und Richtlinien,
- Materialkataloge, -dateien,
- Werkstoffkataloge, -dateien,
- Fertigungsmittelkataloge, -schlüssel, -dateien und
- Zeitrichtwertkataloge, -dateien.

Diese Unterlagen sind in der Praxis oft nur unvollständig vorhanden bzw. nicht aktuell. Der Arbeitsplaner versucht in der Regel diese fehlenden Informationen durch seine Erfahrungen zu ergänzen. Somit ist der Planungsprozeß im großen Maße vom jeweiligen Arbeitsplaner abhängig. Das Ziel muß es sein, die Planungshilfen so aufzubereiten, daß sie mit geringem Aufwand im Rechner benutzt werden können. Die Planungsunterlagen sind systematisch zu gliedern und zu dokumentieren. Die Erstellung der Arbeitspläne wird dadurch erleichtert und rationalisiert. Durch Qualität und einheitliche Struktur der Arbeitspläne ist die Voraussetzung für eine wirtschaftliche Fertigung gegeben.


### 3.3.1.2 Methoden- und Verfahrensplanung

Mit der Planung eines neuen Produktes oder eines künftigen Produktspektrums, aber auch mit dem Fortschritt der Technik bei laufenden Produkten geht immer auch eine Planung von neuen Verfahren und Methoden einher. Es muß entweder eine Technologieplanung und/oder eine Fertigungsablaufplanung durchgeführt werden.

Eine Methoden- und Verfahrensplanung wird immer unter technischen und wirtschaftlichen Gesichtspunkten erfolgen. Die Aufgaben sind:

- Entwickeln von alternativen Fertigungsmethoden und
- Entwickeln und Festlegen von Planungsmethoden

mit einem Vergleich der dabei anfallenden Kosten.


*a) Entwickeln von alternativen Fertigungsmethoden*

Randbedingungen zur Planung neuer Fertigungsmittel und Verfahren sind:

- Mengeneinheiten, wie geplante Fertigungslosgröße, voraussichtlich zu fertigende Gesamtstückzahl usw.,
- Qualitätsanforderungen,
- Mitarbeiterqualifikation,
- räumliche Gegebenheiten,
- rechtliche Bestimmungen und Anforderungen: Umwelt-, Arbeits-, Betriebsstättenrecht usw.


*b) Entwickeln und Festlegen von Planungsmethoden*

Mit dem Einsatz bzw. der Planung neuer Verfahren sind evtl. durch die Arbeitsplanung gleichzeitig entsprechende Planungsmethoden unter Berücksichtigung vorhandener Aufbau- und Ablauforganisation zu erarbeiten. Zu berücksichtigen sind:

- DV-Umfeld,
- Mitarbeiterqualifikation,
- Unternehmensstrategie (z. B. Auslagerung von Fertigungsbereichen, Einbeziehung von Zulieferern).

### 3.3.1.3 Investitionsplanung

Die Erhaltung und Erweiterung der Leistungsfähigkeit eines Unternehmens erfordert eine detaillierte Investitionsplanung. Die Schwerpunkte im Bereich der Arbeitsplanung sind Betriebsmittelplanung und Personalplanung. Diese liefern die Daten für Investitionsprogramme. Die Zeitabschnitte für Investitionsprogramme sind entweder kurzfristig (ca 1 Jahr) oder langfristig (ca 3–5 Jahre). Investitionen sind aus unterschiedlichen Gründen notwendig:

- neue Methoden und Verfahren,
- Absatz- und Markterweiterungen,
- Modernisierung,
- Rationalisierung,
- usw.

Diese Gründe führen zu einer Unterteilung der Investitionsprogramme in

- Einzelinvestitionen zur Modernisierung oder Kapazitätserweiterung (z. B. eine neue Spritzmaschine, oder ein neuer Drehautomat) und
- größere Investitionsvorhaben aus Kapazitätsgründen, die z. B. dem Ausbau einer Abteilung zur Rationalisierung und Modernisierung der Fertigung sowie zur Einführung neuer Methoden und Verfahren dienen.

## 3.3.2 Operationelle Aufgaben

### 3.3.2.1 Überblick

Die Arbeitsplanung beeinflußt weitgehend die Wirtschaftlichkeit der Fertigung. Ihr Ziel ist es, niedrige Herstellkosten je Mengeneinheit und kurze Durchlaufzei-

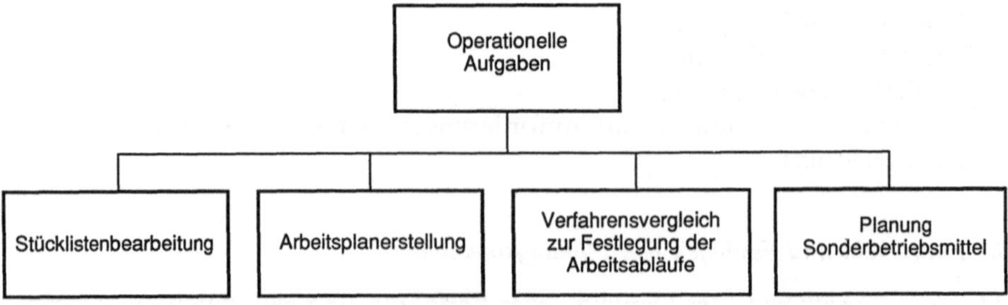


**Bild 3.2**   Operationelle Aufgaben in der Arbeitsplanung

ten zu ermöglichen. Folgende operationelle Aufgaben (Bild 3.2) sind zu erfüllen:

- Bearbeitung der Konstruktionsstückliste,
- Auswahl günstiger Halbzeuge hinsichtlich Ausgangsform und Qualität,
- Auswahl geeigneter Arbeitsverfahren und Arbeitsmethoden,
- Festlegen der Arbeitsvorgänge und ihrer Reihenfolge,
- Erstellen vollständiger und verständlicher Fertigungsunterlagen,
- Festlegen von erforderlichen Sonderbetriebsmitteln.

Bei der Durchführung dieser Aufgaben greift die Arbeitsplanung auf die Ergebnisse verschiedener anderer Teilplanungen zurück oder ergreift selbst erforderliche Maßnahmen. Im wesentlichen handelt es sich dabei um:

- die funktions- und fertigungsgerechte Erzeugnisgestaltung (unter Verwendung der Wertanalyse),
- die Bildung von Ablauf-, Teile- bzw. Fertigungsfamilien (Ähnlichkeitsbildung und Fertigungsnormung),
- die Gestaltung von Arbeitsmethoden, Arbeitsverfahren und Arbeitsbedingungen an den einzelnen Arbeitsplätzen,
- die Vorgabezeit- und Anforderungsermittlung,
- die Materialflußgestaltung,
- die Entscheidung über Fremd- oder Eigenfertigung, verbunden mit Verfahrensvergleichen (Wirtschaftlichkeitsrechnungen).

Bild 3.3 stellt die Zusammenhänge bei der Aufgabenerfüllung in der operationellen Arbeitsplanung dar.


### 3.3.2.2 Stücklistenbearbeitung

Das Ergebnis konstruktiver Entwicklungen sind Zeichnungen und Stücklisten, die einen wesentlichen Bestandteil der Fertigungsdokumentation bilden. Die Arbeitsplanung hat die Aufgabe, Fertigungsunterlagen und -anweisungen auszuarbeiten, nach denen Teile, Baugruppen und Erzeugnisse gefertigt werden. Auf Basis der Konstruktionsstückliste erfolgt die Stücklistenauflösung. Es entstehen Dispositions- und Fabrikationsstücklisten (Bild 3.4).

Der Umfang der Stücklistenbearbeitung/Stücklistenauflösung hängt erheblich von der Art der Fertigung ab. Dabei sind Teileverwendungsnachweis, Normung und Ähnlichkeitsbildung von großer Bedeutung.

Bei der auftragsbezogenen Einzelfertigung wird die Fertigung unmittelbar vom Markt bzw. von Kundenwünschen beeinflußt. Die Bearbeitung der Konstruktionsunterlagen beginnt mit Erteilung eines Kundenauftrages. Verwendbare Stücklisten liegen zum Zeitpunkt der Auftragserteilung in der Regel nicht vor.

Bei der Wiederholfertigung mit mehr oder weniger großen Losgrößen werden gleiche Erzeugnisse eines Sortiments in größeren Stückzahlen gefertigt. Die Materialbedarfsermittlung erfolgt auf Basis der Fertigungsstückliste. Je nach Verwendungszweck in Vertrieb, Disposition, Materialwirtschaft und Fertigung kann der Aufbau von Stücklisten, wie im Bild 3.5 dargestellt, erfolgen. Die Dispositionsstückliste/Materialplanung ist nicht Gegenstand dieses Buches.

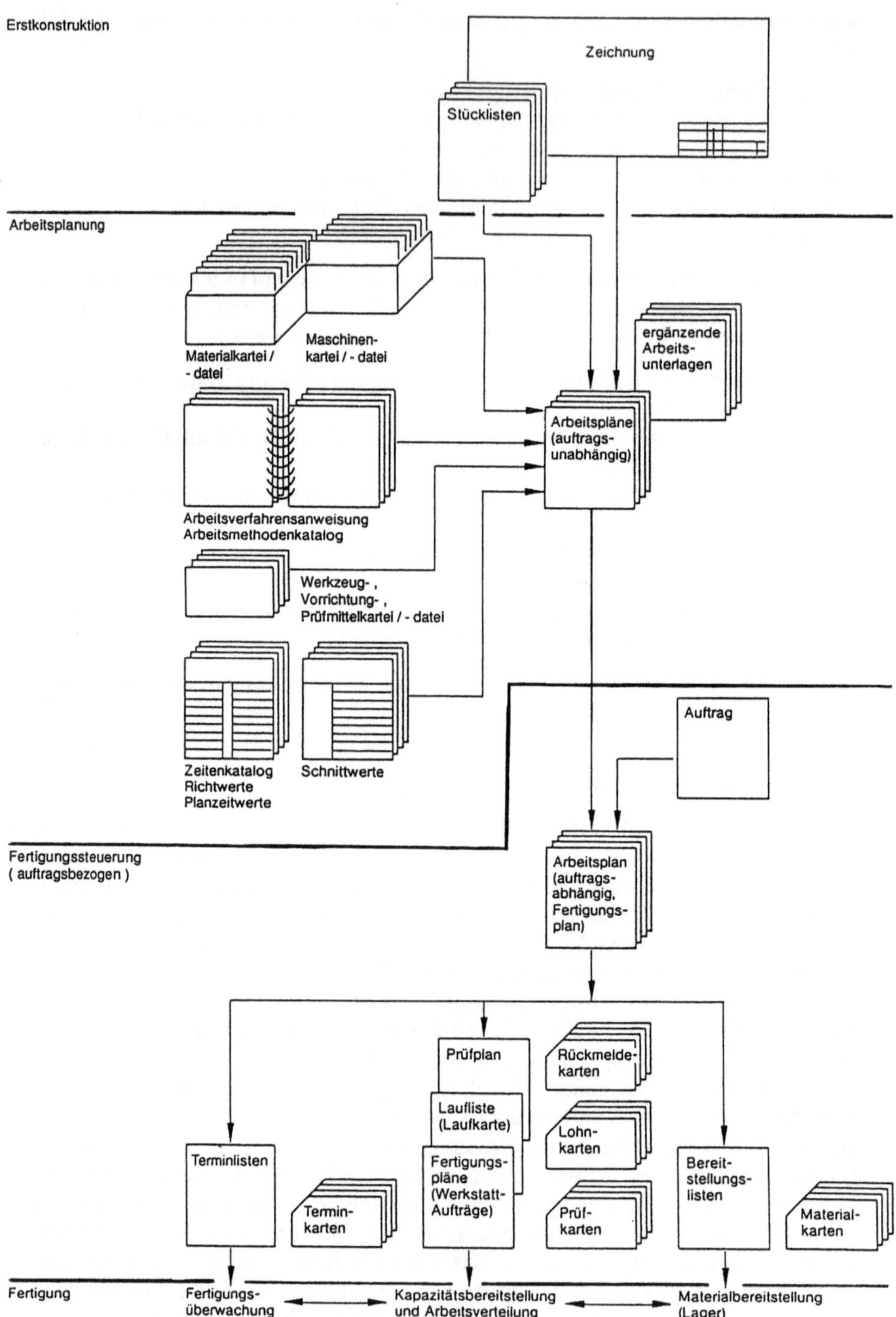


**Bild 3.3**   Erstellen von Arbeitsunterlagen nach [REFA85]

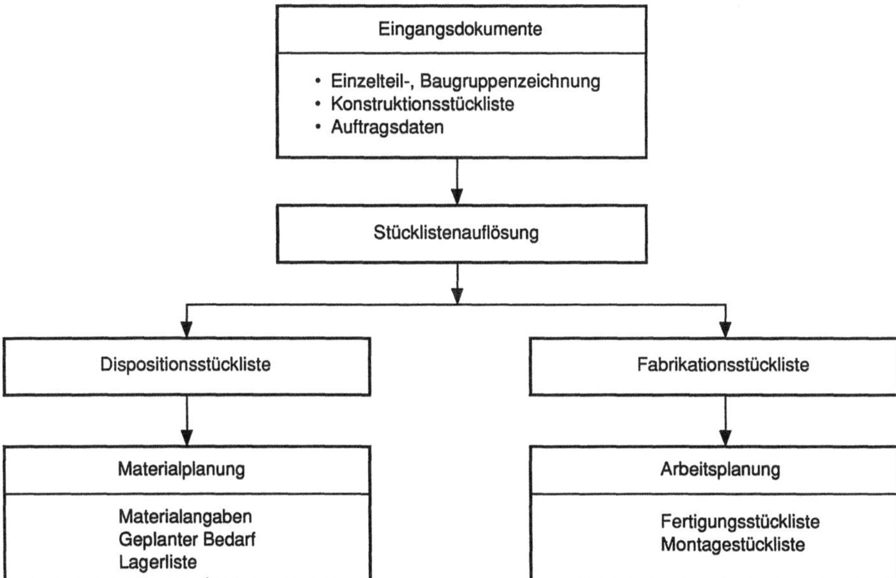


**Bild 3.4**   Stücklistenauflösung

### a) *Fertigungsstückliste*

Die Stückliste ist die Grundlage zur wirtschaftlichen Fertigung von mehrgliedrigen Erzeugnissen. Die Zeichnung dokumentiert in erster Linie die Formen und Abmessungen eines Erzeugnisses sowie die Lage der Teile zueinander. Die Stückliste gibt – entsprechend der Erzeugnisstruktur – die mengenmäßige Zusammensetzung aus Baugruppen, Teilen und Rohteilen an.

Für den jeweiligen Zweck ist die Stückliste das formal aufgebaute Verzeichnis für einen Gegenstand mit allen zugehörigen Teilen unter Angabe von Benennung, Sachnummer, Menge und Mengeneinheit (Bild 3.5).

Die nach funktionalen Gesichtspunkten aufgebaute Konstruktionsstückliste ist in vielen Fällen für die Fertigung nicht direkt brauchbar. Sie muß mit zusätzlichem Aufwand in der Arbeitsplanung nach Fertigungsgesichtspunkten umstrukturiert werden. Durch Aufbereitung und Ergänzung entsteht aus der Konstruktionsstückliste die Fertigungsstückliste. Sie trägt im Aufbau und Inhalt der Fertigung Rechnung und dient als Unterlage für die organisatorische Vorbereitung, Abwicklung und Abrechnung der Fertigung eines Erzeugnisses.

Bei der Abwicklung von Aufträgen dient die Fertigungsstückliste auch als Unterlage für die Terminierung und Beschaffung. Deshalb muß sie auftragsabhängige Daten aufnehmen können. Durch die Stücklistenorganisation eines Betriebes muß festgelegt sein, wer einzelne Stücklistenfelder bearbeitet bzw. für den Änderungsdienst verantwortlich ist.

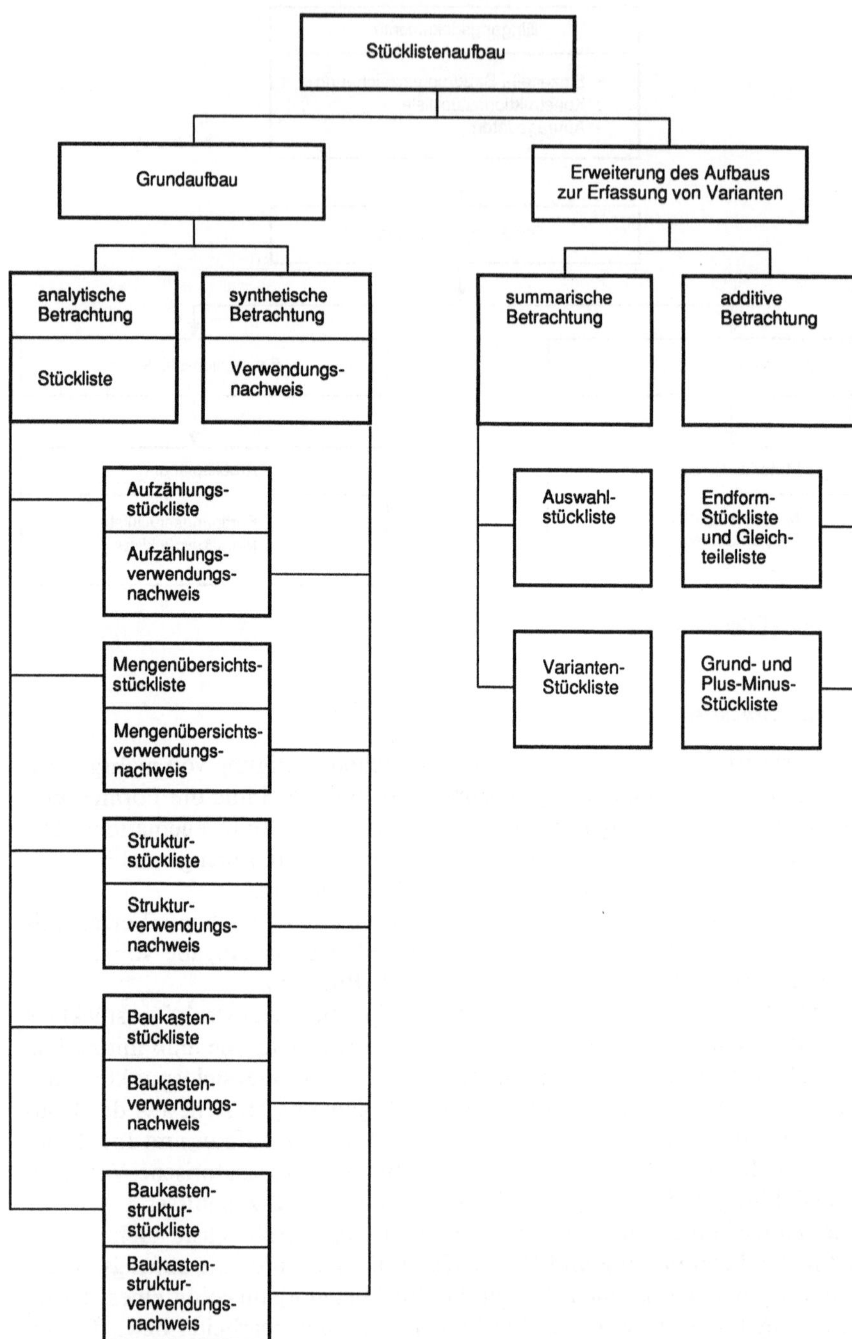


**Bild 3.5**   Unterteilung der Stücklisten nach ihrem Aufbau [REFA85]

**b) Montagestückliste**

In der Montagestückliste sind alle zur Fertigstellung einer Baugruppe oder eines Erzeugnisses erforderlichen Einzelteile oder Untergruppen aufgelistet. Eine Baugruppe oder ein Erzeugnis kann aus Fremdbezugsteilen, Eigenfertigungsteilen, DIN- und Normteilen bestehen sowie Hilfs- und Schmierstoffe voraussetzen. Entsprechend dem Montageablauf löst die Arbeitsplanung die nach funktionalen Gesichtspunkten zusammengestellte Konstruktionsstückliste auf. Es entstehen Vormontage- bzw. Montagegruppen. Die so neu gegliederten Baugruppen müssen in die vorgegebene Erzeugnisstruktur verankert werden. Bedingungen für das Zuordnen ergeben sich aus dem geplanten Montageablauf.

### 3.3.2.3 Arbeitsplanerstellung

Je nach vorliegenden Bedingungen können drei Arten der Arbeitsplanerstellung unterschieden werden (s. Abschn. 3.5.1):

- Die *Neuplanung* ist der aufwendigste Fall. Der Arbeitsplan wird entsprechend der vorliegenden Aufgabe neu erstellt. Auf Daten, die bereits in anderen Arbeitsplänen festgehalten sind, kann nicht zurückgegriffen werden.
- Bei der *Ähnlichkeitsplanung* werden vergleichbare Teile oder vergleichbare Abläufe gesucht, anhand derer der Arbeitsplan erstellt wird. Dies setzt eine übersichtliche Verwaltung und Dokumentation der vorhandenen Arbeitspläne voraus.
- Die *Wiederholplanung* ist keine Planung im eigentlichen Sinne. Unter diesem Begriff wird ein Aufsuchen und Abschreiben bereits früher erstellter Arbeitspläne für eine wiederkehrende Aufgabe verstanden.

**a) Ablauf der Arbeitsplanerstellung**

Grundlage der Arbeitsplanerstellung sind die Konstruktionszeichnungen und die Konstruktionsstücklisten. Sie beschreiben den Zwischen- und Endzustand des zu fertigenden Arbeitsgegenstandes. Mit dem Lesen der Zeichnung und der Stückliste beginnt der Vorgang „Arbeitsplanerstellung". Zunächst wird festgelegt, ob Eigenfertigung oder Fremdfertigung zu veranlassen ist bzw. ob es sich um eine Teilefertigung oder Montage handelt.

Das Bild 3.6 stellt die einzelnen Schritte der Arbeitsplanerstellung dar. Je nach Fertigungs- und Auftragsstruktur sind Arbeitspläne für unterschiedliche Losgrößen zu erstellen. Bezogen auf Ausgangsmaterial, Arbeitsverfahren und Arbeitsmethoden können sich daraus mengenabhängige Alternativen ergeben.

Die Prüfung, ob bereits ein ähnlicher Arbeitsplan vorhanden ist, wird durch die Anwendung von Klassifizierungsmethoden in Konstruktion und Arbeitsplanung wesentlich vereinfacht. Die *Ähnlichkeitsplanung* verkürzt die Arbeitsplanerstellung und reduziert die Kosten.

Bei *Neuplanung* sind folgende Schritte einzuhalten:
1. Ausgangsmaterial festlegen
2. Arbeitsverfahren auswählen
3. Alternativen planen

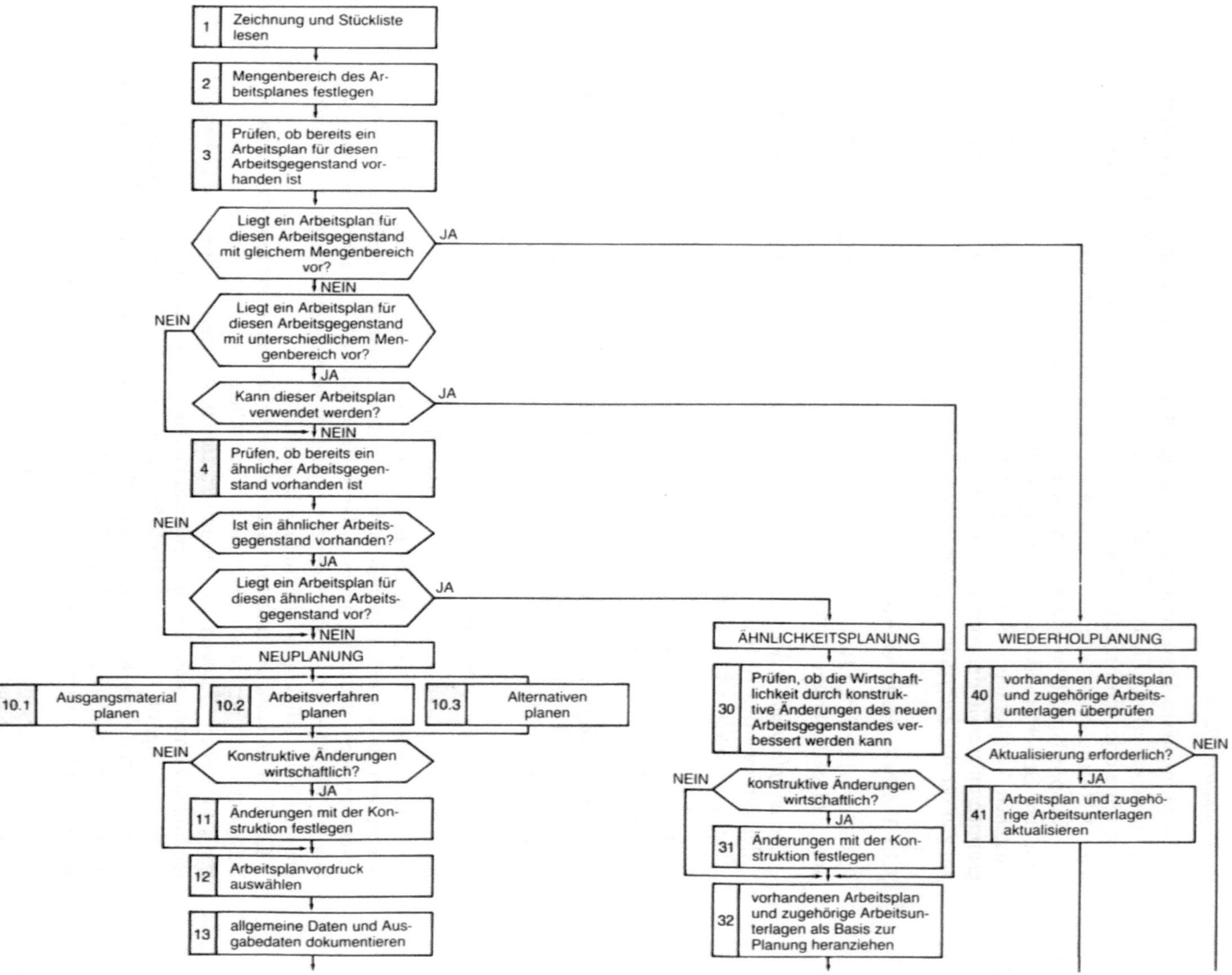


**Bild 3.6**    Ablauf der Arbeitsplanerstellung [REFA86]

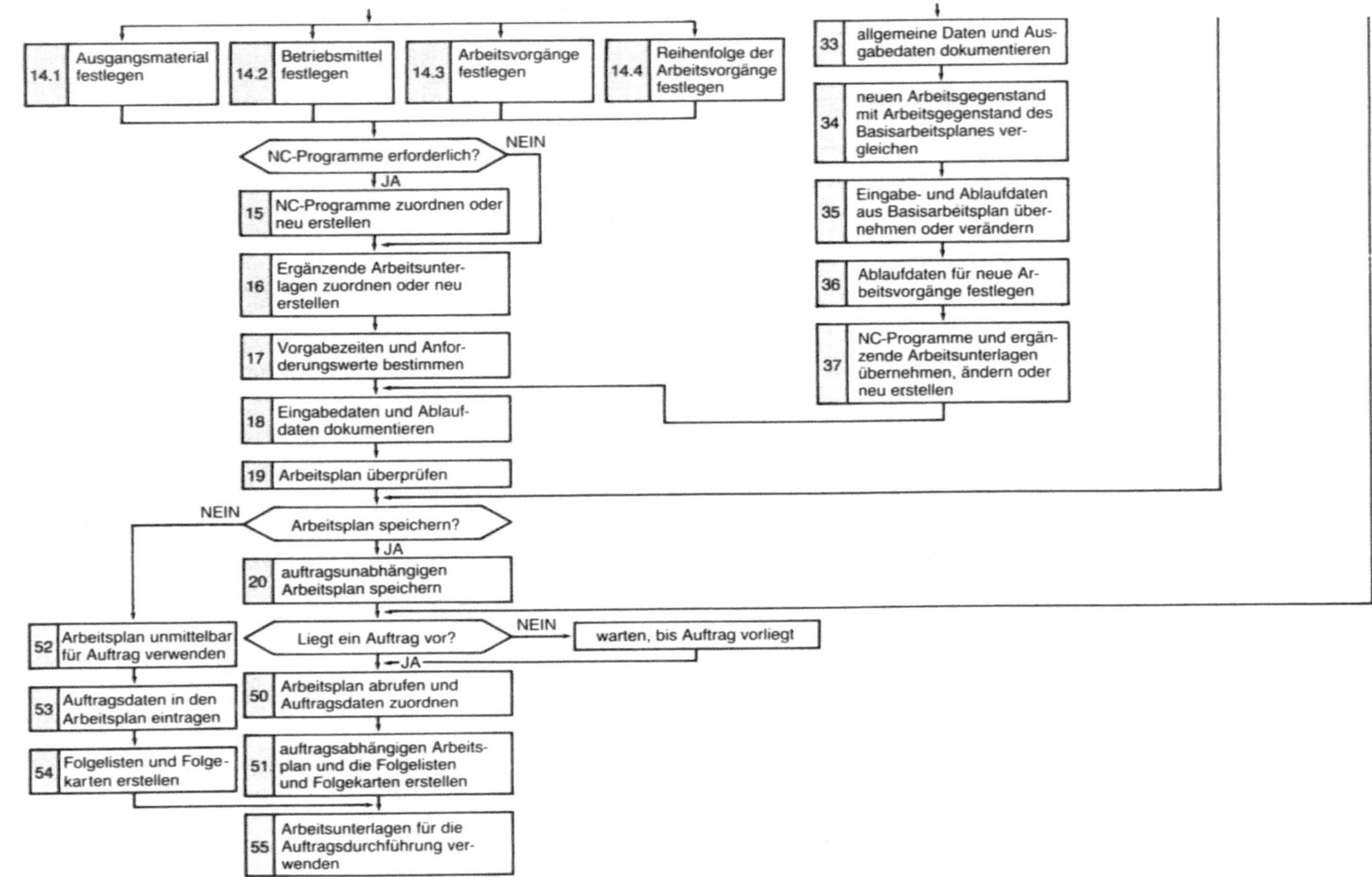

14.1 Ausgangsmaterial festlegen
14.2 Betriebsmittel festlegen
14.3 Arbeitsvorgänge festlegen
14.4 Reihenfolge der Arbeitsvorgänge festlegen
NC-Programme erforderlich?
NEIN
JA
15 NC-Programme zuordnen oder neu erstellen
16 Ergänzende Arbeitsunterlagen zuordnen oder neu erstellen
17 Vorgabezeiten und Anforderungswerte bestimmen
18 Eingabedaten und Ablaufdaten dokumentieren
19 Arbeitsplan überprüfen
NEIN
Arbeitsplan speichern?
JA
20 auftragsunabhängigen Arbeitsplan speichern
52 Arbeitsplan unmittelbar für Auftrag verwenden
Liegt ein Auftrag vor?
NEIN
warten, bis Auftrag vorliegt
JA
53 Auftragsdaten in den Arbeitsplan eintragen
50 Arbeitsplan abrufen und Auftragsdaten zuordnen
54 Folgelisten und Folgekarten erstellen
51 auftragsabhängigen Arbeitsplan und die Folgelisten und Folgekarten erstellen
55 Arbeitsunterlagen für die Auftragsdurchführung verwenden
33 allgemeine Daten und Ausgabedaten dokumentieren
34 neuen Arbeitsgegenstand mit Arbeitsgegenstand des Basisarbeitsplanes vergleichen
35 Eingabe- und Ablaufdaten aus Basisarbeitsplan übernehmen oder verändern
36 Ablaufdaten für neue Arbeitsvorgänge festlegen
37 NC-Programme und ergänzende Arbeitsunterlagen übernehmen, ändern oder neu erstellen

Die Festlegung des Ausgangsmaterials erfordert oft eine Rücksprache mit der Konstruktion, gegebenenfalls mit nachfolgender Zeichnungs- und Stücklistenänderung. Eine rechtzeitige technologische Beratung der Konstruktion ist hier von Vorteil.

Zur Festlegung des anzuwendenden Arbeitsverfahrens sind Alternativen zu planen und Verfahrensvergleiche durchzuführen. Nach wirtschaftlichen Gesichtspunkten ist für eine entsprechende Stückzahl das Arbeitsverfahren auszuwählen.

Die Beschreibung des Arbeitsablaufs für die Herstellung von Einzelteilen und Baugruppen oder von Montageabläufen erfolgt in systematisierter Form. In der Fertigungsindustrie sind sehr unterschiedliche Arbeitsplanvordrucke anzutreffen, die auf die jeweiligen betrieblichen Gegebenheiten ausgerichtet sind.

Nach Auswahl eines bestimmten Arbeitsverfahrens erfolgt die Festlegung der Betriebsmittel. In diesem Schritt wird entschieden, in welchen Abteilungen, an welchen Maschinen (Arbeitsplatz), mit welchen Werkzeugen, Vorrichtungen und Meßzeugen einzelne Arbeitsvorgänge durchzuführen sind. Die Festlegung erfolgt schrittweise für jeden einzelnen Ablaufabschnitt. Die Gliederung in Ablaufabschnitte ergibt sich aus der Wahl des Arbeitsverfahrens und der zu fertigenden Teilegeometrie sowie den geforderten Eigenschaften der Bauteile.

In der Regel wird bei der Neuplanung von vorhandenen Maschinen und Fertigungseinrichtungen ausgegangen. Sollte sich zeigen, daß entweder zusätzliche Betriebsmittel erforderlich oder vorhandene Einrichtungen nicht wirtschaftlich sind, ist die Beschaffung neuer Betriebsmittel zu prüfen und einzuleiten. Daraus kann sich die Entwicklung und Einführung von neuen Arbeitsverfahren ergeben.

Die Festlegung der einzelnen Arbeitsvorgänge und deren Reihenfolge ist abhängig vom gewählten Ausgangsmaterial und von den gewählten Betriebsmitteln. Vor der endgültigen Festlegung sind gegebenenfalls Arbeits- und Methodenstudien durchzuführen.

Zur weiteren Beschreibung der Vorgänge (Bild 3.7) und als Basis der Vorgabezeitermittlung werden die zur Fertigung von Bauteilen erforderlichen Vorgänge in einzelne Ablaufabschnitte gegliedert. Das kann bei der Verwendung von „Systeme vorbestimmter Zeiten" (MTM-Verfahren) mit Hilfe von Vorgangselementen erfolgen. Die Beschreibungstexte müssen kurz, eindeutig und verständlich sein. In der betrieblichen Praxis werden häufig Arbeitsvorgangskataloge verwendet.

Eine ausführliche Beschreibung der Arbeitsmethoden im Arbeitsplan ist oft nicht erforderlich bzw. nicht möglich (z. B. Einzelfertigung). Durch einen Verweis auf Arbeitsunterweisungspläne oder durch besondere Arbeitsanweisungen wird dann die Arbeitsmethode vorgegeben. Die Reihenfolge der Arbeitsvorgänge ergibt sich aus technologischen Gesichtspunkten, wobei die räumliche Anordnung der Arbeitsplätze (Materialfluß) in der Regel von Bedeutung ist.

*NC-Programm zuordnen bzw. neu erstellen*
Aufgrund der Auswahl der Arbeitsverfahren und Systeme steht fest, ob ein Steuerprogramm für Bearbeitungsmaschinen, Industrieroboter (Handhabungsgeräte) oder Meßgeräte benötigt wird. Es ist zu prüfen, ob ein NC-Programm vorhanden ist oder eine Neuerstellung veranlaßt werden muß.

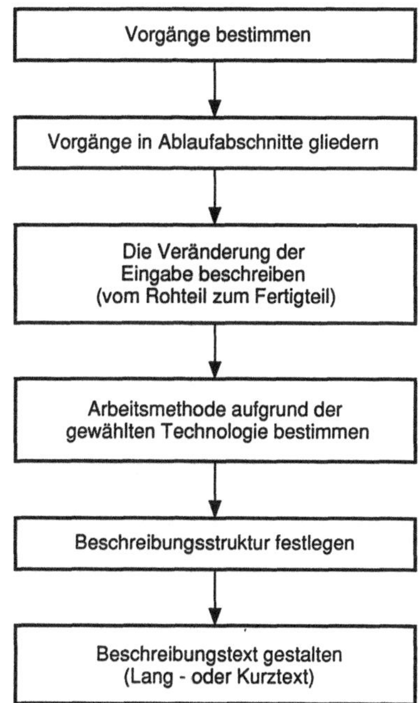


**Bild 3.7**  Beschreibung des Ablaufs der Arbeitsvorgänge

Für das Erstellen des NC-Programms gibt der Arbeitsplaner den Arbeitsablauf vor. Das Erstellen des NC-Programms erfolgt in einer besonderen NC-Programmiergruppe oder vor Ort an der Maschine, s. Kap. 4.

Aus der Festlegung des Arbeitsablaufs und den Steuerinformationen ergeben sich die Vorgabezeiten für die NC-Bearbeitung, die in den Arbeitsplan zu übernehmen sind. Mit der Realisierung integrierter Datenflüsse wachsen die Aufgaben der Arbeitsplanung und der NC-Programmierung mehr und mehr zusammen.

*Vorgabezeiten und Anforderungswerte bestimmen*
Soll-Zeiten für die Ausführung eines Arbeitsvorganges werden als Rüstzeit „tr" und Bearbeitungszeit „te" vom Arbeitsplaner festgelegt. Die Bestimmung der Fertigungszeiten erfolgt in der Praxis nach REFA-Methoden der Datenermittlung durch Berechnen, Verwenden von Planzeit- und Zeitklassenkatalogen sowie Vergleichen und Schätzen. Zur Vorgabezeitermittlung werden entsprechende Berechnungsprogramme verwendet.

NC-Programmiersysteme berechnen die Prozeßzeiten und ermöglichen durch das Setzen von Parametern und Variablen, die Zeit je Einheit (te) für die NC-Bearbeitung zu ermitteln. Zur Dokumentation sind die Zeitvorrechnungen den jeweiligen Arbeitsvorgängen im Arbeitsplan zuzuordnen.

Entsprechend dem Entlohnungsgrundsatz, der für einen Betrieb gilt, können den einzelnen Arbeitsvorgängen Anforderungswerte wie Lohngruppe oder Tätigkeitsgruppe zugeordnet werden.

### b) Arbeitsplan abspeichern

Arbeitspläne können auftragsneutral oder auftragsbezogen erstellt werden. Die Speicherung erfolgt sinnvollerweise auf einem Datenträger in einer DV-Anlage. Vor dem Abspeichern ist der Plan auf Richtigkeit zu prüfen und eine Entscheidung zu treffen, ob er auftragsabhängig abgespeichert werden soll. Der fertige, auftragsneutrale Arbeitsplan steht bis zur Verwendung auf Abruf bereit. Durch Zuordnung von Auftragsabrufdaten (Auftrags-Nr., Menge, Termine) wird der Arbeitsplan für einen bestimmten Auftrag gültig. Aus dem neutralen Arbeitsplan werden durch Zuordnung der Abrufe auftragsbezogene Fertigungsunterlagen erstellt.

### c) Hilfsmittel zum Erstellen von Arbeitsplänen

Zeichnung und Stückliste sind die Grundlage der Planungsarbeiten beim Erstellen von Arbeitsplänen. Zur Festlegung der im auftragsunabhängigen Arbeitsplan enthaltenen Daten müssen dem Arbeitsplaner zahlreiche betriebsspezifische Daten und weitere Planungshilfen zur Verfügung stehen.

Bild 3.8 zeigt die wichtigsten Datenbestände und Planungshilfen zur Arbeitsplanerstellung. Als besonders zweckmäßiges Mittel setzt sich der Einsatz von Arbeitsvorgangskatalogen zunehmend durch. In einem Textkatalog sind die in einem Unternehmen möglichen Arbeitsvorgänge systematisch geordnet aufgezeichnet. Damit steht dem Arbeitsplaner eine einheitliche Beschreibungsmethode zur Verfügung, die ihm die Arbeit wesentlich erleichtert.

Für häufig wiederkehrende Arbeitsvorgänge lassen sich unter Berücksichtigung bestimmbarer Einflußgrößen Planzeiten ermitteln, die in Planzeitdateien, z. B. für das Rüsten und das Ausführen bestimmter Arbeitsvorgänge, gespeichert sind.

Die zur Herstellung eines Werkstückes erforderlichen Hauptnutzungszeiten und die erforderlichen Leistungsdaten der vorgesehenen Maschine (Anlage) lassen sich mit Hilfe von Prozeßdaten ermitteln. Diese können – in Abhängigkeit von wichtigen Einflußgrößen nach unterschiedlichen Gesichtspunkten geordnet – in einer Prozeßdatenbank gespeichert sein. Vom Arbeitsplaner sind bei der Anwendung die besonderen Merkmale einer Werkzeugmaschine wie Leistung, Drehzahl, Vorschübe, Abmessung und Stabilität zu berücksichtigen. Die Abmessungen der Werkstücke sind in die Betrachtung mit einzubeziehen.

### 3.3.2.4 Planung von Sonderbetriebsmitteln

Die Herstellung von Einzelteilen, Baugruppen und Erzeugnissen erfordert neben den im Betrieb vorhandenen Betriebsmitteln oft weitere zusätzliche Einrichtungen. Diese für einen bestimmten Auftrag oder eine Serie benötigten Fertigungsmittel werden als Sonderbetriebsmittel bezeichnet.

Die Arbeitsplanung muß bei der Auswahl von Arbeitsverfahren und Festlegung von Arbeitsvorgängen untersuchen, ob für einen bestimmten Arbeitsvorgang Sonderbetriebsmittel erforderlich sind (Bild 3.9). Für die Beschaffung von Sonderbetriebsmitteln können technologische oder wirtschaftliche Anforderungen vorliegen. Im Rahmen der Arbeitsplanung ist darauf zu achten, daß bestimmte Beschaffungszeiträume zu berücksichtigen sind.

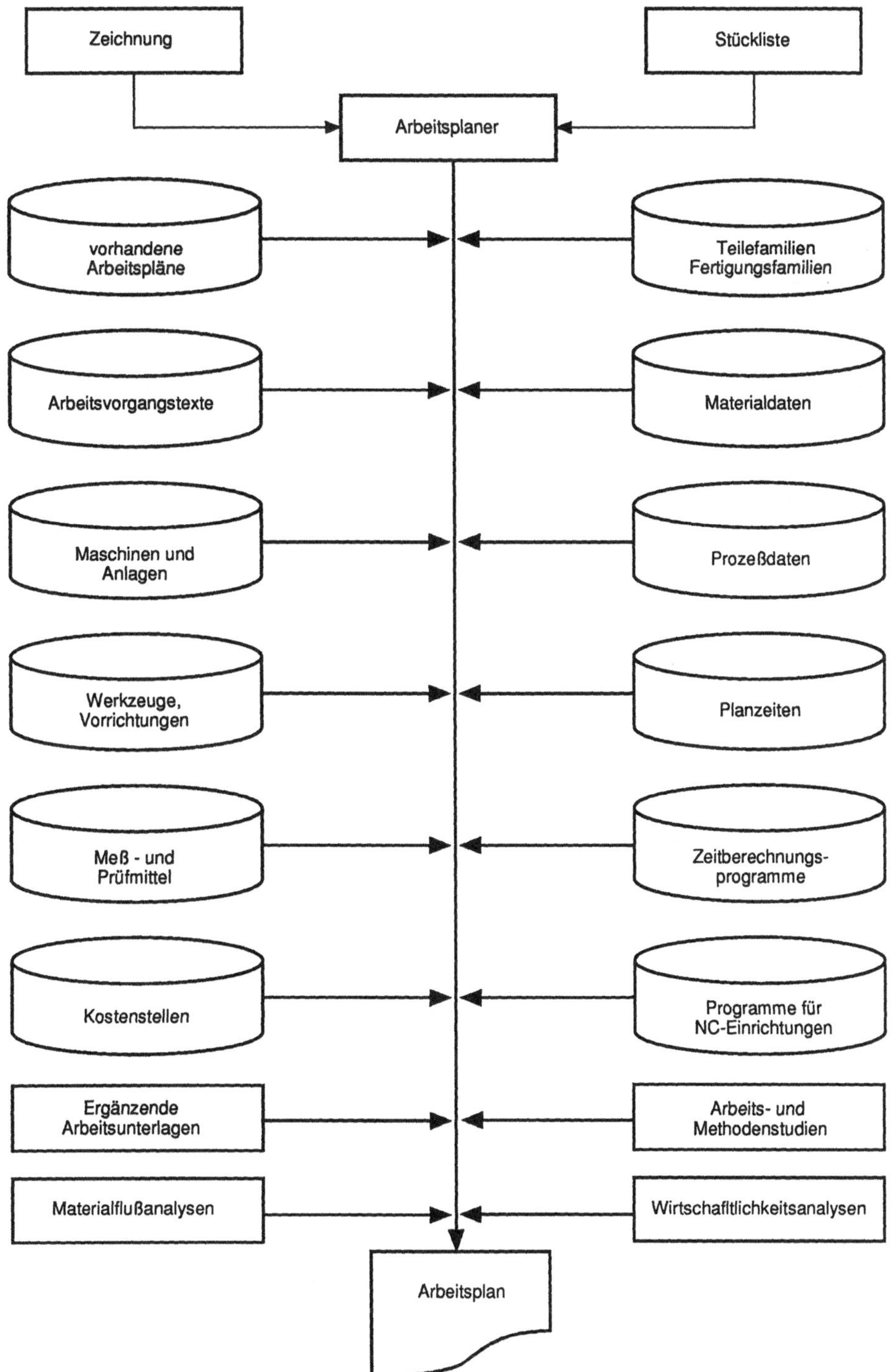


**Bild 3.8**   Dateien und Planungshilfen zur Arbeitsplanerstellung

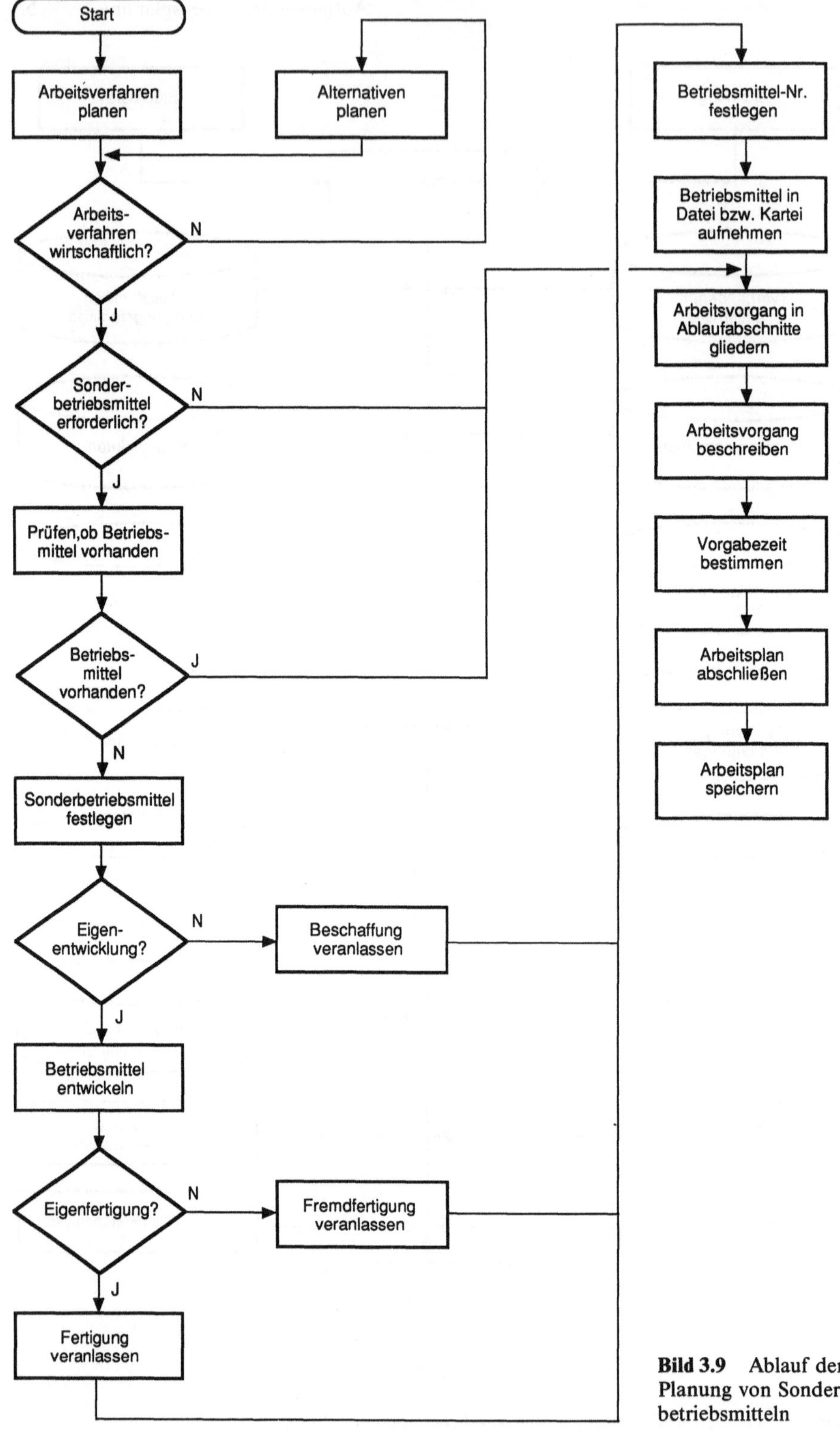


**Bild 3.9**  Ablauf der Planung von Sonderbetriebsmitteln

Die Entscheidung für ein bestimmtes Sonderbetriebsmittel hat wesentlichen Einfluß auf die damit auszuführenden Arbeitsvorgänge. Deshalb kann deren Beschreibung erst nach Klärung der technischen Konzeption erfolgen. Die Ermittlung der Vorgabezeiten muß die Verwendung von Sonderbetriebsmitteln berücksichtigen.

Aus den beschriebenen Kriterien ist ersichtlich, daß die Verwendung von Sonderbetriebsmitteln sorgfältig geplant, die technische Konzeption richtig festgelegt, die Beschaffung rechtzeitig eingeleitet sowie der Einsatz im Betrieb sorgfältig vorbereitet werden muß.

Neben der Planung von Sonderbetriebsmitteln sind auch erforderliche Sondermeßmittel und Meßvorrichtungen in Auftrag zu geben.

### *a) Planung der Entwicklung von Sonderbetriebsmitteln*

Die Planung der Betriebsmittelentwicklung erfolgt in mehreren Phasen:

1. Bedarfsplanung – was soll mit dem Betriebsmittel erreicht werden
2. Planung und Entwicklung – technische Auslegung und Konstruktion
3. Planung der Fertigung der Sonderbetriebsmittel (Fremdbezug, Eigenfertigung)
4. Planung der Einführung der Sonderbetriebsmittel

Der Arbeitsplaner stellt den Bedarf für ein Sonderbetriebsmittel fest. In Absprache mit der Betriebsmittelkonstruktion oder externen Lieferanten wird die technische Konzeption festgelegt (Bild 3.10).

Der mit einer Zusammenarbeit verbundene Erfahrungsaustausch führt zu angepaßten technischen Lösungen, die sowohl die betriebsspezifischen Probleme berücksichtigen als auch kostengünstig sind. In der zweiten Phase wird die optimale Konzeption für die Betriebsmittel erarbeitet. Dazu sind zunächst auf dem Markt angebotene Betriebsmittel im Hinblick auf Eignung oder Teileverwendungsmöglichkeiten zu untersuchen. Wesentliche Kriterien zur Beurteilung sind der Grad der Funktionserfüllung, die am Arbeitsplatz geforderte Flexibilität und die Investitions- bzw. Betriebskosten.

Liegen keine geeigneten Betriebsmittel vor, müssen neue Lösungen entwickelt werden. Zur Verringerung der Anzahl unterschiedlicher Sonderbetriebsmittel ist bei der Neuentwicklung eine baukastenmäßige Auslegung anzustreben. Dazu sind die Baugruppen zu klassifizieren, damit eine leichte Wiederauffindung gewährleistet ist. Das Abspeichern von Sonderbetriebsmitteln in Betriebsmittel-Dateien erfordert diese Vorgehensweise. Die endgültige Auswahl der optimalen Lösungen erfolgt anhand einer technischen und wirtschaftlichen Bewertung.

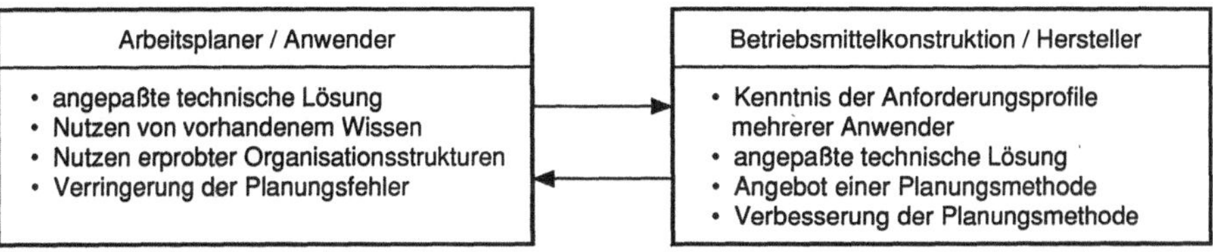


**Bild 3.10**  Gründe für die Zusammenarbeit von Arbeitsplaner/Anwender und Betriebsmittelkonstruktion/Hersteller

Während der Entwicklungsphase sind Rückkopplungen zum Arbeitsplaner/ Anwender erforderlich (Bild 3.10). Dazu sind eventuell mehrere Alternativen technischer Lösungen zu entwickeln.

Die Abwicklung des eigentlichen Entwicklungsauftrages muß auf Basis einer definierten Anforderungsliste (Pflichtenheft) erfolgen. Darin sind qualitative Anforderungen und geforderte Merkmale zusammengestellt. Bei der Vergabe von Entwicklungsaufträgen an externe Hersteller ist es rechtlich notwendig, das Pflichtenheft in die Vertragsvereinbarungen miteinzubeziehen.

Nach abgeschlossener Entwicklung und Konstruktion ist die Beschaffung von auswärts oder die Eigenfertigung einzuleiten. Für die Eigenfertigung sind die erforderlichen Fertigungsschritte genauso wie bei der Herstellung von Erzeugnissen zu planen.

### b)  Einführung der Sonderbetriebsmittel

Ausgehend vom Einsatzzeitpunkt muß der Einsatz selbsthergestellter oder über den Markt beschaffter Sonderbetriebsmittel vorbereitet werden (Bild 3.11).

Die Bereitstellung der Sonderbetriebsmittel für Teile und Baugruppen wird durch die Arbeitspläne/Fertigungsunterlagen gesteuert. Dazu sind die Betriebsmittel zu numerieren und in eine Betriebsmitteldatei mit ihren techn. Beschreibungen aufzunehmen. Sinnvoll ist die Klassifizierung aller Sonderbetriebsmittel. Daraus ergeben sich folgende Vorteile für die:

1. Konstruktion von Erzeugnissen
   - Zugriffsmöglichkeiten auf vorhandene Betriebsmittel bei der Neukonstruktion (Kostenfestlegung).
2. Arbeitsplanung
   - Schnelle Entscheidung ist möglich, ob eine Vorrichtung vorhanden, verwendbar und verfügbar ist.
3. Betriebsmittelkonstruktion
   - Verwendung von standardisierten Baugruppen wird erleichtert. Für den CAD-Einsatz in der Betriebsmittelkonstruktion ist eine Systematisierung unerläßlich.

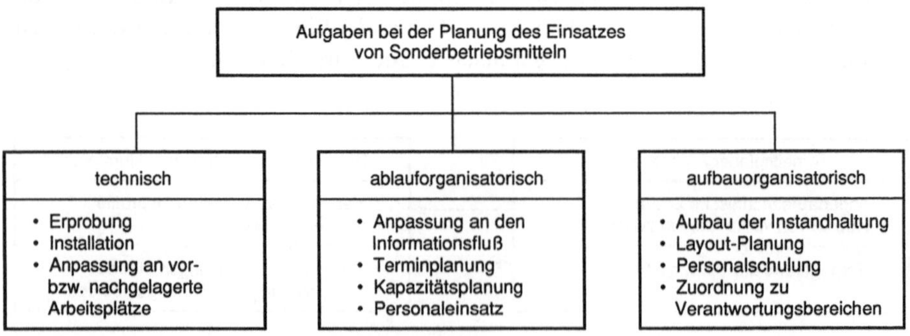


**Bild 3.11**  Aufgaben der Einsatzplanung von Sonderbetriebsmitteln

4. Betriebsmitteleinsatzplanung
   - Schnelle Auskunft, ob und wann Betriebsmittel zur Verfügung stehen und
     ob Alternativen vorhanden sind.

Betriebsmitteldateien sind Bestandteile einer technischen Datenbank.

## 3.4 Informationsfluß innerhalb der Arbeitsplanung

Der Informationsfluß in der Arbeitsplanung (Bild 3.12) ist nicht nur hinsichtlich
des Informationsaustausches und seiner Intensität – also der Kommunikation
zwischen mehreren Stellen – zu gestalten. Eine wichtige Randbedingung ist der
Informationsbedarf einer Stelle oder eines Mitarbeiters. Der Informationsfluß in
einem Unternehmen muß dem Bedarf entsprechen und so gestaltet sein, daß

- angemessene Informationsmengen und
- ein intensiver Informationsaustausch

gewährleistet sind.

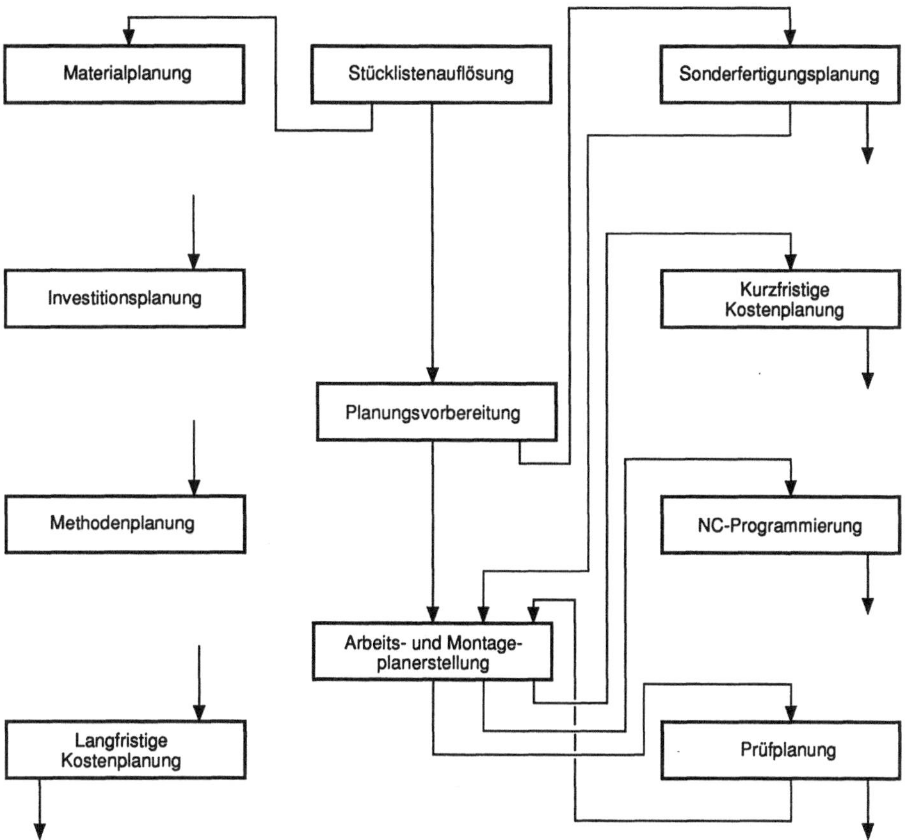


**Bild 3.12**   Interner Informationsfluß [BABE80]

## 3.4.1 Zusammenhang der Aufgaben in der Arbeitsplanung

### a) Aufgaben und Information

Die wichtigsten Funktionen der Arbeitsplanung sind in anderen Abschnitten dieses Kapitels detailliert beschrieben. Zur Durchführung der Aufgaben sind Informationen notwendig. Die Aufgaben in einer Produktion sind nur zu erfüllen, wenn

- Arbeitskraft und Maschinen sowie
- Material, Energie und Informationen

in ausreichender Qualität und Quantität zur Verfügung stehen. Die Aufgaben der Arbeitsplanung sind somit die Planung und die Bereitstellung von Kapazitäten und Eingaben (kurz- und langfristig) und deren Aufbereitung zu allgemeingültigen, verbindlichen Informationen. Die Informationen werden bezüglich ihrer Herkunft nach REFA wie folgt unterschieden:

- Sachdaten,
  - Erzeugnisdaten
  - Betriebsmitteldaten
- Personaldaten,
- Auftragsdaten,
- Grunddaten,
  - Stammdaten
  - Strukturdaten
- Bewegungsdaten.

Unter Erzeugnisdaten sind solche Daten zu verstehen, die über die Zusammensetzung des Erzeugnisses, seine Eigenschaften und Besonderheiten Auskunft geben. Diese Daten betreffen das Erzeugnis als Ganzes, seine Baugruppen, Teile, Rohstoffe, seine Zuordnung zu anderen Erzeugnissen, seine Dokumentation usw. Unter Erzeugnisdaten können auch Bezugsdaten für Rohstoffe oder Halbzeuge verstanden werden. Sie sind wichtige Voraussetzungen für die Planung und Steuerung betrieblicher Abläufe.

Entsprechend sind auch die betriebsmittel-, personal- und auftragsbezogenen Daten zu verstehen.

Unter Stammdaten versteht man Daten über die Eigenschaften von Systemelementen (Personen, Gegenständen, Sachverhalten), die mittel- bis langfristig Gültigkeit haben. Man spricht daher auch von Personalstamm-, Teilestamm-, Kostenstellenstammdaten usw. Diese unterliegen dem gelegentlichen Änderungsdienst. Datenänderungen sind dann erforderlich, wenn sich die Eigenschaften der Systemelemente geändert haben (z.B. wenn der Mitarbeiter eine zusätzliche Ausbildung absolviert hat oder eine Maschine nach einer Reparatur nur noch einen eingeschränkten Drehzahlbereich besitzt).

Strukturdaten beschreiben die Beziehung zwischen den Systemelementen nach Ziel und Art. Die Strukturdaten werden auch Verbindungs- oder Verknüpfungsdaten genannt. Auch sie sind meist über eine verhältnismäßig lange Zeit gültig und unterliegen ebenfalls dem gelegentlichen Änderungsdienst. Wird ein Einzelteil (z.B. ein Pkw-Außenspiegel) für mehrere Automobiltypen verwendet, so wird damit deren Struktur gekennzeichnet. Die Stammdaten kennzeichnen also den Aufbau des Spiegels, die Strukturdaten seine Verwendung bei den verschiedenen Fahrzeugtypen.

Weitere Beispiele: Personaldaten, wie Personalnummer, Alter, Wohnort, Ausbildung usw. sind Stammdaten; jedoch wird der Einsatz der Person, z.B. als Springer oder bei der Endkontrolle und in der Packerei, in Form von Strukturdaten festgehalten.

Ein wesentliches Merkmal der Grunddaten (Stamm- und Strukturdaten) ist ihr statistischer Charakter. Die Grunddaten unterliegen dem gelegentlichen Änderungsdienst.

Unter Bewegungsdaten werden Daten über Bauteile verstanden, die sich ständig ändern. Ein typisches Beispiel für ein Bewegungsdatum ist der Bestand der Einzelteile am Lager, der sich durch Zu- oder Abgänge ständig ändern kann. Auch die Mengen, die vorgemerkt oder bestellt sind, sind Bewegungsdaten. Naturgemäß unterliegen die Bewegungsdaten nicht dem selben Änderungsdienst, wie das für die Stamm- und Strukturdaten gilt; allerdings können Bewegungsdaten in gewissen Zeitabständen auf ihre Richtigkeit überprüft werden (z.B. bei der Inventur).

Die Unterscheidung in Grund- und Bewegungsdaten wird vor allem deshalb vorgenommen, um den Aufwand zur Datenerfassung und -speicherung zu verringern. Da die Grunddaten über längere Zeit festliegen, sind nur die Bewegungsdaten laufend zu erfassen.

### b) Zusammenhang

Der Zusammenhang der Aufgaben ergibt sich aus der erforderlichen Beziehung der Einzeldaten zueinander. Bei der Planung eines Erzeugnisses werden Menschen und Betriebsmittel miteinander in Beziehung gebracht und verändern bzw. verwenden Material, Energie und Information gemäß der Aufgabe. Die Informationen/Daten sind so darzustellen und zu strukturieren, daß für jeden Ablaufschritt die dazu erforderlichen Einzelinformationen zu extrahieren und zu einem neuen Daten-/Informationssatz zusammenzustellen sind.

Für die Erstellung des Arbeitsplanes sind alle oder einige Einzelinformationen erforderlich, die entweder unverändert übernommen oder entsprechend der Beziehung/Aufgabe verändert werden.

## 3.4.2 Informationsverknüpfung beim Erstellen der Fertigungsunterlagen

In Bild 3.13 ist beispielhaft dargestellt, wie spezielle Informationen unterschiedlicher Art und Herkunft zum Erstellen eines Arbeitsplanes herangezogen werden.
Die Fertigungsunterlagen bestehen in der Regel aus
- Arbeits-/Montageplan,
- Fertigungs-/Montagezeichnung und
- Stückliste.

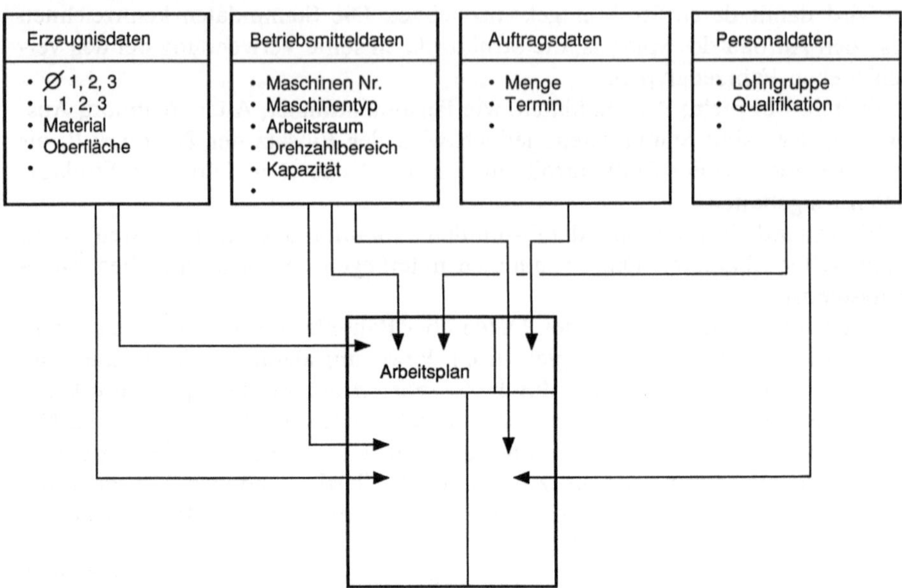


**Bild 3.13**    Informationsverknüpfung beim Erstellen eines Arbeitsplanes

Für das automatische Erstellen dieser Unterlagen ist es erforderlich, im Vorfeld alle Phasen der Planung nach charakteristischen Merkmalen, wie Funktionen, Bearbeitungsumfang und -genauigkeit, Ein- und Ausgangsinformationen usw., abzugrenzen [SZAB77].

Aus Abschnitt 3.3 wird deutlich, daß durch die Festlegung der Ein- und Ausgangsinformationen (Parameter der Bohrungstypen, Werkzeuge und Arbeitsgänge für Bohrungstypen) alle Informationsverknüpfungen zwischen den abgegrenzten Phasen systematisiert werden müssen.

Für die festgelegten Schnittstellen sind weiterhin Informationsinhalte zu definieren, deren Konkretisierung hinsichtlich Inhalt, Struktur und Darstellungsform in Abhängigkeit von den unternehmensspezifischen Automatisierungsmaßnahmen erfolgen muß. Durch die systematische Abgrenzung von Tätigkeitskomplexen und durch festgelegte Schnittstellen im Prozeß der Informationsverarbeitung werden die wesentlichen Voraussetzungen für die Automatisierung im Konstruktions- und Arbeitsplanungsbereich geschaffen.

## 3.5 DV-Unterstützung für die Arbeitsplanung

### 3.5.1 Einordnung der rechnerunterstützten Arbeitsplanung

Für die rechnerunterstützte Aufgabenbearbeitung können zwei Bereiche der Systementwicklungen unterschieden werden.

Entsprechend unterschiedlicher administrativer und geometrieorientierter Anteile bei der rechnerunterstützten Arbeitsplanung werden diese der Produktionsplanung und -steuerung, PPS, oder dem Bereich der rechnerunterstützten Konstruktion und Arbeitsplanung, CAD/CAM, zugeordnet.

Gegenwärtig eingesetzte Produktionsplanungs- und -steuerungssysteme unterstützen nicht nur die aktuelle Auftragsbearbeitung, sondern sie ermöglichen auch die Bearbeitung einiger grundlegender Aufgaben der Arbeitsplanung durch die Auswertung der abgespeicherten aktuellen Daten. Für Aufgaben, wie die Materialplanung oder die Investitionsplanung von Betriebsmitteln sind spezielle Module von PPS-Programmsystemen verfügbar.

Die rechnerunterstützte Durchführung der operationellen Aufgaben erfordert die Erzeugung oder Übernahme gestaltbezogener Daten. Das Erstellen von Steuerprogrammen für rechnergesteuerte Maschinen und Geräte, sofern dies ganz oder teilweise zu den Aufgaben der Arbeitsplanung gehört, wird zum Beispiel durch die Verwendung graphisch interaktiver Arbeitsplätze unterstützt. Die Forderung nach der rechnerinternen Verfügbarkeit von Gestaltinformationen macht eine Integration von Arbeitsplanerstellungssystemen und rechnerunterstützten Konstruktionssystemen notwendig.

Die Sonderbetriebsmittelkonstruktion unterscheidet sich hinsichtlich der Anwendung von CAD gegenüber der Produktkonstruktion durch die restriktivere Vorgabe einzuhaltender Randbedingungen. Besonders darstellungsorientierte Aufgaben der Arbeitsplanung, wie zum Beispiel die interaktive NC-Programmerstellung oder die Kollisionsuntersuchung beim Zerspanvorgang, sind Bestandteile von CAD/CAM-Programmsystemen, siehe hierzu Kap. 4.

Ein Kernbereich der Arbeitsplanung ist das Erstellen von Bearbeitungs-, Montage- und Prüfplänen. Das Ergebnis ist der Arbeitsplan, der als Grundlage für die Bearbeitung der weiteren Aufgaben der Arbeitsplanung dient. Zur Unterstützung der Arbeitsplanerstellung wurde eine Reihe von Systementwicklungen realisiert, deren Ziel es war, die Erzeugung von Arbeitsplänen zu vereinheitlichen, die Qualität der Planungsergebnisse zu verbessern und den notwendigen Zeitaufwand der Planung zu reduzieren. Die Einordnung von rechnerunterstützten Arbeitsplanungssystemen kann anhand folgender Kriterien vorgenommen werden:

- nach der Art der unterstützten Planungsaufgaben, wie Bearbeitungsplanung, Montageplanung oder Prüfplanung,
- Unterscheidung nach anzuwendenden Fertigungsverfahren,
- nach dem angewendeten Planungsprinzip, wie Wiederholplanung, Ähnlichkeitsplanung oder Neuplanung,
- nach Automatisierungsgrad,
- nach der Integrationsfähigkeit des Arbeitsplanungssystems.

Durch die Entwicklung neuer Software-Technologien entstehen heute wissensbasierte Arbeitsplanungssysteme, die durch die klare Trennung von Daten und Verarbeitungsprogrammen gekennzeichnet sind. Dadurch weisen sie ein hohes Maß an Flexibilität hinsichtlich firmenspezifischer Anpaßbarkeit auf.

| KP 40 Links | EXAPT-Karteiblatt für Drehwerkzeuge | Werkzeugsystem | No 39 | Ident-Nr. 111 625 |
|---|---|---|---|---|
| | Bezeichnung: Linke Bohrstange | | | Tag: 9.2.80 / Name: Polmar |

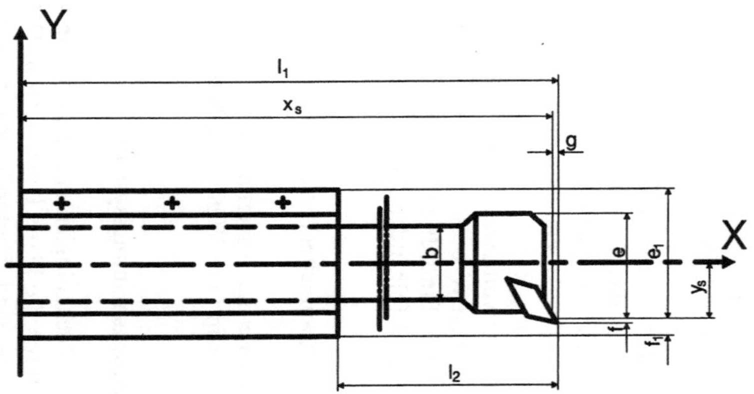


| | Schneide | Schaft | Wz.-Halter |
|---|---|---|---|
| Firma | | | |
| Bestell-Nr | | | |
| Schneidst | | Nachschleifanweisung | |
| Schneide ausw.bar | ja nein | | |
| Span-∢ | | | |

Bemerkungen:

| Einstellmaße | L= | O= |
|---|---|---|

| System - Nr (Fert.-Verf., Schneidengeometrie, Schaftart, Schneidstoff, Wz.-Halter, Einspannung) | Einsatzbedingungen: a min.rel. % | b/h rel. % | $h_{zul.}$ 1/100 mm/U | $b_{zul.}$ 1/100 mm | $P_{zul.}$ kp | VB 1/100 mm | $T_{zul.}$ min | $h_{min}$ 1/100 mm/U | Schneidgeometrie: ± 1/10° | ± 1/10° | ± 1/10° | ± ° | Unit | Ident.-Nr.: Schaft | Werkzeug |
|---|---|---|---|---|---|---|---|---|---|---|---|---|---|---|---|
| 4 1 1 8 1 1 0 0 0 0 | 1 0 0 | 1 0 0 | 4 | 6 | 8 0 0 | 6 | 1 5 | 1 | - 6 5 | | 5 5 | | | | 1 1 1 6 2 5 |

Maßangaben

| ± $x_S$ 1/100 mm | ± $y_S$ 1/100 mm | $r_S$ 1/100 mm | i 1/100 mm | $i_{max}$ 1/10 mm | $d_{min}$ 1/10 mm | e 1/100 mm | $l_1$ mm | $e_1$ mm | f 1/100 mm | $l_2$ mm | $f_1$ mm | g 1/100 mm | ± $k_a$ 1/10 mm | b oder d 1/10 mm | h 1/10 mm | Ident-Nr Werkzeug |
|---|---|---|---|---|---|---|---|---|---|---|---|---|---|---|---|---|
| 2 0 9 | - 4 0 | 1 | | | 8 2 | 4 6 | 2 1 0 | 8 8 | 1 | 4 0 | 3 | 1 | 0 | 4 0 | | 1 1 1 6 2 5 |

**Bild 3.14** Beispiel einer Werkzeugdatei (Quelle: IPK Berlin)

Bei der Unterscheidung von Arbeitsplanungssystemen nach der Art der Planungsaufgaben kommt der Möglichkeit zur vollständigen Erfassung der Einflußgrößen der Planungsaufgabe im Rechner eine wesentliche Bedeutung zu. Bei der rechnerunterstützten Bearbeitungsplanung ist die Erzeugung komplexer Fertigteilgeometrien zu gewährleisten. Neben der Handhabung der Geometrie müssen technologische Zusammenhänge zur Ermittlung der Operationsdaten zur Verfügung stehen und von Planungssystemen verarbeitet werden. Dazu wurden technologische Informationssysteme entwickelt oder spezielle Dateien konzipiert, wie in Bild 3.14 am Beispiel einer Werkzeugdatei dargestellt ist.

Bei der Montageplanung sind mehrere komplexe Geometrien zu handhaben, wobei die Technologie der Einzeloperation eine untergeordnete Bedeutung hat. Wenn für die Montage Handhabungsgeräte verwendet werden, dann verschiebt sich der Schwerpunkt der Montageplanung auf die Durchführung geometrischer Auswertungen, wie die Untersuchung von möglichen Kollisionen oder die Eignung bestimmter Greifer für das zu handhabende Objekt.

Bei der Prüfplanung stellt die Auswahl der Prüfmerkmale und die Definition der Prüfparameter, wie Prüfschärfe und -häufigkeit, einen Schwerpunkt dar.

Im Rahmen der rechnerunterstützten Arbeitsplanung werden daher unterschiedliche Anforderungen hinsichtlich der Möglichkeiten zur Geometrieverarbeitung, Technologieverarbeitung und Bereitstellung von Betriebsmittelinformationen seitens der Bearbeitungs-, Montage- und Prüfplanung gestellt.

Bei der rechnerunterstützten Bearbeitungsplanung werden Systeme hinsichtlich der anzuwendenden Fertigungsverfahren unterschieden. Die meisten Systementwicklungen befassen sich mit der Planung von Drehen, Bohren, Fräsen und Blechbearbeitung wie Nibbeln, Stanzen.

Nach dem angewandten Planungsprinzip werden die Wiederholplanung, die Ähnlichkeitsplanung und die Neuplanung unterschieden.

Bei der *Wiederholplanung* wird ein auftragsneutraler Arbeitsplan durch Eintragen der Auftragsdaten in einen auftragsbezogenen Arbeitsplan umgewandelt.

Die *Ähnlichkeitsplanung* wird unterteilt in die Variantenplanung und die Anpaßplanung.

Die Variantenplanung kombiniert vorgedachte Planungslösungen zu einem aktuellen Arbeitsplan. Dazu muß das Werkstück einer Variantenklasse zuzuordnen sein. Die Bildung von Variantenklassen vollzieht sich durch die Gliederung des Werkstückspektrums nach konstruktiven und/oder fertigungstechnischen Gesichtspunkten. Repräsentant einer Klasse ist das Komplexteil, aus dem durch Variation von Parametern die Pläne für alle Werkstücke der Klasse abgeleitet werden können. Der Fertigungsprozeß für alle Varianten ist vorgedacht und wird bei der Planung durch Alternativ- oder Wahlbedingungen, die meist in Form von Entscheidungstabellen rechnerintern verfügbar sind, zu einem aktuellen Arbeitsplan zusammengesetzt. Ein Nachteil dieser Methode ist die bei der Einführung einmalig aufzubringende hohe Planungsleistung und die vielfach aufwendige Formulierung und Programmierung der Alternativ- und Wahlbedingungen. Ein Vorteil dieser Methode ist die Verkürzung des Planungsablaufs. Ein weiterer Nachteil der Variantenplanung besteht in der Beschränkung des Planungsspektrums, d. h. ein Werkstück, das nicht in eine Variantenklasse einzuordnen ist, kann nicht geplant werden. Nachteilig ist ferner der für jede Klasse notwendige Aufwand zur Erstellung des Variantenarbeitsplanes.

Bei der Anpassungsplanung werden durch teilweise Neuplanung ähnliche Arbeitspläne der veränderten Aufgabenstellung angepaßt. Diese Planungsmethode ist nicht auf ein bestimmtes Werkstückspektrum beschränkt, jedoch müssen ähnliche Werkstücke vorhanden sein. An diese ist die Bedingung geknüpft, daß sie in der Weise dem aktuellen Teil ähnlich sind, daß eine Anpassungsplanung wirtschaftlicher durchzuführen ist als eine Neuplanung. Auch hier ist der Vorteil die Nutzung erbrachter Planungsleistungen zur Senkung des Planungsaufwandes. Da die Planungsgrundlage ein ähnliches Werkstück ist, erweist sich diese Planungsmethode besonders bei Teilefamilien oder vielfältigen Produktvarianten als wirtschaftlich einsetzbar. Das Auffinden eines ähnlichen Werkstückes stellt einen Problemschwerpunkt dieser Methode dar, wobei Klassifizierungs- und Codiersysteme eingesetzt werden können, die die Werkstücke nach geometrischen und fertigungstechnischen Gesichtspunkten systematisieren.

Bei der *Neuplanung* wird der Bearbeitungsplan für das zu fertigende Werkstück vollständig neu erstellt, d.h. im Gegensatz zu den anderen Methoden der Arbeitsplanung muß hier die gesamte Planungsleistung erbracht werden. Als Vorteil dieser Methode ist zu sehen, daß das Planungsspektrum prinzipiell nicht eingeschränkt ist. Ein weiterer Vorteil besteht in der Flexibilität sowohl im Planungsablauf als auch in der Gestaltung des Planungsergebnisses. Infolge der hohen Komplexität der Planungsaufgaben werden hauptsächlich interaktive Planungssysteme angewendet, die im Dialog mit dem Benutzer einen Arbeitsplan erstellen.

Hinsichtlich des Automatisierungsgrades lassen sich zwei Arten von Systemen unterscheiden:

- interaktive und
- automatisch arbeitende Systeme.

Die meisten heute verfügbaren Arbeitsplanungssysteme stellen eine Kombination beider Arten dar.

Bei automatisch arbeitenden Arbeitsplanungssystemen besteht keine Möglichkeit, den Programmablauf durch den Benutzer zu beeinflussen. Deshalb wird diese Vorgehensweise hauptsächlich für klar definierte und überschaubare Problemstellungen gewählt.

Bei der interaktiven Bearbeitung von Planungsaufgaben wird der Planungsablauf durch einen Dialog gesteuert. Beim Dialogbetrieb kann in Abhängigkeit von Zwischenergebnissen und Lösungsalternativen in den Ermittlungsablauf personell eingegriffen werden. Der graphisch-alphanumerische Dialog ist dabei eine Erweiterung des rein alphanumerischen Dialogs. Diese Kommunikationsform ist für technologische Aufgaben vorteilhaft, die einen hohen Anteil geometrischer Probleme enthalten.

Im Hinblick auf die durchgängige rechnerunterstützte Aufgabenbearbeitung ist die Integrationsfähigkeit von Arbeitsplanungssystemen ein wesentliches Beurteilungskriterium. Die Übernahme der geometrischen Daten aus dem CAD-System stellt dabei eine wesentliche Voraussetzung dar, um die Vorteile der rechnerunterstützten Arbeitsplanung in vollem Umfang zu nutzen. Der Zugriff auf betriebliche Datenbestände wie die Betriebsmitteldaten ist ein weiteres Kriterium der Integrationsfähigkeit. Da gegenwärtig vielfach PPS-Systeme im Einsatz sind, müssen die Ergebnisse der Arbeitsplanung diesen in geeigneter Form zur Verfügung gestellt werden.

## 3.5.2 Systeme zur Bearbeitungsplanung

Im Bereich der Bearbeitungsplanung können für verfügbare Systementwicklungen vier Schwerpunkte benannt werden. Diese liegen im Bereich

- technologischer Informationssysteme,
- allgemeiner Basissysteme,
- gruppentechnologischer Systeme und
- Generierungssysteme.

Die technologischen Datenbanksysteme INFOS [KÖNI79], MDC [MDC79], SWS [SWS80], SCDC [KALL80] und TRI [TRI79] entstanden teilweise in Zusammenarbeit von Hochschulen mit Industrieunternehmen und verwerten die bisher überwiegend bei der spanenden Bearbeitung gesammelten Erfahrungen. Durch die Vereinheitlichung und Auswertung der gesammelten Daten besteht die Möglichkeit für bestimmte Zerspanungsaufgaben, optimale Zerspandaten bereitzustellen, um so die technologischen Reserven bei der Fertigung besser ausnutzen zu können.

Mit Hilfe allgemeiner Basissysteme wie CAPEX [CAPE82] oder DISAP [EVER81] können firmenspezifische Arbeitsplanungssysteme aufgebaut werden. Die Einsatzbreite erstreckt sich nicht auf ein bestimmtes Werkstückspektrum oder spezielle Fertigungsverfahren, sondern kann den betriebsspezifischen Gegebenheiten angepaßt werden. Die Systemkonzeptionen gehen von einem Grundleistungsumfang aus. Als Standardfunktionen werden Maskentechniken zur Dialogführung, Möglichkeiten der Dateienverarbeitung, Tabellenverarbeitungstechniken und Definitionsmöglichkeiten für mathematische Berechnungen und logische Entscheidungen angeboten.

Arbeitsplanungssysteme, die auf der Basis der Gruppentechnologie arbeiten, wie CAPP [LINK77] oder MIPLAN [KOLO73], basieren meist auf einem Klassifizierungs- oder Codierungssystem. So verwendet das MIPLAN-System, das von TNO in den Niederlanden entwickelt wurde, die MICLASS-Klassifizierung und -Verschlüsselung, die ein Werkstück aufgrund seiner geometrischen und technologischen Beschreibung mittels eines zwölfstelligen Codes in eine bestimmte Werkstückklasse einordnet. Die nachfolgende Planung basiert auf den implizit im Klassifizierungscode enthaltenen Informationen und eventuell zusätzlichen Angaben über die Ausprägung von Dimensionen und Toleranzen.

Generierende Arbeitsplanungssysteme sind in der Regel für ein bestimmtes Produktspektrum oder spezielle Fertigungsverfahren ausgelegt. Beispiele solcher Systeme sind APLAN [LORE81], AUTAP [EVER80] und DREKAL [TÖNS81]. Die Aufgabenbeschreibung und die Planungsdurchführung erfolgen im Dialog.

Bei den wenigsten Systemen werden graphische Darstellungen zur Planungsunterstützung herangezogen, wie sie bei den NC-Programmier-Systemen Stand der Technik sind. Die Kopplung zu CAD-Systemen mit der Datenübertragung des Geometriemodells bringt auch für die Arbeitsplanerstellung durch die einmalige Teilebeschreibung wesentliche Zeitvorteile. Systeme, die eine graphisch-interaktive Kommunikation bereits während der Planungsdurchführung ermöglichen, wie z. B. CAPSY [SPUR80], fördern durch die graphischen Darstellungen der planungsrelevanten Objekte und Prozesse fehlerfreie und zuverlässige Planungsergebnisse.

Als Beispiel eines Generierungssystems soll im folgenden das System CAPSY beschrieben werden:

CAPSY ist ein rechnerunterstütztes Arbeitsplanungssystem, das im alphanumerischen Dialog arbeitet. Es wurde am Institut für Werkzeugmaschinen und Fertigungstechnik der Technischen Universität Berlin entwickelt. Die Systemkonzeption hat einen allgemeingültigen Aufbau und einen großen Anwendungsbereich für die Automatisierung der Bearbeitungsplanung zum Ziel. Anwenderbezogene Informationen für den Planungsprozeß fließen über externe Dateien und den Dialog zwischen Planer und Planungssystem ein, so daß bei CAPSY betriebsspezifische Anpassungen leicht durchführbar sind.

Der Dialogeinsatz nutzt die Erfahrung und schöpferischen Fähigkeiten des Bearbeiters für den Planungsablauf. Zur visuellen Kontrolle und zur Dokumentation der Planungsergebnisse werden während des Planungsprozesses die aktuellen Planungs- bzw. Bearbeitungszustände graphisch ausgegeben, so daß anhand der Zwischenergebnisse korrigierend in den Planungsablauf eingegriffen werden kann.

Zur Planungsdurchführung und Ermittlung der Fertigungsdaten werden die nach Fertigungsverfahren und Technologien gegliederten CAPSY-Planungsprozessoren aufgerufen. Die einzelnen Verarbeitungsprogramme werden durch ein übergeordnetes Steuerprogramm verknüpft. Derzeit stehen Programmbausteine zur Planung der Bearbeitungen von Rotationsteilen, Blechteilen und kubischen Bauteilen auf konventionellen und numerisch gesteuerten Werkzeugmaschinen zur Verfügung (Bild 3.15).

Für Bearbeitungsverfahren, die noch nicht mit dem System CAPSY geplant werden, besteht die Möglichkeit, die Arbeitsplandaten im Dialog einzugeben, so daß ein vollständiger Arbeitsplan erstellt werden kann.

Der Planungsablauf beginnt mit dem Anfordern der 2D-Werkstückdaten, die aus dem 3D-Werkstückmodell abgeleitet werden, und der graphischen Darstellung des Bauteiles auf dem Bildschirm. Mit Hilfe des Dialogs und den graphischen Darstellungen des jeweiligen Planungszustandes werden die einzelnen Ermittlungsschritte gesteuert und kontrolliert (Bild 3.16). Die Planungsergebnisse werden in unterschiedlicher Form aufbereitet. Für die konventionelle Fertigung wird ein Basisarbeitsplan erzeugt, die generierten Daten für NC-Werkzeugmaschinen werden in CLDATA-Form zur Verfügung gestellt.

Bei der Planung von Bohrbearbeitungen werden, ausgehend von einer 3D rechnerinternen Darstellung des Werkstückes, die Produktdaten problemorientiert aufbereitet, und es wird eine aufgabenspezifische Datenbasis für das System CAPSY erzeugt. Die Durchführung der Planung beginnt mit der Darstellung des

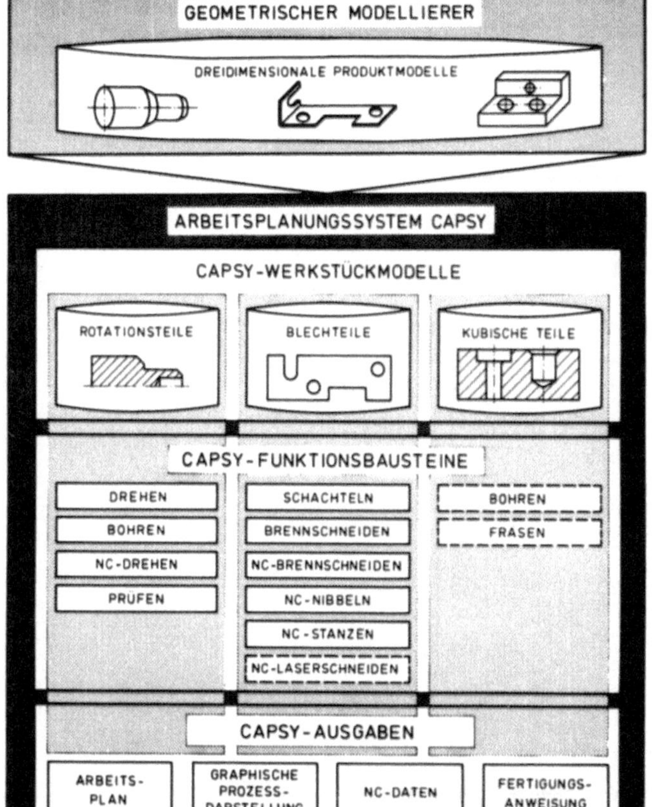


**Bild 3.15**   Funktionsumfang des Arbeitsplanungssystems CAPSY (Quelle: IPK Berlin)

3D-Werkstückmodells. Nach der graphisch-interaktiven Identifikation der zu planenden Bohrung wird diese als Schnitt dargestellt. Die Planung der Bohrung erfolgt dann in derselben Kommunikationsform wie die Planung der anderen Verfahren. Die Planungsergebnisse werden im Basisarbeitsplan ausgegeben.

Bei der Schachtelplanerstellung werden die ebenen Werkstücke mit Hilfe graphisch-interaktiver Manipulations- und Handhabungsfunktionen auf der Blechtafel positioniert, unterstützt durch Kontrollfunktionen, wie Einhaltung vorgewählter Mindestabstände. Parallel zur Verschachtelung werden die Werkstücke in einer Auftragsdatei verwaltet.

Ausgangsbasis für die Brennschneidplanung ist der Schachtelplan. Nach Eingabe der Beschreibung der Brennschneidemaschine wird graphisch-interaktiv die Brennschneidfolge festgelegt. Die Umlaufrichtung des Schneidbrenners, der Anschnittfahnentyp und die Lage des Anschnittes werden im Dialog bestimmt. Die Schneidwege und die Eilgangwege werden automatisch generiert und in CLDATA-Form bereitgestellt.

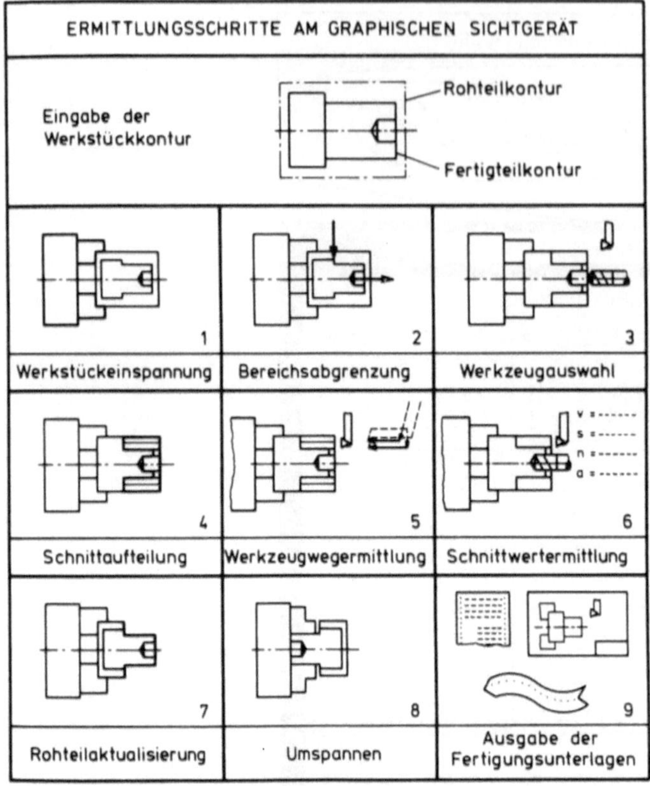



**Bild 3.16**    Funktionen zur Drehteilplanung (Quelle: IPK Berlin)

## 3.6 Wirtschaftlichkeit

Die Unternehmen erwarten durch den Einsatz DV-unterstützender Arbeitsplanungssysteme einen wirtschaftlichen Beitrag des Aufgabenbereiches Arbeitsplanung zur Gesamtzielsetzung der Ergebnisverbesserung durch Kostensenkung und Umsatzsteigerung. Die wesentlichen Ziele sind:

- Senken der Fertigungs-, Material-, Fix- und sonstiger Kosten,
- Reduzieren der Auftragsdurchlaufzeit,
- Erhöhen der Termintreue,
- Erreichen hoher produktionswirtschaftlicher Flexibilität.

Im Abschnitt 3.1 – Vorbemerkungen – wurde darauf hingewiesen, daß zur Durchführung der Aufgaben der Arbeitsplanung eine große Informations- und Wissensmenge in relativ kurzer Zeit mit hoher Wirksamkeit bei geringem Aufwand und hoher Planungsgenauigkeit zu verarbeiten ist und diese Ziele nur mit DV-Einsatz zu realisieren sind. Ungeklärt ist die Frage, zu welchen Kosten wirtschaftlich DV-unterstützende Arbeitsplanungssysteme eingesetzt werden können.

Diese Frage ist schwer zu beantworten. Investitionen müssen sich nutzbringend darstellen und rechnen lassen. Die nachfolgenden Ausführungen sollen einen Beitrag leisten zur Beantwortung der Fragestellung.

Die Einführung von DV-Systemen, ohne die bestehende Organisation zu überprüfen und ggf. zu ändern, allein genügt nicht, um die genannten Ziele der DV-unterstützten Arbeitsplanung zu erreichen.

Für die Organisations-Einheit Arbeitsplanung und ihre Einbindung in den Informationsfluß des Umfeldes bedeutet das im wesentlichen folgende Vorgehensweise:

- Klarheit über die Ziele schaffen,
- die notwendigen Voraussetzungen definieren,
- die Aufgaben der Arbeitsplanung richtig, d.h. in einer Einheit von Führungs-verantwortung, Überschaubarkeit und Instrumentarium abzugrenzen.

Dabei sind die zu Aufgabeneinheiten zusammenzufassenden Aufgabenkomplexe möglichst vielseitig zu gestalten, so daß sie es dem Aktionsträger Mensch ermöglichen, seine Leistungsfähigkeit unter Beweis zu stellen, und die Trennung von Entscheidung und Ausführung sollte zur Schaffung von Autonomiegebieten möglichst stark reduziert werden.

Für die so abgegrenzten Aufgabengebiete ist die Ablauforganisation der Arbeitsplanung festzulegen und soweit wie möglich auszutesten. Erst dann sollten gezielt DV-Arbeitsplanungssysteme ausgewählt und eingesetzt werden.

Es ist wie überall:

Erst kommt die Arbeit: Realisierung einer zielgerichteten Arbeitsplanungsorganisation.

Dann das Vergnügen: Einsatz von DV-gestützten Arbeitsplanungssystemen zur Beschleunigung der Abläufe.

Das Heil kann also nicht allein im Einsatz von DV-unterstützten Arbeitsplanungssystemen gesucht werden, um durch Schnelligkeit und umfassende Information die permanente Anpassung des Unternehmens an die Erfordernisse der Arbeitsplanung zu ermöglichen. Viel Unwissenheit und Komplexität der Abläufe werden durch das Unternehmen selbst verursacht.

Sind die organisatorischen Abläufe im Umfeld der Arbeitsplanung und innerhalb der Arbeitsplanung selbst erarbeitet und neu festgelegt worden vor dem Einsatz DV-unterstützender Arbeitsplanungssysteme, dann ergibt sich meist schon ein nachweisbarer wirtschaftlicher Effekt. Die schnelle Bereitstellung und Verarbeitung von Arbeitsplaninformationen durch den Einsatz geeigneter DV-unterstützter Arbeitsplanungssysteme dürfte sich dann ebenfalls leichter wirtschaftlich nachweisen lassen, um die eingangs genannten Unternehmensziele zu erreichen.

## 3.7 Literatur zu Kapitel 3

[BABE80]      Baberg, T.: Rationalisierung in der Arbeitsplanung unter Berücksichtigung dynamischer Unternehmensveränderung und der Auswirkung auf die Fertigungskosten. Dissertation TH-Aachen, 1980

[CAPE82]    CAPEX. Firmenschrift der EXAPT-NC-Systemtechnik, Aachen 1982

[EVER80]    Eversheim, W., Fuchs, H., Zons, K.-H.: Anwendung des Systems AUTAP zur Arbeitsplanerstellung. Ind. Anz. *102* (55) (1980) 29–33

[EVER81]    Eversheim, W., Loersch, U., Esch, H.: Arbeitsplanerstellung im Dialog mit dem System DISAP. Ind. Anz. *103* (97) (1981) 29–32

[KALL80]    Kallenbach, I.: Schnittdaten kostenlos auch für Nicht-Kunden. Maschinenmarkt *86* (6) (1980) 87–88

[KÖNI79]    König, W.: Zerspanwerte für die Fertigung aus der INFOS-Datenbank. wt-Z. ind. Fertig. *69* (1979) 58–59

[KOLO73]    Koloc, J.: Weiterentwicklung des MITURN-Programmiersystems für numerisch gesteuerte Drehmaschinen. tz für prakt. Metallbearbeitung *67* (1973) 405–410

[LINK77]    Link, C. H.: CAM-I, Automated Process Planning System (CAPP) Technical Paper, Dearborn, Michigan 1977

[LORE81]    Lorenz, W.: Rechnerunterstützte Arbeitsplanerstellung mit APLAN. ZwF 76 (3) (1981) 112–113

[MDC79]    MDC-Machinability Data Center. Information Service 1978/79. Cincinnati

[REFA85]    N. N.: Methodenlehre der Planung und Steuerung, Teil 1, Grundlagen. Hanser, München Wien 1985

[REFA86]    N. N.: Methodenlehre der Planung und Steuerung, Teil 3, Grundlagen. Hanser, München Wien 1986

[SPUR80]    Spur, G., Arndt, W., Grottke, G., Krause, F.-L., Pistorius, E.: Possibilities of Interfacing COMPAC, CAPSY, CAPP. CAM-I Inc. Arlington, Texas USA 1980

[SWS80]    Informationszentrum – Schnittwerte für spanende Bearbeitung – Schnittwertspeicher. Anwenderbeschreibung. TH Magdeburg 1980

[SZAB77]    Szabo, Z.-J.: Systematische Planung von Programmsystemen zur Erstellung von Fertigungsunterlagen. VDI-Taschenbücher T57. VDI-Verlag, Düsseldorf 1977

[TÖNS81]    Tönshoff, H. K.: DREKAL-System zur rechnerunterstützten Zeit- und Kostenkalkulation bei Rotationsteilen. Kernforschungszentrum Karlsruhe KfK-CAD 101, 1981

[TRI79]    Technical Information Selection. Druckschrift des TRI, Tokyo 1979

Kapitel 4

# NC-Werkzeugmaschinen, Industrieroboter, CNC-Koordinatenmeßgeräte

## 4.1 Vorbemerkungen

Rechnergesteuerte Einrichtungen zur Automatisierung von Arbeitsabläufen werden zunehmend in industriellen Produktionsprozessen eingesetzt.

Im vorliegenden Kapitel wird eine Auswahl aus der Vielfalt dieser Einrichtungen getroffen: Es befaßt sich mit NC-Werkzeugmaschinen, Industrierobotern und CNC-Koordinatenmeßgeräten, die im engeren oder weiteren Sinn zur Klasse der numerisch gesteuerten Arbeitsmaschinen gehören. Diese Maschinen und Geräte spielen eine wesentliche Rolle zur Produktivitätssteigerung in Teilefertigung, Montage und Qualitätssicherung, insbesondere für die mechanische Fertigung, auf die das Handbuch vornehmlich ausgerichtet ist. Auf rechnergesteuerte Fertigungs-, Montage- und Prüfeinrichtungen der Elektrotechnik/Elektronik wird hier daher nicht näher eingegangen; in manchen Fällen lassen sich die Ausführungen dieses Kapitels durchaus sinngemäß auf Anwendungen aus anderen Bereichen übertragen. – Neben ihrem insularen Einsatz, der heute noch überwiegt, gewinnen die hier betrachteten numerisch gesteuerten Arbeitsmaschinen in Verbindung mit automatisierten Systemen für Transport und Arbeitsmittelbereitstellung (Werkzeuge, Vorrichtungen usw.) als Elemente verketteter flexibler Fertigungssysteme an Bedeutung.

Die mit einem oder mehreren Rechnern ausgerüsteten Steuerungen dieser automatisierten Fertigungs-, Handhabungs- und Prüfeinrichtungen benötigen zur Durchführung von Arbeitsabläufen alphanumerische Informationen. Die Gesamtheit der für einen bestimmten Arbeitsablauf erforderlichen geometrischen und technologischen Informationen, ggf. auch zusätzlicher Informationen für die Organisation des Ablaufs (z. B. Anwendung der Unterprogrammtechnik; Meßdatenauswertung und Ergebnisprotokollierung), bilden das Steuerprogramm; dieses kann z. B. vorliegen:

- Als vollständiges, extern entstandenes Steuerprogramm, das einen Arbeitsablauf eindeutig beschreibt. Extern besagt, daß das Steuerprogramm getrennt von der Steuerung der betreffenden Einrichtung erstellt wurde.
- Als ein vollständig vor Ort (an der betreffenden Einrichtung) entstandenes Steuerprogramm, dessen Informationen durch Anfahren von Punkten bzw. Abfahren von Bahnen und Speichern der dabei gewonnenen geometrischen Daten sowie durch Eingabe zusätzlicher technologischer und organisatorischer Daten ermittelt wurden.
- Als unvollständiges, extern entstandenes Steuerprogramm-Gerüst, das vor Ort und/oder durch Informationen, die über Sensoren gewonnen werden, zu ergänzen bzw. zu ändern ist. Die Sensorik bietet die Möglichkeit, mit Hilfe geeigneter Geräte bestimmte, im voraus nicht in allen Einzelheiten deterministisch definierbare Zustände zu erkennen und daraus Informationen abzuleiten, die vom Steuerungsrechner zu Ergänzungen/Änderungen des Steuerprogramm-Ablaufs verarbeitet werden und somit einen den erkannten Zuständen entsprechenden automatischen Arbeitsablauf ermöglichen.

Voraussetzung für eine wirkungsvolle Nutzung dieser automatisierten Einrichtungen ist die rechtzeitige Bereitstellung der für die verschiedenen Arbeitsabläufe benötigten Steuerprogramme einschließlich der Daten für die dabei zu verwendenden Arbeitsmittel. In den Abschnitten 4.2 bis 4.4 wird beschrieben, wie dieser als Programmierung bezeichnete Vorgang rechnerunterstützt durchgeführt werden kann. Dabei wird dieser Vorgang nicht nur als insulare Tätigkeit betrachtet, obgleich in vielen Fällen der Anfang zur Automatisierung mit einer oder mehreren Inseln gemacht wird, sondern auch als Glied einer rechnerunterstützten Verfahrenskette, die von der Entwicklung/Konstruktion über Fertigungs-, Montage- und Prüfplanung zu Teilefertigung, Montage und Qualitätsüberwachung mit Nahtstellen zur administrativen Datenverarbeitung führt und auch rückwärts gerichtete Informationsflüsse in Form direkter Rückkopplungen einschließt.

### 4.1.1 Aufgaben der Progammierung

In dem funktional zu verstehenden Bild 4.1 sind die Aufgaben der Programmierung mit ihren wesentlichen Teilschritten dargestellt.

Ausgangspunkt hierbei sind die von der Produktgestaltung (Entwicklung/ Konstruktion) zur Verfügung gestellten Unterlagen. Abhängig von der Aufgabenstellung wird zunächst mit der Arbeitsablaufplanung (grob) die Voraussetzung für die Auswahl des in Frage kommenden Arbeitssystems geschaffen. Nach Festlegung desselben erfolgt mit der Arbeitsablaufplanung (fein) die Ermittlung aller zur Durchführung der gestellten Aufgabe benötigten

- geometrischen, technologischen und organisatorischen Informationen,
- zusätzlichen Daten über die zu verwendenden Arbeitsmittel (Werkzeuge, Greifer, Taststiftkombinationen, Vorrichtungen usw.).

Aus ersteren wird nach bestimmten Regeln das Steuerprogramm erstellt, letztere werden auf Papier oder in einer für eine Speicherung im Rechner geeigneten Form zusammengestellt. Steuerprogramm und zusätzliche Daten bilden zusammen die der Aufgabenstellung entsprechenden „Steuerdaten". Nach deren Prüfung auf Vollständigkeit und Richtigkeit schließen sich Freigabe für den Produktiveinsatz, Dokumentation und Archivierung an.

Der beschriebene Vorgang läuft i.allg. nicht linear ab, sondern bedingt verschiedene Kontrollen und Entscheidungen, die ggf. zu einer Wiederholung eines oder mehrerer vorhergegangener Schritte führen können.

Das als Ergebnis der Programmierung gewonnene Steuerprogramm ist eine Position im Arbeits- bzw. Montage- bzw. Prüfplan. Es ist daher einschließlich der für den Arbeitsablauf festgelegten zusätzlichen Daten ein Teil des betreffenden Planes, der sowohl an die Produktionsplanung und -steuerung (PPS) als auch an die Fertigung (Werkstatt, Revision) weiterzuleiten ist.

### 4.1.2 Funktionsbedingte Unterschiede

In den vorhergehenden Ausführungen wurden die prinzipiellen Gemeinsamkeiten des Ablaufs der Programmierung von NC-Werkzeugmaschinen, Industrierobotern und CNC-Koordinatenmeßgeräten zusammengefaßt. Die funktionsbe-

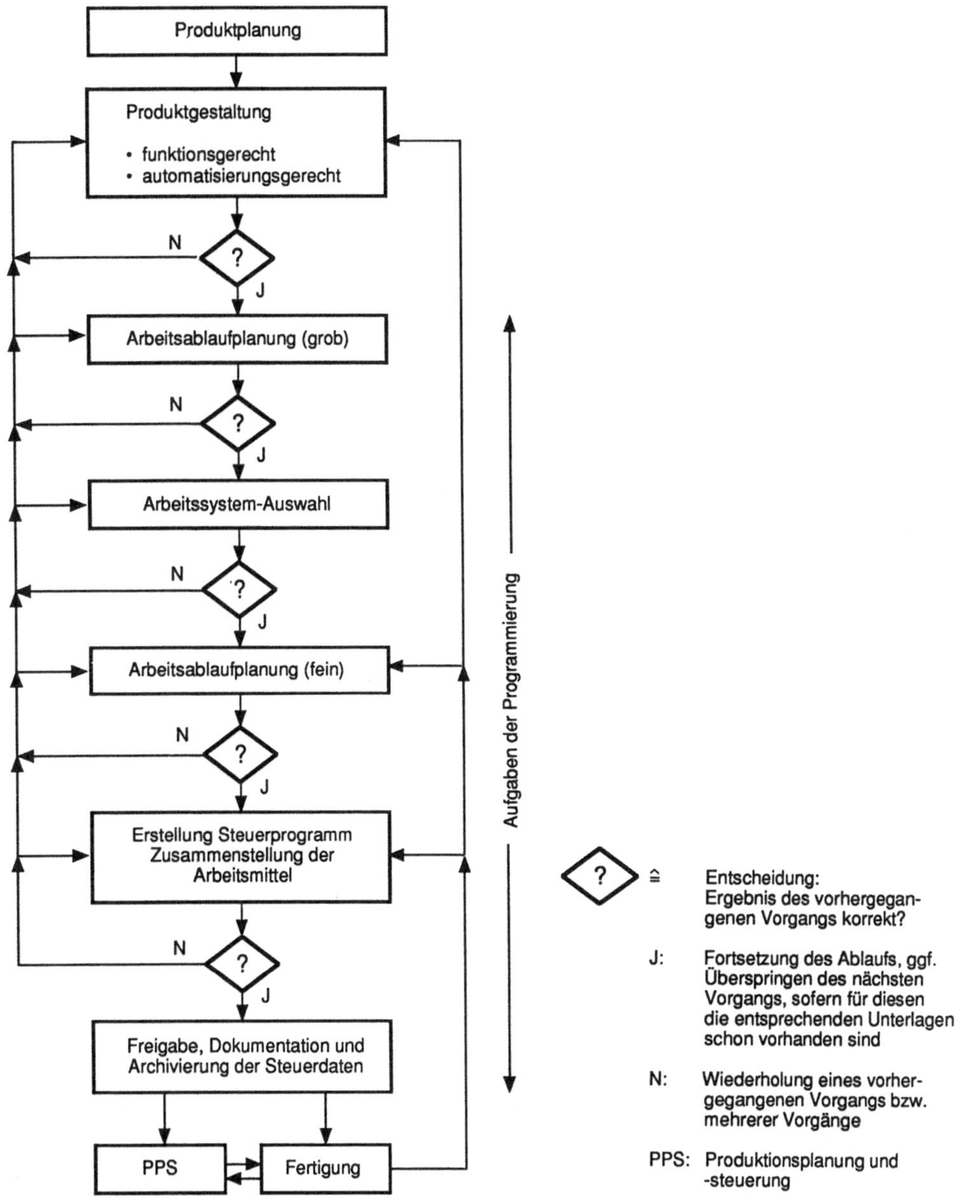


**Bild 4.1**  Informationsfluß bei der Programmierung von NC-Werkzeugmaschinen, Industrierobotern, CNC-Koordinatenmeßgeräten (Prinzip)

dingten Unterschiede und Anwendungen dieser Einrichtungen, auf die aus heutiger Sicht kurz eingegangen werden soll, erfordern eine getrennte Behandlung.
Bei den *NC-Werkzeugmaschinen* (Abschnitt 4.2) führt die technische Entwicklung immer mehr von der Einzweck-NC-Maschine zur flexiblen Fertigungszelle

für Komplettbearbeitung mit Werkzeug-/Werkstückhandhabung und -transport [AMB86, EMO85, ERKE86].

Zunehmende Bedeutung, besonders bei verketteten Maschinen, gewinnt die automatisierte Überwachung des Fertigungsprozesses, z. B. durch Messungen an Werkstück und Werkzeugen in der Maschine [BROZ86, MÖHL85, PFEI85, ROHS84, SCHU85].

Das Einsatzfeld der *Industrieroboter* (Abschnitt 4.3) – einzeln oder in flexiblen Fertigungssystemen – reicht von Be-/Entladungs- und Montageaufgaben über Bearbeitungsverfahren, z. B. Schweißen, Entgraten, Spritzlackieren, Laserschneiden, bis zur Meß- und Prüftechnik (Meßroboter), z. B. Karosserievermessung (Automobilbau), Prüfung von Verbundwerkstoffen auf Hohlräume (Flugzeugbau) [SCHW88, SPIZ81, WHF82].

Bei *CNC-Koordinatenmeßgeräten* (Abschnitt 4.4), deren Aufstellungsort bisher vorzugsweise der Meßraum war, ist die Tendenz in Richtung des Einsatzes direkt im Fertigungsbereich oder in rechnergeführten Fertigungssystemen erkennbar. Ziel ist hierbei das fertigungsnahe Erfassen der Gestalt von Werkstücken zur Beurteilung des Fertigungsprozesses und der Maßhaltigkeit der Werkstücke mit unmittelbarer Rückführung der aus den Meßergebnissen abgeleiteten Korrekturwerte in die Fertigung [BECK84, BLÄS85, FEUT86, KAMP86, LIES85, WECK83, WECK87a, WEUL86].

## 4.1.3 Folgerungen

Die sich abzeichnende zunehmende Verkettung der hier behandelten Fertigungs-, Handhabungs- und Prüfeinrichtungen bedingt weitgehend eine externe Erstellung der Steuerprogramme, insbesondere dann, wenn ständig eine große Zahl dieser Programme benötigt wird. Die an einer Einrichtung eines verketteten Systems vorzunehmende Vor-Ort-Programmierung würde in vielen Fällen ein Stillsetzen der betreffenden Einrichtung und damit eine Unterbrechung des automatisierten Ablaufs im System voraussetzen, was zu vermeiden ist. Ähnliche Situationen können natürlich auch bei insular aufgestellten Einrichtungen auftreten. Daraus folgt, daß der Programmierung eine sehr wichtige Rolle zur wirtschaftlichen Nutzung der meist mit hohem Kapitalaufwand angeschafften automatisierten Einrichtungen zukommt.

Dem Management eines Unternehmens obliegt daher die Aufgabe, unter Beachtung der für Fertigungs-, Handhabungs- und Prüfaufgaben vorhandenen und anzuschaffenden Einrichtungen

- die Auswahl eines oder mehrerer Programmierverfahren durch geeignete organisatorische und personelle Maßnahmen rechtzeitig vorzubereiten,
- die Einführung dieser Verfahren zu überwachen und
- nach Überleitung in den Normalbetrieb durch eine laufende Erfolgskontrolle zu verfolgen.

Insbesondere erfordert die Einführung der rechnerunterstützten Programmierung eine genaue Untersuchung, wie diese mit den Komponenten einer bereits vorhandenen DV-Umgebung harmoniert, z. B. mit CAD, rechnerunterstützter Arbeits-, Montage-, Prüfplangenerierung, PPS, DNC. Ist eine solche Umgebung noch nicht vorhanden, so ist zu prüfen, ob und ggf. wie die rechnerunterstützte Programmierung als zunächst insulares Element Ausgangspunkt für zukünftige DV-Verfahren in einem Rechnerverbund werden kann.

## 4.2 NC-Werkzeugmaschinen

### 4.2.1 Einführung

Der aus dem Englischen in den deutschen Sprachgebrauch übernommene Begriff NC ist die Abkürzung für „Numerical Control", auf deutsch „Numerische Steuerung". Numerisch bedeutet Darstellung von Informationen durch Zahlen.

Prinzipiell besitzt eine numerisch gesteuerte Werkzeugmaschine ein ihr fest zugeordnetes ebenes oder räumliches kartesisches Koordinatensystem sowie geeignete, den Koordinatenachsen zugeordnete Meßsysteme. Je nach Art und Anwendung der Werkzeugmaschine können weitere mit Meßsystemen ausgerüstete Achsen oder voneinander unabhängige Achssysteme vorhanden sein. Die numerisch gesteuerten Achsen ermöglichen es, jede beliebige Position im Verfahrbereich der Maschine durch Zahlenangaben eindeutig zu definieren, damit also auch jede zahlenmäßig vorgegebene translatorische oder rotatorische Relativbewegung zwischen einem auf der Maschine aufgespannten Werkstück und einem an einer Maschineneinheit befindlichen Werkzeug.

Neben diesen für den Bewegungsablauf maßgebenden geometrischen Informationen werden für die Bearbeitungsvorgänge technologische Informationen (z. B. für Vorschub, Spindeldrehzahl, Kühlmittel) sowie für die Steuerung des Programmablaufs organisatorische Informationen (z. B. für die Anwendung der Unterprogrammtechnik) benötigt.

Die Ermittlung dieser Informationen sowie deren Umsetzung und Strukturierung zu Steuerprogrammen ist Aufgabe der NC-Programmierung, die Gegenstand der Ausführungen von Abschnitt 4.2 ist.

Die Entwicklung von NC-Werkzeugmaschinen begann 1949 in den USA mit dem Ziel, komplexe Werkstücke aus Luft- und Raumfahrt – unter Verzicht auf die bisher verwendeten kostspieligen abtastbaren Modelle – automatisiert bearbeiten zu können. Die erste NC-Werkzeugmaschine lief 1952 am Massachusetts Institute of Technology (M.I.T.), Cambridge, Mass.; 1954 setzte die industrielle Herstellung von NC-Maschinen ein [SIMO63, KIEF85].

Die technische Weiterentwicklung im Werkzeugmaschinenbau sowie die Leistungssteigerung bei den numerischen Steuerungen, vor allem ihre Ausrüstung mit Rechnern, haben seither zu einer starken Verbreitung der NC-Anwendungen geführt, die nicht auf Werkzeugmaschinen beschränkt blieb. Man spricht heute allgemeiner von NC-Arbeitsmaschinen und versteht darunter z. B. Werkzeugmaschinen für unterschiedliche Bearbeitungsverfahren, Verdrahtungs-, Montage-, Zeichenmaschinen.

Ihr Einsatz erfolgt in vielen Branchen der Industrie, z. B.

- im Automobil-, Flugzeug-, Schiff-, Maschinen-, Apparate-, Geräte-, Werkzeugbau,
- bei den in der Elektrotechnik/Elektronik angewandten Produktionsverfahren.

Die Ausführungen des Abschnitts 4.2 beschränken sich auf numerisch gesteuerte Werkzeugmaschinen, da diese Maschinen für die im Handbuch angesprochenen Industriezweige überwiegende Bedeutung haben. Sinngemäße Aussagen gelten jedoch auch für den größeren Bereich der NC-Arbeitsmaschinen.

Einige Zahlen sollen die zunehmende Bedeutung der numerisch gesteuerten Werkzeugmaschinen für die industrielle Produktion beleuchten. Aus einer Ende 1985 vom Verein Deutscher Werkzeugmaschinenfabriken e. V. (VDW) durchgeführten Untersuchung des industriellen Werkzeugmaschinenparks der Bundesrepublik Deutschland hinsichtlich seiner alters- und mengenmäßigen Zusammensetzung ist u. a. zu ersehen, daß der hochgerechnete Bestand an numerisch gesteuerten Werkzeugmaschinen von 27000 im Jahr 1980 auf 64000 Einheiten im Jahr 1985 angewachsen ist. Der prozentuale Anteil numerisch gesteuerter Werkzeugmaschinen am gesamten Werkzeugmaschinenpark hat sich damit von 2% (1980) auf 6% (1985) erhöht [VDW86].

Aus dem VDW-Bericht ist ferner ersichtlich, daß die jährlichen Steigerungsraten in dem genannten Zeitraum deutlich zugenommen haben: während 1980 nur 15% der angeschafften Werkzeugmaschinen mit numerischen Steuerungen ausgerüstet wurden, waren es 1985 38%.

Der Wert der 1985 in der deutschen Industrie vorhandenen numerisch gesteuerten Werkzeugmaschinen sowie deren Anteil an der Produktivität ist – in Prozent ausgedrückt – natürlich erheblich größer als der auf Maschineneinheiten bezogene Anteil von 6%.

## 4.2.2 Grundlagen

### 4.2.2.1 Aufgaben der Programmierung

Zur automatisierten Bearbeitung eines Werkstückes auf einer bestimmten NC-Werkzeugmaschine sind alle dazu benötigten geometrischen, technologischen und organisatorischen Informationen zu ermitteln und nach festgelegten Regeln zu Daten des Steuerprogramms zu verschlüsseln. Diese Verschlüsselung der Informationen in eine „Sprache", die von der numerischen Steuerung verstanden wird, erfolgt mit Ziffern, Buchstaben und Sonderzeichen. Zusätzlich sind Festlegungen über die zur Bearbeitung vorgesehenen Werkzeuge, Vorrichtungen usw. zu treffen. Dieser Vorgang wird als NC-Programmierung im engeren Sinne bezeichnet.

Zur Programmierung im weiteren Sinne gehört zusätzlich die Durchführung der vorbereitenden Maßnahmen: Festlegung des Fertigungsverfahrens, Auswahl der NC-Werkzeugmaschine, auf welcher das Werkstück gefertigt werden soll.

Auf Einzelheiten zum Ablauf der Programmierung wird in Abschnitt 4.2.3 näher eingegangen.

### 4.2.2.2 Programmierverfahren

Eine grobe Einteilung der Programmierverfahren unterscheidet zwischen manueller und rechnerunterstützter Programmierung.

Der Begriff „manuelle Programmierung" besagt, daß der NC-Programmierer
– ausgehend von den in konventioneller Form vorliegenden Unterlagen (Werkstückzeichnung, Beschreibung der Werkzeugmaschine einschließlich zugehöriger Programmieranleitung, Kataloge für Werkzeuge und Spannmittel, Tabellen
für Richtwerte zur Formgebung usw.) und seinen Fachkenntnissen – alle geometrischen, technologischen und organisatorischen Informationen durch Berechnen, gegebenenfalls mit Taschenrechner, und Nachschlagen in Katalogen und
Tabellen ermittelt, verschlüsselt und in eine Liste überträgt. Die Daten des so
entstandenen Steuerprogramms können entweder mit einem Programmiergerät
auf einen externen Datenträger übertragen oder per Handeingabe in die Steuerung eingegeben werden, siehe Abschnitt 4.2.2.6. Die Angaben über die einzusetzenden Werkzeuge, Vorrichtungen usw. werden auf einem Formular (Einrichteblatt) zusammengestellt, das von der Werkzeugvoreinstellung (Werkzeugbereitstellung) durch Eintragen der Werkzeugkorrekturwerte zu ergänzen und mit dem
Steuerprogramm an die Maschinenbedienung zur Fertigungsdurchführung weiterzuleiten ist.

Bei neueren Steuerungen (CNC) besteht vielfach die Möglichkeit, die am Vor-
einstellplatz ermittelten Korrekturwerte auf einen Datenträger zu übertragen
und mit dem Steuerprogramm in den Speicher der Steuerung einzulesen oder
das Vermessen der Werkzeuge an der Werkzeugmaschine (z.B. mit Meßtaster)
mit direkter Übertragung der Korrekturwerte in den Speicher der Steuerung
durchzuführen.

Auf die manuelle Programmierung wurde lediglich der Vollständigkeit halber
eingegangen; sie wird, da i.allg. für einfachere Aufgaben angewandt, hier nicht
weiter behandelt.

Eine nähere Betrachtung der vorstehend beschriebenen Aufbereitung und Verarbeitung der Ausgangsinformationen für die NC-Programmierung zeigt, daß es
sich dabei im wesentlichen um

– geometrische Berechnungen nach bestimmten mathematischen Formeln,
– das Aufsuchen und Festlegen technologischer, zum großen Teil systematisch
  erfaßbarer Daten,
– die Verschlüsselung von Informationen und den Aufbau des Steuerprogramms nach eindeutigen Regeln

handelt. Diese Vorgänge lassen sich als Algorithmen formulieren bzw. mit Datei-
strukturen beschreiben, bilden also geeignete Voraussetzungen für die rechnerunterstützte Programmierung.

Bei der Programmierung mit Rechnerunterstützung ist zu unterscheiden zwischen dem *Erstellen von Steuerprogrammen an der Werkzeugmaschinensteuerung,*
d.h. unter Nutzung des Steuerungsrechners und seiner Software, sofern die
Steuerung dafür ausgelegt ist, und dem *Erstellen von Steuerprogrammen getrennt
von der Werkzeugmaschine,* d.h. unter Nutzung eines externen Rechners mit geeigneter Software.

Der Begriff „Werkstattprogrammierung" wird hier bewußt vermieden, da er
sich nicht als eindeutiges Klassifizierungsmerkmal eignet. Teilweise wird darunter der Ort der Programmierung (in der Werkstatt an der Werkzeugmaschinen-

steuerung oder getrennt von dieser), teilweise nur die Art der Programmierung (an der Werkzeugmaschinensteuerung) verstanden. Zur Vermeidung von Mißverständnissen wird in den folgenden Ausführungen als Unterscheidungsmerkmal der Rechner betrachtet, mit welchem das Erstellen der Steuerprogramme erfolgt.

Mit einem auf die Belange der rechnerunterstützten NC-Programmierung ausgerichteten System (Hardware/Software), das sowohl Sprachelemente als auch graphische Funktionen enthalten kann, erstellt der NC-Programmierer ein Teileprogramm. Dieses enthält die Beschreibung der Geometrie und der Technologie eines zu bearbeitenden Werkstückes sowie organisatorische Angaben. Die Verarbeitung des Teileprogramms zum Steuerprogramm erfolgt auf dem Rechner der Werkzeugmaschinensteuerung oder einem externen Rechner, Bild 4.2.

Die Ausführungen der Abschnitte 4.2.4 und 4.2.5 berücksichtigen ausnahmslos die rechnerunterstützte Programmierung.

### 4.2.2.3 Steuerungsarten

Bei numerischen Steuerungen unterscheidet man hinsichtlich der Leistungsmerkmale zwischen Punkt-, Strecken- und Bahnsteuerungen.

Die meisten der heute angebotenen Steuerungen enthalten einen oder mehrere speicherprogrammierbare Rechner (CNC $\triangleq$ Computerized Numerical Control).

Begriffe der NC-Technik, die in den Ausführungen von Abschnitt 4.2 verwendet, aber nicht näher erläutert werden, sind aus DIN 66257 oder einem NC-Lexikon, z.B. [ATTI77], zu ersehen.

*Punktsteuerungen* ermöglichen die Steuerung der Relativbewegung zwischen Werkzeug und Werkstück zu einzelnen definierten Positionen (Positionierung), von welchen aus eine Bearbeitung in einer Achsrichtung, i. allg. parallel zur z-Achse, durchgeführt werden kann. Beim Positionieren ist das Werkzeug nicht im Eingriff, und die Bewegungen in den verschiedenen Achsrichtungen erfolgen dabei ohne vorgegebenen funktionalen Zusammenhang; sie können gleichzeitig oder nacheinander (reproduzierbar) ausgeführt werden.
Beispiel: Bohrmaschinen

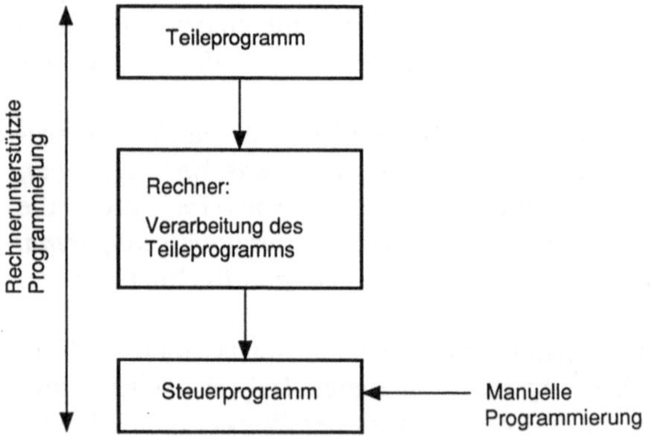


**Bild 4.2**  Manuelle und rechnerunterstützte Programmierung (Prinzip)

Mit *Streckensteuerungen* wird die Relativbewegung zwischen Werkzeug und Werkstück entlang einer Geraden achsparallel oder unter bestimmten Winkeln zu einer Maschinenachse ohne von der Steuerung vorgegebenen funktionalen Zusammenhang bewirkt. Das Werkzeug kann bei der Verfahrbewegung mit einem vorgegebenen Arbeitsvorschub im Eingriff sein.

Die Streckensteuerung ist eine Zwischenlösung zwischen Punkt- und Bahnsteuerung; sie hat als Folge der technischen Weiterentwicklung und des damit verbundenen immer kleiner gewordenen Preisunterschiedes zwischen Bahn- und Streckensteuerungen an Bedeutung verloren.
Beispiel: Achsparalleles Fräsen.

*Bahnsteuerungen* sind die universellsten und am häufigsten anzutreffenden Steuerungen.

Kennzeichnend für Bahnsteuerungen ist, daß zur Relativbewegung zwischen Werkzeug und Werkstück zwei und mehr numerisch gesteuerte Achsen simultan in einem vorgegebenen funktionalen Zusammenhang verfahren werden können, wobei das Werkzeug im Eingriff sein kann und eine vorgegebene Bahngeschwindigkeit eingehalten wird.
Beispiel: Drehbearbeitung einer Halbkugel.

Das simultane Verfahren der Achsen in einem vorgegebenen funktionalen Zusammenhang wird durch eine steuerungsinterne Einheit, den Interpolator, bewirkt. In Bahnsteuerungen sind i. allg. nachstehende Interpolationsverfahren realisiert:

- Geraden-Interpolation (Ebene/Raum),
- Kreis-Interpolation,
- Schraubenlinien-Interpolation,

bei einigen Steuerungen auch

- Parabel-Interpolation,
- Interpolation von Kurven höherer Ordnung,
- Zylinder-Interpolation (z. B. Fräsbearbeitung auf der Zylindermantelfläche).

### 4.2.2.4 Steuerungen mit Rechner (CNC)

Numerische Steuerungen mit Rechner zeichnen sich gegenüber konventionellen numerischen Steuerungen durch einen erhöhten Funktionsumfang aus und bieten einem Anwender in vielen Fällen einen beachtlichen Komfort, z. B.

- Erstellen von Steuerprogrammen im Dialog,
- Darstellung von Geometrieelementen am Bildschirm,
- Speicherung von mehreren Steuerprogrammen und von Unterprogrammen,
- Durchführung von Änderungen in gespeicherten Steuerprogrammen,
- Schnittstellen zur Kopplung mit NC-Programmiersystemen, DNC-Systemen, Zellen-/Leitrechner.

### 4.2.2.5 Koordinatenachsen und Bewegungsrichtungen

Den Bewegungsachsen der numerisch gesteuerten Werkzeugmaschinen ist nach DIN 66217 ein rechtshändiges, rechtwinkliges Koordinatensystem als Basissystem zugeordnet, aus welchem sich die Richtungen der translatorischen und rotatorischen Bewegungen für die Maschine herleiten lassen.

Dieses Maschinen-Koordinatensystem ist i. allg. auf die Hauptführungsbahnen der Werkzeugmaschine ausgerichtet und bezieht sich auf das auf der Maschine aufgespannte Werkstück.

Der Programmierung wird ein für die betr. Fertigungsaufgabe sinnvoll gewähltes Werkstück-Koordinatensystem zugrundegelegt, das beim Aufspannen des Werkstückes so auszurichten ist, daß seine Achsen mit gleicher Orientierung parallel zu den Achsen des Maschinen-Koordinatensystems verlaufen. Die Lage des Nullpunktes des Werkstück-Koordinatensystems im Maschinen-Koordinatensystem wird durch die Nullpunktverschiebung berücksichtigt.

Die Programmierung erfolgt unabhängig davon, ob bei der Bearbeitung das Werkzeug oder das Werkstück bewegt wird; ihr liegt immer die Annahme zugrunde, daß sich das Werkzeug relativ zum Koordinatensystem des stillstehend gedachten Werkstückes bewegt.

Für Werkzeugmaschinen mit mehreren voneinander unabhängigen numerisch gesteuerten Achssystemen sowie mit Achsen, die nicht oder nicht immer parallel zu den Achsen des Basissystems sind, gelten sinngemäße Aussagen. Einzelheiten hierzu sind in den Maschinenbeschreibungen angegeben.

### 4.2.2.6 Dateneingabe

*Handeingabe.* Die Daten eines Steuerprogramms können per Handeingabe über das Bedientastenfeld der Werkzeugmaschine in die Steuerung eingegeben werden.

*Eingabe über Datenträger.* Die Daten eines Steuerprogramms sind i. allg. auf einem externen Datenträger gespeichert und werden von diesem in die Steuerung eingelesen.
Beispiele: Lochstreifen, Magnetband-Kassette, Diskette, Speicherkassette.

*Datentransfer zwischen externem Rechner und Werkzeugmaschinensteuerung.* Bei der Programmerstellung auf einem externen Rechner kann das dabei gewonnene Steuerprogramm über eine Datenleitung in die Werkzeugmaschinensteuerung übertragen werden.

*DNC-System* (DNC $\triangleq$ Direct Numerical Control). In einem DNC-System sind eine oder mehrere numerisch gesteuerte Werkzeugmaschinen mit einem gemeinsamen Rechner verbunden, der die Daten der Steuerprogramme für die Werkzeugmaschinen verwaltet und zeitgerecht verteilt.

Bei Bedarf kann mit dem Rechner das Erfassen und Auswerten von Betriebs- und Meßdaten durchgeführt werden.

## 4.2.3 Ablauf der Programmierung

### 4.2.3.1 Informationsfluß/-verarbeitung bei der Programmierung (Prinzip)

Ausgangspunkt für die Bearbeitung eines Werkstückes auf einer NC-Werkzeugmaschine und die dafür vorher manuell oder rechnerunterstützt durchzuführende Programmierung sind Werkstück- und Rohteilbeschreibung, Bild 4.3. Erstere enthält

- geometrische Daten     : Maßangaben, Form,
- technologische Daten     : Werkstoff, Oberflächenbeschaffenheit,
- funktionsbezogene Daten: Bezugskanten/-flächen, Toleranz-, Form-, Lageangaben.

In der Rohteilbeschreibung sind die geometrischen Daten des Rohteils bzw. Halbzeugs, z.B. vorgedrehtes Teil, Gußteil, Blechtafel, angegeben.

An Hand dieser Informationen, ggf. unter Beachtung der Stückzahl, erfolgt die Ermittlung des Bearbeitungsverfahrens und die Auswahl der Maschine. Anschließend wird der Arbeitsablauf festgelegt; als Ergebnis entstehen Arbeitsablauf-, Werkzeug- und Spannplan. Der Arbeitsablaufplan enthält sämtliche Arbeitsschritte für die Werkstückbearbeitung; die Einzelinformationen für die NC-Bearbeitung des Werkstückes werden von diesem abgeleitet und nach bestimmten Regeln im Steuerprogramm festgelegt. Um einen optimalen und fehlerfreien Bearbeitungsablauf auf der Werkzeugmaschine sicherzustellen, sind die aus Steuerprogramm, Werkzeug- und Spannplan bestehenden Fertigungsunterlagen (Steuerdaten) auf Richtigkeit und Vollständigkeit zu prüfen. Bei Fehlerfeststellung sind – abhängig von der Art des Fehlers – Teile des geschilderten Ablaufs zu wiederholen. Nach Fehlerbehebung werden die Fertigungsunterlagen für die Fertigung freigegeben, dokumentiert und archiviert.

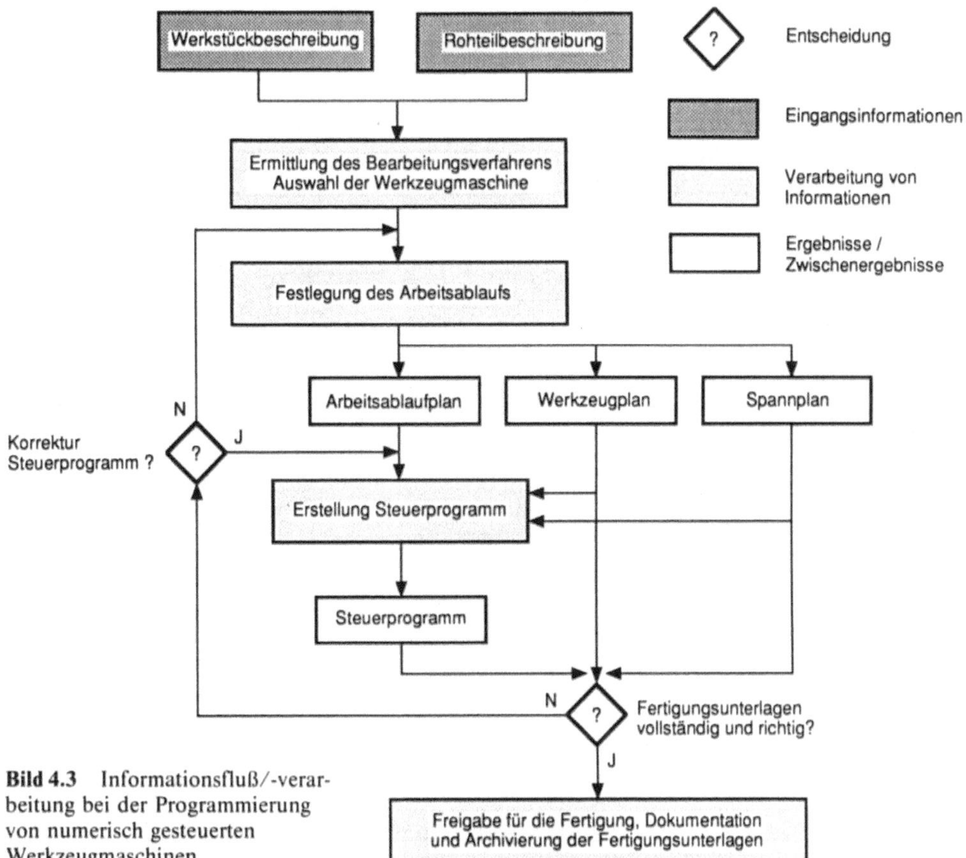


**Bild 4.3** Informationsfluß/-verarbeitung bei der Programmierung von numerisch gesteuerten Werkzeugmaschinen

### 4.2.3.2 Erstellen von Steuerprogrammen

Der Arbeitsablaufplan enthält die Folge der einzelnen Bearbeitungsschritte. Unter Verwendung von Spannmittel- und Werkzeugdateien (Karteien) werden im Spann- und Werkzeugplan Angaben über die Werkstückaufspannung und die erforderlichen Werkzeuge getroffen. Ausgehend von diesen Unterlagen ist eine Detaillierung der Arbeitsschritte vorzunehmen, und es sind technologische Daten, z. B. Vorschubgeschwindigkeiten, Spindeldrehzahlen, zu bestimmen. Bei diesen Arbeiten müssen die Leistungsmerkmale der numerischen Steuerung, die in der Programmieranleitung beschrieben sind, sowie die Richtwerte für die Formgebung berücksichtigt werden. Neben der Programmierung der Werkzeugverfahrwege sind – soweit vorhanden – auch programmierbare Zusatzeinrichtungen, z. B. Meßtaster, Handhabungsgeräte für Werkstück und Werkzeug, mit einzubeziehen. Als Zwischenergebnis liegt dann ein ausführlicher Programmablaufplan vor, dessen Informationen unter Berücksichtigung der Programmieranleitung in die Daten des Steuerprogramms umzusetzen sind, Bild 4.4.

In der Programmieranleitung sind u. a.

– das vom Steuerungshersteller festgelegte Format für den Programmaufbau,
– die von Steuerungs- und Werkzeugmaschinenhersteller festgelegten Funktionen, z. B. Wegbedingungen, Zusatzfunktionen,
– die Verschlüsselungsregeln zum Aufbau der einzelnen Daten des Steuerprogramms aus den Zeichen des zugelassenen Zeichenvorrats

beschrieben.

In vielen Fällen entsprechen Format und Verschlüsselungsregeln dem in DIN 66025 genormten Programmaufbau in Adreßschreibweise mit variabler Satzlän-

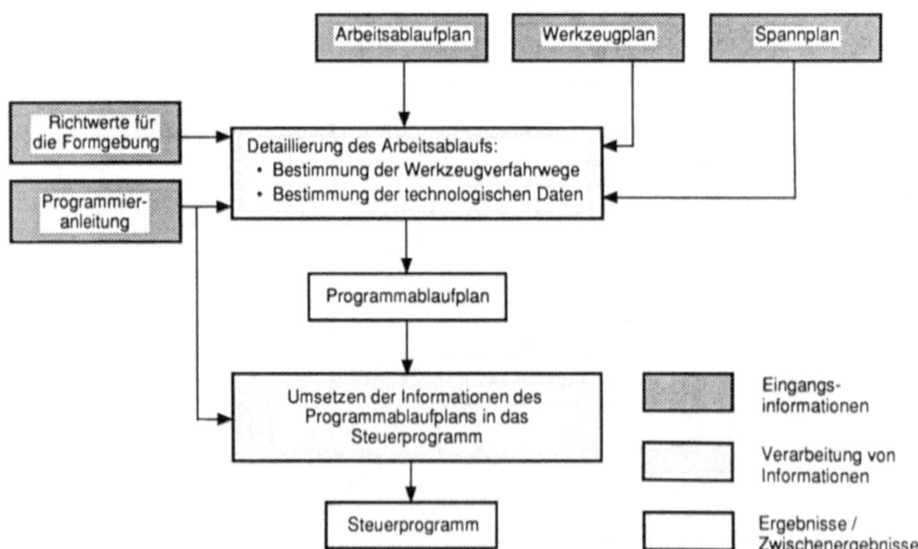


**Bild 4.4**  Informationsverarbeitung bei der Erstellung von Steuerprogrammen

ge; der von der Norm zugelassene Zeichenvorrat ist eine Teilmenge des 7-Bit-Code nach DIN 66003. Viele Steuerungen bieten Erweiterungen, die über DIN 66025 hinausgehen; das gilt vor allem für Steuerungen, die das Erstellen der Steuerprogramme im Dialog ermöglichen.

Unter dem Arbeitstitel „Erweitertes NC-Format" werden seit 1984 im ISO/TC 184 Industrial Automation Systems/SC 1 Numerical Control of Machines Arbeiten mit dem Ziel durchgeführt, einen ISO-Standard festzulegen, der die Programmierung leistungsfähiger Steuerungen unter Verwendung einer Programmiersprache weiter vereinfacht.

Abweichend vom Programmaufbau nach DIN 66025 wird für im Schiffbau eingesetzte Brennschneide- und Zeichenmaschinen vielfach ein Programmaufbau im „ESSI-Format" (ISO-Standard 6582) verwendet.

### 4.2.3.3 Prüfen und Ändern von Steuerprogrammen

Vor der Freigabe eines Steuerprogramms für die Fertigung ist seine Richtigkeit durch geeignete Prüfmaßnahmen sicherzustellen.

Randbedingungen für eine sinnvolle Kontrolle von Steuerprogrammen sind einerseits die Leistungsfähigkeit des gewählten Programmierverfahrens, andererseits die Komplexität, der Wert und die Stückzahl des herzustellenden Werkstückes sowie das vorgesehene Fertigungsverfahren und -mittel.

Änderungen oder Korrekturen können folgende Ursachen haben:

- Fehler im Programmablauf, bedingt durch falsch berechnete Verfahrwege oder falsch gewählte Maschinenfunktionen; mögliche Folgen sind unbrauchbare Werkstücke oder Beschädigung von Werkzeug und Maschine.
- Unzureichende Oberflächenqualität, nicht erreichte Toleranzen, bedingt durch eine ungünstige Bearbeitungsreihenfolge oder durch ungünstige technologische Vorgaben.
- Zu hohe Bearbeitungskosten und -zeiten, bedingt durch Werkzeugverschleiß, ungünstig gewählte Werkzeuge/Spannmittel und zu große Nebenzeitanteile.

Vorgenommene Änderungen müssen nach Vollzug in das Originalprogramm übernommen werden, um jederzeit auf den aktuellen Stand des Steuerprogramms zugreifen zu können.

Durch konstruktive Maßnahmen verursachte Änderungen in der Werkstückbeschreibung sind im Originalprogramm oder durch Neuprogrammierung zu berücksichtigen. Hierbei ist fallweise zu entscheiden, ob das ursprüngliche Steuerprogramm, z. B. für eine Ersatzteilfertigung, aufzubewahren ist.

### a) Fehler im Programmablauf

Fehler im Programmablauf können bei einem Testlauf auf der Werkzeugmaschine oder mit Hilfe der graphischen Simulation festgestellt werden.

Im erstgenannten Fall kann ein Steuerprogramm ganz oder teilweise wie folgt geprüft werden:

- Programmablauf ohne Werkstück und ohne Ausführung der Verfahrbewegungen; formale Fehler (Verstöße gegen die Regeln der Programmieranleitung) feststellbar.

- Programmablauf ohne Werkstück mit Ausführung der Verfahrbewegungen; Prüfung der Maschinenfunktionen sowie grobe Kontrolle der Verfahrwege möglich.
- Programmablauf mit einem Probewerkstück, z.B. aus Kunststoff; Prüfung aller geometrischen Daten möglich.
- Programmablauf im Einzelsatz-Betrieb mit Werkstück, Werkzeug(e) im Eingriff; alle Fehler feststellbar.

Generell können alle Steuerprogramme mit einer für graphische Ausgabe ausgelegten Hard-/Software durch graphische Simulation auf die Richtigkeit ihrer geometrischen Informationen geprüft werden.

Bei Anwendung eines graphisch-interaktiv rechnerunterstützten Programmierverfahrens, entweder direkt an der Werkzeugmaschinensteuerung (sofern diese dafür geeignet ist) oder getrennt von dieser, ist es in Abhängigkeit vom gebotenen Komfort des verwendeten Hard-/Software-Systems möglich,

- entweder jeden einzelnen programmierten Schritt sofort oder
- alle Schritte eines Steuerprogramms nach dessen Fertigstellung

auf dem Bildschirm oder Plotter sichtbar zu machen und ggf. Korrekturen vorzunehmen.

Weitere Einzelheiten zur Fehlerbehebung unter Nutzung der graphisch-interaktiven Programmierung s. Abschn. 4.2.4.

### b) Prüfen der Oberflächenqualität und Toleranz

Die Einhaltung einer vorgegebenen Toleranz und Oberflächenqualität kann nur durch das Abarbeiten eines Steuerprogramms unter realen Bedingungen geprüft werden. Häufig läßt sich dieser Test auf besonders kritische Bearbeitungsschritte reduzieren. Mögliche Fehlerursachen sind:

- Ungünstige Werkzeug- bzw. Schnittwertauswahl,
- Ungünstige Bearbeitungsreihenfolge,
- Mechanische und/oder thermische Verformungen des Systems Maschine-Werkzeug,
- Zu geringe Steifigkeit des Werkstückes.

Bei der Einzelfertigung kann ein derartiger Bearbeitungstest durch die anfallenden Kosten die eigentliche Bearbeitung in Frage stellen. Hier bleibt nur das Vertrauen in die Erfahrung des NC-Programmierers und des Maschinenbedieners sowie in die Genauigkeit und Steifigkeit der Maschine.

### c) Optimierung nach Bearbeitungskosten und -zeit

Verbesserungen können erzielt werden durch

- günstigere technologische Daten und/oder
- geänderten Programmablauf.

Eine derartige Optimierung ist meist nur sinnvoll bei der Programmierung von Serienteilen. Die Optimierung der Bearbeitungszeit wird sich auch deutlich auf eine Reduzierung der Bearbeitungskosten auswirken, jedoch nur solange, wie höhere Bearbeitungsgeschwindigkeiten nicht den Einsatz teurer Werkzeuge erzwingen oder einen übermäßigen Verschleiß verursachen.

Bei Einzelteilen steht meist der Aufwand für eine Optimierung in keinem vertretbaren Verhältnis zur erzielbaren Einsparung.

### 4.2.3.4 Dokumentation der Steuerprogramme

Die Dokumentation hat das Ziel, ein Steuerprogramm und die bei seiner Erstellung getroffenen Annahmen verständlich zu beschreiben, so daß zu einem späteren Zeitpunkt, z. B. bei Wiederholteilfertigung, seine Interpretation sowie das Einrichten der Werkzeugmaschine schnell erfolgen können.

Zur Dokumentation gehören

- die Werkstückbeschreibung (Zeichnungsnummer o. ä.),
- Angaben zu den Spannmitteln und Vorrichtungen,
- Angaben zur Lage der Null- bzw. Bezugspunkte,
- die Liste der Werkzeuge mit Magazinbestückung (falls vorhanden) und Korrekturspeicheradressen,
- das bei rechnerunterstützter Programmierung verwendete Teileprogramm,
- ein Klarschriftausdruck des Steuerprogramms.

Es wird empfohlen, die zu den Werkzeugen, Spannmitteln, Vorrichtungen, Lage der Null- bzw. Bezugspunkte gemachten Angaben auf einem Einrichteblatt zusammenzufassen.

Kommentarzeilen im Steuerprogramm erhöhen dessen Lesbarkeit und geben Auskunft über den Programmablauf. Beispiele hierfür sind: Werkzeug- und Palettenwechsel, Änderungen der Werkstückaufspannung, Beschreibung von Unterprogrammaufrufen. Diese Texte werden beim Abarbeiten des Steuerprogramms auf einem Bildschirm angezeigt bzw. von weniger leistungsfähigen Steuerungen ignoriert.

### 4.2.3.5 Archivierung der Steuerprogramme

Eine Archivierung der Steuerprogramme und der ergänzenden Fertigungsunterlagen ist immer dann vorzusehen, wenn mit Wiederholteilen zu rechnen ist. Durch Gesetze kann die Archivierung zwingend vorgeschrieben werden.

Man ist damit in der Lage, kurzfristig auf fehlerfreie Steuerprogramme zugreifen zu können. Sicherzustellen ist, daß tatsächlich der Datenbestand archiviert wird, der zuletzt bei der Fertigung eingesetzt wurde. Dies erfordert eine straffe organisatorische Abwicklung der NC-Programmierung und Datenrückführung.

Die zu wählende Archivierungsmethode wird wesentlich bestimmt durch die Anzahl der Steuerprogramme und deren Umfang.

Die einfachste Methode besteht darin, die Steuerprogramme auf einem Datenträger in einer Bibliothek aufzubewahren. Empfehlenswert ist hierbei eine Unterteilung nach „Mutterprogramm" und „Werkstattprogramm"; bei Zerstörung oder Verlust des letzteren kann schnell von ersterem eine Kopie hergestellt werden.

Eine weitere Möglichkeit zur Archivierung bieten die Massenspeicher von Rechnern, z. B. eines Universalrechners, eines für die NC-Programmierung eingesetzten Rechners oder eines DNC-Rechners. Auf die Archivierung in Verbindung mit der rechnerunterstützten Programmierung wird in Abschnitt 4.2.4 näher eingegangen.

Bei einer gut eingespielten NC-Programmierung kann es durchaus kostengünstiger sein, die Steuerprogramme jeweils neu zu erstellen und auf eine Archivierung zu verzichten, z. B. in einer auf Musterfertigung ausgerichteten Versuchswerkstatt.

## 4.2.4 Verfahren der rechnerunterstützten Programmierung

### 4.2.4.1 Unterscheidungsmerkmale der NC-Programmiersysteme

#### a) *Betriebsarten*

Bei der rechnerunterstützten Programmierung unterscheidet man drei Betriebsarten:

- Batch-Betrieb (Stapelverarbeitung),
- Dialog-Betrieb (alphanumerisch- oder graphisch-interaktiv),
- Kombinationen von Batch- und Dialog-Betrieb.

In Bild 4.5 sind Beispiele für verschiedene Betriebsarten zusammengestellt.

Beim *Batch-Betrieb* wird das aus Anweisungen einer problemorientierten Programmiersprache bestehende Teileprogramm in einen externen Rechner eingelesen, vom Sprachübersetzer (Teilfunktion des NC-Prozessors) auf formale Fehler überprüft und verarbeitet. Das Auftreten von Fehlern bedingt eine Korrektur des Teileprogramms und einen neuen NC-Prozessor-Lauf.

Beim *Dialog-Betrieb* nutzt der NC-Programmierer die von einem Hardware-/ Software-System gebotene Möglichkeit der sofortigen Kontrolle der eingegebenen Daten sowie deren Verarbeitung.

Eine *Kombination von Batch- und Dialog-Betrieb* ermöglicht

- die Teileprogramm-Erstellung im alphanumerischen oder graphischen Dialog,
- das Ändern von Anweisungen, z. B. Behebung erkennbarer Fehler.

#### b) *Geometrie*

Die Gestalt von Werkstücken wird durch Formelemente und deren räumliche Anordnung beschrieben. Zur Erzeugung einer gewünschten Werkstückform (Werkstückgeometrie) werden die dafür einzusetzenden Werkzeuge entsprechend den programmierten Steuerinformationen in einer Ebene oder im Raum an vorgegebenen Punkten oder entlang vorgegebener Bahnen zum Eingriff gebracht.

Abhängig vom Bearbeitungsverfahren kann die Formgebung durch Einsatz spezieller Formwerkzeuge vereinfacht werden, z. B. Stechdrehmeißel für Einstiche bei der Drehbearbeitung, Formstempel zum Stanzen von Blechen.

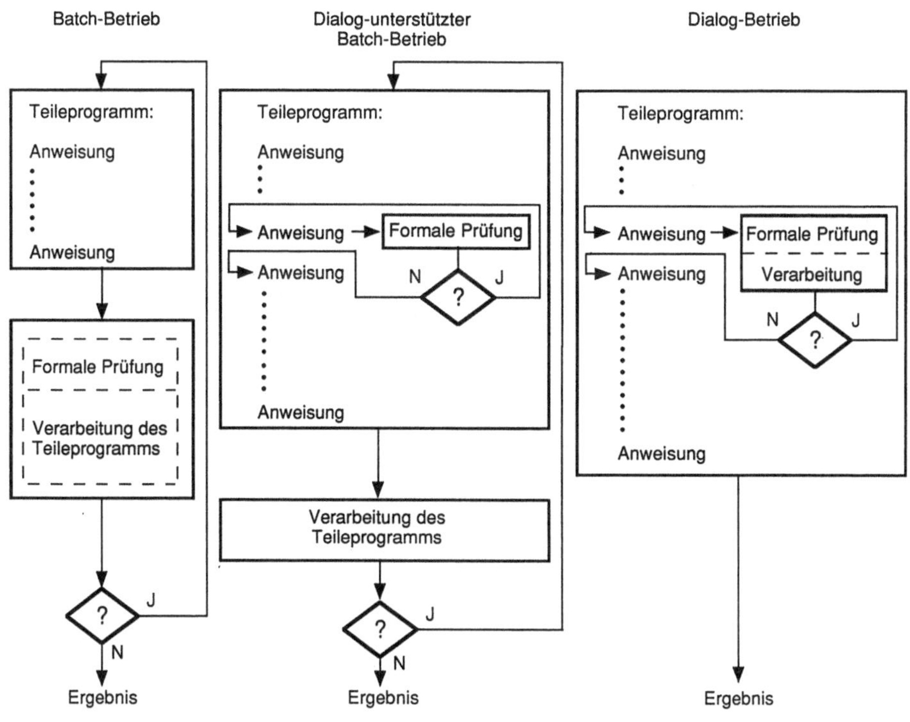



**Bild 4.5**  Beispiele für verschiedene Betriebsarten

Zur Klassifizierung von Hardware-/Software-Systemen zur rechnerunterstützten Programmierung von numerisch gesteuerten Werkzeugmaschinen werden die Begriffe 2D und 3D verwendet. Diese Einteilung orientiert sich an den im NC-Programmiersystem vorhandenen Definitionsmöglichkeiten für geometrische Elemente zur Beschreibung der Werkstückform.

2D bedeutet, daß Geometrieelemente nur in einer Ebene parallel zu einer der Hauptebenen definiert sind. Die Hauptebenen werden bestimmt durch zwei Achsen des kartesischen Koordinatensystems der Werkzeugmaschine. Anwendungen z.B. für Drehen, Stanzen/Nibbeln, Brennschneiden, Zeichnen (Plotten).

Der häufig verwendete Begriff „$2\frac{1}{2}$ D" besagt, daß zusätzlich zu den 2D-Eigenschaften Definitionsmöglichkeiten für eine Zustellung in Richtung der auf der Ebene senkrecht stehenden Achse vorhanden sind.

Mit NC-Programmiersystemen dieses Leistungsumfangs läßt sich die Mehrzahl der Bohr- und Fräsarbeiten programmieren.

3D bedeutet, daß außer den vorgenannten Möglichkeiten zusätzlich räumliche Geometrieelemente zur Definition der Werkstückgeometrie vorhanden sind, z. B. für Flächen 2. Ordnung, Raumkurven, Freiformflächen. Zusätzliche Anforderungen an die Beschreibungsmöglichkeiten und die rechnerinterne Darstellung für geometrische Elemente ergeben sich aus den Bearbeitungsverfahren, z. B. für 5-Achs-Fräsen.

Die am Markt vorhandenen Systeme zur rechnerunterstützten Programmierung unterscheiden sich hinsichtlich des gebotenen Leistungsumfangs, der z. B. zum Ausdruck kommt durch die Möglichkeiten zur Eingabe, Definition, Verknüpfung und Handhabung der Geometrieelemente.

### c) Technologie

Wesentliche Merkmale für den Leistungsumfang eines Systems zur rechnerunterstützten Programmierung sind neben den genannten Möglichkeiten zur Geometriebeschreibung von Werkstücken auch solche zur Beschreibung und Berücksichtigung technologischer Zusammenhänge. Voraussetzung dazu ist die Möglichkeit, im Programmiersystem Dateien einrichten, pflegen und flexibel anwenden zu können. Im allgemeinen handelt es sich dabei um Dateien für Werkzeuge, Richtwerte für die Formgebung, Vorrichtungen, Arbeitszyklen usw. Die Programmiersysteme lassen sich aufgrund dieser Merkmale jedoch nicht so klar klassifizieren wie das bezüglich der Geometrie der Fall ist. Ziel der Berücksichtigung der Technologie ist die Reduzierung des Programmieraufwandes.

Es gibt

- Programmiersysteme, die für ein spezielles Bearbeitungsverfahren ausgelegt und optimiert sind,
- weitergehende Programmierfunktionen innerhalb eines Systems, die technologische Zusammenhänge berücksichtigen.

*Beispiele für spezielle Programmiersysteme:*

- für Drehen, Brennschneiden,
- für spezielle Werkstückformen, z. B. Fräsen von Extruderschnecken,
- für spezielle Kombinationen von Steuerung (CNC) mit Werkzeugmaschine (Systeme für die Programmierung an der Werkzeugmaschinensteuerung).

*Beispiele für Programmierfunktionen:*

- automatische Schnittaufteilung beim Drehen oder Fräsen,
- automatische Erzeugung von Arbeitszyklen für den Einsatz mehrerer Werkzeuge, z. B. für Zentrieren, Ansenken, Vorbohren, Gewindebohren,
- automatische Vorschubregelung bei der Schlichtbearbeitung an Fasen und Übergangsradien von Drehteilen zur Gewährleistung einer hohen Genauigkeit und Oberflächengüte,

- Möglichkeit zur Veränderung der aus technologischen Dateien gewonnenen Zustelltiefen, Schnittgeschwindigkeiten und Vorschübe,
- Werkzeugfolgeoptimierung,
- Berücksichtigung von Materialeigenschaften (Werkstoff, Gewicht, Dicke), Werkzeugform, Form und Größe des zu fertigenden Ausschnitts zur Ermittlung optimaler Werte für Positioniergeschwindigkeit, Vorschub und Hubzahl bei Stanz-/Nibbelbearbeitung von Blechen,
- Automatische Ermittlung der Generator-Einstellung beim Senkerodieren unter Berücksichtigung der Größe der zu bearbeitenden Fläche, der Werkstoffkombination von Werkstück und Elektrode,
- Funktionen zur Steuerung des Werkstückflusses.

***d) Beispiele für den Einfluß von Geometrie und Technologie auf NC-Programmiersysteme***

Die Anforderungen, die hinsichtlich der Merkmale „Geometrie" und „Technologie" an NC-Programmiersysteme zu stellen sind, werden durch die Gestalt der Werkstücke und die zu ihrer Herstellung eingesetzten Bearbeitungsverfahren bzw. der dafür ausgelegten NC-Werkzeugmaschinen bestimmt. Dieser Sachverhalt soll an zwei Beispielen näher erläutert werden.

*Bearbeitung komplizierter Werkstückformen mit 3-/5-Achsfräsen*
Werkstücke können aus verschiedenen Gründen kompliziert sein. Ein Grund kann die Vielfalt der Formelemente an einem Werkstück sein, die für den NC-Programmierer die Übersicht über seine zu lösende Aufgabe erschwert und die eine Kombination von vielen verschiedenen Bearbeitungsschritten erfordern (Beispiel: Verripptes Getriebegehäuse).

Ein anderer Grund kann die Art der Werkstückform sein, die von einem NC-Programmiersystem aufwendige mathematische Verfahren zur Geometriebeschreibung und Verarbeitung erfordern. Selbst eine Turbinenschaufel ist aus der Sicht des NC-Programmierers und aus der Sicht der Bearbeitung ein relativ einfach handhabbares Werkstück, da sie nur wenige Formelemente enthält und wenige Bearbeitungsoperationen erfordert. An das Programmiersystem stellt sich aber die Anforderung, Freiformflächen (hier die Schaufeloberfläche) mathematisch beschreiben zu können. Im allgemeinen Fall werden Werkstücke zu programmieren und zu bearbeiten sein, die sich durch die oben erwähnte Formenvielfalt auszeichnen, also hohe Anforderungen an das Können des Programmierers stellen, und außerdem Freiformgeometrien enthalten, seien es Kurven und/oder Flächen (Beispiel: Umformwerkzeuge in der Automobilindustrie, Kunststoffspritzformen usw.).

Die in solchen Fällen grundsätzlich notwendige dreidimensionale Bearbeitung kann auf Maschinen erfolgen, die 3 oder 5 simultan gesteuerte Achsen besitzen. Vereinzelte Sonderfälle können auch unter Einsatz von 4 simultan bewegten Achsen programmiert und bearbeitet werden. Wegen der geringen Häufigkeit dieser Fälle werden sie gemeinsam mit den 5-achsigen Bearbeitungen betrachtet.

Die Entscheidung, welche Art der Bearbeitung eingesetzt wird - 3-achsig oder 5-achsig - leitet sich aus verschiedenen Kriterien ab.

Eine 5-achsige Fräsbearbeitung kann eine bessere Oberflächengüte bei gleichzeitig geringerer Bearbeitungsdauer erreichen als eine 3-achsige Bearbeitung. Bei geeigneten Flächen liegt die Zeitersparnis um den Faktor 5, 8 und mehr im Vergleich zur 3-achsigen Bearbeitung. Die Ursache für diese Verhältnisse liegt in den systembedingten, fertigungstechnischen Nachteilen einer 3-achsigen Werkzeugbewegung. Da die Werkzeugachse immer dieselbe Raumrichtung einnimmt, ähnelt die Bearbeitung sehr dem Kopieren mit dem Unterschied, daß statt eines realen Modells ein mathematisches Modell – die in eine Menge von Punkten aufgelöste Form der Werkstückoberfläche – zeilenweise auf den Rohling abgebildet wird. Da nicht vorherbestimmbar ist, wo jeweils der Berührungspunkt am Werkzeug liegt, können fast ausschließlich nur Kugelfräser eingesetzt werden, die aus der Sicht der Zerspanungstechnik ungünstig sind.

Demgegenüber steht bei einer 5-achsigen Bearbeitung das Werkzeug im Prinzip immer senkrecht auf einer Fläche. Damit liegt der Berührpunkt am Werkzeug fest, und mit dieser Randbedingung können die technologischen Werte optimiert werden.

Die grundsätzlichen Unterschiede dienen zur Ableitung eines weiteren Kriteriums. Die 3-achsige Bearbeitung ermöglicht dem NC-Programmierer aufgrund der konstanten Werkzeugachsrichtung eine gute Vorstellung der Werkzeuglage für die gesamte Bearbeitung. Bei der 5-achsigen Bewegung dagegen wird die sich ständig ändernde Werkzeugachsrichtung kaum noch überschaubar. Das führt dazu, daß man bei beengten Platzverhältnissen eher auf den technologischen Vorteil der 5-Achs-Bewegung verzichtet zugunsten einer Programmierung der besser überschaubaren 3-achsigen Bewegung.

Weiterhin muß bewertet werden, ob aufgrund der Größe der zu bearbeitenden Formen durch den Einsatz von 5-Achsfräsen ein nennenswerter Zeitgewinn im Verhältnis zu den übrigen relevanten Zeitanteilen zu erwarten ist. Ferner ist zu prüfen, ob ein bereits vorhandenes NC-Programmiersystem überhaupt die Wahlmöglichkeit zwischen 3- und 5-Achsfräsen bietet.

Für die Programmierung komplizierter Werkstücke muß man berücksichtigen, daß die Programmierzeit ohne Programmoptimierung das drei- bis achtfache der Bearbeitungszeit betragen kann. In Einzelfällen wird dieses Zeitverhältnis noch wesentlich ungünstiger sein. Als Resultat ergibt sich eine starke Verschiebung der maßgeblichen Kostenanteile von den Bearbeitungskosten zu den Kosten der Programmierung.

Bild 4.6 zeigt als Beispiel die 5-Achsfräsbearbeitung von Schiffspropellern.

*Bearbeitung von Werkstücken auf Drehmaschinen mit mehreren voneinander unabhängigen numerisch gesteuerten Achssystemen*
Drehteile, die ca. 50 bis 60% aller im Maschinenbau zu fertigenden Teile ausmachen, sind i. allg. nach Bearbeitung der rotationssymmetrischen Partien auf anderen Werkzeugmaschinen weiter zu bearbeiten. Die durch den Maschinenwechsel bedingten Transport-, Liege- und Rüstzeiten wirken sich nachteilig auf die Durchlaufzeiten und die damit verbundenen Kosten aus. Dieser Sachverhalt gab den Anstoß, daß im Werkzeugmaschinenbau und in der Steuerungstechnik Konzepte entwickelt und realisiert wurden, die von der klassischen Einzweck-NC-Drehmaschine mit zwei programmierbaren Achsen zur Mehrachsen-NC-

**Bild 4.6**    5-Achsfräsbearbeitung von Schiffspropellern (Werkbild Waldrich Coburg)

Drehmaschine für die Komplettbearbeitung führten (Bild 4.7) [TRAU86, HERR86].

So kann z. B. mit zwei voneinander unabhängig verfahrbaren Werkzeugträgern ein technologisch sinnvoll aufeinander abgestimmter Simultaneinsatz zweier Drehwerkzeuge eine Leistungssteigerung erreicht werden. Jedem Werkzeugträger ist ein eigenes Achssystem zugeordnet. Außer der Bearbeitung rotationssymmetrischer Werkstückpartien sind auf einer modernen Mehrachsen-NC-Drehmaschine Arbeiten mit angetriebenen Werkzeugen bei drehender Hauptspindel oder bei in definierter (programmierbarer) Stellung stillgesetzter Hauptspindel durchführbar. Die Relativbewegungen zwischen den angetriebenen Werkzeugen und dem Werkstück werden in einem eigenen Achssystem programmiert.

Automatisierte Zusatzeinrichtungen, z. B. für Werkzeugüberwachung, Werkstückzu- und -abführung, Spannmittelwechsel, erhöhen die Leistungsfähigkeit derartiger Drehmaschinen.

Ein Vergleich der Fertigung auf konventionellen Drehmaschinen oder Einzweck-NC-Drehmaschinen mit der Fertigung auf einer Mehrzweck-NC-Maschine der vorstehend beschriebenen Art macht unter Berücksichtigung von Durchlaufzeiten und Summe der Maschinenkosten deutlich, daß NC-Drehmaschinen mit mehreren voneinander unabhängigen Achssystemen zunehmend zum Einsatz kommen, vor allem auch für die wirtschaftliche Herstellung von Teilen in kleineren Losgrößen.

Andererseits stellen NC-Werkzeugmaschinen dieses Leistungsumfangs erhebliche Anforderungen an die Software eines Systems zur rechnerunterstützten Programmierung; diese Anforderungen sind im wesentlichen bedingt durch

– Berücksichtigung verschiedener Bearbeitungsverfahren,
– Herstellung komplexer Werkstücke,
– Simultaneinsatz mehrerer Werkzeuge.

**Bild 4.7** Komplettbearbeitung auf Doppelschlittendrehmaschine mit drittem Revolver für die Rückseitenbearbeitung (Werkbild Traub)

### 4.2.4.2 Rechnerunterstützte Programmierung an der Werkzeugmaschinensteuerung

#### a) Definition

Rechnergesteuerte NC-Werkzeugmaschinen (CNC-Werkzeugmaschinen) bieten die Möglichkeit, das Erstellen von Steuerprogrammen als Teil der Programmierung im Dialog mit dem Rechner der Steuerung vorzunehmen. Die Leistungsfähigkeit derartiger Steuerungen hinsichtlich der Unterstützung der Programmierung wird im wesentlichen durch die vom Steuerungs- oder Werkzeugmaschinenhersteller gelieferte Software (Grundprogramm) bestimmt. Hardwareseitig sind vor allem der Aufbau des Bedientastenfeldes, die Eigenschaften des Bildschirms sowie die Speicherkapazität des Steuerungsrechners für die Anwendung von Bedeutung.

#### b) Stand der Technik

Bei der Entwicklung der CNC-Software – soweit sie die Programmierung betrifft – haben Steuerungs- und Werkzeugmaschinenhersteller regen Gebrauch von den Möglichkeiten gemacht, die speicherprogrammierbare Rechner bieten. Da hierfür bislang keine Norm als Orientierungshilfe vorliegt, ist es nicht weiter verwunderlich, daß diese Software-Entwicklungen zwar meistens die für den klassischen Programmaufbau vorhandene Norm DIN 66025 als Basis nutzen, aber viele weit über diese Norm hinausgehende Erweiterungen enthalten. Diese anwendungsorientierten, die Programmierung erheblich vereinfachenden Erweiterungen sind von den Vorstellungen und Erfahrungen der Steuerungs- und Werkzeugmaschinenhersteller geprägt und daher zwangsläufig nicht einheitlich. Ein Anwender, der mehrere CNC-Werkzeugmaschinen mit unterschiedlichen Kombinationen „Steuerung – Werkzeugmaschine" betreibt, hat folglich eine Vielfalt unterschiedlicher Programmier-Regeln sowie Unterschiede bei den o. g. Elementen der Steuerungshardware zu berücksichtigen. Letztendlich ergibt sich hieraus, daß ein derart für eine bestimmte Kombination „Steuerung – Werkzeugmaschine" erstelltes Steuerprogramm nur auf dieser oder einer identischen Kombination ablauffähig ist.

Es sei hier jedoch angemerkt, daß viele Steuerungs- und Werkzeugmaschinenhersteller neben den Möglichkeiten zur Programmierung an der Werkzeugmaschinensteuerung auch Programmiersysteme (Hard- und Software) für die Programmierung getrennt von der Werkzeugmaschine anbieten (s. Abschn. 4.2.4.3), meist mit dem Hinweis auf komplexere Werkstücke und einen größeren Anwendungsbereich hinsichtlich Maschinen, Steuerungen und Bearbeitungsverfahren.

#### c) CNC-Komponenten für den Dialog

##### Bedientastenfeld und Bildschirm

Der Dialog zwischen Mensch und dem im Steuerungsrechner gespeicherten Grundprogramm erfolgt über die im Bedientastenfeld angeordneten Programmierfunktionstasten. Das Betätigen einer Taste oder Tastenkombination, z. B. für

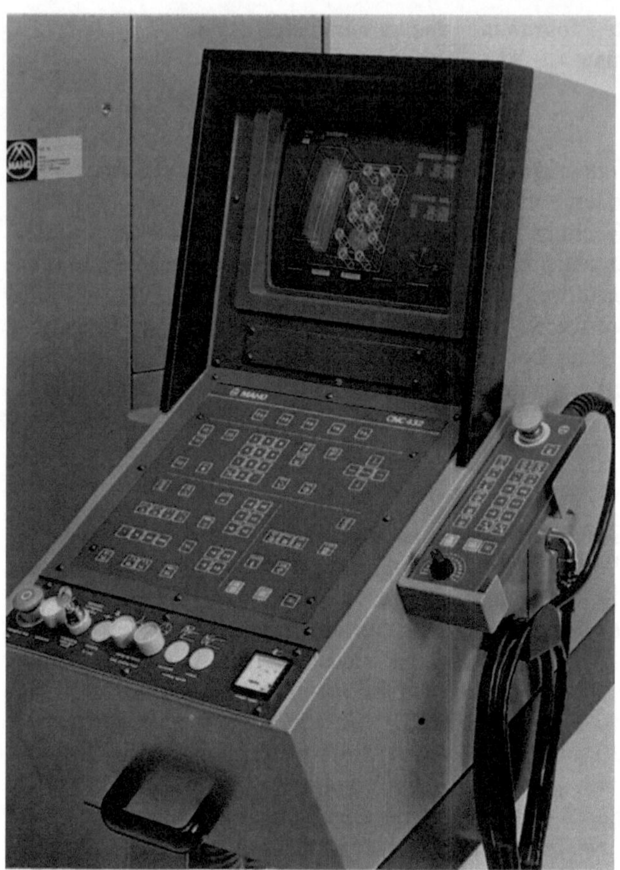

**Bild 4.8**   Bedientastenfeld mit Farbgraphikbildschirm (Werkbild Maho)

Dateneingabe oder Auswahl einer bestimmten Funktion, bewirkt i. allg. eine entsprechende Anzeige auf dem Bildschirm.

Bedientastenfeld und Bildschirm müssen bestimmten ergonomischen Anforderungen genügen [VOLL85], z. B.

- Klare Trennung der Programmierfunktionstasten von den übrigen Bedienelementen der Werkzeugmaschine,
- Übersichtliche Anordnung der Programmierfunktionstasten,
- Genügend großer Bildschirm; gute Lesbarkeit der dargestellten Informationen.

Bild 4.8 zeigt ein Bedientastenfeld mit einem Farbgraphikbildschirm.

*Programmierfunktionstasten*
Die Programmierfunktionstasten ermöglichen die Eingabe von Daten und die Auswahl sogenannter Menüs. Neben den Ziffern 0 bis 9 und einigen oder allen Buchstaben des Alphabets sind die den einzelnen Tasten zugeordneten Bedeutungen i. allg. durch Bildzeichen gekennzeichnet:

Es sind dies zum Teil die in DIN 55003 Teil 3 genormten Bildzeichen, zum Teil die von den Steuerungs-/Werkzeugmaschinenherstellern festgelegten steuerungsspezifischen Bildzeichen.

Aus Platzersparnisgründen können mitunter auch Tasten mit zwei Bedeutungen (2 Bildzeichen) belegt werden; eine Umschalt- (Shift-) Taste stellt dann die eindeutige Zuordnung her.

Eine besondere Bedeutung haben die sogenannten „Soft-Keys"; damit bezeichnet man Tasten, welchen keine feste Funktion und damit auch kein Bildzeichen zugeordnet ist. Ihre Bedeutung wird, abhängig vom jeweiligen Programmier- oder Bedienungsstatus, auf dem Bildschirm über der betreffenden Taste angezeigt, so daß eine eindeutige Zuordnung möglich ist.

*Speicher des Steuerungsrechners*
Der Speicher des Steuerungsrechners dient zur Aufnahme des Grundprogramms sowie des erstellten Steuerprogramms. Je nach Speichergröße können mehrere Steuerprogramme gleichzeitig gespeichert werden. Im allgemeinen findet man heute eine Speicherorganisation mit verschiedenen Speicherbereichen vor, die es z.B. erlaubt

- Steuerprogramme,
- Arbeits-/Geometrie-Zyklen, Unterprogramme des Anwenders,
- Werkzeugdaten einschließlich Korrekturwerte,
- Maschinendaten,
- Parameter

getrennt abzulegen.

### c) Elemente des Grundprogramms für den Dialog

*Menü- und Maskentechnik*
Basis für das Erstellen von Steuerprogrammen im Dialog ist die Menü- und Maskentechnik. Mit der Menütechnik hat der NC-Programmierer die Möglichkeit, aus den vom Grundprogramm angebotenen Funktionen für häufig vorkommende Teilaufgaben jeweils diejenige auszuwählen, die der von ihm geplanten Bearbeitungsfolge entspricht. Nach getroffener Auswahl erscheint am Bildschirm die der betreffenden Funktion zugeordnete anwendungsneutrale Maske, die entweder nur alphanumerische Zeichen enthält oder aus einer Kombination von alphanumerischen Zeichen mit einer graphischen Darstellung von geometrischen Elementen (z.B. Systemskizze der Funktion) besteht. Aus den von der Maske angeforderten Informationen ersieht der NC-Programmierer, welche geometrischen bzw. technologischen bzw. organisatorischen Daten er eingeben muß, um die betreffenden Funktionen dem jeweiligen Anwendungsfall anzupassen.

Etwaige bei der Dateneingabe gemachte Fehler führen in den meisten Fällen zu einer Anzeige, so daß Korrekturen sofort möglich sind. Nach dieser Überprüfung werden die derart komplettierten Informationen durch Tastendruck dem Steuerungsrechner zur Verarbeitung übergeben; das Ergebnis – ein Teil des Steuerprogramms – wird im Speicher des Steuerungsrechners abgelegt.

Bei Steuerungen, deren Grundprogramm und Bildschirm nur die Darstellung alphanumerischer Zeichen zuläßt, spricht man von alphanumerischem Dialog. Werden neben den alphanumerischen Zeichen auch geometrische Elemente auf dem Bildschirm dargestellt, so wird das als graphischer Dialog bezeichnet.

*Unterprogrammtechnik*

Die im allgemeinen technologie- und geometriebezogenen Arbeitszyklen sowie die Geometriezyklen sind vom Steuerungs- oder Werkzeugmaschinenhersteller entwickelte parametrisierte Unterprogramme für häufig vorkommende Bearbeitungsabläufe oder bestimmte Konfigurationen von geometrischen Elementen. Nach Menüauswahl hat der Anwender die von der Maske angeforderten Parameter durch die jeweils aktuellen Zahlenwerte zu ergänzen und die Weiterverarbeitung einzuleiten [BEHR84, BOSC84, DECK86, FORT81, GILD85, HEID87, KAMM83, MAHO85, MEYE85, SCHA86, SCHÜ85, SIEM85, SIEM85a, SIEM85b, SIEM86, TRAU86, TRUM86, WALT84].

Sind die vorstehend genannten Zyklen für spezielle Fertigungsaufgaben nicht anwendbar, so kann der Anwender eigene Unterprogramme aufstellen und diese nach vorausgegangener Parameter-Versorgung vom (Haupt-) Steuerprogramm oder einem übergeordneten Unterprogramm aus durch Aufruf aktivieren.

Für die Zyklen ist der zum Grundprogramm gehörende Geometrieprozessor von besonderer Bedeutung. Sein Leistungsumfang trägt wesentlich dazu bei, daß der von der manuellen Programmierung her bekannte Aufwand für Zwischenrechnungen erheblich reduziert wird oder ganz entfällt.

Einige Beispiele sollen die damit gebotenen Vorteile aufzeigen:

- Programmierung von ebenen, meist aus Geradenstücken und Kreisbögen zusammengesetzten Konturzügen mit Berechnung der tangentialen Übergänge oder der Schnittpunkte zwischen benachbarten Konturelementen (Bild 4.9),
- Berechnung von Punktmustern und Spiegelungen,

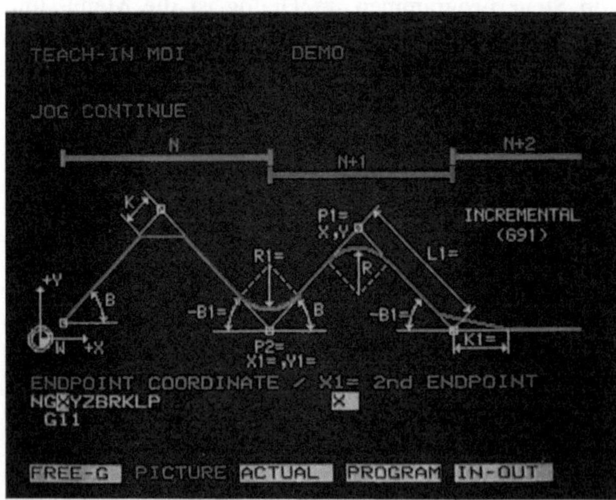


**Bild 4.9**    Konturzug mit 4 Elementen (Werkbild Maho)

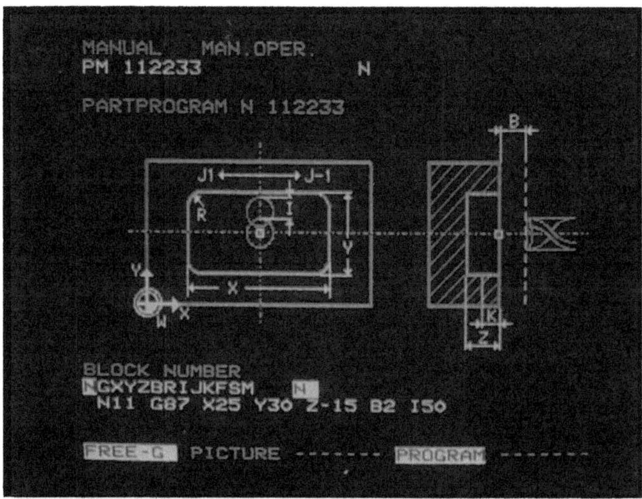


**Bild 4.10**   Zyklus Taschenfräsen (Werkbild Maho)

- Koordinatentransformationen zwecks Berücksichtigung verschiedener in der Werkstückzeichnung festgelegter Bezugspunkte (Verschieben und Drehen des Werkstück-Koordinatensystems),
- Berücksichtigung unterschiedlicher Bemaßungsarten: absolute Maßangaben (Bezugsmaße), inkrementale Maßangaben (Kettenmaße), Polarkoordinaten,
- Maßstabsänderungen (vergrößern, verkleinern),
- Berücksichtigung von Werkzeugkorrekturen und Nullpunktverschiebungen, so daß i.allg. nur die Werkstückkontur zu programmieren ist.

Arbeitszyklen sind auf die verschiedenen Bearbeitungsverfahren ausgerichtet. Als Beispiele seien genannt für Drehbearbeitung:

- Abspanzyklen für Schruppbearbeitung in Längs- oder Planrichtung, innen/außen,
- Zyklen für Schlichtbearbeitung,
- Zyklen für Gewinde und Einstiche;

Bohr-/Fräsbearbeitung:

- Zyklen für Bohren, Tieflochbohren, Bohren mit Spanbrechen, Gewindebohren, Reiben, Ausdrehen,
- Fräszyklen für Rechtecktaschen und Nuten in beliebiger Winkellage (Bild 4.10),
- Zyklen für Kreistaschenfräsen, Zapfenfräsen, Bohrungen ausfräsen,
- Zyklus für tangentiales Anfahren an die Werkstückkontur beim Fräsen,
- Fräszyklen für den Formenbau (Bild 4.11).

Auch für andere Bearbeitungsverfahren, z.B. Stanzen, Nibbeln, Schleifen, werden von den Herstellern Arbeits- und Geometriezyklen angeboten.

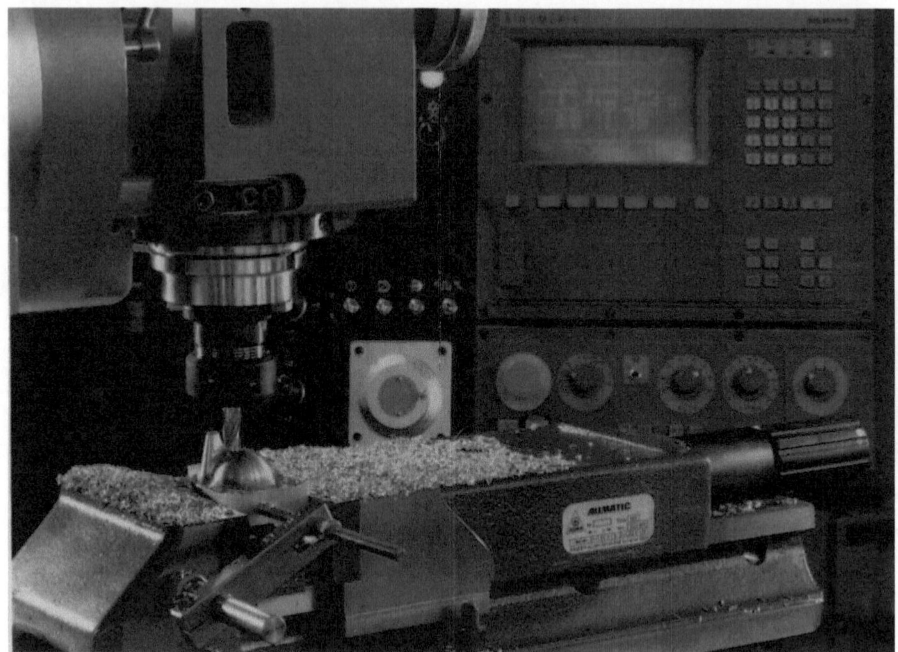

**Bild 4.11**   Fräszyklus für den Formenbau (Werkbild Siemens)

*e) Erstellen von Steuerprogrammen an der Werkzeugmaschinensteuerung*

Steuerprogramme können an der Werkzeugmaschinensteuerung mit folgenden Verfahren erstellt werden:

– Play-Back-Verfahren,
– Teach-in-Verfahren,
– im Dialog.

Auf die beiden Erstgenannten wird nur der Vollständigkeit halber eingegangen. Ihre Anwendung beschränkt sich meist auf einfachere Bearbeitungsaufgaben; sie haben gegenüber dem Erstellen von Steuerprogrammen im Dialog geringere Bedeutung.

Beim *Play-Back-Verfahren* wird ein Werkstück bzw. werden bestimmte Partien eines Werkstückes im „konventionellen Betrieb" bearbeitet, d.h.: die CNC-Werkzeugmaschine wird vom Bediener von Hand über Einrichteelemente in Einzelschritten gefahren. Die geometrischen Daten des Bewegungsablaufs (Positionen, Verfahrwege) werden dabei Schritt für Schritt durch Betätigen einer Taste mit Angabe der an der Bewegung beteiligten Koordinatenachsen (Adreß-buchstaben) im Steuerungsrechner gespeichert. Die zur Werkstückbearbeitung eingestellten technologischen Daten sowie erforderliche Wegbedingungen und Zusatzfunktionen sind zusätzlich in einer der Steuerung verständlichen Form über Handeingabe den gespeicherten Daten zuzufügen, so daß ein vollständiges Steuerprogramm entsteht.

Das *Teach-in-Verfahren* unterscheidet sich vom Play-Back-Verfahren nur dadurch, daß die anzufahrenden Positionen einschließlich der Adreßbuchstaben für die Achsen über Handeingabe eingegeben werden und nach Ausführung der Verfahrbewegung in den Speicher der Steuerung übernommen werden können.

### f) Erstellen von Steuerprogrammen im Dialog

Das Erstellen von Steuerprogrammen im Dialog an der Werkzeugmaschinensteuerung wird hier nach seinem funktionalen Ablauf betrachtet. Die damit verbundenen Fragen

- Wann ist dieses Programmierverfahren besonders geeignet und wann nicht?
- Wer führt die einzelnen Schritte durch?

und ähnliche sind in Abschnitt „4.2.5 Bewertungskriterien zur Auswahl von Programmierverfahren" Gegenstand einer ausführlichen Behandlung.

*Ausgangslage*
Als Ausgangslage für das Erstellen eines Steuerprogramms wird vorausgesetzt, daß

- die in Frage kommende CNC-Werkzeugmaschine bereits festgelegt ist aufgrund
  - der Abmessungen und des Gewichtes des zu bearbeitenden Werkstückes,
  - der geforderten Fertigungsgenauigkeit,
  - der Werkzeugmaschinenleistung,
  - des geeigneten Werkzeug- und Spannsystems,
  - der Losgröße,
  - des Leistungsumfangs des Grundprogramms.
- die Werkstückzeichnung (Werkstatt-/Fertigteilzeichnung) vorliegt,
- der Zustand des zu bearbeitenden Werkstückes (Rohteil, vorbearbeitet) bekannt ist.

*Vorbereitende Maßnahmen*
Dem Erstellen eines neuen Steuerprogramms geht in den meisten Fällen eine vorbereitende Arbeitsablaufplanung voraus, die nicht an der Werkzeugmaschine durchzuführen ist. Die These, man könne direkt, von der Werkstückzeichnung ausgehend, das Steuerprogramm an der Werkzeugmaschinensteuerung erstellen, erweist sich als unrealistisch. Nur für ganz einfache Fertigungsaufgaben ist diese Vorgehensweise möglich.

Abhängig von der durchzuführenden Fertigungsaufgabe kann die Arbeitsablaufplanung folgende Einzelschritte umfassen:

- NC-gerechte Aufbereitung der Werkstückzeichnung, Festlegung des Werkstück-Koordinatensystems.
  Der Aufwand hierfür ist abhängig von
  - dem Leistungsumfang des Grundprogramms, insbesondere von dem des Geometrieprozessors,
  - den in der Konstruktion gewählten Bemaßungsarten.

- Festlegen
  - der Werkstückaufspannung,
  - der Reihenfolge der durchzuführenden Arbeitsoperationen,
  - der dabei einzusetzenden Werkzeuge, Werkzeugaufnahmen und Spannmittel,
  - der zu verwendenden technologischen Richtwerte für die Formgebung (Schnittwerte).
- Werkzeugvoreinstellung: Vermessen am Einstellplatz oder mit der Werkzeugmaschine.
- Berücksichtigen evtl. einzusetzender Meßtaster,
- Berücksichtigen evtl. vorhandener programmierbarer Zusatzeinrichtungen, z. B. für Be- und Entladen von Werkstücken, Werkstückaufspannung, Spanndruck.
- Erstellen des Einrichteblattes (siehe auch Abschnitt 4.2.3.4), enthaltend
  - Angaben zur Lage des Werkstückes bzw. der Werkstücke im Maschinen-Koordinatensystem mit Null- bzw. Bezugspunkten,
  - Werkzeugliste, Speicheradressen für Werkzeugkorrekturen, Bestückung des Werkzeugmagazins (sofern vorhanden und keine feste Standardbestückung vorgesehen ist),
  - Benötigte Vorrichtungen.
- Prüfen, ob Nutzung vorhandener Unterprogramme oder herstellerspezifischer Zyklen möglich; ggf. Planung neuer Unterprogramme.

Diese vornehmlich auf Werkzeugmaschinen für die spanende Bearbeitung ausgerichtete Zusammenstellung, die wegen der vielen Möglichkeiten keinen Anspruch auf Vollständigkeit erhebt, soll das Prinzipielle der Vorgehensweise aufzeigen; auf andere Bearbeitungsverfahren ist sie sinngemäß zu übertragen.

Zur Verkürzung der für die Durchführung des Dialogs an der Werkzeugmaschinensteuerung benötigten Zeit wird von einigen Werkzeugmaschinenherstel-

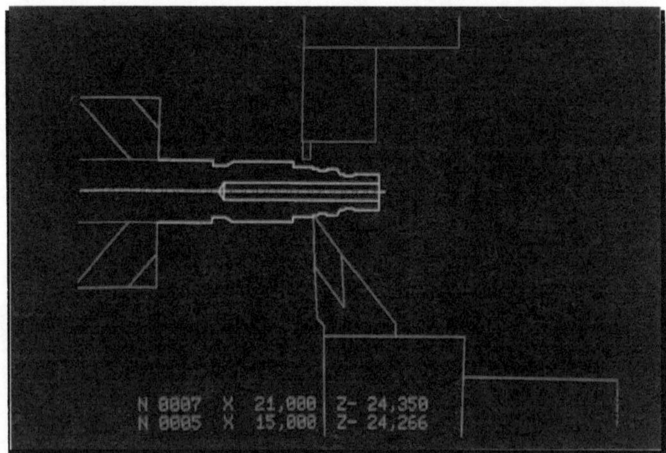


**Bild 4.12**  Graphisch-dynamische Prozeßsimulation: Schlichten außen (unten) und Einstechen (oben) (Werkbild Traub)

lern empfohlen, das Ergebnis der vorbereitenden Maßnahmen auf Formularen zusammenzustellen; z. B. für

- den Arbeitsablauf mit Reihenfolge und Kurzbeschreibung der Arbeitsgänge und der dafür benötigten Werkzeuge,
- die Werkzeugdaten, sofern diese nicht gespeichert sind,
- die Reihenfolge der im Dialog aufzurufenden Funktionen.

Auch im Hinblick auf die Dokumentation und Archivierung von Steuerprogrammen (s. Abschn. 4.2.3.4 und 4.2.3.5) sollte man dieser Empfehlung folgen.

*Durchführung des Dialogs an der Werkzeugmaschinensteuerung*
Die zur Durchführung des Dialogs an der Werkzeugmaschinensteuerung zu beachtenden Regeln sind in der Programmieranleitung für die betreffende CNC-Maschine beschrieben. Im allgemeinen führt der Programmierer diesen Vorgang bei stillstehender Maschine an Hand der Planungsunterlagen und der Werkstückzeichnung im Wechselspiel zwischen Menüauswahl und Eintippen von Daten durch. Geometrische Darstellungen am Bildschirm, Plausibilitätskontrollen und Möglichkeiten für Korrekturen (Editierfunktionen) erlauben eine fast fehlerfreie Erstellung des Steuerprogramms, und zwar deshalb, weil z. B. ein falsch eingegebenes Längenmaß zunächst nicht gleich, sondern erst bei der Programmprüfung festgestellt werden kann.

*Prüfen und Ändern eines Steuerprogramms*
Vor der Bearbeitung des Werkstückes ist das erstellte Steuerprogramm auf Richtigkeit und Vollständigkeit zu prüfen.

Abhängig vom Leistungsumfang des Grundprogramms und der Eigenschaften des Bildschirms lassen sich die im Steuerprogramm enthaltenen geometrischen Informationen auf dem Bildschirm darstellen (graphische Simulation). Die Möglichkeiten dieser graphischen Simulation können von der einfachen statischen Strichgraphik für Fertigteilkontur und Werkzeugverfahrwege bis zur mehrfarbigen Darstellung von Rohteil, Fertigteil, Spannmitteln und Werkzeugen mit dynamischer Aufzeichnung der Werkzeugverfahrwege reichen. Plausibilitäts- und Vollständigkeitsprüfungen ermöglichen dabei das Erkennen von Programmierfehlern und Kollisionen. Bild 4.12 zeigt einen Ausschnitt aus der graphisch-dynamischen Simulation des Doppelschlittenbetriebes auf einer Drehmaschine.

Je nach Steuerungskomfort sind weitere graphische Funktionen vorhanden, z. B.

- Ausschnittsvergrößerungen, z. B. eines Konturteils,
- Projektion des Werkstückes in drei zueinander senkrechten Ebenen,
- Perspektivische Darstellung des Werkstückes mit der Möglichkeit, es durch Drehungen um die Achsen unter verschiedenen Winkeln zu betrachten,
- Maßkontrollen am Bildschirm.

Die Richtigkeit der im Steuerprogramm benutzten technologischen Werte, z. B. für Spindeldrehzahl und Vorschub, kann i. allg. erst während der Werkstückbearbeitung festgestellt werden; je nach Situation sind entsprechende Änderungen sofort (Programmunterbrechung) oder nachträglich im Steuerprogramm vorzunehmen.

Änderungen an einem gespeicherten Programm lassen sich mit den Editierfunktionen schnell durchführen. Der zu ändernde Teil des Steuerprogramms
wird am Bildschirm i. allg. satzweise aufgelistet, so daß gezielt geändert werden
kann.

Nach positiv verlaufener Geometrie-Prüfung erfolgt die Freigabe des Steuerprogramms für den Produktiveinsatz, dem das Einrichten der Maschine mit folgenden Maßnahmen vorausgeht:

- Werkzeuge voreinstellen,
- Werkzeugdaten einschließlich Korrekturwerte in den Speicher einlesen (so-
  fern nicht gespeichert),
- Magazin bestücken,
- Spannmittel bzw. Spannbacken anbringen oder austauschen.

Anschließend kann das Werkstück aufgespannt, ausgerichtet und bearbeitet werden.

### g) Parallelprogrammierung

Während der Durchführung des Dialogs an der Werkzeugmaschinensteuerung
und der geometrischen Programmprüfung kann die Maschine nach dem bisher
Gesagten nicht produktiv genutzt werden. Zur Vermeidung dieser Stillstandszeiten wurden manche Steuerungen hard- und softwareseitig derart erweitert, daß
parallel zur Bearbeitung eines Werkstückes das Erstellen eines neuen oder das
Ändern eines schon vorhandenen Steuerprogramms möglich ist. Die Parallel-
programmierung nutzt für das Neuerstellen bzw. Ändern einen eigenen Spei-
cherbereich, um das laufende Bearbeitungsprogramm nicht zu beeinträchtigen.

### h) Ein- und Ausgabe von Steuerprogrammen

Um Steuerprogramme, die nicht immer im Speicher der Steuerung vorhanden
sein müssen oder aus Kapazitätsgründen nicht unterzubringen sind, extern in
einem Archiv gesichert aufzunehmen, kann an viele Steuerungen ein Ein-/Aus-
gabegerät angeschlossen werden. Damit ist es möglich, Steuerprogramme
einschl. der zugehörigen Werkzeugdaten aus dem Speicher auf einen Datenträger auszugeben und im Falle einer Wiederholteilfertigung erneut in den Speicher
einzulesen. Bei einer Neueingabe sind die jeweils aktuellen Werkzeugkorrekturwerte zu berücksichtigen. Für eine Archivierung sollte man die in Abschnitt
4.2.3.5 zusammengestellten Empfehlungen beachten.

### i) CNC-Werkzeugmaschine im Datenverbund

Bisher wurden die CNC-Werkzeugmaschine und die an ihrer Steuerung vorzunehmende Programmierung als insulare Elemente der Automatisierung betrachtet. Verschiedene Beispiele sollen aufzeigen, wie diese Insel in einen Datenverbund einbezogen werden kann, siehe hierzu auch Kap. 5.
Einige Hersteller [ZEPP86, HERR86] haben die zur Maschinenbedienung und
Programmierung benutzten Elemente der Steuerungshard- und -software zu Terminals erweitert, die u. a. eine Rechnerkopplung zulassen.

Auf diese Weise ist es z.B. möglich, CNC-Werkzeugmaschinen, deren Programmierung an der Steuerung erfolgt, an einen übergeordneten Leitrechner für DNC-Betrieb anzuschließen und folgende Aufgaben durchzuführen:

- Transfer von neu erstellten und geprüften Steuerprogrammen aus dem Speicher der Steuerung in das vom Leitrechner verwaltete Archiv und in umgekehrter Richtung.
- Erfassung, Verarbeitung und ggf. Weitergabe der an den einzelnen Maschinen angefallenen Betriebs-/Maschinendaten, z.B. Beendigung eines Fertigungsauftrags, Bearbeitungszeiten, Einsatzzeiten und Zustand der Werkzeuge, Ursache und Dauer von Maschinenstillstandzeiten.

Sind bei einem Anwender mehrere identische Kombinationen „CNC/Werkzeugmaschine" vorhanden, so kann es für einen Austausch von Steuerprogrammen vorteilhaft sein, die Steuerungen der einzelnen Maschinen miteinander über eine Datenleitung zu verbinden.

### k) Weiterentwicklung

Die Weiterentwicklung der Steuerungen für CNC-Werkzeugmaschinen geht – was die Programmierung anbelangt – in Richtung Erhöhung des Komforts und damit Vereinfachung der Programm-Erstellung und -Prüfung. Als Beispiele seien genannt

- zunehmende Verwendung von Farbbildschirmen mit hoher Auflösung,
- Standard-Benutzeroberfläche,
- stärkere Nutzung der Geometrie-Darstellung auf dem Bildschirm,
- Erweiterungen zur graphischen Simulation,
- Einbeziehung weiterer über Menü auswählbarer Funktionen,
- Schnellerer und vereinfachter Zugriff auf Dateien durch leistungsfähigere Hard- und Software für den Datentransfer in Rechnernetzen.

Es ist anzunehmen, daß die Vielfalt der von den Herstellern angebotenen Möglichkeiten zur Programmierung an der Werkzeugmaschinensteuerung infolge des Fehlens von Normen bzw. Empfehlungen als Orientierungshilfen noch weiter zunimmt.

Verschiedene Stellen bemühen sich daher z.Z. darum, dieser für die Anwender ungünstigen Situation entgegenzuwirken und die Vielzahl der Lösungen einzudämmen. Zu nennen sind in diesem Zusammenhang

● das Verbundprojekt „Werkstattorientierte Programmierverfahren (WOP)", das im Rahmen des Programms Fertigungstechnik, Kernforschungszentrum Karlsruhe, mit Mitteln des Bundesministeriums für Forschung und Technologie gefördert und von ca. 20 Entwicklungsstellen (Steuerungs-/Werkzeugmaschinenhersteller, Hochschul- und Forschungsinstitute u.a.) durchgeführt wird [KERN87].
Ziele dieses Projektes sind u.a.
    - Entwicklung von Programmiermethoden mit einheitlichem Dialog, orientiert an den Fertigungsverfahren Drehen, Bohren, Fräsen, Schleifen, Blechbearbeiten,

- graphisch-interaktive Eingabe ohne Programmiersprache,
- graphische Simulation des Bearbeitungsprozesses,
- einheitliches System für Werkstatt und Arbeitsvorbereitung.

• das bei ISO/TC 184 Industrial automation systems/SC 1 Numerical control of machines aufgenommene Normungsvorhaben „Extended format and data structure", das sich mit den gegenüber ISO 6983 (DIN 66025) vorzunehmenden Erweiterungen befassen wird. Auf nationaler Ebene wird dieses Thema im Normenausschuß Maschinenbau (NAM) im DIN Deutsches Institut für Normung e. V., Fachbereich 96 Industrielle Automation, bearbeitet.

Da – wie erwähnt – in einigen Fällen die zur Programmierung an der Werkzeugmaschinensteuerung vorausgesetzte Hardware als Terminal zur Rechnerkopplung verwendet werden kann, wäre z. B. die Kopplung mit einem CAD-System möglich. Denkbar ist es, von diesem Terminal aus den Anstoß zu geben, um eine mit dem CAD-System erzeugte Werkstückbeschreibung und daraus abgeleitete NC-orientierte Datei in den Speicher der Werkzeugmaschinensteuerung zu übertragen. Hier könnte mit einer – die Funktionen eines Postprozessors (s. Abschn. 4.2.4.3) übernehmenden – Erweiterung des Grundprogramms die Verarbeitung dieser Datei zum Steuerprogramm erfolgen, und zwar zeitlich parallel zur gerade laufenden Fertigungsaufgabe. An der Werkzeugmaschinensteuerung braucht dann nur noch die Prüfung des derart gewonnenen Steuerprogramms und ggf. dessen Optimierung vorgenommen werden.

Letzten Endes wird eine Wirtschaftlichkeitsuntersuchung ergeben müssen, ob derartige Lösungen vertretbar sind.


### 4.2.4.3 Rechnerunterstützte Programmierung getrennt von der Werkzeugmaschine ohne CAD-Kopplung

*a) Definition und Aufgaben*

Die rechnerunterstützte Programmierung getrennt von der Werkzeugmaschine erfolgt mit NC-Programmiersystemen, deren Leistungsfähigkeit durch die Software (Programme) und durch die Hardware (Rechner mit Peripherie), auf der die Software ablauffähig ist, bestimmt wird. Die hierfür verwendete Hardware reicht vom Einbenutzer-NC-Programmierplatz mit integriertem Rechner bis zum Universalrechner. Eine Zusammenstellung von am Markt verfügbaren NC-Programmiersystemen findet man z. B. in [IFAO86].

Man unterscheidet bei den NC-Programmiersystemen die Betriebsarten

- Stapelbetrieb (Batch-Betrieb),
- Dialogunterstützter Stapelbetrieb,
- Alphanumerisch-interaktiver Dialog,
- Graphisch-interaktiver Dialog.

Unabhängig von der Betriebsart haben NC-Programmiersysteme die Aufgabe, die für bestimmte Fertigungsaufgaben erstellten Teileprogramme zu Steuerprogrammen für NC-Werkzeugmaschinen zu verarbeiten. Teileprogramme bestehen im wesentlichen aus Anweisungen zur Beschreibung der Werkstückgeometrie, der Werkstückbearbeitung und ihres Ablaufs sowie der dazu einzusetzenden Werkzeuge und der zu verwendenden Werte für die Formgebung.

Unterschiede bestehen darin (Bild 4.5 in Abschn. 4.2.4.1), daß beim Stapelbetrieb das vollständige Teileprogramm in den Rechner einzugeben ist und darin enthaltene Fehler erst nach seiner Verarbeitung durch den NC-Prozessor festgestellt und behoben werden können. Bei den dialog-orientierten Betriebsarten hingegen wird Anweisung für Anweisung (man spricht hier mitunter von Kommandos oder Befehlen statt von Anweisungen) eingegeben, wobei nach jeder Eingabe Kontrollen möglich sind. Während beim dialogunterstützten Stapelbetrieb nur formale Fehler feststellbar und behebbar sind, bietet der interaktive Dialog, besonders der graphikunterstützte, hierfür mehr Möglichkeiten, z. B. durch visuelle Darstellung auf dem Bildschirm.

Die rechnerunterstützte Programmierung getrennt von der Werkzeugmaschine ermöglicht das Erstellen von Steuerprogrammen

- ohne das Produktionsmittel „Werkzeugmaschine" zu blockieren,
- für unterschiedliche Kombinationen „Steuerung – Werkzeugmaschine" und, bei einem entsprechenden Leistungsumfang des Programmiersystems, für verschiedene Bearbeitungsverfahren,
- an dem jeweils am besten dafür geeigneten Ort (in den meisten Fällen in der Arbeitsvorbereitung oder im Werkstattbereich).

Bis zu einem gewissen Grad wird damit eine Programmierung unabhängig vom vorhandenen NC-Maschinenpark gewährleistet, dessen Veränderungen (Neuzugänge) sich daher relativ leicht berücksichtigen lassen. Die Einschränkung „bis zu einem gewissen Grad" besagt, daß in der auf dem Rechner ablaufenden Programmkette von einer gewissen Stelle an die für eine bestimmte Kombination „Steuerung – Werkzeugmaschine" maßgebenden Kenngrößen Berücksichtigung finden müssen. In der Regel bieten NC-Programmiersysteme eine Vielzahl von Definitionsmöglichkeiten zur Beschreibung der Werkstückgeometrie und der einem oder mehreren Bearbeitungsverfahren zugrundeliegenden technologischen Zusammenhänge. Weitere Vorteile ergeben sich durch die Verwendung von Dateien, in welchen häufig benutzte Daten gespeichert sind, z. B. Dateien für Werkzeuge, Richtwerte für die Formgebung, Maschinenkenngrößen.

Den höchsten Komfort zur rechnerunterstützten Programmierung getrennt von der Werkzeugmaschine bieten die heute am häufigsten anzutreffenden NC-Programmiersysteme mit graphisch-interaktivem Dialog. Auf diese sind die nachstehenden Ausführungen ausgerichtet; sinngemäß gelten diese Ausführungen auch für die anderen Betriebsarten unter Beachtung der erwähnten Unterschiede.

### b) Historie

Schon bald nach der ersten Einführung von numerisch gesteuerten Werkzeugmaschinen in amerikanischen Produktionsbetrieben (etwa 1956/57) zeigte sich die Notwendigkeit, die Erfahrungen auf dem Gebiet der Rechnerprogrammierung auch beim Programmieren von NC-Werkzeugmaschinen anzuwenden [SIMO63]. So entstand z. B. am M.I.T. (Massachusetts Institute of Technology, Cambridge/Mass., USA) die problemorientierte fertigungstechnische Programmiersprache APT (Automatically Programmed Tools), bei der bis heute die Verarbeitung geometrischer Daten im Vordergrund steht. Neben der Entwicklung spezieller Programmiersysteme, z. B. für die NC-Drehmaschinen eines bestimmten Herstellers, sind in der Folgezeit auf APT-Basis durch Änderungen und Weiterentwicklungen weitere NC-Programmiersprachen für Rechner verschiedener Hersteller entstanden; man faßt diese heute unter dem Sammelbegriff „APT-ähnliche Sprachen" zusammen. Ebenfalls die APT-Sprachstruktur nutzend, jedoch die fertigungstechnischen Belange verschiedener Bearbeitungsverfahren berücksichtigend, begannen in der Bundesrepublik Deutschland Mitte der 60-er Jahre die Entwicklungsarbeiten des EXAPT-Vereins (EXAPT $\triangleq$ Extended Subset of APT).

Die Entwicklung von APT und der APT-ähnlichen NC-Programmiersprachen führte dazu, daß man sich schon bald mit Normungsarbeiten auf internationaler Ebene befaßte. Als Ergebnis entstanden die ISO Standards 4342, 3592 und 4343 bzw. auf nationaler Ebene die Normen DIN 66246 für eine Eingabesprache und DIN 66215 zur Definition einer Datenschnittstelle innerhalb eines NC-Programmiersystems.

War anfangs die Anwendung dieser NC-Programmiersprachen nur auf Großrechnern möglich und daher recht kostspielig, so führte die ständige Weiterentwicklung der Mikroelektronik zu Hard-/Software-Lösungen, die sich in Bezug auf physikalische Größe, Handhabungskomfort, Preis-/Leistungsverhältnis usw. positiv von ihren Vorgängern unterscheiden. Daß diese Entwicklung das Entstehen sehr vieler und vom Leistungsumfang unterschiedlicher NC-Programmiersysteme nach sich zog, überrascht nicht weiter, da bisher außer den vorstehend zitierten keine gemeinsam erarbeiteten Normen oder Richtlinien den Herstellern als Orientierungshilfen zur Verfügung stehen.

In diesem Zusammenhang sei auf das schon in Abschn. 4.2.4.2 erwähnte Verbundprojekt „Werkstattorientierte Programmierverfahren (WOP)" hingewiesen. Ziel des Projektes ist eine Vereinheitlichung der NC-Programmierung im graphisch-interaktiven Dialog unter Berücksichtigung unterschiedlicher Bearbeitungsverfahren, und zwar unabhängig davon, ob an der Werkzeugmaschinensteuerung oder getrennt von der Werkzeugmaschine programmiert wird [KERN87, ZEPP86].


### c) Stand der Technik

Die Situation auf dem Markt ist heute durch eine Vielzahl von NC-Programmiersystemen geprägt, die in den meisten Fällen für die Programmierung im graphisch-interaktiven Dialog unter Nutzung der Leistungsfähigkeit moderner Hardware, z. B. 32-bit-Rechner, hochauflösende Farbgraphik-Bildschirme, ausgelegt sind. Bild 4.13 zeigt eine moderne Workstation, die u. a. für die NC-Programmierung eingesetzt wird.

Angeboten werden diese Systeme überwiegend von

- Steuerungsherstellern,
- Werkzeugmaschinenherstellern,
- Rechnerherstellern,

**Bild 4.13**    Workstation WS 30, u.a. für SIGRAPH-NC eingesetzt (Werkbild Siemens)

- Software-Häusern,
- Firmen mit Spezialisierung auf Aufgaben der industriellen Automatisierung.

Vielfach werden NC-Programmiersysteme von den Anbietern nicht mehr nur als autarke Inseln im Fertigungsgeschehen gesehen, sondern als Elemente, die in den Informations- und Materialfluß der Fertigung eingebunden werden können, siehe hierzu Kap. 5.

Die NC-Software ist in vielen Fällen in einer der gängigen Rechner-Programmiersprachen geschrieben, so daß sie auf der Hardware verschiedener Hersteller ablauffähig ist, ggf. nach entsprechender Anpassung.

### d) Hardware-Komponenten

Für die heute gebräuchlichste Form der NC-Programmierung im graphisch-interaktiven Dialog ist in Bild 4.14 der prinzipielle Aufbau eines NC-Programmiersystems sowie die Möglichkeit zu seiner Einbindung in ein Rechnernetz dargestellt.

Die Betriebsarten der NC-Programmierung im Stapelbetrieb und im dialogunterstützten Stapelbetrieb setzen für die Dateneingabe teilweise eine andere Hard- und Software voraus. Geometrie beschreibende Daten können z.B. aus CAD-Systemen abgerufen werden. Hierzu sind Rechner-Rechner-Kopplungen oder maschinenlesbare Datenträger erforderlich.

Abhängig von der Hardware-Ausrüstung kann beim graphisch-interaktiven Dialog die Eingabe von Daten bzw. die Auswahl bestimmter Systemfunktionen z.B. über die Tastatur, das Tablett, den Lichtgriffel oder die Maus erfolgen. Die eingegebenen Daten werden im Rechner gespeichert und verarbeitet. Zur Ausgabe von Ergebnissen bzw. zur Kontrolle von Zwischenergebnissen werden u.a.

Online-Kopplung zu CAD

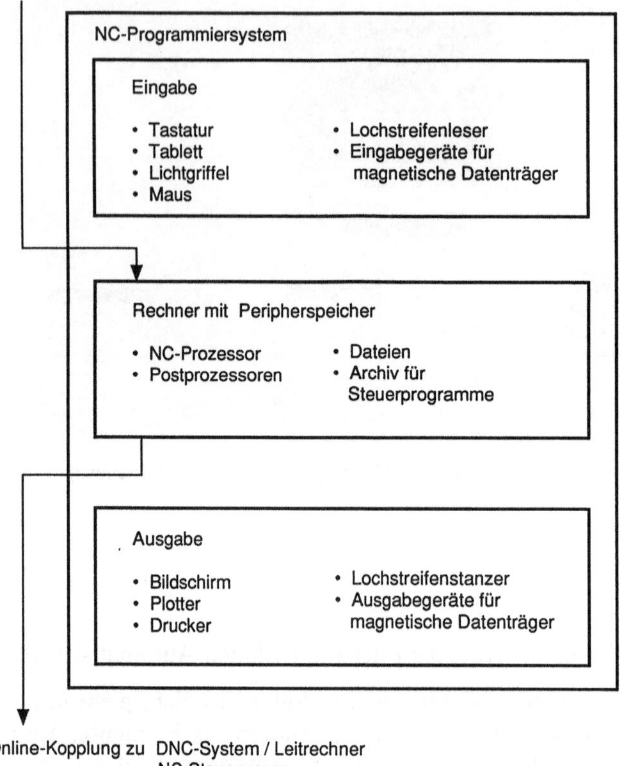


Online-Kopplung zu DNC-System / Leitrechner
                     NC-Steuerungen

**Bild 4.14**    Komponenten eines graphisch-interaktiven NC-Programmiersystems

Bildschirm, Plotter, Drucker oder Geräte zur Erstellung von Datenträgern verwendet. Als periphere Speicher sind i. allg. Magnetplattenspeicher, Laufwerke für Disketten oder Magnetbandkassetten an den Rechner anschließbar.

### e) Software-Komponenten

*NC-Prozessor und Postprozessor*
Rechnerunterstützte Programmierung bedeutet, eine bestimmte Fertigungsaufgabe in ein aus Anweisungen bestehendes Teileprogramm (Werkstückgeometrie, Arbeitsmittel, Bearbeitungsablauf) unter Verwendung der vom NC-Programmiersystem zur Verfügung gestellten graphischen Funktionen und/oder Sprachelementen umzusetzen und mit dem Rechner bis zum Steuerprogramm zu verarbeiten.

Bei der NC-Software, die diese Verarbeitung übernimmt, unterscheidet man vielfach zwischen

– dem NC-Prozessor, der auf ein oder mehrere Bearbeitungsverfahren ausgerichtet ist, und
– dem einer bestimmten Kombination „Steuerung – Werkzeugmaschine" zugeordneten Postprozessor.

Zur Trennung dieser beiden Programmteile ist i. allg. eine Schnittstelle mit einem definierten Format (CLDATA $\triangleq$ Cutter Location Data) vereinbart, z. B. ein CLDATA nach DIN 66215.

Aufgabe des aus Geometrie- und Technologie-Modul bestehenden NC-Prozessors ist es, die Anweisungen des Teileprogramms zu analysieren, auf Fehler zu prüfen und zu verarbeiten. Abhängig von der Betriebsart des NC-Programmiersystems kann die Behebung festgestellter Fehler sofort oder erst zu einem späteren Zeitpunkt der Teileprogrammverarbeitung erfolgen.

Während die Anweisungen zur Beschreibung der Werkstückgeometrie unabhängig von der vorgesehenen NC-Werkzeugmaschine sind, sind die Technologiedaten in vielen Fällen maschinenspezifisch. Geometrie- und Technologie-Modul verarbeiten die Anweisungen unter Zugriff auf vorhandene Dateien zum CLDATA.

Auf dieses greift der Postprozessor zu und paßt die darin enthaltenen Daten an eine bestimmte NC-Werkzeugmaschine an. Dabei werden u. a.

– das Steuerprogramm in dem für die Werkzeugmaschine maßgebenden Eingabeformat (i. allg. nach DIN 66025 oder einer darauf aufbauenden Erweiterung) ausgegeben,
– die Daten für das Einrichteblatt (s. Abschn. 4.2.3.4) für den Maschinenbediener ermittelt,
– die Fertigungszeiten und Längen der Verfahrwege berechnet.

Bild 4.15 zeigt die Verarbeitung eines Teileprogramms mit einem graphisch-interaktiven NC-Programmiersystem.

*Dateien*
Ein Teileprogramm enthält einerseits werkstückspezifische Daten, andererseits müssen in ihm z. B. die zur Bearbeitung zu verwendenden Werkzeuge berücksichtigt werden. Diese Unterscheidung nach werkstückabhängigen und werkstückunabhängigen Daten legt es nahe, für letztere Dateien einzurichten, auf die von jedem Teileprogramm aus zugegriffen werden kann. Die Software vieler NC-Programmiersysteme verfügt daher über einen Programm-Modul zum Aufbau und zur Pflege solcher Dateien.

Am gebräuchlichsten sind z. B. Dateien für

– Werkzeuge,
– Spannmittel,
– Richtwerte für die Formgebung,
– bestimmte Bearbeitungsfolgen,
– Werkzeugmaschinen-Daten, z. B. Verfahrbereich, Leistung der Maschine.

Die Verwendung von Dateien kann den Programmieraufwand erheblich reduzieren. Voraussetzung hierfür ist, daß die darin gespeicherten Informationen im-

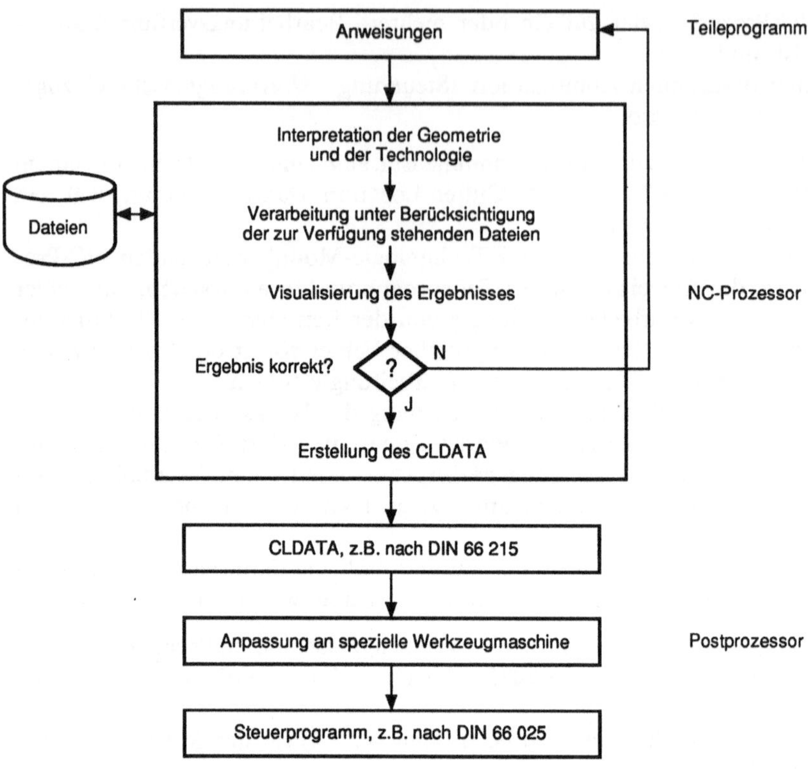


**Bild 4.15**   Verarbeitung eines Teileprogramms mit einem graphisch-interaktiven NC-Programmiersystem (Prinzip)

mer dem neuesten Stand entsprechen müssen, also ein der jeweiligen Situation angepaßter Pflegeaufwand zu erbringen ist.

*Makrotechnik*
Einige NC-Programmiersysteme bieten die Möglichkeit, häufig vorkommende Bearbeitungsfolgen und/oder geometrisch ähnliche Formelement-Kombinationen als Makros zu programmieren und in einer Makro-Datei zu speichern. Makros sind parametrisierte Programmabschnitte, die von einem Teileprogramm bei gleichzeitiger Versorgung mit den dem jeweiligen Anwendungsfall entsprechenden Parameterwerten aus aufgerufen werden können. Damit lassen sich z. B. geometrisch und technologisch ähnliche Werkstücke zu Teilefamilien-Programmen zusammenfassen. Die Anwendung der Makrotechnik trägt ebenfalls zur Reduzierung des Programmieraufwandes bei.

*f) Erstellen eines Teileprogramms im graphisch-interaktiven Dialog*

*Ausgangslage und vorbereitende Maßnahmen*
Als Ausgangslage für die NC-Programmierung wird vorausgesetzt, daß

– die NC-Werkzeugmaschine (oder eine Gruppe von NC-Werkzeugmaschinen,
  die für die Fertigungsaufgabe in gleicher Weise geeignet ist) bereits festliegt,
– die Werkstückbeschreibung in Form einer Werkstattzeichnung oder einer für
  die NC-Programmierung geeigneten, von einem CAD-System gelieferten Datei vorliegt,
– der Ausgangszustand des zu bearbeitenden Werkstückes (Rohteil, vorbearbeitet) bekannt ist.

Dem Erstellen des Teileprogramms gehen vorbereitende Maßnahmen voraus,
die z. B. nachstehende Tätigkeiten der Arbeitsablaufplanung umfassen können:

- NC-gerechte Aufbereitung der Werkstückzeichnung, Festlegen des Werkstück-Koordinatensystems,
- Festlegen
  – der Werkstückaufspannung,
  – der Reihenfolge der durchzuführenden Arbeitsoperationen,
  – der dabei einzusetzenden Werkzeuge und Spannmittel,
  – der zu verwendenden technologischen Richtwerte für die Formgebung, so-
    fern diese nicht z. B. automatisch vom NC-Programmiersystem an Hand
    von Werkstoff-/Schneidstoff-Dateien ermittelt werden,
- Berücksichtigen evtl. einzusetzender Meßtaster,
- Berücksichtigen evtl. vorhandener programmierbarer Zusatzeinrichtungen,
  z. B. für Be- und Entladen von Werkstücken, Werkstückaufspannung usw.,
- Prüfen, ob Nutzung vorhandener Makros/Teilefamilienprogramme oder herstellerspezifischer Zyklen möglich; ggf. Planung neuer Makros.

Sofern mit dem NC-Programmiersystem nicht die Dokumentation des Steuerprogramms erstellt und gespeichert werden kann, empfiehlt es sich, das Ergebnis
der vorbereitenden Maßnahmen schriftlich festzuhalten, und zwar in einer
Form, die für eine spätere Archivierung geeignet ist.


*Erstellen des Teileprogramms*
Basis für die Programmierung im graphisch-interaktiven Dialog ist eine Menü-
Maskentechnik für eine formatfreie Dateneingabe, deren Leistungsumfang von
System zu System variiert und deren Handhabungsregeln im Benutzerhandbuch
des betr. NC-Programmiersystems beschrieben sind. Im allgemeinen führt eine
über eines der in Bild 4.14 dargestellten Eingabegeräte ausgelöste Maßnahme zu
einer graphischen Darstellung auf dem Bildschirm, die eine sofortige Überprüfung und ggf. Korrektur ermöglicht. Einige Systeme erlauben dabei die maßstab-
gerechte Einblendung der Werkzeuge und Spannmittel sowie eine dem Arbeits-
fortschritt entsprechende aktualisierte Darstellung der Gestalt des zu bearbeitenden Werkstückes. Etwaige Kollisionen, z. B. zwischen Werkzeug und Werkstück
sowie zwischen Werkzeug und Spannmittel, lassen sich schnell erkennen und
durch Korrekturen eliminieren. Nach Abschluß der Teileprogramm-Eingabe
läßt sich der gesamte Bearbeitungsvorgang zusammenhängend simulieren
[GURT85, HERR86, MAHO85, RAHM86, TRAU86]. Sofern die Steuerprogramme nicht auf einen Datenträger, z. B. Lochstreifen oder Diskette ausgegeben werden, können sie im Peripheriespeicher des Rechners archiviert werden.

Die NC-Programmiersysteme einiger Hersteller bieten zusätzlich zur graphisch-interaktiven Eingabe die Möglichkeit, die Teileprogrammierung mit Elementen einer problemorientierten Programmiersprache vorzunehmen, z.B. mit einer APT-Eingabesprache nach DIN 66246 zur Erstellung von Teilefamilienprogrammen und Makros [GURT85].

Mitunter ist auch die Programmierung im graphisch-interaktiven Dialog als Erweiterung eines NC-Programmiersystems entstanden, das ursprünglich mit Spracheingabe für Stapelbetrieb entwickelt wurde [WALT84].

*Prüfen, Ändern und Optimieren von Steuerprogrammen*
Ein ohne Fehler vom NC-Prozessor verarbeitetes Teileprogramm hat nicht unbedingt ein fehlerfreies Steuerprogramm zur Folge. Mögliche Fehlerquellen sind z.B. falsche Maßangaben oder technologisch falsche Bearbeitungsfolgen. Derartige Fehler lassen sich abhängig vom Leistungsumfang der graphischen Unterstützung durch das NC-Programmiersystem teilweise erkennen. Erforderlich werdende Änderungen im Teileprogramm können mit den Editierfunktionen des NC-Programmiersystems oder des jeweiligen Betriebssystems rasch vorgenommen werden.

Falls die Notwendigkeit besteht, ein neu erstelltes Steuerprogramm vor der Freigabe für den Produktiveinsatz auf der Werkzeugmaschine zu prüfen (s. Abschn. 4.2.3.3), wird folgende Vorgehensweise empfohlen:

Festgestellte Fehler und notwendig erachtete Optimierungen haben Änderungen im Steuerprogramm zur Folge; mit den vorgenommenen Änderungen ist das Original-Teileprogramm zu aktualisieren, um im Wiederholfall auf fehlerfreie und optimale Fertigungsunterlagen zurückgreifen zu können. Falls die an der Werkzeugmaschine vorgenommenen Änderungen nicht mit dem NC-Programmiersystem nachvollziehbar sind, so ist das an der Maschine geänderte Steuerprogramm mit entsprechendem Hinweis zu archivieren und das Original-Teileprogramm zu sperren.

### g) NC-Programmiersystem im Datenverbund

Für eine Einbindung des NC-Programmiersystems in ein Datennetz für Informationsaustausch und -weiterverarbeitung können z.B. nachstehend genannte Möglichkeiten Anwendung finden, siehe hierzu auch Kap. 5:

- Verbindung zu den Werkzeugmaschinen:
  - Übertragung der erstellten Steuerprogramme und Fertigungsunterlagen an die NC-Werkzeugmaschinen,
  - Informationsübertragung von den Werkzeugmaschinen zum NC-Programmiersystem, z.B. von an Steuerprogrammen vorgenommenen Änderungen gemäß Absatz f).
- Verbindung mit einem DNC-System oder Leitrechner:
  - Übertragung der erstellten Steuerprogramme und Fertigungsunterlagen in das Programmarchiv des DNC-Systems bzw. Leitrechners,
  - Zugriff auf Dateien, die im DNC-System/Leitrechner gespeichert sind, z.B. auf die zur Werkzeugverwaltung gehörenden Werkzeugdateien,

- Übertragung der aus den Daten der Steuerprogramme ermittelten Einsatzzeiten der Werkzeuge an DNC-System/Leitrechner; damit Aktualisierung der Werkzeug-Statistik.
- Verbindung mit der Arbeitsplanung:
  - Anstoß von Seiten der Arbeitsplanung zum Erstellen von Steuerprogrammen,
  - Übertragung der aus den Daten der Steuerprogramme ermittelten Werkstückbearbeitungszeiten an die Arbeitsplanung zur Ergänzung des Arbeitsplans.
- Verbindung mit einem CAD-System [ENCA84].
  Einzelheiten hierzu werden in Abschn. 4.2.4.4 behandelt.

### *h) Weiterentwicklung*

Neben den in Abschn. 4.2.4.2, Absatz k) aufgeführten Punkten, die sowohl für die Programmierung an der Werkzeugmaschinensteuerung als auch für die Programmierung getrennt von der Werkzeugmaschine zur Vereinfachung der Steuerprogramm-Erstellung und -Prüfung bedeutsam sind, geht die Weiterentwicklung bei NC-Programmiersystemen z.B. in Richtung

- Einbeziehung weiterer Bearbeitungsverfahren, z.B. Biegen,
- Stärkere Berücksichtigung der Technologie durch Standard-Makros,
- Steuerungsunabhängige Beschreibung bestimmter Arbeitsabläufe zur Erzeugung steuerungsabhängiger Arbeitszyklen im Postprozessor.

### 4.2.4.4 Rechnerunterstützte Programmierung getrennt von der Werkzeugmaschine mit CAD-Kopplung

#### *a) Ziel der Kopplung und Voraussetzungen*

Die Kopplung eines CAD-Systems mit der NC-Programmierung hat das Ziel, die im rechnerunterstützten Konstruktionsprozeß festgelegten und gespeicherten Daten der Werkstückbeschreibung (Werkstückmodell) unmittelbar -und nicht auf dem Umweg über die Werkstückzeichnung- für die Weiterverarbeitung mit einem NC-Programmiersystem bereitzustellen oder zu übergeben. Damit soll eine automatisierte Teileprogramm-Erstellung erreicht werden. Abhängig vom Funktionsinhalt dieser Daten entsteht ein mehr oder weniger großer Aufwand beim Erstellen von Teileprogrammen; diese Vorgehensweise reduziert die Fehlermöglichkeiten. Bild 4.16 zeigt beispielhaft verschiedene Funktionsinhalte bei der CAD/NC-Kopplung.

Für die Bereitstellung bzw. Übergabe der Daten müssen im CAD-System entsprechende Funktionen und Schnittstellen (hard- und softwareseitig) vorhanden sein, wobei eine Schnittstelle ein System von Bedingungen, Regeln und Vereinbarungen ist, das den Informationsaustausch zweier miteinander kommunizierender Systeme oder Systemkomponenten festlegt [GRAB86a].

Eine Software-Schnittstelle für die CAD-NC-Kopplung enthält u.a. die vom CAD-System zu übergebenden Daten in einem für diese Schnittstelle charakteristischen Format.

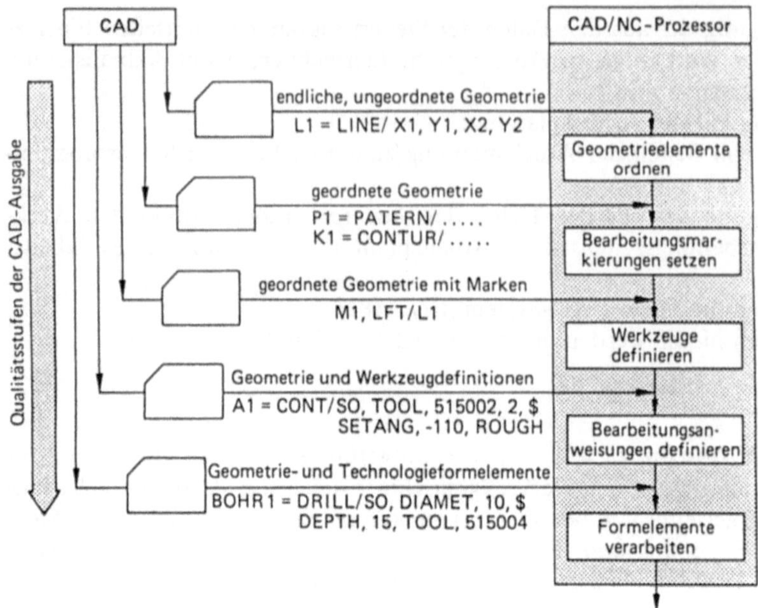


**Bild 4.16**   Daten- und Funktionsaspekt bei der CAD/NC-Kopplung (Quelle: CAD/CAM-Partner Firnig + Hellwig)

Das Format dieser Schnittstelle ist entweder durch nationale Normen (Standards) festgelegt, siehe Absatz f), oder entspricht speziellen hersteller- oder anwenderorientierten Vorstellungen.

Beide Fälle setzen voraus, daß

- im CAD-System Funktionen (Preprozessor) zur Bereitstellung von Daten des Werkstückmodells entsprechend dieser Schnittstelle und
- im NC-Programmiersystem Funktionen (Postprozessor) zur Weiterverarbeitung dieser Schnittstellendaten

vorhanden sind.

Der für diese Funktionen (Programme) nach Art und Umfang zu erbringende Aufwand für einen fehlerfreien und vollständigen Datenaustausch über die Schnittstelle hängt wesentlich vom Leistungsumfang des jeweils daran beteiligten CAD- und des NC-Programmiersystems ab.

### b) Datenaustauschmöglichkeiten

Die mit einem CAD-System erzeugte rechnerinterne Darstellung des Werkstückmodells enthält u.a. die geometrischen Daten. Mit entsprechenden Funktionen des CAD-Systems können diese Daten auf verschiedene Arten einem NC-Programmiersystem zugeführt werden (Bild 4.17).

Man unterscheidet drei Arten der Kopplung, auf die nachstehend eingegangen wird. Weiterhin ist von Bedeutung, ob dieser Datenaustausch innerhalb eines Betriebes oder zwischen einem Betrieb und seinen Zulieferbetrieben erfolgt.

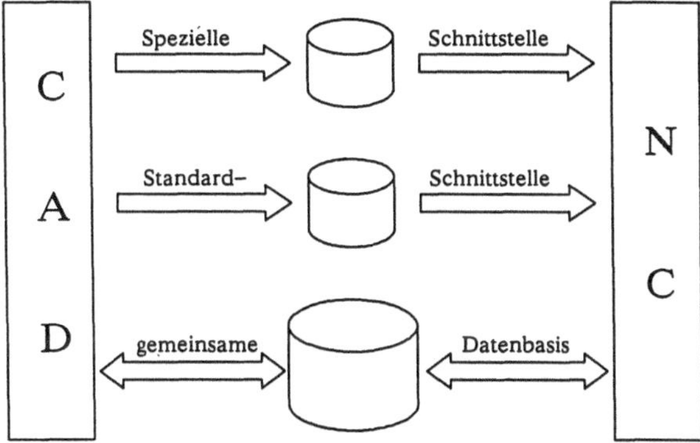


**Bild 4.17**  Möglichkeiten für den Datenaustausch zwischen CAD-System und NC-Programmiersystem

Ist letzteres der Fall, so kommen nur bestimmte Wege des Datenaustausches in Frage, z. B. mittels Datenfernübertragung oder Magnetband.

### c) Arten der Kopplung

CAD-System und NC-Programmiersystem sind in den wenigsten Fällen gemeinsam entwickelt worden. Das hat vielfach dazu geführt, daß ein Anwender das CAD-System und das NC-Programmiersystem von verschiedenen Herstellern bezogen hat mit der Folge, daß beide Systeme unterschiedliche Datenstrukturen aufweisen. Da diese Systeme in verschiedenen organisatorischen Bereichen eines Betriebes eingesetzt werden, hat oft jeder Bereich das für seine Zwecke am besten geeignete System ausgewählt.

Dieser Sachverhalt macht deutlich, daß für die Kopplung (Integration) von CAD mit NC-Programmierung von Seiten der Hersteller erhebliche Entwicklungsarbeit zu leisten ist. Ideal für den Anwender wäre ein integriertes System mit gleicher Datenstruktur und einer gemeinsamen Datenbasis. Die Entwicklung zielt in diese Richtung; in einigen Systemen ist diese Integration bereits realisiert.

*Datenaustausch über eine spezielle Schnittstelle*
Basis für die Kopplung über eine spezielle Schnittstelle kann z. B.

- eine Koordinaten-Bemaßung nach DIN 406 Teil 4,
- eine NC-Programmiersprache, z. B. eine APT-ähnliche Sprache,
- eine fertigungstechnisch-orientierte Schnittstelle [STOR87]

sein.

In der gegenwärtigen Situation bieten derartige Schnittstellen den höchsten Grad der Integration. Die Art der übertragenen Daten reicht von unstrukturierten Geometrieelementen bis hin zu kompletten Teileprogrammen für das NC-Programmiersystem [HELL83, HELL 85].

L01 = LINE/24.45,10.,6.001,74.4378
L02 = LINE/16.77,3.,18.1406,3.
C01 = CIRCLE/25.5,12.,2.56

**Bild 4.18**    Anweisungen eines NC-Teileprogramms, generiert von einem CAD-System

Beispiel: Kopplung auf Basis einer NC-Programmiersprache. Bei dieser Kopplungsvariante wird vom Schnittstellenmodul des CAD-Systems ein unvollständiges Teileprogramm für ein NC-Programmiersystem generiert (Bild 4.18), welches anschließend mit dem NC-Editor vervollständigt werden muß (Bild 4.19). Der Vollständigkeitsgrad der erzeugten Anweisungen ist von der Leistungsfähigkeit der beteiligten Systeme abhängig. Enthält z.B. das CAD-System die Möglichkeit, Punkten oder Kreisen technologische Attribute (Bohrzyklus aus Zentrieren, Bohren und Reiben) zuzuordnen und kann diese Information an ein NC-System weitergereicht und dort verarbeitet werden, so ist ein hoher Integrationsgrad realisiert.

*Datenaustausch über eine Standard-Schnittstelle*
Die in Verbindung mit CAD-Systemen häufig genannten Standard-Schnittstellen sind IGES, VDAFS und SET, auf die in Absatz f) näher eingegangen wird. Standard-Schnittstellen wurden zunächst für den Datenaustausch zwischen unterschiedlichen CAD-Systemen entwickelt, sie werden heute aber auch für die CAD/NC-Kopplung genutzt. Der Aufwand zur Generierung der Schnittstellen-

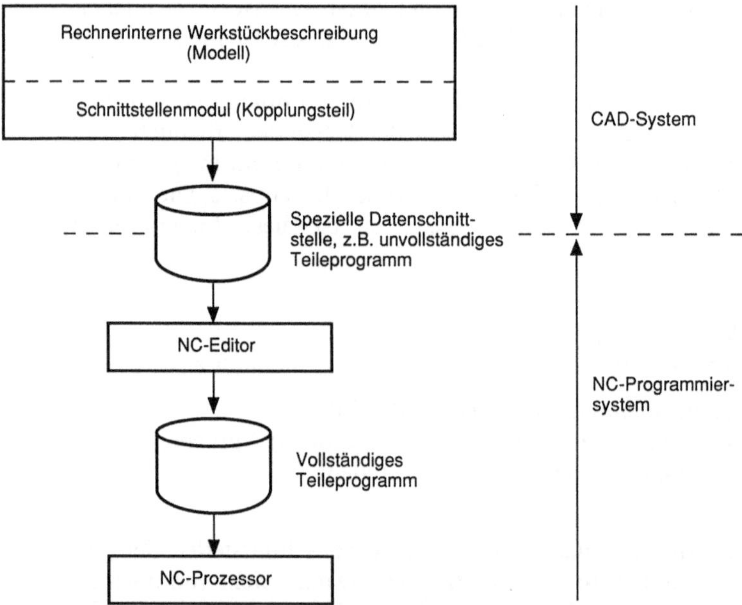


**Bild 4.19**    CAD/NC-Kopplung über eine spezielle Schnittstelle

daten ist relativ gering. Über eine Funktion des CAD-Systems wird die rechnerinterne Darstellung des Werkstückes mit Zusatzangaben, z. B. Bemaßung, Texte, in das Datenformat der entsprechenden Schnittstelle übertragen. Die Schnittstellendaten enthalten z. T. einen hohen Anteil an nicht verwertbaren Informationen für die NC-Programmierung; häufig fehlen jedoch die Informationen über den konstruktiv vorgegebenen Zusammenhang der für die NC-Programmierung relevanten geometrischen Elemente. Manuell oder mit Hilfe eines zusätzlichen Programms sind daher die Daten für die Übernahme in ein NC-Programmiersystem aufzubereiten.

Beispiel: der CADCPL-Baustein [EXAP84, EXAP86]. Als Ergebnis entsteht ein unvollständiges Teileprogramm, das wieder -wie in c) beschrieben- zu ergänzen ist, Bild 4.20.

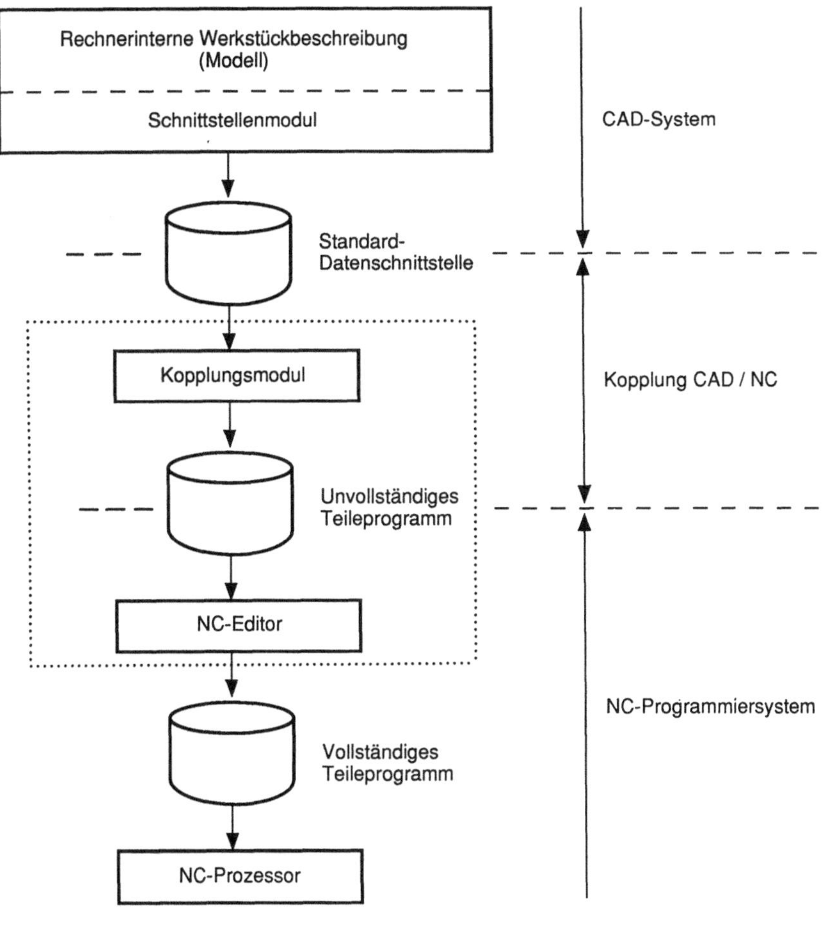


� ≙ ein Programm

**Bild 4.20**  Beispiel für eine CAD/NC-Kopplung über eine Standard-Schnittstelle

*Integriertes CAD/NC-System*
Ein integriertes CAD/NC-System hat eine einheitliche Bedienoberfläche; CAD-
und NC-System greifen auf eine gemeinsame Datenbasis zu, Bild 4.21. Die NC-
Programmierung erfolgt i. allg. im graphisch-interaktiven Dialog. Eine zusätzliche Aufbereitung der Geometriedaten für die NC-Programmierung ist nicht erforderlich. Fehler können durch die graphische Darstellung der Konturen und
der Verfahrwege erkannt und korrigiert werden. Das Ergebnis ist eine Schnittstelle im Format der CLDATA-Norm (DIN 66215) oder das Steuerprogramm,
sofern der Postprozessor in das System integriert ist. Zur Beurteilung der Leistungsfähigkeit eines derartigen Systems spielt außer der Erfüllung der an das
CAD-Teilsystem zu stellenden Anforderungen immer häufiger die Funktionalität des integrierten NC-Teilsystems die ausschlaggebende Rolle.

### d) Problematik der Schnittstelle CAD/NC-Programmierung

Die für die NC-Programmierung benötigten Geometriedaten werden – soweit
möglich – aus der Werkstückbeschreibung extrahiert. Im einfachsten Fall erfolgt
die Übergabe der Geometriedaten für Punkte, Geraden, Bögen und Kreise ohne
logischen Zusammenhang. Fasen, Radien, Freistiche, Bohrungen, Toleranzangaben usw. sind technologische Merkmale, die z. Z als nicht verwertbar an die NC-
Programmierung übergeben werden. Häufig können Bemaßung, Hilfslinien und
Zusatzangaben einer Zeichnung nicht von der Übergabe ausgeschlossen werden,
so daß die Menge der übertragenen Daten im Vergleich zur Menge der verwertbaren Daten relativ groß ist. In diesen Fällen ist es erforderlich, die für die NC-
Programmierung relevanten Daten zu extrahieren und aufzubereiten.

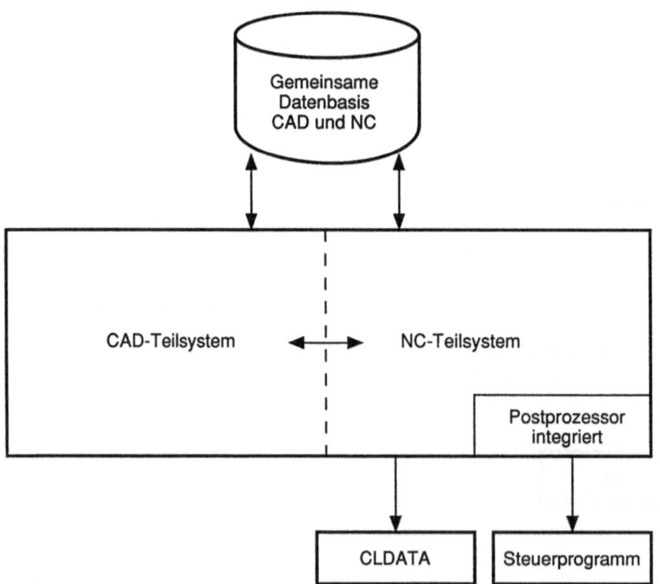


**Bild 4.21**    Integriertes CAD/NC-System

Im Bereich Modell- und Formenbau werden häufig CAD-Systeme eingesetzt, deren Basis ein Flächenmodell ist. Bei Beschreibung von Werkstücken durch mehrere sich schneidende Flächen entstehen in der Regel Probleme bei der Übernahme der Werkstückgeometrie über eine Standardschnittstelle. Die meisten der heute verfügbaren Standardschnittstellen sind noch nicht für derartige Aufgaben konzipiert. Eine Ausnahme bildet die VDA-Flächenschnittstelle nach DIN 66301 (VDA ≙ Verein der Automobilindustrie e.V.), die eine Teillösung darstellt. Nach der Übernahme fehlt generell der konstruktiv und logisch vorgegebene Zusammenhang der Flächenelemente untereinander, so daß dieser für die NC-Programmierung an Hand zusätzlicher, nicht in der Datenschnittstelle vorhandener Daten, z.B. der Zeichnung, vom NC-Programmierer wiederhergestellt werden muß.

Bei CAD-Systemen, denen ein Volumenmodell zugrundeliegt, gibt es oft ähnliche Probleme bei der Datenübertragung über Standardschnittstellen. Bei Beschreibung der Werkstück-Geometrie durch einander schneidende Körper (z.B. Schnitt von Zylinder mit Quader) geht bei der Datenübernahme bei vielen Systemen auch hier der konstruktiv vorgegebene Zusammenhang verloren, so daß er erst wieder herzustellen ist.

### e) CAD-Schnittstelle Werkzeugbau – NC-Programmierung

Nicht in allen Fällen ist die mit einem CAD-System erzeugte Werkstückbeschreibung des Fertigteils (Produkt) auch Basis für die NC-Programmierung. Im Werkzeugbau ist vielfach ein zusätzlicher, von der Fertigteilgeometrie des Produktes ausgehender Konstruktionsvorgang erforderlich, in welchem das Verfahren zur Produktherstellung, z.B. Schmieden, Spritzgießen, zu berücksichtigen ist. Der Erstellung der NC-Steuerprogramme liegt in diesen Fällen die von der Werkzeugkonstruktion mit einem CAD-System oder auf konventionellem Weg festgelegte Werkzeuggeometrie zugrunde.

### f) Stand der Normung von Schnittstellen

In verschiedenen Ländern, z.B. Bundesrepublik Deutschland, Frankreich, USA, wird z.Z. an der Normung von Schnittstellen für den Datenaustausch zwischen CAD- und CAx-Systemen gearbeitet.

Bei ISO/TC 184 Industrial automation systems/SC 4 External Representation of Product Definition Data (nationales Spiegelgremium: DIN/NAM-Fachbereich 96 Industrielle Automation/NAM-NI-Gemeinschaftsausschuß 96.4 CAD-Schnittstellen) wurden Arbeiten initiiert mit dem Ziel, die nationalen Normungsaktivitäten zur Entwicklung eines internationalen Standards STEP (Standard for the Exchange of Product Model Data) zusammenzufassen.

Im Rahmen des von der EG getragenen Projektes ESPRIT (European Strategic Programme for Research and Development in Information Technologies) bemüht man sich um die Definition leistungsstarker Schnittstellen im CAD/CAM-Bereich. Das im November 1984 angelaufene ESPRIT-Projekt 322 „CAD Interfaces" (CAD∗I) ist auf die Entwicklung anbieterunabhängiger Standard-Schnittstellen in enger Abstimmung mit den nationalen und internationalen Normungsarbeiten ausgerichtet [BEYL86].

Das amerikanische PDDI-Projekt (Product Definition Data Interface) ist vorrangig auf den Datenaustausch zwischen Konstruktion und Fertigung ausgerichtet. Es unterscheidet sich erheblich von den nachstehend genannten Standard-Schnittstellen. PDDI ermöglicht die Abbildung aller Fertigungsinformationen, die in Zeichnungen üblicherweise graphisch dargestellt sind, als digitale Daten [GRAB86, ANDE87].

Neben verschiedenen, meist von Rechnerherstellern oder Anwendern entwickkelten speziellen Schnittstellen finden die nationalen Standardschnittstellen IGES, SET, VDAFS Anwendung [GRAB86, ANDE87], z.T. auch für die CAD/NC-Kopplung:

- IGES (Initial Graphics Exchange Specification), in den USA mit der Zielsetzung entwickelt, einen Datenaustausch zwischen unterschiedlichen CAD-Systemen zu ermöglichen. Seit 1981 ANSI-Standard; erweiterte leistungsfähigere Versionen sind vorhanden bzw. in Entwicklung.
- SET (Standard d'échange et de transfert), in Frankreich entwickelt und als französischer Normvorschlag vorliegend. Eingesetzt im Bereich des europäischen Flugzeugbaus (Airbus A 320).
- VDAFS (VDA-Flächenschnittstelle $\triangleq$ DIN 66301). Vom Verband der deutschen Automobilindustrie vorwiegend für den Datenaustausch der Geometrie von Freiformflächen entwickelt.

### g) *Organisatorische Voraussetzungen für die Kopplung von CAD mit der NC-Programmierung*

Die Qualität einer Kopplung von CAD mit der NC-Programmierung wird durch die Soft- und Hardware der daran beteiligten vorhandenen oder anzuschaffenden Systeme bestimmt. Von wesentlichem Einfluß ist die Offenheit der Systeme, d.h. die Möglichkeit, die von den Systemherstellern angebotene Hard-/Software den jeweiligen Anwendungszwecken entsprechend erweitern zu können [WILD86].

Im allgemeinen ist es nicht damit getan, die bisher in Konstruktion und NC-Programmierung mit konventionellen Methoden und Arbeitsmitteln durchgeführten Arbeiten 1:1 auf rechnerunterstützte Systeme zu übertragen. Es bedarf gründlicher Untersuchungen, durch welche organisatorischen Maßnahmen die Kopplung von CAD und NC-Programmierung wirkungsvoll unterstützt werden kann, z.B. durch

- Einbeziehung von Werkzeug- und Vorrichtungs-Dateien in das CAD-System,
- Kombination von Makros zur Variantenkonstruktion mit Makros der Teilefamilienfertigung in CAD- und NC-Programmiersystem.

Dies ist nur durch klare Absprachen und engen Kontakt zwischen Konstruktion und NC-Programmierung bereits in der Planungsphase, aber auch bei vorgesehenen Erweiterungen (z.B. Einbeziehen eines neuen NC-Bearbeitungsverfahrens), zu realisieren. Es kann durchaus sinnvoll sein, bestimmte Tätigkeiten von einer an der Kopplung beteiligten Organisationseinheit zur anderen zu verlegen. So kann z.B. ein CAD-System, das u.a. für die Konstruktion von gebogenen, in die Ebene abwickelbaren Blechteilen eingesetzt ist, durch einen Programmbaustein zum automatischen Erzeugen der Abwicklungszeichnung und der darin enthaltenen Informationen unter Berücksichtigung der Biegezuschläge ergänzt werden. Das bisher in der NC-Programmierung meist manuell durchgeführte Erstellen dieser Zeichnung entfällt, und der Programmieraufwand wird dadurch erheblich reduziert.

Die Kopplung von CAD mit der NC-Programmierung ist ein Teilaspekt in einem Rechnerverbund und darf daher nicht isoliert betrachtet werden. Da für die daran beteiligten Systeme i. allg. auch ein Informationsaustausch mit anderen Organisationseinheiten zu realisieren ist, bedarf es entsprechender, die gesamte Kommunikation innerhalb eines Betriebes umfassender Untersuchungen zur Entscheidungsvorbereitung und Entscheidungsfindung für die zu tätigenden Investionen. In diesem Zusammenhang sei auf das Buch „Strategische Investitionsplanung für CAD/CAM" [WILD86a] verwiesen.


### 4.2.4.5 Anforderungen an die Rechengenauigkeit bei der NC-Programmierung

Die kleinste programmierbare Einheit bei modernen Werkzeugmaschinensteuerungen beträgt i. allg. 0,001 mm für translatorische und 0,001° für rotatorische Bewegungen. Aus dieser Voraussetzung folgt, daß ein zur NC-Programmierung verwendeter Rechner sowie die auf ihm ablaufende Software in bezug auf die Verarbeitung von geometrischen Daten bestimmte Genauigkeitsanforderungen erfüllen müssen.

Die Rechengenauigkeit eines Rechners und der auf ihm ablaufenden Programme wird bestimmt durch die Anzahl der gültigen Stellen, die der rechnerinternen Darstellung der Zahlen zugrundeliegt, sowie durch die zur Verknüpfung der Zahlen verwendeten Rechenregeln (Algorithmen).

Basis für die Zahlendarstellung in Rechnern ist das duale Zahlensystem. Um eine hinreichende Genauigkeit zur Darstellung und Verarbeitung von Zahlen unterschiedlicher Größenordnung sicherzustellen, werden für viele Anwendungen, u.a. auch für Aufgaben der rechnerunterstützten Konstruktion (CAD) und NC-Programmierung, die geometriebeschreibenden Zahlen rechnerintern i. allg. in der sogenannten Gleitpunkt-Schreibweise dargestellt.

Für die meisten Aufgaben der NC-Programmierung – gleiches gilt für CAD-Systeme – ist eine Darstellung der Gleitpunktzahlen mit 64 Dualstellen – das entspricht 14 gültigen Dezimalstellen – ausreichend.

Auf die Genauigkeit der Ergebnisse haben die zur Verarbeitung der Zahlen verwendeten Algorithmen ebenfalls Einfluß, z.B. für die Berechnung von Schnittpunkten und tangentialen Übergängen. Im allgemeinen werden die Algorithmen, die den CAD-Systemen und den Systemen zur NC-Programmierung zugrundeliegen, nicht von den Herstellern offengelegt. Ein Anwender steht diesbezüglich einer „Black Box" gegenüber.

An die Genauigkeit der Daten (Eingabe, Übernahme aus einem CAD-System, Berechnungen, Ausgabe) sind folgende Anforderungen zu stellen:

- Für Koordinatenwerte ist i. allg. eine Genauigkeit von $1 \cdot 10^{-6}$ mm bzw. $1 \cdot 10^{-6}$° ausreichend.

- Für Vektorkomponenten (Berechnung der Flächennormale) in der Darstellung mit Einheitsvektoren ist i. allg. eine Genauigkeit von 8 gültigen Stellen ausreichend.

Um einen Einblick in die Genauigkeit eines NC-Programmiersystems und der Zuverlässigkeit seiner Algorithmen zu gewinnen, wird einem potentiellen Interessenten empfohlen,

- sich über die rechnerinterne Darstellung der Zahlen eingehend zu informieren,
- aus seinem Aufgabenspektrum verschiedene Beispiele, die hohe Anforderungen an die Genauigkeit bei der Verarbeitung geometrischer Daten stellen, auszuwählen und durchrechnen zu lassen.

Die Beurteilung der Genauigkeit sollte an Hand konkreter Aufgabenstellungen erfolgen, und nicht etwa an Hand theoretischer Vorstellungen.

In den vorstehenden Ausführungen wurde auf das Thema „Genauigkeit" sowohl für CAD-Systeme als auch für die rechnerunterstützte NC-Programmierung eingegangen, da es für eine Kopplung beider von Bedeutung ist. Ein CAD-System muß die Geometriedaten mit der von der NC-Programmierung geforderten Genauigkeit zur Verfügung stellen. Die zum Erstellen bzw. zur Interpretation von Datenschnittstellen verwendeten Pre- bzw. Postprozessoren müssen daher u. a. entsprechende Voraussetzungen erfüllen.


## 4.2.4.6 Berücksichtigung von Fertigungstoleranzen

Die Fertigungstoleranzen (erlaubte Abweichungen von der durch die Nennmaße festgelegten Werkstückgestalt) sind ein Teil der in der Werkstückbeschreibung enthaltenen Informationen. Sie sind beim Erstellen von NC-Steuerprogrammen zu berücksichtigen, wobei Erfahrung und Kenntnis der Fertigungsprozesse und Fertigungsmittel eine wichtige Rolle spielen.

Im allgemeinen werden die Toleranzen beim Erstellen von Teileprogrammen berücksichtigt, indem der NC-Programmierer an Hand der Zeichnungsangaben die entsprechenden Nennmaße in Vorgabemaße für die NC-Programmierung umsetzt.

Bei einer CAD/NC-Kopplung werden die Nennmaße als weiterverarbeitbare Daten übergeben. In einigen Fällen enthalten die dazu verwendeten Standard-Datenschnittstellen auch Toleranzangaben in einer für die Zeichnungserstellung geeigneten Form und ohne logische Verbindung zu den betr. Geometrieelementen. Ihre numerische Weiterverarbeitung im Zuge der Teileprogramm-Erstellung ist daher nicht möglich. Ausnahmen hiervon sind einige spezielle Anwendungsfälle, in welchen der NC-Programmierung verwertbare Toleranzangaben über eine spezielle Datenschnittstelle zur Verfügung stehen, z. B. Toleranzwertdateien für Passungen.

Der heutige Stand (1987) der CAD-NC-Kopplung über eine Standard-Datenschnittstelle ermöglicht die Weiterverarbeitung der Werkstück-Nennmaße, erfordert aber zur Berücksichtigung von Toleranzen – wie beim bisherigen konventionellen Vorgehen – die Zeichnung als Informationsträger.

Das automatische Berücksichtigen von Toleranzen ist erst mit deren Einbeziehung und Zuordnung zur Werkstückgeometrie in Standard-Datenschnittstellen zu erwarten, s. Abschn. 4.2.4.4, Absatz f).

Mit einer in der Steuerung vorhandenen Werkzeug-Längen- und -Radius-Korrektur kann eine Differenz zwischen den programmierten und den tatsächlichen Werkzeugmaßen durch manuelle Eingabe der Korrekturwerte oder durch Sätze eines NC-Steuerprogramms, die diese Korrekturwerte enthalten, mit dem Bearbeitungsprogramm automatisch verrechnet werden. Diese Korrekturen beziehen sich auf die für die Bearbeitung festgelegten Nennmaße. Ein Werkzeugverschleiß muß durch zusätzliche, im NC-Steuerprogramm enthaltene Meßschleifen erfaßt und berücksichtigt werden. Verfügt eine Werkzeugmaschine über eine geeignete Meßeinrichtung und die Steuerung über entsprechende Zusatzfunktionen, so ist die Einrechnung bzw. Einhaltung vorgegebener Toleranzen automatisch möglich. Nennmaße und Toleranzangaben sind in derartigen Fällen im Steuerprogramm anzugeben.

## 4.2.5 Bewertungskriterien zur Auswahl von Programmierverfahren

### 4.2.5.1 Überblick über wesentliche Auswahlkriterien

In Abschnitt 4.2.4 wurden bereits Merkmale unterschiedlicher Programmiermethoden und -verfahren aufgezeigt. Neben den Merkmalen von Steuerung und Programmiermethode bestimmen die Punkte [STOR82]

- Werkstückspektrum und Bearbeitungsverfahren,
- Art und Anzahl der NC-Maschinen im Betrieb,
- betriebliche Organisation,
- Arbeitsinhalte und Ausbildung,
- längerfristige Planungen zur Automatisierung

die Auswahl der bestgeeigneten Programmierverfahren.

Hier werden zunächst Hinweise für eine Verfahrensauswahl gegeben [CZIU81, WITT87, VOLL85]. Im Abschnitt 4.2.5.2 werden zu Stichwörtern detailliertere Aussagen getroffen, Abhängigkeiten aufgezeigt und somit ein Hilfsmittel für eigene Entscheidungen bereitgestellt.

Die Beurteilung der am besten geeigneten Programmierverfahren kann nur auf der Basis des jeweiligen Istzustandes und der Zielsetzung eines Unternehmens erfolgen. Zukünftige Entwicklungen bei den Anbietern von Fertigungseinrichtungen und Programmierverfahren sind jedoch nur schwer abschätzbar. Aus heutiger Sicht (Stand 1987) lassen sich zwei Entwicklungsrichtungen erkennen. Bei der einen wird eine Erhöhung der Leistungsfähigkeit der Steuerung einschl. der zugehörigen Software angestrebt und damit die Programmierung an der Werkzeugmaschinensteuerung komfortabler gestaltet.

Die andere Richtung zielt auf eine verstärkte Nutzung der Kopplung von CAD-Systemen mit der NC-Programmierung und trägt damit zu einer effizienteren Erstellung von Steuerprogrammen auf einem externen Programmierplatz (Programmierung getrennt von der Werkzeugmaschine) bei.

In einem ersten Schritt gilt es die Anforderungen an die Programmierung festzulegen. Im Mittelpunkt der Betrachtungen steht zunächst das Werkstückspektrum. Es prägt die Anforderungen an die Geometriebeschreibung, die Bearbeitungsverfahren, die Fertigungseinrichtungen und hat über die Angaben zur Losgröße und Wiederholhäufigkeit Auswirkungen auf die betriebliche Organisation
und Rückwirkungen auf das Programmierverfahren. Neben dem Werkstückspektrum ist die betriebliche Ausgangslage zu analysieren. Hier sind die vorhandenen und geplanten CNC-Maschinen, die Qualifikation der Mitarbeiter sowie
die Organisationsstrukturen zu berücksichtigen.

Als Entscheidungshilfen für die Auswahl eines geeigneten Programmierverfahrens sind in Bild 4.22 wesentliche Kriterien und deren Zuordnung zu Programmierverfahren aufgeführt.

In den Blöcken 1 bis 3 des Bildes sind diejenigen Einflußgrößen zur Entscheidungsfindung zusammengestellt, die durch

- das Spektrum der zu bearbeitenden Werkstücke,
- die vorhandenen oder geplanten NC-Werkzeugmaschinen und
- die Art und Herkunft der Daten zur Beschreibung der Werkstück-Geometrie

bestimmt werden.

Ausgehend von der die Situation eines Betriebes kennzeichnenden Einflußgrö-
ßen-Kombination kann damit eine erste Aussage über das zu wählende Programmierverfahren gewonnen werden.

In Block 4 wird auf organisatorische Voraussetzungen hingewiesen, deren Erfüllung für den Fall einer angestrebten stärkeren DV-Durchdringung sinnvoll
oder notwendig ist. An Hand der genannten Merkmale ist zu prüfen, wie weit
eine angebotene Hard- und Software die Möglichkeit bietet,

- die Programmierung in den betrieblichen Informationsfluß einzubeziehen,
- die Programmierung durch Makro-/Unterprogramm-Bildung und Verwendung von Dateien zu vereinfachen.

Zeigt eine unternehmensspezifische Voruntersuchung, daß rechnerunterstütztes
Programmieren getrennt von der Werkzeugmaschine Vorteile bietet, so geben die
in nachstehender Übersicht aufgeführten Kriterien weitere Hinweise für eine Systemauswahl.

*In Programmiersystemen berücksichtigte Bearbeitungsverfahren*

- Bohrbearbeitung
- Fräsbearbeitung    { bis 3 Achsen simultan verfahrbar
                     { bis 5 Achsen simultan verfahrbar
- Drehen 2 Achsen
         n Achsen (Mehrspindel, Doppelschlitten, angetriebene Bohr-/Fräs-
                  werkzeuge usw.)
- Schleifen
- Erodieren (Draht-, Senk-)
- Schneiden (Brenn-, Laser-, Plasma-, Wasserstrahl-)
- Stanzen/Nibbeln
- Sonstige

| Programmierung | an der WZM-Steuerung | | | getrennt von der WZM | | |
|---|---|---|---|---|---|---|
| Seriengröße | klein | mittel | groß | klein | mittel | groß |
| **1. Werkstückspektrum** | | | | | | |
| • Geometrie einfach* | ● | ● | ● | ○ | ○ | ◐ |
| • Geometrie komplex** | ○ | ○ | ○ | ● | ● | ● |
| • Technologie einfach | ● | ● | ● | ○ | ○ | ◐ |
| • Technologie schwierig | ○ | ◐ | ◐ | ● | ● | ● |
| • Anzahl neuer Werkstücke / Jahr klein | ● | ● | ● | ○ | ○ | ○ |
| • Anzahl neuer Werkstücke / Jahr groß | ○ | ○ | ○ | ● | ● | ● |
| • Wiederholhäufigkeit gering | ◐ | ◐ | ◐ | ○ | ○ | ○ |
| • Wiederholhäufigkeit hoch | ○ | ○ | ○ | ● | ● | ● |
| **2. Werkzeugmaschinen und Steuerungen** | | | | | | |
| • CNC-Programmierunterstützung gering | ○ | ○ | ◐ | ● | ● | ● |
| • CNC-Programmierunterstützung hoch | ● | ● | ● | ○ | ○ | ○ |
| • Ein Bearbeitungsverfahren | ● | ● | ● | ○ | ○ | ○ |
| • Unterschiedliche Bearbeitungsverfahren | ○ | ○ | ◐ | ● | ● | ● |
| • Maschinen- / Steuerungsvielfalt klein | ● | ● | ● | ○ | ○ | ○ |
| • Maschinen- / Steuerungsvielfalt groß | ○ | ○ | ○ | ● | ● | ● |
| • FFS, FFZ | ○ | ○ | ○ | ● | ● | ● |
| **3. Geometrie-Daten** | | | | | | |
| • aus Zeichnung funktionsbemaßt | ○ | ○ | ◐ | ● | ● | ● |
| • aus Zeichnung koordinatenbemaßt | ● | ● | ● | ● | ● | ● |
| • aus CAD-System | ○ | ○ | ○ | ● | ● | ● |
| **4. Organisatorische Hilfsmittel** Einbeziehung in den betrieblichen Informationsfluß, z.B. Kapazität, Termin, Material | Teilweise möglich | | | Teilweise möglich | | |
| Zugriff auf • Arbeits- / Geometrie-Makros / Unterprogramme • Technologie-Dateien • Betriebsmittel-Dateien • Steuerprogramm-Archiv | | | | im allgemeinen möglich | | |

FFZ ≙ Flexible Fertigungszelle
FFS ≙ Flexibles Fertigungssystem

* einfach ≙ mathematisch leicht beschreibbar
** komplex ≙ mathematisch aufwendig beschreibbar

● gut geeignet   ◐ geeignet   ○ weniger geeignet

**Bild 4.22**   Entscheidungshilfen zur Auswahl von Programmierverfahren

## *Unterstützung bei der Steuerprogrammerstellung*

- Programmieranleitung, Schulungsunterlagen, Handbücher
- Dialog, Graphikunterstützung
- Anzeige und Diagnose von Eingabefehlern
- Aufgabenspezifische Definitionsmöglichkeiten für Geometrieelemente und Bearbeitungsschritte
- Manipulationsmöglichkeiten für bereits beschriebene Elemente (verschieben, drehen, spiegeln, verzerren, kopieren)
- Verwendung von Unterprogrammen und Makros
- Werkzeug-, Werkstoff-, Schnittwert-, Spannmitteldatei
- Automatische Schnittaufteilung

- Kollisionsprüfung
- Simulation der Steuerprogramme
- geeignete Postprozessoren vorhanden?

*Kosten des Programmiersystems* (Hard- und Software)

- für den 1. Arbeitsplatz
- für jeden weiteren Arbeitsplatz
- Systemwartung, -pflege
- Schulung der Mitarbeiter

*Integration in den betrieblichen Informationsfluß*

- Kopplung mit CAD; welche Systeme (Hard-/Software, Schnittstelle)?
- DNC-Anschluß; welche Schnittstellen?
- Datenaustausch mit PPS; welche Schnittstellen (Hard-/Software, Daten, Format)?

*Ergänzende Angaben zu Produkt und Lieferant*

- Wie lange ist das Produkt (Programmiersystem) am Markt?
- Wie lange wird das Produkt (Hard- und Software) noch gepflegt und gewartet?, Abschluß eines Wartungsvertrages (Umfang, Dauer).
- Bei wem liegt die Produktverantwortung für Hard-/Software?
- Referenzen: bei wem ist das Programmiersystem im Einsatz?

Ein Vergleich mit den Leistungsmerkmalen angebotener Systeme führt zu einer Systemvorauswahl. Leistungstests anhand ausgewählter, firmenspezifischer Beispielwerkstücke können die weitere Systemauswahl beeinflussen und erlauben Aussagen zur Höhe der Programmierkosten.

Nach einer Systemauswahl sind organisatorische Maßnahmen zu treffen, die eine effektive Einführung des Programmierverfahrens in den Betrieb sicherstellen. Außerdem ist dafür zu sorgen, daß die Annahmen und Randbedingungen eingehalten werden, die in der Auswahlphase zur Systembeurteilung getroffen wurden.

### 4.2.5.2 Detailangaben zu den Beurteilungskriterien

Es werden hier wichtige Auswahlkriterien und deren Auswirkungen auf ein Programmierverfahren näher beschrieben. Zu beachten ist, daß Aussagen, die zu einzelnen Stichwörtern getroffen werden, in einer Gesamtbetrachtung abgeschwächt oder gar negiert werden können.

#### a) Das Werkstückspektrum

Wesentlich zur Beurteilung sind die geometrische und technologische Komplexität, die Fertigungszeit sowie die auftretenden Losgrößen und die Wiederholhäufigkeit. Bei einfachen Werkstücken, die nur geringe Anforderungen an die Beschreibung der Werkstückgeometrie und Technologie stellen und in großen

Stückzahlen gefertigt werden, kann die rechnerunterstützte Programmierung an der Werkzeugmaschinensteuerung vorteilhaft sein. Gründe hierfür sind:

- Die Programmierung stellt keine zu großen Anforderungen an den Programmierer. Liegt eine NC-gerecht bemaßte Zeichnung (DIN 406 Teil 4) vor, so wird die Programmierung noch vereinfacht.
- Die Erhöhung der Rüstzeit durch die Programmierung ist unwesentlich im Vergleich zur Gesamtbelegungszeit der Maschine.
- Kritische Bewegungsabläufe (Kollisionen mit dem Spannmittel oder beim Werkzeugwechsel) können einfacher erkannt und korrigiert werden.
- Optimierungen des Arbeitsablaufs lassen sich leichter durchführen.

Die Vorteile der rechnerunterstützen Programmierung an der Werkzeugmaschinensteuerung können jedoch auch bei einfachen Bearbeitungen durch eine Vielzahl von Bearbeitungsschritten aufgehoben werden. Betriebsspezifisch durchzuführende Untersuchungen unter Berücksichtigung des Werkstückspektrums und der Leistungsmerkmale der CNC-Werkzeugmaschine ergeben Grenzbedingungen.

Unterschiedliche Fertigungsverfahren zur Bearbeitung oder eine große Anzahl benötigter Steuerprogramme pro Zeiteinheit führen zu Vorteilen bei der rechnerunterstützten Programmierung getrennt von der Werkzeugmaschine. Auch eine vereinfachte Wiederholteilfertigung bei modifizierten Werkzeug-/Werkstoffeigenschaften oder einem Maschinen- bzw. Steuerungswechsel läßt sich auf der Basis dieser Programmiermethode ausführen. Sind an einem Werkstück Flächen zu bearbeiten, die analytisch nicht einfach beschreibbar sind (z.B. 5-achsige Fräsbearbeitung), so reicht heute die Programmierunterstützung an der Steuerung nicht aus, und es bleibt nur die Programmierung getrennt von der Werkzeugmaschine.

### b) Das Werkzeugmaschinenspektrum

Wenige unverkettete Maschinen, wie sie z.B. bei der Einführung der NC-Technik oder in Kleinbetrieben anzutreffen sind, sowie ihr Einsatz in speziellen Betriebsbereichen, wie bei der Musterstückfertigung, dem Werkzeug- und Vorrichtungsbau, der Instandhaltung, lassen sich vorteilhaft rechnerunterstützt an der Werkzeugmaschinensteuerung programmieren, sofern die Steuerung eine leistungsfähige Programmierunterstützung bietet. Steuerungstyp sowie Eingabemethode und -symbole sollten für mehrere Maschinen gleichartig sein. Nur so lassen sich Eingabefehler reduzieren und die Bedienung mehrerer Maschinen vereinfachen.

Verkettete NC-Maschinen, flexible Fertigungszellen und -systeme stellen hohe Anforderungen an eine zeitgerechte Bereitstellung umfangreicher Steuerprogramme. Hierfür und für Betriebe mit einer größeren Anzahl von CNC-Maschinen eignet sich besonders die rechnerunterstützte Programmierung getrennt von der Werkzeugmaschine. Stehen für ein Bearbeitungsverfahren mehrere, jedoch unterschiedliche Maschinen bereit, so läßt sich beim Programmieren getrennt von der Werkzeugmaschine eine höhere Flexibilität erzielen. Das Teileprogramm ist bis zu einem gewissen Grad maschinenneutral und erlaubt somit ohne großen Programmieraufwand ein Ausweichen auf eine andere Maschine.

### c) Unterstützende Funktionen des Programmierverfahrens

Eine erhebliche Unterstützung bei der Programmierung läßt sich durch den Einsatz von Dateien erzielen. Sie sollen die Teilgebiete

- Werkzeugdaten,
- Richtwerte für die Formgebung,
- Spann- und Betriebsmittel,
- Programmdatei für ausgetestete Programme und Unterprogramme

umfassen. Wichtig ist, daß der Dateizugriff unkompliziert und schnell erfolgt. Für die Programmierung selbst ist die Gestaltung der Benutzeroberfläche von zentraler Bedeutung. Die Bedienung kann durch graphische Darstellung unterstützt werden. Sei es durch ein Piktogramm auf dem Bildschirm bei der Fragestellung (Symbolische, graphische Darstellung einer Funktion) oder eine Skizze nach einem Eingabeschritt. Bietet das System darüber hinaus noch die Möglichkeit, mehrere Fenster auf dem Bildschirm darzustellen und in jedem von ihnen Operationen auszuführen, so verfügt der Benutzer über ein Hilfsmittel, das die schnelle und übersichtliche Bereitstellung von Informationen sowie deren Umsetzung in NC-Anweisungen ermöglicht. Um die Leistungsfähigkeit solcher Systeme voll nutzen zu können, wird der alphanumerischen Tastatur meistens noch ein Digitalisiertablett oder eine Maus zugeordnet. Diese Geräte vereinfachen die Dateneingabe ganz erheblich, sind jedoch für einen Einsatz bei der Programmierung an der Werkzeugmaschinensteuerung derzeit nur bedingt geeignet.

Eine weitere Vereinfachung der NC-Programmierung bietet die Kopplung eines NC-Programmiersystems mit einem CAD-System. Aus ihm kann die Fertigteilgeometrie (Nennmaße) übernommen und für die NC-Programmierung weiterverwendet werden; die Berücksichtigung der Toleranzen hat gemäß Abschnitt 4.2.4.6 zu erfolgen. Voraussetzung für die Kopplung sind geeignete Schnittstellen zwischen beiden Systemen.

Zu beachten ist, daß nach der Datenübertragung eine Datenaufbereitung bzw. Umsetzung unerläßlich ist und dabei überwiegend manuelle Eingriffe erforderlich sind. Hierbei müssen i. allg. die zur Bearbeitung benötigten technologischen Daten ergänzt werden.

Nach Abschluß der Dateneingabe erfolgt die Verarbeitung zum Steuerprogramm. Eine Simulation der Bearbeitung, verbunden mit Graphikausgabe, erleichtert die Bereitstellung fehlerfreier Steuerprogramme. Zu unterscheiden ist zwischen

- statischer Simulation und
- dynamischer Simulation.

Beispiele für statische oder quasi-statische Simulation sind Plotterzeichnungen und gleichartige Darstellungen am Bildschirm. Sie veranschaulichen den Zustand des Werkstückes am Ende oder zu diskreten Zeitpunkten der Bearbeitung. Bei der dynamischen Simulation kann am Bildschirm der Eingriff des Werkzeuges beobachtet und der Bearbeitungsablauf verfolgt werden. Obwohl diese Hilfen eine wesentliche Unterstützung bei der Erstellung fehlerfreier Steuerprogramme darstellen, eignen sie sich in ihrem jetzigen Leistungsumfang zur Erkennung von Kollisionen nur bedingt. Kollisionen treten häufig zwischen Spannmittel und Werkzeug oder bei Schaltbewegungen (Revolver) auf und können meistens nicht dargestellt werden. Auch der Umschaltpunkt von Eilgang auf Arbeitsvorschub kann oft nicht exakt genug abgebildet werden. Dies gilt auch für Maßabweichungen oder Kollisionen zwischen Maschinenteilen.

### d) Weitere Systemmerkmale

Weitere Systemmerkmale sind die Rechengenauigkeit des zur Programmierung verwendeten Rechners sowie die zur Verarbeitung der Daten verfügbaren Algorithmen, s. Abschn. 4.2.4.5. Erwähnt seien z.B. die Algorithmen zur Berechnung von Schnittpunkten oder tangentialen Übergängen.

Bei Systemen zur Programmierung getrennt von der Werkzeugmaschine ist zu klären, in welchem Umfang Weiterentwicklungen der Software und Anpassungen an eine verbesserte Gerätetechnik vorgesehen sind bzw. in der Vergangenheit vorgenommen wurden.

Hinsichtlich der Programmierung an der Werkzeugmaschinensteuerung sind i. allg. nur dann Systemverbesserungen zu erwarten, wenn die gesamte Steuerung ersetzt wird.

Für Anwender, die spezielle Aufgabenstellungen bearbeiten, bietet der Einsatz firmenspezifischer Makros oder Unterprogramme eine deutliche Leistungssteigerung. Voraussetzung hierfür ist eine entsprechende Software-Unterstützung.

### e) Veränderungen in der betrieblichen Organisation und der Arbeitsinhalte sowie daraus resultierende Anforderungen

Unabhängig vom Programmierverfahren muß sich die Programmierung in den für die Fertigung vorhandenen oder geplanten Organisationsablauf und Informationsfluß eingliedern, d.h. alle zur Abwicklung eines Fertigungsauftrags notwendigen Informationen und Daten sowie Hilfsmittel wie Auftrag, Zeichnung, Werkstücke, ggf. Arbeitsanweisungen, Spannmittel oder Vorrichtungen müssen vollständig, fehlerfrei und zeitgerecht am Arbeitsplatz verfügbar sein.

Ist in einem Betrieb keine Arbeitsvorbereitung vorhanden, so kann die rechnerunterstützte Programmierung an der Werkzeugmaschinensteuerung vorteilhaft sein. Hierfür können Dateien (z.B. Werkzeugkataloge, Werkstofflisten) nützlich sein, wenn auch nicht im Umfang wie bei der rechnerunterstützten Programmierung getrennt von der Werkzeugmaschine. Letztere stellt die höchsten Anforderungen an genaue Unterlagen über Werkzeugmaschinen, Werkzeuge, Spannmittel, Meßzeuge usw. Die Einführung einer Ordnung und Systematik durch Dateien führt in einem Unternehmen vielfach zur Reduzierung der Variantenvielfalt und damit von Kosten.

Es ist darauf zu achten, daß die Erkenntnisse aus der Fertigung in übergeordnete Organisationen zurückfließen und die Programmdokumentation für Wiederholaufträge in geeigneter Form erfolgt. Diese Maßnahmen betreffen neben der Archivierung (Speicherung und Verwaltung) auch den Änderungsdienst. Beides sollte rechnerunterstützt ausgeführt werden. Für die Archivierung werden zunehmend die Quelldaten eines Teileprogramms verwendet. Nachteilig ist, daß bei Wiederverwendung ein Rechenlauf zur Erzeugung der Steuerprogramme notwendig wird. Demgegenüber ist von Vorteil, daß nur eine Art von Programmen vorhanden ist, die speicherplatzsparend und weitgehend unabhängig von einer bestimmten Fertigungseinrichtung und damit anpaßbar an andere NC-Werkzeugmaschinen sind. Damit wird außerdem sichergestellt, daß bei entsprechender Pflege der Werkzeugdaten und der Richtwerte für die Formgebung jeweils mit den aktuellen technologischen Daten bei Auftragswiederholung gearbeitet wird [STOR86].

Das Programmieren verlangt qualifizierte Facharbeiter, die das Fertigungsverfahren kennen, gutes Vorstellungsvermögen besitzen, um neben der Programmiertätigkeit auch planerisch dispositive Tätigkeiten sowie korrigierende und optimierende Tätigkeiten übernehmen zu können. Bei der Programmierung an der Werkzeugmaschinensteuerung fallen zusätzlich Tätigkeiten aus den Bereichen Rüsten und Einrichten, Bedienen, Überwachen und Kontrollieren an [NAGE86]. Zu beachten ist, daß hierbei der Bedienungsmann durch Umwelteinflüsse, wie Lärm und Schmutz, stark belastet wird. Erfolgt die Programmierung parallel zu einer laufenden Bearbeitung, so können die Überwachung der Maschine und die Verantwortung für eine sichere Programmierung zu einer hohen psychischen Belastung führen.

Grundsätzlich erweitert oder verändert die rechnerunterstützte Programmierung den Arbeitsinhalt. Um die Programmierung zu vereinfachen, sollte sie durch eine Bedienerführung unterstützt werden. Sie sollte dabei weder den Entscheidungsspielraum einengen und hemmend wirken noch sehr abstrakt sein. Bedienerführung bedeutet auch Sicherheit für den Programmierer, sie führt jedoch nicht gleichzeitig zur raschen Steuerprogramm-Erstellung. Ergänzend sei darauf hingewiesen, daß in der Berufsausbildung und bei der Weiterbildung der Stand und die zu erwartende Entwicklung der CNC-Technik und der NC-Programmierung trotz zunehmender Anstrengung nicht ausreichend berücksichtigt sind.

### f) Wirtschaftlichkeit

Die wirtschaftlichste Programmiermethode und das kostengünstigste Programmiersystem für ein Unternehmen oder für Unternehmensbereiche können durch eine Kostenvergleichsrechnung bzw. Nutzwertanalyse ermittelt werden. Dabei sind

- generelle Vorbereitungskosten (Investitionen, Schulung, Anlegen notwendiger Dateien) und
- werkstückspezifische Vorbereitungsarbeiten (z. B. Spann- und Werkzeugpläne) in Abhängigkeit der Möglichkeiten des Programmiersystems (z. B. mit oder ohne Technologie)

ebenso zu bewerten wie der Aufwand für das Erstellen des Teileprogramms. Zur Berechnung der Kosten für das Erstellen von Steuerprogrammen sind u. a. zu berücksichtigen:

- Der Maschinenstundensatz bei Programmierung an der Werkzeugmaschinensteuerung,
- Der Stundensatz des Programmiersystems bei Programmierung getrennt von der Werkzeugmaschine. Bei der Kalkulation dieses Stundensatzes kann neben

den Beschaffungskosten für den Wartungs- und Betreuungsaufwand während
der Betriebszeit als Faustregel angenommen werden:

- pro Jahr ca. 10 bis 15% des Beschaffungspreises für Wartung,
- ein höher qualifizierter und entsprechend ausgebildeter NC-Programmierer
  für Anwender- und Systembetreuung.

**g) Vorteile beim Einsatz eines NC-Programmiersystems im Vergleich zur
Programmierung an der Werkzeugmaschinensteuerung**

Es ist zu unterscheiden zwischen

- quantifizierbarem Nutzen und
- schwer quantifizierbarem Nutzen.

Typische Beispiele für quantifizierbaren Nutzen sind

- kürzere Zeiten für das Erstellen von Steuerprogrammen durch Verwendung
  von Unterprogrammen und Makros,
- Reduzierung der Rüstzeiten auf den Werkzeugmaschinen
  - durch direkte Eingabe der zuvor erstellten Steuerprogramme,
  - durch Simulation der Bearbeitung am NC-Programmiersystem, verbunden
    mit Kollisionsbetrachtungen und Optimierung der Verfahrwege.
- Reduzierung der Werkzeugvielfalt durch Systematisierung und Nutzung vorhandener Dateien.
- Lochstreifenarchivierung kann entfallen.
- Nutzung des NC-Programmierrechners für DNC-Betrieb, Betriebs-/Maschi-
  nendatenerfassung (sofern möglich).

Beispiele für schwer quantifizierbaren Nutzen sind

- reproduzierbare Programmierung,
- bessere Programmübersicht,
- Nutzung der Dateien bei der Wiederholteilfertigung,
- Nutzung der Dateien des NC-Programmiersystems in weiteren Betriebs- und
  Planungsstellen,
- Nutzung von erweiterten Bearbeitungsmöglichkeiten, zu deren wirtschaftli-
  cher Programmierung ein Programmiersystem Voraussetzung ist, z. B. Über-
  gang von ebener auf räumliche Bearbeitung.
  Beispiele: 5-achsiges Laser-Schneiden, 5-achsiges Fräsen.
- Möglicher Prestigegewinn durch Einsatz moderner NC-Programmiersysteme
  (CAP/CAM-Anwendung).

Je nach Unternehmen, Produktspektrum, Art und Anzahl der NC-Maschinen ist
es möglich, die vorstehend aufgeführten Punkte monetär zu bewerten.

**h) Längerfristige Entwicklungstendenzen zur Automatisierung des
Informationsflusses**

Neben der Bearbeitung erlangen Handhabungs- und Transportfunktionen für
die Aufgaben der NC-Programmierung immer größere Bedeutung. Für eine flexible Planung und Disposition des Fertigungsablaufs sind die aktuellen System-

zustände zu ermitteln und Daten für eine Weiterverarbeitung bereitzustellen. Hierzu müssen vermehrt Sensorsignale erfaßt und ausgewertet werden. Große Bedeutung erhalten hierbei auch der Werkzeugfluß, die Werkzeugdatenverwaltung und -aktualisierung.

Kennzeichnend für den Informationsfluß ist, daß

- die Datenmenge stark ansteigt,
- die heute üblichen Übertragungsprotokolle (DNC-Schnittstelle) unzureichend sind,
- hohe Anforderungen an eine zeitgerechte Datenübertragung gestellt werden.

Die Vielzahl von Systemkomponenten mit unterschiedlichen Schnittstellen behindern eine sinnvolle Verknüpfung verschiedener Betriebsbereiche, wie Konstruktion, Arbeitsvorbereitung, Fertigung, Einkauf und Verkauf, miteinander. Erste Ansätze für eine Schnittstellennormung sind aus der Definition von MAP (Manufacturing Automation Protocol) erkennbar; weitere Einzelheiten s. Kap. 7.

## 4.3 Industrieroboter

### 4.3.1 Einführung

Industrieroboter werden zunehmend in vielen Bereichen der industriellen Produktion als flexible rechnergesteuerte Einrichtungen in insularen Roboterzellen oder als Elemente verketteter Systeme, d. h. in direkter Kopplung mit einem Leitrechner, eingesetzt.

Roboter ersetzen in zunehmendem Maße Tätigkeiten der manuellen Fertigung. Ihr Einsatz erfolgt hauptsächlich wegen ihrer Flexibilität in der Klein- und Mittelserienfertigung und wegen ihrer Fähigkeit, gleichbleibende Qualität über lange Zeiträume zu erbringen, auch in der Großserienfertigung. In der Klein- und Mittelserienfertigung ist zusätzlich eine Flexibilität der Peripherie notwendig.

Roboter sind nach VDI-Richtlinie 2861 Blatt 1 im weiteren Sinne numerisch gesteuerte Arbeitsmaschinen, d. h. die translatorischen und rotatorischen Bewegungen ihrer Achsen bzw. Glieder lassen sich durch numerische Daten (Zahlenangaben für Längen und Winkel) in einem Bezugskoordinatensystem beschreiben. Damit ist es prinzipiell möglich, ein am Roboter befestigtes Werkzeug (Effektor) im Arbeitsraum beliebig zu positionieren und so zu orientieren, daß ein bestimmter Arbeitsgang ausgeführt werden kann.

Ein wesentlicher Unterschied gegenüber den NC-Werkzeugmaschinen besteht darin, daß

- die Glieder eines Roboters in vielen Fällen komplexere Raumkurven beschreiben,
- die absolute Positioniergenauigkeit i. allg. nicht an die einer NC-Werkzeugmaschine heranreicht,
- die Nutzung der Sensorik eine sehr viel ausgeprägtere Rolle spielt. Die Sensorik bietet die Möglichkeit, mit Hilfe geeigneter Geräte (Sensoren) bestimmte, im voraus nicht in allen Einzelheiten deterministisch definierbare Zustände innerhalb eines Arbeitsablaufs zu erkennen und daraus Informationen abzu-

leiten, mit welchen die Robotersteuerung in der Lage ist, den betreffenden Arbeitsablauf in einer den jeweils erkannten Zuständen entsprechenden Weise automatisch auszuführen.

Die Durchführung einer bestimmten Aufgabe mit Hilfe eines Roboters setzt ein entsprechendes Steuerprogramm voraus. Dieses Programm muß detaillierte Daten über die einzelnen Roboterbewegungen enthalten. Da der Roboter meist in komplexe Arbeitsabläufe integriert ist, tritt er in mannigfacher Weise mit seiner Umgebung in Wechselwirkung (Roboterzelle). Die Festlegung dieses Zusammenwirkens sowie der dazu benötigten Arbeitsmittel (Effektoren, Vorrichtungen usw.) ist eine weitere wichtige Aufgabe der Programmierung; sie reicht von der Synchronisation mit anderen Einrichtungen der Roboterzelle, z. B. einer Transporteinrichtung oder einer Bearbeitungsmaschine, bis zur Anpassung an eine variable Umgebung durch Verarbeitung von Sensordaten [GAMP86, BLUM83].

Im weiteren Sinn gehören zu den Aufgaben der Programmierung die Auswahl des Industrieroboters zur Durchführung der gestellten Aufgabe sowie die Festlegungen, die hinsichtlich des Aufbaus der Roboterzelle zu treffen sind. Diese wenigen Angaben mögen genügen, um aufzuzeigen, mit welchen Problemen sich die Programmierung von Industrierobotern auseinanderzusetzen hat; auf Einzelheiten hierzu wird in den folgenden Abschnitten näher eingegangen.

Die Bedeutung der Robotertechnik für die Automatisierung tritt besonders klar hervor, wenn man ihre Anfänge dem heute erreichten Stand gegenüberstellt. Ein kurzer historischer Überblick soll das deutlich machen [FRIE86].

Der erste Industrieroboter, der 1960 vorgestellt wurde, ging in seinem konstruktiven Aufbau aus den sogenannten Teleoperatoren hervor. Den Antrieben und der Steuerung lagen Entwicklungen aus der Luftfahrt und aus dem Bereich der numerisch gesteuerten Werkzeugmaschinen zugrunde.

Mehrere Gründe verhinderten zunächst die Verbreitung dieser neuen Technologie in der Industrie:

- Hohe Störanfälligkeit,
- zu geringe Tragkraft,
- unzureichende Positionier- und Wiederholgenauigkeit.

Zunehmende Rationalisierungsbestrebungen sowie die Forderung nach mehr Flexibilität der Produktionsanlagen, vor allem von Seiten der Automobilindustrie, führten ab 1967 zu ersten praktischen Erprobungen.

Nach Schweizer [SCHW88] hat sich die Anzahl der in Japan, USA, Europa ohne Ostblock und der Bundesrepublik Deutschland eingesetzten Industrieroboter im Zeitraum 1984 bis 1987 wie folgt entwickelt:

|  | 1984 | 1985 | 1986 | 1987 |
| --- | --- | --- | --- | --- |
| Japan | 44000 | 65000 | 87000 | 106000 |
| USA | 13000 | 20000 | 26000 | 30000 |
| Europa (ohne Ostblock) | 20500 | 30000 | 40000 | 46000 |
| davon Bundesrepublik Deutschland | 6600 | 8800 | 12400 | 14900 |

Zu beachten ist dabei, daß in den einzelnen Ländern unterschiedliche Definitionen für Industrieroboter existieren.

Bild 4.23 zeigt für die Ende 1987 in der Bundesrepublik Deutschland installierten 14900 Roboter deren Verteilung auf die verschiedenen Anwendungen.

## 4.3.2 Grundlagen

### 4.3.2.1 Definition eines Industrieroboters

In der VDI-Richtlinie 2860 Blatt 1 sind Industrieroboter wie folgt definiert: "Industrieroboter sind universell einsetzbare Bewegungsautomaten mit mehreren Achsen, deren Bewegungen hinsichtlich Bewegungsfolge und Wegen bzw. Winkeln frei (d.h. ohne mechanischen Eingriff) programmierbar und gegebenenfalls sensorgeführt sind. Sie sind mit Greifern, Werkzeugen oder anderen Fertigungsmitteln ausrüstbar und können Handhabungs- und/oder Fertigungsaufgaben ausführen."

Greifer, Werkzeuge oder andere Fertigungs- und Prüfmittel werden unter dem Begriff „Effektor" zusammengefaßt.

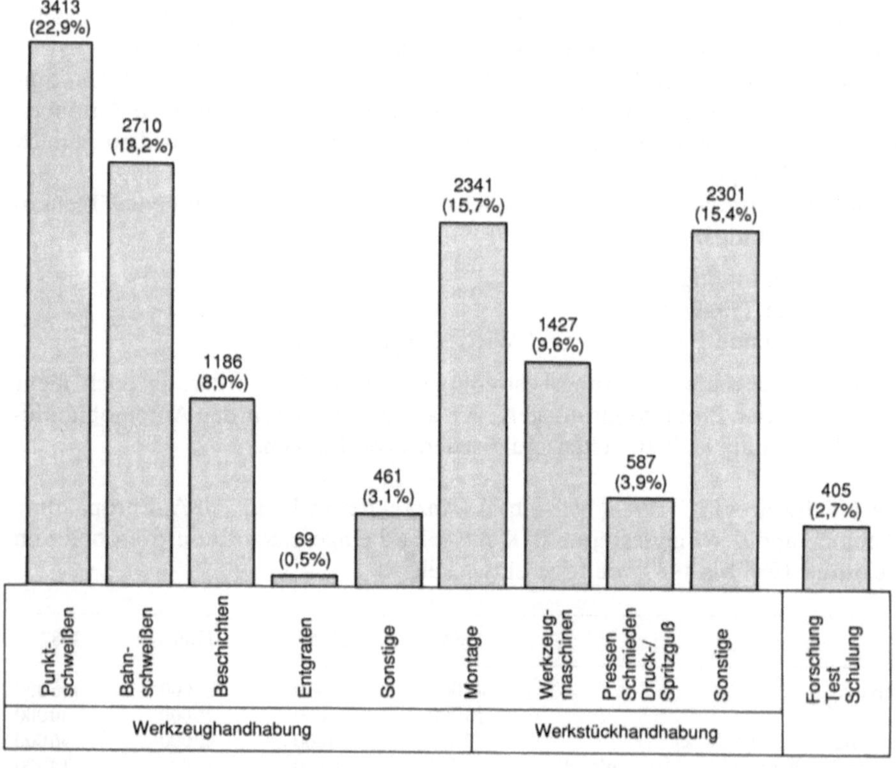


**Bild 4.23**   In der Bundesrepublik Deutschland installierte Industrieroboter, Stand Ende 1987

Gegenstand der Betrachtungen des Abschnitts 4.3 sind die frei programmierbaren Bewegungsautomaten (Industrieroboter), siehe Bild 4.24, insbesondere deren Programmierung.

### 4.3.2.2 Struktur einer Roboterzelle

Kennzeichnend für den Einsatz eines Industrieroboters ist sein Zusammenwirken mit der durch die Aufgabenstellung bedingten Umgebung (Peripherie mit aktiven und passiven Komponenten). Der Roboter und seine Umgebung bilden die Roboterzelle, deren Teilsysteme in Bild 4.25 dargestellt sind. Für den Aufbau einer Roboterzelle ist der Ausdruck „Zellen-Layout" gebräuchlich.

Auf den geometrischen und kinematischen Aufbau eines Roboters wird hier zunächst näher eingegangen.

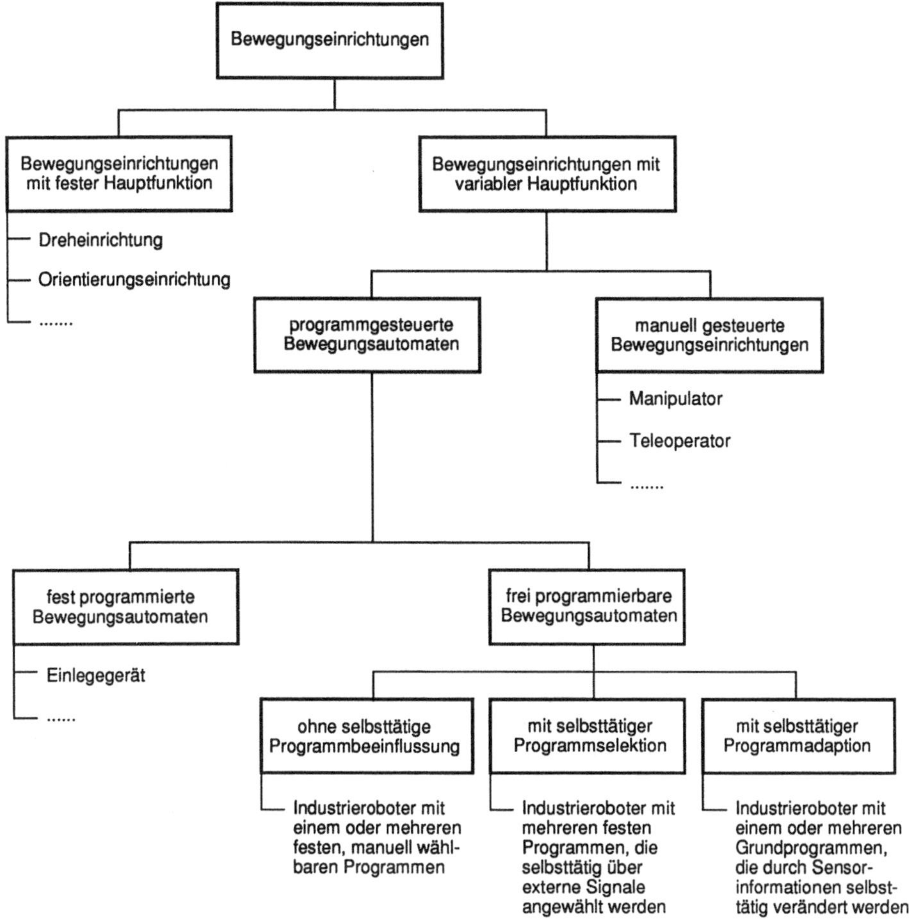


**Bild 4.24**  Gliederung von Bewegungseinrichtungen in Anlehnung an VDI-Richtlinie 2860 Blatt 1

| | | Teilsystem | Teilfunktion und Aufgabe |
|---|---|---|---|
| Roboterzelle | Roboter | Geometrischer und kinematischer Aufbau | Positionierung und Orientierung des Effektors im Arbeitsraum |
| | | Antrieb | Übertragung und Umwandlung der Stellenergie für Roboterachsen und Effektor (elektrisch, pneumatisch, hydraulisch) |
| | | Interne Meß-Systeme | Erfassung der roboterinternen Zustände (Lage, Geschwindigkeit, Momente von Achsen und Effektor) |
| | | Roboter-Steuerung | Rechnersystem zur Online-Programmierung sowie zur Speicherung und Ausführung der Roboter-Steuerprogramme, d.h. Steuerung und Überwachung des Programmablaufs (ggf. mit Verarbeitung erfaßter Sensordaten aus dem laufenden Prozeß) |
| | Peripherie | Effektor | Handhaben, Fertigen, Prüfen |
| | | Sensoren | Erfassung von Zuständen in der Roboterzelle, wie z.B. Lage und physikalische Eigenschaften von Objekten |
| | | Steuereinrichtungen | Steuerung und Koordination der Abläufe |
| | | Sonstige Peripherie | Aktive (z.B. Zuführeinrichtungen) und passive (z.B. Sockel, Tische, Halterungen, Objektspeicher) Komponenten |

**Bild 4.25**  Teilsysteme einer Roboterzelle

Zur Beschreibung des Aufbaus eines Industrieroboters werden die Begriffe „Freiheitsgrad" und „Achse" verwendet (VDI 2861 Bl. 1, [HEIS86]).

Der Freiheitsgrad ist die Anzahl der möglichen unabhängigen Bewegungen (Translationen, Rotationen) eines starren Körpers gegenüber einem Bezugssystem.

Demnach hat ein im Raum frei beweglicher starrer Körper den Freiheitsgrad 6, der sich – bei einem kartesischen Bezugssystem – aus drei translatorischen Bewegungsmöglichkeiten (Verschiebungen) zur Festlegung der Position und drei rotatorischen Bewegungsmöglichkeiten (Drehungen) zur Festlegung der Orientierung zusammensetzt. Der Freiheitsgrad 6 ist andererseits auch eine notwendige Voraussetzung für das Erreichen einer beliebig vorgegebenen räumlichen Lage (Position und Orientierung) eines festen Körpers im Bezugssystem.

Industrieroboter sind kinematische Strukturen mit mehreren Gliedern und Gelenken (Achsen). Man unterscheidet rotatorische Achsen (Drehachsen) und translatorische (lineare) Achsen. Bei Industrierobotern dienen sie zur Erzeugung definierter Bewegungen zum Positionieren und Orientieren. Dabei kann es Doppeldeutigkeiten geben, da verschiedene Achskonfigurationen zur gleichen räumlichen Lage des Effektors führen können (Bild 4.26).

Unter Achskonfiguration versteht man einen Satz von Einstellwerten aller Achsen. In der Robotik ist es üblich, für die Lage des Effektors (Position und Orientierung) und die zugehörige Achskonfiguration des Roboters den Begriff

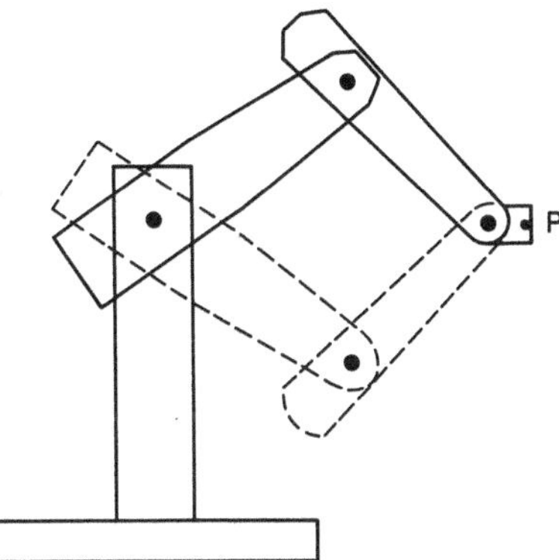

**Bild 4.26**  Doppeldeutigkeit beim Erreichen von Punkt P durch verschiedene Achskonfigurationen

„Punkt" oder irreführend „Position" zu verwenden. In den folgenden Ausführungen wird der Begriff „Punkt" gebraucht.

Man unterscheidet Haupt- und Nebenachsen. Erstere bestimmen im wesentlichen den Arbeitsraum des Roboters; letztere ermöglichen im Verhältnis zu den Hauptachsen nur kleine Positionsänderungen oder Drehungen zur Orientierung des Effektors.

Bild 4.27 zeigt die kinematischen Hauptachsen-Grundkonzepte, nach denen die meisten gängigen Industrieroboter aufgebaut sind.

Haupt- und Nebenachsen bestimmen die Lage des Effektors. Eine anschaulichere Beschreibung dieser Lage als durch Angabe der Achskonfiguration ist von großer Bedeutung für den Benutzer.

Üblicherweise kennzeichnet man hierzu Position und Orientierung aller Zellenobjekte, insbesondere des Effektors, durch objektfeste rechtshändige kartesische Koordinatensysteme. Bild 4.28 zeigt die für die Roboter-Basis, den Effektor und das Handhabungsobjekt zugrundegelegten Koordinatensysteme und verdeutlicht ihren Bezug zueinander.

Diese Bezüge werden steuerungsintern durch Koordinatentransformationen (Matrizenrechnung) hergestellt und für den Benutzer entweder als „Frame" beschrieben oder als Kombination von Positionsangaben (x, y, z) mit Orientierungswinkelangaben dargestellt.

Ein Frame beschreibt die Position des Ursprungs und die Orientierung der Achsen eines kartesischen Koordinatensystems bezüglich eines Referenz-Koordinatensystems. Steuerungsintern wird ein Frame häufig als Denavit-Hartenberg-Matrix [DENA55] dargestellt. Frames haben für den Benutzer den Vorteil, daß sie räumliche Bezüge zwischen den Objekten, vor allem deren relative Bewegungen zueinander, elegant und problembezogen beschreiben. Auch bei komplexen Roboterzellen mit hierarchisch geometrischem Aufbau (z. B. Roboter-Basis, Gestell, Palette, Handhabungsobjekt) sind Frames die geeignetste Darstellungsform.

Alternativ hierzu und zum Teil auch zusätzlich ist es üblich, Positionen (x, y, z) und Orientierungswinkel anzugeben. Für die Orientierungswinkel sind die Eu-

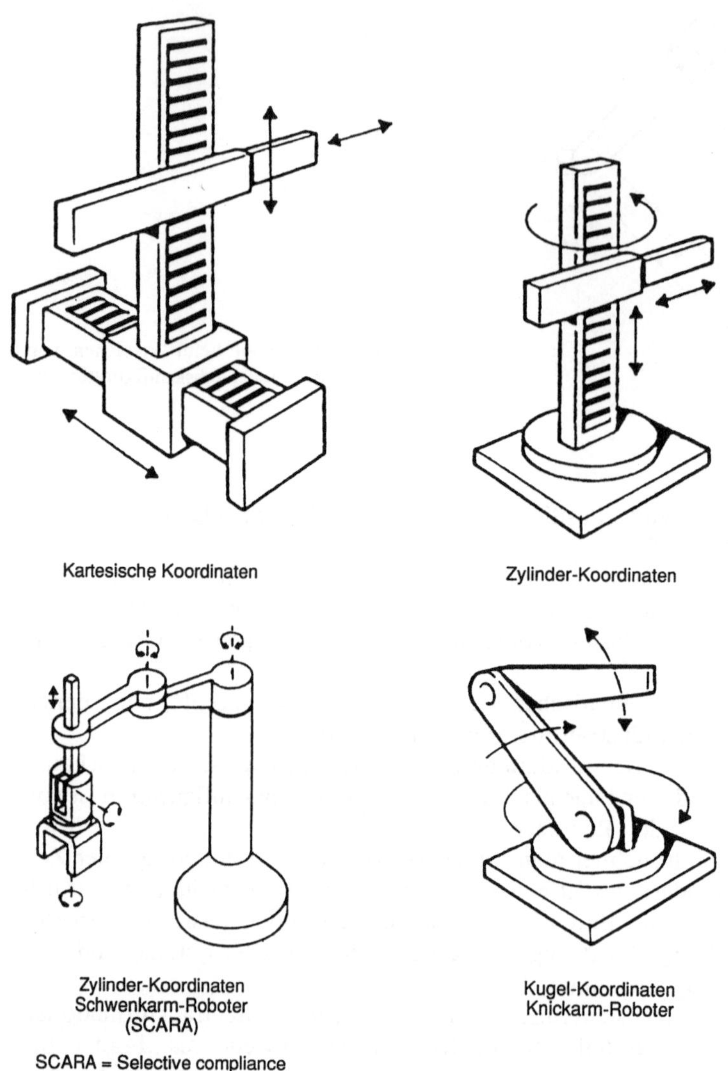


**Bild 4.27** Grundkonfigurationen von Industrierobotern

ler-Notation und die Roll-Nick-Gier-Notation gebräuchlich; Einzelheiten hierzu siehe in [PAUL81].

### 4.3.2.3 Steuerungen für Industrieroboter

Die Aufgabe einer Steuerung im engeren Sinne ist, den Bewegungsablauf eines Industrieroboters nach einem vorgegebenen Steuerprogramm zu gewährleisten.

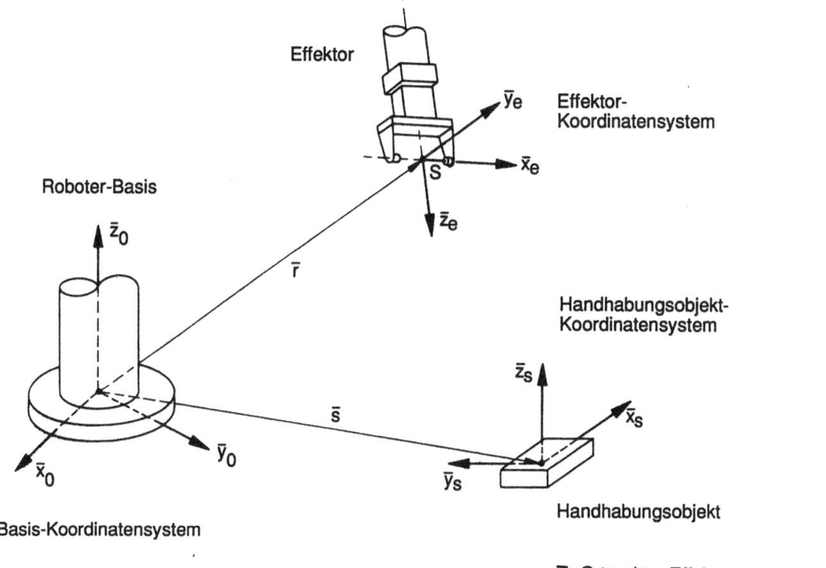


**Bild 4.28**  Koordinatensysteme für Roboter-Basis, Effektor und Handhabungsobjekt (in Anlehnung an [BLUM81])

Dazu gehört auch die Synchronisation mit Einrichtungen der Peripherie und die Anpassung an Zustände in der Roboterzelle durch Sensoren, d. h. die Steuerung muß Sensorsignale erfassen können und diese im Steuerprogramm entsprechend weiterverarbeiten.

Im weiteren Sinne – insbesondere bei textuellen Programmiersystemen – ordnet man der Steuerung auch den Interpreter der Roboterprogrammiersprache bzw. eventueller Zwischensprachen zu. In diesem Fall übernimmt die Steuerung zusätzlich die Aufgaben der Sprachdecodierung und der allgemeinen Programmablaufkontrolle.

Man unterscheidet drei verschiedene Steuerungsverfahren, die in Robotersteuerungen häufig nebeneinander verfügbar sind:

- Punkt-zu-Punkt-Steuerung (Point-to-Point, PTP),
- Multipunktsteuerung (MP),
- Bahnsteuerung (Continuous Path, CP).

Bei der Punkt-zu-Punkt-Steuerung wird für eine Bewegung eine Start- und eine Zielkonfiguration vorgegeben. Unter einer Konfiguration (Achskonfiguration) versteht man gemäß Abschnitt 4.3.2.2 einen Satz von Einstellwerten, der eindeutig die Position und Orientierung aller Glieder des Roboters spezifiziert (z. B. Gelenkwinkel). Diese Vorgabe kann auch in Bezug auf die Position und Orientierung des Effektors gegeben sein (z. B. in kartesischen Koordinaten). In diesem Fall muß erst noch eine Koordinatentransformation von den kartesischen Koordinaten in Gelenkkoordinaten erfolgen. Da diese Koordinatentransformation bei vielen Robotertypen nicht eindeutig mathematisch lösbar ist, sind in diesen Fällen noch Zusatzangaben notwendig. Oft sind solche einfachen Steuerungen mit einfachen Online-Programmierverfahren kombiniert, so daß diese Vorgabe gar nicht explizit vom Programmierer gemacht werden muß, sondern z. B. auf Knopfdruck an einem Eingabegerät (z. B. an der tragbaren Bedieneinheit) aus der Roboterstellung abgeleitet und abgespeichert wird.

Im einfachsten Fall wird bei der PTP-Steuerung zu jeder Ist-Gelenkkoordinate so lange ein Inkrement addiert und sofort durch die Achsregelung ausgeführt, bis ihre Soll-Gelenkkoordinate erreicht ist. In diesem Fall beginnen alle Achsen gleichzeitig mit der Bewegung, aber darüber hinaus gibt es keine Synchronisation zwischen den Achsen (s. Bild 4.29a). Liegt zusätzlich eine Achsensynchronisation vor, so wird das Inkrement für jede zu bewertende Achse so gewählt, daß alle Achsen ihre Bewegung gleichzeitig beginnen und gleichzeitig beenden (s. Bild 4.29b). Man bezeichnet diesen Vorgang auch als Interpolation in Roboterkoordinaten.

Bei der PTP-Steuerung ist die Bahn des Effektors zwischen der Anfangs- und der Zielkonfiguration durch das vorstehend beschriebene Verhalten der Steuerung definiert, d. h. es besteht zwischen den einzelnen Achsen kein vom Programmierer vorgegebener funktionaler Zusammenhang. Bei unverändertem Steuerprogramm ist die Bewegung jederzeit reproduzierbar.

Solche Steuerungen eignen sich daher für Aufgaben, bei denen es nicht auf das Einhalten einer vom Programmierer vorgegebenen Bahn ankommt. Anwendung findet dieses Steuerungsverfahren z. B. für einfache Beschickungsaufgaben und zum Punktschweißen.

Soll der Effektor dagegen eine bestimmte Bahn im Raum durchlaufen, wird eine MP-Steuerung oder eine CP-Steuerung benötigt. Diese Anforderung besteht in der Regel bei Anwendungen wie Lichtbogenschweißen, Entgraten, Montieren, Laserschneiden, Spritzlackieren, u. ä..

MP-Steuerungen entsprechen im Aufbau einer PTP-Steuerung, in ihrer Wirkungsweise aber einer Bahnsteuerung. Bei der MP-Steuerung werden einzelne sehr dicht nebeneinander liegende Punkte sukzessiv im PTP-Modus durchfahren, ohne bei jedem Punkt zu halten. Da der Abstand der Punkte sehr klein ist, kann auf diese Weise trotz PTP-Modus eine kontinuierliche Bahn durchfahren werden. Dieses Verfahren wird nur angewendet, wenn eine definierte Bahn zu fahren ist, die Bahn aber nicht mathematisch erfaßt werden kann. Dies ist häufig beim Lichtbogenschweißen, Spritzlackieren und Ausschäumen der Fall. Für derartige Aufgaben werden von einigen Roboterherstellern komplette spezielle Problemlösungen mit MP-Steuerungen angeboten. Solche Steuerungen werden mit entsprechenden Programmierverfahren kombiniert, bei denen der Mensch den Roboter auf der gewünschten Bahn bewegt. Dabei wird zyklisch eine dichte Folge von Bahnpunkten automatisch gespeichert (Folgeprogrammierung). Die Gesamtbahn kann dann jederzeit wiederholt werden.

Im Gegensatz dazu wird bei der CP-Steuerung die Bahn mathematisch vorgegeben und durch die Bahnplanung berechnet. Darunter versteht man hier die Bestimmung der Bewegungsgleichungen in Form von Polynomen. (Anmerkung: im weiteren Sinne wird die Bezeichnung Bahnplanung als Oberbegriff aller Verfahren zur Erzeugung einer Bahn verwendet). Dabei können Randbedingungen, wie z. B. Geschwindigkeiten, Beschleunigungen, Zwischenpunkte usw., berücksichtigt werden. Die für die resultierende Bahn notwendigen Stützpunkte werden durch Einsetzen von Zeitwerten in die Bahnpolynome errechnet. Da die Bahn in der Regel in kartesischen Koordinaten, bezogen auf die Position und Orientierung des Effektors, berechnet wird, bezeichnet man diesen Vorgang auch als Kartesische Interpolation. Je nach Art der Bahn unterscheidet man z. B. zwischen linear kartesischer Interpolation (s. Bild 4.29c) und zirkular kartesischer Interpolation. Da die resultierenden Stützpunkte der Bahn in kartesischen Koordinaten definiert sind, muß zunächst noch eine Koordinatentransformation durchgeführt werden. Dabei werden aus den kartesischen Koordinaten eines Stützpunktes die zugehörigen Roboterkoordinaten berechnet. Eventuell schließt sich daran noch eine Feininterpolation in Roboterkoordinaten an.

Liegen schließlich die Gelenkkoordinaten vor, so werden sie den Servoregelkreisen des Roboters zur Ausführung übergeben. Diese regeln die Stellwerte der Motoren unter Berücksichtigung der aktuellen Meßwerte des Wegmeßsystems des Roboters.

### 4.3.2.4 Programmierverfahren

Maßgeblichen Einfluß auf die flexible Nutzung eines Industrieroboters hat die Einfachheit der Programmierung, d.h. die Möglichkeit, in kurzer Zeit die für den Produktiveinsatz benötigten Steuerprogramme fehlerfrei erstellen zu können.

Man unterscheidet bei den Programmierverfahren nachstehende Merkmale:

- den Ort der Programmierung,
- die zum Erstellen der Steuerprogramme eingesetzten Methoden,
- die Mächtigkeit der Programmierumgebung.

#### a) Ort der Programmierung

Das Merkmal „Ort" kennzeichnet zwei Möglichkeiten: Die Programmierung am und mit dem Roboter (Online-Programmierung; derzeit am gebräuchlichsten) unter Verwendung des Rechners der Robotersteuerung sowie die Programmierung getrennt vom Roboter, z. B. an einem Rechner (Offline-Programmierung).

#### b) Methoden der Programmierung

Bild 4.30 zeigt die prinzipiellen Methoden, die bei der Programmierung Anwendung finden.

Unter Verwendung einer tragbaren Bedieneinheit (Programmiereinheit, Teach-Box) werden bei der Teach-in-Methode die einzelnen Bahnpunkte mit ihren Positionen und Orientierungen angefahren und die entsprechenden Koordinatenwerte auf Knopfdruck in der Steuerung gespeichert. Die Bedieneinheit ermöglicht ferner die Eingabe zusätzlicher, z. B. technologischer, Daten in die Steuerung.

a

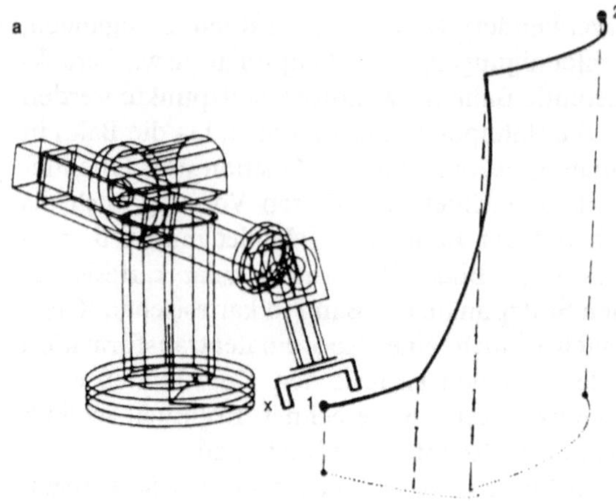

PTP ohne Achsensynchronisation

b

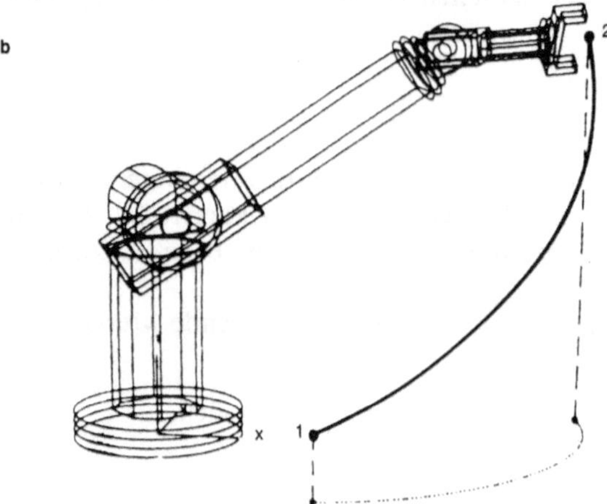

PTP mit Achsensynchronisation

c

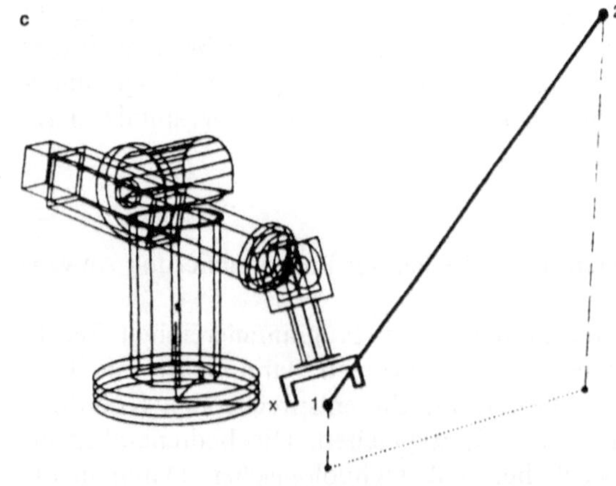

CP mit linear kartesischer Interpolation

**Bild 4.29**  Bahn bei verschiedenen Steuerungsarten (Quelle: B. Kandziora, RPK, Universität Karlsruhe)

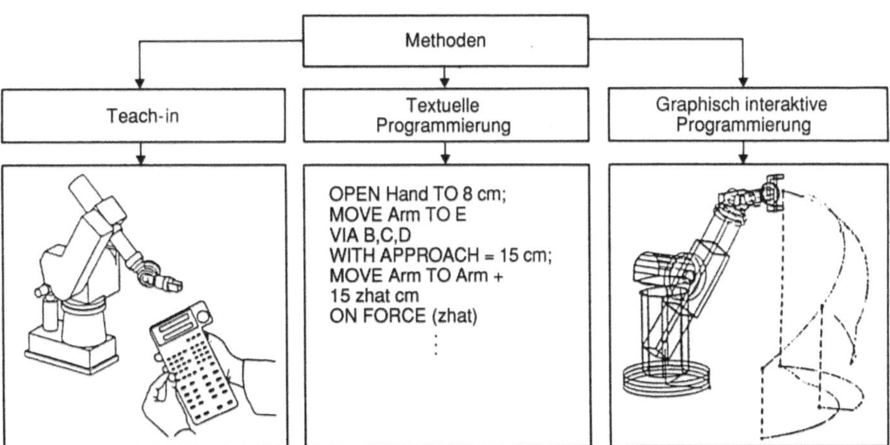


**Bild 4.30**  Methoden zur Programmierung von Industrierobotern (Quelle: B. Kandziora, RPK, Universität Karlsruhe)

Die textuelle Programmierung benutzt Elemente einer Programmiersprache, i. allg. im alphanumerischen Dialog mit dem Rechner. Dieser kann der Rechner der Robotersteuerung oder der Rechner eines Offline-Programmiersystems sein.

Bei der graphisch-interaktiven Programmierung wird von der Möglichkeit Gebrauch gemacht, die Geometrie der für die Steuerprogramm-Erstellung wesentlichen Teilsysteme einer Roboter-Zelle am Bildschirm graphisch darzustellen. Die im Dialog durchgeführte Programmierung erlaubt eine visuelle Kontrolle der jeweils eingeleiteten Maßnahmen durch entsprechende Veränderung der Darstellung am Bildschirm (Simulation der Roboterbewegung).

### c) Mächtigkeit der Programmierumgebung

Ein weiteres Unterscheidungsmerkmal ist die Mächtigkeit der Programmierumgebung, die durch den vom Programmiersystem gebotenen Komfort bestimmt wird.

Bei einem System mit geringerer Mächtigkeit ist es erforderlich, explizite Angaben in Form von Anweisungen für die einzelnen Bewegungen, Abfragen, Berechnungen usw. zu machen (explizite Programmierung), eine Vorgehensweise, wie sie von den gängigen Programmiersprachen für Rechner her bekannt ist. Die implizite Programmierung ist dagegen z. Z. noch Gegenstand der Forschung und Entwicklung; sie geht von einem dem Programmiersystem bekannten bzw. einzugebenden Modell des Roboters und der Umwelt (Weltmodell) aus und erlaubt auf dieser Basis die einfache Angabe von aufgabenorientierten Anweisungen wie z. B. „Füge Teil X mit Montagekomplex Y". Das Programmiersystem löst diese komplexe Aufgabe in Einzelaktionen auf, wie sie bei der expliziten Programmierung angegeben werden müßten.

In den Abschnitten ab 4.3.3 werden die Programmierverfahren für Industrieroboter unter Beachtung der unter a), b) und c) genannten Merkmale beschrieben. Praktisch angewandte Programmierverfahren bestehen aus einer Kombination dieser Merkmale.

## 4.3.3 Programmierung von Industrierobotern

### 4.3.3.1 Aufgaben und Ablauf der Programmierung

Aufgabe der Programmierung ist es, das Erstellen der Steuerprogramme für den Roboter in einer benutzerfreundlichen Weise zu ermöglichen. Die Roboterprogrammierung besitzt im Vergleich zur Programmierung anderer NC−Arbeitsmaschinen (z. B. NC−Werkzeugmaschinen) einige Besonderheiten:

- Die Roboterprogrammierung befaßt sich im wesentlichen mit der Erzeugung sehr komplexer Bewegungsvorgänge, die für den Menschen schwer durchschaubar sind ohne entsprechende Hilfsmittel, z. B. den Roboter selbst oder Hilfsmittel der graphischen Simulation.
- Bei der Roboterprogrammierung weichen die Geometriedaten der realen Welt (z. B. Position und Orientierung der zu handhabenden Teile) vom vorher geplanten Modell der realen Welt ab. Daher ist es oft notwendig Sensoren einzusetzen, um diese Abweichungen zu messen und durch ein geeignetes Programm ausgleichen zu können.
- Bei der Roboterprogrammierung ist es immer notwendig, den Roboter mit peripheren Geräten (z. B. Sensoren, Effektor, Zuführeinrichtungen, Spannvorrichtungen usw.) zu synchronisieren.

Die Anforderungen an die Roboterprogrammierung sind also recht hoch. Der Anwender muß in einfacher, seiner Vorstellungswelt angepaßter Weise die räumlichen Operationen des Roboters beschreiben können. Ein Anwender will problemorientiert programmieren, also nicht etwa Koordinatenwerte ausmessen und explizit numerisch angeben. Die Roboterprogrammierung muß auch geeignete Hilfsmittel zur Programmierung von Realzeitprozessen zur Verfügung stellen. Für Interaktionen mit peripheren Geräten und Interrupthandling müssen entsprechende Beschreibungsmittel vorhanden sein. Um die z. B. von Sensoren gewonnenen Daten verarbeiten zu können, werden geeignete Möglichkeiten zur Gestaltung des Programmablaufs (z. B. bedingte Verzweigungen, Schleifen usw.) benötigt.

Zusammenfassend kann man die Anforderungen folgendermaßen charakterisieren:

- Einfachheit: die Programmierung soll leicht zu erlernen und zu handhaben sein.
- Problemorientiertheit: die Programmierung soll der Vorstellungswelt des Benutzers und der Problematik der spezifischen Anwendung möglichst gut angepaßt sein.
- Leistungsfähigkeit: die Programmierung soll die Anforderungen der Anwendung erfüllen und die Fähigkeiten des Robotersystems möglichst gut ausschöpfen.

– Offlineeignung: die Programmierung soll soweit wie möglich offline geschehen, d.h. ohne den Produktionsfaktor Roboter in Anspruch zu nehmen.

Heutige Roboterprogrammiersysteme erfüllen diese Anforderungen vielfach nur teilweise. Die heute (Stand 1987) am meisten verwendeten Programmierverfahren sind Online-Programmierverfahren, wie z.B. das Teach-in-Verfahren. Diese Verfahren erfüllen in der Regel nur das Kriterium der Einfachheit und versagen insbesondere bei komplexeren Anwendungen. Für komplexere Anwendungen werden daher zunehmend Offline-Programmierverfahren eingesetzt, z.B. spezielle Roboterprogrammiersprachen. Offline-Verfahren verkürzen außerdem die Rüstzeiten, da der Roboter nicht für die Programmierung benötigt wird und somit der Produktion zur Verfügung steht. Gerade bei Robotern, die für kleinere und mittlere Losgrößen eingesetzt werden, fallen die Rüstzeiten stark ins Gewicht. Um die Offline-Programmierung weiter zu vereinfachen und die Programmerstellungszeiten zu verkürzen, werden zunehmend auch Hilfsmittel der Computergraphik eingesetzt, beispielsweise um die Auswirkungen eines offline geschriebenen Programms auf einem Graphikbildschirm simulieren zu können. Noch anwenderfreundlicher sind graphisch-interaktive Programmiersysteme, bei denen interaktiv am Graphikbildschirm programmiert wird und die Wirkung sofort zu sehen ist.

Gemeinsam ist den verschiedenen Programmierverfahren der prinzipielle Ablauf: Zunächst werden der logische Programmaufbau und die Bewegungsabläufe festgelegt. Der logische Programmaufbau spiegelt den vorgegebenen Arbeitsablaufplan wieder in Form von Schleifen, Unterprogrammen, Sprungbefehlen usw. Auch einfachste Online-Programmierverfahren besitzen zumeist einige dieser Strukturierungsmöglichkeiten. Die Bewegungsabläufe vervollständigen dieses Programmgerüst. Sie werden z.B. mit Teach-in oder mit graphisch-interaktiven Hilfsmitteln definiert.

Darüber hinaus ist die Programmierung in den meisten Fällen eng mit anderen ingenieurmäßigen Problemlösungsprozessen verbunden. Der Roboter ist ja nicht isoliert, sondern steht mit seiner Umgebung in enger Beziehung. Daher erweisen sich oft erst bei der Programmierung früher getroffene Entscheidungen als richtig oder falsch. So werden oft letzte Korrekturen am Layout der Roboterzelle bei der Programmierung notwendig. Eventuell muß ein peripheres Gerät gegen ein anderes ausgetauscht werden, oder ein zusätzlicher Sensor ist notwendig usw. Oft nehmen diese Korrekturmaßnahmen wesentlich mehr Zeit in Anspruch als die Programmierung selbst.

Ein Programmierverfahren ist immer in engem Zusammenhang mit der spezifischen Anwendung zu sehen. Daher werden in den folgenden Abschnitten zunächst die Einflußfaktoren der Geometrie und der Technologie beschrieben, bevor dann die verschiedenen Programmierverfahren erläutert werden. Online- und Offline-Programmierverfahren werden getrennt behandelt, da sie sehr unterschiedliche Problematiken besitzen.

### 4.3.3.2 Einfluß der Geometrie

Roboter haben aufgrund ihrer vielen Freiheitsgrade fast universelle räumliche Bewegungsmöglichkeiten. Daher beeinflussen ihre Geometrie und ihre Kinematik die Art ihrer Programmierung. Aber auch Geometrie und Anordnung der Roboterumgebung einschließlich handzuhabender Objekte wirken sich auf die Programmierung aus.

Sind die Geometriedaten aller Objekte einer Roboterzelle von vornherein und mit geringen Toleranzen bekannt, weil sie z.B. mit einem CAD-System erzeugt wurden und der Realität gut entsprechen, dann läßt sich die räumliche Lage aller Objekte zueinander am einfachsten graphisch-interaktiv planen und festlegen; hierauf wird in Abschnitt 4.3.3.5 c) eingegangen.

Heutzutage ist es aber eher möglich und üblich, unter den gleichen Voraussetzungen explizit zu programmieren, siehe z.B. Abschnitt 4.3.3.5 b). Dabei muß der Programmierer die notwendigen Zahlenangaben (z.B. für Orte, Abstände, Bewegungsarten usw.) explizit nennen, etwa in Anweisungen wie „MOVE TO $X=20$, $Y=25$, $Z=40$, $A=90°$, $B=0°$, $C=10°$". Um solche Zahlen ermitteln zu können oder nicht als Konstante angeben zu müssen, sind wiederum graphisch-interaktive Programmierhilfen wünschenswert. Damit lassen sich auch Bewegungen am Bildschirm durch „Teach-in" definieren.

Teach-in ist bei Online-Programmierung die entscheidende Methode, um die oben vorausgesetzte, aber selten gegebene totale Geometriekenntnis zu umgehen. Liegen insbesondere deterministische „Fehler" vor, z.B. im vorher nicht genau bekannten Layout, dann kann Teach-in vor Ort die tatsächliche Geometrie auf einfache Weise berücksichtigen. Damit lassen sich sogar die manchmal beträchtlichen Schwächen der Absolutpositioniergenauigkeit von Robotern kompensieren. Natürlich verläßt man sich dabei auf gute Wiederholgenauigkeit, d.h. geringe statistische Fehler. Außerdem ist es beim Teach-in notwendig, den Effektor beobachten zu können, was z.B. in Hohlräumen nicht immer möglich ist. Diese und andere Umstände können dazu führen, daß mit der Teach-in-Methode nicht die geforderte Genauigkeit erzielbar ist.

Bei solchen Problemen ist dann der Einsatz von Sensoren (und evtl. anderer Hilfsmittel) angebracht. Die Sensorprogrammierung erlaubt „adaptives Verhalten", d.h. Anpassung an zeitlich und räumlich wechselnde Verhältnisse in der Roboterzelle, insbesondere die Kompensation statistischer Effekte. Automatisierte Sichtsysteme können z.B. Position und Orientierung von Werkstücken erfassen, aber auch gewisse Defekte erkennen. Sensoren erfordern i. allg. textuelles Programmieren, um Sensorsignale auszuwerten sowie Abläufe in Roboterzellen zu regeln und zu synchronisieren.

### 4.3.3.3 Einfluß der Technologie

Die Technologie der vom Industrieroboter durchzuführenden Produktionsaufgabe stellt zusätzliche Anforderungen an das einzusetzende Programmierverfahren. Je nach Aufgabe (Handhaben, Montage, Schweißen, Messen usw.) ergeben sich spezielle Anforderungen, z.B. Verfügbarkeit von Spezialfunktionen oder Sensorintegration oder Bedienungsvarianten. Die ebenfalls resultierenden Anforderungen an die kinematische Struktur der Roboter und die Steuerungseigenschaften sind dagegen nicht Thema dieses Abschnittes.

Je nach Produktionstechnologie sind Spezialfunktionen wünschenswert, um Standardprobleme effizient lösen zu können und nicht immer wieder explizit programmieren zu müssen, d.h. um auf einem höheren Programmiersprach-Niveau arbeiten zu können. Als Beispiele seien hier aufgeführt:

- Zur Verfolgung von Schweißnähten wird das Pendeln quer zur Bahn häufig als parametrisierbare Funktion benötigt.
- Zur Montage ist die Suchfunktion beim Fügen nützlich.
- Die Handhabung rasterartig angeordneter Objekte wird durch Palettierfunktionen erleichtert. Auch zur Verfolgung von Objekten auf Transportbändern („Tracking") wird die Programmierung häufig durch Softwaremodule unterstützt.

Die Integration von Sensoren ist eine der wichtigsten Voraussetzungen für technologisch fortschrittlichen Robotereinsatz. „Sensorprogrammierung" muß meistens textuell erfolgen, um Wertebereiche und Programmverzweigungen präzise formulieren zu können. Dabei können die oben genannten parametrisierbaren Spezialfunktionen wichtige Hilfsmittel sein. Zusätzlich ist Teach-in des raumzeitlichen Verlaufs von Sensorsignalwerten angebracht. Wünschenswert wäre auch graphisch-interaktive Sensor-Programmierung.

Beispiele für technologisch bedingten Sensoreinsatz sind: Schweißnahtverfolgung (insbesondere wenn sich Werkstücke beim Schweißen verziehen), Kraftregelung beim Entgraten, Fügekraftüberwachung, Objekterkennung und Defektkontrolle usw..

Geschickte Programmierung von Sensoren ermöglicht also nicht nur den Normalablauf technologisch anspruchsvoller Fertigungsvorgänge, sondern auch deren Diagnose im Fehlerfall und somit Fehlervermeidungs- und Behebungs-Strategien sowie Schadensbegrenzung. Umfassende programmiersprachliche und bedienungsmethodische Unterstützung von Sensoren (und nicht nur von binären Ein-/Ausgabe-Signalen) wird in Zukunft zum Standardleistungsumfang von Robotern gehören.

Technologische Anforderungen können sich auch auf Bedienungsmöglichkeiten von Robotern auswirken und damit auf das Programmierverfahren. Genannt wurde schon das Teach-in von Sensorwerten und deren Verlauf. Ein weiteres charakteristisches Beispiel ist das „dynamische Teach-in" von Bewegungsabläufen beim robotergestützten Lackieren. Dabei kommt es darauf an, den erfahrenen menschlichen Lackierer nachzuahmen. Seine Bewegungen werden als Folge von Roboterpunkten erfaßt, indem der Mensch die Lackierpistole am Roboter so bewegt wie beim konventionellen Lackieren. Aufnahme, Darstellung und Abänderung solcher Bewegungsdaten müssen vom Programmiersystem unterstützt werden.

### 4.3.3.4 Online-Programmierung

Von Online-Programmierung spricht man, wenn der Prozeß der Programmerstellung in direktem Zusammenspiel mit dem Industrieroboter abläuft.

Wie schon in Abschnitt 4.3.1 erwähnt, besteht die Besonderheit der Roboterprogrammierung darin, daß u.a. Bewegungen durch Steuerprogramme festgelegt werden müssen. Außer den Anweisungen zur Definition von Bewegungen sind in einem Steuerprogramm i. allg. noch Anweisungen für die Organisation seines Ablaufs sowie für den Informationsaustausch mit peripheren Geräten enthalten.

### a) Definition des Bewegungsablaufs

Die Bewegungen, die ein Roboter auszuführen hat, können auf verschiedene Art und Weise festgelegt werden. Die übliche Methode ist es, die Bahn durch Stützpunkte zu definieren, zwischen denen der Roboter automatisch nach einem in der Steuerung festgelegten Verfahren seinen Weg ermittelt. Auf das Interpolationsverfahren, d.h. darauf, wie sich die Achseinstellungen bei der Bewegung zeitlich ändern und wie die Achsen miteinander koordiniert werden, hat der Anwender i. allg. wenig Einfluß. Bestenfalls kann er zwischen zwei oder drei Verfahren wählen und fundamentale Parameter wie die Geschwindigkeit angeben. Soll eine Raumkurve abgefahren werden, die nicht zufällig einer Interpolationsbahn vom Anfangs- zum Endpunkt entspricht, so kann diese nur durch die Wahl einer Folge von Zwischenpunkten angenähert werden. Die Dichte der Punktfolge bestimmt die maximale Abweichung vom Sollverlauf. Die Programmierung einer Roboterbewegung geschieht also durch Festlegen von Punkten (Position und Orientierung) und, falls möglich, durch die Wahl geeigneter Interpolationsverfahren und der zugehörigen Parameter, z.B Geschwindigkeits- und Beschleunigungsangaben.

### Festlegung der Punkte

Da die Vorstellungskraft und das Augenmaß des Menschen es kaum erlauben, Roboterstellungen dreidimensional im Raum mit ausreichender Genauigkeit ohne Hilfsmittel zu erfassen, ist es für den Programmierer praktisch unmöglich, die Koordinaten der Punkte rein numerisch vorzugeben. Man nutzt meist den Roboter selbst, in einigen Fällen auch andere Einrichtungen als Meßsystem. Durch manuell gesteuertes Bewegen zu einem gewünschten Punkt und anschließendes Speichern der Koordinaten wird ein Bewegungsschritt fixiert. Mehrfache Wiederholung dieses Vorgangs ergibt schließlich eine Bewegungsbahn.

Die heute gebräuchlichen Online-Programmierverfahren unterscheiden sich im wesentlichen voneinander durch das Erfassen und Speichern der Punkte. Technisch bedeutsam sind folgende Methoden:

- Einstellverfahren,
- Master-Slave-Verfahren,
- Teach-in-Verfahren.

Beim *Einstell-Verfahren* werden die Bremsen, die die Gelenke bei abgeschalteten Antrieben in ihrer Lage halten, gelöst und der Roboterarm durch Muskelkraft in die gewünschte Stellung gebracht, die anschließend auf Knopfdruck an einem Eingabegerät über die internen Meßsysteme des Roboters erfaßt und gespeichert wird. Damit erklärt sich von selbst, daß dieses Verfahren nur für relativ leichte Armkonstruktionen verwendbar ist.

Beim *Master-Slave-Verfahren* wird nicht der Roboter selbst (Slave) von der Hand des Programmierers zum Ziel geleitet, sondern ein leicht zu führendes Modell desselben (Master).

Abhängig von der Aufgabe und natürlich auch vom Robotertyp führt der eigentliche Roboterarm die Bewegungen des Programmierarms simultan mit aus oder er steht während des Lernvorgangs still. Im ersten Fall trägt der eigentliche

Roboter während der Programmierung den Effektor, dessen Meßsysteme die Erfassung der Punktkoordinaten übernehmen. Der Programmierarm stellt praktisch eine Fernsteuerung für den Roboter dar. Im zweiten Fall ist der Effektor am selbständigen Lernarm montiert, und dieser bestimmt die Koordinaten; erst das fertige, mit dem Programmierarm erstellte Steuerprogramm wird in den Slave, d.h. den realen Roboter, geladen. Die Speicherung der Punkte erfolgt in beiden Fällen entweder wie bei der Einstellprogrammierung auf gezielte Anforderung des Bedieners hin oder automatisch zyklisch in vorgegebenen Zeitabständen. Nutzt man die automatische Speicherung, so spricht man auch von Folgeprogrammierung. Der Programmierarm ist leicht zu führen, und die kontinuierliche Abspeicherung des Bahnverlaufs gestattet es, Bewegungen, die der Mensch demonstriert, mit der Maschine exakt zu reproduzieren.

Beim *Teach-in-Verfahren* wird zur Bewegung des Roboterarms zu den gewünschten Punkten im Gegensatz zu den oben geschilderten Verfahren nicht Muskelkraft, sondern es werden die Antriebe der Maschine selbst genutzt. Mit einer Art Fernsteuerung (Teach-Box), die aber viel einfacher gestaltet ist als der Lernarm bei der Master-Slave-Programmierung, können entweder die Motoren einzelner Achsen angetrieben oder translatorische Bewegungen parallel zu den kartesischen Grundachsen bzw. Rotationen um diese Achsen ausgeführt werden. Das Speichern der Punkte geschieht wie beim Einstell- und Master-Slave-Verfahren auf Knopfdruck des Programmierers.

### Einstellung der Bewegungsparameter

Die Stützpunkte der Bahn werden bei der Programmausführung der Reihe nach angefahren. Geschieht dies mit dem exakt gleichen Zeittakt wie bei der Programmierung (dies ist eigentlich nur bei der Master-Slave-Methode möglich und sinnvoll), so bewegt sich der Roboterarm genau so wie während des Lernvorgangs. Meist wird jedoch durch Geschwindigkeitsangaben festgelegt, wie schnell sich der Roboter zwischen den Punkten bewegen soll. Der Geschwindigkeitswert wird durch entsprechende Anweisungen im Programm festgeschrieben, die während der Erstellung zwischen die Bewegungsanweisungen eingefügt werden. In Verbindung mit dem gewählten Interpolationsverfahren ergibt sich daraus ein tatsächlicher Bewegungsablauf, der von dem des Programmiervorgangs mehr oder weniger stark abweichen kann. Deshalb ist es unerläßlich, das Programm Schritt für Schritt zu prüfen. Zwischenpunkte, die beim Ablauf die Bewegung ungünstig beeinflussen, werden modifiziert und die Geschwindigkeit sowie eventuell andere Parameter verändert, bis der gesamte Programmablauf korrekt ist. Dieser bewegungsorientierte Anpaß- und Korrekturvorgang kann zuverlässig nur in direktem Zusammenspiel mit dem Roboter durchgeführt werden.

### b) Definition des logischen Programmaufbaus

Die Bewegungen des Roboters müssen im Normalfall mit anderen Vorgängen in der Roboterzelle synchronisiert werden. Deshalb verfügen praktisch alle Industrieroboter über Anweisungen, um Meldungen an periphere Geräte abgeben zu können bzw. um auf Signale von außen zu warten. Nicht nur zeitliche Synchronisierung, sondern auch logische Verzweigungen im Programmablauf, die durch externe Einwirkung verursacht werden, gehören heute zu den Grundfunktionen von Industrierobotern. Diese Kommunikations- und Ablaufsteuerungsbefehle werden bei der Online-Programmierung wie die Bewegungen vor Ort, d. h. direkt am Roboter eingegeben. Meist geschieht dies durch Betätigen von Schaltern oder Tasten.

### c) Hilfsmittel zur Online-Programmierung

Zur Unterstützung des Anwenders stehen i. allg. einige Systemfunktionen zur Verfügung, die dazu beitragen das Programmieren zu vereinfachen.

Hier ist zunächst die Mensch-Maschine-Schnittstelle zu erwähnen. Die Eingabe von Anweisungen (Befehle, Kommandos) geschieht üblicherweise über Tastenfelder, wobei zwischen der funktionstastenorientierten, der menüorientierten und der kommandoorientierten Eingabe unterschieden wird.

Beim ersten Verfahren (funktionstastenorientierte Eingabe) hat der Programmierer für jeden Roboterbefehl eine Taste zur Verfügung (durch Umschalttasten, wie zur Groß-Kleinschreibung bei der Schreibmaschine, kann die Anzahl der Tasten begrenzt werden). Die Tasten sind direkt mit den Funktionsnamen bezeichnet, was die Eingabe sehr einfach gestaltet. Die Anzahl der Tasten beschränkt die Eingabemöglichkeiten.

Menüorientierte Eingabe bedeutet, daß auf einer Anzeige (meist einem Bildschirm) verschiedene Anweisungen angeboten werden und aus dieser Liste die gewünschte Funktion ausgewählt wird. Dies geschieht wiederum mittels Funktionstasten. Meist werden mehr oder weniger verzweigte Auswahlbäume benutzt, d. h. man wählt erst eine bestimmte Gruppe von Funktionen an, aktiviert damit ein Untermenü und wählt aus diesem das nächste Teilmenü oder die endgültige Funktion. Auch dieses Verfahren ist sehr anschaulich und bietet durch die erwähnte Untermenütechnik mehr Auswahlmöglichkeiten als die Funktionstastenmethode.

Die kommandoorientierte Eingabe entspricht genau der Programmierung in der Datenverarbeitung. Die Roboteranweisungen werden als Zeichenfolgen über eine alphanumerische Tastatur eingegeben. Hierbei muß der Programmierer die zulässigen Anweisungen kennen, was die Programmierung etwas erschwert, aber die Flexibilität deutlich erhöht.

Bei diesen Methoden für den Dialog zwischen Mensch und Robotersteuerung wird zur Anzeige der eingegebenen Programmschritte meist ein alphanumerischer Bildschirm benutzt.

Vielfach findet man auch Kombinationen mehrerer Eingabeverfahren. Sinnvoll und gebräuchlich ist z. B. eine kommandoorientierte Eingabe der Anweisungen für den Programmablauf und eine funktionstastenorientierte Festlegung der Roboterstellung. Das bedeutet: der Roboter wird mit den Funktionstasten der Teach-Box bewegt und die gewünschte Stellung auf Tastendruck gespeichert.

Vielfach gibt es bei der Teach-in-Programmierung verschiedene Modi, d. h. es werden unterschiedliche Koordinatensysteme bei der Bewegung mit der Teach-Box zugrunde gelegt. So kann der Roboterarm entweder bezogen auf das raumfeste Grundkoordinatensystem oder auf das mit dem Effektor verbundene Koordinatensystem verfahren werden. Im Versuchsstadium befinden sich heute Methoden der sensorischen Führung des Roboterarms. Dabei werden bestimmte Umweltmerkmale erfaßt und daraus Kriterien für die Bewegung ermittelt. Mit entsprechender Sensorik können z. B. Oberflächen abgetastet werden, wobei automatisch eine Bahn programmiert wird. Andere Möglichkeiten bestehen darin, den Roboterarm über einen Kraft-Momenten-Sensor von Hand zu führen. Der Roboter folgt der Vorgabe des Bedieners so, daß er anstrebt, die am Sensor angreifenden Kräfte zu Null zu machen.

Auf Anhieb gelingt es kaum, ein Programm fehlerfrei zu erstellen. Um notwendige Änderungen durchzuführen, gibt es, abhängig vom Typ der Robotersteuerung, mehr oder weniger anwenderfreundliche Interaktionsmöglichkeiten. Meist können die Programmschritte auf einem Display angezeigt werden, und es ist möglich, Schritte einzufügen bzw. zu löschen (Programm-Editor). Programmieren und Testen gehören beim Roboter sehr eng zusammen. Im ständigen Wechsel generiert man Programmschritte und überprüft das Ergebnis, bis das Resultat den Anforderungen entspricht. Beim Testen kann man i. allg. die Geschwindigkeit unabhängig von dem im Programm festgelegten Wert für erste Versuche reduzieren, um das Verhalten des Roboters leichter überblicken zu können. Zur Untersuchung des logischen Programmflusses ist es unter Umständen möglich, die Ausführung der Bewegungsanweisungen vollständig zu unterdrücken. Damit können gefahrlos die logische Verzweigung zu verschiedenen Programmteilen sowie die Reaktion auf Eingangssignale überprüft werden.

### d) Schnittstellen und Datentransfer zur DV-Umgebung

Der Austausch von Informationen zwischen Roboter und anderen Geräten geschieht über verschiedene Verbindungen, die der jeweiligen Aufgabe angepaßt sind.

#### Signalschnittstelle

Die Synchronisierung mit Geräten der Roboterperipherie wird meist über Signalleitungen realisiert, die nur binäre Informationen übertragen können. „Schalter geschlossen oder geöffnet" bzw. „Spannung positiv oder negativ" sind typische Beispiele dafür. Es stehen gewöhnlich mehrere Eingangs- und Ausgangsverstärker für diese Signale parallel zur Verfügung. In einigen Fällen können Daten auch über serielle Schnittstellen eingelesen bzw. ausgegeben werden. Dabei benutzt man die in der Datenverarbeitung üblichen Methoden. Die Signalschnittstellen sind i. allg. durch Programmanweisungen ansprechbar.

#### Massenspeicherschnittstelle

Um Programme langfristig zu archivieren bzw. um Sicherheitskopien abzulegen, die nach einem etwaigen Ausfall des Roboterspeichers wieder eingelesen werden können, verfügen die meisten Roboter über Schnittstellen zu Massenspeichern. Als Datenträger sind Floppy-Disks und Magnetbänder bzw. Kassetten üblich. Ob die Speichereinheit in die Steuerung integriert ist oder als selbständiges Gerät mit dieser über eine Datenleitung verbunden ist, hängt vom Robotertyp ab.

*Leitrechner-Schnittstelle*

Roboter können unter bestimmten Voraussetzungen an einen übergeordneten Leitrechner angeschlossen werden, z. B. in einer flexiblen Fertigungszelle (FFZ). Da der Rechner nicht die Tasten des Bedienfeldes betätigen kann, muß eine Datenschnittstelle existieren, die es ermöglicht, die wesentlichen Funktionen des Roboters zu aktivieren und den jeweiligen Betriebszustand abzufragen.

Für diesen Betrieb sind folgende Funktionen relevant:

- Transfer neu erstellter und geprüfter Steuerprogramme und von Maschinendaten vom Roboter in das Archiv des Leitrechners.
- Transfer von Steuerprogrammen und Maschinendaten vom Leitrechner zum Roboter.
- Start eines Steuerprogramms.
- Automatische Rückmeldung von Zustandsinformationen vom Roboter zum Leitrechner, z. B. Beendigung eines Handhabungsvorgangs, Fehlermeldungen.

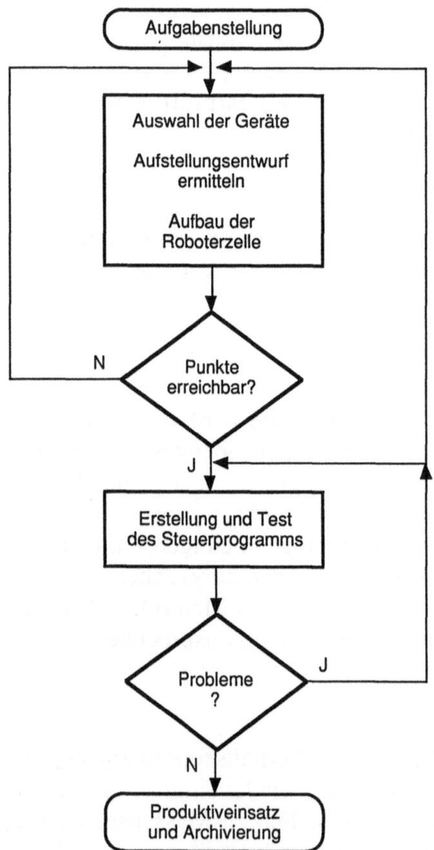


**Bild 4.31**  Prinzipieller Arbeitsablauf bei der Lösung einer Handhabungsaufgabe mit Online-Programmierung

- Vom Leitrechner veranlaßte Zustandsabfragen, um z. B. dispositive Maßnahmen für die Koordination der von ihm überwachten Anlage, die aus mehreren Maschinen bestehen kann, treffen zu können.
- Unterbrechung eines in Ausführung befindlichen Steuerprogramms, z. B. in Gefahrensituationen.

Nur wenige Roboter sind heute für diese Betriebsart ausgestattet. Zur Problematik des Leitrechner-Betriebes siehe auch Kapitel 5.

### e) Beispiel einer Online-Programmieraufgabe

Die prinzipielle Vorgehensweise zur Lösung einer Handhabungsaufgabe mit einem Industrieroboter gliedert sich bei der Online-Programmierung in zwei Problemkreise (Bild 4.31):

(1) Auswahl und Aufbau des Arbeitssystems,
(2) Erstellung eines Steuerprogramms.

Die Programmierung basiert stets auf der gewählten Anordnung der Komponenten einer Roboterzelle. Entscheidend für die Problemlösung ist das Erreichen aller aufgabenbedingten Punkte; diese beschreiben Position und Orientierung des Robotereffektors. Damit ergibt sich häufig die Notwendigkeit, den Aufbau einer realisierten Roboterzelle nach dem im Teach-in-Verfahren durchgeführten Erreichbarkeitstest zu modifizieren. Diese Optimierung der Anordnung ge-

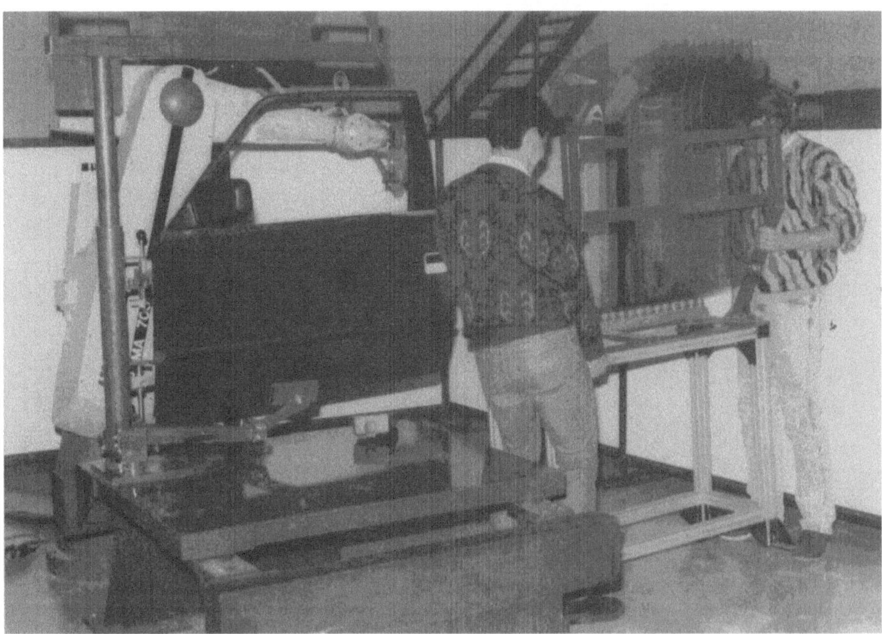

**Bild 4.32** Scheibenmontage bei Pkw-Türen, Aufstellen des Scheibenmagazins (Foto iwb/ifm TU München)

schieht vielfach mehr oder weniger nach ingenieurmäßigem Augenmaß. Im gewählten Beispiel der automatisierten Scheibenmontage bei Pkw-Türen zeigt Bild 4.32 das Zurechtrücken des Scheibenmagazins.

Das eigentliche Erstellen eines Steuerprogramms besteht aus der Festlegung der Roboterbewegungen sowie des logischen Ablaufs. Dies geschieht direkt an der Maschine. Bild 4.33 zeigt wie der Roboter zur Greifposition der Scheibe dirigiert wird. Der Programmierer führt die Maschine mit der Teach-Box zum gewünschten Ziel. Um die Richtigkeit eines Programms zu gewährleisten, muß es Schritt für Schritt sorgfältig erprobt werden. Praktisch gehen Programmierung und Programmtest Hand in Hand. Aus kleinen, sofort überprüften Schritten entsteht schließlich das Steuerprogramm. Im Ablaufplan (Bild 4.31) ist dies durch den Rücksprung vor die Programmerstellung berücksichtigt. Immer dann, wenn Probleme beim Testen eines Programmschritts oder des vollständigen Steuerprogramms auftreten (Kollisionen, zeitliche Koordinationsprobleme usw.), ist die entsprechende Anweisung bzw. Anweisungsfolge zu modifizieren. Da dieser Test mit der realen Maschine durchgeführt wird, muß besonders vorsichtig gearbeitet werden, um durch etwaige Programmierfehler entstehende Schäden zu vermeiden. Gelegentlich stellt sich erst beim Programmieren heraus, daß die gewählte Anordnung in der Roboterzelle ungeeignet ist; das führt dann zu einer nochmaligen Modifizierung ihres Aufbaus.

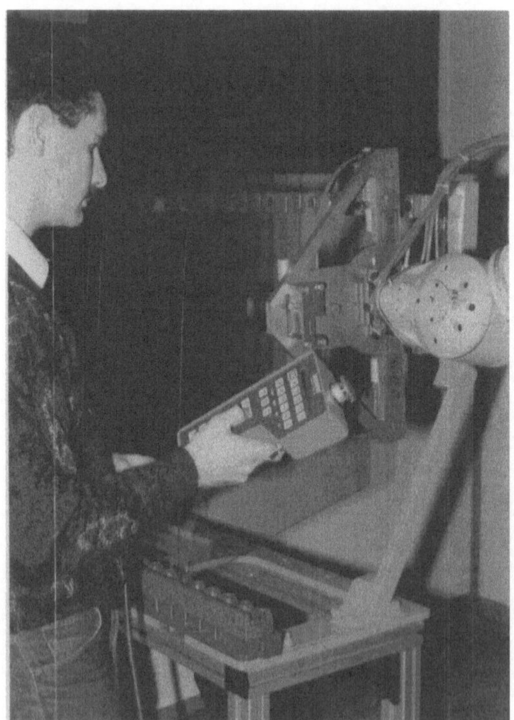

**Bild 4.33**  Teach-in-Programmierung des Roboters (Foto iwb/ifm TU München)

### 4.3.3.5 Offline-Programmierung

*a) Informationsfluß bei der Offline-Programmierung*

Um den Produktiveinsatz von Robotern nicht durch das Erstellen von Steuerprogrammen im Online-Verfahren zu blockieren, wurden und werden rechnerunterstützte Offline-Programmierverfahren entwickelt und eingesetzt. Diese erlauben das Erstellen von Steuerprogramm-Gerüsten losgelöst vom Roboter, z. B. in der Arbeitsvorbereitung oder an einem zum Werkstattbereich gehörenden Programmierplatz; der Zusatz „Gerüst" weist darauf hin, daß hierbei i. allg. nachträglich Anpassungen an die reale Umwelt, z. B. im Teach-in-Verfahren, vorzunehmen sind, mit welchen aus dem Steuerprogramm-Gerüst ein vollständiges ablauffähiges Steuerprogramm erzeugt wird. Der Umfang dieser Ergänzungen hängt von der Leistungsfähigkeit des verwendeten Offline-Programmiersystems und der Robotersteuerung ab sowie von der Komplexität der Sensorik.

Nach der Anpassung des Steuerprogramm-Gerüstes an die reale Umwelt erfolgt dessen Freigabe für die Produktion. Die vorzunehmende Dokumentation und Archivierung stellt sicher, daß bei der Wiederholung der Aufgabe unter den gleichen Voraussetzungen auf die entsprechenden Unterlagen zurückgegriffen werden kann.

Bei den Offline-Programmierverfahren unterscheidet man gem. Abschnitt 4.3.2.4 zwischen der graphisch-interaktiven und der textuellen Programmierung.

Ausgangsinformationen für die Offline-Programmierung sind (Bild 4.34)

- die *Arbeitssystem-Beschreibung* (Kataloge, Programmieranleitung, Zeichnungen usw.), umfassend Roboter-Kinematik, -Dynamik, -Steuerungseigenschaften, Effektoren, Sensoren, Arbeitsraum samt Vorrichtungen (Roboterzelle). Bei Nutzung eines CAD-Systems mit geeigneter Software sind die Komponenten des Arbeitssystems sowie deren Bewegungsmöglichkeiten graphisch darstellbar.
- die *Objektbeschreibung,* in der die für die Programmierung wichtigen Daten der Objekte, z. B. Geometrie, physikalisch-chemische Eigenschaften, Gewichte, Schwerpunktlagen, Trägheitsmomente der zu handhabenden/bearbeitenden Werkstücke oder der zu montierenden Einzelteile/Baugruppen, angegeben sind. Diese Daten müssen in konventionell erstellten Unterlagen oder als Datei (mit CAD-System in der Konstruktion oder bei der Vorbereitung für die Programmierung erstellt) zur Verfügung stehen.
- der *Arbeitsablaufplan,* enthaltend die von der Arbeitsplanung zur Lösung der gestellten Aufgabe (z. B. Objektmanipulation) vorgegebenen Arbeitsschritte und deren Reihenfolge sowie die jeweils benötigten Mittel (z. B. Effektoren, Sensoren, Vorrichtungen).
Eine rechnerunterstützte Arbeitsablaufplanung, ggf. mit der CAD-Anwendung in der Konstruktion gekoppelt, kann zur Vereinfachung der nachgeschalteten Offline-Programmierung beitragen.

Bei der Offline-Programmierung können sich Probleme ergeben, die eine Änderung des ursprünglich geplanten Arbeitsablaufs oder sogar eine Modifikation

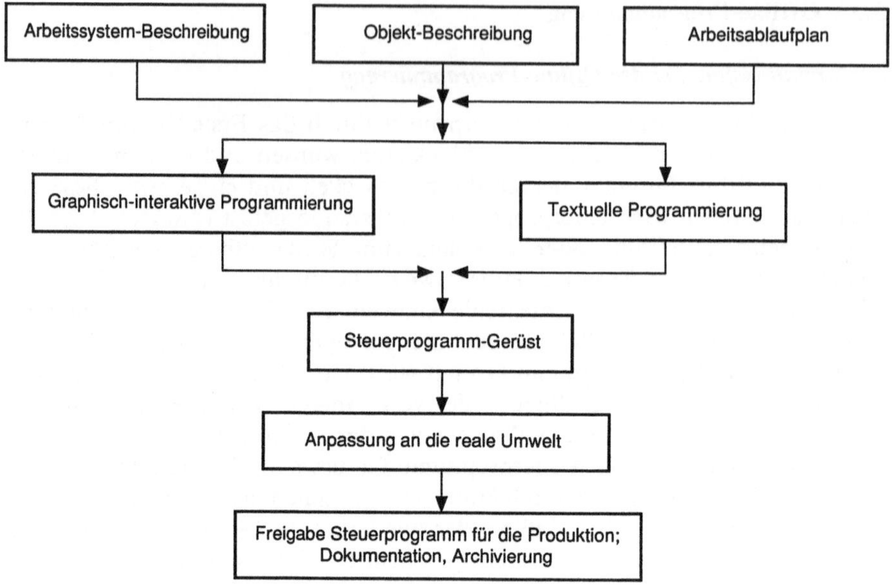


**Bild 4.34**    Informationsfluß bei der Offline-Programmierung von Industrierobotern (Prinzip)

des gesamten Arbeitssystems – hier der Roboterzelle – sowie der zu handhabenden Objekte (Umkonstruktion im Sinne einer handhabungs-/fertigungsgerech-
ten Produktgestaltung) erforderlich machen.

### b) Textuelle Offline-Programmierung

Bei der textuellen Offline-Programmierung wird der Programmablauf in einer
bestimmten Programmiersprache formuliert. Derartige Sprachen wurden am Anfang der Entwicklung meistens durch Erweiterungen aus bestehenden Rechner-
programmiersprachen abgeleitet. Später ging man dazu über, spezielle Roboter-
programmiersprachen zu entwickeln.

Die Anweisungen eines textuellen Steuerprogramms können mittels Compiler
oder Interpreter umgesetzt und abgearbeitet werden. Bei einem Interpretersy-
stem wird ein Steuerprogramm Anweisung für Anweisung decodiert und jeweils
durch die Steuerung ausgeführt. Bei einem Compilersystem wird das gesamte
Programm zunächst in eine Zwischensprache übersetzt („compiliert"), deren Anweisungen durch die Steuerung ausgeführt werden. Direkt interpretierbare Ro-
botersprachen haben z. Z. noch nicht die Mächtigkeit compilierbarer Sprachen.
Heutige textuelle Programmiersysteme arbeiten i. allg. auf Interpreterbasis. Ein
wesentliches Kennzeichen der textuellen Programmierung ist, daß sie weitgehend offline, d. h. ohne den Roboter erfolgen kann.

Bei der Beschreibung von Bewegungsbahnen unterscheidet man:

– Die explizite numerische Angabe von Zielkoordinaten für Bewegungen als
  Konstanten in den Anweisungen des Steuerprogramms.

– Die symbolische Bezeichnung von Anfangs-, End- und Zwischenpunkten für Bewegungen durch Variablen, deren tatsächliche Werte zum Zeitpunkt der Programmierung noch nicht bekannt sein müssen.

In beiden Fällen müssen die Koordinaten der Punkte entweder vorher ausgemessen, aus Konstruktionszeichnungen gelesen oder aus CAD-Daten abgeleitet sowie im zweiten Fall den Variablen zugewiesen werden.

Meist sind diese Koordinaten vor Ausführung des Steuerprogramms online durch Teach-in zu korrigieren bzw. zu aktualisieren.

Neben diesen Bewegungsanweisungen existieren in Roboter-Programmiersprachen häufig:

– Elemente zur Beschreibung der Geometrie von Werkstücken und ihrer räumlichen Beziehungen zueinander,
– Datentypen und Sprachelemente für geometrische Berechnungen,
– Sprachelemente zur Interaktion mit Sensoren und anderer Peripherie,
– Anweisungen zur Steuerung und Überwachung paralleler Prozesse.

Hinsichtlich der Mächtigkeit von Roboter-Programmiersprachen gibt es große Unterschiede. Die Skala reicht vom einfachen Assembler-Niveau bis zu höheren problemorientierten Sprachen. Moderne höhere industrielle Sprachen sind z. B.

– VAL-II (Variable Assembly Language; Unimation) [SHIM84],
– AML/2 (A Manufacturing Language; IBM) [TAYL82],
– LM (Language Manipulateure; Universität Grenoble) [LATO81].

Vorteile der textuellen Programmierung sind:

– Problemorientierte Formulierung des Arbeitsablaufs,
– Gute Lesbarkeit, Änderbarkeit, Dokumentierbarkeit.

Als Nachteile sind zu nennen:

– Unanschauliche Definition und Beurteilung des Bewegungsablaufs im dreidimensionalen Raum,
– Höhere Anforderungen an die Qualifikation des Programmierers (Abstraktionsvermögen, Beherrschung der Programmiersprache).

Nahezu alle Robotersteuerungen haben eine für den Menschen lesbare textuelle Darstellung der Steuerprogramme. Diese ist vielfach die Basis für die Offline-Programmierung.

### c) Graphisch-interaktive Programmierung

Bei der graphisch-interaktiven Programmierung von Robotern wird Computergraphik zur Veranschaulichung des Programmiervorgangs genutzt. Ein besonderer Vorzug dieses Verfahrens ist, daß vollständige Steuerprogramme erstellt werden können. Hierbei ist es gegenüber der textuellen Programmierung möglich, auch die Punkte zur Festlegung der Roboterbewegungen zu definieren und den Ablauf des Steuerprogramms am Bildschirm zu visualisieren.

Das Programmierverfahren basiert auf Modellen der realen Objekte, mit denen rechnerintern der Aufbau einer Roboterzelle nachgebildet wird. Zur geometrischen Modellierung der Glieder des Roboters und der ihn umgebenden Komponenten stehen verschiedene Methoden zur Verfügung. Der Bogen spannt sich von sehr einfach gestalteten, aber schwer zu bedienenden Vektoreditoren, mit denen die Kanten der Modelle durch Festlegung der Endpunkte definiert werden, über einfache Geometriemodellierer, die eine grobe Nachbildung der Objekte durch Kombination weniger Grundkörper ermöglichen, bis hin zu komfortablen CAD-Systemen, wie sie heute in zunehmendem Maße im Maschinenbau eingesetzt werden. Auch die funktionelle Nachbildung der Roboter und der Peripherie variiert. Einfache Strukturmodelle eignen sich zur groben Festlegung eines Roboterbewegungsablaufs, aufwendigere Modelle beziehen wichtige Steuerungscharakteristika mit ein und ermöglichen detaillierte Aussagen über das Verhalten der Maschinen bis hin zur Laufzeitbestimmung von Programmen.

Zur Visualisierung der Modelle auf einem Bildschirm werden verschiedene Darstellungsarten verwendet. Bewegte Objekte lassen sich besonders einfach und schnell als Kantenmodelle visualisieren. Teilweise finden sich auch Systeme, die es gestatten, Körper unter Berücksichtigung der verdeckten Kanten auf den Bildschirm zu bringen, wobei dann aber meist Abstriche bei der Animationsgeschwindigkeit zu machen sind, d. h. die Bewegungen werden nicht kontinuierlich, sondern sprunghaft dargestellt.

Zur eigentlichen Programmierung des Roboters, d. h. im wesentlichen zur Definition der Punkte, die zur Erfüllung der jeweiligen Handhabungsaufgabe angefahren werden müssen, greift man beim graphisch-interaktiven Verfahren auf die vollständige Geometriebeschreibung der Modelle zurück.

Die Offline-Programmierung bietet gegenüber der Online-Programmierung zusätzliche Möglichkeiten. Bei der Online-Programmierung muß die durch die Aufgabe bedingte Zuordnung der Objekte wie folgt herbeigeführt werden: Der Programmierer steuert den Roboter unter ständiger Kontrolle des jeweils erreichten Bewegungszustandes. Dies ist schwierig, da z. B. zum Ablegen eines vom Roboter transportierten Objektes auf einem anderen Objekt (Bild 4.35) die Annäherung mehrerer geometrischer Punkte gleichzeitig überwacht werden muß. Nutzt man dagegen bei der graphisch-interaktiven Programmierung die im Rechnermodell vorliegenden Koordinatentripel der Punkte A, B, C und a, b, c sowie die damit festgelegten Strecken mit der Zuordnung Punkt A zu Punkt a, Strecke AB bzw. BC parallel und gleichsinnig zu Strecke ab bzw. bc, so kann daraus mit Unterstützung des Programmiersystems die erforderliche Bewegung des Roboterarms ermittelt werden. Damit erzielt man nicht nur eine Verkürzung der Programmierzeit, sondern vor allem eine Erhöhung der Genauigkeit.

Häufig stehen auch noch andere Interaktionsmöglichkeiten zur Verfügung; ein Beispiel hierzu ist in Bild 4.36 dargestellt. Über Drehgeber, die zum Programmierplatz gehören, können die Achsen des Roboters bewegt werden. Verfahren wie dieses sind der Online-Programmierung sehr eng nachempfunden; sie eignen sich praktisch nur zur Definition von Zwischenpunkten, für die keine hohen Genauigkeitsanforderungen bestehen.

Bei der Notation der Steueranweisungen, die auch bei der graphisch-interakti-ven Programmierung stets textuell geschieht, kann man zwischen zwei prinzipiell unterschiedlichen Methoden differenzieren. Beim ersten Verfahren werden die Anweisungen in einer universellen Programmiersprache formuliert, die im Pro-grammiersystem einheitlich für alle Roboter genutzt wird. Aus einem solchen Universalprogramm wird dann mittels eines Postprozessors erst das Steuerpro-gramm für einen speziellen Robotertyp erzeugt. Diese Technik entspricht der üblichen Vorgehensweise bei NC-Werkzeugmaschinen.

Der zweite Ansatz sieht für jeden Roboter einen spezifischen Simulationsmo-dul im Programmiersystem vor, der sein Steuerungsverhalten einschließlich der Sprachinterpretation möglichst genau nachbildet. Steuerprogramme werden di-rekt in der Sprache des Roboters generiert sowie deren Ablauf am Bildschirm überprüft.

Der Vorteil des ersten Verfahrens besteht darin, daß im Programmiersystem zur Lösung einer Aufgabe ohne weiteres verschiedene Roboter versuchsweise eingesetzt werden können, um dadurch den geeignetsten herauszufinden. Dies ist durch Anwendung der universellen Programmiersprache möglich.

Beim zweiten dagegen können problemlos Steuerprogramme vom realen Ro-boter in das Programmiersystem übernommen werden, die sich dort optimieren oder teilweise in neu zu erstellende Programme integrieren lassen.

Der wichtigste Vorteil der graphisch-interaktiven Programmierung ist die An-schaulichkeit. Wie beim Arbeiten direkt am realen Roboter hat der Programmie-rer die gesamte Roboterzelle vor Augen und kann seine Erfahrungen im Um-gang mit der Maschine sinnvoll nutzen. Die Gefährdung von Mensch und Ma-schine durch Fehlbedienungen ist wie bei anderen Offline-Programmierverfah-ren ausgeschlossen. Es besteht weiterhin die Möglichkeit, statische und dynami-sche Kenngrößen auf dem Bildschirm mit darzustellen. Beispiele hierfür sind Achseinstellwerte, Geschwindigkeiten, Beschleunigungen, Gelenkkräfte sowie die Zyklus- bzw. Taktzeit; letzteres ist besonders wichtig für die Einbindung ei-nes Roboters in eine komplexe Fertigungsanlage.

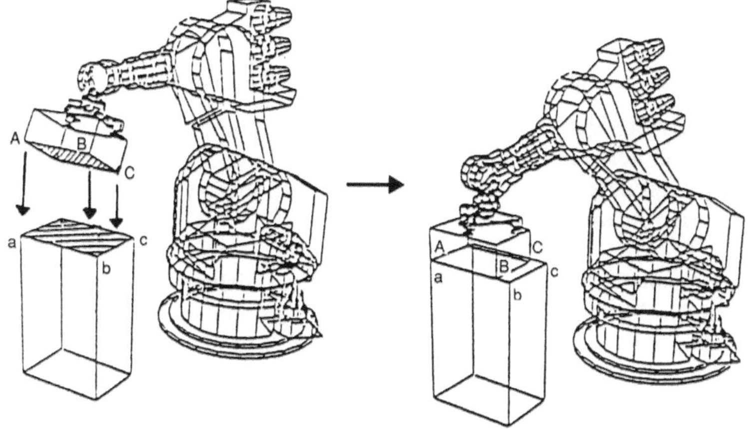


**Bild 4.35**  Graphische Simulation der Roboterbewegung (Quelle: iwb/ifm TU München)

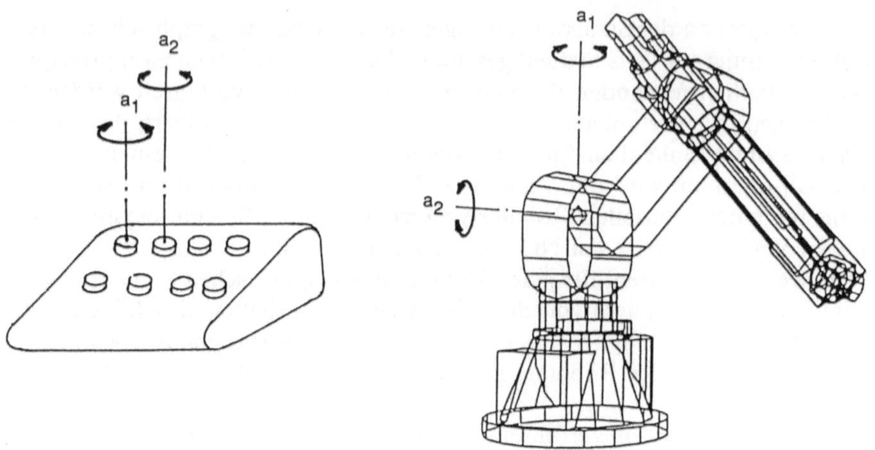


**Bild 4.36**   Graphische Simulation: Bewegen der Roboterachsen über Drehgeber (Quelle: iwb/ ifm TU München)

Graphisch-interaktiv erstellte Steuerprogramme sind i. allg. im realen Roboter lauffähig bis auf Feinkorrekturen, die auf Grund unvermeidbarer Abweichungen zwischen Modell und Realität nötig sind. Das zeichnet diese Vorgehensweise gegenüber anderen Offline-Verfahren aus.

Als Nachteil der graphisch-interaktiven Programmierung ist der hohe Aufwand an Hard- und Software zu nennen.

### d) Beispiel einer Offline-Programmieraufgabe

Nachstehend wird die prinzipielle Vorgehensweise zur Lösung einer Handhabungsaufgabe unter Nutzung eines simulationsunterstützten Offline-Programmierverfahrens beschrieben und am Beispiel der automatisierten Scheibenmontage bei Pkw-Türen verdeutlicht.

Vereinfachend gesagt umfaßt der Lösungsweg vier Phasen (Bild 4.37):

(1) Auswahl und Bereitstellung der Modelle der Zellenkomponenten
(2) Entwurf der Roboterzelle im Simulationssystem
(3) simulationsunterstützte Steuerprogramm-Erstellung und -Verifikation
(4) Realisierung der entworfenen Zelle.

Für die simulationsunterstützte Einsatzplanung und Offline-Programmierung müssen zunächst die Modelle bereitgestellt werden. Roboter sowie andere Standardkomponenten können gewöhnlich aus einer zum Simulationssystem gehörenden Datenbasis entnommen werden. Die Modelle der zu handhabenden Objekte sind von einem CAD-System zur Verfügung zu stellen, was durch den zunehmenden Einsatz der rechnerunterstützten Konstruktion technisch machbar ist.

Der Aufbau der neu zu entwerfenden Roboterzelle wird zunächst in der Simulation durchgeführt. Die Anordnung der Modelle kann im Rechner einfacher als in der Realität modifiziert und optimiert werden. Das entscheidende Kriterium für eine geeignete Anordnung der Zellenkomponenten ist zunächst die Erreichbarkeit aller aufgabenbedingten Punkte (diese beschreiben jeweils Ort und Orientierung des Effektors). Der simulierte Roboter kann gefahrlos im Modell der Zelle bewegt werden. Dadurch ist es sehr schnell möglich zu entscheiden, ob er die gestellte Aufgabe erfüllen kann oder ob eine Modifikation des Zellenaufbaus nötig ist. Für diese Planungsaufgabe müssen zunächst die realen Objekte

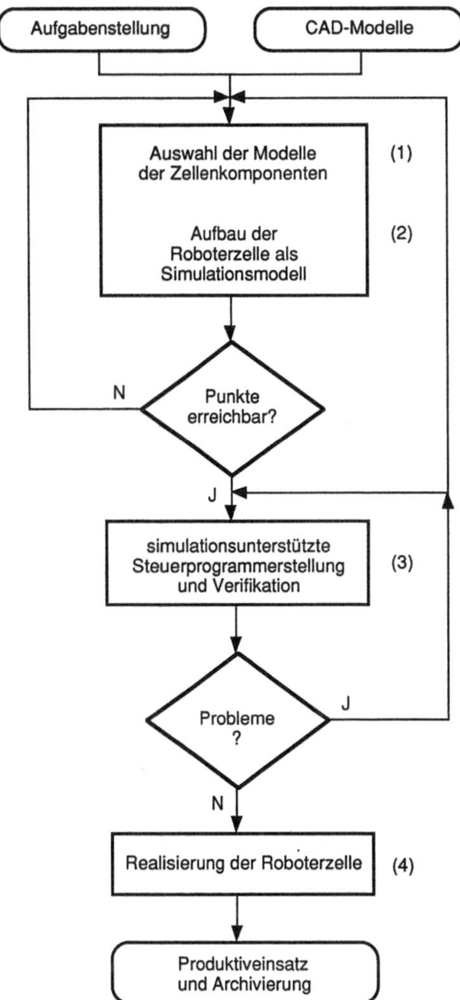


**Bild 4.37**  Prinzipieller Arbeitsablauf bei der Lösung einer Handhabungsaufgabe mit einem simulations-unterstützten Offline-Programmierverfahren

noch nicht verfügbar sein. Bild 4.38 zeigt den Modellaufbau einer Roboterzelle zur automatisierten Scheibenmontage.

Die Erzeugung eines Roboterprogramms sowie dessen Verifikation kann unter Zuhilfenahme komfortabler Programmier- und Testfunktionen sehr effektiv durchgeführt werden, wobei Programmierung und Test stets Hand in Hand gehen. Treten Probleme bei der Überprüfung eines Programmteils auf (Kollisionen o. ä.), so verursachen diese, anders als in der Realität, keine Schäden. Man ist somit meist in der Lage, schneller als am realen Roboter funktionsfähige Steuerprogramme zu generieren, da der simulierte Roboter ein gut angenähertes Abbild der realen Arbeitsmaschine ist. Die so entstandenen Steuerprogramme können nach einer Anpassung, die den Unterschied zwischen Modell und Realität berücksichtigt, zum Produktiveinsatz kommen. Besonders sinnvoll ist diese Methode bei aufwendigen Aufgaben, da kein Kapital in Form von Arbeitsmaschinen für die Planung eingesetzt werden muß. Bild 4.39 zeigt verschiedene Phasen der Scheibenmontage, wie sie sich am Bildschirm präsentiert.

Erst nach dem erfolgreichen Test der gesamten Roboterzelle in der Simulation wird der Aufbau in der Realität nachvollzogen, wobei kaum noch mit entscheidenden Problemen zu rechnen ist, was einen schnelleren Produktionsanlauf ermöglicht. Bild 4.40 zeigt die nach dem simulationsunterstützten Entwurf realisierte Roboterzelle.

### e) Aufgabenorientierte Programmierung

Um das Programmieren von Robotern für den Menschen einfacher, komfortabler und zugleich effektiver zu gestalten, wurde in den siebziger Jahren damit

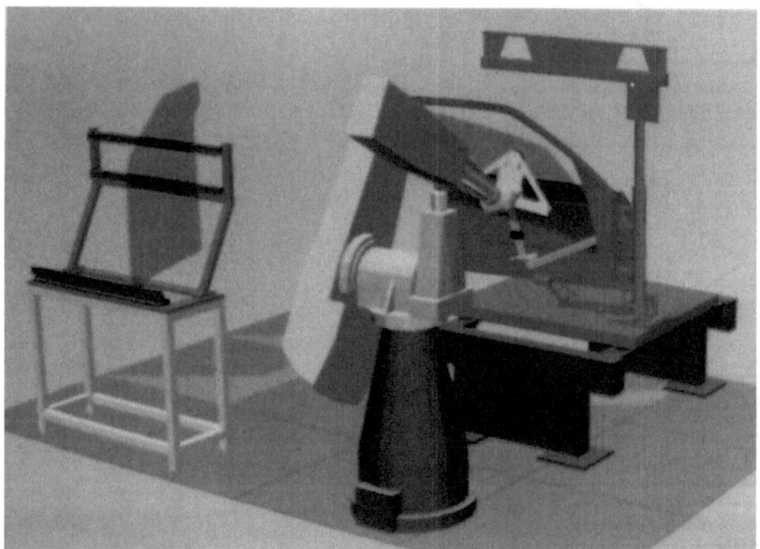

**Bild 4.38**  Simulationsmodell der Roboterzelle in farbschattierter Darstellung (Quelle: iwb/ifm TU München)

begonnen, implizite Programmiersysteme vorzuschlagen und zu entwerfen. Bei der aufgabenorientierten (impliziten) Programmierung, siehe z.B. [LOZA82], [REMB86], [HÖRM86], wird eine Handhabungssequenz implizit durch die Beschreibung von Zuständen bzw. Zustandsänderungen in einem Umweltmodell definiert und nicht durch die explizite Angabe von Roboterbewegungen, die zum Erreichen dieser Zustände nötig sind. Das System soll also dem Menschen diese ganze Detailarbeit abnehmen, indem es den notwendigen detaillierten Programmablauf selbst plant. Systeme dieser Art müssen über „intelligente" Fähigkeiten verfügen, z.B. für

- Auswahl von Komponenten einer Roboterzelle,
- Automatische Planung des Zellenlayouts,

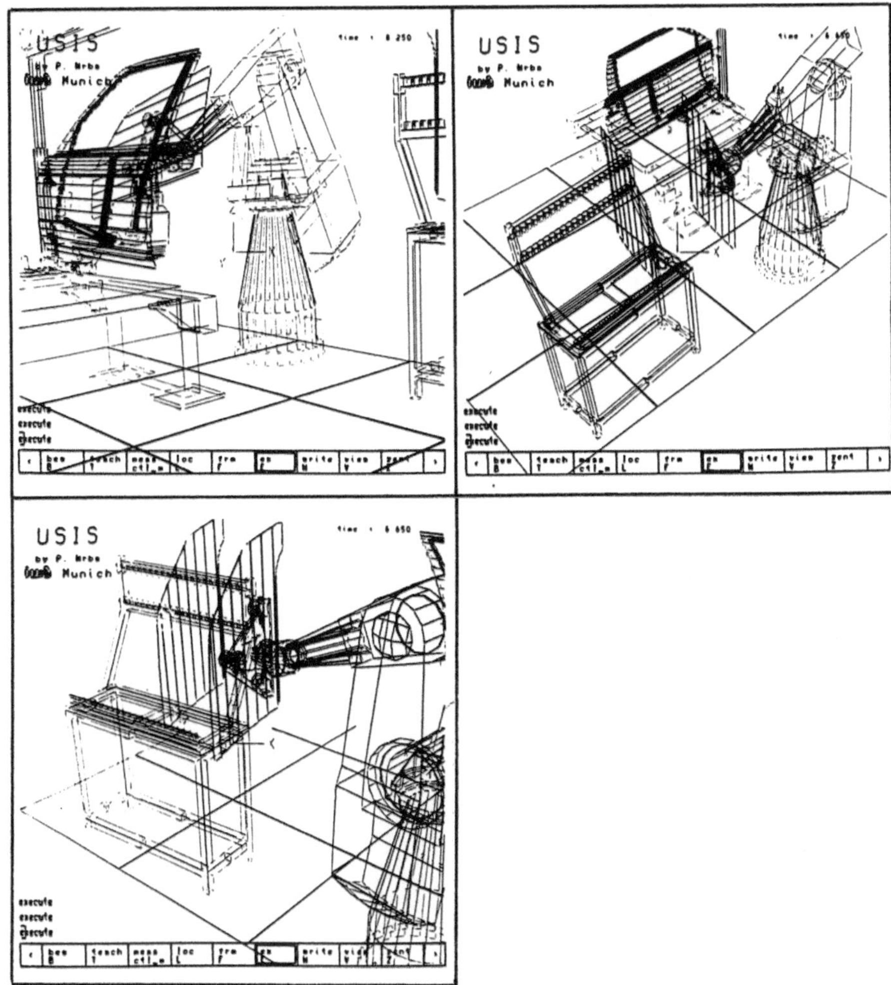


**Bild 4.39** Simulationsunterstützte Steuerprogramm-Erstellung und -Verifikation (Drahtmodell-Darstellung) (Quelle: iwb/ifm TU München)

- Erzeugen kollisionsfreier Roboterbewegungen,
- Erzeugen aufgabengerechter Feinbewegungen des Roboters, z. B. zur präzisen Montage von Komponenten,
- Erzeugen geeigneter Greifbewegungen,
- Erzeugen sensorüberwachter Vorgänge, z. B. automatische Objektlokalisierung.

Die Anforderungen an derartige Systeme sind sehr hoch. Industriell eingesetzte Systeme gibt es bis heute (1987) nicht, obwohl weltweit daran geforscht wird.


### f) Schnittstellen und Datentransfer zur DV-Umgebung

Zur Einbindung der Offline-Programmierung in den Produktionsprozeß sind verschiedene Schnittstellen zu berücksichtigen (Bild 4.41). Es ist notwendig, offline erstellte Steuerprogramme an einen Roboter zu übertragen. Gebräuchlich sind sowohl direkte Datenleitungen zwischen Offline-Programmiersystem und Robotersteuerung als auch der Datenaustausch mittels Disketten oder Magnetbändern. Der Lochstreifen als Übertragungsmedium hat bei Robotern im Gegensatz zu NC-Werkzeugmaschinen keine Bedeutung. Bei der direkten Ver-

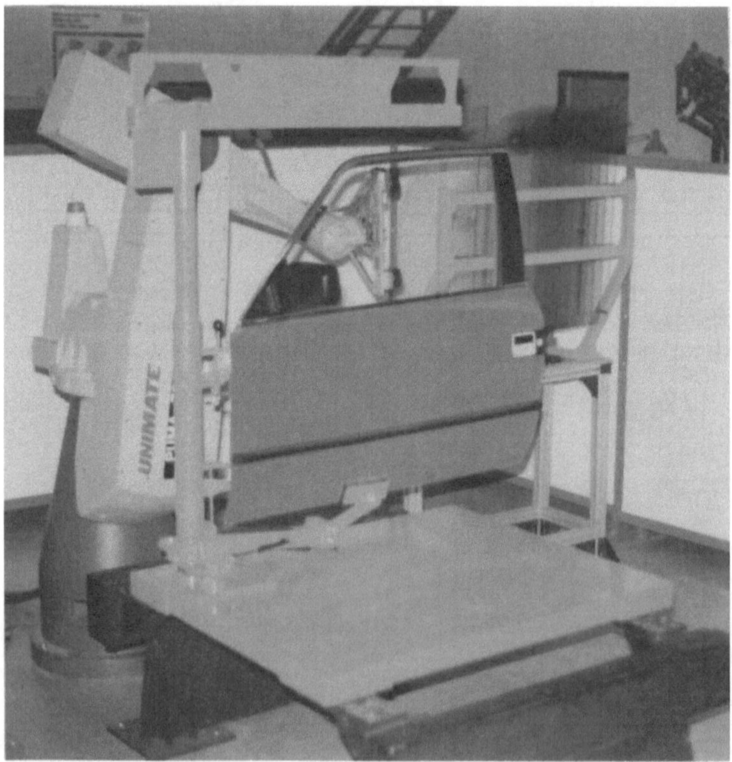

**Bild 4.40**    Realisierte Roboterzelle (Quelle: iwb/ifm TU München)

bindung mit Datenleitungen zwischen Rechner und Roboter muß eine Sicherung der Informationen durch Übertragungsprotokolle vorgesehen werden. Dies ist erforderlich, da im Werkstattbereich immer mit Störungen auf den Datenleitungen zu rechnen ist und meist relativ lange Distanzen zu überbrücken sind.

Es besteht die Hoffnung, daß Normungsansätze in Zusammenhang mit der Entwicklung von MAP (Manufacturing Automation Protocol) die Verknüpfung verschiedener Systeme (Rechner, Roboter) miteinander erleichtern wird, siehe hierzu Kap. 7. Besondere Aufmerksamkeit gilt dem Übertragungscode, denn ein Standard für eine Datenschnittstelle, vergleichbar dem CLDATA nach DIN 66215 für NC-Werkzeugmaschinen, ist mit dem IRDATA-Vorschlag gemäß VDI-Richtlinie 2863 zwar vorhanden, hat aber heute (1987) noch wenig praktische Bedeutung. Fast jeder Roboter-Hersteller setzt seine eigene Roboter-Programmiersprache ein.

Roboterspezifische Offline-Programmiersysteme verwenden eine spezielle Programmiersprache und übertragen die damit erstellten Steuerprogramme direkt in die Robotersteuerung. Die online modifizierten und optimierten Steuerprogramme lassen sich dann auch problemlos in das Offline-Programmiersystem zurückübertragen. Diese Rückübertragung ist wichtig, um die lauffähigen Steuerprogramme archivieren und ggf. für neue Aufgaben berücksichtigen zu können. Roboterunabhängige Programmiersysteme verwenden dagegen eine roboterunabhängige Programmiersprache, die vor der Übertragung an einen bestimmten Roboter in dessen speziellen Code durch einen Postprozessor umgesetzt und ggf. mittels eines Editors ergänzt werden muß. Auch ein derart erstelltes und zum Roboter übertragenes Steuerprogramm wird meist vor Ort modifiziert und optimiert. Die Rückübertragung in das Offline-Programmiersystem erfordert dann eine Rück-Umsetzung in den roboterunabhängigen Code, was heute noch zu wenig unterstützt wird.

Da graphisch unterstützte Programmiersysteme mehr Möglichkeiten bieten und deshalb an Bedeutung gewinnen, muß hier als zweite Schnittstelle die zu CAD-Systemen erwähnt werden. Die geometrischen Modelle werden in CAD-Systemen auf verschiedene Art dargestellt. Entsprechend vielfältig sind die Probleme bei ihrer Umsetzung in eine Form, die für ein bestimmtes Offline-Programmiersystem erforderlich ist. Es existieren zwar einige Geometrie-Datenübergabe-Standards wie VDAFS (Flächenschnittstelle des Verbandes der Automobilindustrie ≙ DIN 66301) und IGES (Initial Graphics Exchange Specification), die aber nicht universell nutzbar sind. VDAFS gestattet die Übermittlung der Daten von Punkten, Punktfolgen, Punkt-Vektor-Folgen, Kurven und Flächen. IGES ist zwar von der Spezifikation her universeller, seine Möglichkeiten werden aber selten in vollem Umfang ausgenutzt. Damit ergibt sich de facto ein IGES-Substandard, der sich im wesentlichen auf die Übergabe von Punkten, Linien, Kurven und Flächen beschränkt. Ob sich die neu geplanten Schnittstellen nach dem amerikanischen Vorschlag PDES (Product Data Exchange Specification) und dem internationalen Normungsprojekt STEP (Standard for the Exchange of Product Model Data) durchsetzen können, bleibt abzuwarten. Einzelheiten zu den hier genannten Datenschnittstellen sind z.B. aus [GRAB86] zu ersehen.

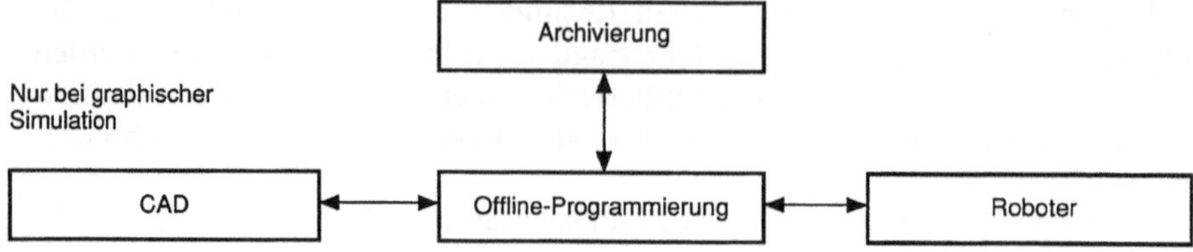


**Bild 4.41**  Wichtige Schnittstellen bei der Offline-Programmierung

Für die Kopplung von CAD-Systemen mit Offline-Programmiersystemen gibt
es auch hersteller- und anwenderspezifische Schnittstellen. Damit lassen sich die
Einschränkungen der Standardschnittstellen überwinden; es ist aber für jede Sy-
stempaarung eine spezielle Schnittstelle erforderlich.

Eine weitere Schnittstelle ist zwischen Offline-Programmierung und Datenar-
chivierung vorhanden. Da die Techniken vom Ablegen der Informationen in
einfachen Dateien bis hin zur Speicherung in Datenbanken aber mehr ein Problem der Datenverarbeitung sind, sei hier auf die einschlägige Literatur verwiesen. Anzumerken bleibt lediglich, daß die Daten über den Aufbau der Roboterzelle, die Steuerprogramme des Roboters sowie die Verweise auf eventuelle Ur-
daten, wie Arbeitspläne und CAD-Modelle, in sinnvoller Weise zusammen abgelegt werden sollten.

### 4.3.4 Hinweise zur Auswahl von Roboter-Programmier-Verfahren

In den vorangegangenen Abschnitten wurden Merkmale und Eignung einzelner
Roboter-Programmier-Verfahren detailliert dargestellt. Im folgenden sind die
wesentlichen Punkte im Sinne einer Entscheidungshilfe geordnet zusammengefaßt. Die Wahl eines Programmierverfahrens ist sowohl eine Entscheidung für
einzusetzende Hardware und Software als auch für einen sicherzustellenden organisatorischen Ablauf, damit technische und personelle Ressourcen effizient
genutzt werden. Eine gründliche Wirtschaftlichkeitsanalyse ist nicht Gegenstand
dieses Abschnitts; sie ist nur bei genauer Kenntnis vieler Faktoren im Einzelfall
sinnvoll durchzuführen. Allgemeine Aussagen sind sehr wohl möglich; ihre Gewichtung muß aber im Einzelfall bestimmt werden. Daher stehen hier technische
Argumente im Vordergrund.

Bild 4.42 gibt wichtige Einflußfaktoren auf die Auswahl von Programmierverfahren wieder, und Bild 4.43 erläutert deren Bewertung. Bevor darauf eingegangen wird, ist folgendes vorauszuschicken: Aus technischer Sicht kann man es als
„ideales" Programmierverfahren für nichtprimitive Probleme ansehen, wenn

- Problem-, Arbeitssystem- und Produktbeschreibung in rechnerverarbeitbarer
  Form vorliegen,
- diese Daten graphisch darstellbar und manipulierbar sind, um interaktiv Zel-
  lenlayout und Fertigungsablauf festzulegen und per Simulation zu testen,

- auf diese Weise ein ausgereiftes vollständiges Programmpaket für die reale Fertigungszelle erstellt wird.

Möglichst viele Einzelschritte sollten dabei automatisch oder mit komfortabler Unterstützung interaktiv erfolgen; möglichst viele Detailprobleme sollten durch Bibliotheksprogramme, Standardhardware und Sensor-„Intelligenz" gelöst werden. Dieses „ideale" Programmierverfahren ist noch utopisch, einzelne Schritte sind aber heute schon mit Erfolg realisiert worden. Der fortschreitende Einsatz von CAD-Systemen wird den skizzierten Trend sicherlich verstärken. Außerdem wird zunehmender Sensor-Einsatz ebenfalls die Offline-Programmierung begünstigen, weil Online-Korrekturen mittels Sensoren automatisch erfolgen können und somit manuelles Teach-in entfällt.

Um eine Roboter-Programmieraufgabe zu lösen, benötigt man als „Verfahren" immer eine Kombination der Methoden, die in den vorangegangenen Abschnitten erläutert wurden. Aber nur wenige Kombinationen spielen eine praktische Rolle. Auf die wichtigsten Verfahren wird nachstehend eingegangen, siehe hierzu Bild 4.43.

- *Verfahren 1*: Kombination von „Online Teach-in" mit „Online Textuell"
  Dieses reine Online-Verfahren ist charakterisiert durch die Programmierung von Roboter-Bewegungen mittels Teach-in und von anderen Aktionen oder Berechnungen mittels textueller Anweisungen. Diese stellen meist den Hauptanteil von Programmen dar (z.B. 80%) und definieren deren Struktur. Daher beginnt man meist mit der textuellen Programmierung, teacht die Bewegungsprogrammteile dazu und erstellt so abschnittsweise, iterativ und unmittelbar testend, ein größeres Steuerprogramm.
  Die Folgeprogrammierung fällt ebenfalls unter Verfahren 1, denn sie beruht auf „dynamischem" Teach-in (siehe 4.3.3.4 a) und bedarf der textuellen Einbettung aufgenommener Bewegungsabläufe.

- *Verfahren 2:* Kombination von „Offline Textuell" mit „Online Teach-in"
  Im Unterschied zu Verfahren 1 wird zuerst das gesamte Programm textuell und fern vom Zielroboter (also offline) erstellt, wobei Details von Bewegungen und deren numerische Daten (Koordinaten, Geschwindigkeit, Beschleunigung) meist unspezifiziert bleiben (siehe 4.3.3.5 b). Diese Spezifikationen werden nach Übertragung des Offline-Programms in die Robotersteuerung mittels Teach-in online ergänzt. Dabei und beim Testen können sich Programmänderungen ergeben, die gemäß Verfahren 1 durchgeführt werden können. Größere Umstrukturierungen erfolgen aber zweckmäßigerweise in einem zweiten Offline-Schritt.

- *Verfahren 3:* Kombination von „Offline Graphisch-interaktiv/Textuell" mit „Online Teach-in"
  Hierbei wird vor allem Computer-Graphik interaktiv und offline genutzt, um Layout und Bewegungen bequem festzulegen und gefahrlos zu prüfen. Vereinfacht gesagt: Teach-in am Bildschirm ersetzt Teach-in am Roboter (siehe 4.3.3.5 c). Zusätzlich müssen die vielen nicht-teach-baren Anweisungen textuell eingegeben werden. Auch Korrekturen derartig erzeugter Programme durch Online-Teach-in (siehe Verfahren 1) sind oftmals unvermeidbar, da Ro-

boter und Layout vielfach nicht genau genug modellierbar und simulierbar sind, und weil Online-Sensorik-Einsatz z. B. (noch) nicht in Frage kommt.

Die Bilder 4.42 und 4.43 nennen Einflußfaktoren auf die Auswahl der erläuterten Programmierverfahren. Einfluß haben neben der Hardware (Roboter, Peripherie, Sensorik) und ihrer Vernetzung (FFS-Integration, CAx-Anschluß) auch betrieblich-organisatorische Dinge (Aufgabenspektrum, Programmieraufkommen, Qualifikation der Programmierer). Die Bewertungen in Bild 4.43 sind wie folgt zu verstehen:

- Bei komplexer Geometrie von Layout oder handzuhabenden Objekten ist z. B. Programmierverfahren 3 nicht zwingend geboten, sondern zu empfehlen, es in die engere Wahl zu ziehen, und diese Vorauswahl mit anderen Randbedingungen in Einklang zu bringen. Die Tabelle sieht alternativ auch Programmierverfahren 1 vor, da z. B. die komplexen geometrischen Verhältnisse bei einer Lakkierroboteraufgabe am besten durch Folgeprogrammierung zu bewältigen sind.
- Geometrie und Technologie sind als komplex zu verstehen, wenn ihre rechnerische Modellierung und Simulation aufwendig ist.
- Bei hoher Aufgabenvielfalt hängt die Methode der Wahl vom Aufgabentyp ab. Während sich einfache Aufgaben auch online schnell lösen lassen, ist der Zeitgewinn im Offline-Verfahren dadurch gegeben, daß die aktuelle Aufgabenabarbeitung nicht gestört wird.
- Hohes Programmieraufkommen ist durch viele Varianten eines Aufgabentyps oder durch viele völlig verschiedene Aufgaben bedingt. Offline-Verfahren können dann Umrüstzeiten vermindern helfen.
- Bei Programmierverfahren 2 und 3 (und teilweise auch bei Programmierverfahren 1) kommt es darauf an, daß die Programmierung von Leuten mit Infor-

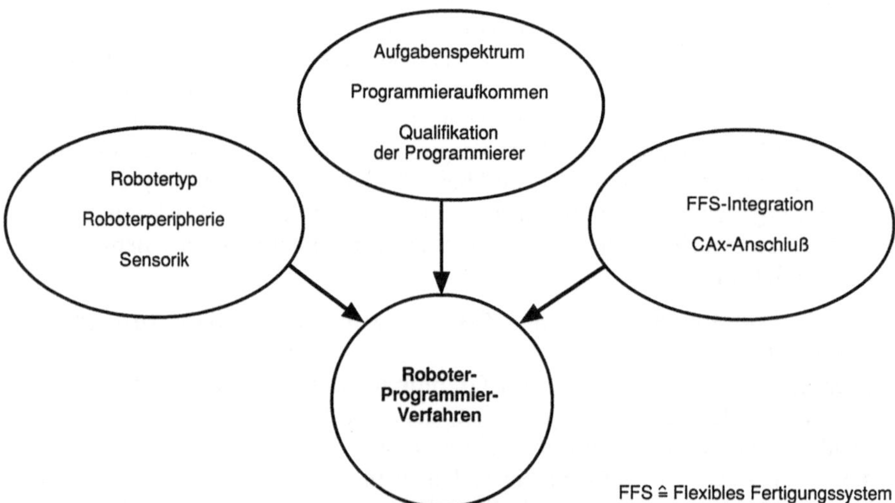


**Bild 4.42**    Einflußfaktoren auf die Auswahl von Roboter-Programmierverfahren

matik-Kenntnissen durchgeführt wird. Das erforderliche Wissen läßt sich vielfach durch firmeninterne Schulung, durch Lehrgänge bei Berufsverbänden oder im Rahmen öffentlicher Ausbildungsangebote erwerben. Natürlich ist für die Roboter-Programmierung in jedem Falle Roboter- und Technologie-Know-how erforderlich.

- Gehören Roboter zu einem flexiblen Fertigungssystem (FFS), dann kann Programmierverfahren 1, also reine Online-Programmierung, zu Produktionsverzögerungen führen. Das Zusammenspiel vieler Teilsysteme ist zweckmäßigerweise offline vorzubereiten.

- Ist die Kopplung von Robotersteuerung oder von Roboterprogrammiersystemen mit CAx-Systemen, insbesondere CAD, CAP, CAM, CAQ, gegeben, so sind Grundvoraussetzungen zur Offline-Programmierung (Programmierverfahren 2, 3) vorhanden.

- Sind viele verschiedene Robotertypen zu programmieren, so kann das Erlernen vieler roboter-spezifischer Programmier-Codes aufwendig sein. Komfortable, meist auch graphisch-interaktive Roboter-Programmier-Systeme lösen dieses Problem durch eine einheitliche Sprache für alle Roboter-Typen und durch nachfolgende Umsetzung (mittels Postprozessoren) in roboter-spezifische Codes.

- Für komplexe Peripherie gelten analoge Überlegungen wie für komplexe Geometrie oder Technologie.

- Bei anspruchsvollen Aufgaben ist der erfolgreiche Einsatz von Sensoren meist nur durch Online-Tests sicherzustellen. In der Forschung bemüht man sich aber, auch diese Problematik weitgehend offline zu lösen.

Roboter-Programmier-Verfahren

| Einflußfaktor | 1<br>Online Teach-in<br>und<br>Online Textuell | 2<br>Offline Textuell<br>und<br>Online Teach-in | 3<br>Offline Graph.-int./Textuell<br>und<br>Online Teach-in |
|---|---|---|---|
| Aufgabenspektrum<br>• Geometrie<br>• Technologie<br>• Aufgabenvielfalt | einfach / komplex<br>einfach / komplex<br>klein / groß | einfach<br>einfach<br>klein | komplex<br>komplex<br>groß |
| Programmieraufkommen | klein | groß | groß |
| Qualifikation der Programmierer | normal / hoch | hoch | normal / hoch |
| FFS-Integration | nein | ja | ja |
| CAx-Anschluß | nein | ja | ja |
| Robotertypenvielfalt | klein / groß | klein | klein / groß |
| Peripherie (ohne Sensorik) | einfach / komplex | einfach | komplex |
| Sensor-Einsatz | groß | klein | groß |

**Bild 4.43**  Bewertung von Einflußgrößen auf die Auswahl von Roboter-Programmier-Verfahren

Abschließend ist zu betonen, daß die Programmierung von Industrierobotern heute noch nicht den Grad an Standardisierung erreicht hat, der bei numerisch gesteuerten Werkzeugmaschinen festzustellen ist. Viele Methoden und deren Kombinationen sind im Gebrauch und werden ständig fortentwickelt. Durch die Breite der Anwendbarkeit von Robotern ergeben sich fortlaufend neue Erkenntnisse. Die daraus resultierenden Programmiertechniken werden die Programmierung anderer numerisch gesteuerter Fertigungseinrichtungen befruchten. Roboter-Programmierverfahren haben also eine technologische Vorreiterfunktion.

## 4.4 CNC-Koordinatenmeßgeräte

### 4.4.1 Einführung

Rechnergesteuerte Einrichtungen zur Automatisierung von Meß- und Prüfabläufen sind in der industriellen Produktion u. a. eine wesentliche Voraussetzung für die Qualitätssicherung der herzustellenden Produkte. Die Ziele für den Einsatz von Meßeinrichtungen sind:

- Prüfung geforderter Eigenschaften (Qualitätsmerkmale) von Produkten, Baugruppen und Einzelteilen,
- Überwachung und Regelung einzelner Fertigungs- und Montageprozesse mit Rückführung von Korrekturparametern, die aus festgestellten Abweichungen abgeleitet werden, in den Prozeß.

Gründe für die Automatisierung der Meß- bzw. Prüfabläufe sind:

- Prüfvorgänge mit einer großen Zahl durchzuführender Prüfschritte und großer Anzahl statistisch auszuwertender und zu speichernder Meßdaten, die nicht ohne rechnergesteuerte Automaten und Datenverarbeitung zu bewältigen sind.
- Notwendigkeit der Verkürzung der Prüfzeiten durch Ablösung von Verfahren, deren Durchführung bisher mit konventionellen Geräten oder solchen mit geringerem Automatisierungsgrad erfolgt.
- Objektivieren des Erfassens von Meßgrößen.
- Höhere Anforderungen an ein Produkt.
- Anpassen der Meß- und Prüfverfahren an den in der Produktion eingeführten Automatisierungsgrad.
- Direkte Kopplung eines Meßvorganges mit einem automatisierten Fertigungsprozeß, um Korrekturen, die aus festgestellten Abweichungen abgeleitet werden, unmittelbar in den Prozeß rückführen zu können.
- Schaffung eines integrierten Informationsverbundes.

Bei der mechanischen Fertigung von Werkstücken kommt innerhalb der Fertigungsmeßtechnik der Längenmeßtechnik eine dominierende Bedeutung zu. Die Ausführungen in diesem Abschnitt sind auf die in der industriellen Längenmeßtechnik eingesetzten CNC-Koordinatenmeßgeräte ausgerichtet. CNC-Koordinatenmeßgeräte stehen aufgrund des hohen Standes der Gerätetechnik sowie der

Leistungsfähigkeit bei den Steuerungs- und Auswerterechnern und der dazugehörenden Software in vielen Bereichen der Industrie im Einsatz. Sie kommen überall dort zur Anwendung, wo Maß, Form und Lage von Geometrieelementen und Verknüpfungen zwischen Geometrieelementen an komplizierten Werkstükken mit guter Genauigkeit und bei kurzer Meßzeit zu prüfen sind und ansonsten verschiedene Lehren und mehrere Einzweckmeßgeräte zum Einsatz kommen müßten. Diese Vorteile sind besonders bei geringen Stückzahlen und Teilen mit vielen Varianten von Bedeutung. Weitere Gründe für den weitverbreiteten Einsatz sind ferner – als Folge der geringen Meßzeiten – kürzere Reaktionszeiten für qualitätssichernde Maßnahmen und damit wirtschaftliche Auswirkungen auf die Produktion sowie eine objektive Meßwerterfassung und Qualitätsdatendokumentation.

Durch die technische Weiterentwicklung der Meßgerätekomponenten und Leistungsfähigkeit der Software einerseits und immer neue Anwenderforderungen andererseits sind Koordinatenmeßgeräte in verschiedenen Bauarten, unterschiedlicher Größe und Ausstattung, Leistungsfähigkeit und Genauigkeit entstanden. Koordinatenmeßgeräte sind deshalb z.B. im Automobil-, Flugzeug-, Maschinen-, Apparate-, Geräte- und Werkzeugbau sowie in der elektrotechnischen und kunststoffverarbeitenden Industrie zu finden.

Ein Koordinatenmeßgerät besitzt drei mit je einem Längenmeßsystem versehene orthogonale Meßachsen, die das räumliche Bezugskoordinatensystem (Gerätekoordinatensystem) bilden. Damit ist jeder beliebige Ort im Meßbereich des Gerätes durch Koordinatenangaben eindeutig beschreibbar. Das Erfassen der Koordinatenwerte eines Antastpunktes auf der Oberfläche eines beliebig im Meßbereich des Koordinatenmeßgerätes angeordneten Werkstückes erfolgt mit einem an einer Geräteeinheit befindlichen Tastsystem, das sich in den Meßachsen relativ zum Werkstück verfahren läßt. Die gemessenen Koordinaten der Antastpunkte, die als Stichprobe aus der gesamten Werkstückoberfläche betrachtet werden können, ergeben nach Verknüpfung in meßaufgaben-orientierten Auswerteprogrammen die Werkstück-Ersatz-Gestalt, das ist ein numerisches Ist-Abbild der Werkstückoberfläche. Dieses Ist-Modell wird mit dem numerischen Soll-Modell, das auf die Konstruktionsdaten zurückgeht, verglichen.

Für die automatisierte Erfassung der Werkstückoberfläche werden Koordinatenmeßgeräte mit numerischer Steuerung und elektromotorischen Antrieben in den Verfahrachsen (CNC-Koordinatenmeßgeräte) eingesetzt.

Zur automatisierten Durchführung von Meßaufgaben auf einem CNC-Koordinatenmeßgerät sind Steuerprogramme (Meßprogramme) erforderlich. Sie enthalten die für einen bestimmten Meßablauf notwendigen geometrischen und technologischen Informationen sowie die Anweisungen zur Verarbeitung, Auswertung und Protokollierung der gemessenen Daten. Die am Werkstück festgestellten Meßergebnisse werden schließlich so (z.B. miteinander oder mit Nennwerten oder Grenzmaßen) verknüpft, daß die gestellte Prüfaufgabe (z.B. Feststellen, ob ein bestimmtes Maß innerhalb der Toleranz liegt) beantwortet wird.

Die Prüfautomatisierung mit CNC-Koordinatenmeßgeräten ist neben dem Rechnereinsatz zur Automatisierung von Testabläufen (CAT $\triangleq$ Computer aided testing) ein Element der rechnerunterstützten Qualitätssicherung CAQ (Computer aided quality assurance), die in Kapitel 6 behandelt wird.

## 4.4.2 Grundlagen der Koordinatenmeßtechnik

### 4.4.2.1 Geräteaufbau

Die unterschiedlichen Anordnungen und Ausführungen derjenigen Baugruppen, mit denen die Verfahrbewegungen in den Achsrichtungen ausgeführt werden, lassen sich auf vier Grundbauarten [KAMP84] (Bild 4.44) zurückführen:

- Auslegerbauart,
- Ständerbauart,
- Portalbauart,
- Brückenbauart.

Sie unterscheiden sich hinsichtlich Zugänglichkeit, Steifigkeit des Geräteaufbaus, der erreichbaren Genauigkeit, der prüfbaren Werkstückabmessungen und der zulässigen Werkstückgewichte.

Die Baugruppen eines Koordinatenmeßgerätes gliedern sich in die mechanischen Komponenten, wie Werkstückaufnahme, Führungen, Lagerungen und Taster, sowie in die Längenmeßsysteme in den Meßachsen. Bei motorisch verfahrbaren Gerätekomponenten sind Antriebe, ein elektromechanisches oder optisches Tastsystem, eine Lageregelung und ein Bedienpult erforderlich.

Das Tastsystem stellt den Bezug zwischen Antastpunkt und Gerätekoordinatensystem her [WECK83]. Es soll reproduzierbare, definierte Bedingungen bei jeder Antastung sicherstellen. Voraussetzung für das automatische Antasten bei

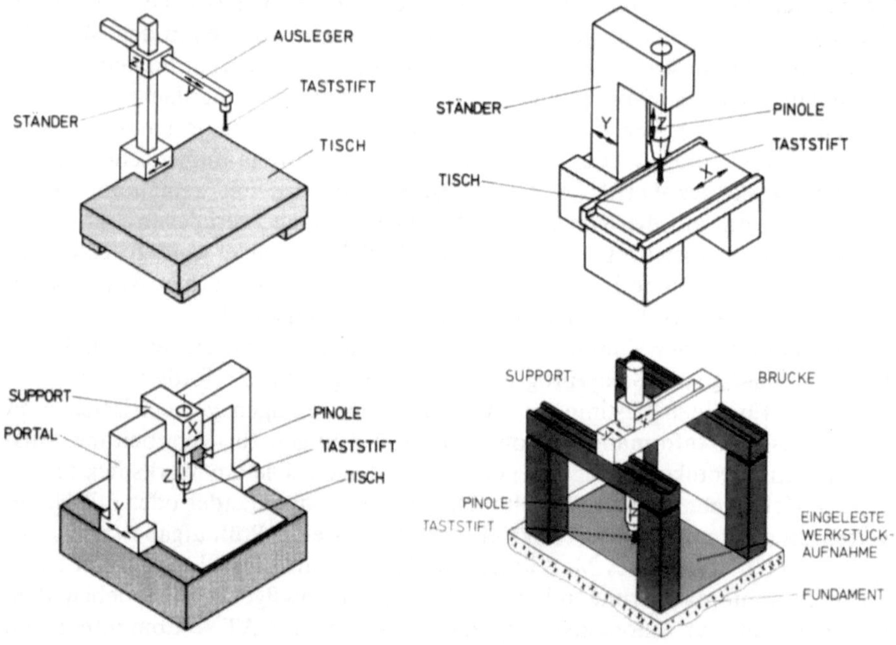


**Bild 4.44**    Grundbauarten von Koordinatenmeßgeräten

motorisch angetriebenem Verfahren in den Meßachsen ist ein elektromechanisches Tastsystem, das beim Antastvorgang eine Relativbewegung zwischen Tastelement (Tastkugel) und dem an der Pinole befestigten Teil des Tastsystems ermöglicht. Dabei unterscheidet man zwischen messenden und schaltenden Tastsystemen. Bei messenden Tastsystemen wird die Relativbewegung während der Antastung erfaßt und mit den in den Meßachsen erfaßten Positionswerten überlagert und so die Koordinatenwerte des Antastpunktes ermittelt.

Die Meßwertübernahme kann in ein statisches und dynamisches Prinzip eingeteilt werden, je nachdem ob zum Zeitpunkt der Meßwerterfassung die Gerätekomponenten in Ruhe oder in Bewegung sind. Bei schaltenden Tastsystemen wird während der Bewegung bei Erreichen eines definierten Antastzustands, z. B. hinsichtlich Tasterauslenkung oder Antastkraft, ein Impuls erzeugt, der zur Übernahme der Positionswerte in den Meßachsen führt.

Zum berührungslosen Antasten – insbesondere von nachgiebigen Werkstükken, z. B. Kunststoffteile oder filigranartige Teile – wurden optische Tastsysteme entwickelt. Man unterscheidet nach dem heutigen Stand der Technik folgende Prinzipien:

– Triangulationsprinzip mit Laserdiode und positionsempfindlichem Sensor,
– mikrooptischer Fokussensor,
– Abstandssensor mit Messung der Intensität reflektierten Lichtes,
– Kamera mit Bildverarbeitungssystem.

Mit den Steuerknüppeln am Bedienpult (Bild 4.45) werden die Meßpunkte durch manuelles Steuern der Positionierantriebe angefahren. Im Bedienpult sind auch Wahltastaturen für Meßkraft, Taststiftvorwahl und Auswerteprogrammaufruf enthalten.

Mit Hilfe von aufsetzbaren oder in die Werkstückaufnahme integrierten Drehtischen können die Meßmöglichkeiten, z. B. bei rotationssymmetrischen Werk-

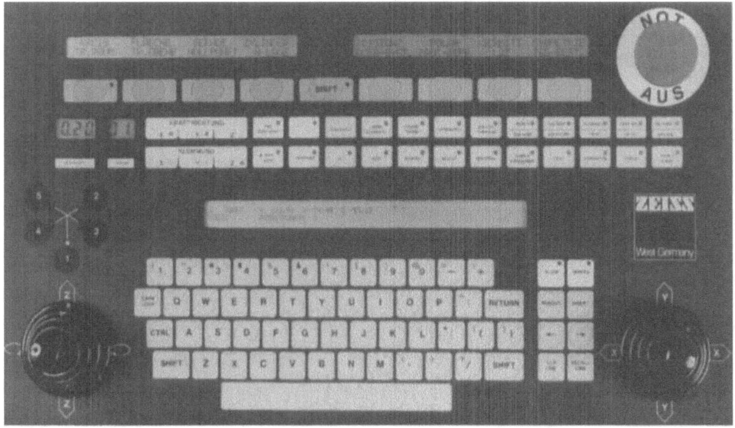

**Bild 4.45** Bedienpult eines Koordinatenmeßgerätes mit motorisch bewegtem Achssystem (Werkbild Zeiss)

stücken und Gehäuseteilen, ggf. erweitert werden. Auch der Meßablauf kann vereinfacht und damit beschleunigt werden.

Unter Verwendung einer Scanningeinrichtung, i. allg. in Verbindung mit einem messenden Tastsystem, kann das Tastelement kontinuierlich über die Werkstückoberfläche geführt werden und bei kürzerer Meßzeit als bei Einzelpunktantastung eine große Anzahl von Meßpunkten erfaßt werden.

Die Antaststrategie umfaßt insbesondere die Anzahl und Verteilung der Antastpunkte auf der Werkstückoberfläche; sie beeinflußt die Werte der aus den Koordinaten der Meßpunkte abgeleiteten Meßergebnisse sowie deren Meßunsicherheit, siehe auch DIN 32880 Teil 2. Für unterschiedliche Prüfaufgaben sind auch unterschiedliche Antaststrategien vorzusehen; so muß beispielsweise zum Prüfen einer Formabweichung ein Vielfaches der Meßpunkte im Vergleich zum Bestimmen der Lage desselben Formelementes gewählt werden. Einheitliche Vorgaben für die Antaststrategie existieren bisher noch nicht, sind jedoch im Interesse einer möglichst guten Vergleichbarkeit von Meßergebnissen, die von verschiedenen Bedienern auf Koordinatenmeßgeräten unterschiedlicher Genauigkeit und Automatisierungsstufe von verschiedenen Herstellern ermittelt wurden, dringend notwendig.

Zur Verarbeitung und Auswertung der erfaßten Koordinatenwerte werden Rechner unterschiedlicher Leistungsfähigkeit mit Auswerteprogrammen eingesetzt.


### 4.4.2.2 Meßwertverarbeitung und Auswertung

Die Leistungsfähigkeit und Flexibilität eines Koordinatenmeßgerätes wird außer von der Gerätekonfiguration maßgeblich von der Auswertesoftware bestimmt. Mit Hilfe von Auswerteprogrammen werden aus den erfaßten und in Speicherbereichen des Rechners abgelegten Koordinatenwerten einzelner Meßpunkte Größen zur Beschreibung der Werkstückgestalt und deren Abweichungen von der Sollgestalt berechnet [GEOR84], [WECK84]. Die Auswerteprogramme können eingeteilt werden in fünf wichtige Gruppen:

- Bestimmungsgrößen von Formelementen entsprechend DIN 32880 Teil 1. Aus den Meßpunkten werden Maß- und Lageparameter der Formelemente Gerade, Kreis, Ebene, Zylinder, Kugel, Kegel und Torus berechnet. Werden aus Gründen der Aussagesicherheit mehr Meßpunkte als die Mindestpunktanzahl (Bild 4.46) angetastet, so werden die Parameter mit Hilfe von Ausgleichsrechnungen in sogenannten n-Punkt-Programmen bestimmt.
- Verknüpfungen.
  Die Lage von Formelementen zueinander kann durch rechnerische Verknüpfung deren errechneter Lageparameter ermittelt werden. Gebräuchlich sind u.a. Verknüpfungsprogramme für Abstand, Winkel, Lochkreis, Lochreihe, Schnittpunkt und Schnittlinie (siehe auch DIN 32880).
- Form- und Lageabweichungen nach DIN ISO 1101.
  Für die normgerechte Bestimmung von Formabweichungen sind n-Punkt-Programme unter dem Kriterium der Minimumbedingung nach DIN ISO 1101 erforderlich. Meist wird derzeit die Formabweichung, ausgehend vom Aus-

| Formelement | Mindest-<br>punktzahl | Formelement bestimmt<br>durch Mindestpunktzahl | Ausgleichselement |
|---|---|---|---|
| Punkt | 1 | | |
| Gerade | 2 |  |  |
| Ebene | 3 | 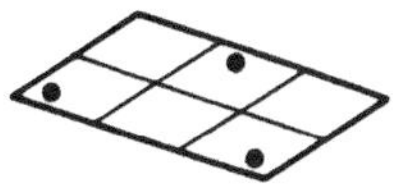 | 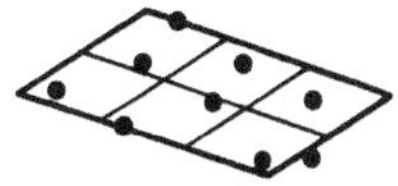 |
| Kreis | 3 |  |  |
| Kugel | 4 |  |  |
| Zylinder | 5 |  |  |
| Kegel | 6 |  |  |
| Torus | 7 | 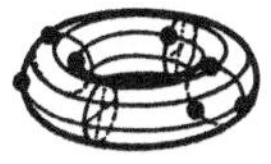 | 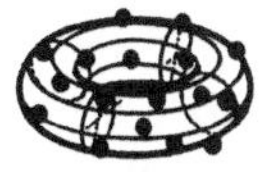 |

**Bild 4.46**   Ermittlung von Formelementen aus Antastpunkten

gleichselement, nach Gauß ermittelt. Lageabweichungen werden durch Verknüpfungen der Lageparameter der Formelemente errechnet. Für die Berücksichtigung der Maximum-Material-Bedingung kommen Sonderprogramme zum Einsatz, siehe auch [FISC87], [ABER83].
- Ausrichte- und Transformationsprogramme.
Die Koordinatenwerte von Antastpunkten werden im Geräte-Koordinatensystem erfaßt. Die werkstückbezogene Auswertung verlangt entweder ein zeitaufwendiges mechanisches Ausrichten des Werkstückes, so daß Werkstück- und Geräte-Koordinatensystem hinreichend genau übereinstimmen, oder das Feststellen der Lage der beiden Koordinatensysteme zueinander (Rechnerin-

ternes Ausrichten) [WECK87] und das Transformieren von Koordinatenwerten der Meßpunkte und Lageparameter von Formelementen aus dem Geräte-Koordinatensystem in das Werkstück-Koordinatensystem. Für das Festlegen des Werkstück-Koordinatensystems und dessen Lage im Geräte-Koordinatensystem sind spezielle Ausrichte- und Transformationsprogramme notwendig. Diese greifen auch auf die Auswerteprogramme für Formelemente und Verknüpfungen zurück (siehe auch DIN ISO 5459). Das Anwenden von Ausrichte- und Transformationsprogrammen erlaubt Kosteneinsparungen im Vergleich zum zeitaufwendigen mechanischen Ausrichten.
- Sonderprogramme.
  Meßaufgaben, die nicht mit der vorwiegend für prismatische Werkstücke einsetzbaren Standardsoftware zu lösen sind, benötigen Sonderprogramme. Dazu zählen u. a. Kurvenmeßprogramme, Zahnrad- und Kegelradmeßprogramme [GEOR84], [WECK87].

Neben den genannten Auswerteprogrammen gehören zur Meßwertverarbeitung Programm-Module zur Meßpunktaufbereitung zu weitergehenden Verknüpfungen (z. B. Vergleich von Meßergebnissen mit Toleranzen und Nennmaßen), zur graphischen oder alphanumerischen Meßergebnisausgabe und -protokollierung sowie Hilfsprogramme zur Korrektur von systematischen Fehlern (z. B. bedingt durch Taststiftbiegung, Temperatur, Führungsfehler) und zum Einmessen von Taststiften. Die Steuerung des Datenverkehrs, die Verwaltung der Module, die Ein-/Ausgabe sowie die Ergebnisverwaltung werden von einem zentralen Organisationsprogramm übernommen.


### 4.4.2.3 Meßablauf bei manuellem Betrieb des Koordinatenmeßgerätes

Aus den Konstruktionsangaben zu einem Werkstück werden die durchzuführenden Meßaufgaben in einem Prüfplan (s. auch Abschnitt 4.4.8) oder in einer Prüfzeichnung festgelegt. Der Prüfplan enthält die verbalen Kurzbeschreibungen der auszuführenden Prüfaufgaben. Auf dieser Grundlage sind bei der Vorbereitung der Messung folgende Festlegungen zu treffen:

- Definition der zu messenden Größen und Bezeichnungen (Meßplan erstellen),
- Definition des Basis-Werkstückkoordinatensystems,
- Lage und Orientierung des Werkstückes im Meßbereich und zu verwendende Elemente zu dessen Fixierung,
- Taststifte, Taststiftkombinationen und Taststiftwechsel (unter Berücksichtigung der Zugänglichkeit der zu messenden Elemente),
- Meßablauf (Reihenfolge der Meßaufgaben),
- Antaststrategie (Anzahl und Verteilung der Meßpunkte für eine Meßaufgabe) und Meßmodus (Einzelpunktantastung, Scannen),
- Art, Form und Umfang der Ergebnisausgabe.

Dazu werden Informationen über Eigenschaften des Koordinatenmeßgerätes, auf dem die Messung ausgeführt wird, über verfügbare Spannelemente und Taststifte und über Eigenschaften der Auswertesoftware benötigt.

Nach dem Aufspannen des Werkstückes auf dem Koordinatenmeßgerät und Anbringen der festgelegten Taststifte sind für die Durchführung der Messung entsprechend dem Meßplan, in dem die auszuführenden Messungen eindeutig und vollständig beschrieben sind, folgende Tätigkeiten auszuführen:

- Einmessen der Taststifte an einem Kalibriernormal (Durchmesser und Lage der Tastkugelmittelpunkte feststellen) und Antastkraft festlegen,
- Meßpunkte an Bezugselementen antasten und Bestimmen der Lage des Werkstück-Koordinatensystems (Werkstück-Lage) im Gerätekoordinatensystem unter Aufrufen der Ausrichteprogramme,
- für jede Meßaufgabe Aufruf der notwendigen Auswerteprogramme, Anfahren der Meßpunkte und ggf. Aufruf von Verknüpfungsprogrammen,
- für weitergehende Auswertung für Prüfaufgaben, wie z.B. hinsichtlich Soll-Ist-Vergleich, Toleranzprüfung, sind die Sollwerte und Toleranzen in den Rechner einzugeben,
- Programm zur Ergebnisausgabe aufrufen.

Bei Wiederholung der manuell durchgeführten Messung an gleichen Werkstükken müssen alle Tätigkeiten erneut ausgeführt werden.

Ggf. können bei der erstmaligen Messung eines Werkstückes Informationen zum Meßablauf (z.B. Meßpunktfolge, -anzahl, Bezeichnung der zu prüfenden Elemente) sowie die Aufrufe der Auswerteprogramme im Rechner in einer Art Lernprogrammierung gespeichert werden. Diese Informationen können bei Wiederholung der manuell durchzuführenden Messung zur Bedienerführung und automatisierten Auswertung genutzt werden. Für einen automatisierten Meßablauf (einschließlich der Verfahrbewegungen und der Meßpunktaufnahme) sind zusätzliche Komponenten erforderlich.

## 4.4.3 Komponenten für den automatisierten CNC-Meßablauf

Zum wirtschaftlichen Einsatz von Koordinatenmeßgeräten für die Messung von Serienteilen wird der Meßablauf automatisiert. Gründe für die Automatisierung sind insbesondere: Kürzere Meßzeiten, bessere Reproduzierbarkeit der Messung, Erweiterung der Meßmöglichkeiten durch Antasten eines Werkstückes in vorgegebenen Punkten oder auf vorgegebenen Linien (z.B. bei Turbinenschaufeln), Anpassung an den Automatisierungsgrad der Fertigungseinrichtungen (u.a. beim Ziel der Integration des Gerätes in den Materialfluß der Fertigung), Verkürzung der Rüstzeiten (größerer Nutzungsgrad), informationstechnische Verkettung mit CAD/CAM/CAQ-Systemen.

Um das Koordinatenmeßgerät automatisiert betreiben zu können, sind auf Seiten der Geräte- und Rechnerausstattung und auf Seiten der Software folgende Komponenten notwendig [KAMP84]:

- Steuerung mit speicherprogrammierbarem Rechner (CNC) mit Steuersystemsoftware,

- Tasterwechseleinrichtung,
- Werkstückzuführeinrichtung (Be- und Entladeeinrichtung).

Die numerische Steuerung des Koordinatenmeßgerätes hat ähnliche Aufgaben wie die Steuerung einer NC-Werkzeugmaschine zu erfüllen. Entsprechend den Vorgängen bei Werkzeugmaschinen müssen Verfahrbewegungen des Tasters in den Meßachsen, ggf. Bewegung des Drehtisches, Werkstück- und Tasterwechsel und das Einstellen von Verfahrgeschwindigkeiten ausgeführt werden. Aufgrund des grundsätzlichen Unterschiedes zwischen „Fertigen" (Herstellen nach Sollvorgaben, das ist Führen eines Werkzeuges nach Sollvorgaben) und „Messen" (Erfassen der Ist-Gestalt eines Werkstückes, die von der Soll-Gestalt zum Zeitpunkt der Messung noch in unbekannter Art und Größe abweicht) muß die Steuerung zusätzliche Aufgaben ausführen wie das punktweise Antasten einer Oberfläche, deren Gestalt und Lage nicht genau bekannt sind, die Meßwertübernahme von den Längenmeßsystemen und vom Tastsystem (teilweise auch während der Bewegung des Tasters), das weitere Steuern von Verfahrbewegungen aus der beim Antasten erfaßten Lage von Ist-Oberflächenpunkten ggf. durch das Klemmen des Tastsystems in den Richtungen senkrecht zur Verfahrrichtung sowie der Aufruf von Auswerteprogrammen. Beim scannenden Abfahren von Werkstückoberflächen mit regelmäßig aufeinanderfolgender Meßpunktaufnahme muß der Taster geregelt so über das Werkstück geführt werden, daß – auch bei Gestaltabweichungen – die Tastkugel immer in Berührung mit der Werkstückoberfläche bleibt, jedoch der Meßbereich des Tastsystems (bzw. die Nachregelgeschwindigkeit) nicht überschritten wird; gleichzeitig müssen während der geregelten Bewegung Meßwerte von den Längenmeßsystemen und vom Tastsystem erfaßt und zur Übernahme in den Rechner des Koordinatenmeßgerätes bereitgestellt werden. Aber auch Schützen des Gerätes bzw. dessen Komponenten im Falle der Kollision des Tastsystems und der Pinole mit Werkstück, Halterungen o. a. muß von der Steuerung bewerkstelligt werden (z. B. durch Vorauslenken des Tastsystems, Abbremsen der in Bewegung befindlichen Baugruppen).

Hinsichtlich der Steuerung der Bewegungen in den Verfahrachsen unterscheidet man unterschiedliches Steuerungsverhalten mit unterschiedlichen Eigenschaften. In Anlehnung an die gewachsenen Begriffe für Steuerungsarten bei Werkzeugmaschinen bezeichnet man das Steuerungsverhalten von Koordinatenmeßgeräten als:

- Punkt-zu-Punkt-Steuerung,
- Streckensteuerung,
- Vektorsteuerung oder
- Bahnsteuerung.

Moderne CNC-Koordinatenmeßgeräte lassen sich so programmieren, daß man je nach Meßaufgabe das bestgeeignete Steuerungsverhalten auswählen kann. Auswahlkriterium kann dabei die Anzahl der aufzunehmenden Meßpunkte und des dafür notwendigen Vorgehens (Einzelpunktantastung) oder scannendes Abfahren der Werkstückoberfläche sein oder die Aufgabenstellung, d. h. ob ein Werkstück bekannter Nenngestalt geprüft werden soll oder ob an einem Werkstück unbekannter Nenngestalt dessen Gestalt ermittelt werden soll (Digitalisieren von Modellen oder Meisterwerkstücken). Letztgenannte Aufgabenstellungen treten insbesondere bei Werkstücken mit Freiformflächen auf.

*Punkt-zu-Punkt-Steuerung*

Bei der Punkt-zu-Punkt-Steuerung werden die durch ihre Koordinatenwerte vorgegebenen Sollpositionen der Punkte angefahren, meist ohne daß der Taster mit der Werkstückoberfläche in Berührung ist. Im allgemeinen erfolgt die Verfahrbewegung so, daß der Zielpunkt in kürzester Zeit erreicht ist. Bewegungen in mehr als einer Achse können gleichzeitig ausgeführt werden.

Dabei werden die Bewegungen in den Koordinatenrichtungen von der Gerätesteuerung unabhängig voneinander so geregelt, daß der Taster im Zielpunkt (genauer: in einem vorgegebenen engen Zielbereich) zum Stillstand kommt. Dieses Steuerungsverhalten kann dem Anfahren von Zwischenpunkten zugrunde liegen oder beim Messen, wenn auf der Werkstückoberfläche vom Startpunkt $P_S$ (Bild 4.47a) zum Zielpunkt $P_Z$ gefahren und der Koordinatenwert senkrecht zur Verfahrebene gemessen wird. Punkt-zu-Punkt-Steuerungsverhalten kann auch zum Scannen angewandt werden, wenn der Startpunkt $P_S$ und der Zielpunkt $P_Z$ auf der Werkstückoberfläche liegen.

*Streckensteuerung*

Bei der Streckensteuerung können für die Bewegung des Tasters von einem Ausgangspunkt in einer bestimmten *Richtung* konstante Verfahrgeschwindigkeiten in den Koordinatenachsen unabhängig voneinander vorgegeben werden. Diese Steuerungsart kann beim Scannen in paralleler Richtung zu den Meßachsen bei Übernahme von Meßwerten während der Bewegung angewendet werden (Bild 4.47b). Beim Scannen kann nicht in einem zuvor definierten Zielpunkt z. B. nach Bild 4.47b $P_Z(x_Z, y_Z)$ gemessen werden, sondern es läßt sich wegen der Tatsache, daß sich die Bewegungsbahn aus den Geräteeigenschaften ergibt, nur *ein* Koordinatenwert $x_Z$ (oder $y_Z$) angeben. Auf der durch $x = x_Z$ (oder $y = y_Z$) definierten Geraden, wird beim Durchfahren der zugehörige andere Koordinatenwert $y_{ZM}$ (bzw. $x_{ZM}$) gemessen.

*Vektorsteuerung*

Bei der Vektorsteuerung verfährt der Taster ausgehend vom Startpunkt bei vorgegebener Richtung auf einer Geraden mit einer gewünschten Verfahrgeschwindigkeit auf den Zielpunkt hin bzw. darüber hinaus, wenn das Werkstück erst dahinter berührt wird. Die Geschwindigkeiten in den einzelnen Achsen werden dabei so geregelt, daß die resultierende Geschwindigkeit dem programmierten Wert entspricht und konstant bleibt (Bild 4.47c). Diese Steuerungsart kann angewandt werden für Verfahrbewegungen des Tasters bei eng begrenztem Freiraum, wie z. B. beim Einfahren in tiefe Bohrungen, deren Achse nicht parallel zu einer Gerätekoordinatenachse liegt oder zum Antasten in einer beliebigen (zur Gerätekoordinatenachse nicht parallelen) Richtung (oft Normalenrichtung zur anzutastenden Fläche oder zur Solloberfläche) sowie zum Scannen auf einer vorgegebenen ebenen Linie (d. h. der Tastkugelmittelpunkt wird in einer Ebene verfahren) auf der Oberfläche eines Werkstückes.

*Bahnsteuerung*
Bei diesem Steuerungsverhalten erfolgt die Bewegung des Tasters vom Ausgangspunkt zum programmierten Zielpunkt auf einer vorgegebenen Bahn, d. h. in einem vorgebbaren funktionalen Zusammenhang, mit gleichzeitiger und kontinuierlicher Regelung in mehr als einer Achse. Für die Erzeugung der Bahnkurve werden laufend Zwischenwerte zur Lage, Richtung und Geschwindigkeit – ggf. interpolierend – berechnet (Bild 4.47d). Dieses Steuerungsverfahren kann angewandt werden für das Führen des Tasters auf eng begrenzten gekrümmten Bereichen (z. B. in Nuten von Steuerzylindern) oder zum Scannen von Werkstükken mit Freiformflächen mit Führung der Tastkugel auf beliebigen Linien (z. B. bei verwundenen Turbinenschaufeln oder bei dreidimensionalen Führungsbahnen oder bei Gewinden).

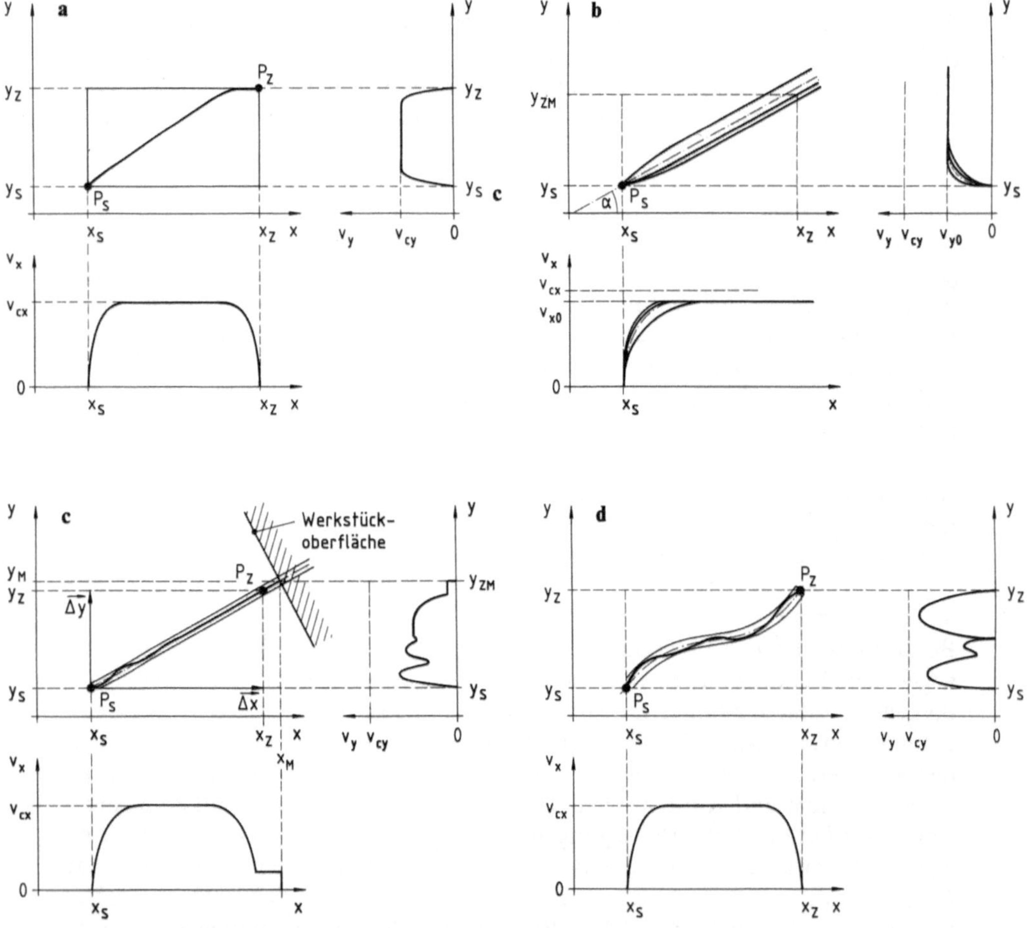

**Bild 4.47**   Verschiedene Steuerungsverhalten von Koordinatenmeßgeräten dargestellt für den zweidimensionalen Fall (Taststiftachse senkrecht zur x-y-Ebene)
a) Punkt-zu-Punkt-Steuerung,   b) Streckensteuerung,   c) Vektorsteuerung,   d) Bahnsteuerung
(Quelle: A. Weckenmann)

Erläuterungen zu Bild 4.47:
Es sind verschiedene Steuerungsverhalten von Koordinatenmeßgeräten für den zweidimensionalen Fall (Taststiftachse senkrecht zur x-y-Ebene) dargestellt.

Der Tastkugelmittelpunkt bewegt sich beispielsweise auf der eingezeichneten Bewegungsbahn vom Startpunkt $P_S(x_s;y_s)$ zum Zielpunkt $P_Z(x_Z;y_Z)$ und verläßt den schraffierten Bereich nicht.

Die Geschwindigkeit des Tasters in den Koordinatenrichtungen beträgt $v_x$ bzw. $v_y$. $v_{cx}$ und $v_{cy}$ sind Gerätekonstante, die von der Steuerung in Stufen abhängig von der Länge des Verfahrweges in der betreffenden Koordinatenrichtung selbsttätig eingestellt werden. Die Soll-Bewegungsbahn ist strichpunktiert und die tatsächliche Bewegungsbahn durchgezogen dick eingezeichnet.

a) Punkt-zu-Punkt-Steuerung
   Vorgegeben werden $P_S$ und $P_Z$. Die Messung auf dem Verfahrweg ist senkrecht zur Verfahrebene (d.h. in z-Richtung) möglich.

b) Streckensteuerung
   Vorgegeben werden $P_S$ und die Geschwindigkeitskomponenten $v_{xo}$ und $v_{yo}$.
   Der Taster bewegt sich in der vorgegebenen Richtung $\alpha = \arctan \dfrac{v_{yo}}{v_{xo}}$, bis eine neue Steueranweisung wirksam wird oder der Taster das Werkstück berührt.

c) Vektorsteuerung
   Einsatzbeispiel: Antastung einer Werkstückoberfläche in Normalenrichtung. Vorgegeben ist der Vektor $\vec{\Delta x} + \vec{\Delta y}$ (gegeben durch $P_S$ und $P_Z$). Um eine sichere Antastung zu erreichen, wird vorgegeben, daß der Taster ab Erreichen des Zielpunktes in der vorgegebenen Richtung mit geringer Geschwindigkeit fährt (wie im dargestellten Beispiel gezeigt). Ab dem Zeitpunkt der Berührung der Werkstückoberfläche kann beispielsweise der geräteinterne Regelkreis, in dem das Tastsystemsignal als Regelabweichung anzusehen ist, die Regelung der Feinpositionierung übernehmen. Die Bewegung des Tasters wird steuerungsintern beispielsweise so geregelt, daß in x-Richtung eine konstante Verfahrgeschwindigkeit $v_{cx}$ eingestellt wird und die Geschwindigkeit $v_y$ so nachgeregelt wird, daß die Bewegungsbahn innerhalb des im Bild schraffierten Bereiches bleibt. Beim Berühren werden die Koordinatenwerte des Meßpunktes $(x_M, y_M)$ gemessen.

d) Bahnsteuerung
   Vorzugeben ist die Soll-Bewegungsbahn (beispielsweise durch Vorgabe einer Funktion $y = f(x)$ und ggf. der Zielpunkt $P_Z(x_Z;y_Z)$). Im dargestellten Beispiel ist die Geschwindigkeit $v_x$ vorgegeben konstant ($v_{cx}$); die Geschwindigkeit $v_y$ wird so geregelt, daß der Taster ein vorgegebenes zulässiges Abweichungsband (im Bild gerastert gezeichnet) um die Soll-Bewegungsbahn nicht verläßt.

Zur Steigerung der Flexibilität und des Automatisierungsgrades können unterschiedliche Zusatzeinrichtungen zum Einsatz kommen. Dazu gehören in die

Steuerung eingebundener Drehtisch, automatische Tasterwechseleinrichtung mit automatischer Tasterspannvorrichtung, Tastermagazin und -handhabungseinrichtung sowie Dreh-Schwenkeinrichtung für den Taster. Für die automatische Teilebeschickung eines CNC-Koordinatenmeßgerätes mit Werkstückpaletten sind standardisierte Zufuhreinrichtungen vorhanden, die an verschiedene Materialflußsysteme angekoppelt werden können oder Teile aus einem Speicher automatisch entnehmen und nach dem Messen wieder ablegen können. Jede dieser Einrichtungen kann eine eigene Mikroprozessorsteuerung aufweisen, die zur Koordination und Synchronisation des Ablaufs mit dem Steuerungsrechner des Koordinatenmeßgerätes gekoppelt ist.

Die Steuerung der zu einem automatischen Meßablauf notwendigen einzelnen Funktionen des Koordinatenmeßgerätes und der Zusatzeinrichtungen erfolgt im Steuerungsrechner mit der zugehörigen CNC-Systemsoftware. Dazu wird meist der Rechner, auf dem auch die Meßdatenverarbeitung und Auswertung erfolgt, herangezogen. Die notwendige Leistungsfähigkeit und Größe der Rechner werden bestimmt durch die Komplexität der Steuer- und Auswertesoftware, die Verarbeitungsgeschwindigkeit sowie Art und Umfang der Datenspeicherung und Dokumentation, Art der Programmierung und Informationsweiterverarbeitung im Rahmen eines integrierten CAD/CAM/CAQ-Systems.

Die Rechner unterscheiden sich hauptsächlich in der verfügbaren Speicherkapazität und der Programmiersprache. Bisher wurden überwiegend Einplatzrechner mit reinen Maschinensprachen eingesetzt, zunehmend kommen aber Rechner für Mehrplatzbenutzung und mit höheren Programmiersprachen (z.B. FORTRAN, PASCAL, C) zur Anwendung. Vom Hersteller eines CNC-Koordinatenmeßgerätes wird üblicherweise ein Programmpaket geliefert, das neben den für die Auswertung der Meßpunktkoordinaten erforderlichen Programmen das CNC-Systemprogramm enthält. CNC-Systemprogramm und Auswertesoftware sind dem Anwender in der Regel im einzelnen nicht zugänglich; er kann lediglich die Programm-Module über die Bedieneroberfläche oder über Rechner-/Programmschnittstellen ansprechen und zur Programmierung des gesamten Meßablaufs nutzen. Notwendige Komponenten von CNC-Koordinatenmeßgeräten sowie Hilfsmittel, Informationen und Tätigkeiten, die für Vorbereitung, Programmierung und Durchführung von automatisierten Messungen erforderlich sind, zeigt die Übersicht in Bild 4.48.

### 4.4.4 Aufgabe und Ablauf der Programmierung

Für den CNC-Meßablauf ist ein Programm zu erstellen. Auf der Grundlage der Konstruktionsdaten und des Prüfplanes und Meßplanes (siehe Abschnitt 4.4.8) wird das CNC-Meßprogramm (das CNC-Meßprogramm für ein bestimmtes Werkstück wird in Anlehnung an den Sprachgebrauch bei NC-Werkzeugmaschinen auch Teileprogramm genannt) mit einem vom Hersteller vorgegebenen oder einem herstellerneutralen Programmiersystem erstellt (Bild 4.49).

Dabei werden alle für die Steuerung der Messung und Auswertung der Meßdaten notwendigen Informationen und Anweisungen in eine für den Rechner bzw. die gerätespezifische Steuerung verständliche Form (Steuercode) gebracht.

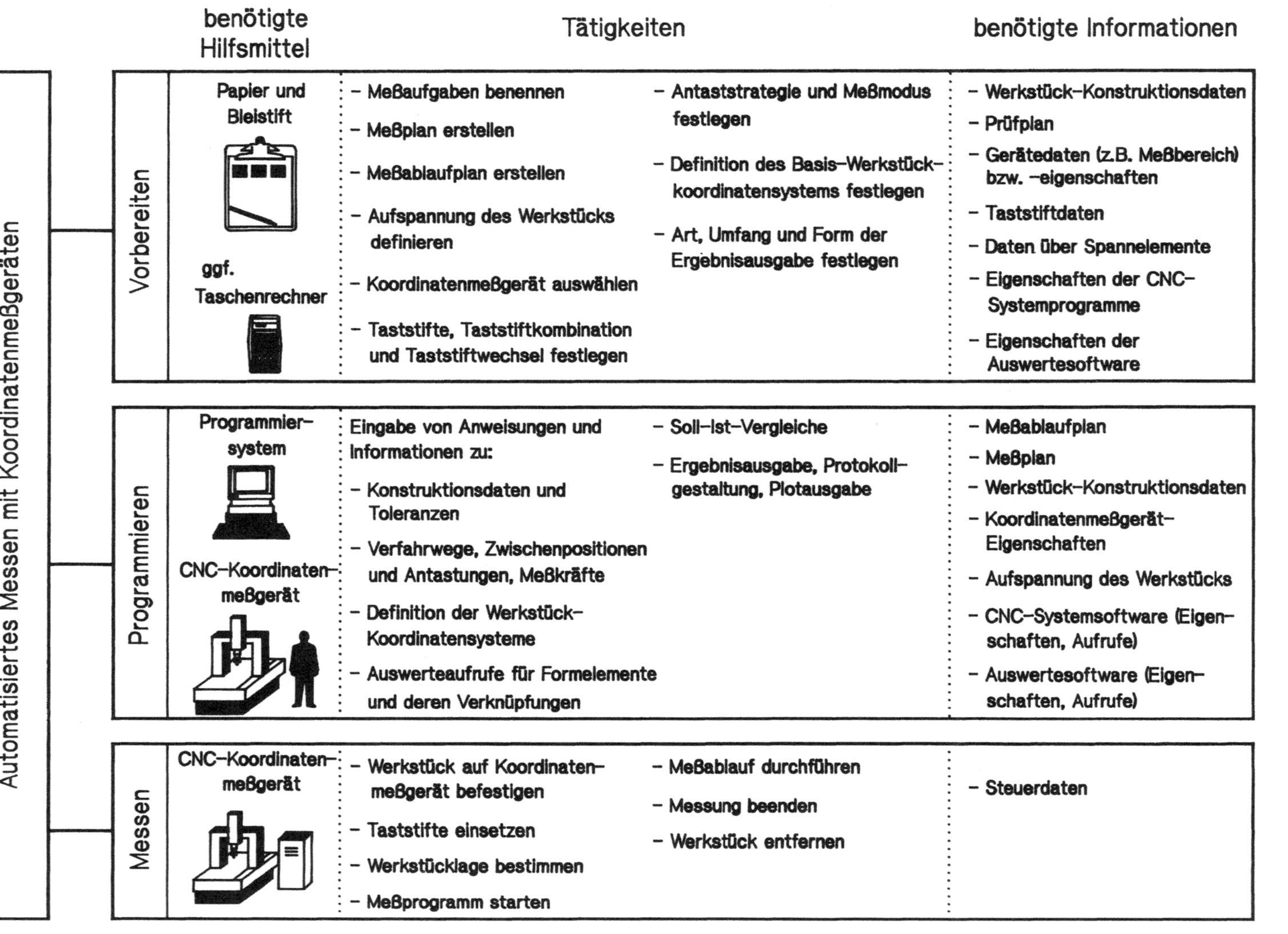


**Bild 4.48** CNC-Koordinatenmeßtechnik: Tätigkeiten, benötigte Hilfsmittel und Informationen für automatisierte Messungen auf CNC-Koordinatenmeßgeräten (Quelle A. Weckenmann)

Hinsichtlich Reihenfolge, Format und Codierung müssen allgemeingültige und gerätespezifische Regeln eingehalten werden. Die im CNC-Meßprogramm zu übertragenden Informationen und Anweisungen betreffen u. a. (siehe auch Bild 4.48):

- Steuerung des Koordinatenmeßgerätes,
- Auswertung von Meßpunkten zu Maß-, Form- und Lageparametern von Formelementen,
- Festlegen von Koordinatensystemen (u. a. Beziehung zwischen Geräte- und Werkstück-Koordinatensystem),
- Verknüpfung von Maß- und Lageparametern von Formelementen,
- Verknüpfung der Meßergebnisse für das Lösen von Prüfaufgaben (siehe auch Abschnitt 4.4.8),
- Ergebnisausgabe und -darstellung, Datenübertragung,
- Technologiedaten, wie z. B. Taststiftabmessungen,
- Informationen zu Sollgestalt und Toleranzen.

Die Folge von Informationen und Anweisungen, die im meßgerätespezifischen Steuercode vorliegen, werden vom CNC-Systemprogramm des Gerätes so umgesetzt, daß der Meßablauf automatisch erfolgt.

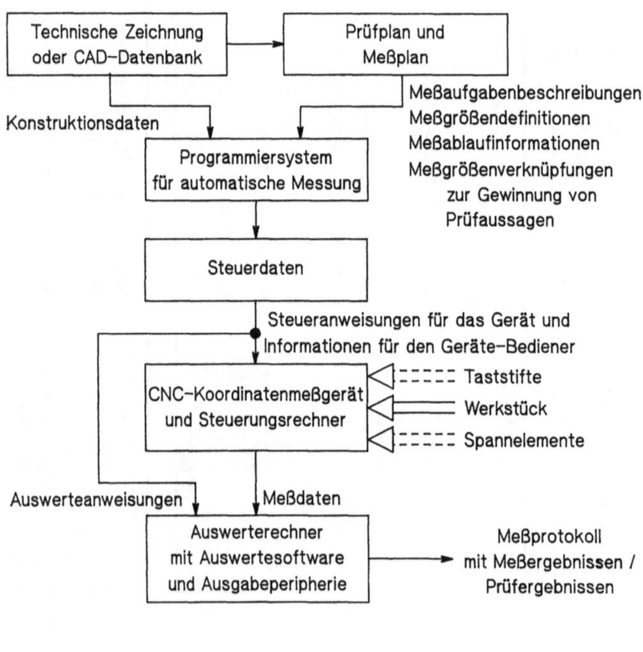


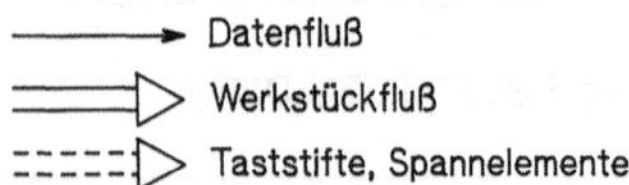


**Bild 4.49** Informationsfluß beim automatisierten Messen auf CNC-Koordinatenmeßgeräten (Quelle: A. Weckenmann)

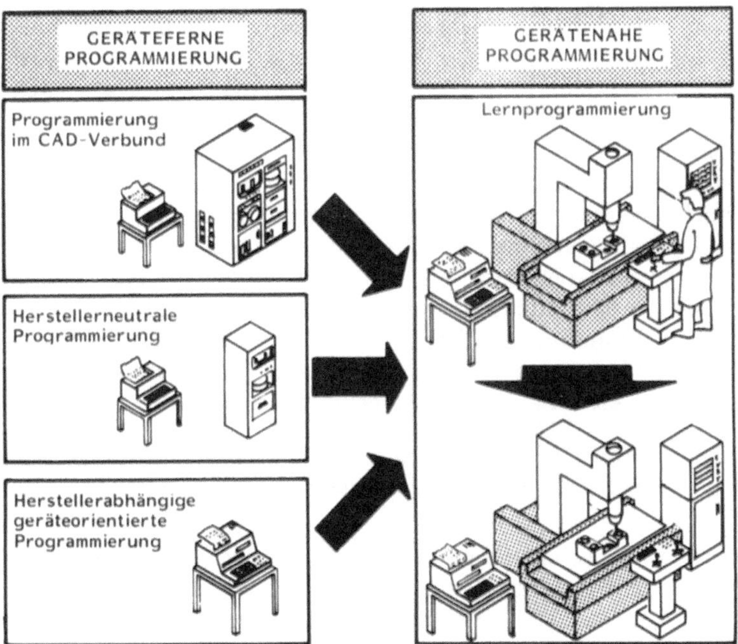



**Bild 4.50**  Arten der Programmierung von CNC-Koordinatenmeßgeräten (Quelle: H. Kampa, BARTEC BARLIAN-Technik)

Hinsichtlich des Ortes der Erstellung des Werkstück-Meßprogramms unterscheidet man zwischen

– gerätenaher und
– geräteferner

Programmierung (Bild 4.50) [WECK83], [OHNH84].

Unter *gerätenaher Programmierung* versteht man die Lernprogrammierung am Koordinatenmeßgerät durch Ausführen und Speichern einer vollständigen Messung eines Musterteiles. Das Koordinatenmeßgerät selbst mit dessen Bedienpult und die alphanumerische Tastatur des Rechners werden zur Eingabe der Programmschritte, Nennmaße und Toleranzen verwendet. Beim erstmaligen Durchführen der Messung werden alle Informationen zum Meßablauf im Rechner gespeichert. Sie stehen für die Wiederholung der Messung abrufbereit zur Verfügung.

Wesentliche kennzeichnende Eigenschaften dieser Programmierart sind:

– Anordnung und richtige Befestigung des Werkstückes auf dem Koordinatenmeßgerät können sofort überprüft werden.
– Die benötigte Taststiftkombination wird bei der Vorbereitung der Messung am Koordinatenmeßgerät in Verbindung mit dem Werkstück zusammengestellt und getestet. Die Daten der Taststiftkombinationen können für den Wiederholbetrieb abgespeichert werden.

- Der Bediener wird Positionen, die während der Lernprogrammierung angefahren werden, als Zwischenpositionen oder Antastpositionen übernehmen. Durch einen anschließenden Testlauf kann erkannt werden, ob in das durch Lernprogrammierung erstellte CNC-Programm alle Zwischenpositionen für einen kollisionsfreien Meßablauf übernommen wurden.
- Da die Messung mit dem Gerät bei der Programmierung direkt ausgeführt wird, werden auch die aufgerufenen Funktionen der Lernprogrammierung sofort ausgeführt. Fehler in der Eingabe können sofort behoben werden.
- Eingabefehler bei Nennmaßen und Toleranzen können bei der Auswertung der Meßergebnisse des Musterteils erkannt werden.
- Während der Lernprogrammierung des CNC-Meßablaufs ist das Koordinatenmeßgerät belegt und kann – abgesehen von der dabei durchgeführten Messung des Musterteils – nicht für Messungen genutzt werden.

Letztgenannte Eigenschaft des Lernprogrammierens ist ein wesentliches Hindernis für die optimale Nutzung des CNC-Koordinatenmeßgerätes.

Bei der *gerätefernen Programmierung* wird das Koordinatenmeßgerät während des Programmierens nicht benötigt. Durch Verlagerung der Programmierung weg von dem Koordinatenmeßgerät an einen separaten Arbeitsplatz, an ein Terminal oder an einen gerätefernen Rechner kann teure Gerätebelegungszeit gespart werden. Für diese geräteferne Programmierung von CNC-Meßabläufen werden Rechnerunterstützung und geeignete Softwarehilfsmittel benötigt. Bei der gerätefernen Programmierung gibt es zum einen die Möglichkeit einer geräteorientierten, herstellerabhängigen Programmierung auf dem Steuerungsrechner des Koordinatenmeßgerätes (z. B. über ein Terminal bei mehrplatzfähigem Prozeßrechner) oder auf einem gleichartigen Rechner unter dem gleichen Betriebssystem wie beim Steuerungsrechner. Dazu ist eine dialogorientierte Softwareunterstützung erforderlich, die allerdings herstellerspezifisch ist. Zum anderen besteht die Möglichkeit der Programmierung mit einem herstellerneutralen, problemorientierten System. Vorteilhaft ist hierbei, daß diese Programmierung geräteunabhängig ist und bei unterschiedlichen Koordinatenmeßgeräten angewendet werden kann. Mit Hilfe eines Postprozessors erfolgt nach der Programmerstellung eine Anpassung der NC-Steuerdaten auf die gerätespezifische Steuerung des CNC-Koordinatenmeßgerätes.

Bei der Programmierung der Meßabläufe wird immer wieder Bezug genommen auf die Konstruktionsdaten. Fehlermöglichkeiten und Zeitaufwand bei der Programmierung können beträchtlich reduziert werden, wenn die Konstruktionsdaten direkt übernommen werden. Bei Einsatz eines CAD-Systems gelingt dies besonders vorteilhaft, wenn die Programmierung direkt im CAD-System erfolgt. In diesem Fall können viele im CAD-System vorhandene Module (z. B. für die graphische perspektivische Darstellung des Messens) beim Programmieren des Meßablaufs genutzt werden und die Simulation der Messung im CAD-System erfolgen. Ein noch weitergehender Schritt bei der Automatisierung ist vorgezeichnet, wenn die erfaßten Meßdaten im gerätenahen Rechner nur noch vorausgewertet und die Ergebnisse zu gezielten Auswertungen an übergeordnete Rechner, z. B. den Rechner des CAD-Systems, weitergeleitet werden.

## 4.4.5 Programmierung von CNC-Koordinatenmeßgeräten

### 4.4.5.1 Teilbereiche der Programmierung

Im CNC-Meßablauf wird mit dem Koordinatenmeßgerät rechnergesteuert das zu prüfende Werkstück angetastet und dabei werden Koordinatenwerte der Meßpunkte erfaßt. Diese Koordinatenwerte werden dann mit Auswerteprogrammen so weiterverarbeitet, daß die im Prüfplan verlangten Prüfaussagen ausgegeben werden. Hinsichtlich der Programmierung des CNC-Ablaufes ist zu unterscheiden zwischen

- der Programmierung der Steuerung, die ähnliche Aufgaben wie bei NC-Werkzeugmaschinen zu erfüllen hat, und
- der Programmierung der Auswertung, die erst die geforderten Meßergebnisse bzw. Prüfergebnisse liefert.

Die Programmierung der Steuerung umfaßt das Zusammenstellen aller Anweisungen für das Verfahren des Tastsystems, das Erfassen der Koordinatenwerte von Meßpunkten (Meßpunktaufnahme) sowie für das Aufrufen von Auswerteprogrammen. Auswerteprogramme für die Maß- und Lageparameter von Formelementen (Bild 4.46 aus Abschnitt 4.4.2.2) werden meist von den Geräteherstellern mit dem Gesamtsystem mitgeliefert. Dem Anwender obliegt es jedoch, aus den Parametern, die mit den Auswerteprogrammen berechnet werden, diejenigen Prüfaussagen abzuleiten, die laut Prüfplan gefordert werden. Dies bezeichnet man als Programmierung der Auswertung. Dazu müssen herstellerseitig bereitgestellte Verknüpfungsprogramme angewandt werden, deren Eingabevariablen aus Parametern berechnet oder aus Konstruktionsvorgaben abgeleitet werden, Transformationen für verschiedene Koordinatensysteme vorgenommen, eigene Auswerteprogramme erstellt sowie die entsprechenden Ausgaben (z. B. auf Plotter oder Drucker) veranlaßt werden. In einigen Fällen sind auch weitergehende Auswerteprogrammierungen (s. Abschn. 4.4.5.4) erforderlich.

Nach Betrachtungen zu grundsätzlichen Unterschieden der Hard- und Software bei den verschiedenen Programmierverfahren (Abschn. 4.4.5.2) werden die Programmierung der Steuerung (Abschn. 4.4.5.3), die Programmierung der Auswertung (Abschn. 4.4.5.4) sowie Mittel und Methoden zur Vereinfachung der Programmierung (Abschn. 4.4.5.5) behandelt.

### 4.4.5.2 Unterschiede hinsichtlich Hard- und Software

Die meisten Hersteller von CNC-Koordinatenmeßgeräten bieten ihre Geräte und die zur Steuerung und Meßdatenauswertung verwendete Rechnerkonfiguration einschließlich Software als komplette Systeme an. Die Software ist auf ein bestimmtes Meßgeräte-Spektrum ausgerichtet und auch nur auf der vom Meßgerätehersteller festgelegten Rechner-Hardware ablauffähig. Bei CNC-Koordinatenmeßgeräten bestehen also nicht die bei NC-Werkzeugmaschinen angebotenen Kombinationsmöglichkeiten. (Viele der gängigen NC-Werkzeugmaschinen können mit Steuerungen verschiedener Hersteller ausgerüstet werden. Ein Anwender hat also in vielen Fällen die Möglichkeit, die jeweils für seine Zwecke

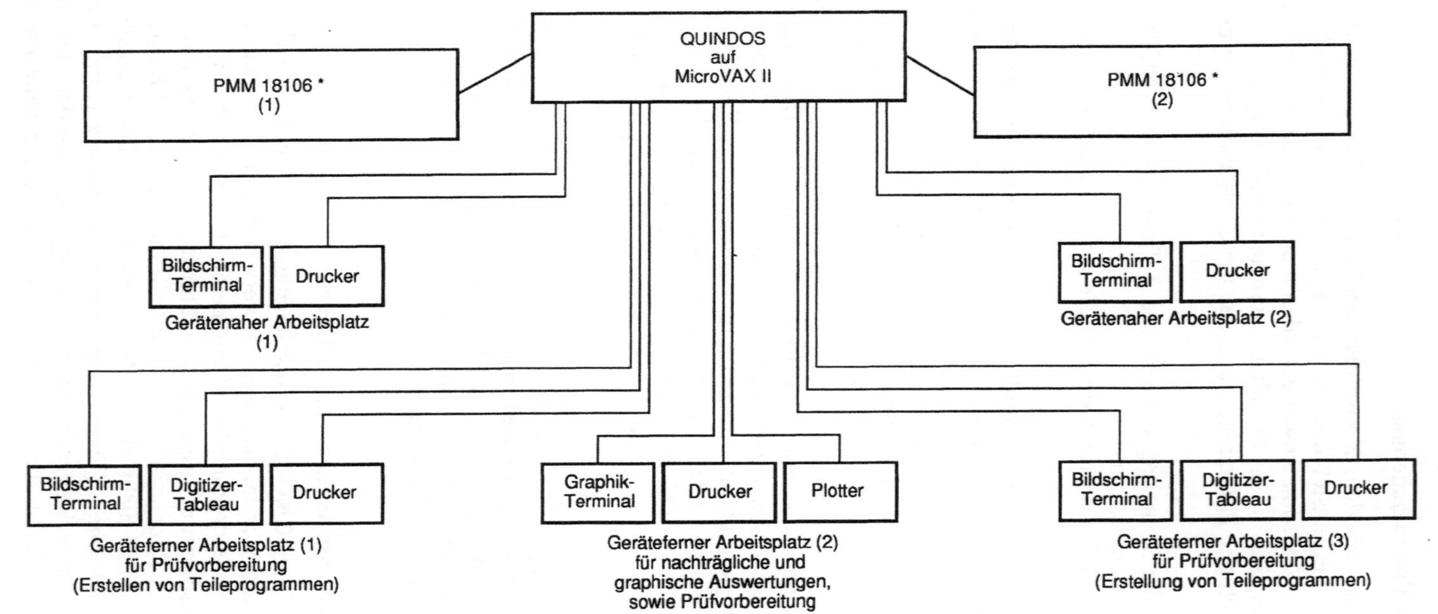


**Bild 4.51**   LEITZ QUINDOS Multiuser Meßsystem im Einsatz bei SIEMENS in Kemnath (Quelle: Siemens)

– auch unter Berücksichtigung der Programmierung – am besten geeignete Kombination „Numerische Steuerung/Werkzeugmaschine" auszuwählen.)

Wie in Abschnitt 4.4.4 erwähnt, unterscheidet man bei der Programmierung von CNC-Koordinatenmeßgeräten

– die gerätenahe Lernprogrammierung,
– die geräteferne herstellerabhängige Programmierung,
– die geräteferne herstellerneutrale Programmierung.

Bei der gerätenahen Lernprogrammierung ist die vom Hersteller gelieferte Software zu verwenden.

Zur gerätefernen herstellerabhängigen Programmierung werden Dialogprogramme angewandt, die auf dem Steuerungsrechner des Koordinatenmeßgerätes oder einem gleichartigen Rechner unter dem gleichen Betriebssystem wie beim Steuerungsrechner laufen. Dabei wird in der Regel auf Elemente, Routinen und Module der für das Gerät, mit dem gemessen wird, vorhandenen Software zurückgegriffen. Das Definieren der Meßaufgaben erfolgt in gleicher Weise wie bei der gerätenahen Lernprogrammierung. Die Eingabe von Koordinatenwerten (von Meßpunkten und Zwischenpositionen), die bei der Lernprogrammierung nach Anfahren der entsprechenden Punkte bzw. Positionen durch Betätigen der Übernahme-Taste erfolgt, wird bei der gerätefernen Programmierung mit der Tastatur des Rechners vorgenommen. Beispiele für Softwaresysteme zur gerätefernen Programmierung auf den Geräten des jeweiligen Herstellers sind HELP (DEA), PREP (Ferranti), QUINDOS (Leitz, Bild 4.51), GEOPAK (Mitutoyo), MFT-Prog (Zeiss, Bild 4.52). Die mit diesem Systemen erzeugten Programme

**Bild 4.52**  MFT-Programmierplatz (Werkbild Zeiss)

sind an die Geräte und Auswertesoftware des jeweiligen Herstellers gebunden und oft auch nur mit einer bestimmten Steuerung dieses Herstellers verwendbar.

Sollen die erstellten Meßprogramme auf Geräten verschiedener Hersteller, Geräten mit unterschiedlicher Rechnerausstattung oder unterschiedlicher Steuerung lauffähig sein, so müssen geräteferne herstellerneutrale Programmiersysteme angewandt werden. Diese benutzen einen dafür geeigneten Rechner (der weitgehend unabhängig von der Rechnerausstattung des zur Messung herangezogenen Koordinatenmeßgerätes ausgewählt werden kann); die Anpassung des erstellten – geräteunabhängigen – Meßprogramms an ein spezielles CNC-Koordinatenmeßgerät erfolgt mit einem Programmbaustein (Postprozessor). Für unterschiedliche Rechnerausstattungen an Koordinatenmeßgeräten, unterschiedliche Steuerungen und für Koordinatenmeßgeräte verschiedener Hersteller ist jeweils ein anderer Postprozessor erforderlich.

### 4.4.5.3 Programmierung der Steuerung

Bei der Programmierung der Steuerung müssen als Bestandteil des Teileprogramms (Meßprogramm) in den Steuerungsrechner alle für den automatisierten Ablauf der Meßpunktaufnahme notwendigen Informationen und Anweisungen eingegeben werden. Diese Informationen und Anweisungen werden aus dem Prüfplan bzw. Meßablaufplan abgeleitet und in einer für den Rechner verständlichen Form bzw. Codierung nach den in der Anleitung zum Programmiersystem festgelegten Regeln eingegeben. Je nach Programmierart und Rechnerperipherie werden dazu die Eingabetastatur des Rechners oder des Terminals, Bildschirm mit Lichtgriffel, andere Eingabegeräte oder das Koordinatenmeßgerät und dessen Bedienpult (z.B. bei der Lernprogrammierung) verwendet und die Daten und Befehle in alphanumerisch- oder graphisch-interaktivem Dialog eingegeben. Vielfach werden heute Menü-, Masken- oder Window-Techniken einzeln oder kombiniert angewandt.

Bei den Eingaben für die Programmierung der Steuerung unterscheidet man deklarative Anweisungen (Informationen) und operative Anweisungen (Befehle).

Zu den *deklarativen Anweisungen* gehören beispielsweise:

- Beschreibung der Tasterkonfiguration (Anzahl der Tastkugeln, Durchmesser der Tastkugeln, Orte der Tastkugelmittelpunkte in bezug auf einen Referenzpunkt),
- Nummer des Taststiftes, mit dem die nächsten Antastungen ausgeführt werden sollen,
- Beschreibung der Nenngestalt des Werkstückes (Maße, Abstände usw.).

Zu den *operativen Anweisungen* gehören beispielsweise:

- Start des Meßprogramms,
- Verfahren des Tasters oder des Werkstücktisches (Grob-/Feinpositionieren; Zielpunktkoordinaten, Verfahrrichtung und -geschwindigkeit sind anzugeben),

- ggf. Drehen des Drehtisches in Meß- oder Zwischenpositionen,
- Antasten,
- Übernahme der Koordinatenwerte (von den Längenmeßsystemen ggf. überlagert mit den Meßwerten des Tastsystems) in den Rechner zur Meßpunktaufnahme,
- Antastkraft einstellen,
- ggf. Klemmung des Tastsystems in vorzugebender Achsrichtung vornehmen,
- Aufrufe der Meßpunktauswerteprogramme, Speicherungsroutinen, Ausgaberoutinen einschließlich Koordinatensystem-Transformationsprogrammen,
- Umrechnung von Koordinaten im Werkstück-Koordinatensystem in das Steuerkoordinatensystem,
- ggf. Wechsel des Taststiftes (bei Vorhandensein einer Tasterwechseleinrichtung)
- Beenden des Meßprogramms.

Die Aufeinanderfolge von solchen Informationen und Befehlen stellt das Programm zur Steuerung der Meßpunktaufnahme dar. Es muß alle Anweisungen enthalten, die erforderlich sind, damit alle Meßpunkte, die für die Auswertung benötigt werden, korrekt erfaßt werden und alle für die Auswertung notwendigen Aufrufe an der „richtigen" Stelle im Meßablauf erfolgen und sich auf die „richtigen" Meßpunkte beziehen.

Bei der Programmierung eines Meßablaufes werden unter Anwendung von Folgen einzelner Anweisungen folgende Aufgaben bearbeitet:

### a) Einmessen der Taststifte

Ausgehend von den für die durchzuführende Messung festgelegten Taststiften bzw. Taststiftkombinationen ist das Kalibrieren (Einmessen der Taststifte) durch Aneinanderreihung von Einzelanweisungen oder ggf. durch Aufruf des entsprechenden Makromoduls zu programmieren, sofern die hieraus resultierenden Daten nicht von einer vorhergehenden Messung bereits ermittelt und gespeichert vorliegen. Beim Einmessen der Taststifte werden durch Antasten eines Kalibriernormals (meist eine Kugel) die Tastkugeldurchmesser und die Lage der Tastkugelmittelpunkte zueinander ermittelt. Die Feststellung dieser geometrischen Daten ist für die Auswertung der erfaßten Meßpunktkoordinatenwerte und die kollisionsfreie Steuerung des Meßgerätes Voraussetzung. Bei aufeinanderfolgendem Gebrauch desselben Taststiftes ist der Einmeßvorgang ggf. nur vor dem ersten Einsatz auszuführen.

### b) Bestimmen der Werkstücklage

Der Erstellung eines Meßprogramms sollte *ein* der Aufgabe angepaßtes i. allg. rechtwinkliges Basis-Werkstück-Koordinatensystem zugrundeliegen, auf das die zu programmierenden Prüfaufgaben und die bei der Programmierung einzugebenden Koordinatenwerte bezogen werden. Zur Ermittlung der Lage dieses Werkstück-Koordinatensystems im Geräte-Koordinatensystem sind die Ausrichteprogramme aufzurufen. Dabei werden die Transformationsgrößen, die den Zusammenhang zwischen beiden Koordinatensystemen herstellen, durch Auswerten von Meßpunkten an Bezugselementen des Werkstückes (DIN 32880, DIN ISO 5459) ermittelt und gespeichert. Diese Größen ermöglichen es, die vom Meßgerät im Gerätekoordinatensystem erfaßten Daten in das Werkstück-Koordinatensystem zu transformieren. Falls es für das Lösen von Prüfaufgaben vorteilhaft ist, können Werkstück-Unterkoordinatensysteme verwendet werden, wobei die Ermittlung der Transformationsgrößen jeweils in gleicher Weise vonstatten gehen sollte. Für das Programmieren der Steuerung für die Verfahrwege, Zwischenpositionen und Meßpunkte kann bei einigen Koordinatenmeßgeräten ein eigenes Steuer-Werkstück-Koordinatensystem zugrundegelegt werden. Dies kann zur Vereinfachung der Programmierung der Steuerung beitragen. Die Anwendung eines Drehtisches verlangt zusätzliche Transformationen.

### c) Meßpunkterfassung für die Prüfaufgaben

Dafür sind entsprechend der zu erfassenden Meßpunkte Verfahrbewegungen zu Zwischenpositionen und Meßpunkten sowie das Übernehmen von Koordinatenwerten zu programmieren.

Zur Programmierung der Verfahrbewegungen des Tastsystems sind zunächst Parameter für Verfahr- und Antastgeschwindigkeit anzugeben oder die voreingestellten Werte zu übernehmen.

Vor einer Meßpunkterfassung ist das Tastsystem mit dem gewählten Taststift bzw. der gewählten Taststiftkombination kollisionsfrei an Zwischenpositionen, die im Programm vorzugeben sind, zu verfahren, sofern die Meßposition nicht auf direktem Weg von der vorherigen Meßposition aus angefahren werden kann.

Ausgehend von der gewählten Zwischenposition sind zur Erfassung der Koordinatenwerte eines Meßpunktes die anzufahrende Sollposition und die Antastrichtung, ggf. auch die Antastkraft zu programmieren. Beim Antastvorgang veranlaßt die Steuerung die Übernahme aller Koordinatenwerte der Längenmeßsysteme und ggf. des Tastsystems in den Rechner.

Sofern das Koordinatensystem gewechselt werden soll, ist dieses ebenfalls zu programmieren.

### d) Aufruf von Auswerteprogrammen

Für das Ermitteln der Maße und Lageparameter von Formelementen sind die Auswerteprogramme ggf. unter gleichzeitiger Angabe des Ausgleichskriteriums aufzurufen. Ggf. erfolgt dieser Aufruf vor der Aufnahme des ersten zum Formelement gehörenden Meßpunktes, und die Auswertung wird über einen Startbefehl nach dem letzten zugehörigen Meßpunkt initiiert. Die Programmierung weitergehender Auswertungen sowie der Datenausgabe wird in Abschnitt 4.4.5.4 Programmierung der Auswertung behandelt.

### e) Berücksichtigen von Zusatzeinrichtungen

Bei Vorhandensein einer Tasterwechseleinrichtung, eines Tastermagazins (dessen Bestückung bei den vorbereitenden Maßnahmen festgelegt wurde) oder einer automatisierten an die Gerätesteuerung angeschlossenen Werkstück-Be-/ Entladeeinrichtung sind die diesbezüglichen Anweisungen an den entsprechenden Stellen im Meßprogramm vorzusehen.

*f) Programme für spezielle Meßaufgaben*

Sofern spezielle Meßaufgaben, z. B. Messen von Kurven oder Zahnrädern, durchzuführen sind, sind die dafür verfügbaren Programme, die meist einen umfangreichen, vorbereiteten Steuerungsanteil enthalten, nach besonderen Regeln anzuwenden.

### 4.4.5.4 Programmierung der Auswertung

Die Auswertung in der Koordinatenmeßtechnik umfaßt alle Einzelschritte für das Ableiten der geforderten Prüfaussagen aus den erfaßten Koordinatenwerten der Meßpunkte. Dazu gehören insbesondere

a) das Berechnen der Maß- und Lageparameter von geometrisch idealen Ersatz-Formelementen nach DIN 32880 Teil 1,
b) das Verknüpfen von Maß- und Lageparametern zur Ermittlung von Abständen und Winkeln und der Parameter von Verknüpfungselementen,
c) das Ermitteln von Werkstück-Koordinatensystemen,
d) das Ermitteln von Formabweichungen,
e) das Prüfen, ob Toleranzen eingehalten werden (Soll-Ist-Vergleich),
f) die Ausgabe der Meßergebnisse,
g) Best-Fit- und MMC-Einpassungen von Kombinationen von Formelementen (beispielsweise zur Paarungsprüfung),
h) das Feststellen der Gestalt von Werkstücken mit gekrümmten Oberflächen (z. B. Turbinenschaufeln, Nockenwellen), ggf. das rechnerische Anpassen von Meßpunkten der Ist-Fläche an eine vorgegebene Nenngestalt und ggf. das Prüfen, ob Toleranzen eingehalten werden,
i) das Auswerten beim Messen und Prüfen spezieller Maschinenteile, wie z. B. Zahnräder, Gewindeteile usw.

In jedem Falle wird auch das Anzeigen, Protokollieren und Dokumentieren der Ergebnisse in graphischer oder alphanumerischer Form zur Auswertung gezählt.

Die erfaßten Koordinatenwerte der Meßpunkte beziehen sich beim Antasten mit Tastkugeln auf deren Mittelpunkt. Die Werkstückoberfläche wird jedoch beim Antasten mit der Oberfläche der Tastkugel berührt. Dieser Sachverhalt wird bei der Auswertung in der *Tasterradiuskorrektur* berücksichtigt.

Zum Bereich der Auswertung zählt man auch die Weiterverarbeitung von Meß-/Prüfergebnissen mit Hilfe von Statistik-Programmen, wenn diese Auswertungen auf dem Rechner des CNC-Koordinatenmeßgerätes vorgenommen werden.

a) *Maß- und Lageparameter der Formelemente.* Aus den Koordinatenwerten der Meßpunkte werden Maß- und Lageparameter von geometrisch idealen Ersatzformelementen, die als Annäherung der wirklichen Gestalt der am Werkstück vorhandenen Formelemente an die Nenngestalt zu verstehen sind, berechnet.

Die Maß- und Lageparameter der Formelemente Gerade, Kreis, Ebene, Kugel, Kegel, Zylinder und Torus werden übereinstimmend mit DIN 32880 Teil 1 mit Hilfe der vom Gerätehersteller in dessen Grundsoftware gelieferten Auswertemodulen berechnet. Diese Module werden durch Tastendruck, über Tablett- oder Bildschirmeingabe oder über codierten Aufruf in CNC-Programmen gestartet und verarbeiten die zuvor gemessenen Koordinatenwerte der Meßpunkte unter Anwendung des ebenfalls einzugebenden Ausgleichskriteriums. Im allgemeinen werden, sofern keine andere Vorgabe gilt, die Parameter der Formelemente unter dem Ausgleichskriterium „kleinste Fehlerquadratsumme" (auch Gauß-Ausgleich genannt) berechnet. Bei Vorgabe der Hüllbedingung (DIN 7167) oder sofern das Formelement Bezugselement nach DIN ISO 5459 ist, wird die Hüll-, Pferch- oder Tangentialbedingung angewandt. Beim Messen von Formabweichungen ist die Minimumbedingung vorzugeben. Die zu berechnenden Parameter sind in Bild 4.53 für die Formelemente nach DIN 32880 Teil 1 angegeben. Die Tasterradiuskorrektur erfolgt in den Auswertemodulen durch Korrektur der Lage- oder Maßparameter um den Tastkugelradius (z. B. bei Lageparametern einer Ebene) bzw. den Tastkugeldurchmesser (z. B. beim Maßparameter vom Zylinder).

Die Elemente Kreis, Gerade und ggf. Punkt können mit Auswertemodulen für die flächenhaften Formelemente unter Vorgabe von Nebenbedingungen errechnet werden.

| Form-element | Maße | Lageparameter | Ausgleichskriterien |
|---|---|---|---|
| Ebene | ----- | Ebenennormale und ein Punkt der Ersatz-Ebene | kleinste Fehlerquadratsumme Minimumbedingung Tangentialbedingung innen bzw. außen |
| Kugel | Durchmesser der Ersatzkugel | Mittelpunkt der Ersatzkugel | kleinste Fehlerquadratsumme Minimumbedingung Hüllbedingung Pferchbedingung |
| Zylinder | Durchmesser des Ersatzzylinders | Richtung der Achse des Ersatzzylinders und Punkt auf dieser Achse | kleinste Fehlerquadratsumme Minimumbedingung Hüllbedingung Pferchbedingung |
| Kegel | Öffnungswinkel des Ersatzkegels | Spitze des Ersatzkegels und Richtung der Achse des Ersatzkegels | kleinste Fehlerquadratsumme Minimumbedingung |
| Torus | Ringdurchmesser und Schnurdurchmesser des Ersatztorus | Mittelpunkt des Ersatztorus und Normalenrichtung der Hauptebene des Ersatztorus | kleinste Fehlerquadratsumme Minimumbedingung Hüllbedingung Pferchbedingung |

**Bild 4.53**  Geometrisch ideale Ersatz-Formelemente mit ihren Maß- und Lageparametern nach DIN 32880 und den möglichen Ausgleichskriterien für vollständig ausgeprägte Elemente

b) Unter alleinigem *Anwenden der Auswerteprogramme* für die Formelemente können nur deren Maß- und Lageparameter bezüglich des Geräte-Koordinatensystems errechnet und daher bei Vergleich mit den Nennvorgaben nur die Maße geprüft werden. Für das Festlegen von Werkstück-Koordinatensystemen (s. Abschn. c)) und für weitergehende Prüfungen (z. B. Prüfen von Abständen) müssen meist die Lageparameter von mehreren Formelementen untereinander verknüpft werden.

Mit Hilfe von *Verknüpfungsmodulen* können aus berechneten Maß- und Lageparametern von Formelementen

- Lagebeziehungen von Formelementen untereinander oder
- Parameter neuer Formelemente unter Einbeziehung der zuvor berechneten

ermittelt werden.

Beim Programmieren der Auswertung kann großenteils auf Verknüpfungsmodule, die in der Basis-Software der Hersteller verfügbar sind, zurückgegriffen werden. Der Aufruf erfolgt wie bei den Berechnungsmodulen.

In anderen Fällen müssen die Verknüpfungsmodule für die Auswertung beim Programmieren erstellt werden. Die Möglichkeit des *Rückbezugs,* d. h. das Einbeziehen von Parametern eines mehrere Meßschritte zuvor gemessenen Elements, muß in der Auswertesoftware und in Programmiersystemen gegeben sein.

Zu Lagebeziehungen gehören die in DIN 32880 Teil 1 detailliert definierten Abstände und Winkel zwischen Formelementen:

- Abstände: Punkt-Punkt-Abstand, Punkt-Gerade-Abstand, Punkt-Ebene-Abstand, Abstand zweier Geraden, Abstand einer Geraden von einer Ebene, Abstand zweier nominell paralleler Ebenen.
- Winkel: Winkel zwischen zwei Geraden, Winkel zwischen Gerade und Ebene, Winkel zwischen zwei Ebenen.

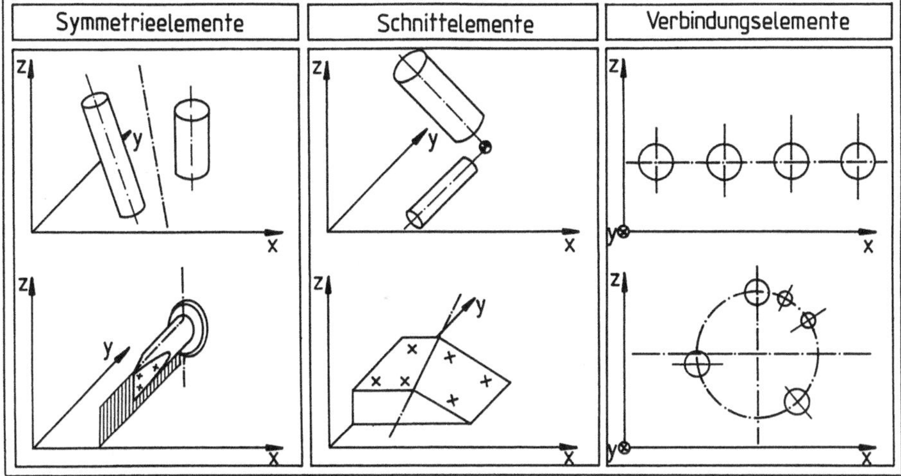


**Bild 4.54**  Formelemente durch Verknüpfungen (Quelle: wbk, Universität Karlsruhe)

Die Parameter von Formelementen, die sich als Symmetrie-, Schnitt- und Verbindungselemente aus vorhandenen berechneten Elementen ergeben, lassen sich ebenfalls häufig durch Aufruf von herstellerseitig zur Verfügung gestellten Verknüpfungsmodulen berechnen (Bild 4.54). So lassen sich als Symmetrieelemente beispielsweise Symmetriepunkte zweier Kreise, Symmetrieachsen zweier Geraden, Symmetrieflächen zweier Flächen ermitteln; als Schnittelemente können u.a. Schnittpunkte zwischen Geraden, Kreisen und Flächen oder Schnittlinien zweier Flächen gebildet werden; Verbindungselemente sind zum Beispiel Geraden, die aus Kreismittelpunkten, oder Lochkreise, die durch Verknüpfung einzelner Bohrungen des Lochkreises ermittelt werden. Des weiteren können die Parameter von Formelementen, die sich aus Parallelversatz oder/und Drehung um eine vorzugebende Achse aus anderen Elementen ergeben, bei der Programmierung der Auswertung durch Aufruf einfacher Prozeduren vorgegeben werden.

Diese rechnerischen Verknüpfungen sowie das Bestimmen von Loten, Lotrichtungen, Lotfußpunkten sowie von Parametern von Formelementen unter Vorgabe von Nebenbedingungen (z.B. Bestimmen einer Ebene durch zwei Punkte unter der Nebenbedingung, daß diese Ebene senkrecht steht auf einer anderen bereits ermittelten Ebene) werden häufig benötigt. Auf den letztgenannten Verknüpfungen baut oft das Bestimmen von Werkstück-Koordinatensystemen auf. Wenn auch viele einzelne Verknüpfungsmodule im Softwarepaket des Herstellers bereits enthalten sind, so obliegt es doch oft dem Anwender beim Programmieren der Auswertung im Hinblick auf das verlangte Ergebnis, die erforderlichen Werte der Eingabeparameter für die Verknüpfungsmodule zu berechnen, ggf. Transformationen der Werte in unterschiedliche Koordinatensysteme vorzunehmen und ggf. die mit den Verknüpfungsmodulen berechneten Ergebnisse so umzurechnen oder zu transformieren, daß die erforderlichen Merkmalswerte zur weiteren Verarbeitung oder zur Ausgabe zur Verfügung stehen. Insbesondere zur Prüfung von Lagetoleranzen werden Verknüpfungen angewandt.

Die Verknüpfungsmodule bieten den Anwendern bei der Programmierung der Auswertung zahlreiche zusätzliche Möglichkeiten, spezifische funktionsbedingte Merkmale durch eigene Verknüpfungen zu erfassen. Ein einfaches Beispiel wird in Bild 4.55 gezeigt. Am skizzierten Getriebegehäuse ist die Parallelität zweier Achsen zu prüfen. Die Achsen werden durch Verknüpfung der Lagerbohrungen (A, B, und C, D) ermittelt und anschließend deren Parallelitätsabweichung errechnet.

Die Berechnung des Abstandes zweier Punkte erfolgt mit einem Standardprogramm. Es obliegt jedoch ggf. dem Anwender, beim Programmieren der Auswertung anzugeben, welche Punkte heranzuziehen sind (z.B. die Schwerpunkte bei der Abstandsermittlung zweier nominell paralleler Ebenen nach DIN 32880 Teil 1, Abschn. 5.1.6).

c) Für das Festlegen des Ortes und der Orientierung des *Werkstück-Koordinatensystems* im Gerätekoordinatensystem werden die ermittelten Lageparameter von Ersatz-Formelementen zugrunde gelegt und diese rechnerisch untereinander verknüpft. Beim Programmieren der Auswertung werden für die Festlegung zur

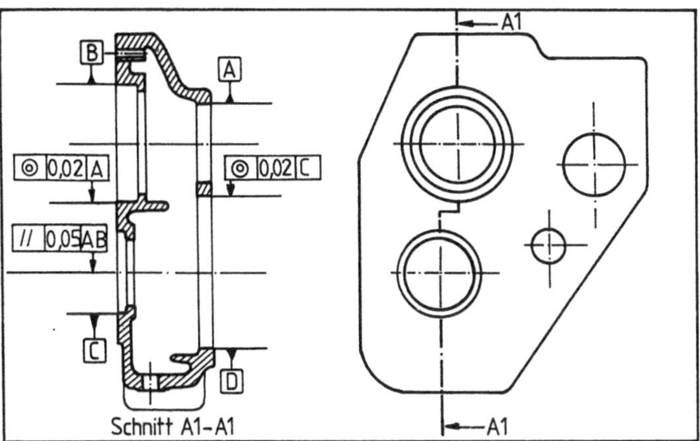


**Bild 4.55**  Prüfmerkmal Parallelität zweier Getriebeachsen (Anwendungsbeispiel für den Gebrauch von Verknüpfungen) (Quelle: wbk, Universität Karlsruhe)

Verknüpfung der Lageparameter spezielle in der Basis-Software vom Hersteller enthaltene Ausrichteprogramme und ggf. auch Verknüpfungsprogramme (siehe Absatz b) aufgerufen. Nach Abschluß der Definition des Werkstück-Koordinatensystems sind die Elemente einer Transformationsmatrix, mit der die Koordinatenwerte vom Geräte- ins Werkstückkoordinatensystem (und zurück) umgerechnet werden können, wertemäßig festgelegt, und die Transformationen können durch Aufruf (z. T. auch implizit beim Aufruf von anderen Programmen) durchgeführt werden.

d) Für das normgerechte *Ermitteln von Formabweichungen* unter Beachten der Minimalbedingung nach DIN ISO 1101 sind i. allg. spezielle Auswertemodule, die ebenfalls vom Geräte-Hersteller mitgeliefert werden können, notwendig. Diese Programme werden nach Aufnahme einer i. allg. recht hohen Anzahl von Meßpunkten in gleicher Weise wie n-Punkt-Programme (s. Abschn. 4.4.2.2) aufgerufen bzw. gestartet. Sofern die Ausrichtung des zugrundeliegenden aktuellen Werkstückkoordinatensystems anhand vorgegebener Bezugselemente korrekt festgelegt und die Antaststrategie (Anzahl und Verteilung der Meßpunkte auf dem Formelement) aufgabenentsprechend programmiert wurden, bleibt bei der Programmierung der Auswertung für das Ermitteln der Formabweichung keine weitere Einflußmöglichkeit.

e) Beim *Prüfen von Toleranzen* wird ein Vergleich zwischen den gemessenen Merkmalswerten, den zeichnungsmäßig vorgegebenen Nennmaßen, Nennabständen usw. und zugelassenen Toleranzen ausgeführt. Dazu gibt der Programmierer Nennmaße, Toleranzarten (z. B. bei Form- und Lageprüfungen erforderlich), Toleranzwerte (oder Grenzmaße, Grenzabmaße, ISO-Toleranzfeldgruppen) sowie ggf. zusätzliche Bedingungen oder Werte ein. So sind beispielsweise bei der Prüfung von Lageabweichungen Bezugselemente (DIN ISO 5459) und ggf. Bezugslängen u. a. vorzugeben (Lageabweichungen werden i. allg. anhand

a

```
##############################################################################
#                                                                          ##
#              S A M P O H - M I T U T O Y O                               ##
#                  Meßgeräte Vertriebs-GmbH                                ##
#                     Borsigstraße 8-10                                    ##
#                     4040 NEUSS 21                                        ##
##############################################################################
 Datum     8-Jul-1987 Zeit    14:16h !! Wiederholg: AU-TEST-CNC          !
 Messmaschine     :              !! Programm     : GEOPAK-2      0.1 !
 Benennung        : Gehaeuse - Oberteil                                  !
 Pruefer          : Mueller      !! Zeichnungs-Nr.  : A 9512.3578  a     !
 Teile-Nr.        : 16           !! Kunde           : Fa. Huber          !
 Auftrags-Nr.     : 953 157      !! Arbeitsgang      : Endkontrolle       !


 Res.Satz Element  Pkt  X-Koord.    Y-Koord.    Z-Koord.    Durchm.    Max.Diff
 Nr.  Nr.          X-Winkel    Y-Winkel    Z-Winkel    Abst / Wi
           Toleranz Ref  Nennwert++o/u. Tol.        Istwert     Fehler       mm

    1 N0011 FLAECHE    3                                          0.009
                          89:59:55    90:00:12   179:59:47

    2 N0017 GERADE     2      -0.009      -58.898      0.000     58.898
                           0:00:32    90:00:32   90:00:00

    3 N0024 KREIS      3       0.020      -0.003      0.000     55.062

    3 N0029 Durchm.           55.000       0.050     55.062     0.062
                                         -0.050                 0.012  ------+--->>

    4 N0031 FLAECHE    3                                         10.318
                          90:00:36    89:57:12   179:57:08

    4 N0037 Parallel   1      55.000       0.100      0.047              ***---
                              55.000

    5 N0039 ZYLINDER   5      -0.099       0.030     -0.000     30.012
                          90:00:18    90:04:54    0:04:54

    5 N0048 Durchm.           30.000       0.020     30.012     0.012
                                         -0.020                       ------****--

    5 N0049 Rechtwkl   1      70.000       0.010      0.103     0.093      !--->>

    6 N0050 ELLIPSE    5     -34.995     -39.367     -0.000     14.071
                          81:02:57     8:57:03    90:00:11     14.116

    6 N0058 Pos. X            35.000       0.100     34.995    -0.005
                                         -0.100                       ------*------

    6 N0059 Pos. Y            39.500       0.100     39.367    -0.133
                                         -0.100                -0.033 <<---+------

    6 N0060 Kl.Achse          14.000       0.100     14.116     0.116
                                         -0.100                 0.016 ------+--->>

    6 N0061 Gr.Achse          14.000       0.100     14.071     0.071
                                         -0.100                       ------*****-

    1 N0062 FLAECHE    M                                          0.009
                          89:59:55    90:00:12   179:59:47

    5 N0063 ZYLINDER   M      -0.099       0.030     -0.000     30.012
                          90:00:18    90:04:54    0:04:54

    7 N0064 SCHN-PKT          -0.099       0.030     -0.009

    7 N0065 Konzentr   3       0.000       0.200     -0.099     0.206      !--->>
                              -0.000                  0.030     0.006

    8 N0067 GERADE     2     116.895      -0.020      0.000    116.895
                          90:00:36   179:59:24   90:00:00

    8 N0073 X-Winkel          90:00:00    0:05:00   90:00:36    0:00:36
                                          -0:05:00                     ------**-----
```

**Bild 4.56**   Meßprotokoll: Möglichkeiten der Verdichtung
a) Vollständige Ausgabe, b) Nur Soll-Ist-Vergleiche, c) Fehlerbezogene Ausgabe (Werkbild Sampoh – Mitutoyo)

**b**

```
Datum        8-Jul-1987 Zeit       14:14h || Wiederholg: AU-TEST-CNC           |
Messmaschine       :                       || Programm          :  GEOPAK-2    0.1 |
Benennung          : Gehaeuse - Oberteil                                       |
Pruefer            : Mueller            || Zeichnungs-Nr.   : A 9512.3578   a    |
Teile-Nr.          : 16                 || Kunde            : Fa. Huber          |
Auftrags-Nr.       : 953 157            || Arbeitsgang      : Endkontrolle       |

          Toleranz   Ref   Nennwert++o/u. Tol.      Istwert      Fehler           mm

   3 N0029 Durchm.              55.000       0.050     55.063       0.063
                                            -0.050                  0.013 ------+--->>

   4 N0037 Parallel     1       55.000       0.100      0.047                  ***---
                                55.000

   5 N0048 Durchm.              30.000       0.020     30.012       0.012
                                            -0.020                        ------****--

   5 N0049 Rechtwkl     1       70.000       0.010      0.094       0.084    !--->>

   6 N0058 Pos. X               35.000       0.100     34.995      -0.005
                                            -0.100                        ------*------

   6 N0059 Pos. Y               39.500       0.100     39.367      -0.133
                                            -0.100                 -0.033 <<---+-----

   6 N0060 Kl.Achse             14.000       0.100     14.116       0.116
                                            -0.100                  0.016 ------+--->>

   6 N0061 Gr.Achse             14.000       0.100     14.067       0.067
                                            -0.100                        ------****--

   7 N0065 Konzentr     3       -0.000       0.200     -0.100       0.210    !--->>
                                -0.000                  0.033       0.010

   8 N0073 X-Winkel             90:00:C0    0:05:00    90:00:31     0:00:31
                                           -0:05:00                       ------**-----
```

**c**

```
Datum        8-Jul-1987 Zeit       14:09h || Wiederholg: AU-TEST-CNC           |
Messmaschine       :                       || Programm          :  GEOPAK-2    0.1 |
Benennung          : Gehaeuse - Oberteil                                       |
Pruefer            : Mueller            || Zeichnungs-Nr.   : A 9512.3578   a    |
Teile-Nr.          : 16                 || Kunde            : Fa. Huber          |
Auftrags-Nr.       : 953 157            || Arbeitsgang      : Endkontrolle       |

          Toleranz   Ref   Nennwert++o/u. Tol.      Istwert      Fehler           mm

   3 N0029 Durchm.              55.000       0.050     55.064       0.064
                                            -0.050                  0.014 ------+--->>

   5 N0049 Rechtwkl     1       70.000       0.010      0.090       0.080    !--->>

   6 N0059 Pos. Y               39.500       0.100     39.371      -0.129
                                            -0.100                 -0.029 <<---+-----

   6 N0060 Kl.Achse             14.000       0.100     14.122       0.122
                                            -0.100                  0.022 ------+--->>

   7 N0065 Konzentr     3       -0.000       0.200     -0.100       0.210    !--->>
                                 0.000                  0.033       0.010
```

der berechneten Ersatzformelemente ermittelt). Sofern die Auswertesoftware die Möglichkeit der Prüfung unter Anwenden der Maximum-Material-Bedingung Ⓜ oder der projizierten Toleranzzone Ⓟ oder der Hüllbedingung Ⓔ gibt, sind die notwendigen Eingaben bei der Programmierung der Auswertung vorzunehmen.

f) Die *Ausgabe des Meßergebnisses* geschieht in Form eines numerischen Meßprotokolls oder einer Graphik.

Zur Protokollgestaltung der Meßergebnisse bestehen verschiedene Optionen. In der Regel ist eine komplette Darstellung der Meßergebnisse nicht sinnvoll.

Daher können die Meßprotokolle verdichtet werden, so daß entweder nur die Maße mit programmiertem Soll-Ist-Vergleich ausgedruckt werden, oder nur die Maße, bei denen die Toleranz überschritten wurde (fehlerbezogene Darstellung). Bild 4.56 zeigt einen Protokollauszug für denselben Meßablauf in der kompletten Darstellung bzw. in verdichteter Form. Eine graphische Darstellung (Urwertkarte, Histogramm) ist im Rahmen der statistischen Verarbeitung möglich. Ferner bestehen Optionen hinsichtlich graphischer Ausgabe für die Prüfungen von Form- und Lageabweichungen. Insbesondere zur Darstellung des Meßergebnisses bei Werkstücken mit gekrümmten Flächen und speziellen Maschinenteilen (z. B. Turbinenschaufeln, Zahnräder, s. Abschn. h) und i)) haben sich graphische Ergebnisdarstellungen bewährt (Bild 4.57).

g) Für **Best-Fit-Einpassungen** und **MMC-Einpassungen** sind spezielle Auswerteprogramme notwendig. Die Programmierung beschränkt sich – abgesehen vom Aufruf des Programms und der Ausgabe des Ergebnisses – meist auf das Ermitteln und Eingeben der vom Programm geforderten Eingabeparameter, wie z. B. Auswahl der zum Einpassen zu verwendenden Meßpunkte und Einpaßkriterien, entsprechend den Angaben des Programmherstellers. Solche Programme werden u. a. zu Paarungsprüfungen, Lochbildprüfungen und Messungen gekrümmter Flächen herangezogen.

h) **Meßprogramme für gekrümmte Flächen und Linien.** Diese Programm-Module dienen der Messung zweidimensionaler Linien (Kurven) oder räumlich gekrümmter Flächen an Werkstücken, die nicht allein durch Formelemente nach DIN 32880 Teil 1 zu beschreiben sind. Die gekrümmten Flächen können

- über mathematische Beziehungen definiert sein (z. B. bei einigen Strömungsprofilen),
- punktweise in numerischer Form vorgegeben sein (z. B. bei Karosserieteilen),
- vor dem Messen unbekannte Freiformflächen darstellen (z. B. bei einem manuell erstellten Modell).

Grundsätzlich stellen sich für die Koordinatenmeßtechnik zwei Aufgaben: erstens das Messen einer Werkstück-Istgestalt bei bekannter Sollgestalt mit anschließendem Soll-Ist-Vergleich, zweitens das Erfassen einer unbekannten Werkstückgestalt (z. B. einer Freiformfläche zum Erzeugen eines numerischen Modells).

Sofern ein Soll-Ist-Vergleich erfolgen soll, hat die Programmierung der Auswertung festzulegen, ob der Soll-Ist-Vergleich für die gesamte Gestalt der zu prüfenden Fläche oder nur für einzelne Parameter erfolgen soll, z. B. hinsichtlich der Korrektur einer Werkzeugmaschineneinstellung (z. B. Transformationswerte für die notwendige Verschiebung und Verdrehung des Werkstückes) [WECK87]. Das Ausrichten des Werkstückes (s. Abschn. c)) kann entweder an einfachen Formelementen (am Werkstück selbst oder bei definierter Lage an der Spannvorrichtung) erfolgen oder durch rechnerisches Einpassen der Istgestalt in die vorgegebene Sollgestalt.

i) Für das **Messen spezieller Maschinenteile,** wie z. B. Gewindeteile oder Zahnräder, sind ebenfalls spezielle Programme erforderlich. Meßbar sind damit an be-

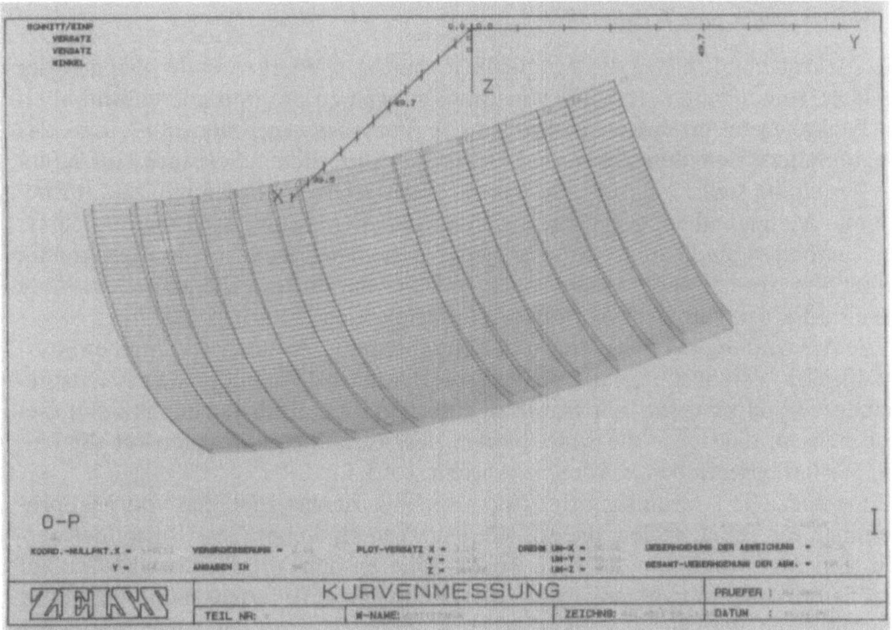

**Bild 4.57**  Graphische Darstellung der Formabweichung einer gekrümmten Fläche (Werkbild Siemens)

liebigen gerad- oder schrägverzahnten Innen- oder Außenstirn- und Kegelrädern alle z. B. nach DIN 3961 definierten Verzahnungskenngrößen, die kein Gegenrad verlangen (Profil, Flankenlinie, Rundlauf, Teilung) [NEUH82, HÖFL85].

Da die Programmierung der Auswertung bereits weitgehend in die herstellerseitig angebotenen Programmpakete integriert ist, stellt die Anwendung der Zahnradvermessungsprogramme meist keine besonderen weiteren Forderungen. Bei der Programmierung sind die entsprechenden Sollparameter (z. B. Modul, Zähnezahl, Eingriffswinkel usw.) vorzugeben.

### 4.4.5.5 Vereinfachung der Programmierung

Neben der Software zur Programmierung der Steuerung und Auswertung stehen in einigen Fällen zusätzliche Mittel der Rechnerunterstützung zur Verfügung, die

- zur Verbesserung der Bedienerfreundlichkeit und
- zur Reduzierung des zum Erstellen von Meßprogrammen zu erbringenden Aufwandes

beitragen können.

Es sind dies

- die Makrotechnik,
- die Verbindung der Meßgeräteprogrammierung mit einem CAD-System.

### *a) Makrotechnik und Teilefamilien*

Die Makrotechnik bietet die Möglichkeit, häufig wiederkehrende gleiche oder ähnliche Teilaufgaben als Folge von Anweisungen zu programmieren und in einer Makro-Datei zu speichern [WOLL85]. Voraussetzung hierfür ist, daß das Programmiersystem dem Anwender die dazu erforderlichen Software-Hilfsmittel zur Verfügung stellt. Makros sind parametrisierte Unterprogramme, z. B. für bestimmte Meßaufgaben, die nicht als Funktionen (Module) im Programmiersystem enthalten sind. Sie können an jeder beliebigen Stelle im Meßprogramm aufgerufen werden, indem man bei Aufruf den Parametern die aktuellen Werte zuweist, die den betr. Anwendungsfall kennzeichnen.

Die Anwendung der Makrotechnik ermöglicht z. B. die Entwicklung benutzerspezifischer Verknüpfungsmodule. Beispiel: Makro – gebildet durch entsprechende Verknüpfungen – zur Ermittlung der Parallelitätsabweichung zweier Getriebeachsen, die durch die Mittelpunkte der Aufnahmebohrungen für die beiden Wellen beschrieben werden, s. Abschn. 4.4.5.4.

Eine spezielle Anwendung der Makrotechnik ist das Erstellen von Meßprogrammen für Teilefamilien, die aus Werkstücken ähnlicher Gestalt gebildet werden. Ein Meßprogramm für eine Teilefamilie enthält alle für den Meßablauf benötigten Anweisungen sowie die als Parameter definierten variablen Maße, Abstände und Winkel. Im konkreten Anwendungsfall sind vor Verarbeitung des Meßprogramms den Parametern die aktuellen Werte für die betr. Maße, Abstände und Winkel zuzuweisen.

Die Nutzung der Makrotechnik zur Bildung von Teilefamilien setzt voraus, daß das Programmiersystem die Möglichkeiten für Variablendefinition, Bildung von Programmschleifen, Programmverzweigungen, Definition von arithmetischen Ausdrücken und von Funktionen bietet.


### *b) Programmierung in Verbindung mit einem CAD-System*

Prinzipiell kann die Programmierung von CNC-Koordinatenmeßgeräten in Verbindung mit CAD-Systemen auf zwei unterschiedlichen Wegen erfolgen:

- Durch Zugriff auf die mit einem CAD-System ermittelten Werkstück-Konstruktionsdaten und deren Weiterverarbeitung im Programmiersystem. Dafür sind vom CAD-System die zu übergebenden Daten in einer neutralen oder speziellen Schnittstelle bereitzustellen. Mit den derzeit (Stand 1987) verfügbaren genormten Schnittstellen können die Nennmaße an das nachgeschaltete Programmiersystem übergeben werden. Unter Verwendung eines auf diese Schnittstelle ausgerichteten Aufbereitungsprogramms können die zum Erstellen von Meßprogrammen relevanten geometrischen Konfigurationen ermittelt und auf einem Bildschirm dargestellt werden. Im graphisch interaktiven Dialog sind noch zusätzliche Angaben zu machen, z. B. zu Taster, Festlegung der Meßpunkte und der Antastrichtung, Definition der Formelemente, Art der Meßaufgaben, Toleranzen, Werkstückausrichtung usw., um das dem geplanten Meßablauf entsprechende Teileprogramm fertigzustellen.
- Erstellen von Meßprogrammen im graphisch-interaktiven Dialog auf einem CAD-System mit dynamischer Darstellung der Verfahrbewegungen des Tast-

systems einschließlich Taststiftbestückung relativ zum Werkstück auf dem Bildschirm (Simulation des Meßablaufs im CAD-System). Hierbei wird vorausgesetzt, daß die Gestalt von Werkstück (Nennmaße) und Tastsystem als rechnerinterne Modelle vorliegen und sich in den drei üblichen Werkstückansichten oder perspektivisch auf dem Bildschirm abbilden lassen. Bezogen auf ein Werkstück-Koordinatensystem werden die dem geplanten Meßablauf entsprechenden Verfahrbewegungen des Tastsystems, Definition von Formelementen und Speicherung der mit dem Werkstückmodell berechneten Sollwerte der ausgewählten Antastpunkte usw. graphisch-interaktiv ausgelöst. Da dabei eine ständige visuelle Kontrolle am Bildschirm möglich ist, spricht man von graphikunterstützter Programmierung. Durch Drehungen von Werkstück und Tastsystem, ggf. mit Maßstabsänderungen verbunden, kann das Erfassen der Meßpunkte sowie die Kollisionsfreiheit zwischen Tastsystem und Werkstück in beliebigen Ansichten verfolgt werden.

Die so ermittelten Daten, ggf. durch zusätzliche Angaben ergänzt, werden entweder direkt an das Programmiersystem zur Weiterverarbeitung oder in einer geräteunabhängigen Datei zusammengefaßt und danach an das Programmiersystem zur Weiterverarbeitung und Anpassung an ein spezielles CNC-Koordinatenmeßgerät übergeben.

Beiden Methoden liegt der Gedanke zugrunde, die beim rechnerunterstützten Konstruktionsprozeß festgelegten Nennmaße unmittelbar – und nicht auf dem Umweg über die Werkstückzeichnung – weiterzuverwerten. Diese Vorgehensweise reduziert sowohl die Fehlermöglichkeiten als auch die Zeiten zum Erstellen von Meßprogrammen sowie die Belegungszeit des Koordinatenmeßgerätes.

### c) Schnittstellen beim Ablauf der Programmierung

Auf Schnittstellen wird hier näher eingegangen, da sie

- für den Datenverbund mit dem Ziel einer Teilintegration zunehmend an Bedeutung gewinnen,
- zur Vereinheitlichung des Datenaustausches und damit zur Vereinfachung der Programmierung beitragen können.

Meßgeräte- und Software-Hersteller verwenden z.Z. (1987) in ihren Programmiersystemen folgende Schnittstellen:

- **Schnittstellen für den Austausch produktdefinierender Daten mit nachgeschalteter Programmierung**
- VDAFS (Flächenschnittstelle des Verbandes der Automobilindustrie e.V., VDA). Die als DIN 66301 genormte Schnittstelle ermöglicht die Übergabe der Koordinatenwerte von Punkten, Punktfolgen und Punkt-Vektor-Folgen sowie der Polynomkoeffizienten zur mathematischen Beschreibung von Raumkurven und Freiformflächen. Sie findet u.a. Anwendung in Verbindung mit Produkten der Gerätehersteller Leitz [LEIT86], Stiefelmayer [LAUE87] und Zeiss [ZEIS85] sowie der Softwarehäuser EXAPT NC Gesellschaft mbH [EXAP86] und FIDES Informatik [EUKL87].

- IGES (Initial Graphics Exchange Specification) wurde ursprünglich mit der Zielsetzung entwickelt, einen universellen Datenaustausch zwischen unterschiedlichen CAD-Systemen zu ermöglichen [GRAB86]. Diese Schnittstelle ist seit 1981 amerikanischer ANSI-Standard; erweiterte leistungsfähigere Versionen sind vorhanden bzw. in Entwicklung. Angeboten wird IGES u. a. für die Systeme des Geräteherstellers Mitutoyo [MITU87] und der EXAPT NC Gesellschaft [WOLL85, WOLL85a, EXAP86].

- *Schnittstellen für die Programmierung auf einem CAD-System*
Der Teil der Programmierung, der unter Nutzung der auf einem CAD-System verfügbaren Funktionen möglich ist, ist meßgeräteunabhängig, sieht man von speziellen Kombinationen zwischen CAD- und Programmiersystem ab [LEIT86, MATR87]. Die dabei gewonnenen Informationen werden in einer neutralen Datei (Datenschnittstelle) abgelegt und danach in einem weiteren Verarbeitungsschritt, ggf. nach vorheriger Ergänzung durch zusätzliche Daten, zu einem Meßprogramm für ein spezielles Koordinatenmeßgerät angepaßt.

Beispiele für derartige neutrale Datenschnittstellen sind:

- NDFS (Neutral Data File Specification), von der CMMA (Coordinate Measuring Machine Manufacturers Association) herausgegebene Norm [CMMA-]. Bekannt sind bisher Anwendungen von NDFS in Verbindung mit dem Computervision-System AUTOMEASURE für die Produkte der Gerätehersteller Zeiss [ZEIS86] und Mitutoyo [MITU86].
- DMIS (Dimensional Measuring Interface Specification), in den USA von der CAM-I Inc. (Computer Aided Manufacturing-International, Inc.) als Teil des CAM-I Quality Assurance Program (QAP) entwickelt [SQUI86, ZINK86, ZINK-]. Das DMIS-Vokabular ist ähnlich dem der Programmiersprache APT (Automatically Programmed Tools) für NC-Werkzeugmaschinen. Es enthält Elemente zur Definition von Meßaufgaben und zur Beschreibung geometrischer Zusammenhänge, z. B. für Formelemente, Toleranzen, Koordinatensysteme. DMIS kann derzeit in Verbindung mit Leitz-Produkten angewandt werden.

- *Schnittstellen bei der gerätefernen herstellerneutralen Programmierung*
Bei der gerätefernen herstellerneutralen Programmierung erfolgt die Verarbeitung eines erstellten Teileprogramms (Meßprogramm) in einem meßgeräteunabhängigen ersten Programmteil, dem Prozessor; das dabei entstandene Ergebnis wird danach in einem zweiten Programmteil, dem Postprozessor, an ein bestimmtes CNC-Koordinatenmeßgerät angepaßt. Für die Schnittstelle zwischen beiden Programmteilen läßt sich ein Datenformat vereinbaren, das sowohl unabhängig vom benutzten Rechner als auch unabhängig von einem speziellen Meßgerät ist.

Für die Programmierung von NC-Werkzeugmaschinen hat diese Unabhängigkeit ihren Ausdruck gefunden in DIN 66215 für den Aufbau des CLDATA (Cutter Location Data).

Für Meßgeräte wurde in dem Programmiersystem NCMES (Numerical Controled Measuring and Evaluation System) ein Weg in dieser Richtung einge-

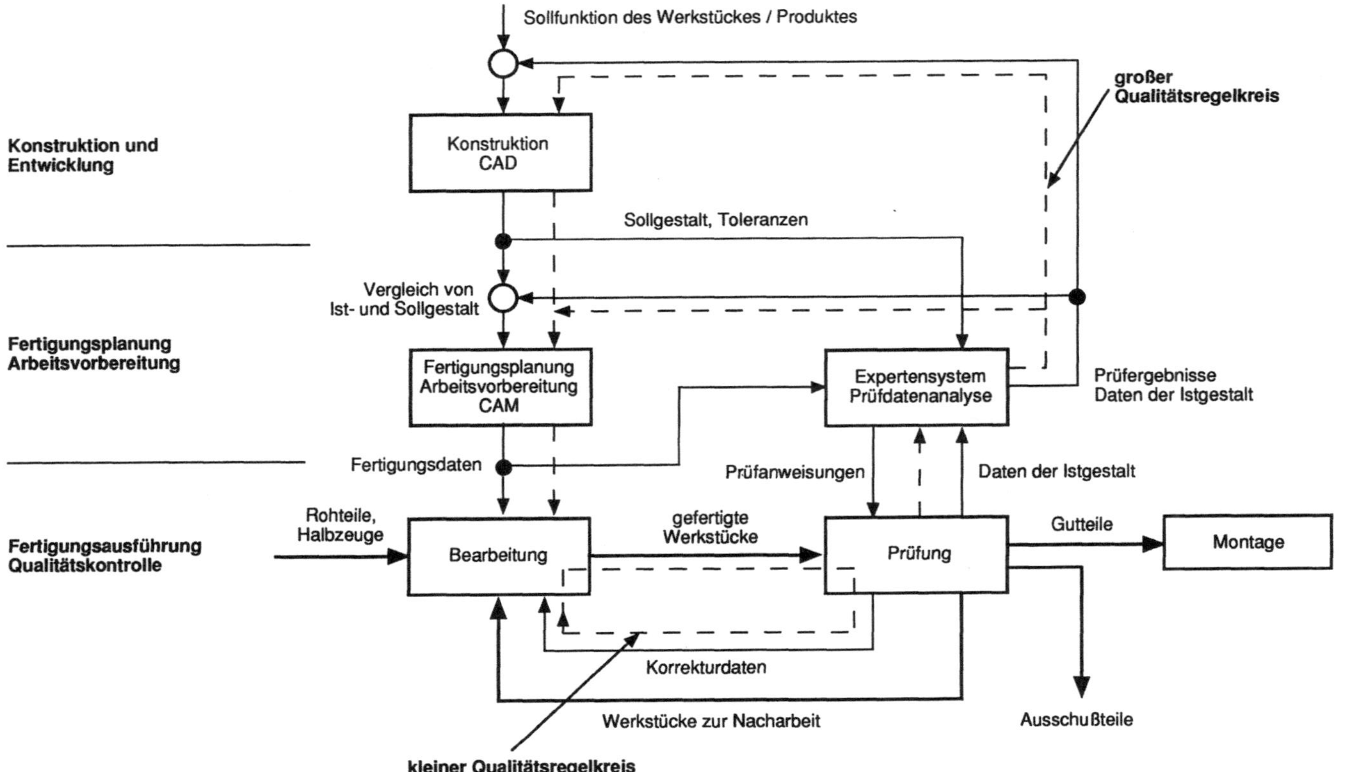


**Bild 4.58**  Qualitätsregelkreis in Fertigungssystemen [aus WECK87a]

schlagen und unter Anlehnung an die erwähnte Norm die Schnittstelle GMDATA (General Measurement Data) definiert [WOLL80, WOLL85a].

Der Postprozessor hat die Aufgabe, die Daten des GMDATA zum gerätespezifischen Steuercode zu verarbeiten.

### d) Normungsbestrebungen für eine einheitliche Programmiersprache

Die derzeitige Situation (1987) der Programmierung für CNC-Koordinatenmeßgeräte ist dadurch gekennzeichnet, daß jeder Hersteller für die Kommunikation zwischen Programmierer (Prüfplaner) und Meßgerät eigene Programmiervorschriften entwickelt hat. Bei Anwendung mehrerer Meßgeräte verschiedener Hersteller kann das zu einem erheblichen Mehraufwand an Zeit und Kosten bei der Erstellung und Archivierung von Meßprogrammen führen.

Zur Herbeiführung einer stärkeren Vereinheitlichung im Interesse der Anwender wurden von ISO/TC 184 Industrial automation systems/SC 3 Manufacturing application languages (nationales Spiegelgremium: DIN/NAM-Fachbereich 96 Industrielle Automation, A.A. 96.2 Programmiersprachen für numerische Steuerungen) entsprechende Arbeiten eingeleitet. In Anlehnung an die für NC-Werkzeugmaschinen entstandenen internationalen Normen ISO 3592, 4342 und 4343 (DIN 66215, 66246) für Sprachelemente und Schnittstellen (CLDATA) bei APT-ähnlichen Sprachen soll unter Verwendung eines deutschen, auf NCMES aufbauenden Vorschlags ein ISO-Standard erarbeitet werden.

## 4.4.6 Informationsrückführung vom Koordinatenmeßgerät zur Fertigung

Aus heutiger Sicht ist eine Informationsrückführung vom Koordinatenmeßgerät zur Fertigung vorwiegend noch an das Meßprotokoll gebunden. Die erfaßten Meßgrößen beziehen sich i. allg. auf die konstruktiv vorgegebenen Gestaltsmerkmale der Werkstücke. Die Rückmeldung erfolgt meist durch das Personal; die Bewertung der Meßergebnisse hinsichtlich der Ursachen von Abweichungen und notwendiger Reaktionen setzt qualifizierte Fachkräfte voraus. Diese Vorgehensweise ist für konventionelle Fertigungseinrichtungen üblich und zweckentsprechend.

Die Aufgabe der fertigungsorientierten Werkstückprüfung, die fertigungsnah bzw. integriert in Material- und Informationsfluß eines flexiblen Fertigungssystems erfolgt und an die speziellen Gegebenheiten innerhalb der Fertigung angepaßt ist, liegt darin, möglichst unmittelbar nach dem Bearbeitungsvorgang (in 100%-Prüfung oder in Stichprobenprüfung) Informationen über Gestaltsabweichungen der Werkstücke von der Sollgestalt in Form von Kontroll- und Korrekturdaten bereitzustellen. Diese Informationen werden innerhalb eines kleinen, schnellen Qualitätsregelkreises (s. Bild 4.58) direkt (oder nach Interpretation durch ein Expertensystem) an die NC-Fertigungsmaschine zurückgeführt und dort von der Steuerung der Fertigungsmaschine in entsprechende Korrekturmaßnahmen (z.B. Änderungen im NC-Steuerprogramm, Werkzeugwechsel) umgesetzt [WECK87a]. Ziele dieser Art des schnellen, prozeßnahen Messens und die Aufgaben der Fertigungsmeßtechnik in diesem Bereich liegen darin:

- eine konstant hohe Werkstückqualität bei minimalem Ausschuß und reduzierter Nacharbeit zu gewährleisten (Qualitätssicherung im Herstellprozeß),
- Unregelmäßigkeiten im Fertigungsprozeß (z. B. Aufspannfehler, Werkzeugverschleiß oder -bruch) und Fehler (z. B. fehlerhafte Informationen im NC-Steuerprogramm, Fehler bei der Maschinenbedienung) zu erkennen,
- eine automatische Qualitätsdatendokumentation bei niedrigen Prüf- und Einrichtezeiten zu ermöglichen,
- die dokumentierten Daten den übrigen Abteilungen im Datenverbund (z. B. der Qualitätssicherungsabteilung) über Rechnernetze und Datenbanken zur Verfügung zu stellen,
- eine laufende Kontrolle der kapitalintensiven Fertigungseinrichtungen (Maschinenfähigkeitsanalyse) durchzuführen.

Die Auswahl der in den Fertigungsprozeß zurückzuführenden Prüfparameter ist dabei entscheidend abhängig vom Bearbeitungsverfahren, von den kinematischen Gegebenheiten der Bearbeitungsmaschine und davon, welche Parameter an der Bearbeitungsmaschine korrigiert werden können. Diese müssen nicht unbedingt aus den geometrischen Größen, die der Konstrukteur vorgegeben hat und die bei einer Gestaltkontrolle erfaßt werden, abgeleitet werden.

So kann es z. B. sinnvoll sein, beim Prüfen der Lage eines Bohrungsmittelpunktes bezüglich eines Bezugskoordinatensystems nicht den Abstand der Achse vom Ursprung zu prüfen, sondern eher die X- und Y-Koordinaten des Mittelpunktes (z. B. durch Zweipunktmessung in zueinander senkrechten Ausrichtungen) zu erfassen, da diese Koordinatenrichtungen an der Fertigungsmaschine einfach korrigiert werden können. Diese Vorgehensweise erfordert allerdings eine sorgfältige Planung der Meßgrößenerfassung und -analyse, flexibel festgelegte Prüfumfänge, Prüfschärfen und Antaststrategien unter Kenntnis des Bearbeitungsprozesses, der Eigenschaften der Bearbeitungsmaschine und ggf. der Prüfergebnisse zuvor gefertigter Werkstücke [WECK87a].

Bei einer „beherrschten und qualitätsfähigen Fertigung" [KIRS85], die z. B. vorliegen kann, wenn die Fertigungsstreuung u. a. beständig mindestens um den Faktor 5 kleiner als die vorgegebene Toleranz bleibt (dies kann z. B. bei abbildenden Fertigungsverfahren mit Dauerformen wie Gesenkschmieden der Fall sein, da eine Veränderung des „Ur-Bildes" (Form des Gesenkes) meist nur langsam und mit einem eindeutig erkennbaren und verifizierbaren Trend erfolgt), wird eine Stichprobenprüfung zum Erkennen des Qualitätstrends i. allg. ausreichen. Die Meßunsicherheit des Fertigungsmeßgerätes sollte dabei mindestens um den Faktor 5 kleiner sein als die Fertigungsstreuung, damit die vorgegebenen Toleranzen beim Fertigungsprozeß auch tatsächlich ausgenützt werden können und nicht schon beim Messen teilweise „verbraucht" werden. Eine stichprobenartige Messung zur Prozeßregelung (SPC $\triangleq$ Statistical Process Control) wird weiterhin ausreichen, wenn die Stückzahlen z. T. so hoch und die Maschinentaktzeiten so kurz sind, daß eine Prüfung sämtlicher Teile (außer bei Sicherheitsteilen, z. B. am PKW) wirtschaftlich nicht vertretbar ist [WECK87a].

Bei einer „nicht beherrschten und nicht qualitätsfähigen Fertigung" [KIRS85], die z. B. bei spanend bearbeitenden flexiblen Bearbeitungszentren bei der Fertigung von Formelementen mit sehr kleinen Toleranzen vorliegen kann, da der

Fertigungsprozeß, bedingt durch Bearbeitungsvorgänge, die von Teil zu Teil wechseln können, durch Werkzeugverschleiß oder -bruch, unterschiedliche Werkstoffeigenschaften, wechselnde Betriebsbedingungen usw. nicht immer absolut gleich abläuft, sind umfassende fertigungsbegleitende Messungen (u. U. 100%-Prüfungen) erforderlich, um sicherzugehen, daß alle gefertigten Werkstücke die vorgegebenen Gestalteigenschaften auch wirklich besitzen. Auch hier müssen an die Genauigkeit der Meßgeräte hohe Anforderungen gestellt werden, damit die Toleranzen ausgenutzt werden und die Fertigung wirtschaftlich arbeiten kann. Die Erfassung von Meßgrößen ist insbesondere unter dem Gesichtspunkt des Gewinnens von Informationen, aus denen sich Korrekturmaßnahmen für den Fertigungsprozeß ableiten lassen, zu betrachten. Dabei ist eine absolute Genauigkeit der Meßgeräte unabdingbar, damit die gewonnenen Informationen nicht unsicher sind.

Bei der fertigungsorientierten Prüfung ist auch die innerhalb des Meßablaufprogramms eines Fertigungsmeßgerätes festgelegte Antaststrategie zur punktweisen Erfassung der Werkstückoberfläche den Eigenschaften der Bearbeitungsmaschine und des Werkzeuges anzupassen (z. B. ist bei gleichen Genauigkeitsforderungen an das Meßergebnis eine mit einem Bohrer auf einer Fräsmaschine hergestellte Bohrung sinnvollerweise mit einer anderen Punktanzahl und -verteilung zu erfassen als eine durch Schleifen bearbeitete Welle).

Abweichungen von Maß, Form oder Lage an Werkstücken können in der Regel verschiedene Ursachen haben, z. B. Aufspannfehler, Werkzeugverschleiß, elastische Verformungen an Werkzeug und Werkstück. Deshalb erfordert die eindeutige Zuordnung von Abweichungen und deren Ursachen ein detailliertes Fachwissen über den Fertigungsprozeß – insbesondere bei der Bearbeitung prismatischer Werkstücke auf Fräsmaschinen oder Bearbeitungszentren. Für eine automatisierte Informationsrückführung vom Koordinatenmeßgerät in die Fertigung, bei der die Maßnahmen zur Fehlerkorrektur und die Reaktionen der Bearbeitungsmaschinen selbsttätig abgeleitet werden, ist daher eine Verarbeitung dieses nicht-algorithmierbaren Wissens notwendig, wie sie z. B. durch wissensbasierte Diagnosesysteme geleistet werden kann. Diese Expertensysteme sind in ihrer Entwicklung weit fortgeschritten, aber für den hier beschriebenen Anwendungsfall bisher noch nicht realisierter Stand der Technik.

## 4.4.7 Informationsaustausch mit der DV-Umgebung

Der nach dem Stand der Technik noch häufigste Einsatzort von CNC-Koordinatenmeßgeräten ist der konventionelle Meßraum (über 90% aller Koordinatenmeßgeräte) [WEUL86]. Die Koordinatenmeßgeräte bilden dort bisher meist informationstechnische Inseln ohne Informationsaustausch mit anderen DV-Bereichen. Dabei sind die Meßprogramme i. allg. auf der Festplatte des Meßgeräterechners oder auf Diskette abgelegt; die Auswertungsdaten, also Ergebnisdateien, auf die eventuell nachgeschaltete Statistik-Auswerteprogramme zurückgreifen, werden im Meßgeräterechner oder einem übergeordneten Rechner archiviert.

Zur wirkungsvollen Realisierung eines Informationsverbundes ohne Nutzungseinbuße der Koordinatenmeßgeräte ist die Ausstattung mit Rechnern, die sich zur parallelen Abarbeitung mehrerer Programme eignen, anzustreben. Die Kopplung eines CNC-Koordinatenmeßgerätes mit einem Leitrechner, bei dem die Steuerungs- und Auswerteprogramme zentral verwaltet werden, oder mit einem CAD-System zur Erzielung eines durchgängigen Informationsflusses ist unter Verwendung der entsprechenden Schnittstellen, die neben Geometrieinformationen auch Verfahrwege und Meßstrategien berücksichtigen müssen, zu fordern und zu realisieren. Eine Möglichkeit, einheitliche Kommunikationsbrücken zwischen verschiedenen Funktionseinheiten eines Fertigungsbetriebes zu schaffen, die nicht unbedingt von einem Hersteller stammen müssen, wurde mit der Einführung von MAP-Netzwerken (MAP: *Manufacturing Automation Protocol*), die auf dem siebenstufigen ISO/OSI-Kommunikationsmodell (OSI: Open Systems Interconnection) beruhen, geschaffen. Auf Einzelheiten zu MAP wird in Kap. 7 eingegangen.

Die einzelnen Aufgaben der Rechnerkommunikation von Meßgeräterechnern mit ihrer DV-Umgebung können folgende Teilaspekte umfassen (Bild 4.59):

- Kommunikation mit dem Leitrechner eines flexiblen Fertigungssystems (FFS),
- Verbindung mit der Prüfplanung,
- Verbindung mit einem Qualitätsdatenverarbeitungssystem,
- Kopplung mit einem CAD-System,
- Verbindung mit PPS.


*Kommunikation mit dem Leitrechner*

- Übertragen der mit gerätenaher/geräteferner Programmierung erstellten und geprüften Meßprogramme einschließlich zugehöriger Daten (z. B. für benötigte Taststifte/Taststiftkombinationen, Spannmittel) in das Archiv des Leitrechners,
- Übertragen von Meßprogrammen und zugehöriger Daten vom Leitrechner zum Koordinatenmeßgerät zur Durchführung von Messungen an Wiederholteilen,
- Erfassen, Verarbeiten und ggf. Weitergeben der am Koordinatenmeßgerät anfallenden Betriebsdaten, z. B. Beendigung eines Meßablaufs, Meßzeiten,

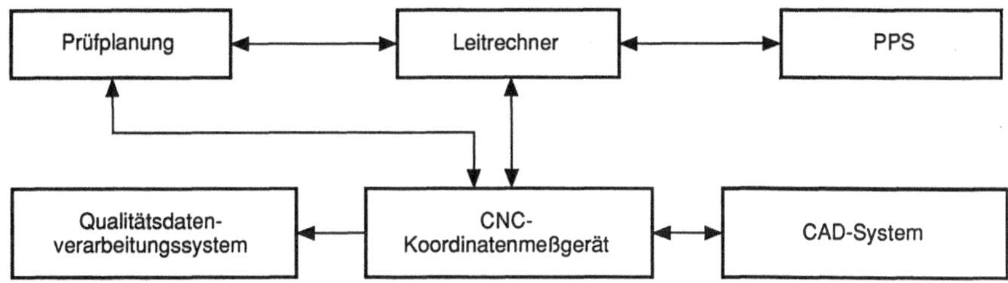


**Bild 4.59** Möglichkeiten für die Einbeziehung eines CNC-Koordinatenmeßgerätes in einen Rechnerverbund

- Vom Leitrechner veranlaßte Zustandsabfragen, um z.B. dispositive Maßnahmen für die Koordination der von ihm überwachten Anlage treffen zu können (Koordinatenmeßgerät als Element einer flexiblen Fertigungszelle (FFZ) oder eines flexiblen Fertigungssystems (FFS)).

*Verbindung mit der Prüfplanung (direkt oder über den Leitrechner)*
Im Zusammenhang mit der Prüfplanung stellen sich zusätzlich zu den Aufgaben aus der Kommunikation mit dem Leitrechner z.B. folgende Aufgaben:

- Anstoß von Seiten der Prüfplanung zum Erstellen von Meßprogrammen (gerätenah oder gerätefern),
- Übertragen der aus den Daten der Meßprogramme ermittelten Meßzeiten (Belegung des Koordinatenmeßgerätes) an die Prüfplanung zur Ergänzung des Prüfplans.

Sofern die Prüfplanung als Funktion des CAD-Systems oder als Bestandteil eines Qualitätsdatensystems vorgesehen ist, ist die Durchführung dieser Aufgaben auch ohne Einschaltung des Leitrechners denkbar.

*Verbindung mit einem Qualitätsdatenverarbeitungssystem*

- Übermitteln von Meßdaten an den Leitrechner und/oder einen Qualitätsdatenverarbeitungsrechner zur Durchführung der Meßdatenauswertung (z.B. für langfristige statistische Auswertungen) und Entlastung der Rechnerkonfiguration des Koordinatenmeßgerätes.

*Kopplung mit CAD-System*

- Nutzung eines CAD-Systems zur Programmierung mit Simulation oder der Datenübernahme von einem CAD-System zur Vereinfachung der Erstellung von Meßprogrammen; Einzelheiten s. Abschn. 4.4.5.5.
- Erfassen der geometrischen Ist-Daten eines Werkstückes auf dem Koordinatenmeßgerät und Übergabe derselben über eine vereinbarte Schnittstelle (z.B. VDAFS, DMIS) an ein CAD-System, in welchem die Soll-Daten als Werkstückmodell vorhanden sind. Durchführung des Soll-Ist-Vergleiches im CAD-System; aus den festgestellten Abweichungen sind ggf. konstruktive Änderungen abzuleiten.
  In gleicher Weise läßt sich durch Erfassen der Geometrie eines Meisterteils oder eines Modells das entsprechende numerische Werkstückmodell im CAD-System ermitteln [ZEIS85, LEIT86a].

*Verbindung mit PPS*
In Ergänzung zu den im Leitrechner zu verarbeitenden MDE/BDE-Funktionen erfordert die Anbindung an ein PPS-System z.B. die folgende Kommunikation:

- Anstoß vom PPS-System über Leitrechner zur Durchführung von Meßaufgaben (Terminvorgabe, Reihenfolgeplanung),
- Rückmeldung über durchgeführte Meßaufgaben über den Leitrechner an das PPS-System.

## 4.4.8 Organisatorische und personelle Randbedingungen

### 4.4.8.1 Planung und Durchführung von Prüfvorgängen

Der Abschnitt 4.4.8 spiegelt die Praxis und Erfahrung eines Großbetriebes wider. Hinweise für Klein- und Mittelbetriebe lassen sich daraus ableiten. Zu den hier behandelten Themen siehe auch Kap. 11 Organisation des Prüfwesens im Rahmen der Qualitätssicherung und Kap. 13 Ausbildung in der Fertigungsmeßtechnik im Handbuch „Fertigungsmeßtechnik" [WARN84].

Koordinatenmeßgeräte finden ihren Einsatz in Meßräumen sowie in fertigungsnahen Bereichen im Betrieb (Bild 4.60).

Messungen werden in Meßräumen i. allg. über Meßaufträge abgewickelt, während im fertigungsnahen Bereich alternativ Meßaufträge im Fertigungsplan enthalten sein können.

Die Planung von Prüfvorgängen (Prüf- und Meßplanung) führt die Qualitätssicherung oder die Arbeitsvorbereitung durch.

Für den ersten Weg sprechen die im allgemeinen besseren fachlichen Voraussetzungen der Qualitätssicherung, dagegen aber das Fehlen unmittelbarer Eingriffsmöglichkeiten in die Fertigungsplanung. Die Arbeitsvorbereitung hat diese Möglichkeiten, sieht sich aber oft unter erheblichem Druck, Fertigungsvorgänge zu beschleunigen, und kommt dabei in den bekannten Zielkonflikt: Quantität gegen Qualität.

In vielen Unternehmen wird diese Problematik in der Regel gelöst, indem die Qualitätssicherung die Prüfvorgänge anhand der ihr bekannten Gegebenheiten plant und sie dann der Arbeitsvorbereitung zum räumlichen und zeitlichen Einbau in den Arbeitsablauf übergibt [MASI84].

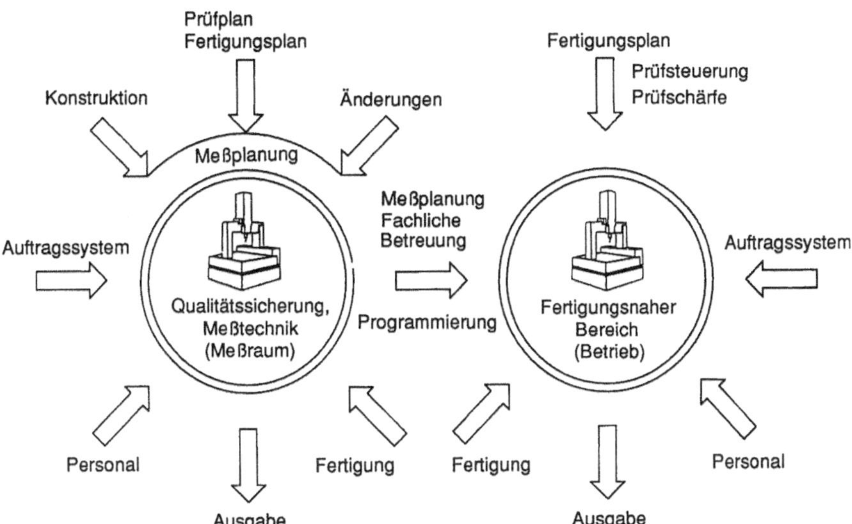


**Bild 4.60** Organisatorische und personelle Randbedingungen (Werkbild: Daimler-Benz)

Serienmessungen können dadurch ganz oder teilweise von den Meßräumen in den fertigungsnahen Bereich verlagert werden. Dabei ist zu berücksichtigen, daß dann keine Meßraumbedingungen mehr gegeben sind. Große Temperaturschwankungen und Teile mit engen Fertigungstoleranzen führen zu unsicheren Meßergebnissen. Schmutz und Staub führen zum frühzeitigen Verschleiß des Koordinatenmeßgerätes und der Peripheriegeräte.

Der Kontakt des Meßraums zur Serienfertigung bleibt durch die Betreuungsfunktion des Meßraumpersonals erhalten. Die Bedienung des Koordinatenmeßgerätes im fertigungsnahen Bereich kann angelerntes Personal übernehmen.

### 4.4.8.2 Organisatorische Schnittstellen

#### a) Organisatorische Abwicklung der Qualitätsüberwachung

Der organisatorische Umfang hängt von Kriterien wie Firmengröße, Teilespektrum, Groß- oder Kleinserie usw. ab. Bei Kleinserien sowie Einzelmessungen ist der Planungsaufwand relativ gering (Bild 4.61), während in der Großserie eine umfangreiche und exakt definierte Planung erfolgen muß. Die wirtschaftliche Realisierung ist nur mit DV-Unterstützung möglich (Bild 4.62).

Hauptfunktionen sind Auftrags- und Meßplansystem und der Änderungsdienst, die nachfolgend detailliert beschrieben werden.

#### b) Auftragssystem

Grundlage jeder Tätigkeit des Meßraums für einen anderen Bereich ist ein Meßauftrag.

Bei Einzel- oder Kleinserienmessungen ist der Inhalt eines Meßauftrags in der Regel von geringerem Umfang, während in der Großserie umfassendere und exaktere Angaben zum Meßauftrag benötigt werden. Die Merkmale eines solchen Auftrags sind u. a. die Teilenummer, Stückzahl, Auftraggeber, Fertigungsmaschine, Fertigungsdatum. Der Auftraggeber oder Prüfer trägt die Merkmale

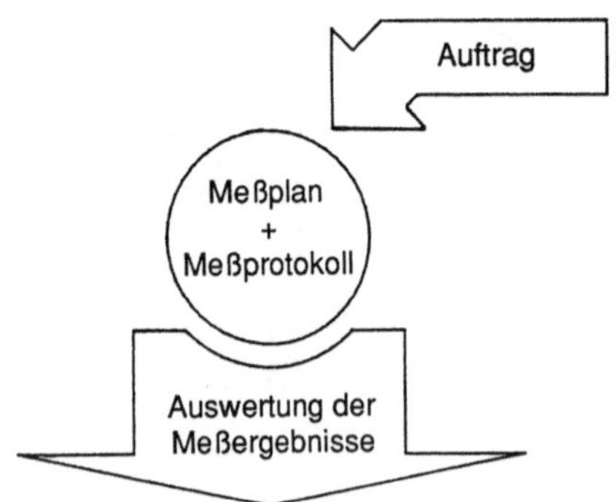


**Bild 4.61** Organisatorische Abwicklung der Qualitätsüberwachung Kleinserien- und Einzelmessungen (Werkbild: Daimler-Benz)

des Auftrags in eine Formularmaske des Bildschirms ein (Bild 4.63). Dieser Auftrag wird einmal für den Auftraggeber, den Auftragnehmer und als Werkstückbegleitkarte ausgegeben. Der Inhalt dieses Formulars wird vom Prüfer unter der Auftragsnummer in der Auftragsdatei abgelegt.

Funktionen der Meßauftragsverwaltung sind:

– Drucken von sortierten Auftragslisten,
– Auffinden von Aufträgen nach Suchkriterien wie z.B. Auftraggeber, Maschinennummer, Termin, Teilenummer,
– Auftragssteuerung und Terminüberwachung.

### c) Meßplansystem

Einen wesentlichen Beitrag für den wirtschaftlichen Einsatz eines Koordinatenmeßgerätes ist eine vorhergehende Meßplanung (Bild 4.64).

Im Prüfplan (Bild 4.65) werden Meßaufgaben definiert, in den Aufspannplänen die Werkstückaufspannung, Taststiftkombinationen und Werkstücklage festgelegt.

Im Mittelpunkt der Gesamtplanung steht der Meßplan. Im Gegensatz zu pauschalen Aussagen im Prüfplan sind im Meßplan die Werkstückkoordinatensy-

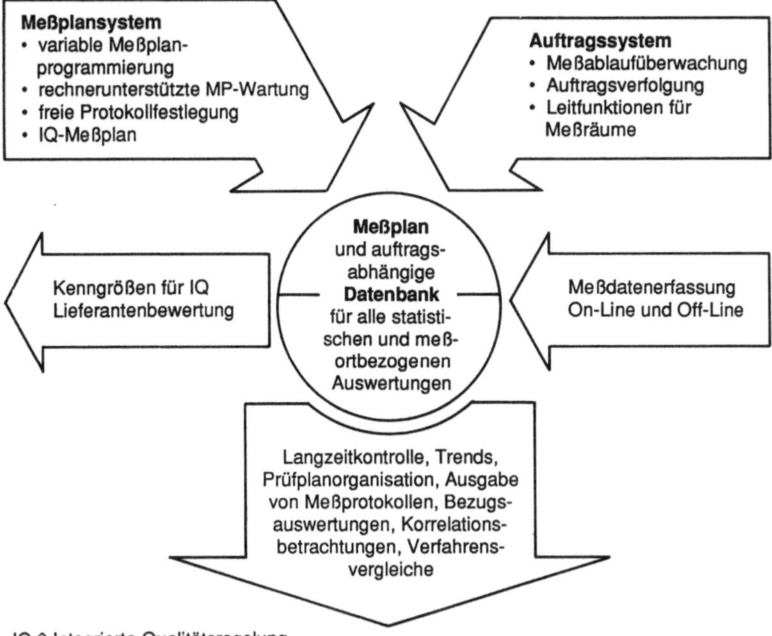


**Bild 4.62** Organisatorische Abwicklung der Qualitätsüberwachung Großserienmessung (Werkbild: Daimler-Benz)

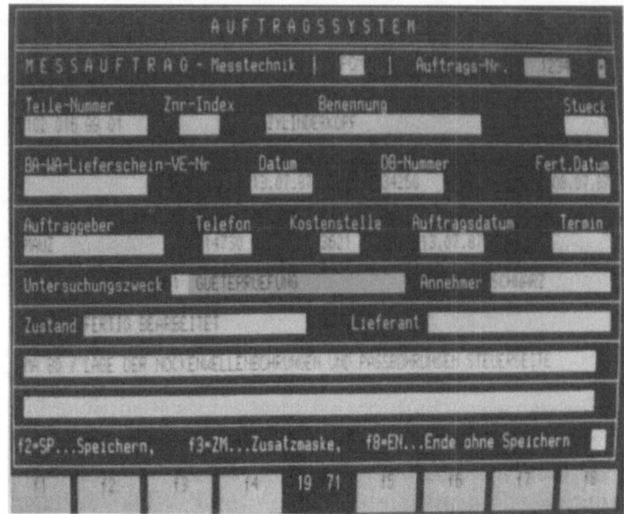

**Bild 4.63**    Formularmaske für einen Meßauftrag (Werkbild: Daimler-Benz)

steme und der Meßumfang festgelegt. Für jedes Werkstück, das gemessen werden soll, ist vom Prüfer einmalig ein entsprechender Meßplan anzulegen. Die zeichnerische Darstellung des Teils mit Kennzeichnung der Bezugselemente und der Meßorte bildet die Zuordnung des Prüfmerkmals zum Meßprotokoll.

Bei Einzelmessungen oder kleinen Stückzahlen ist eine einfache Meßplanung ausreichend. Es genügt in der Regel, den Zeichnungsteil des Meßplanes aus Zeichnungskopien zusammenzustellen. Auf Prüf- und Aufspannpläne kann dann verzichtet werden, wenn keine weiteren Teile des gleichen Typs zu erwarten sind (Bild 4.66). In der Großserienfertigung ist der Meßplan in die DV-unterstützte Meßplanung eingebunden. Er ist unter der Teilenummer und der Meßaufgabe sortiert und somit bei jeder Messung verfügbar. Die Verknüpfung zum Meßauftrag ist durch die Teilenummer und Meßaufgabe gegeben. Als allgemeine Informationen werden Teilebenennung, Fertigungszustand usw. mitgeführt.

Im Meßplan wird der Meßort in der Regel durchnumeriert und mit dem Prüfmerkmal ergänzt. Der somit numerisch eindeutig adressierte Meßort/Meßtyp wird zusätzlich durch den Klartext ergänzt und mit Nennmaß und Toleranz vervollständigt (Bild 4.67). Zur Planung des Meßablaufs und der Durchführung von Messungen siehe auch [HESP84].

### d) Änderungen von Prüfaufgaben

Konstruktive oder fertigungstechnische Änderungen können Auslöser für Umstellungen in der Serienfertigung sein. Sie haben in der Regel störende Auswirkungen auf den reibungslosen Ablauf im Meßraum oder im fertigungsnahen Betrieb. Erfolgt keine frühzeitige Änderungsmitteilung, so funktioniert der automa-

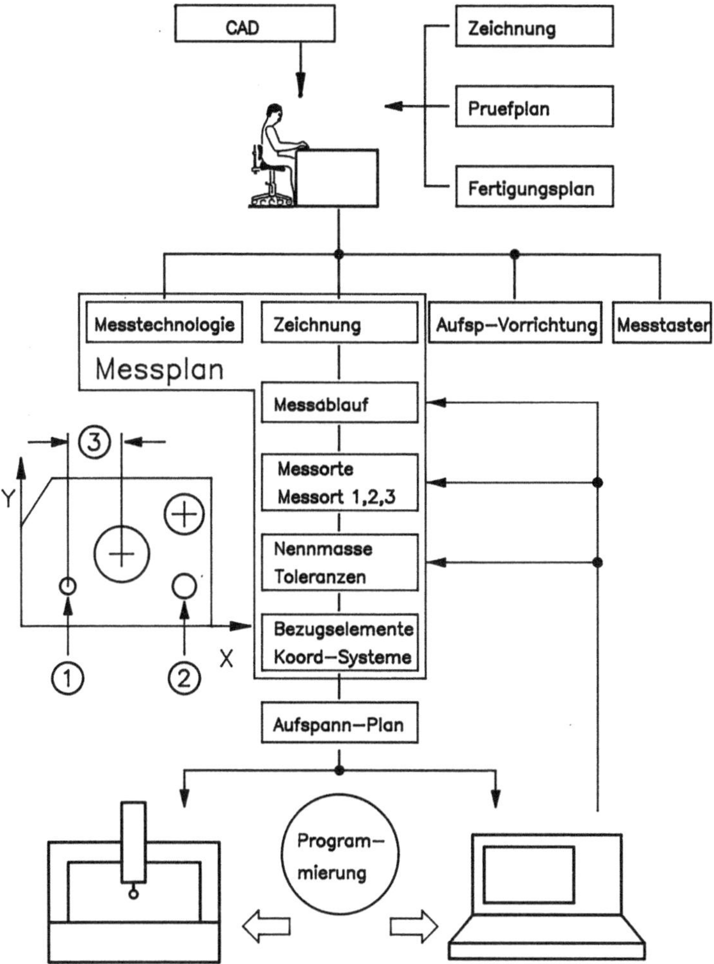


**Bild 4.64**   Meßplanung und Meßablauf (Werkbild: Daimler-Benz)

tisierte Meßbetrieb nur noch eingeschränkt oder nicht mehr, das Meßplansystem
ist nicht mehr aktuell.

Der Änderungsdienst des Meßraums muß daher rechtzeitig das Meßplansystem vor dem Fertigungsanlauf für geänderte Teile oder geänderte Fertigungsabläufe aktualisieren:

- Prüfplan dem geänderten Arbeitsumfang oder -ablauf anpassen.
- Werkstückaufspannung und Taststiftkombination prüfen, ob der neue Bear-
  beitungsumfang zugänglich ist.
- Werkstückkoordinatensysteme überprüfen, ggf. neue Bezugselemente und
  Werkstückkoordinatensysteme festlegen.
- Meßplan ergänzen oder DV-unterstützte Meßplanung durchführen.

| PRUEFPLAN | Daimler–Benz AG  PQM–Messtechnik W10 | Blatt ______ von ______ Blatt |
|---|---|---|
| Teil  Zylinderkopf | Teile–Nr./ Aend.  102 016 .. 01 | Zeichnung–Nr./ Aend.  102 016 .. 01 |

| AVO–Nr. | Nr. | Messaufgabe / Fertigungs–Zustand, AVO–Nr. |
|---|---|---|
| | 00 | Erstbearbeitung (Justierung) |
| | 10 | Bohrbilder Brennraumseite, Haubenseite u. Lage der |
| | | Seitenflaechen |
| | 15 | Oberflaechenpruefung ler Seitenflaechen |
| | 20 | Bohrbilder Seitenflaechen und Lage der Ventilfuehrungen |
| | | (nur Normal– u. USA Ausfuehrung) |
| | 21 | Lage der Zuendkerzenbohrungen |
| | 22 | –siehe MA. 20 (nur Schwedenausfuehrung) |
| | 30 | Bohrbild Kettenkastenseite und Lage der Ventilsitze |
| | | (nur 1,9l u. 2,0l alle Ausfuehrungen) |
| | 31 | –siehe MA. 30 (nur 2,3l alle Ausfuehrungen) |
| | 32 | Lage der Wasserbohrungen |
| | 35 | Oberflaechenpruefung Kettenkastenflaechen |
| | 40 | Lage der Oelbohrungen (nur 1,9l–2,3l Normalausfuehrung) |
| | 41 | –siehe MA. 40 (nur 1,9l–2,3l USA Ausfuehrung) |
| | 42 | –siehe MA. 40 (nur 1,9l–2,3l Schweden Ausfuehrung) |
| | 50 | Lage der Ventilfuehrungen und Sitze ohne Buechsen |
| | | und Ringe (nur 1,9l u. 2,0l alle Ausfuehrungen) |
| | 51 | –siehe MA. 50 (nur 2,3l alle Ausfuehrungen) |
| | 55 | Form und Oberflaechenpr. der Ventilfuehrungen u. –sitze |
| | 60 | Lage der Ventilfuehrungen u. –sitze mit Buechsen |
| | | und Ringe (nur 1,9l alle Ausfuehrungen) |
| | 61 | –siehe MA. 60 (nur 2,0l alle Ausfuehrungen) |
| | 62 | –siehe MA. 60 (nur 2,3l alle Ausfuehrungen) |
| | 65 | Form und Oberflaechenpruefung Ventilfuehrungen |
| | | und –sitze, Brennraum– und Haubenseite |
| | 70 | Lage der Passbohrungen der Trennflaechen u. Lagerboecke |
| | 80 | Lage der Nockenwellenlager und Passbohrungen |
| | | Kettenkastenseite |
| | 85 | Form und Oberflaechenpruefung der Nockenwellen– |
| | | lagerbohrung |

| | Pruefplan | PQM  1987 |
|---|---|---|

**Bild 4.65**   Prüfplan (Werkbild: Daimler-Benz)

Nach abgeschlossenen Änderungen müssen alle betroffenen Teileprogramme geändert und archiviert werden.

### 4.4.8.3 Schulung und Qualifizierung der Mitarbeiter

*a) Meßraumbetrieb*

Die Bediener von Koordinatenmeßgeräten im Meßraum können in zwei Gruppen eingeteilt werden.

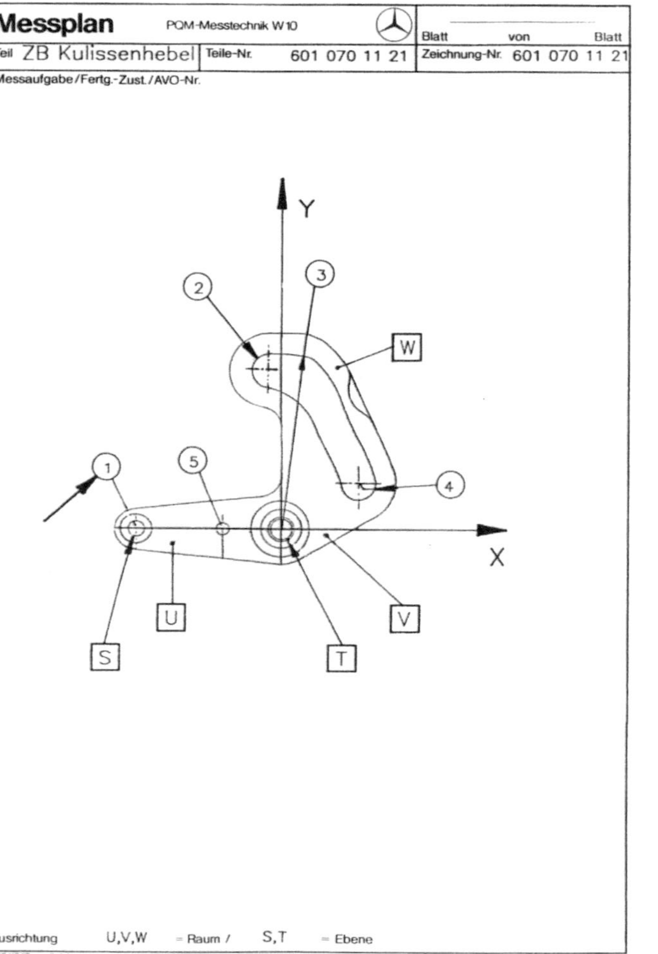



```
Messprotokoll              Daimler Benz AG            Auftrag-Nr: 101651
============               PQM-Meßtechnik W10

Teil:            | Teile-Nr.     | Zeichn.-Nr.   | Ftg. Dat. | Stück
ZB Kulissenhebel | 601 070 11 21 | 601 070 11 21 |    -      | 1

BA/Wa/Liefers.-Nr| Masch.Nr/DB Nr| Auftraggeber  | Kostenst. | Uhrzeit
                 |       -       | Schälling     |   3671    | 10.30

Untersuchungszweck: 5/Ausbauuntersuchung
*****************************************************************************
Messaufgabe:       Lage der Bohrungen
AVO:             | Messplatz: UMM 800   |Prüfer: Dietrich    11.03.87

Stück Nr.: 1

ADR|RKF|Aufgabe|BEZ|SY|  ISTMASS |NENNMASS|O. TOL |U. TOL |  ABW  | UEB
```

| ADR | RKF | Aufgabe | BEZ | SY | ISTMASS | NENNMASS | O. TOL | U. TOL | ABW | UEB |
|---|---|---|---|---|---|---|---|---|---|---|
| 1 | | Fläche | Z | | −364.160 | | | | | |
| | | X/Z | W1 | | 0.095 | | | | | |
| | | Y/Z | W2 | | 0.079 | | | | | |
| 2 | | Drehen Raum | W | | 0.123 | | | | | |
| 3 | | Nullpunkt | Z | | −364.160 | | | | | |
| 4 | | Kreis A | X | | 337.001 | | | | | |
| | | | Y | | −465.427 | | | | | |
| | | | D | | 7.966 | | | | | |
| | 4P | S/MIN/MAX | | | 0.001 | (4) | −0.000 | (1) | 0.000 | |
| 5 | | Kreis I | X | | 373.997 | | | | | |
| | | | Y | | −466.002 | | | | | |
| | | | D | | 6.035 | | | | | |
| | 4P | S/MIN/MAX | | | 0.005 | | | | | |
| 6 | | Drehen Ebene | W | | 0.091 | Um Raumachse Z | | | | |
| 7 | | Null-P | X | | 381.200 | | | | | |
| | | | Y | | −460.129 | | | | | |
| 8 | 4! | Kreis A | 1 | X | −36.990 | 37.000 | 0.200 | −0.200 | −0.010 | − |
| | | | 1 | Y | −0.000 | 0.000 | 0.200 | −0.200 | 0.000 | −+ |
| | | | | D | 7.966 | | | | | |
| 9 | | Kreis I | 2 | X | −3.065 | 3.000 | 0.200 | −0.200 | 0.065 | ++ |
| | | | | Y | 46.949 | | | | | |
| | | | | D | 10.020 | | | | | |
| | 5P | S/MIN/MAX | | | 0.005 | (3) | −0.003 | (4) | 0.006 | |
| | | Bezugssystem: X = 0.000 | | | | Y = 0.000 | | | | |
| 10 | | RADMES | 3 | R | 52.040 | 52.000 | 0.333 | −0.300 | 0.040 | + |
| | | | Y/X | W1 | 86.795 | | | | | |
| 11 | | Kreis I | 4 | X | 22.926 | 23.000 | 0.200 | −0.200 | −0.074 | −− |
| | | | 4 | Y | 13.641 | 13.600 | 0.200 | −0.200 | 0.041 | + |
| | | | | D | 10.274 | | | | | |

**Bild 4.66**  Meßplan und Meßprotokoll für Einzelmessung
(Werkbild: Daimler-Benz)

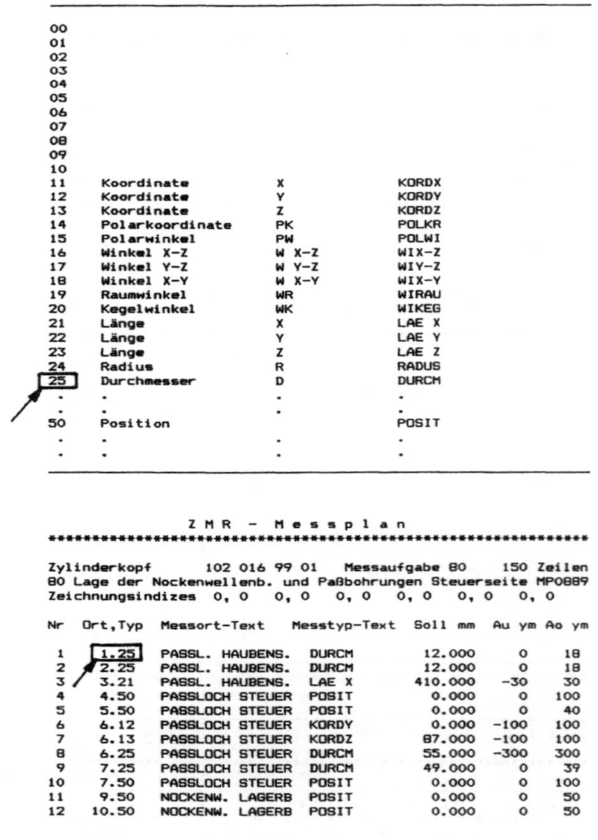


Schlüsselliste für Meßtypen

| 00 | | | |
|----|----------------|------|--------|
| 01 | | | |
| 02 | | | |
| 03 | | | |
| 04 | | | |
| 05 | | | |
| 06 | | | |
| 07 | | | |
| 08 | | | |
| 09 | | | |
| 10 | | | |
| 11 | Koordinate | X | KORDX |
| 12 | Koordinate | Y | KORDY |
| 13 | Koordinate | Z | KORDZ |
| 14 | Polarkoordinate | PK | POLKR |
| 15 | Polarwinkel | PW | POLWI |
| 16 | Winkel X–Z | W X–Z | WIX–Z |
| 17 | Winkel Y–Z | W Y–Z | WIY–Z |
| 18 | Winkel X–Y | W X–Y | WIX–Y |
| 19 | Raumwinkel | WR | WIRAU |
| 20 | Kegelwinkel | WK | WIKEG |
| 21 | Länge | X | LAE X |
| 22 | Länge | Y | LAE Y |
| 23 | Länge | Z | LAE Z |
| 24 | Radius | R | RADUS |
| 25 | Durchmesser | D | DURCM |
| . | . | . | . |
| 50 | Position | | POSIT |
| . | . | . | . |

```
            Z M R  -  M e s s p l a n
*********************************************************************

Zylinderkopf     102 016 99 01   Messaufgabe 80      150 Zeilen
80 Lage der Nockenwellenb. und Paßbohrungen Steuerseite MP0889
Zeichnungsindizes  0, 0   0, 0   0, 0   0, 0   0, 0   0, 0
```

| Nr | Ort,Typ | Messort-Text | Messtyp-Text | Soll mm | Au ym | Ao ym |
|----|---------|--------------|--------------|---------|-------|-------|
| 1 | 1.25 | PASSL. HAUBENS. | DURCM | 12.000 | 0 | 18 |
| 2 | 2.25 | PASSL. HAUBENS. | DURCM | 12.000 | 0 | 18 |
| 3 | 3.21 | PASSL. HAUBENS. | LAE X | 410.000 | –30 | 30 |
| 4 | 4.50 | PASSLOCH STEUER | POSIT | 0.000 | 0 | 100 |
| 5 | 5.50 | PASSLOCH STEUER | POSIT | 0.000 | 0 | 40 |
| 6 | 6.12 | PASSLOCH STEUER | KORDY | 0.000 | –100 | 100 |
| 7 | 6.13 | PASSLOCH STEUER | KORDZ | 87.000 | –100 | 100 |
| 8 | 6.25 | PASSLOCH STEUER | DURCM | 55.000 | –300 | 300 |
| 9 | 7.25 | PASSLOCH STEUER | DURCM | 49.000 | 0 | 39 |
| 10 | 7.50 | PASSLOCH STEUER | POSIT | 0.000 | 0 | 100 |
| 11 | 9.50 | NOCKENW. LAGERB | POSIT | 0.000 | 0 | 50 |
| 12 | 10.50 | NOCKENW. LAGERB | POSIT | 0.000 | 0 | 50 |

**Bild 4.67**  Meßplan für Großserienfertigung (Werkbild: Daimler-Benz)

Zur ersten Gruppe gehören qualifizierte und gut geschulte Facharbeiter (Qualitätsprüfer). Sie können viele verschiedenartige Meßaufgaben abwickeln und komplette Meßprogramme oder Teile davon erstellen. Sie erhalten Grund- und Aufbaukurse beim Meßgerätehersteller oder firmeninterne Kurse.

Als zweite Gruppe sind Meßingenieure zu nennen. Nach intensiver Schulung bei den Meßgeräteherstellern müssen sie in der Lage sein, die umfangreichen Möglichkeiten der Programmiersysteme moderner Koordinatenmeßgeräte zu nutzen. Dadurch kann ein wirtschaftlicher und effektiver Einsatz der Koordinatenmeßgeräte erreicht werden. Weitere wichtige Aufgaben sind:

- Bedienungsanleitungen sichten, Schwachstellen aufzeigen,
- Schulung und Weiterbildung der Qualitätsprüfer,
- Betreuung des fertigungsnahen Bereichs,
- Lösung komplexer Meßprobleme,
- Entwicklung von Antaststrategien,
- Prüf- und Meßplanung,
- Kontakte zu den Herstellern von Koordinatenmeßgeräten,
- Erstellung von speziellen CNC-Meßprogrammen,
- Entwickeln von Sondersoftware,
- Abnahme und periodische Überprüfung von Koordinatenmeßgeräten,
- Fehlersuche an Koordinatenmeßgeräten,
- Werkstückabnahmen von Fertigungseinrichtungen.

Beim Personaleinsatz ist zu beachten, daß Koordinatenmeßgeräte aus wirtschaftlichen Gründen häufig zweischichtig betrieben werden. Die durchschnittliche Einarbeitungszeit für den Bediener eines CNC-Koordinatenmeßgerätes liegt bei ca. einem Jahr.

### b) *Fertigungsnaher Bereich*

Eine weitere Gruppe hat sich durch den Einsatz der Koordinatenmeßgeräte im fertigungsnahen Bereich herausgebildet. Diese Mitarbeiter der statistischen Qualitätskontrolle werden nicht speziell für die Programmierung von Koordinatenmeßgeräten geschult, sie sind jedoch in der Lage, die vom Meßraumpersonal erstellten Teileprogramm zu starten und die erforderlichen Maßnahmen einzuleiten und zu überwachen.

## 4.4.9 Kriterien zur Auswahl von Programmiersystemen

Neben den durch die Aufgabenstellung bedingten gerätetechnischen Anforderungen, wie Zugänglichkeit, Steifigkeit des Geräteaufbaus, erreichbare Genauigkeit, prüfbare Werkstückabmessungen, zulässige Werkstückgewichte, die erfüllt sein müssen, spielt der Leistungsumfang der zur Programmierung verwendeten Hard- und Software eine wichtige Rolle. Er sollte bei der Anschaffung (Investitionsplanung) von CNC-Koordinatenmeßgeräten berücksichtigt werden.

Die Systeme verschiedener Hersteller unterscheiden sich hinsichtlich der Programmierung voneinander durch die benötigte Hard- und Software sowie durch die Regeln zur Erstellung und das Format der Meßprogramme.

Zur Erstellung von Meßprogrammen können zur Anwendung kommen

- die gerätenahe Lernprogrammierung,
- die geräteferne herstellerabhängige Programmierung,
- die geräteferne herstellerneutrale Programmierung.

Wesentliche Kriterien zur Auswahl von Programmiersystemen sind:

**a) *Einsatzort des Programmiersystems:*** Gerätenah oder gerätefern.

Im allg. kann man davon ausgehen, daß an jedem CNC-Koordinatenmeßgerät die gerätenahe Lernprogrammierung durchführbar sein muß, also die dafür erforderliche gerätespezifische Hardware und Software vorauszusetzen sind. Während der Lernprogrammierung eines CNC-Meßablaufs ist das Meßgerät belegt und kann – abgesehen von der dabei durchgeführten Messung des Musterteils – nicht für Messungen genutzt werden. Das Verhältnis von Programmierzeit zu Meßzeit ist daher von wesentlichem Einfluß: je größer der Zeitaufwand für die Programmierung am Gerät, desto mehr spricht für die teilweise oder komplette geräteferne Programmierung. Komplexe Werkstücke bzw. Meßprogramme mit komplexen Taststiftkombinationen lassen sich nicht ohne weiteres vollständig gerätefern programmieren bzw. erstellen; die Meßprogramme sind am Gerät zu vervollständigen.

**b) *Gerätespezifische Programmierung:*** Herstellerabhängig oder herstellerneutral.

Die stetige Weiterentwicklung der CNC-Meßgeräte ist zwangsläufig mit einer Weiterentwicklung der Hard- und Software der Programmiersysteme verbunden, die u.U. dazu führen kann, daß die Kompatibilität beim Übergang zu einer neuen Software-Version oder von einem älteren zu einem moderneren System eines Herstellers nicht sichergestellt ist.

Diese Situation gibt Anlaß zu der Empfehlung, in allen Anwendungsfällen die herstellerabhängige mit der herstellerneutralen Programmierung an Hand der in diesem Abschnitt aufgeführten Kriterien zu vergleichen.

Der vorhandene bzw. zu erweiternde Bestand an CNC-Koordinatenmeßgeräten nach Art, Anzahl und Typ kann  Produkte eines oder mehrerer Hersteller umfassen. Da gemäß Absatz a) die gerätenahe (herstellerabhängige) Lernprogrammierung an jedem Koordinatenmeßgerät durchführbar sein muß, ist zu klären, welchen zusätzlichen Kriterien die geräteferne Programmierung für den Meßgerätepark eines Anwenders genügen muß.

*Meßgeräte eines Herstellers*

- Ist die geräteferne Programmierung für alle Geräte mit einem vom Hersteller gelieferten einheitlichen Programmiersystem durchführbar oder sind hierzu mehrere unterschiedliche herstellerabhängige Programmiersysteme erforderlich, bedingt z.B. durch unterschiedliche Rechnerkonfigurationen in den Gerätesteuerungen?
  Falls mehrere Programmiersysteme erforderlich sind:
  - Sind diese Systeme bezüglich Handhabung (Programmierregeln, Benutzeroberfläche) und Format der Meßprogramme miteinander kompatibel?

- Sofern Unterschiede bestehen: welche sind das?
- Wie können – falls keine Kompatibilität besteht – die mit einem Programmiersystem A (Meßgerät Typ A) des Herstellers erstellten Meßprogramme für ein Meßgerät vom Typ B ablauffähig gemacht werden? Mit Hilfe eines Umsetzprogramms oder nur durch Neuprogrammierung?
- Vergleich der gerätefernen herstellerabhängigen Programmierung mit der gerätefernen herstellerneutralen Programmierung an Hand der in den folgenden Absätzen c) bis l) genannten Kriterien.

*Meßgeräte verschiedener Hersteller*

Zur gerätefernen Programmierung von Meßgeräten verschiedener Hersteller sind i. allg. die gerätespezifischen herstellerabhängigen Programmiersysteme oder ein herstellerneutrales Programmiersystem anzuwenden.

Zu prüfen ist, ob unter gewissen Voraussetzungen (Hard- und Software) mit einem herstellerabhängigen Programmiersystem auch die Programmierung für Meßgeräte anderer Hersteller möglich ist.

Das Nebeneinander unterschiedlicher Programmiersysteme verschiedener Hersteller führt generell zu einem Mehraufwand [SEIT84], z. B.

- durch Anschaffung mehrerer Programmiersysteme (Hard-/Software) und deren Wartung und Pflege.
- durch Ausbildung des Personals für die Handhabung der Systeme verschiedener Hersteller.
- für Erstellen, Archivieren und Dokumentation von gerätespezifischen Meßprogrammen für ein und dieselbe Meßaufgabe.

Von Vorteil kann in dieser Situation die herstellerneutrale Programmierung sein, sofern der für Anschaffung, Ausbildung, Einführung und Betrieb zu erbringende Aufwand vergleichbar oder geringer ist als der Aufwand für die Programmierung mit unterschiedlichen Herstellersystemen. Ihre Anwendung setzt einen geeigneten Rechner und eine entsprechende Software voraus; für jeden Meßgerätetyp ist ein Postprozessor erforderlich.

### c) Anzahl der zu erstellenden Meßprogramme je Zeiteinheit, z. B. in einem Jahr

- Anzahl und Umfang neu zu erstellender Meßprogramme.
- Häufigkeit der zu ändernden Meßprogramme.
- Anzahl der an Meßprogrammen vorzunehmenden Modifikationen, z. B. an Meßprogrammen für Teilefamilien.

Die Anzahl neu zu erstellender und zu ändernder (Änderungen der Konstruktion) Meßprogramme ist von der Art der Teilefertigung und vom Teilespektrum abhängig. Im allg. erfordert die Großserienfertigung wenige, die Fertigung kleinerer Lose sowie die Einzelfertigung dagegen viele verschiedene Meßprogramme. Die Prüfung komplexer Werkstücke setzt meist umfangreiche Meßprogramme voraus.

### d) Meßabläufe

Anzahl gleicher Meßabläufe (Wiederholhäufigkeit).

### e) Prüfaufgaben

- Umfang unterschiedlicher Prüfaufgaben,
  Formelemente nach DIN 32880 Teil 1, gekrümmte Linien, gekrümmte Flächen, Form- und Lageprüfungen, Verknüpfungsaufgaben usw.
- Art der Prüfaufgaben.
- Häufigkeit gleicher Prüfaufgaben.

Die Komplexität des Werkstückspektrums bestimmt Art und Anzahl der durchzuführenden Prüfaufgaben und damit den Umfang der Meßprogramme sowie die Belegungszeit des Koordinatenmeßgerätes. Die Zugänglichkeit der Meßpunkte beeinflußt den Zeitaufwand bei der gerätenahen Lernprogrammierung.

### f) Vorhandene Rechnersituation

- Stehen gleiche Rechner wie an den Koordinatenmeßgeräten zur Verfügung?
- Eignung vorhandender Rechner für unterschiedliche Programmiersysteme.

### g) CNC-Koordinatenmeßgeräte

- Art, Anzahl, Typ der vorhandenen bzw. anzuschaffenden CNC-Koordinatenmeßgeräte, für die Meßabläufe zu programmieren sind.
- Zeitliche Auslastung dieser Geräte.

### h) Personal

- Ausbildungsstand.
- Vorzusehende Schulungsmaßnahmen.

### i) Organisatorische Eingliederung der Programmierung

Soll die Programmierung in der Arbeitsvorbereitung, in der Prüfplanung oder in der Qualitätssicherung erfolgen?

### k) Leistungsfähigkeit und Bedienerfreundlichkeit von Programmiersystemen

- Leistungsumfang der vom Programmiersystem angebotenen Funktionen und der dadurch bestimmte Aufwand für das Erstellen von Meßprogrammen.
- Übersichtliche Struktur der zur Programmerstellung erforderlichen Anweisungen (Kommandos, Befehle, Aufrufe), um kurze Programmierzeiten zu erreichen.
- Leistungsumfang vorhandener Programm-Module zur Programmierung von Meßabläufen für Formelemente.
- Verständlichkeit der Verfahren zur Festlegung von Werkstück-Koordinatensystemen und Aufwand bei deren Anwendung.

- Eingabemöglichkeit für unterschiedliche Tasterkonfigurationen (Meßtechnologie).
- Integrierte Kollisionsprüfung.
- Sind Hilfen für die Antaststrategie vorhanden?
- Bereitstellung von Programmierhilfen, z. B. zur Bildung von Makros.
- Möglichkeiten zur Datensicherung und zur Archivierung von Meßprogrammen und von Meßergebnissen für statistische Auswertungen, ggf. sind Schnittstellen zu übergeordneten Rechnersystemen vorzusehen.
- die von den Geräteherstellern angebotene Software zur Auswertung der Meßergebnisse erfordert in einigen Fällen spezielle anwenderbezogene Erweiterungen für einen optimalen Meßablauf. Hierfür ist eine kooperative Zusammenarbeit mit den Herstellern sowie die Offenlegung von Schnittstellen eine notwendige Voraussetzung.
- Benutzeroberfläche
    - Übersichtliche Anordnung der Bedienelemente der Benutzeroberfläche zur Sicherstellung einer leichten Handhabung bei der Programmeingabe.
    - Programmierung im alphanumerisch-interaktiven oder graphisch-interaktiven Dialog? Was wird auf dem Bildschirm dargestellt?
    - Menü-/Windowtechnik.
    - Fehlerprüfung, Erkennen von Eingabefehlern.
- Allgemeingültigkeit der in einer problemorientierten Programmiersprache erstellten Meßprogramme (Notwendigkeit von Postprozessoren).
- Wie können Meßprogramme, die in einer allgemeinen Programmiersprache (z. B. FORTRAN) erstellt werden, in das System eingebunden werden?
- Ist die Kopplung des Programmiersystems mit einem CAD-System möglich und wie?
    - Übernahme von Geometriedaten usw. von einem CAD-System oder Nutzung des CAD-Systems zur Programmierung von CNC-Koordinatenmeßgeräten?
    - Art der Schnittstelle(n).
    - Ist ein Hostrechner erforderlich?
    - Datentransfer vom Koordinatenmeßgerät zu einem CAD-System.
- Vorhandene Schnittstellen zur DV-Umgebung (Einbindung in einen integrierten Datenverbund).

## l) Kosten

Die geräteferne Programmierung setzt hard- und softwareseitige Erweiterungen voraus; diese sind mit Kosten verbunden, deren Höhe ein Kriterium zur Entscheidungsfindung zugunsten einer herstellerabhängigen oder herstellerneutralen Lösung darstellen.

Es entstehen Kosten für

- die Anschaffung des Programmiersystems (Hard- und Software),
- die Einführung des Programmiersystems (vorbereitende Maßnahmen, Personalschulung),

- den Betrieb des Programmiersystems (Stundensatz des Systems, personeller und zeitlicher Aufwand für das Erstellen der Meßprogramme, Wartung und Pflege des Systems (Wartungsvertrag!) usw.).

### *m) Prüfung des Leistungsumfangs eines Programmiersystems*

Zur Prüfung des Leistungsumfangs der zur Programmierung angebotenen Hard- und Software wird empfohlen, für 2 bis 3 Werkstücke mit meßtechnisch hohem Schwierigkeitsgrad die Meßprogramme für Geräte verschiedener Hersteller unter gleichen Bedingungen zu erstellen und die benötigten Programmier- und Meßzeiten miteinander zu vergleichen.

## 4.5  Zusammenfassung

Die im vorliegenden Kapitel behandelten automatisierten Fertigungs-, Handhabungs- und Prüfeinrichtungen werden heute noch überwiegend als Inseln im Produktionsbereich eingesetzt. Ihre Programmierung als Teil des Komplexes CAD/CAP/CAM/CAQ erfolgt mit einer Vielzahl unterschiedlicher Hard-/Software-Systeme, die i. allg. von Maschinen-, Geräte-, Steuerungs-, Rechner-Herstellern und Software-Häusern angeboten werden.

Den unterschiedlichen Eigenschaften und Funktionen der genannten Einrichtungen Rechnung tragend, werden Aufgaben und Ablauf der rechnerunterstützten Programmierung beschrieben sowie Kriterien und Entscheidungshilfen zur Auswahl von Programmierverfahren unter Berücksichtigung der betrieblichen Ist-Situation und zukünftiger Planungen zusammengestellt.

Kennzeichnend für den Stand und die erkennbare Weiterentwicklung sind

- die Programmierung sowohl vor Ort als auch getrennt von Maschine und Gerät; letztere gewinnt bei durchgängigen Verfahrensketten und Einbindung in Rechnernetze für integrierten Material- und Informationsfluß zunehmend an Bedeutung.
- die Nutzung der interaktiven Computergraphik zur Darstellung geometrischer Konfigurationen sowie für die Simulation von Bewegungsabläufen.
- die Verbindung mit CAD-Systemen über geeignete Standard-Schnittstellen.

Sowohl die Tendenz, NC-Werkzeugmaschinen, Industrieroboter und CNC-Koordinatenmeßgeräte zwecks Automatisierung des Materialflusses in flexiblen Fertigungszellen/-Systemen zu verketten, als auch die Forderung, bisher insular genutzte Programme zur Vermeidung überflüssiger Daten-Mehrfachaufbereitung zu durchgängigen redundanzfreien Verfahrensketten zu verbinden, stellen hohe Anforderungen an die Informations- und Kommunikationstechnik. Hersteller und Anwender sind daher gleichermaßen gezwungen, rechtzeitig Maßnahmen und Entwicklungen zur Planung und Realisierung derartiger Systeme einzuleiten, um sinnvolle und wirtschaftlich vertretbare Lösungen anbieten bzw. nutzen zu können.

## 4.6 Literatur zu Kapitel 4

[ABER83]    Aberle, W., Brinkmann, B., Müller, H.: Prüfverfahren für Form- und Lageabweichungen. Beuth Kommentare. Hrsg.: DIN Deutsches Institut für Normung, Berlin 1983

[AMB86]     AMB 86 Stuttgart (ohne Autorenangabe): Eine Ausstellung der Fertigungstechnik mit hohen Ansprüchen. tz f. Metallbearbeitung *80* (11), (1986), 7–12

[ANDE87]    Anderl, R.: Schnittstellen für CAD/CAM. CAD-CAM Report *3* (1987), 94–101

[ATTI77]    Attiyate, Y. H.: NC Lexicon, English-German-French. 2nd ed. Iron Age Metalworking International, Zürich (1977)

[BECK84]    Becker, H.: Koordinatenmeßgeräte in rechnergeführten Fertigungssystemen. VDI-Z. *126* (20), (1984), 763–764

[BEHR84]    N. N.: CNC-Blechbearbeitungszentrum 518. Prospekt der C. Behrens AG, Alfeld/Leine, 1984

[BEYL86]    Bey, J., Leuridan, J.: Europäisches Vorhaben zur Definition von CAD-Schnittstellen. ZwF *81* (1), (1986) 38–42

[BLÄS85]    Bläsing, J. P.: Zeitgemäße Fertigung erfordert Messen und Prüfen in der Nähe des Prozesses. Maschinenmarkt, Würzburg, *91* (16), (1985) 267–270

[BLUM81]    Blume, C., Dillmann, R.: Frei programmierbare Manipulatoren. Vogel-Verlag Würzburg, 1981

[BLUM83]    Blume, C., Jakob, W.: Programmiersprachen für Industrieroboter. Vogel-Verlag Würzburg, 1983

[BOSC84]    N. N.: Drehteilprogrammierung in der Werkstatt. Bosch PEG. Das Programmiersystem. Druckschrift der Robert Bosch GmbH Erbach/Odenwald, 1984

[BROZ86]    Broziat, H. D.: Messen und Prüfen in der Maschine, Teil 1 und 2. tz f. Metallbearbeitung *80* (9) (1986), 53–56 und *80* (12) (1986), 21–27

[CMMA-]     N. N.: „CMMA" Neutral Data File Specification (Level One) for Coordinate Measuring Machines. Coordinate Measuring Machine Manufacturers Association, o. J.

[CZIU81]    Cziudaj, M., Spieler, B.: Planungshilfen zur Einführung von CNC-Maschinen. RKW REFA Betriebstechnische Reihe. Beuth Verlag, Berlin Köln 1981

[DECK86]    N. N.: Die DIALOG 4. Druckschrift der Friedrich Deckel AG München, 1986

[DENA55]    Denavit, J., Hartenberg, R. S.: A kinematic notation for lower-pair mechanisms based on matrices. ASME Journ. Appl. Mech. *22* (1955) 215–221

DIN ISO 1101 Technische Zeichnungen; Form- und Lagetolerierung; Form-, Richtungs-, Orts- und Lauftoleranzen: Allgemeines, Definitionen, Symbole, Zeichnungseintragungen (März 1985).

DIN ISO 5459 Technische Zeichnungen; Form- und Lagetolerierung; Bezüge und Bezugssystem für Form- und Lagetoleranzen (Jan. 1982)

DIN 406    Maßeintragung in Zeichnungen
Teil 4 Bemaßung für die maschinelle Programmierung (Dez. 1980) sowie Beiblatt 1 Anwendungsbeispiel (Dezember 1980).

DIN 3961    Toleranzen für Stirnradverzahnungen; Grundlagen (August 1978)

DIN 7167    Maß-, Form- und Lagetolerierung
Hüllbedingung ohne Zeichnungseintragung (Entwurf März 1985)

DIN 32880    Koordinatenmeßtechnik
Teil 1 Geometrische Grundlagen und Begriffe (Entwurf Dezember 1986).
Teil 2 Meßstrategie (in Vorbereitung)

DIN 55003    Werkzeugmaschinen; Bildzeichen:
Teil 3 Numerisch gesteuerte Werkzeugmaschinen (August 1981)

DIN 66003    Informationsverarbeitung; 7-Bit-Code (Juni 1974)

DIN 66025    Programmaufbau für numerisch gesteuerte Arbeitsmaschinen.
Teil 1 Allgemeines (Januar 1983)
Teil 1 A1 Allgemeines, Änderung 1 (Entwurf September 1987)
Teil 2 Wegbedingungen und Zusatzfunktionen (September 1988)

DIN 66215    Programmierung numerisch gesteuerter Arbeitsmaschinen.
Blatt 1 CLDATA; Allgemeiner Aufbau und Satztypen (August 1974)
Teil 2 CLDATA; Nebenteile des Satztyps 2000 (Februar 1982)

DIN 66217    Koordinatenachsen und Bewegungsrichtungen für numerisch gesteuerte Arbeitsmaschinen (Dezember 1975)

DIN 66246    Programmierung numerisch gesteuerter Arbeitsmaschinen.
Teil 1 Prozessor-Eingabesprache; Grundlagen und mögliche Geometriedefinitions- und Ausführungsanweisungen (Oktober 1983)

DIN 66257    Numerisch gesteuerte Arbeitsmaschinen; Begriffe (Januar 1983)

DIN 66301    Industrielle Automation; Rechnergestütztes Konstruieren; Format zum Austausch geometrischer Informationen (Juli 1986)

[EMO85]    Autorenkollektiv
Berichte über die 6. EMO in Hannover 1985.
wt-Z. ind. Fertig. 75 (1985) Nr. 12, S. 717–766

[ENCA84]    Encarnação, J. (Hrsg.): CAD-Handbuch, Kapitel 3 Integration von CAD-Systemen in eine DV-Umgebung. Springer, Berlin Heidelberg New York Tokyo 1984

[ERKE86]    Erkes, K., Schmidt, H.: Flexible Fertigung. Die Situation nach der 6. EMO Hannover. VDI-Z 128 (15/16), (1986), 581–594

[EUKL87]    N. N.: EUKLID News, Information Nr. 6. Informationsschrift der Fa. FIDES INFORMATIK Zürich, März 1987

[EXAP84]    N. N.: EXAPT CADCPL; Leistungsbeschreibung. Druckschrift der EXAPT NC Systemtechnik GmbH Aachen, 1984

[EXAP86]   N. N.: EXAPT CADCPL; Kopplung CAD – CAM. Druckschrift der EXAPT NC Systemtechnik GmbH Aachen, 1986

[FEUT86]   Heisel, U., Feutlinske, K.: Integration von Koordinatenmeßgeräten in die flexible Fertigung. VDI-Berichte *606* (1986) 51–65.

[FISC87]   Fischer, H., Grode, H.-P., Harz, G., Noppen, G.: DIN-Normenheft 7. Anwendungen der Normen über Form- und Lagetoleranzen in der Praxis. Beuth, Köln Berlin 1987

[FORT81]   Fortuna FM 41, Prozeßrechner-gesteuerte Rundschleifmaschine mit Bahnsteuerung. Prospekt der Fortuna-Werke Maschinenfabrik, Stuttgart 1981

[FRIE86]   Friedmann, Th.: Roboter in der Automobilindustrie. Robotersysteme *2* (1986) 111–119

[GAMP86]   Gampp, W.: Eine Programmiersprache für Industrieroboter. Automatisierungstechnische Praxis atp *28* (4), (1986) 196–200

[GEOR84]   Georgi, B., Goch, G., Schwertz, M., Weckenmann, A.: Datenverarbeitung in der Koordinatenmeßtechnik. In: Warnecke, H. J., Dutschke, W. (Hrsg.): Fertigungsmeßtechnik. Handbuch für Industrie und Wissenschaft, 295–322. Springer, Berlin Heidelberg New York Tokyo 1984

[GILD85]   N. N.: ELTROPILOT, CNC-Steuerungsfamilie für Drehmaschinen. Druckschrift der GILDEMEISTER AUTOMATION Hannover 1985

[GRAB86]   Grabowski, H., Glatz, R.: Schnittstellen zum Austausch produktdefinierender Daten. VDI-Z. *128* (10), (1986) 333–343

[GRAB86a]   Grabowski, H., Anderl, R., Glatz, R.: CAD/CAM-Schnittstellenproblematik für den Anwender. wt-Z. ind. Fertig. *76* (4), (1986) 212–218

[GURT85]   Gurtner, D., Striepe, B.: NC-Programmierung mit SIGRAN. Siemens Energie & Automation Produktinformation *5* (2) (1985), 70–72

[HEID87]   N. N.: TNC 151, TNC 155. Durckschrift der Dr. Johannes Heidenhain GmbH, Traunreut 1987

[HEIS86]   Heiß, H.: Grundlagen der Koordinatentransformation bei Industrierobotern. Robotersysteme *2* (1986), 65–71

[HELL83]   Hellwig, U., Hellwig, H. E., Paulus, M.: Die Kopplung von CAD und CAM. Teil 1: Mögliche Schnittstellen sowie ihre Vor- und Nachteile. VDI-Z *125* (10), (1983) 355–360
Teil 2: Der Informationsfluß von der Konstruktion zur Fertigung. VDI-Z. *125* (11) (1983), 455–460

[HELL85]   Hellwig, H. E., Hellwig, U., Paulus, M.: Die Kopplung und die Integration von CAD und CAM. Teil 3: CAD/NC-Kopplung. VDI-Z *127* (1/2) (1985), 28–32

[HERR86]   Herrscher, A., Walter, W.: Drehzellen: Integriertes Systemkonzept für Programmierung, Steuerung und Betriebsdatenerfassung. In: VDI-Handbuch Leittechnik für verkettete Fertigungssysteme. VDI Bildungswerk BW 7259 Düsseldorf, 1986

[HESP84]    Hesper, H. J.: Anwendungen von Koordinatenmeßgeräten (KMG). In: Warnecke, H. J., Dutschke, W. (Hrsg.): Fertigungsmeßtechnik. Handbuch für Industrie und Wissenschaft. Springer, Berlin Heidelberg New York Tokyo 1984 322–341

[HÖFL85]    Höfler, W.: Konventionelle und CNC-Verzahnungs-Prüfgeräte. VDI-Z *127* (4) (1985) 127–133

[HÖRM86]    Hörmann, K.: Planungssysteme in der Robotik. Tagungsband des GWAI 85 (German Workshop on Artificial Intelligence), Informatik Fachberichte 118. Springer, Berlin Heidelberg New York Tokyo 1986

[IFAO86]    NC-Programmiersysteme, Marktübersicht 86/87. Herausgegeben und erarbeitet vom Institut für Angewandte Organisationsforschung, IFAO. Hanser, München 1986

ISO 3592    Numerical control of machines. NC processor output, logical structure (and major words), 1978

ISO 4342    Numerical control of machines. NC processor input – Basic part program reference language, 1985

ISO 4343    Numerical control of machines.
NC processor output – Minor elements of 2000-type records (postprocessor commands), 1978

ISO 6582    Shipbuilding – Numerical control of machines – ESSI format. 1983

ISO 6983    Numerical control of machines – Program format and definition of address words
Part 1 Data format for positioning, line motion and contouring control systems, 1982
Part 2 Coding and maintenance of preparatory functions G and universal miscellaneous functions M (z. Z. in Vorbereitung)
Part 3 Coding of miscellaneous functions M (classes 1 to 9). (z. Z. in Vorbereitung)

[KAMM83]    Kammermeyer, S.: Wirtschaftliche Fertigung mit CNC-Außen-Rundschleifmaschinen. Werkstatt und Betrieb *116* (8) (1983) 475–480

[KAMP84]    Kampa, H., Weckenmann, A.: Aufbau von Koordinatenmeßgeräten. In: Warnecke, H. J., Dutschke, J. (Hrsg.): Fertigungsmeßtechnik. Handbuch für Industrie und Wissenschaft. Springer, Berlin Heidelberg New York Tokyo 1984 272–295

[KAMP86]    Kampa, H.: Stand der Fertigungsmeßtechnik. wt-Z. ind. Fertig. *76* (3) (1986) 181–186

[KERN87]    N. N.: Präsentation des Verbundprojektes „Werkstattorientierte Programmierverfahren (WOP)" am 12. und 13. März 1987 in Stuttgart.
Kurzmitteilungen des Projektträgers Fertigungstechnik, Kernforschungszentrum Karlsruhe 1987

[KIEF85]    Kief, H. B.: NC-Handbuch, NC-Handbuch-Verlag, Michelstadt Stockheim 1985

[KIRS85]    Kirstein, H.: Adaption of Quality Control Procedure for the Demand for Quality and Productivity. Proceedings of the 29th EOQC Conference 1985, Additional Papers, 16–27

[LATO81]    Latombe, J. C., Mazer, E.: LM: A High-Level Programming Language for Controlling Assembly Robots. Proc. 11th ISIR, Tokyo, Oct. 1981, 683–690

[LAUE87]    Lauerer, H., Ruoff, W.: Fertigungsmeßtechnik auf der Microtecnic. Werkstattstechnik *77* (2) (1987) 104–107

[LEIT86]    N. N.: Die Schnittstelle zur Qualität. Leitz Industrielle Meßtechnik auf der 10. Microtecnic 1986 in Zürich. Druckschrift der Ernst Leitz Wetzlar GmbH, Wetzlar 1986

[LEIT86a]    N. N.: Datenaustausch zwischen CAD-Systemen und Koordinatenmeßgeräten. Druckschrift der Ernst Leitz Wetzlar GmbH, Wetzlar 1986

[LIES85]    Liesch, B.: Fertigungsmeßtechnik rechnergestützt, flexibel automatisiert. QZ *30* (2) (1985) 53–58

[LOZA82]    Lozano-Perez, T.: Task planning. In: Robot Motion – Planning and control (Hrsg.: M. Brady et al.) The MIT Press, Cambridge, Mass. 1982

[MAHO85]    N. N.: MAHO CNC 432. 3- bis 5-Achsen-Bildschirm-Bahnsteuerung mit Geometrie-Prozessor und Grafik. Druckschrift der MAHO AG Pfronten, 1985

[MASI84]    Masing, W.: Qualitätssicherung. In.: Warnecke, H. J., Dutschke, W. (Hrsg.): Fertigungsmeßtechnik. Handbuch für Industrie und Wissenschaft. 643–648. Springer, Berlin Heidelberg New York Tokyo 1984

[MATR87]    N. N.: EUCLID und QUINDOS. Informationsblatt der Fa. Matra Datavision München 1987

[MEYE85]    Meyer, H.: Eine neue CNC-Steuerungsgeneration. tz f. Metallbearbeitung *79* (9) (1985) 137–139

[MITU86]    N. N.: AUTOTRANSLATOR-200 for use with Mitutoyo GEO-PAK-200 or GEOPAK-300  Program and Computervision AUTOMEASURE Program. Druckschrift der Fa. Mitutoyo, 1986

[MITU87]    N. N.: Mitutoyoy IGES/CIM; IGES to GEOPAK 200 Translator. Draft Operational Manual. Druckschrift der Fa. Mitutoyo, 1987

[MÖHL85]    Möhl, R.: Werkstück- und Werkzeugüberwachung, Funktionsprüfung und Fehlerdiagnose in der spanenden Fertigung. Werkstatt und Betrieb *118* (11) (1985) 735–738

[NAGE86]    Nagel, A., Pohl, C.: Weiterbildung für NC-Maschinen-Personal. RKW-Schriftenreihe Mensch und Technik. RKW Eschborn, 1986

[NEUH82]    Neuhaus, B., Neumann, H.-J.: Dreidimensionale Messung von Zahnflanken an Zylinder- und Kegelrädern. VDI-Berichte 434 (1982) 167–174

[OHNH84]    Ohnheiser, R.: Programmierverfahren für NC-Maschinen. CNC-Koordinatenmeßgeräte unter dem Gesichtspunkt der Programmierung von Meßabläufen. REFA Institut Darmstadt 04/1984

[PAUL81]    Paul, R.: Robot Manipulators: Mathematics, Programming and Control. The MIT-Press, Cambridge, Mass. 1981

[PFEI85]    Pfeifer, T., Vollaard, W., Schüller, H.: Maschinengestützte Werkstückmessung. tz f. Metallbearbeitung *79* (9) (1985) 111–117

[RAHM86]    Rahmacher, K.: Simulation von NC-Programmen für moderne CNC-Drehmaschinen. ZwF *81* (2) (1986) 77–81

[REMB86]    Rembold, U., Frommherz, B., Hörmann, K.: Programmiertechnik für Industrieroboter – Stand und Tendenzen. Technische Rundschau *25* (1986) 96–109

[ROHS84]    Rohs, H.-G.: Meßsteuerungen an NC-Werkzeugmaschinen. tz f. Metallbearbeitung *78* (5) (1984) 21–28

[SCHA86]    N. N.: Vorstellung PF 43. Prospekt der Schaudt Maschinenbau GmbH Stuttgart, 1986

[SCHÜ85]    N. N.: Universal-Werkzeug- und Produktionsschleifmaschinen WU, WU-CNC. Prospekt der Alfred H. Schütte Werkzeugmaschinenfabrik Köln, 1985

[SCHU85]    Schulz, H., Vossloh, M.: Einsatz und Entwicklung von Diagnosesystemen in der Fertigungstechnik. Werkstatt und Betrieb *118* (11) (1985) 739–743

[SCHW88]    Schweizer, M.: Robotereinsatz wird zur Normalinvestition. Roboter 2 (1988) 24–28

[SEIT84]    Seitz, R., Zürn, R.: Anregungen und Wünsche der Anwender von Koordinatenmeßgeräten an die Hersteller. VDI-Berichte *540* (1984) 71–84

[SHIM84]    Shimano, B. E., Geschke, C. C., Spalding, C. H.: VAL II: A New Robot Control System for Automatic Manufacturing. IEEE Internat. Conference on Robotics, Atlanta, Georgia, March 1984

[SIEM85]    N. N.: SINUMERIK System 3, SINUMERIK 810. Zyklen für den Formenbau. Prospekt der Siemens AG, Nürnberg 1985

[SIEM85a]    N. N.: SINUMERIK 810 M, Programmieranleitung. Druckschrift der Siemens AG, Erlangen 1985

[SIEM85b]    N. N.: SINUMERIK 810 T, Programmieranleitung. Druckschrift der Siemens AG, Nürnberg 1985

[SIEM86]    N. N.: SINUMERIK 810, Bedienungsanleitung. Druckschrift der Siemens AG, Nürnberg 1986

[SIMO63]    Simon, W.: Die numerische Steuerung von Werkzeugmaschinen. Hanser, München 1963

[SPIZ81]    Spizig, J. S.: Industrieroboter messen Karosserien im Fertigungsfluß. Werkstatt und Betrieb *114* (10) (1981) 722

[SQUI86]    Squier, B. H.: CAM-I to release Dimensional Measuring Interface Specification. Druckschrift der Computer Aided Manufacturing – International, Inc., Arlington, Texas, 1986

[STOR82]    Storr, A.: Programmieren von NC-Maschinen. Vortrag auf dem Fertigungstechnischen Kolloquium (FTK 82) 7./8. 10. 1982 Stuttgart

[STOR86]    Storr, A.: Automatisierung des betrieblichen Informationsflusses I, Vorlesungsmanuskript des Instituts für Steuerungstechnik der

Werkzeugmaschinen und Fertigungseinrichtungen. Universität Stuttgart, 1986

[STOR87]  Storr, A., Zirbs, J.: CAD/NC-Programmiersystem-Kopplung; Probleme und deren Lösung. tz f. Metallbearbeitung *81* (1) (1987) 33-37

[TAYL82]  Taylor, R. H., Summers, P. D., Meyer, J. M.: AML: A Manufacturing Language. The internat. Journal of Robotics Research *1* (3) (1982) 19-41

[TRAU86]  N. N.: CNC-Drehmaschinenreihe TRAUB-TNS 30. Druckschrift der Traub AG Reichenbach/Fils, 1986

[TRUM86]  N. N.: TRUMATIC 240. Prospekt der Trumpf GmbH & Co Ditzingen, 1986

VDI-Richtlinie 2860 Blatt 1
Montage- und Handhabungstechnik
Handhabungsfunktionen, Handhabungseinrichtungen, Begriffe, Definitionen, Symbole (Entwurf Oktober 1982)

VDI-Richtlinie 2861 Blatt 1
Montage- und Handhabungstechnik
Kenngrößen für Handhabungsgeräte, Achsbezeichnungen (Entwurf September 1980)

VDI-Richtlinie 2863 Blatt 1
Programmierung numerisch gesteuerter Handhabungseinrichtungen.
IRDATA; Allgemeiner Aufbau, Satztypen und Übertragung. (Entwurf Juli 1986)

[VDW86]  Verein Deutscher Werkzeugmaschinenfabriken e. V. (VDW): Altersstruktur des industriellen Werkzeugmaschinenparks in der Bundesrepublik Deutschland. VDW Frankfurt Juni 1986

[VOLL85]  Vollmer, H., Witte, H.: NC-Organisation für Produktionsbetriebe. Carl Hanser Verlag München, Wien, 1985 (REFA)

[WALT84]  Walter, W., Lederer, R.: Ausbau eines NC-Programmiersystems zur Dialogfähigkeit. wt-Z. ind. Fertig. *74* (12) (1984) 743-746

[WARN84]  Warnecke, H. J., Dutschke, W. (Hrsg.): Fertigungsmeßtechnik. Handbuch für Industrie und Wissenschaft. Springer, Berlin Heidelberg New York Tokyo 1984

[WECK83]  Weckenmann, A., Kampa, H.: Koordinatenmeßgeräte. Gerätekonfiguration, Software, Auswahlkriterien. VDI-Z *125* (21) (1983) M 67-M 74

[WECK84]  Weckenmann, A.: Programmierung von rechnergesteuerten Koordinatenmeßgeräten. Technisches Messen *51* (6) (1984) 234-241

[WECK87]  Weckenmann, A., Gawande, B.: Prüfen von Werkstücken mit gekrümmten Oberflächen auf Koordinatenmeßgeräten. Technisches Messen *54* (7/8) (1987) 277-284

[WECK87a]  Weckenmann, A., Mordhorst, H.-J.: Anforderungen an die Fertigungsmeßtechnik in der rechnerintegrierten Produktion. VDI-Z. *129* (10) (1987) 78-84

[WEUL86]    Weule, H., Ludwig, H. R., Wilhelm, M. C.: Vom Meßraum zur Meßzelle – automatisiertes Messen mit Koordinatenmeßgeräten. VDI-Berichte *606* (1986) 25–49

[WHF82]    W. H. F.: Roboter prüft Verbundwerkstoffe. VDI-Nachrichten *45* (5. Nov. 1982) 20

[WILD86]    Wildemann, H.: Einführungspfade für CAD/CAM. ZwF *81* (12) (1986) 693–697

[WILD86a]    Wildemann, H.: Strategische Investitionsplanung für CAD/CAM. Fachverlag für Wirtschaft und Steuern Schäffer, Stuttgart 1986

[WITT87]    Witte, H., Özkan, N., Kirchhoff, H.: NC-Programmiersysteme bedarfsgerecht auswählen. Werkstatt und Betrieb *120* (2) (1987) 105–110

[WOLL80]    Wollersheim, H.-R.: Problemorientierte Programmiersprache NCMES mit Anwendungsbeispielen. VDI-Berichte 378 (1980) 57–67

[WOLL85]    Wollersheim, H.-R.: Graphisch unterstützte NC-Programmierung von Meßgeräten. Industrie Anzeiger *107* (35/36) (1985) 25–28

[WOLL85a]    Wollersheim, H.-R.: Programmierung von Koordinatenmeßgeräten mit N.C.M.E.S.. Vortrag auf der Technischen Tagung 1985 des EXAPT-Vereins

[ZEIS85]    N. N.: VDA-Schnittstelle zum Datenaustausch zwischen CAD/CAM-Systemen und Zeiss Koordinatenmeßgeräten. Software-information der Carl Zeiss Oberkochen, 1985

[ZEIS86]    N. N.: Programmieren von Zeiss Koordinatenmeßgeräten an der CAD/CAM-Anlage von Computervision. Produktinformation der Carl Zeiss Oberkochen, 1986

[ZEPP86]    Zeppelin, W. v.: Informationstechnische Einbindung einer NC-Werkzeugmaschine in eine rechnergestützte Betriebsorganisation. ZwF *81* (11) (1986) 615–623

[ZINK86]    Zink, J. H.: One for all, all for one. Tooling & Production (June 1986) 202

[ZINK-]    Zink, J. H.: Linking CAD/CAM Systems to CMM's. Druckschrift der Sheffield Measurement Division, Warner & Swasey, Dayton Ohio, o. J.

# 5.1 Vorbemerkungen

Eine Reihe wichtiger Begriffe zur funktionalen Abgrenzung der Bereiche innerhalb eines Betriebes werden in der Praxis und im Schrifttum unterschiedlich weit gefaßt. Für die weiteren Ausführungen in diesem Kapitel ist es deshalb notwendig, einige wesentliche Begriffe festzulegen.

Das Thema dieses Kapitels ist die Rechnerunterstützung in der Fertigung. Auf die unterschiedlichen spanlosen und spanabhebenden Fertigungsverfahren wird deshalb nur insoweit eingegangen, als dies für das Verständnis informationsverarbeitender Prozesse notwendig ist.

Bei der Planung und Gestaltung des Fertigungsbereiches ist dementsprechend zu unterscheiden zwischen der fertigungstechnischen Gestaltung auf der Basis unterschiedlicher Fertigungsverfahren und der Gestaltung der Rechnerunterstützung der Fertigungsprozesse und deren Integration zu einem Gesamtsystem.

Die zweite Fragestellung ist das Thema dieses Buches und soll deshalb im Mittelpunkt der Betrachtung stehen.

Im allgemeinen Verständnis wird der Begriff „Fertigung" häufig mit Fabrikhallen, Betriebsamkeit und Lärm verbunden.

Der Fachbegriff weist jedoch dazu unterschiedliche Inhalte auf, wie aus dem diesbezüglichen Schrifttum zu ersehen ist, z. B. [EVER81, WARN84]. Übereinstimmend wird die Fertigung als Teil der Produktion verstanden.

In der Fertigung wird einem Prozeß Material zugeführt, und über Energie und Information wird das Material verändert (Bild 5.1).

Bild 5.2 zeigt die Stellung der Fertigung in der Produktion mit den für das Handbuch zugrundegelegten Definitionen. Diese Darstellung ist mit Blick auf den Rechnereinsatz zu sehen, bei dem die Fertigungssteuerung als Komponente eines Produktionsplanungs- und -steuerungssystems (PPS) das Auftragsvolumen für einen bestimmten Zeitraum der Fertigung vorgibt, während die Feinsteuerung der Werkstattaufträge sowie die Steuerung der automatisierten und konventionellen Betriebsmittel dem Fertigungsbereich obliegen.

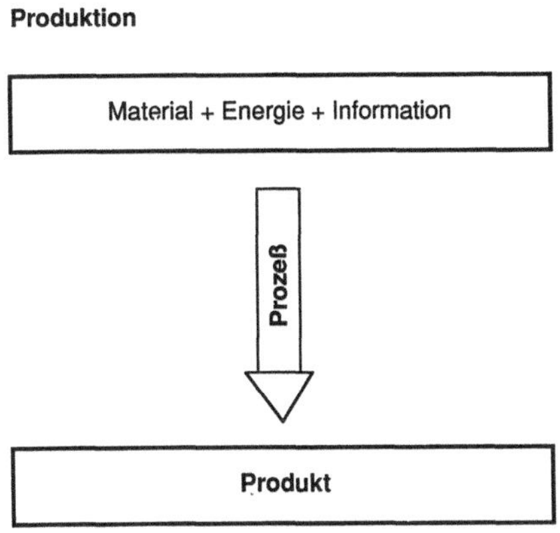

**Produktion**

Material + Energie + Information

Prozeß

Produkt

**Bild 5.1**   Die Funktion „Fertigung" als Teil der Produktion

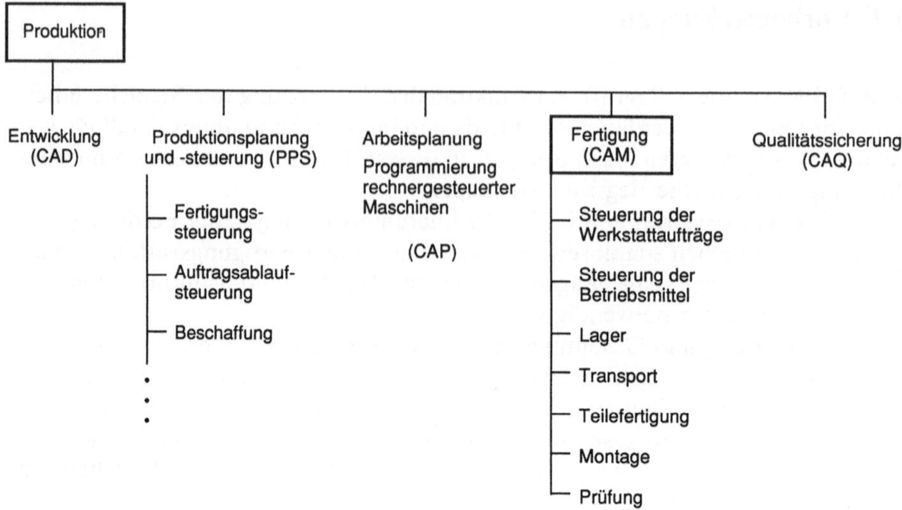


**Bild 5.2**    Stellung der Fertigung in der Produktion

Das besondere Interesse dieses Kapitels gilt der Informationskomponente der Produktion. In jeder Produktion sind zwei Arten von Informationen zu unterscheiden:

1. *Informationen mit Planungscharakter*, z.B. bei Durchführung der
   - Bearbeitungs-, Montage-, Prüfplanung
   - Fertigungsmittelplanung

2. *Informationen mit Steuerungscharakter* (Informationen zur Steuerung von Aufträgen und Informationen zur Steuerung von Betriebsmitteln) z.B.
   - zur Fertigungsablaufsteuerung
   - zur Prüfablaufsteuerung
und
   - als Steuerprogramme für rechnergesteuerte Maschinen
   - zur Steuerung von Fertigungszellen

Die Informationen gemäß (1) sind vom Materialfluß zeitlich entkoppelt, die Informationen gemäß (2) eng mit dem Materialfluß verbunden.

Im Mittelpunkt der weiteren Ausführungen stehen die Informationen mit Steuerungscharakter für die Teilefertigung, die Montage und den Transport. Das „Prüfen" betrachten wir als Teil der Fertigung; es wird gesondert in Kapitel 6 behandelt.

## 5.2 Beschreibung des Umfeldes

### 5.2.1 Einflußgrößen der Fertigung

Warnecke [WARN84] unterscheidet die im Bild 5.3 aufgeführten Fertigungstypen.

Wir beschränken uns in diesem Handbuch auf die Betrachtung:

Einzelfertiger

Serienfertiger ── Kleinserienfertiger / Mittelserienfertiger / Großserienfertiger

Massenfertiger

Die einzelnen Fertigungstypen können abgegrenzt werden, wie das Bild 5.3 [WARN84] zeigt. CAM spielt in der Serienfertigung eine besonders große Rolle. Deshalb liegt der Schwerpunkt dieses Kapitels auf den Problemen der Serienfertigung. Probleme von Einzel- und Massenfertigern werden aber auch berührt.

Auf eine Fertigung wirken eine große Anzahl von Faktoren ein.

| Fertigungstypen | Kennzeichen |
|---|---|
| Einzelfertigung | • <u>Einzelne oder wenige</u> Erzeugnisse werden <u>nur einmal</u> oder in größeren, unregelmäßigen Abständen hergestellt<br>• langfristiger Produktionszyklus<br>• Auftragsproduktion, d. h. Fertigung nach Kundenwunsch<br>• hoher Geld- und Zeitaufwand für Vorbereitungsarbeiten (Projektierung, Konstruktion) |
| Serien(Reihen-)fertigung | • Konstruktiv gleiche Produkte werden <u>gleichzeitig</u> oder unmittelbar aufeinanderfolgend in <u>begrenzter</u> <u>Stückzahl</u> gefertigt (optimale Losgröße)<br>• Spezialisierung der Betriebe möglich<br>• Standardisierung der Erzeugnisse möglich<br>• je nach Stückzahl gibt es Klein-, Mittel- und Großserien<br>• meist Auftragsproduktion |
| Massenfertigung | • Voraussetzung : große Stückzahlen<br>• Gleichartigkeit der Produkte (Einzel-, Fertigteile)<br>• häufige Prozeßwiederholung<br>• je nach Produkt gibt es stetige und wechselnde Massenfertigung<br>• Lagerproduktion, d. h. Fertigung für einen anonymen Markt<br>• sehr hoher einmaliger Aufwand (absolut), bezogen auf das Einzelprodukt gering (relativ) |
| Sortenfertigung | • die einzelnen Leistungsarten eines Betriebes werden nach Arten, Größe, Güte usw. , genau festgelegt (katalogmäßig)<br>• das Erzeugnisprogramm wird neben- oder nacheinander gefertigt<br>• "Sicherheitsgrad" der Wiederholung einer Sorte ist nicht exakt festlegbar<br>• im allgemeinen wird von jeder Sorte der gleiche Fertigungsprozeß durchlaufen<br>• bewußte Herbeiführung der Sortenunterschiede |
| Partiefertigung Chargenfertigung | wie oben, aber :<br>• Verschiedenheit der Partien durch vorhandene Stoff- und Herstellungsbedingungen gegeben, <u>oft erwünscht</u><br>• Partie = Sendung aus einheitlichen Rohstoffen, die nacheinander zu Halbzeugen verarbeitet werden : danach beginnt die Sortenfertigung<br>• Charge = einmaliger Stoffeinsatz, durchläuft als Ganzes den Herstellungsprozeß bis zum Endprodukt |

**Bild 5.3**   Fertigungstypen

Hierzu zählen beispielsweise:

- *Produktspektrum.* Über das Produktspektrum wird in der Geschäftsführung und im Marketing entschieden.
- *Einzel-/Serienfertigung.* Die am Markt absetzbaren Stückzahlen der Produkte haben wesentlichen Einfluß auf die Art der Fertigung.
- *Stand der Technik.* Es besteht eine Wechselwirkung zwischen Technologie und Produkt: Verschiedene Fertigungstechnologien gestatten die Herstellung eines bestimmten Produktes. Bestimmte Produkte erfordern zur Herstellung bestimmte Fertigungstechnologien.
  Die Fertigungsverfahren werden wesentlich vom allgemeinen Stand der Verfahrensforschung und Technik bestimmt.
- *Gesetzliche Vorgaben.* Gesetzesvorschriften und technische Regeln müssen bei der Herstellung der Produkte befolgt werden.

Die von einem Betrieb zur Herstellung eines bestimmten Produktes eingesetzten Verfahren unterliegen zusätzlichen Bedingungen wie:

- *Finanzielle Mittel.* Nicht das wissenschaftlich/technisch Machbare ist erreichbar, sondern das finanziell Mögliche.
- *Strategische Vorgaben.* Know-how (Wissensstand und Weiterbildung). Der entscheidende Faktor in der Fertigung ist und bleibt der Mensch. Das betriebsspezifische Wissen ist die Basis des Unternehmens.
- *Kapital und Arbeitskraft.* Es ist innerhalb gewisser Grenzen möglich, bei gegebenem Stand der Technik Arbeitskraft gegen Kapital auszutauschen. In hochindustrialisierten Ländern ist ein Trend in diese Richtung zu beobachten. – Bei Kapitalknappheit, wie sie z.B. in Entwicklungsländern herrscht, ist der umgekehrte Weg wirtschaftlich oft sinnvoller. Derartige Randbedingungen sind von der Fertigung nicht zu beeinflussen.
- *Risikobereitschaft.* Sie liegt im Entscheidungsbereich der Geschäftsführung. Die persönliche Risikobereitschaft zeigt in hochentwickelten Ländern eine fallende Tendenz.
- *Fertigungstiefe.* In vielen Fällen ist es eine geschäftspolitische Entscheidung, wie weit die Fertigung getrieben wird; deshalb stellt sie ein unternehmerisches Problem dar.
  Oft wird eine bestimmte Fertigungstiefe jedoch durch die Technologie erzwungen.

Im Rahmen dieser Randbedingungen sind der Fertigung enge Grenzen gesetzt. Die Hauptaufgabe der Fertigung besteht darin, alles zu tun, um termin-, qualitäts- und kostengerecht zu produzieren.
Als Gestaltungsspielraum verbleiben der Fertigung folgende Möglichkeiten:

- *Fertigungstechnologie.* Art und Weise der Herstellung eines Produktes (Technik) werden als Technologie bezeichnet. Es besteht eine enge Wechselwirkung zwischen Produkt und Herstellung, und damit zwischen Technik und Technologie.
- *Fertigungsverfahren/Alternativen.* In der Regel gibt es unterschiedliche Fertigungsverfahren, um einen bestimmten Bearbeitungsschritt auszuführen. Eine

Entscheidung, welches Verfahren zum Einsatz kommt, hängt von verschiedenen Parametern ab, z. B. von
- Qualität
- Verfügbarkeit
- Geschwindigkeit
- Preiswürdigkeit
- Losgrößen
- *Fertigungsprinzipien*
  - Verrichtungsprinzip / Anordnung der Maschinen nach Art der Verrichtung. ·
    Das Verrichtungsprinzip/Werkstattprinzip kommt bei Serienfertigern zum Zuge. Das Werkstattprinzip wird z. B. im Versuchsbau angewendet.
  - Fließprinzip / Anordnung der Maschinen nach Art des Produktflusses.
    Es wird bei Großserienfertigern bevorzugt angewendet. Die Tendenz geht dahin, daß die wirtschaftlichen Losgrößen, bei denen das Fließprinzip anwendbar ist, immer kleiner werden.

  Oft findet man in einem Unternehmen beide Fertigungsprinzipien nebeneinander. Die Produktion nach den verschiedenen Methoden ist stark stückzahlabhängig. ·
- *Produktsystematisierung.* Da bestimmte Produkte entsprechende Werkzeugmaschinen und Werkzeuge zu ihrer Herstellung benötigen, wirkt eine Produktsystematisierung einer Zersplitterung des Maschinenparks sowie dem Mehraufwand für Planungs-/Bearbeitungszeiten und für Werkzeuge entgegen. Mit zunehmender Systematisierung fallen die Kosten.
  Verschiedene Methoden zur Systematisierung, die die wirtschaftliche Herstellung fördern, können zur Anwendung kommen, z. B.
  - die Bildung von Teilefamilien
  - die Anwendung der Gruppentechnologie
  - die Nutzung der Standardisierung.
- *Materiallogistik.* In der Abstimmung verschiedener Arbeitsgänge aufeinander, in der Optimierung von Transportwegen usw. liegen häufig große Reserven. Insbesondere im historisch gewachsenen Unternehmen entstehen durch eine veraltete Logistik hohe Kosten. Das Denken in „Systemen" ist noch nicht sehr ausgeprägt.
- *Aufbau-/Ablauforganisation.* Zwischen Ablauf- und Aufbauorganisation besteht eine Wechselwirkung. Insbesondere die planerischen Informationen durchlaufen verschiedene Aufbaustufen. Hier gilt es, Informationen zum schnelleren Fließen zu bringen. Der Durchlauf eines Werkstückes durch die Fertigung dauert nicht deshalb so lange, weil an ihm gearbeitet wird, sondern weil nicht an ihm gearbeitet wird.
  Auch hier sieht das Handbuch einen Schwerpunkt: die Informationslogistik muß entwickelt werden.
  Wenn es gelingt, den Fluß von Material und Information zu beschleunigen, wird das zu Ergebnisverbesserungen führen.
  Die folgenden Ausführungen geben dazu detaillierte Hinweise.

## 5.2.2 Informationsfluß zwischen Fertigung und Umfeld im Betrieb

### 5.2.2.1 Systemtechnische Sicht

Kernbereich der Fertigung sind die materialgestaltenden Prozesse in Teilefertigung und Montage, die materialflußbezogenen Prozesse Transport und Lager sowie die meist dem Werkstattbereich zugeordneten Funktionen der Ressourcenverwaltung (Bild 5.4). Diese Funktionen sind im weiteren Umfeld des Betriebs verknüpft mit Wareneingang, Endkontrolle und Auslieferung. Die gegenständliche, materialorientierte Sicht vermittelt ein recht übersichtliches Bild eines überwiegend gerichteten Flusses, der sich oft sogar optisch als Linienfertigung in den Werkstätten erkennen läßt.

Verläßt man die materialorientierte Sicht und wendet sich den Informationen zu, so wird augenfällig, daß an die Stelle einer flußsystemartigen Struktur, eventuell mit Verzweigungen und Zusammenführungen, ein unübersichtliches Geflecht von Informationsbeziehungen tritt. Besonders auffällig beim gegenwärtigen Stand sind ständige Medienbrüche (Papier, Lochstreifen, magnetische Datenträger), Wechsel der Formate der Datendarstellung bis hin zu informellen Informationen durch Zuruf, ohne die heute eine effektive Produktion noch nicht läuft.

Das Vorhaben CAM – also die rechnerunterstützte Fertigung – ist deshalb außerordentlich ehrgeizig und macht die Einführung von CIM sehr schwierig.

Zunächst zur Abgrenzung: jeder systemorientierte Ansatz verlangt eine klare Definition der Grenzen des betrachteten Systems, um Ein- und Ausgänge zu identifizieren. CAM muß als prinzipiell wachsendes System verstanden werden. Es wächst in dem Maße, wie die Informationsprozesse im Bereich der Fertigung vom Rechnereinsatz unterstützt werden. Dabei ergeben sich zwangsläufig Veränderungen der Prozesse selbst und der Beziehungen zu benachbarten Funktionen innerhalb und außerhalb der Fertigung.

Mit anderen Worten, die Abgrenzung des Bereichs Fertigung im Hinblick auf CAM ist abhängig vom Stand der Technik. Die Informationssysteme in Kernbereich und Umgebung der Fertigung wachsen aufeinander zu, dabei nehmen die rechnerunterstützten Funktionen und damit die Ein- und Ausgabeinformationen zu. Die Folge ist eine schrittweise Umgestaltung der Informationsflüsse.

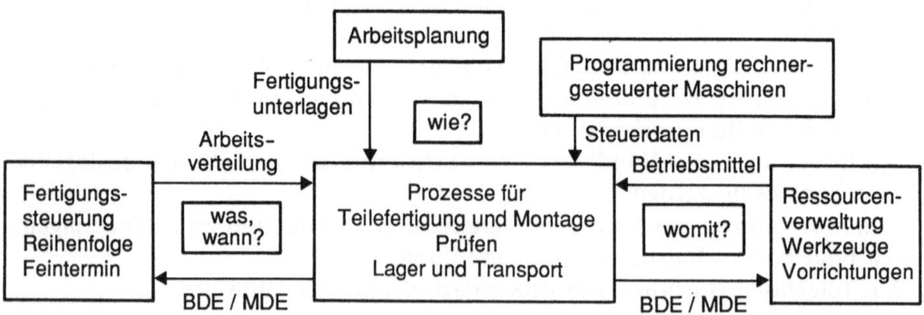


**Bild 5.4**   Funktionen und Schnittstellen in der Fertigung

Automatisierung und Rechnersteuerung der Kernprozesse der Fertigung beeinflussen auch die angrenzenden Bereiche:
- die Durchführung der Prozesse in Teilefertigung und Montage unter Einschluß der Prüfprozesse,
- die im Werkstattbereich liegende Erzeugung und Verwaltung von Informationen über Betriebsmittel:
  womit wird gefertigt,
- die in Verbindung zur Produktionsplanung und -steuerung (PPS) stehende organisatorische Führung der Prozesse:
  was und wann wird gefertigt,
- die in Verbindung zur Arbeitsplanung stehende technische Führung der Prozesse:
  wie wird gefertigt.

Die Informationsflüsse in den Prüfbereichen sind Gegenstand des Kap. 6 und werden deshalb in diesem Abschnitt nicht behandelt.

Bevor die Fragen „was, wann, womit, wie" angesprochen werden, sollen kurz die Kernbereiche dargestellt werden.

Die Fertigungsprozesse sind die wesentlichen Quellen und Senken der Informationen in der Fertigung. Die Inhalte bezüglich des „wie" sind abhängig von der eingesetzten Steuerungstechnik. Programmierbare Steuerungen benötigen spezifisch formatierte Steuerdaten, dies sind Steuerprogramme für NC-Einrichtungen, Ablaufprogramme für Roboter, Parameter für speicherprogrammierbare Steuerungen (SPS). SPS werden für sehr viele Anwendungen eingesetzt, in Verbindung mit NC und Robotersteuerung ebenso wie für Sondermaschinen, Lager und Transportsysteme. Die kostengünstige Verfügbarkeit elektronischer Speichermedien hat dazu geführt, daß die Programme und Parameter in gewissem Umfang in den Steuersystemen gespeichert und verwaltet werden. Dadurch entsteht eine lokale Datenhaltung zur Erhöhung der Verfügbarkeit mit allen Problemen der Datenkonsistenz bei Mehrfachspeicherung.

Sofern die Prozesse als Einzelsysteme durch den Bediener geführt werden können, lassen sich die Fragen „was, wann" anhand von Informationen aus dem PPS über Terminaldialoge oder Listen steuern. Diese können beliebig geändert werden. Ebenso sind in diesem Fall sich ergänzende Systeme zur Erfassung von Auftrags- und Maschinenstatus (BDE/MDE) in PPS eingebunden und somit außerhalb der Fertigung.

Durch die Einführung von Rechnern zur Führung der Einzelprozesse längs des Materialflusses fällt die Steuerung der Abläufe in den CAM-Bereich. Der hauptsächliche Grund dafür ist die Durchlaufbeschleunigung und der Betrieb der Maschinen in personalarmer dritter Schicht. Diese Ziele sind allerdings durch einfache Übernahme der bisherigen Führungsstrategien nicht zu erreichen; erforderlich sind Komponenten zur Optimierung des Durchlaufs des Materials sowie der Reihenfolge der Arbeitsvorgänge an den Maschinen.

### 5.2.2.2 Informationsflüsse zwischen Arbeitsplanung und Fertigung

Die Arbeitsplanung erzeugt die Informationen, die in der Fertigung zur Herstellung der Produkte benützt und verbraucht werden. Erzeugung und Verbrauch sind zeitlich getrennt. Für den Fall der Wiederholfertigung können einmal erzeugte Informationen mehrfach genutzt werden. Daraus ergibt sich die Notwendigkeit zur Speicherung und Archivierung der Informationen – auch als Datenhaltung bezeichnet.

Die in der Arbeitsplanung erzeugten Informationen können in zwei Klassen eingeteilt werden:

- beschreibende Unterlagen, eventuell formalisiert, aber nicht formatiert,
- formatierte Daten, Formate sind genormt oder orientieren sich an De-facto-Standards.

Die Gliederung deckt sich derzeit noch überwiegend mit der Einteilung in

- Arbeitsplan und
- Steuerdaten für numerisch gesteuerte Einrichtungen.

Es ist aber zu erwarten, daß künftig auch weitere Informationen, wie z. B. die Beschreibung von Arbeitsvorgängen in Arbeitsplänen formatiert und damit der Schnittstellenstandardisierung zugänglich gemacht werden können.

Schnittstellen und Datenhaltung sind die zentralen Fragen bei der Realisierung der durchgängigen Verfahrensketten von CAD, CAP zu CAM. Gegenwärtig sind einige solcher Ketten für ausgewählte Fertigungstechnologien bereits realisiert, jedoch nicht für die Gesamtheit der für ein Produkt benötigten Technologien. Als Beispiel sei die Blechfertigung angeführt [BLEY88]. Die Gestaltung der Blechteile ist unmittelbar verknüpft mit den eingesetzten Stanzwerkzeugen, so daß in allen Phasen der Verfahrenskette Werkzeuginformationen verfügbar sein müssen. Dies zeigt, daß Schnittstellen mehr sind als die bloße Anpassung einer Ausgabedatei an andere Eingabeformate. Sie regeln insbesondere auch die Berechtigung zum Zugriff und zur Änderung und legen Verantwortungsbereiche fest.

Im Gegensatz zur starken Technologieorientierung der Schnittstellen muß für die Datenhaltung ein übergreifendes Konzept vorgesehen werden. Im Kapitel 7 wird darauf bei der Darstellung der Integrationsaufgaben näher eingegangen.

### 5.2.2.3 Informationsflüsse zwischen Fertigungssteuerung und Fertigung

Die Produktionsplanung und -steuerung (PPS) gibt vor, in welchem Zeitraum welche Aufträge auf welchen Maschinen bearbeitet werden. In der Realität laufen die Vorgaben zur Arbeitsverteilung eher neben der tatsächlichen Ausführung her anstatt diese zu führen. Die Gründe liegen in der Ungenauigkeit der Daten über die Arbeitsaufträge, der generellen Unvorhersehbarkeit von Störungen und in der Vielzahl der möglichen Ablaufvarianten, die zur Ermittlung einer optimalen Planung in Betracht gezogen werden müßten. Überdies ergibt sich bei der Definition der Optimalkriterien ein Zielkonflikt zwischen Auslastung und Durchlaufzeit bzw. Termintreue.

Daß die Fertigungssteuerung dennoch funktioniert, ist somit bis heute eher der Erfahrung, der Intuition und vor allem der Flexibilität der Entscheider vor Ort zu verdanken als einem verfügbaren DV-System. Allerdings bleibt dabei die Frage offen, wie gut oder schlecht die Entscheidungen wirklich sind. Die Unterlagen, die heute von PPS-Systemen geliefert werden, sind daher nur die Basisinformation für den Entscheider. Eine Verbesserung in dieser Situation kann aus zwei Richtungen erwartet werden – der Betriebsdatenerfassung (BDE/MDE) und der steigenden Funktionalität für die rechnerunterstützte Leitebene.

Ergebnisse sind so gut wie die Eingabedaten. Aus dieser Erfahrung heraus werden verstärkt BDE/MDE-Systeme eingesetzt, deren wichtigste Eigenschaft in diesem Zusammenhang die Echtzeitverarbeitung und -weitergabe von Zustandsdaten über

- Maschinen: Status, Verfügbarkeit
- Prozesse:  Parameter, Fehler
- Produkte:  Qualität, Ausbeute
- Aufträge:  Status, Menge, Zeit

ist und die in ähnlicher Weise hierarchisch aufgebaut sind wie die operativen Systeme der Leittechnik.

Auf Basis besserer und für einen kürzeren Zeitraum auch stabiler Rückmeldedaten aus BDE und mit den Mitteln schneller Prozessoren und Farbgraphik erlebt der Leitstand – vorher mit Karten an langen Wänden – eine Renaissance. Auf der Ebene der Arbeitsvorgänge wird die Arbeitsverteilung geplant, optimiert und mit interaktiven Mitteln an spezielle Anforderungen angepaßt.

In diesem Sinne wird die Reihenfolgeplanung und Feinterminierung ein Teil von CAM auf der Leitebene. Die Schnittstelle zu PPS rückt dann aus der Werkstatt heraus und liegt oberhalb der Leitebene.


### 5.2.2.4 Informationsflüsse zur Ressourcenverwaltung in der Fertigung

Durch die Automatisierung und die Fähigkeit kleine Losgrößen zu bearbeiten, wie es in Flexiblen Fertigungssystemen geschieht, rückt die Ressourcen-Verwaltung in den Mittelpunkt des Interesses. Sie lag bisher wie die meisten Dienstleistungen eher im Hintergrund. Ein erheblicher Teil der Systemprogramme für Flexible Systeme betrifft die Planung und Steuerung des Einsatzes von Werkzeugen und Vorrichtungen sowie die Bedienerschnittstellen für Rüstplatz, Spannplatz, Werkzeugvoreinstellungsplatz [FRIE87].

Werkzeuge und Vorrichtungen werden bei der Bearbeitung kleiner Lose in Zellen viel häufiger als bei der Fertigung großer Lose an Einzelmaschinen gewechselt. Bei Werkzeugen gibt es darüber hinaus einen werkstattweiten Verbund, der organisiert und gesteuert werden muß.

Werkzeugvoreinstellplätze sind Glieder im Datenfluß zwischen Arbeitsplan und Maschinensteuerung. Werkzeuge werden vermessen, die Werte mit Sollwerten verglichen und Korrekturwerte in formatierter Form gespeichert und weitergegeben.

Der Einsatz von Schwesterwerkzeugen zur Gewährleistung eines unterbrechungsfreien Betriebs bei Verschleiß oder Ausfall und die Führung von Standzeitinformationen sind Funktionen der Ressourcenverwaltung. Diese ist entweder in die Zellensteuerung integriert oder eigenständige Komponente auf Zellenebene in einem hierarchischen Systemkonzept.

## 5.3 Informationsfluß in der Fertigung

### 5.3.1 Anforderungen an den Fertigungsbereich

Die Anforderungen an den Informationsfluß in der Fertigung orientieren sich vor allem an den unternehmenspolitischen und -strategischen Vorgaben.

Zur Umsetzung der unternehmensinternen Zielsetzung bietet sich eine abgestufte Entscheidungshierarchie an. Dabei ist der Planungshorizont ein entscheidendes Kriterium für die Abgrenzung der verschiedenen Entscheidungsebenen, siehe Bild 5.5.

#### 5.3.1.1 Hierarchieebenen in der Fertigung

Die gesicherte Durchführung des vorgegebenen Produktionsprogrammes ist oberstes Ziel in der Fertigung. Die entsprechenden Richtlinien und Vorgaben werden in modernen Betrieben von Produktionsplanungs- und -steuerungssystemen (PPS) im Dialog mit dem Produktionsplaner generiert. Auf dieser Ebene werden die vorgegebenen Unternehmensziele umgesetzt und für einen *langfristigen* Planungs- und Dispositionszeitraum genützt. Wir grenzen diese Entscheidungsebene vom eigentlichen Fertigungsbereich ab.

Die *mittelfristigen* Zielsetzungen betreffen beispielsweise die Aspekte der Durchlaufzeitminimierung der zu fertigenden Werkstücke und der optimalen Kapazitätsauslastung der Maschinen bzw. der Maschinengruppen.

Es ist Aufgabe der obersten Entscheidungsstufe, in der Fertigung die Erfüllung der entsprechenden Vorgabekriterien sicherzustellen. Die Sicherung der Vorgaben (Termine, Kosten, usw.) für den Fertigungsprozeß muß oft in einem *kurzfristigen* Zeitraum erfolgen.

Der Fertigungsprozeß selbst wird im Zuge der zunehmenden Automatisierung nach den Vorgaben der kurzfristigen Entscheidungsebene von *Prozeßsteuerungen* im online-Modus ausgeführt.

**Bild 5.5**  Planungshorizonte in der Fertigung

### 5.3.1.2 Notwendigkeit der Rechnerunterstützung im Fertigungsbereich

Durch die abgestufte Entscheidungshierarchie müssen nicht nur die Entscheidungskompetenzen der am Fertigungsprozeß beteiligten Mitarbeiter klar voneinander abgegrenzt werden, auch die Art und Menge der auf jeder Ebene zu verarbeitenden Informationen ist festzulegen.

Die dabei auftretenden Informationsbeziehungen auf jeder Entscheidungsebene und zwischen den angrenzenden Hierarchiestufen machen Rechnerunterstützung notwendig und sinnvoll.

Die auftretende Informationsvielfalt muß so aufbereitet werden, daß sie den in die Fertigungshierarchie integrierten Menschen bei der Entscheidungsfindung unterstützt.

Das heißt auch, daß dem durch die zunehmende Automatisierung der Fertigungsabläufe entstandenen Verlust an Transparenz der Informationsflüsse durch Rechnerunterstützung entgegen gewirkt werden kann. Dadurch wird auch eine bessere Steuerung des Fertigungsprozesses durch die Fertigungsmitarbeiter in ihrem Tätigkeitsbereich (Position in der Entscheidungshierarchie) ermöglicht. Der gesamte Informationsfluß im Fertigungsbereich wird dadurch von Menschen unter Nutzung der Rechnerunterstützung abgewickelt.

Im weiteren sollen jedoch ausschließlich solche Informationsflüsse im Fertigungsbereich betrachtet werden, die von Rechnern oder Steuerungen erfaßt, verarbeitet und zur Unterstützung des Fertigungsablaufs bzw. zur Entscheidungsunterstützung des Bedieners vorgegeben werden.

In den folgenden Ausführungen beschreibt die *operative Ebene* (neuerdings Steuerungsebene [DIN87]) die eben erwähnte Direkt-Steuerung des Fertigungsprozesses. Die kurzfristig orientierte Fertigungsplanung und -steuerung wird in der *Zellenebene* (neuerdings Führungsebene [DIN87]) beschrieben.

Die *Leitebene* realisiert die oberste Entscheidungshierarchie im Fertigungsbereich, deren mittelfristige Planungs- und Steuerungsaufgaben und die Schnittstelle zur langfristigen Planung (PPS). Es ist jedoch prinzipiell wichtig, auf der Leitebene des Fertigungsbereiches auch die Informationsschnittstellen zu anderen Betriebsbereichen, wie Konstruktion, Arbeitsvorbereitung und Qualitätssicherung, zu berücksichtigen.

Die folgenden Ausführungen befassen sich ausschließlich mit der Unterstützung der notwendigen Informationsflüsse durch Steuerungen, Rechner oder Rechnersysteme. Die wichtigen Aspekte der durch den Menschen ausgeführten Informationsflüsse und dessen Interaktion mit den Rechnersystemen ist nicht Gegenstand der Ausführungen in diesem Buch.

### 5.3.2 Hierarchisches Steuerungsmodell zur Beschreibung der Rechnerunterstützung im Fertigungsbereich

In den Abschnitten 5.4.1 bis 5.4.3 werden die Möglichkeiten einer Rechnerunterstützung auf den verschiedenen Ebenen des Hierarchiemodells in der Fertigung diskutiert.

Das hier angesprochene hierarchische Steuerungsmodell soll dazu dienen, daß

die folgenden Ausführungen leichter im Gesamtzusammenhang des Fertigungsbereiches gesehen und verstanden werden können.

Das hierarchische Ebenenmodell dient ausschließlich als Regelkreissystem für
die auf jeder Ebene zu verarbeitenden Informationen bzw. Informationsflüsse,
wie Bild 5.6 zeigt.

### 5.3.2.1 Informationsflüsse zwischen den Hierarchieebenen

Grundsätzlich werden Informationen von *übergeordneten* Entscheidungsebenen
vorgegeben. Abhängig vom bestehenden Funktionsspektrum werden daraus detaillierte Vorgaben ermittelt und als Entscheidungsgrundlage angeboten. Im
Mensch-Maschine-Dialog werden diese Vorgaben aufgenommen und nach Be-
dienerinteraktion weitergegeben. Bei automatischen Steuerungsabläufen, beispielsweise bei der rechnergesteuerten NC-Programmübertragung, werden die
notwendigen Informationen durch Rechnerkommunikation, d. h. ohne Bediener-
interaktion übermittelt.

Ein hierarchisches Steuerungsmodell kann jedoch nur dann zufriedenstellend
funktionieren, wenn Informationen, die auf *untergeordneten* Hierarchieebenen
entstehen, bei der Vorgabeermittlung (z. B. Planung oder Steuerung) berücksichtigt werden.

Nur die ständige Mitteilung und Berücksichtigung des realen Fertigungs-Ist-
standes auf den betreffenden Steuerungsebenen gewährleisten einen optimalen
Fertigungsablauf. So ist es beispielsweise wichtig, daß durch Zustände und Er-
eignisse entstandene Informationen der übergeordneten Steuerungsebene übermittelt werden. Die Betriebsdatenerfassung und im engeren Sinne die Maschinendatenerfassung ist hier von besonderer Bedeutung.

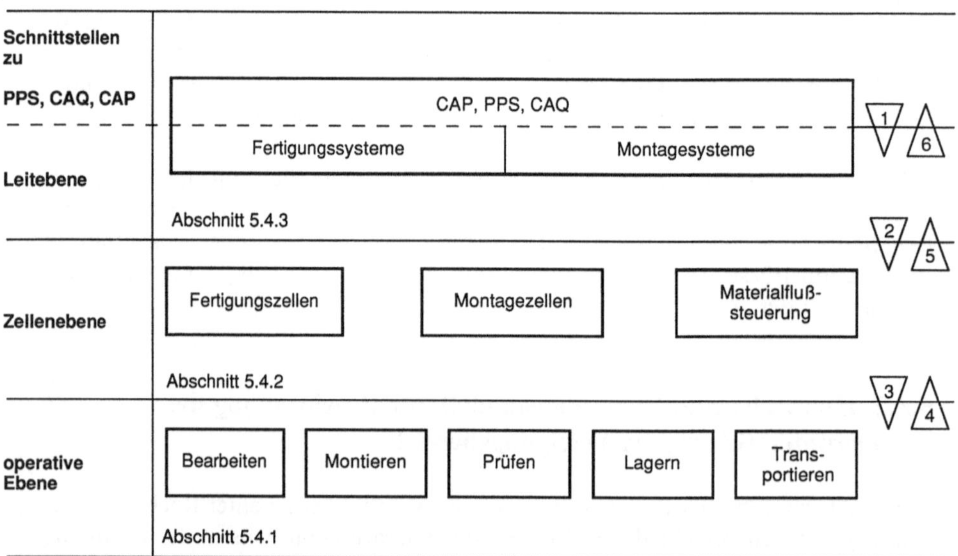


**Bild 5.6**   Hierarchisches Ebenenmodell für die Fertigung

### 5.3.2.2 Beispielhafte Informationsflüsse im hierarchischen Steuerungsmodell mit Schnittstellennumerierung

Die im folgenden aufgeführten Beispiele für Informationsflüsse in Fertigungssystemen beziehen sich auf das in Abschnitt 5.3.2 eingeführte hierarchische Steuerungsmodell (siehe auch Bild 5.6).

*1: PPS, CAP, CAQ → Leitebene*
Aufträge von PPS,
Arbeitspläne, Programme für numerisch gesteuerte Einrichtungen von CAP,
Prüfpläne von CAQ.

*2: Leitebene → Zellenebene*
Fertigungslose,
Werkzeugdaten, Betriebsmitteldaten, Werkstückdaten,
Fertigungsreihenfolge, Termine,
Werkstück-, Werkzeug- und Betriebsmitteltransporte.

*3: Zellenebene → operative Ebene*
Steuerprogramme für NC-Maschinen und Roboter,
Werkzeugstandzeiten,
maschinennaher Werkzeug- und Betriebsmittelbestand.

*4: Operative Ebene → Zellenebene*
Störungsursachen, -zeiten, -intervalle,
Beginn- und Endemeldungen für Bearbeitung, Transporte, usw.,
allg. Betriebsdaten und Maschinendaten.

*5: Zellenebene → Leitebene*
Fertigungskapazitäten und -termine aus Fertigungszellen,
Zellenzustandsdaten,
zellenbezogene Qualitätsdaten,
werkstückbezogene Durchlaufzeiten durch die Fertigungszelle.

*6: Leitebene → PPS, CAP, CAQ*
Auftragsendemeldung, Gesamtdurchlaufzeit,
Fertigungszeit an PPS,
Optimierte Programme für numerisch gesteuerte Einrichtungen an CAP,
Schwachstelleninformationen an CAQ.

Die beispielhaft erläuterten Informationen sollen einen Einblick in die notwendige Dynamik des gesamten hierarchischen Steuerungsmodells ermöglichen. Die systematische Auflistung ebenenbezogener Informationen können in keinem Fall als abgeschlossen betrachtet werden. Durch die Differenzierung in Vorgabeinformationen (Informationsfluß nach „unten") und Rückmeldeinformationen (Informationsfluß nach „oben") wird die Notwendigkeit eines Regelkreissystems für das hierarchische Ebenenmodell nochmals bestätigt.

Die Angabe ebenenbezogener Informationen spiegelt unterschiedliche Planungshorizonte im Fertigungsbereich wider. Auch der Detaillierungsgrad der Daten nimmt zu, je mehr man sich der operativen Ebene (Ausführungsebene) anschaulich nähert.

# 5.4 Rechnerunterstützung bei der Informationsverarbeitung in der Fertigung

Im folgenden Abschnitt wird die Möglichkeit der Rechnerunterstützung im hierarchischen Ebenenmodell (operative Ebene, Zellenebene, Leitebene) genauer vorgestellt. Es werden notwendige Funktionskomponenten beschrieben und deren Unterstützung durch den Einsatz von Digitalrechnern oder Steuerungen aufgezeigt.

## 5.4.1 Rechnerunterstützung für die operative Ebene

### 5.4.1.1 Funktionskomponenten in der Teilefertigung

Im Bereich der Teilefertigung bzw. Vorfertigung werden die unterschiedlichsten Maschinenarten zur Bearbeitung von Werkstücken eingesetzt [WECK80].

In diesem Abschnitt betrachten wir exemplarisch für den Teilefertigungsbereich die Verfahren der spanenden Fertigung und daraus speziell die Bearbeitungstechnologien Drehen, Fräsen und Bohren. Den Schwerpunkt des folgenden Abschnittes bildet dabei die Rechnerunterstützung auf der operativen Ebene.

***a) Funktionskomponenten in der operativen Ebene am Beispiel der spanenden Fertigung (Bearbeiten)***

Die Aufgabenbereiche auf der operativen Ebene der spanenden Fertigung lassen sich in drei Komponenten gliedern:

- Material und Fertigungshilfsmittel,
- Information,
- Bearbeitung/Maschine.

*Funktionskomponente: Material und Fertigungshilfsmittel*
Auf einer Werkzeugmaschine sind Werkstücke nach bestimmten Vorgaben zu fertigen. Mittelpunkt des Interesses ist somit die Materialkomponente *Werkstück.*

Auch die zur Bearbeitung von Werkstücken benötigten *Werkzeuge* inklusive der Ersatzwerkzeuge werden im weiteren Sinn zum Material gerechnet.

Wichtig für den Fertigungsprozeß sind technologiespezifische *Hilfsmittel,* welche ebenfalls dem benötigten Material zugerechnet werden können. Fertigungshilfsmittel für die Fräsbearbeitung sind beispielsweise Spannmittel, Kühlmittel oder Prüfmittel.

Für die oben beschriebenen Materialkomponenten sind folgende Funktionen vorzusehen:

- Spannoperationen,
- Voreinstellung und Bereitstellung von Hilfsmitteln und Werkzeugen,
- Entsorgung (Späne, Kühlmittel),
- Antransport und Abtransport,

- Lagerung und Pufferung,
- Prüfen und Kontrollieren.

*Funktionskomponente: Information*
Sowohl in der konventionellen, weitgehend manuellen als auch in der zunehmend automatisierten Fertigung ist die *Information* über „was, wann, wie, wo"
gefertigt werden soll von grundlegender Bedeutung.

Man unterscheidet Informationen, welche zur Werkstückbearbeitung benötigt
werden von solchen, die beim Bearbeitungsprozeß entstehen.

Zur Werkstückbearbeitung werden beispielsweise folgende Daten bzw. Informationen benötigt:

- Arbeitspläne,
- Bearbeitungsanweisungen,
- Werkzeugpläne,
- Prüfpläne,
- Transportanweisungen.

Folgende Informationen fallen während der Werkstückbearbeitung an und sind
zur weiteren Betrachtung nützlich.

- Maschinen- und Betriebsdaten,
- Fehlermeldungen, Alarme,
- Vollzugsmeldungen,
- Arbeitsablaufüberwachung,
- Werkzeugstandzeiten,
- Meßwerte.

*Funktionskomponente: Bearbeitung / Maschine*
Neben den Komponenten Material und Information muß die Maschine bzw.
der Bearbeitungsplatz zur Werkstückfertigung angesprochen werden. Tätigkeiten
in diesem Wirkungsfeld werden teilweise manuell ausgeführt, zunehmend jedoch rechnerunterstützt automatisiert. Rechnerunterstützte Funktionen sind zum
Beispiel:

- Ausführen der Maschinenfunktionen,
  - Vorschubgeschwindigkeit
  - Antrieb, usw.
- Einrichten der Maschine,
- Bedienen der Maschine,
- Warten der Maschine.

### 5.4.1.2 Funktionskomponenten in der Montage

Die hohe Komplexität vieler Montageobjekte verursacht komplexe Montagevor-
gangsfolgen wie Fügen, Justieren, Prüfen usw., bei denen in hohem Maße visuelle und taktile sensorische Fähigkeiten erforderlich sind. Dies ist ein Grund
dafür, warum die Automatisierungsbestrebungen in der Montage noch nicht soweit fortgeschritten sind wie in der Teilefertigung. Automatisierte Montagesy-

steme sind in der Industrie insbesondere bei der Montage größerer Stückzahlen anzutreffen. Die zunehmende Varianten- und Bauteilevielfalt, geringe Losgrößen sowie kürzere Produktlebenszeiten erfordern zunehmend flexiblere Montageanlagen. Für die Montagedurchführung lassen sich folgende Klassen von Teilsystemen unterscheiden:

- Industrieroboter und Handhabungssysteme, gegebenenfalls mit Werkzeug-/ Greiferwechselsystemen und Sensoren,
- programmierbare NC-Achsen (z. B. auch Koordinatentische) und Hilfsachsen (in der Regel nur wenige, feste Achspositionen),
- Bereitstellungsperipherie (z. B. Vibrationswendelförderer, Bereitstellungsmagazin, Lagereinrichtungen),
- Materialflußeinrichtungen (z. B. Förderbänder, Rundtische),
- Werkzeuge/Maschinen zum Fügen,
- Sensoren (interne und externe).

### a) Industrieroboter

Durch die im Abschnitt 4.3 erläuterte Definition sind Industrieroboter klar von Manipulatoren, Einlegegeräten und verbindungsprogrammierten Handhabungsgeräten abgegrenzt. Ein Industrierobotersystem ist demzufolge in die Teilsysteme

- kinematisches System,
- Antrieb und Meßsystem,
- interne Sensoren,
- Steuerung und
- Programmierung

aufgegliedert.

### b) Programmierbare NC-Achsen und Hilfsachsen

Neben den Industrierobotern selbst kommen in einem automatisierten Montagesystem auch einzelne numerisch gesteuerte Achsen vor. Im einfachsten Fall handelt es sich bei ihnen um offene kinematische Ketten, wobei sie dann in der Regel zur Positionierung von Geräten oder zur Aufspannung von Werkstücken dienen. Zum Festhalten der Werkstücke sind im Normalfall am Ende der Achse universelle oder werkstückspezifische Spannelemente angebracht.

### c) Bereitstellungsperipherie

Hinsichtlich der Bereitstellungsperipherie in Montagesystemen lassen sich unterscheiden:

- Speichereinrichtungen als Bereitstellungs-, Sammel-, Störungs- und Ausgleichsspeicher,
- Zuführ- und Zuteileinrichtungen zur Bereitstellung von Einzelteilen für den Montageprozeß durch ein Handhabungsgerät oder einen Industrieroboter,

– Ordnungseinrichtungen, welche ungeordnet bereitgestellte Montageteile ordnen und in eine definierte Position und Orientierung bringen.

Häufig sind diese Einrichtungen in einem Gerät zusammengefaßt. In den heutigen Montagesystemen ist die Bereitstellungsperipherie oft mit einem Bildverarbeitungssystem zur Erkennung von Bauteilvarianten oder zur Lageerkennung gekoppelt.

### d) Materialflußeinrichtungen

Materialfluß wird innerhalb einer Montagezelle durch die unterschiedlichsten Einrichtungen bewirkt. Neben Industrierobotern, Handhabungsgeräten und den bisher genannten Peripheriegeräten werden hierfür auch dedizierte Materialflußeinrichtungen mit speziellen konstruktiven und funktionalen Merkmalen eingesetzt. Hierbei kann man unterscheiden zwischen

– einfachen Materialflußkomponenten und
– komplexen Materialflußsystemen.

Zu den einfachen Materialflußkomponenten gehören im wesentlichen motorisch angetriebene Förderbänder, Kettenbänder und nicht angetriebene Rollenbänder und Gleitflächen. Sie dienen in der Regel dem Fördern von Objekten, d.h. dem Bewegen von Objekten aus einer beliebigen Position in eine andere beliebige Position.

Typische Vertreter komplexer Materialflußsysteme sind Palettentransfersysteme und flexible Transportsysteme (FTS) auf der Basis von Flurförderfahrzeugen und Hängeförderern mit einzeln angetriebenen Werkstückträgern.

### e) Werkzeuge/Maschinen zum Fügen

Als Werkzeuge zum Fügen kommen Schrauber, Schweißzangen, Nietzangen, Klebeeinrichtungen usw. in Frage. Diese Komponenten werden verstärkt von Industrierobotern und Handhabungssystemen benutzt.

### f) Sensoren

Die in automatisierten Fertigungs- und Montagesystemen angestrebte Flexibilität kann durch den Einsatz von leistungsfähiger Sensorik für die Steuerung und Überwachung der numerisch gesteuerten Funktionseinheiten erreicht werden. Zu unterscheiden ist zwischen internen und externen Sensoren.

Die internen Sensoren erfassen Systemzustände wie Position, Geschwindigkeit oder Beschleunigung einzelner numerisch zu steuernder Achsen; sie sind Bestandteil von Transporteinrichtungen, Positioniervorrichtungen oder auch Industrierobotern usw.

Externe Sensoren dagegen erfassen das Makrogeschehen innerhalb des Montagesystems. Typischerweise werden hierbei Informationen über die Anwesenheit, Position oder Orientierung von Werkstücken, Vorrichtungen, Maschinenteilen usw. gewonnen und in den Produktionsablauf einbezogen.

Die Sensoren lassen sich in folgende Klassen einteilen:

- Lage-, Geschwindigkeits- und Beschleunigungssensoren,
- Kraftsensoren,
- taktile Sensoren,
- Näherungssensoren,
- komplexe Sensoren (z. B. Bildwandler, Laserabtasteinrichtungen).

### 5.4.1.3 Funktionskomponenten beim Lagern und Transportieren

#### a) Teilsystemsteuerungsebene

Einem Teilsystem werden mehrere organisatorisch und fördertechnisch zusammengehörende Komponenten des Materialflußsystems zugeordnet (Beispiele für Teilsysteme sind Hochregallager und Horizontalförderer). Der Umfang und die Anzahl dieser Subsysteme wird von der Komplexität des Gesamtsystems bestimmt.

Eine Teilsystemsteuerung umfaßt die zugehörigen Gruppensteuerungen und nimmt für das Subsystem folgende Aufgaben wahr:

- Kopplung von Material- und Informationsfluß,
- Koordination der unterlagerten Gruppensteuerungen,
- Funktionsüberwachung und Fehlerprotokollierung,
- Übernahme und Ausführung von Transportaufträgen,
- Speicherung und Auswertung der von der Prozeßleitebene meist blockweise übertragenen Daten,
- Aktivierung und Reaktivierung von Steuer- und Datenerfassungsvorgängen,
- Plausibilitätsprüfung von empfangenen oder ausgegebenen Befehlen,
- Informationsaustausch im Dialog über Terminals.

In der Regel erhält diese Ebene keine direkten Prozeßsignale, allerdings sind ihr oft spezielle Einrichtungen wie Zähler für die Stückzahlerfassung von Palettierautomaten oder Staustrecken, Positionierautomatiken sowie Betriebsdatenerfassungsfunktionen zugeordnet.

Durch den Aufbau als autonome Systembereiche ermöglichen die Teilsystemsteuerungen bei Ausfall der übergeordneten Leitebene einen, wenn auch eingeschränkten, Betrieb des Subsystems. Anstelle der Vorgaben durch die Prozeßleitebene tritt dann z. B. die Eingabe über Bildschirm-Terminals.

#### b) Gruppensteuerungsebene

Die Gruppensteuerungsebene (neuerdings Führungsebene [DIN87]) hat die Aufgabe, die einzelnen Antriebe und Förderelemente der Elementsteuerungsebene zu koordinieren und zu überwachen. Damit werden aus einzelnen Förderelementen, wie Weichen, ganze funktionsfähige Fördereinrichtungen. (Beispiele dazu sind Verteileinrichtungen und Fahrwerke). Die Steuerungen dieser Ebene nehmen alle Funktionen wahr, die für den Automatikbetrieb notwendig sind:

- Festlegung der Einschalt- und Verriegelungsbedingungen für mehrere Antriebe (z. B. Blockstreckensteuerung bei Elektrohängebahnen).

- Steuerung des zeitlichen Ablaufs (z. B. komplette Ablaufsteuerung).
- Erfassung und Anzeige von Störungen.
- Zusammenstellung von Einzelmeldungen über den Zustand der Elementsteuerungsebene zu Sammelmeldungen, die an die hierarchisch übergeordnete Ebene weitergegeben werden.
- Auswertung aller Prozeßsignale, die nicht direkt auf Stellglieder wirksam werden.

### c) Elementsteuerungsebene

Sie ist die unterste, dem Prozeß unmittelbar zugeordnete Ebene und umfaßt alle Steuerungs- und Überwachungsfunktionen eines einzelnen Förderelementes (z. B. Rollenbahn mit Motor und Signalgeber). Die Einzelsteuerungen enthalten die zur Ansteuerung notwendigen Funktionen:

- Ein-/Ausschalten von Antrieben,
- Gleichlaufregelung von Antrieben,
- Realisierung aller sicherheitstechnischen Verriegelungen,
- Verknüpfung von Ein-/Ausschaltbefehlen mit den vorgegebenen Verriegelungsbedingungen der Gruppensteuerungsebene,
- Überwachung und Zustandsanzeige von Antrieben und Signalgebern (Plausibilitätskontrollen),
- Erfassung von Störungen und Weitergabe an die übergeordnete Systemebene,
- Speicherung von Befehlszuständen,
- Erfassung der Prozeßsignale und Ausgabe von Stellbefehlen.

### 5.4.1.4 Steuerungstechnik zur Unterstützung der operativen Ebene

In Kapitel 4 wurde die Programmierung von Steuerungen eingehend behandelt.

Die verschiedenen Steuerungskomponenten werden nachfolgend kurz vorgestellt. Dabei liegt der Schwerpunkt der Betrachtungen auf der Anwendung dieser Automatisierungskomponenten auf der operativen Ebene des Fertigungsbereiches.

### a) Aufgaben von Steuerungen

Die Aufgabe von Steuerungen ist es, die Durchführung von Aktionen der zu steuernden Komponenten entsprechend einer Aufgabenspezifikation sowie die Kommunikation mit anderen Steuerungen bzw. Rechnern zu ermöglichen. Die in ihnen realisierten Funktionen weisen neben einigen Gemeinsamkeiten auch aufgabenspezifische Unterschiede auf.

### b) Unterstützung durch CNC bzw. RC

*Werkzeugmaschinensteuerungen*
Die Elementarfunktionen aller Steuerungen für CNC-Maschinen (*Computerized Numerical Control*) sind die Regelung numerischer Achsen und die Ausführung

von Schalt- und Technologiefunktionen. Die Befehlsfolge und die Vorgabewerte werden als Steuerprogramme bereitgestellt (siehe auch Abschnitt 4.2).

*Robotersteuerungen*

Das Anforderungsprofil an Steuerungen für Roboter (*Robot Control*) weicht in einigen Punkten von dem an Steuerungen für Werkzeugmaschinen (CNC) ab. Die wichtigsten Unterschiede sind die vielfach verwendeten Teach-in-Programmiermöglichkeiten, die andersartige Interpolation und inverse Transformation, die Sensordatenverarbeitung und die programmierbare Kommunikation über digitale und/oder analoge Signale (Einzelheiten siehe Abschnit 4.3).

### Funktionsumfang einer CNC bzw. RC

Ausgehend von konventionellen, handbedienten Werkzeugmaschinen wurden im Laufe der Entwicklung immer mehr fertigungsrelevante Funktionen im Bereich der Maschine automatisiert.

Dabei übernahmen numerische Steuerungen z.B. folgende Aufgaben:

- Interpolation der Verfahrwege,
- Berücksichtigung von Werkzeugkorrekturwerten,
- Nullpunktverschiebung,
- Vorschubregelung,
- Lageregelung,
- Werkstückwechsel,
- Werkzeugwechsel,
- Materialzuführung,
- Programmneustart,
- Fertigungsdatenerfassung,
- Maschinenzustandserfassung.

Durch den schnellen Fortschritt der Mikroelektronik konnten wesentlich komplexere Aufgaben den Steuerungen übertragen werden, zum Beispiel:

- Programmspeicherung,
- Unterprogrammtechnik,
- Arbeitszyklen,
- Kompensation von Maschinenfehlern,
- Modifikation von NC-Programmen im Online-Betrieb,
- Integriertes Diagnosesystem.

Die Benutzerfreundlichkeit der Steuerungen von CNC-Maschinen, gerade für den Maschinenbediener von großem Vorteil, wurde durch folgende Funktionen erweitert:

- Funktionstastatur an der Steuerung,
- Menütechnik bei der Eingabe,
- Programm-Editor an der CNC,
- gut strukturierte Bedienerführung,

- Graphikbildschirm,
- Dialogbetrieb.

### Funktionserweiterung DNC

Neben der Eingabe über Tastatur werden als Datenträger für Steuerprogramme
für numerisch gesteuerte Einrichtungen vielfach Lochstreifen oder Magnetbandkassetten verwendet.

Eine andere Möglichkeit zur Eingabe von Steuerprogrammen bieten DNC-
Systeme (*Direct Numerical Control*). In einem solchen System sind eine oder
mehrere numerisch gesteuerte Einrichtungen mit einem Rechner verbunden, der
die Daten der Steuerprogramme für diese Einrichtungen verwaltet und zeitgerecht verteilt.

Durch den Einsatz von DNC kann der Informationskreislauf zwischen den
Steuerungen und einem übergeordneten Rechner geschlossen werden. Diese direkte Kopplung der Steuerungen an einen übergeordneten Rechner ermöglicht
auch die Rückübertragung von Steuerprogrammen und ist Voraussetzung für
eine prozeßbegleitende Betriebs-/Maschinendatenerfassung (BDE/MDE).

Die DNC-Funktion ist Grundvoraussetzung für die Integration von numerisch gesteuerten Einrichtungen in einem rechnergeführten Fertigungsbetrieb
(Integration von FFZ – Flexible Fertigungszelle; FFS -Flexibles Fertigungssystem).

### c) Unterstützung durch SPS

Eine speicherprogrammierbare Steuerung (SPS) ist zunächst durch ihre Unabhängigkeit von der Steuerungsaufgabe (Hardware) im Fertigungsprozeß charakterisiert. Die gewünschte Steuerungsflexibilität ergibt sich durch die individuelle
Anpaßbarkeit der notwendigen Anwendungsprogramme (Software), welche den
gewünschten Steuerungsablauf festlegen.

Neben den numerischen Steuerungen von NC-Maschinen und Robotern, deren primäre Aufgabe die Ansteuerung von Bewegungsachsen darstellt, werden in
Montagezellen auch fest verdrahtete Schützsteuerungen [WELL85] und speicherprogrammierbare Steuerungen verwendet. Beide dienen primär der Durchführung von Schaltvorgängen entsprechend einer „programmierten" Logik.

Prinzipiell besteht die Aufgabe der SPS darin, die durch Schalter, Meßfühler,
Sensoren usw. verursachten Eingabesignale auszuwerten und darüber zu entscheiden, welche angeschlossenen Aktoren (Lampen, Schütze, Motoren, usw.)
durch Ausgangssignale geschaltet werden sollen. Durch Zusatzbaugruppen, wie
z.B. Zeitglieder, Schieberegister, Arithmetikmodule usw., können SPS auch
Steuerungsaufgaben übernehmen, die weit über die reine Logikverarbeitung hinausgehen.

Eine SPS enthält einen Mikrorechner, der durch digitale und/oder analoge
Ein- und Ausgabebaugruppen ergänzt wird, siehe Bild 5.7.

Speicherprogrammierbare Steuerungen sind sehr unempfindlich gegenüber
Störungen und deshalb besonders für prozeßnahe Aufgaben geeignet.

Speicherprogrammierbare Steuerungen können nach der Art ihres Programm-
trägers (steuerungsinterner Speicher) klassifiziert werden, siehe Bild 5.8.

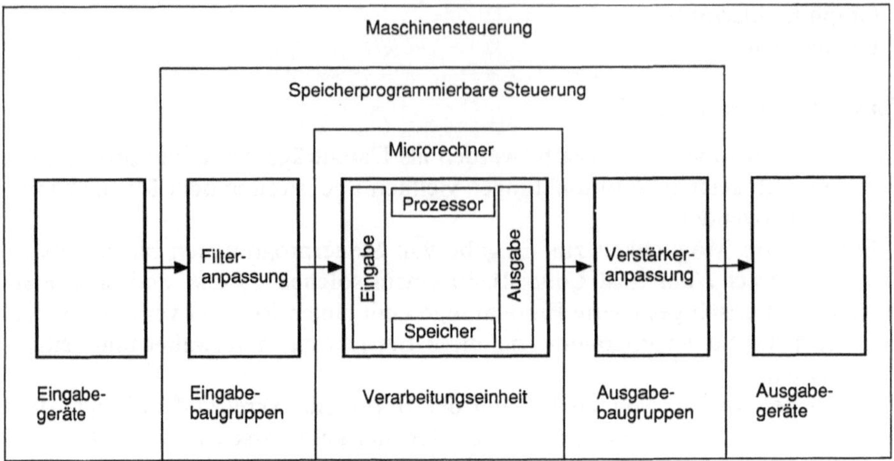


**Bild 5.7**    Aufbau einer Maschinensteuerung mit SPS

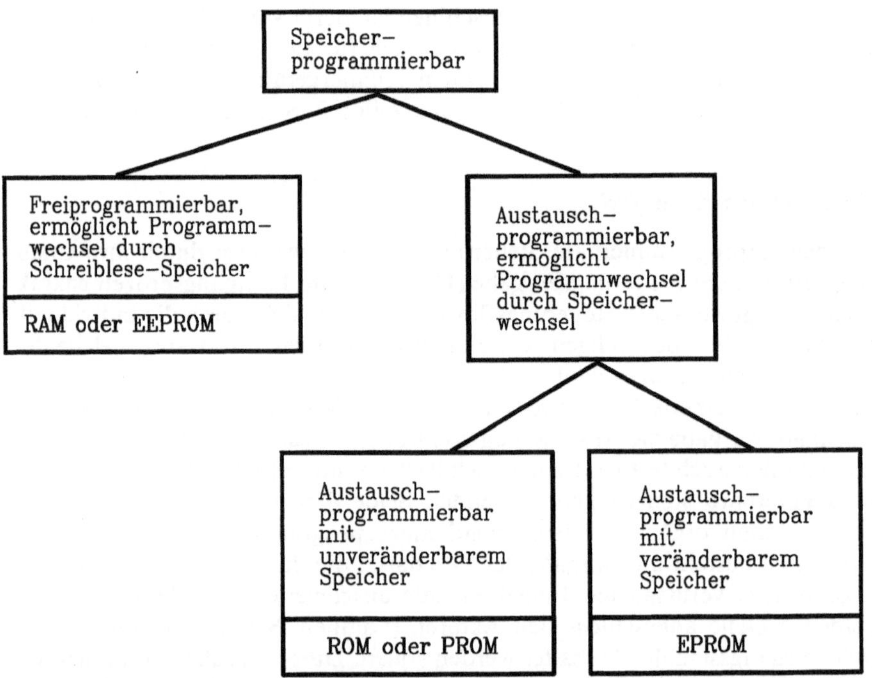


**Bild 5.8**    Klassifizierung speicherprogrammierbarer Steuerungen

Erläuterung:

– RAM        Random Access Memory
– ROM        Read Only Memory
– PROM       Programmable Read Only Memory
– EPROM      Erasable Programmable Read Only Memory
– EEPROM     Electrical Erasable Programmable Read Only Memory

Speicherprogrammierbare Steuerungen lassen sich in *freiprogrammierbare* und *austauschprogrammierbare* Typen unterscheiden. Erstere können durch ein anschließbares Programmiergerät oder direkten Rechneranschluß jederzeit neu programmiert werden. Zur Speicherung der Informationen werden RAM-Bausteine oder EEPROM-Bausteine benötigt. Die austauschprogrammierbaren Steuerungen lassen sich in solche mit veränderbarem Speicher (EPROM) und in solche mit unveränderbarem Speicher (ROM, PROM) unterscheiden, wobei hier der Programmwechsel durch den Austausch der Speicherbausteine erfolgt.

Speicherprogrammierbare Steuerungen werden für die unterschiedlichsten prozeßnahen Aufgabenbereiche eingesetzt.

*Beispiele:*

- Steuerung einfacher Transportsysteme
  (Palettenförderer, Transportbänder, Hubeinrichtungen),
- Generieren von Aktionssignalen
  (Programmstart, Programmende, Öffnen der Spannvorrichtung),
- Identifikationsaufgaben,
- Informationsaufnahme für Betriebs- und Maschinendatenerfassung,
- Statusmeldungen.

### d) Kopplung von CNC/SPS bzw. RC/SPS

Mit zunehmender Automatisierung der operativen Ebene im Fertigungsbereich werden umfangreiche CNC-Funktionen und SPS-Funktionen zur Steuerung einer Werkzeugmaschine bzw. eines Roboters und der zugehörigen Peripherie benötigt. Aus diesem Grunde findet man häufig kombinierte Automatisierungskomponenten auf der Prozeßebene wieder.

Ein möglicher Aufbau einer gekoppelten CNC/SPS-Einheit für die Steuerung einer Werkzeugmaschine wird in Bild 5.9 vorgestellt.

Künftige CNC/SPS werden busfähig sein und die interne Struktur wird sich entsprechend ändern.

### CNC-Aufgaben in der gekoppelten Automatisierungseinheit

Der CNC-Teil führt vorrangig die Funktionen

- NC-Programm Ein- bzw. Ausgeben, Ändern, Löschen,
- NC-Programm Start,
- Berücksichtigung von Werkzeugkorrekturen,
- Anstoß zur Ausführung von Maschinenfunktionen,
- Ausgabe von Schaltbefehlen an gekoppelte SPS.

Auch die DNC-Funktion, die direkte Steuerungsverbindung zu einem übergeordneten Rechner ist im CNC-Teil zu finden. Weiterhin sind Bedienungs- und Programmiermöglichkeiten für die CNC-Komponente vorzusehen. Die Vorgaben für die Werkzeugmaschinenantriebe und die Datenübernahme der Meßsysteme werden der Vollständigkeit halber erwähnt.

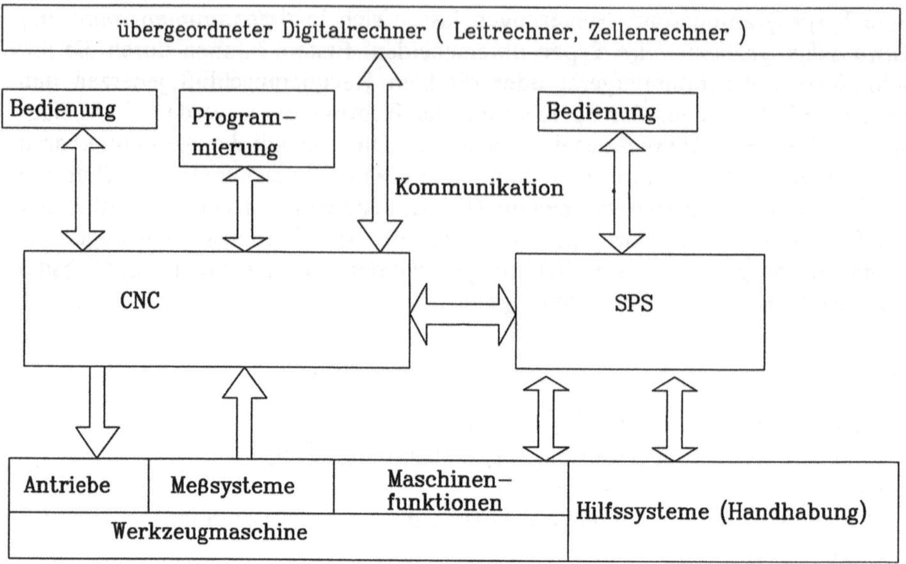


**Bild 5.9**    Funktionsaufbau einer gekoppelten CNC/SPS

### *SPS-Aufgaben in der gekoppelten Automatisierungseinheit*

Die SPS organisiert den Betrieb der Transport- und Handhabungssysteme, welche zur Ver- und Entsorgung der Maschine mit Werkstücken und Werkzeugen benötigt werden. Komplexere Handhabungsperipherie wird meistens von einer separaten SPS gesteuert, sie soll aber an dieser Stelle nicht weiter betrachtet werden. Meldungen und Alarme werden von der SPS ermittelt und weitergeleitet.

### *Schnittstellen*

Die Datenschnittstelle zu einem übergeordneten Steuerungssystem (Zellenrechner, Leitrechner) wird zunehmend von der CNC-Steuerung bedient. Somit werden relevante SPS-Funktionen von der CNC angestoßen. Vor allem die Koordination zwischen prozeßnahen CNC- und SPS-Funktionen wird über diese interne Koppelstelle gewährleistet.

## 5.4.2 Rechnerunterstützung für die Zellenebene

### 5.4.2.1 Definitionen in der flexiblen Teilefertigung

Zur Begriffserklärung und -abgrenzung werden in den folgenden Ausführungen die Organisationsformen

- Flexible Fertigungszelle (FFZ),
- Flexible Fertigungsinsel (FFI),

– Flexibles Fertigungssystem (FFS)
(Begriffserläuterungen zu Abschnitt 5.4.3)

speziell für den Anwendungsbereich der Teilefertigung erläutert.

Die Begriffe FFZ, FFI und FFS sind bisher in der Literatur nicht eindeutig definiert. Für die anzustellende Betrachtung werden die nachstehend aufgeführten Definitionen verwendet, siehe auch Bild 5.10.

Ausschlaggebend für die Begriffsdefinitionen sind die Zusammensetzungen des CNC-Arbeitsmaschinenparks (CNC-Bearbeitungszentren bestimmter Technologien, ersetzende und/oder ergänzende CNC-Werkzeugmaschinen), die Steuerungsstruktur (Zellenrechner, Inselrechner, Leitrechner) und das Spektrum der zu fertigenden Werkstücke.

### a) Flexible Fertigungszelle (FFZ)

Eine Flexible Fertigungszelle (FFZ) besteht aus sich ersetzenden CNC-Arbeitsmaschinen mit zugehörigen Werkzeug- und Werkstück-Transport-Einrichtungen (Handhabungseinrichtungen).

Die Maschinen einer Fertigungszelle sind deshalb in der Lage, ohne Umrüsten mehr als eine Bearbeitsungsoperation mit unterschiedlichen Werkzeugen auszuführen. Automatische Reinigungs-, Meß- und Entgratmaschinen können als „Hilfsgeräte" noch mit in der Zelle integriert sein [WARN85, TUFF85].

Eine einzelne Fertigungszelle muß nicht materialflußmäßig mit einem externen Transportsystem verkettet sein. Wohl aber existieren innerhalb der Zelle gewisse Transport- und Speichereinrichtungen für Werkzeuge und Werkstücke, die die einzelnen Zellenkomponenten verbinden.

In einer Flexiblen Fertigungszelle ist auch eine Komplettbearbeitung spezieller Teilefamilien möglich. Die Koordination, Steuerung und Verwaltung aller Zellenkomponenten obliegt einem *Zellenrechner,* der auch die Verbindung zur ggf. vorhandenen überlagerten Produktionssteuerung herstellt. Eine Zelle ist aber auch prinzipiell autark arbeitsfähig. Diese Abgrenzung bezüglich der Rechnerintegration wurde erst in den letzten Jahren allgemein anerkannt, vorher wurde versucht, die Zellensteuerung durch eine extrem ausgebaute Maschinen-SPS durchzuführen.

| | CNC-Arbeitsmaschinen | | |
|---|---|---|---|
| | ergänzend | kombiniert | ersetzend |
| **Kleinserie** | | FFS | FFZ |
| **Mittelserie** | FFI | FFS | FFZ |
| **Großserie** | FFI | | |

**Bild 5.10**  Begriffliche Abgrenzung von FFZ, FFI, FFS

FFZ : Flexible Fertigungszelle
FFI : Flexible Fertigungsinsel
FFS : Flexibles Fertigungssystem

### b) Flexible Fertigungsinsel (FFI)

Eine Flexible Fertigungsinsel (FFI) besteht aus sich ergänzenden CNC-Arbeitsmaschinen mit zugehörigen Werkzeug- und Werkstück-Transport-Einrichtungen (Handhabungseinrichtungen).

Flexible Fertigungsinseln sind für die automatische Komplettbearbeitung im Bereich der Mittel- und Großserienfertigung bestimmt. Ein wichtiges Kennzeichen für Fertigungsinseln ist, daß mehrere verschiedenartige, sich hinsichtlich der Bearbeitung ergänzende CNC-Arbeitsmaschinen durch ein gemeinsames Materialflußsystem und eine gemeinsame Rechnersteuerung zu einem Gesamtsystem verbunden sind [HAMM86].

Auch eine Kombination aus ersetzenden und ergänzenden Bearbeitungsmaschinen ist innerhalb einer Fertigungsinsel denkbar. Voraussetzung dafür ist ein *Inselrechner,* der sich in der Funktionalität nur geringfügig von einem Zellenrechner unterscheidet.

Die räumliche und organisatorische Zusammenfassung der Maschinen zu Fertigungsinseln geschieht produktgruppenorientiert, so daß verschiedene Teilefamilien hergestellt werden können [ZIPS86]. Gewisse organisatorische und planerische Aufgaben verbleiben beim Mitarbeiter.

### c) Flexibles Fertigungssystem (FFS)

Relativ einheitliche Definitionen existieren für FFS, soweit sie das Bearbeitungssystem und den Materialfluß betreffen.

Eine sei stellvertretend [STEI83] zitiert:

Ein FFS enthält mehrere automatisierte Werkzeugmaschinen in Universal- oder Sonderbauart sowie ggf. weitere manuelle oder automatisierte Arbeitsstationen, die durch ein automatisiertes Werkstückflußsystem so flexibel verknüpft sind, daß ein gleichzeitiges Bearbeiten verschiedener Werkstücke, die das System auf verschiedenen Pfaden durchlaufen, möglich ist.

Flexible Fertigungssysteme sind für die automatische Komplettbearbeitung im Bereich der Kleinserienfertigung bestimmt. Kennzeichnend ist, daß ein solches System eine übergeordnete Steuerung verlangt. Bezüglich des Steuerungssystems werden zwei Varianten unterschieden:

### c1) das zentral strukturierte FFS
In einem zentral strukturierten FFS steht direkt über der Ebene der Maschinensteuerungen ein *zentraler Fertigungsleitrechner,* der u.a. folgende Aufgaben übernimmt:

- Fertigungsplanung im kurz- und mittelfristigen Sinn,
- Fertigungssteuerung und Koordination der Maschinen,
- DNC-Betrieb, Transportsteuerung.

In neuerer Zeit wird von FFS verstärkt ein modularer Aufbau bzgl. der Maschinen und eine problemlose Erweiterbarkeit gefordert. Wegen der Aufgabenhäufung für den Leitrechner können diese Forderungen von einem zentral strukturierten FFS schwer erfüllt werden, da die Kapazitätsgrenze des Rechners schnell erreicht wird.

*c2) das hierarchisch strukturierte FFS*

Wegen der Forderung nach Erweiterbarkeit des FFS und des Ziels, den Kapitaleinsatz für die Installation zunächst in einem angemessenen Rahmen zu halten,
werden in letzter Zeit hierarchische FFS aufgebaut. In der Fabrikation wird bei der
Neueinführung auf FFZ oder FFI gesetzt, die die Option zur Erweiterbarkeit bei
Bedarf besitzen. Ein hierarchisch strukturiertes FFS besteht aus verschiedenen
automatisierten Werkzeugmaschinen, die zu Untergruppen (Zellen oder Inseln)
zusammengefaßt sind. Die Rechner dieser Untergruppen übernehmen die direkte
Kommunikation zur Steuerungsebene und die wesentlichen on-line-Steuerungs-
aufgaben, wie DNC-Betrieb, kurzfristige Planung und zelleninternen Transport.
Über dieser Rechnerebene existiert ein *Leitrechner* für das FFS, der die Zellen bzw.
Inseln koordiniert und den die Untersysteme verkettenden Materialfluß steuert.
Alle weiteren, nicht direkt den Produktionsprozeß betreffenden Steuerungsauf-
gaben (z. B. Planung) werden ebenfalls von Leitrechnern ausgeführt.

Durch die Rechnerhierarchie und Aufgabenteilung kann man weitere Maschinen
oder ganze Zellen relativ einfach in das System integrieren [FISC86, FISC88].

## 5.4.2.2 Teilefertigung

Im einleitenden Abschnitt „Definitionen in der Flexiblen Teilefertigung" wurden bereits Hinweise diskutiert, wie die Aufgaben auf Zellenebene der Steue-
rungshierarchie durch Rechner unterstützt werden können. Es ist Stand der
Technik, daß Flexible Fertigungszellen (FFZ) und Flexible Fertigungsinseln
(FFI) durch entsprechend konfigurierte Zellenrechner bzw. Inselrechner gesteuert und koordiniert werden können.

In diesem Abschnitt werden Funktionen und Aufgaben der Zellenebene beschrieben, die vorzugsweise durch Rechnereinsatz unterstützt werden können.

Die weiteren Ausführungen dieses Abschnitts beziehen sich beispielhaft auf
Flexible Fertigungszellen.

### a) Komponenten einer Flexiblen Fertigungszelle

Die in Bild 5.11 dargestellte FFZ besteht aus zwei CNC-Werkzeugmaschinen.
Über den Fluß der zu bearbeitenden Werkstücke, der einzusetzenden Werkzeuge
und der benötigten Informationen gilt folgendes:

*Werkstückfluß:* Die in der Zelle zu fertigenden Werkstücke werden, je nach Fertigungstechnologie, auf Paletten gespannt und am Übergabebereich in die Fertigungszelle eingeschleust. Das zelleninterne Transportsystem befördert das Material zu den Maschinen.

*Werkzeugfluß:* Über den Werkzeugeinstellbereich werden benötigte Werkzeuge
(auch Prüfmittel usw.) in das zelleninterne Werkzeuglager eingebracht und
durch ein zelleninternes Transportsystem zum Bearbeitungsplatz befördert. Über
das gleiche Transportsystem werden die gebrauchten bzw. nicht mehr benötigten
Werkzeuge aus der Fertigungszelle befördert.

Werkstücke und Werkzeuge können auch auf einem gemeinsamen zelleninternen Transportsystem bewegt werden.

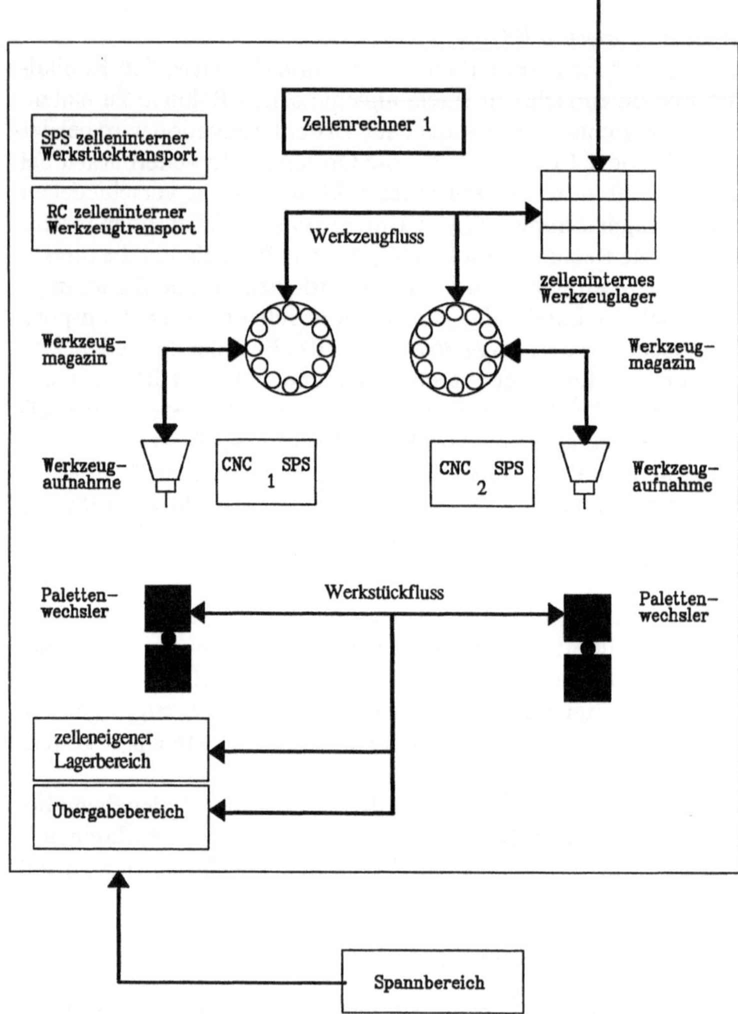


**Bild 5.11**   Flexible Fertigungszelle als autonomer Baustein [FISC86]

*Informationsfluß:* Die Koordination des zelleninternen Werkstück- und Werkzeugflusses übernimmt der übergeordnete Zellenrechner.

Die Führung der untergeordneten Steuerungen (CNC, RC, SPS) übernimmt ebenfalls der Zellenrechner.

Planungs-, Dispositions- und Überwachungsaufgaben, um den reibungslosen Ablauf in der Fertigungszelle zu gewährleisten, ist Aufgabe des Zellenrechners.

### b) Funktionen und Aufgaben eines Zellenrechners in der Teilefertigung

Bild 5.12 stellt typische Aufgabenbereiche dar, die durch Rechnereinsatz unterstützt werden.

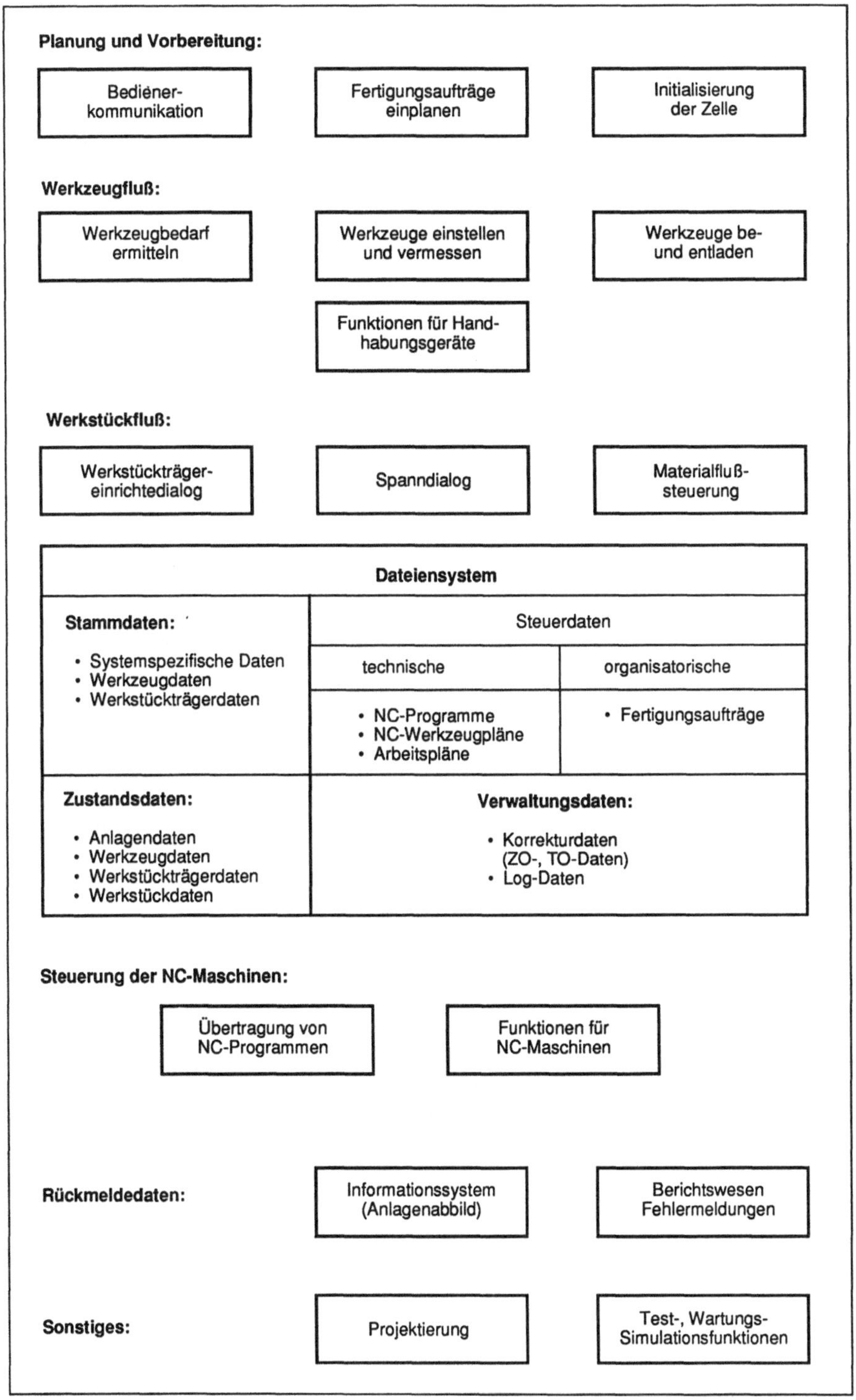

**Planung und Vorbereitung:**

| Bediener-<br>kommunikation | Fertigungsaufträge<br>einplanen | Initialisierung<br>der Zelle |

**Werkzeugfluß:**

| Werkzeugbedarf<br>ermitteln | Werkzeuge einstellen<br>und vermessen | Werkzeuge be-<br>und entladen |

| | Funktionen für Hand-<br>habungsgeräte | |

**Werkstückfluß:**

| Werkstückträger-<br>einrichtedialog | Spanndialog | Materialfluß-<br>steuerung |

**Dateiensystem**

| Stammdaten: | Steuerdaten | |
|---|---|---|
| • Systemspezifische Daten<br>• Werkzeugdaten<br>• Werkstückträgerdaten | technische | organisatorische |
| | • NC-Programme<br>• NC-Werkzeugpläne<br>• Arbeitspläne | • Fertigungsaufträge |
| **Zustandsdaten:**<br><br>• Anlagendaten<br>• Werkzeugdaten<br>• Werkstückträgerdaten<br>• Werkstückdaten | **Verwaltungsdaten:**<br><br>• Korrekturdaten<br>(ZO-, TO-Daten)<br>• Log-Daten | |

**Steuerung der NC-Maschinen:**

| Übertragung von<br>NC-Programmen | Funktionen für<br>NC-Maschinen |

**Rückmeldedaten:**

| Informationssystem<br>(Anlagenabbild) | Berichtswesen<br>Fehlermeldungen |

**Sonstiges:**

| Projektierung | Test-, Wartungs-<br>Simulationsfunktionen |

**Bild 5.12**  Unterstützung durch Zellenrechner – Funktionen, Daten [FISC86]

Durch die Automatisierung der operativen Ebene fallen sehr viele und komplexe Steuerungsaufgaben an, die nur mit Rechnerunterstützung lösbar sind.

Folgende Aufgaben werden von Rechnern der Zellenebene im Teilefertigungsbereich bewältigt:

- Planung und Vorbereitung,
- Materialflußsteuerung und Koordinierung,
  - Werkstücke
  - Werkzeuge
  - sonstige Betriebsmittel
- Steuerung und Überwachung der CNC-Maschinen,
- Steuerung und Überwachung der RC-Handhabungsgeräte,
- Organisation und Auswertung von Rückmeldedaten aus dem laufenden Prozeß,
- Umfangreiche Datenhaltung mit Datenpflegeaufgaben,
- Dialog- und Hilfsmechanismen für Maschinen- bzw. Zellenbediener,
- Berichtswesen.

### 5.4.2.3 Montage

In rechnerunterstützten Montagesystemen wird in der Regel eine Kombination von mehreren Arbeitsgängen ausgeführt. Die einzelnen Arbeits- und Verfahrensstationen eines solchen Montagesystems sind über Transporteinrichtungen miteinander verknüpft. Die Steuerung und Regelung eines Montagesystems erfolgt hauptsächlich über Sensoren.

Bei den Aufgaben, die von einem Montagezellenrechner übernommen werden, lassen sich zunächst solche nennen, die mit den Aufgaben eines Zellenrechners für die Teilefertigung vergleichbar sind. Dies sind im einzelnen [SPUR86, KAND87]:

- die Steuerungen mit Daten (Steuerprogrammen) versorgen, aktivieren (Empfangsbereitschaft, Programmstart) und synchronisieren,
- Steuerung des logischen und zeitlichen Prozeßablaufs,
- Steuerung der Prozeßtechnologie (Verfahrensschritte mit ihren individuellen Meß-, Einfluß- und Störgrößen),
- Kommunikation mit der globalen Ablaufsteuerung,
- Steuerung der Mensch-Maschine-Kommunikation (zur Anzeige und Diagnose von Systemzuständen und zur Entgegennahme von Operationsbefehlen).

Eine weitere Gruppe von Aufgaben ergibt sich durch die Unterschiede im Arbeitsprozeß bei der Montage und der Teilefertigung. Während bei der Teilefertigung ein Werkstück durch geeignete Bearbeitungsverfahren schrittweise vom Rohzustand in den fertigen Zustand überführt wird, entsteht bei der Montage aus Einzelteilen, formlosen Stoffen und Baugruppen ein fertiges Produkt.

Zu dieser Gruppe von Aufgaben zählen im einzelnen:

- Koordination von Sensoren für die Prozeßsteuerung und -kontrolle,
- Verwaltung der Montageaufträge,
- Teileverwaltung,
- Überwachung des gesamten Montageprozesses und Rückmeldung fehlerhafter Montageergebnisse an die Verursachungsstellen.

### 5.4.2.4 Materialflußsteuerung

Die Hauptfunktionen der Materialflußtechnik sind der Transport, die Lagerung und Speicherung von Gütern jeglicher Art sowie das Kommissionieren der Güter.

Die Steuerung des Materialflußsystems in der Produktion ist mit allen Bereichen des Betriebes eng verbunden, siehe hierzu auch Bild 0.1. Einerseits tauscht sie Informationen mit den verschiedenen Anwendungsbereichen für Produktionsplanung und -steuerung, Einkauf und Vertrieb aus. Sie übernimmt deren Anforderungen und stellt Datenmaterial für Entscheidungen bereit. Sie steuert andererseits die Bewegungen der physischen Transport- und Lagereinrichtungen vom Wareneingang bis hin zum Versand. Aus der Stellung des Materialflußsystems im Betrieb wird deutlich, daß die Auswahl der eingesetzten Steuerungselemente und die Strukturierung des Materialflußsteuerungssystems genau überlegt und analysiert werden muß. Verbunden hiermit sind zahlreiche Randbedingungen und Einflußgrößen, aus denen sich vielschichtige Schnittstellen zu den anderen „CIM-Bausteinen" ergeben.

Bei rechnergesteuerten Materialflußsystemen, wie sie bei flexiblen Fertigungssystemen auftreten, werden die Transport- und Lagervorgänge ohne manuelle Disposition angesteuert und überwacht.

Im folgenden werden die Materialflußsteuerungen für das Lager- und das Transportsystem als getrennte Bereiche behandelt.

*a) Aufgaben für die Lagersteuerung und Verwaltung*

Zunächst werden als Grundlage die Systemteile, d. h. die Grundfunktionen eines Lagers und deren Unterfunktionen in Anlehnung an VDI 3629 aufgelistet, welche durch eine Lagerverwaltung erfüllt werden, siehe auch Bild 5.13.

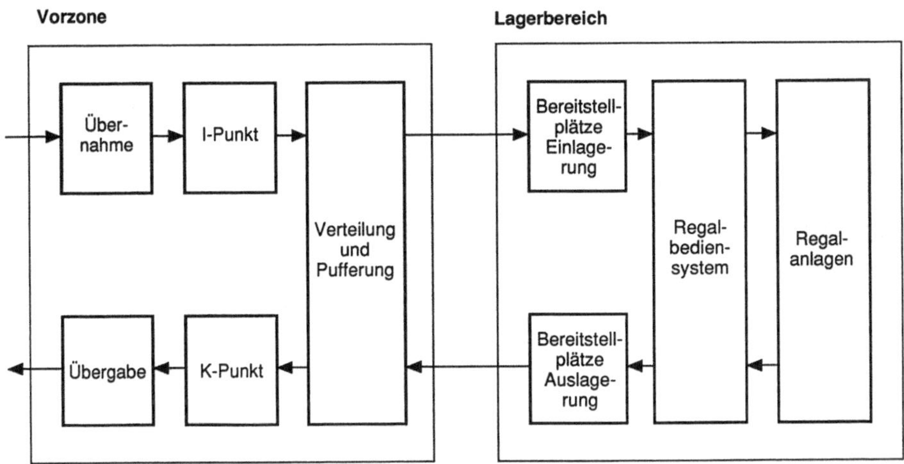


**Bild 5.13**  Systemteile eines Lagers

- Übernahme,
- Verteilung auf Lagerbereiche (Festlegung Transportziele, Sortieren, Zwischen-
  puffern, Transport),
- Identifikationspunkt, kurz I-Punkt (Identifikationskontrolle, Kontrolle der La-
  gerfähigkeit),
- Einlagerung (Transportziel festlegen, Arbeitsmittel- und Wegeauswahl, Lager-
  platzauswahl, Überwachung der Einlagerung),
- Lagerverwaltung (Verwaltung der Lagerorte bzw. Lagerplätze, Bestandsfüh-
  rung, Überwachung des Lagergutes und der Lagerbedingungen, Bestandsfort-
  schreibung, Freigabe des Lagerplatzes),
- Auslagerung (Verwaltung der Auslagerungsaufträge, Vorbereitung, Durchführung und Überwachung der Auslagerung),
- Kontrollpunkt, kurz K-Punkt (Identitätskontrolle, Aktualisierung des Auf-
  tragsstatus, Festlegung des Transportzieles, Erstellung von Arbeitsanweisungen),
- Übergabe.

Bisher sind jedoch, wie erwähnt, nur die Grundfunktionen eines Lagers aufgeführt worden. Gerade durch die Datenverarbeitung ergeben sich jedoch nützli-
che Zusatzfunktionen, die früher nur unter großem zeitlichem sowie personellem
Aufwand möglich waren. Unter anderem stehen folgende Zusatzfunktionen zur
Verfügung:

- ausführliche Statistiken,
- ABC-Analyse (Analyse der Umschlagsmenge pro Erzeugnis),
- Bestandsoptimierung,
- Stellplatzoptimierung,
- Durchführung einer permanenten Inventur,
- Durchführung einer Stichprobeninventur,
- Bewertungen.

### b) Aufgaben für die Transportsteuerung

Die Materialflußsteuerung hat die Grundfunktionen, die Fördermittel entsprechend den Zielinformationen des Fördergutes und dem Zustand des Prozesses
zu steuern und zu überwachen. Die notwendigen Zielinformationen, die an den
Entscheidungsstellen in der Förderstrecke erforderlich sind, werden von der Materialflußverfolgung bereitgestellt. Hieraus leitet die Steuerung die Stellbefehle
für die Antriebe der Förderanlage ab.

Die Art und Weise, in der die Kopplung zwischen Materialfluß (dem Objekt-
strom) und Informationsfluß gewährleistet wird, führt, entsprechend den Anforderungen und Merkmalen des Transportsystems, auf verschiedene Zielsteuerungsverfahren.

### c) Direkte Zielsteuerung

Die direkte Zielsteuerung verlangt eine feste Kopplung von Fördergut und Information. Bei diesem Verfahren wird an der Materialaufgabestelle die kennzeichnende Information, aus der der Zielort abgeleitet wird, am Fördergut oder

Transporthilfsmittel (z. B. Behälter oder Palette) in Form eines lesbaren Codes angebracht.

*Zielinformation*
Geht aus dem aufgebrachten Code eindeutig ein Ziel hervor, so handelt es sich um eine „mitgegebene Adresse" oder „Zielinformation". Es liegt also eine zielabhängige Information vor. Die Steuerungsbefehle können unmittelbar abgeleitet werden.

*Identinformation*
Wird an einem Kopplungspunkt eine Information abgenommen, aus der sich zunächst keine direkte Aussage über das anzustrebende Ziel ergibt, so spricht man von einer „zugeordneten Adresse" oder „Identinformation". Es liegt eine zielunabhängige Information vor. An einer Stelle im Steuerungssystem muß dann eine Zuordnung von Information und Ziel erfolgen. Zum Beispiel wird in einem zentralen Speicher eine Zielliste geführt, mittels derer diese Zuordnung geleistet wird, siehe auch Bild 5.14.

### d) Indirekte Zielsteuerung

Bei der indirekten Zielsteuerung ist eine lose Kopplung von Information und Materialfluß möglich.

Dieses Verfahren verzichtet auf die Abtastung eines am Fördergut angebrachten Codes. Die Zielinformation durchläuft synchron zur Förderbewegung einen mechanischen oder, in den meisten Anwendungen, einen elektronischen Speicher. In einem solchen elektronischen Speicher wird die gesamte Förderanlage mit ihren möglichen Belegungsplätzen abgebildet (Abbildprinzip).

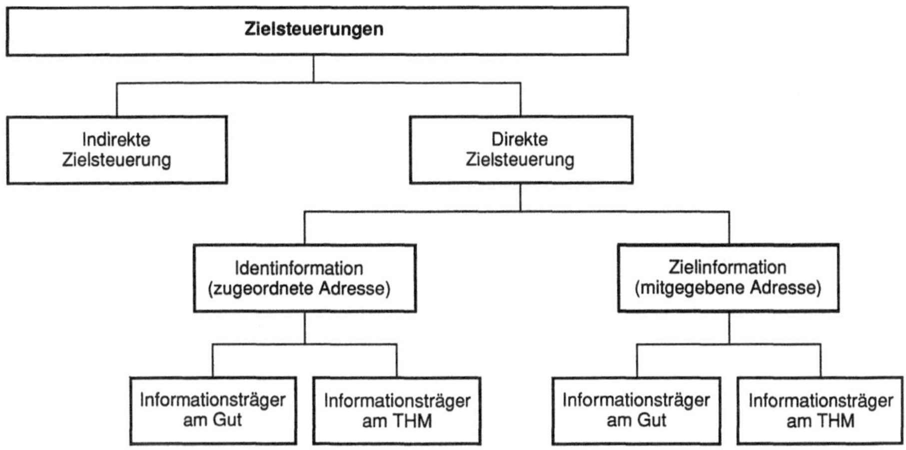


**Bild 5.14** Zielsteuerungsverfahren

Die Zielinformation wird an der Materialaufgabestelle an den Speicher übergeben, durchläuft der Reihe nach die Speicherplätze und steht an den Entscheidungsstellen zur Verfügung, siehe Bild 5.14.

Bei Materialflußsystemen, in denen Transportaufträge verschiedenen Fördertransporthilfsmitteln oder Strecken zugeordnet werden können, muß die Transportsteuerung noch weitere Grundfunktionen übernehmen:

- Entgegennahme von Transportaufträgen,
- Verwaltung der Transportaufträge,
- Verwaltung der Transporthilfsmittel,
- Fahrwegoptimierung bei mehreren Transporteinheiten,
- Synchronisation zwischen Fertigung und Materialfluß,
- Blockstreckensteuerung (bei mehreren Transportfahrzeugen),
- Erzeugen von Quittungen und Meldungen an die Fertigungssteuerung,
- Entgegennahme, Verwaltung, Weitergabe des Transportbegleitblocks,
- nachträgliches Einfügen von Eilaufträgen.

Die zur Zielsteuerung und Materialflußverfolgung notwendige Synchronisation von Materialfluß und Informationsfluß erweist sich aus drei Gründen als recht schwierig:

*Keine durchgängige Automatisierung*
Eine durchgängige Automatisierung des Materialflußsystems vom Wareneingang bis zum Warenausgang ist in den meisten Fällen wirtschaftlich nicht sinnvoll. Es ergeben sich somit Bereiche in der Transportkette, in welchen der Materialfluß manuell gesteuert wird.

*Betriebsartwechsel in Störungsfällen*
Bei Störungen von einzelnen Bausteinen der Materialflußsteuerung müssen Güter zur Aufrechterhaltung der Produktion im manuellen oder halbautomatischen Betrieb weitertransportiert oder ausgelagert werden. Fehlende Rückmeldungen führen dann zu falschen Zuständen in der Materialflußverfolgung.

*Wechsel von autarken Steuerungsstrukturen*
Häufig erfolgt die Produktion in getrennten Bereichen (Firmenwechsel bei Fremdarbeit, Abteilungswechsel) mit eigenen Materialflußsteuerungen.

### e) Systemaufbau für die Materialflußsteuerung

Durch eine hierarchische Aufbauorganisation lassen sich komplexe Materialflußsysteme überschaubar strukturieren und ordnen. Die Funktionen und Aufgaben des Gesamtsystems werden auf mehrere Funktionsebenen verteilt, siehe Bild 5.15.

Hinsichtlich des Wesens der wahrgenommenen Aufgaben sind drei Gruppen von Hierarchieebenen zu unterscheiden. In der operativen Ebene werden die einzelnen Betriebsgrößen und Prozeßsignale erfaßt, Datenverarbeitung erledigt, Regel- und Steuerungsfunktionen ausgeführt sowie Führungs- und Koordinationsaufgaben eines Teilprozesses wahrgenommen.

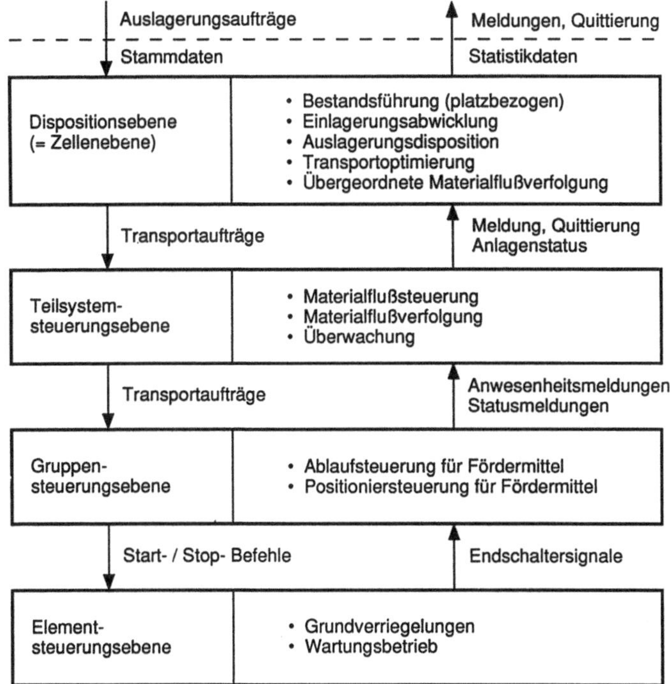


**Bild 5.15**  Hierarchische Struktur einer Materialflußsteuerung (in Anlehnung an VDI 2690)

Die dispositive Ebene, die der Zellenebene entspricht, umfaßt die übergeordneten, den gesamten Prozeß betreffenden Automatisierungsfunktionen. Darüber liegt die Leitebene der Fertigungs- oder Montagesysteme.

Eine weitere vertikale Gliederung der operativen Ebene führt auf eine prozeßnahe Ebene, in der Element- und Gruppensteuerungen enthalten sind, sowie zu einer Teilsystemsteuerungsebene. Der Begriff „prozeßnah" ist dabei funktionell und nicht im Hinblick auf die räumliche Anordnung der Steuerungseinrichtungen zu verstehen. Die Aufteilung in fünf Funktionsebenen entspricht der VDI-Richtlinie 2690. Diese Struktur ist typisch für heterogene Anlagen mit weitgehend selbständigen Anlagenbereichen, denen mehrere Automatisierungsinseln des Prozesses zugeordnet sind.

Die wesentlichen Zuordnungskriterien für die Verteilung der Aufgaben auf die jeweiligen logischen Ebenen sind:

- Datenvolumen und Komplexität der Aufgabe,
- Erforderliche Soft- und Hardware,
- Sicherheitsanforderungen,
- Redundanz der Automatisierungsmittel,
- Verfügbarkeit der Teilprozesse und des Gesamtsystems,
- Wirtschaftlichkeit.

| Ebene | Daten-speicher-größe | Antwort-zeiten | Verfüg-barkeit | Datenaus-tausch | Verarbei-tungs-volumen |
|---|---|---|---|---|---|
| Informationsebene | sehr groß | Tage / Std. | normal | gering | komplex |
| Prozeßleitebene | groß | min / s | hoch | mittel | mittel |
| Teilsystem-steuerungsebene | mittel | 1- 60 s | sehr hoch | groß | mittel |
| Gruppen- / Element-steuerungsebene | klein | s / ms | sehr hoch | sehr groß | einfach |

**Bild 5.16**    Anforderungen an die Rechnersysteme der hierarchischen Ebenen

Kennzeichnend für ein hierarchisch aufgebautes Materialflußsystem ist, daß in Richtung höherer Funktionsebenen

- die erforderliche Komplexität der Verarbeitungsfunktionen steigt,
- die Verfügbarkeitsanforderungen und
- die horizontale Gliederung innerhalb der Ebenen abnehmen,
- eine Informationsverdichtung stattfindet,
- der Entscheidungsprozeß komplexer wird.

Die sich hieraus ergebenden Anforderungen an die Rechner- und Steuerungssysteme in den Ebenen verdeutlicht Bild 5.16. Niedrigere Ebenen erfordern schnellere Reaktionszeiten, haben höhere Informationsaustauschzyklen, und Entscheidungen werden in kleineren Zeitintervallen durchgeführt.

Für die Konzeption und den Aufbau eines derart strukturierten Materialflußsystems ergeben sich charakteristische Eigenschaften und Forderungen, die einen wesentlichen Einfluß auf die konfliktfreie Funktionsfähigkeit des Systems ausüben.

- Der Erfolg einer höheren Ebene hängt von der Funktion der darunter liegenden Ebenen ab. Dies verlangt eine genaue Planung und Systematisierung der Anlage.
- Die einzelnen Ebenen sollten autonome Bereiche darstellen, wodurch eine hohe strukturelle Zuverlässigkeit erzielt wird.
- Der logisch sinnvollen Gliederung in Informations- und Prozeßleitebene sollte auch die physikalisch realisierte Aufteilung der Funktionen auf verschiedenen Rechnern entsprechen.

## 5.4.3 Rechnerunterstützung für die Leitebene

### 5.4.3.1 Funktionen und Strukturkonzepte für die Leitebene

Die Funktionen der Leitebene umfassen alle die Aktivitäten, die werkstattweit auszuführen sind, also die

- logistischen Funktionen zur Bereitstellung von Material, Teilen, Werkzeugen, Vorrichtungen und Steuerdaten,
- planerischen Funktionen bezüglich der Aufträge, der Maschinenbelegung und deren Optimierung anhand von betrieblichen Zielvorgaben,
- operativen Funktionen zur Arbeitsverteilung und zur Steuerung von Maschinen, Montageplätzen – sofern nicht auf Zellenebene ausgeführt – sowie zur Steuerung der Bereitstellungssysteme für Werkstücke, Werkzeuge und andere Betriebsmittel,
- informationsgewinnenden Funktionen zur Datenerfassung – sofern nicht auf Zellenebene ausgeführt – und Aufbereitung von Daten aus der Werkstatt bezüglich Terminen, Mengen, Zuständen usw. zum Zweck der Rückmeldung in die oben genannten Funktionen und in übergeordnete Systeme im Unternehmen.

Im Falle der operativen und informationsgewinnenden Funktionen wurde die Möglichkeit angesprochen, daß diese Funktionen fallweise auch auf Zellenebene ausgeführt werden können, entweder verbunden in die entsprechenden Funktionen der Leitebene oder auch noch unabhängig davon.

Dies ist bedingt durch das jeweilige Vorgehen im Anwendungsfall.

Generell können zwei Ansätze bei der DV-Durchdringung der Leitebene beobachtet werden,

- der FMS-Ansatz und
- der CIM-Ansatz.

Der FMS-Ansatz (FMS = Flexible Manufacturing System) geht von hochautomatisierten Fertigungseinrichtungen aus, die in der Regel mit Material- und Werkzeugversorgungssystemen verkettet sind. Die Überdeckung der oben genannten Leitfunktionen ist von Fall zu Fall unterschiedlich, das System kann, muß aber nicht in Zellen gegliedert sein.

Insbesondere gilt jedoch, daß das FMS sehr oft als hochautomatisierte, DV-unterstützte Insel in der Werkstattumgebung liegt – typisch bei schlüsselfertigen Lösungen – und keine gleichwertige Systemleistung in angrenzenden Werkstattbereichen geboten wird.

Der CIM-Ansatz geht aus von der Vielfalt der Fertigungstechnologien, deren unterschiedlichen Automatisierungsgraden und bietet allen Werkstattbereichen gleichermaßen DV-Unterstützung. Voraussetzung ist dazu die Definition einer Schnittstelle zwischen der technologieneutralen Leitebene und der Zellenebene, derart daß alle technologiespezifischen Funktionen in den Zellen abgearbeitet werden.

Die gegenwärtige Situation in der Leittechnik spiegelt den allgemeinen Status von CIM. Integrierte Lösungen gibt es als Konzept und bestenfalls in einigen Pilotinstallationen. Die Breite der Anwendungen folgt dem FMS-Ansatz.

Im folgenden sollen einführend einige grundsätzliche Überlegungen zum Entwurf von Systemen vorgestellt werden. Ein Systemarchitekt sollte eine generelle Vorstellung von Zweck und Auslegung des Systems haben, das zu entwerfen ist. Äußerst ungünstig wäre es aber, die möglicherweise vorhandene Kenntnis über die Detailgestaltung einzelner Anwenderfunktionen in das generelle Systemkonzept direkt einfließen zu lassen.

Der Nutzen im Sinne einer guten Anpassung ist zeitlich eng begrenzt, der Schaden – nämlich die andauernde Festlegung auf einen immer knapper werdenden Maßanzug – jedoch wächst stetig bis hin zur Software als Wegwerfartikel.

Die schnellen Generationswechsel in der Hardware und auch in der Systemsoftware bei degressiver Preisentwicklung haben eine zweifach negative Auswirkung auf die Beständigkeit von Anwendersystemen:

– erstens verursacht der ständige Wandel große Anpassungsaufwände in der Anwendung,
– zweitens suggeriert die Schnellebigkeit der Hardware eine ähnliche Einstellung zur Software, was angesichts der tendenziell steigenden Softwarekosten unangemessen ist.

Die Einführung von Systemen in der Fertigungsleittechnik ist zudem geprägt durch hohe Investitionskosten in Fertigungsmittel und Materialflußsysteme sowie durch erhebliche Vorleistungen in die Infrastruktur, z. B. von Kommunikationsnetzen. Überdies müssen sowohl ältere als auch stetig neu hinzukommende Einrichtungen eingefügt werden können, nur in seltenen Fällen werden – wie teilweise noch in der Automobilindustrie – bei Produktumstellung Fabriken neu entworfen.

Die Langlebigkeit wesentlicher Festlegungen und deren Eignung zur Migration ist deshalb ein bedeutsames Kennzeichen von Fertigungsleitsystemen (FLS). Bild 5.17 zeigt eine Hierarchie der Entwurfsschritte für Fertigungsleitsysteme.

Die Basis (das Konzept) läßt sich nachträglich am schwierigsten ändern, da das Gesamtsystem davon betroffen ist. Es ist unabdingbar, daß dieses Konzept, das die Organisation der Elemente beschreibt, abstrakt und unabhängig von der Implementation ist und so einen langfristigen Bestand mit sowohl unterschiedlicher Hardware als auch Anwendungssoftware und Betriebssystemen ermöglicht.

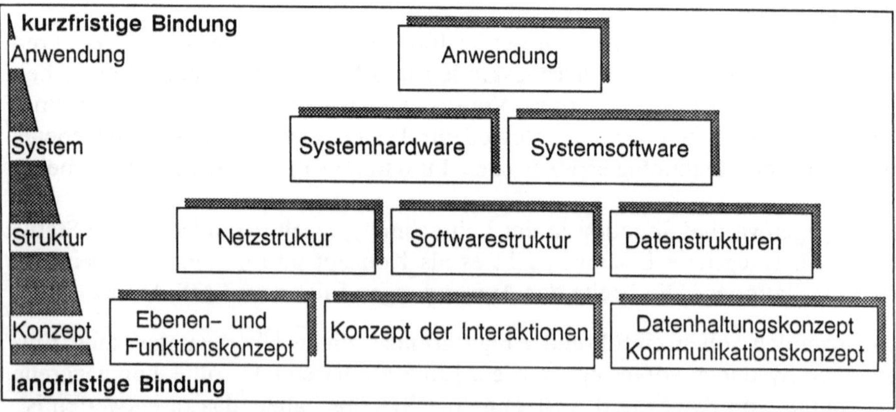


**Bild 5.17**   Gliederung einiger FLS-Entwurfsschritte bezüglich des Änderungsaufwandes

Das Leitkonzept betrifft hauptsächlich die Schnittstellen und funktionalen Abhängigkeiten zwischen den Ebenen. Nur dort, wo direkt die Abläufe betroffen sind, sind auch bestimmte Teile der Funktionen im Konzept definiert. Die Hardware, die Software (Betriebssystem- und Anwendersoftware) und die Kommunikation sind nicht Bestandteil dieses Konzeptes. Bild 5.18 zeigt die in diesem Konzept enthaltenen Schnittstellen. Bei der für eine Realisierung notwendigen Auswahl einer Kommunikation muß berücksichtigt werden, daß die anderen Komponenten an das Netz anschließbar sind. Außerdem muß die benötigte Software für das gewählte Betriebssystem und die gewählte Hardware verfügbar sein.

Das Konzept soll auf dem Einsatz autonomer Subsysteme beruhen und auf der Basis der Delegation unabhängiger Aufgaben an die Subsysteme arbeiten.

Um keine Zweideutigkeit einzubauen, sollten möglichst keine unnötigen redundanten logischen Verbindungen enthalten sein. Dies findet dort eine Einschränkung, wo Strategien für Teilausfälle nötig sind.

Das hierarchische Konzept bringt eine Gliederung des FLS in Werkstattsteuerungen (WSS) mit untergeordneten Zellenrechnern (ZR) mit sich, siehe Bild 5.18. Darüber hinaus sind noch weitere Funktionen erforderlich, die von den anderen PPS, WSS und ZR angesprochen oder aufgerufen werden, die nicht in die Hierarchie der Fertigungsaufträge eingebunden sind wie:

- Materialverwaltung (MV; mit Materiallagerung und -transport),
- Datenhaltung (Stammdaten, Steuerdaten, Zustandsdaten),
- Kommunikation als integraler Bestandteil.

Die WSS sollen aus Sicht des PPS und aus Sicht der Zellenrechner gleiche Schnittstellen haben.

Wichtige Funktionskomponenten sind Werkstattsteuerung und Materialverwaltung, welche im einzelnen vorgestellt werden sollen.

Die Werkstattsteuerung (WSS) hat die Aufgabe, die vom PPS vorgegebenen Werkstattaufträge entsprechend dem aktuellen Zustand aller Zellen nach wählbaren Kriterien einzuplanen, Zellenaufträge zu generieren und in dieser geplanten Reihenfolge freizugeben. Die WSS fordert Werkstattaufträge vom PPS in Zy-

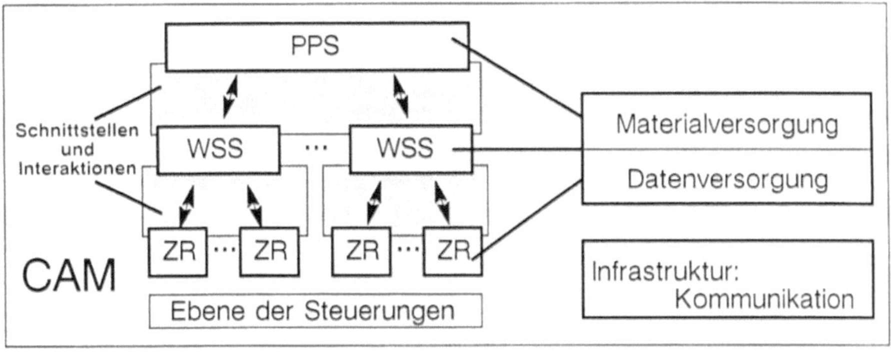


**Bild 5.18**  Schnittstellen im FLS-Konzept        WSS ≙ Werkstattsteuerung, ZR ≙ Zellenrechner

klen (in Übereinstimmung mit den PPS-Läufen) an. Diese Werkstattaufträge sind von der WSS entsprechend dem Zustand der Fertigung und den Prioritäten und Terminen einzuplanen. Die Werkstattaufträge sollen so definiert sein, daß sie komplett in einer WSS abgearbeitet werden können. Gegenwärtig ist die Synchronisierung über mehrere WSS noch Sache des PPS. In Zukunft wird es auch Lösungen geben, bei denen sich die WSS gegenseitig informieren und abstimmen.

Kernaufgaben der Werkstattsteuerung sind in Bild 5.19 dargestellt.

Die Vorverarbeitung hat folgende Aufgaben:

- Prüfung ob der Werkstattauftrag durchführbar ist.
- Generierung der internen Werkstattaufträge (nicht vom PPS).

Die Prüfung erfolgt durch Feststellung, ob Werkstücke, Werkzeuge usw. sowie auch Arbeitsgangpläne vorhanden sind. Auch das PPS hat bereits einige dieser Dinge geprüft, diese Prüfungen müssen auf den unteren Ebenen immer exakter wiederholt werden. Auf den übergeordneten Ebenen (PPS) wird bei Fehlern im Dialog entschieden, ob der Werkstattauftrag zurückgestellt oder trotzdem weitergeleitet werden soll. Die tatsächliche Verfügbarkeit zum Bedarfszeitpunkt ist daher nicht gewährleistet.

Die einzelnen Arbeitsgänge der Werkstattaufträge werden der Reihe nach eingeplant und abgearbeitet. Die technologiebedingt nicht exakt einplanbaren Arbeitsgänge, z. B. wegen zelleninterner Optimierung, werden nur als Pool mit dessen Gesamtfertigungszeit eingeplant.

Die Statusfunktion dient der Darstellung des aktuellen Zustandes der ganzen Werkstatt und der Zellen. Die Logfunktion dient zwei Zielen, der Betriebsdatenerfassung und der Auftragsprotokollierung. Die Auftragsprotokollierung ist u. a.

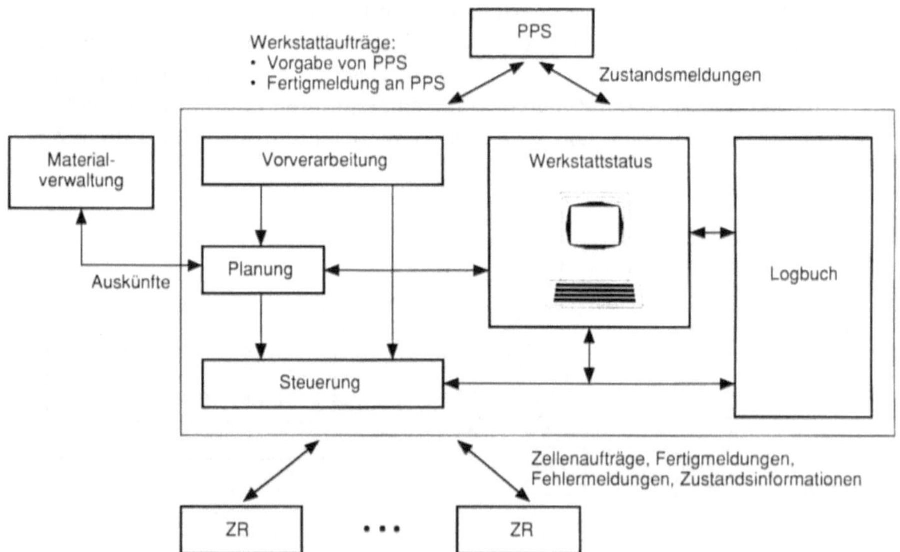


**Bild 5.19**    Kernfunktionen der Werkstattsteuerung

für die Qualitätssicherung erforderlich, um nachträglich feststellen zu können, wann auf welchen Zellen ein Auftrag bearbeitet wurde.

Neben der eigentlichen Fertigungsaufgabe muß auch Fertigungsmaterial gelagert, bereitgestellt und verwaltet werden. Diese Funktion erfolgt im Materialverwaltungssystem, einem nebengeordneten System parallel zur Fertigungssteuerung. Dieses System ist nicht für alle Materialien eines Betriebes zuständig, sondern nur für den aktuellen Fertigungsbedarf, nicht jedoch für allgemeine Vorräte, Fertiggeräte, Ersatzteilbevorratung usw., welche im PPS verwaltet werden.

Das Materialverwaltungssystem ist ein eigenständiges Funktionssystem. Dieses System besteht aus der Kernfunktion Materialverwaltung (MV) und den untergeordneten Systemen für Lagerung und Transport, wie Bild 5.20 zeigt.

Die Materialverwaltung sorgt dafür, daß Werkstücke und Hilfsmittel (Werkzeuge, Vorrichtungen usw.) auf Anforderung der Zellen zeitgerecht dort angeliefert oder abgeholt werden. Sie gibt an das PPS, die WSS und andere Auskünfte über vorhandenes Material und seinen Zustand.

Die Materialverwaltung (MV) wird von den Materialanforderungen (MA) der Zellen angestoßen und leitet daraus koordinierte Lager- und Transportaufträge (LA und TA) ab.

Die Ein- und Ausschleusung in den Bereich einer MV erfolgt über Koppel-Elemente oder -Zellen.

Die Aufteilung sowohl des Transportes als auch der Lager in werkstattlokale und werkstattübergreifende Einrichtungen ist bei größeren Systemen sinnvoll. Die räumliche Anordnung der Lager- und Transportsysteme ist dann zwar auf eine Werkstatt begrenzt, unterliegt aber dann nicht der Verwaltung durch die WSS dieses Bereiches.

Bei großen Systemen kann es erforderlich werden, zwei oder mehr Materialverwaltungen vorzusehen, um den Echtzeit-Anforderungen zu genügen. Sie werden von einer hierarchisch übergeordneten Materialverwaltung koordiniert.

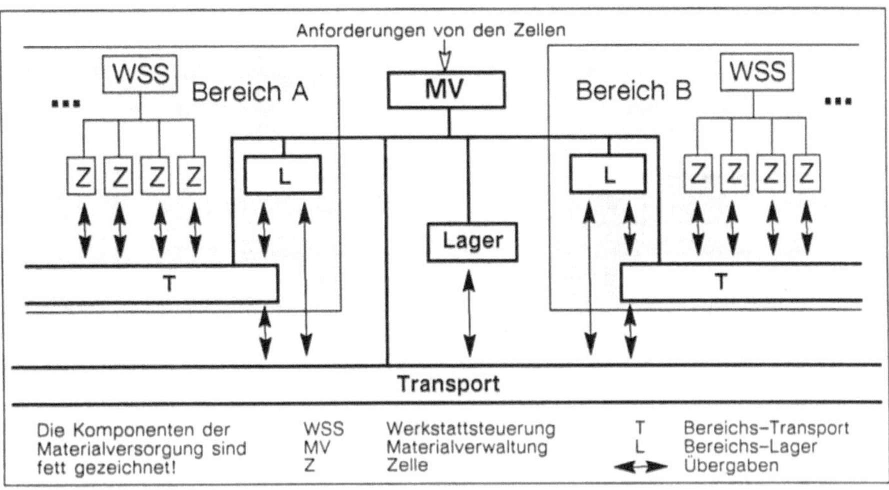


**Bild 5.20**  Die der Materialverwaltung unterstellten Läger und Transportsysteme

Die Zellen eines Bereiches richten ihre Anforderungen an die ihnen zugeordnete Materialverwaltung. Diese Materialverwaltungen können ihrerseits Anforderungen an die übergeordnete Materialverwaltung abgeben, der das verbindende Materialflußsystem und ein übergeordnetes Lager unterstehen, siehe Bild 5.21.

Die Materialverwaltung ist nicht nur für Werkstücke/Baugruppen, sondern auch für Werkzeuge, Vorrichtungen, Greifer, Sensoren usw. zuständig, die nicht ausschließlich vor Ort in den Zellen gehalten werden. Es sind die Hilfsmittel, die von verschiedenen Zellen gemeinschaftlich genutzt werden. Werkzeuge und Vorrichtungen usw. können auch bestimmten Bereichen (Zellengruppen) oder Werkstattsteuerungen zugeordnet werden. Somit sind in der Materialverwaltung verschiedene Gruppen von Hilfsmitteln getrennt zu verwalten, je nachdem, wem sie zugänglich sein sollen.

### 5.4.3.2 Steuerungstechnik zur Unterstützung der Leitebene

#### a) Integrationsaspekte auf der Leitebene

Im hierarchischen Ebenenmodell für den Fertigungsbereich, wie auch Bild 5.6 zeigt, kommt der Leitebene eine besondere Integrationsaufgabe zu.

Die Leitebene ist einerseits für übergeordnete Steuerungs-, Planungs- und Überwachungsaufgaben im Fertigungsbereich zuständig. Mehrere Fertigungs- bzw. Montagezellen müssen durch die Leitebene koordiniert werden.

Andererseits bildet die Leitebene den „Kopf" des CAM-Bereiches in einer rechnerintegrierten Produktionsumgebung. Die Leitebene gewährleistet die Einbindung des Fertigungsbereiches (CAM) in die Bereiche wie Produktionsplanung und -steuerung (PPS), Arbeitsplanung (CAP) und Qualitätssicherung (CAQ).

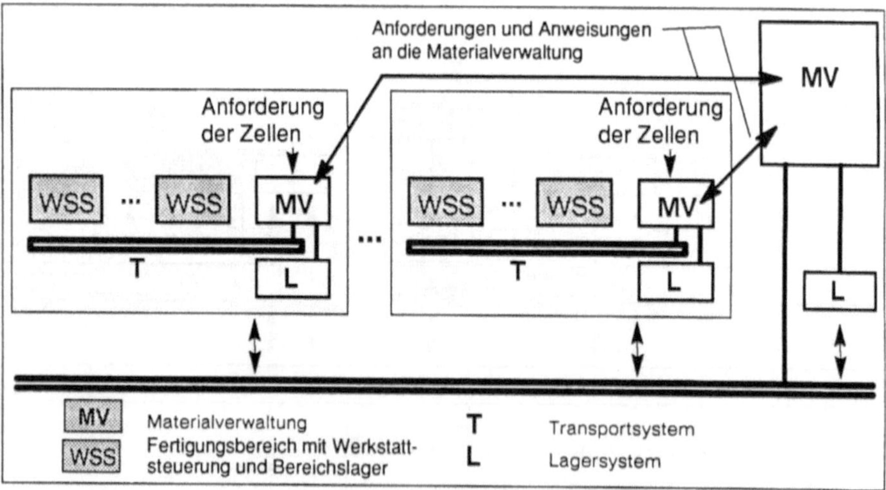


**Bild 5.21**    Mehrere Materialverwaltungen in größeren Systemen

Die besonderen Anforderungen an die Leitebene, insbesondere unter Berücksichtigung der Integrationsaspekte, machen eine speziell ausgelegte Steuerungstechnik notwendig.

### *b) Aspekte zur Steuerungstechnik auf der Leitebene*

Auf der Leitebene des CAM-Bereiches werden

- Fertigungsleitrechner zur Koordinierung Flexibler Fertigungssysteme (FFS) in der Teilefertigung,
- Montageleitrechner zur Koordinierung Flexibler Montagesysteme (FMS) und
- Leitrechner zur Koordinierung kombinierter Systeme zur Teilefertigung, Montage und Elektronikfertigung

eingesetzt.

Zur Bewältigung der vielfältigen Aufgaben (siehe auch Abschnitt 5.4.3.1), welche auf der Leitebene anfallen, und besonders die Integrationsaufgaben der Leitebene erfordern den Einsatz leistungsfähiger *Mikro- bzw. Minirechner.*

*Farbgraphikmonitore* werden zur Unterstützung der Überwachungsaufgaben auf der Leitebene eingesetzt. Nur der Vollständigkeit halber soll an dieser Stelle auf den Einsatz von Fertigungsleitständen auf der Leitebene hingewiesen werden.

Ein leistungsfähiges *Multitasking- und Multiuser-Betriebssystem* ist aufgrund der besonderen Anforderungen an einen Rechner in der Leitebene unbedingt erforderlich. Dabei haben sich das Betriebssystem UNIX und UNIX-ähnliche Systeme in letzter Zeit besonders bewährt.

Auch *Datenverwaltungs- und Kommunikationssysteme* sind auf der Leitebene dringend erforderlich. Die Rechner der Leitebene stehen mit unterschiedlichen Betriebsbereichen (z. B. PPS, CAP, CAQ) und deren Rechnern im Informationsverbund. Die daraus resultierende Schnittstellenproblematik im Kommunikationsverbund darf im Bereich der Leitebene auf keinen Fall unterschätzt werden. Diese Problematik wird noch dadurch verschärft, daß häufig Rechner unterschiedlicher Ausprägungen Daten miteinander austauschen müssen.

## 5.4.4 Anforderungen an die Hard- und Software

Aus der beschriebenen Aufgabenverteilung in hierarchisch strukturierten Fertigungssystemen ergeben sich Anforderungen, die die Entwicklungstendenzen und Lösungsansätze für die einzusetzenden Rechnersysteme beeinflussen. Die Analyse von Funktionen und Schnittstellen in den einzelnen Hierarchiestufen ergibt Kriterien, nach denen sich die Kommunikationsanforderungen der einzelnen Ebenen unterscheiden lassen.

Folgende Unterscheidungsmerkmale lassen sich beispielhaft nennen:

- Umfang und Art der anfallenden Daten,
- Häufigkeit des Datenaustausches,
- Echtzeitanforderungen,

- Art und Anzahl kommunizierender Geräte,
- Umgebungseinflüsse,
- Ausfallsicherheit.

Während auf den unteren Hierarchiestufen häufig geringe Datenmengen (Kommandos) ausgetauscht werden, überwiegt im Planungsbereich der Zugriff auf umfangreiche Datenbestände. Mit zunehmender Prozeßnähe gewinnen Echtzeitanforderungen und Umgebungseinflüsse an Bedeutung, zusätzlich ist zur Vermeidung von Produktionsstillständen eine hohe Ausfallsicherheit zu gewährleisten.

Die erwähnten Unterschiede in den Anforderungen wirken sich auf die einzusetzenden Hardware- und Softwarekomponenten aus und müssen bei der Auswahl geeigneter Rechnerkonfigurationen oder bei Fragen hinsichtlich Datenkommunikation und Datenhaltung berücksichtigt werden.

### 5.4.4.1 Rechnerarchitektur und Datenkommunikation

Die Tendenz zu dezentraler Steuerung wird unterstützt durch die Entwicklung der Mikrocomputer. Dies bedeutet, daß hohe Verarbeitungsleistungen preiswert dezentral angeordnet werden können, und damit eine Funktionsverteilung erfolgt, die dem tatsächlichen Bedarf vor Ort entspricht. Somit lassen sich den

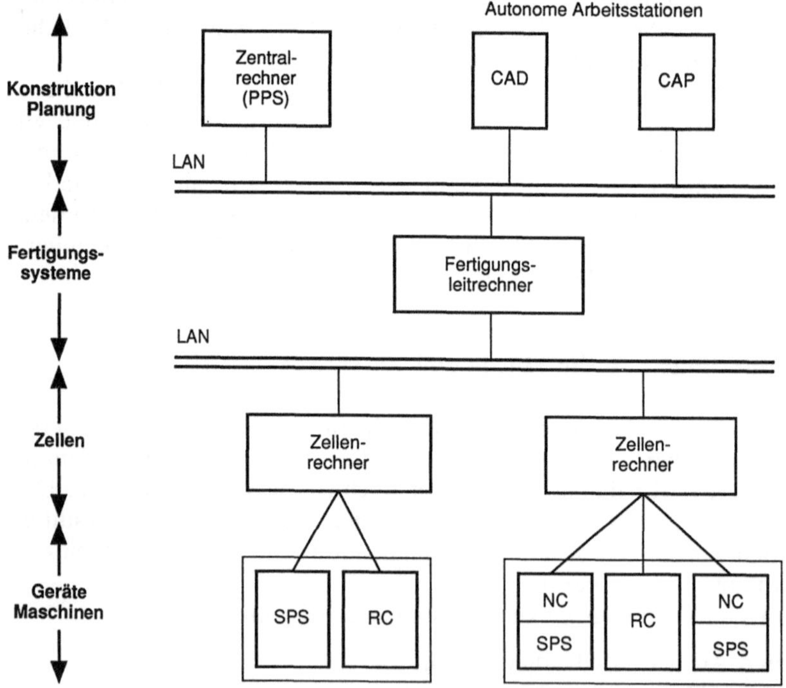


**Bild 5.22**   Rechnerkonfiguration eines hierarchisch strukturierten Fertigungssystems

einzelnen Ebenen der Funktionshierarchie, entsprechend den Anforderungen und der beschriebenen Funktionszuordnung, geeignete Rechnerstrukturen zuordnen (siehe Bild 5.17). Ein wesentliches Merkmal der dabei entstehenden Rechnerarchitektur in hierarchisch strukturierten Fertigungssystemen besteht darin, daß jede Einheit einer Ebene mit Einheiten der direkt über- und untergeordneten Ebene kommunizieren kann, siehe Bild 5.22.

Für den übergeordneten Planungsbereich kommen dabei herkömmliche Zentralrechner, die sich durch große Speicherkapazität sowie hohe Verarbeitungsleistung und Durchsatz auszeichnen, zum Einsatz.

Die gesamte Verwaltung der Grunddaten in Datenbanken sowie die umfangreichen Systeme zur Produktionsplanung und -steuerung (PPS) können auf diesen Groß- oder Minirechnern abgewickelt werden. In den technischen Planungsbereichen CAD und CAP sowie in den Leit- und Zellenebenen werden herkömmliche Rechnerstrukturen zunehmend durch den Einsatz von dezentralen Rechnern verdrängt.

In der Planung werden zur Verarbeitung von geometrischen und logischen Informationen leistungsfähige Arbeitsplatzrechner mit zusätzlichen Graphikprozessoren, die den effizienten Einsatz von CAD-Softwaresystemen ermöglichen, eingesetzt. Solche 32-Bit-Workstations mit großer Haupt- und Plattenspeicherkapazität sind häufig auch für den Einsatz als Leitrechner geeignet. Sie übernehmen dabei die Funktionen der Leitebene und die Verwaltung der anfallenden Auftragsdaten.

Auf der Zellenebene wird meist zur Steuerung und Überwachung jeder Fertigungszelle ein Rechner eingesetzt, wobei die anfallenden Datenmengen und damit die erforderliche Speicherkapazität geringer sind als auf der Planungsebene. Aufgrund der Prozeßnähe müssen dabei in zunehmendem Maße Echtzeitbedingungen berücksichtigt werden.

Bedingt durch die vielfältigen Anforderungen der Zellenebene hinsichtlich Auftragsverwaltung und Prozeßdatenverarbeitung reicht das Spektrum der verwendeten Rechner vom einfachen PC bis zum hochleistungsfähigen Prozeßrechner mit Echtzeitfähigkeit. Die Grenzen zwischen den eingesetzten Rechnerkategorien werden jedoch durch den raschen Fortschritt in der Entwicklung von Rechnern zunehmend fließend.

Um in den beschriebenen dezentral angeordneten Rechnerstrukturen die aktuellen Daten zur richtigen Zeit am richtigen Ort zur Verfügung stellen zu können, werden leistungsfähige Werkzeuge für die Datenkommunikation und die Datenverteilung benötigt.

Als logische Fortsetzung der Dezentralisierung der Rechnerleistung werden zunehmend lokale Netzwerke (LAN) für die innerbetriebliche Kommunikation zwischen Steuerungen, Zellenrechnersystemen und Planungsbereich eingesetzt. Für den Fertigungsbereich sind dabei die Kommunikationsanforderungen der einzelnen Hierarchiestufen zu beachten. Ziel ist dabei die Ermöglichung einer einheitlichen herstellerunabhängigen Kommunikation zwischen verschiedenartigen Automatisierungskomponenten. Dabei dient auch in der Automatisierungstechnik das vom internationalen Normungsgremium ISO (International Organization for Standardization) geschaffene OSI 7-Schichtenmodell (Open System Interconnection) als Referenzmodell. Dieses Modell beschreibt einen Rahmen für Standards zum Aufbau von Kommunikationssystemen. Auf Basis dieses Referenzmodells wurde von einer von General Motors angeführten Hersteller- und Anwendergruppe das MAP-Protokoll (Manufacturing Automation Protocol) vorgeschlagen, das speziell auf die Kommunikationsanforderungen im Fertigungsbereich zugeschnitten ist (vgl. Kap. 7).

Kommunikationsnetze im Fertigungsbereich müssen dabei den Anforderungen in Prozeßnähe genügen:

- Echtzeitbedingungen,
- Umgebungseinflüsse,
- hohe Ausfallsicherheit,
- niedrigere Anschlußkosten,
- Anschluß einfacher Geräte durch hardwarenahe Protokolle.

Es gibt kein Fertigungsnetz, das sämtliche Kommunikationsanforderungen jeder einzelnen Ebene erfüllen kann. Deshalb kommen innerhalb eines hierarchisch strukturierten Fertigungssystems unterschiedliche Kommunikationsnetze zum Einsatz, die miteinander verbunden werden müssen, um den Datenaustausch zwischen den Hierarchiestufen der Fertigung gewährleisten zu können.

### 5.4.4.2 Softwaretechnik

Durch den Einsatz dezentraler Rechnerstrukturen, die über Kommunikationsnetze verbunden sind, wird auch die gesamte Steuerungssoftware auf mehrere Rechnerhierarchien verteilt. Dies hat Auswirkungen auf die Datenhaltung in hierarchisch strukturierten Fertigungssystemen. Durch eine zentralisierte Datenhaltung, z. B. in der Datenbank des Zentralrechners, können die Anforderungen hinsichtlich einer hohen Verfügbarkeit vor Ort und Ausfallsicherheit nicht immer gewährleistet werden.

Aufgrund der Aufgabenverteilung in flexiblen Fertigungssystemen werden in den verschiedenen Hierarchiestufen Rechner unterschiedlicher Leistungsfähigkeit eingesetzt. Für die Aufgabenerfüllung sind dabei sowohl lokale Daten als auch globale Daten, die in mehreren Hierarchiestufen verfügbar sein müssen, erforderlich. Der Datenaustausch zwischen den Stufen richtet sich dabei nach den unterschiedlichen Planungshorizonten in den einzelnen Ebenen.

Die Datenaktualisierung innerhalb des hierarchischen Steuerungsmodells verläuft entsprechend dem Fertigungsfortschritt im allgemeinen mit einer gewissen Zeitverzögerung. Aufgrund dieser spezifischen Anforderungen an die Datenhaltung sowie der Echtzeitbedingungen in Prozeßnähe, stößt ein Konzept, allen den aktuellen Gesamtbestand der Daten verfügbar zu machen, auf Schwierigkeiten.

Die Datenhaltung in den einzelnen Hierarchiestufen erfolgt daher meistens in Form von Dateien oder lokalen Datenbanken. Der Datenaustausch und die Datenaktualisierung zwischen den Ebenen wird entsprechend den jeweiligen Fertigungsgegebenheiten durchgeführt.

Mit zunehmender Prozeßnähe gewinnen für die Datenhaltung und die eingesetzten Anwenderprogramme die Forderungen nach Echtzeit und Ausfallsicherheit an Bedeutung. Dies gilt sowohl für das Betriebssystem als auch für die Anwendersoftware.

Hauptaufgabe von Echtzeit-Betriebssystemen ist die Gewährleistung von rechtzeitiger und gleichzeitiger Ausführung einer Vielzahl von Einzelprozessen sowie die Fähigkeit, auf Hardware-Unterbrechungssignale sofort zu reagieren. Da der Einsatz unterschiedlicher Betriebssysteme die Datenkommunikation, die Datenhaltung und die Übertragbarkeit von Anwendersoftware erschwert, geht die Tendenz zu einheitlichen Betriebssystemen. Eine Entwicklungsrichtung zielt darauf ab, das weitverbreitete Betriebssystem UNIX für Realzeitanwendungen zu erweitern.

Die unterschiedlichen Anforderungen der Hierarchiestufen wirken sich auch auf die Anwendersoftware aus. Mit zunehmender Prozeßnähe sind spezielle Informationen wie Technologieparameter und Prozeßdaten zu verarbeiten. Die Steuerungssoftware sollte deshalb in anwendungsabhängige und -unabhängige Module aufgetrennt sein. Die Software kann dann flexibel an neue Aufgabenstrukturen angepaßt werden. Die Modularisierung und Kompatibilität der Anwendungssoftware hängt dabei auch von der verwendeten Programmiersprache ab. Außer der klassischen Prozeßprogrammiersprache PEARL kommen dabei in den unteren Hierarchiestufen zunehmend Sprachen wie MODULA2, ADA und C zum Einsatz.

Neben der Anwendersoftware für die Prozeßsteuerung gelangen im Fertigungsbereich auch Expertensysteme, beispielsweise für die Diagnose, zum Einsatz. Durch die Entwicklung solcher Systeme gewinnen auch Sprachen aus dem Bereich der künstlichen Intelligenz, wie LISP oder PROLOG, für die Automatisierungstechnik an Bedeutung. Gleichzeitig ergeben sich durch die Verwendung unterschiedlicher Sprachen und Systeme erhöhte Anforderungen an die Softwarewartung und -pflege.

Generell werden in hierarchisch gesteuerten Fertigungssystemen durch Echtzeitbedingungen in den unteren prozeßnahen Hierarchiestufen hohe Anforderungen an Rechnerhardware, Betriebssysteme und Anwendersoftware gestellt. Die zentralen Bereiche Datenkommunikation und Datenhaltung in verteilten Rechnersystemen sind dabei Gegenstand weltweiter Forschungsaktivitäten.

## 5.5 Maßnahmen zur Vorbereitung und zum Einsatz von rechnerunterstützten Systemen in der Fertigung

Einer der grundlegenden, vorbereitenden Schritte zur Einführung rechnerunterstützter Systeme in der Fertigung ist deren Auswahl bzw. optimale Gestaltung. Voraussetzung ist eine ganzheitliche Systembetrachtung von der Planung über die Simulation bis hin zur Inbetriebnahme, um in immer kürzerer Zeit immer komplexere Systeme realisieren zu können.

Vor dem Hintergrund dieser steigenden Komplexität ist man bei der Planung und Vorbereitung rechnerunterstützter Systeme zunehmend auf rechnerunterstützte Softwarewerkzeuge wie CAD/CAE-Systeme zur Layoutplanung, selbst optimierende Simulationssysteme sowie Expertensysteme angewiesen, um den Planungsaufwand auf ein wirtschaftliches Maß zu begrenzen.

Da sich komplizierte, dynamische Materialflußprozesse nur mit sehr viel Aufwand errechnen lassen, bedürfen sie in aller Regel zu ihrer bestmöglichen Gestaltung einer rechnerunterstützten Simulation während der Vorbereitungsphase.

Eine einmalige Simulation solcher Prozesse kann jedoch zu keinem hinreichend genauen Ergebnis führen; erst eine interaktive, automatisierte Anwendung eines Simulationsinstrumentes durch sukzessive Verbesserung des Systemverhaltens führt zu befriedigenden Ergebnissen, da sie die erforderliche Genauigkeit garantiert und zeitraubende Wiederholungsvorgänge selbständig durchführt, wobei mehr als einhundert Simulationsläufe keine Seltenheit sind.

Relativ weit fortgeschritten ist die Entwicklung parametrisierter Simulationsmodelle zur Parameteroptimierung, mit deren Hilfe sich Aussagen über

- Durchlaufzeiten,
- Engpässe,
- Systemverfügbarkeit,
- Auslastung von Stationen,
- Pufferdimensionierung,
- Störungsauswirkungen usw.

machen lassen.

Neben der Simulation von Prozessen ist die Erstellung des Systemlayouts ein weiterer vorbereitender Planungsschritt, da erst hiermit entschieden werden kann, ob beispielsweise die räumlichen Verhältnisse optimal genutzt sind und wie Pufferplätze anzulegen sind.

Unterstützt wird die Layoutplanung häufig durch Expertensysteme. Mit ihnen können Flächeneinheiten (Maschinen, Arbeitsplätze usw.) optimal auf einer Basisfläche angeordnet werden.

Darüber hinaus kann eine Layoutoptimierung nach verschiedenen Zielen (Materialfluß, Sympathiebeziehungen zwischen einzelnen Maschinen usw.) unter Berücksichtigung gewisser Restriktionen (Sperrflächen, Flächenbegrenzungen usw.) durchgeführt werden.

Neben der Simulation und der Layoutgestaltung ist bei der Einführung rechnerunterstützter Systeme in der Fertigung im Rahmen einer ganzheitlichen Planung auch die Berücksichtigung organisatorischer Maßnahmen von Bedeutung, z.B. die Neustrukturierung aller am Fertigungsprozeß beteiligten Unternehmensbereiche, höhere Anforderungen an die Qualifikation der Mitarbeiter.

Dies macht bereits im Vorfeld der Einführung rechnerunterstützter Systeme die Einbeziehung der Mitarbeiter sowie deren Schulung und Einweisung erforderlich.

Zusammenfassend ergeben sich als wichtigste Punkte zur Vorbereitung und zum Einsatz von rechnerunterstützten Systemen in der Fertigung:

- Simulation,
- Layoutgestaltung,
- organisatorische und personelle Maßnahmen.

# 5.6 Wirtschaftlichkeit von CAM-Systemen

## 5.6.1 Zielsetzung und Wirtschaftlichkeit

Die wirtschaftliche Bewertung eines rechnergeführten, flexiblen Fertigungssystems birgt erheblich mehr Schwierigkeiten als die Investitionsentscheidung für eine Einzelmaschine. Dies hat u. a. folgende Gründe:

- Die Kosten und die Leistungsfähigkeit einer einzelnen Maschine lassen sich relativ exakt bestimmen. Dies liegt vor allem daran, daß die Einbindung eines neuen Fertigungsmaschinentyps nur Einfluß auf ein eng begrenztes Umfeld hat. Die Kosten beschränken sich auf die tatsächlichen Maschinenkosten.
- Im Gegensatz dazu läßt sich die Leistungsfähigkeit eines komplexen Systems nur durch aufwendige Untersuchungen (Simulation) vorhersagen. Sie ist nicht nur von den Maschineneigenschaften bestimmt, sondern wesentlich von der Gestaltung und Organisation des Umfeldes abhängig. Die Einführung eines FFS erfordert häufig eine gründliche Umorganisation des Fertigungsbereiches, deren Kosten kaum abschätzbar sind. Den Systemgrenzen fällt hier gewisse Bedeutung zu, da durch sie bestimmt wird, welche Änderungen direkt der flexiblen Fertigung zugerechnet und welche zu den Gemeinkosten gezählt werden.
- Darüber hinaus erfordert ein FFS neben den Investitionen für die Fertigungsmaschinen einen hohen Aufwand für die Zusatzeinrichtungen (Transportsystem, Überwachungseinrichtungen, Rechnersystem), so daß der Kapitalaufwand erheblich höher liegt als bei einer konventionellen NC-Fertigung. Gerade in diesem Bereich hängt die Wirtschaftlichkeit der gesamten Anlage von Detailentscheidungen ab, die erst während der Feinplanung getroffen werden.
- Die Einführung neuer Technologien impliziert, daß noch keine Erfahrungswerte von vergleichbaren Anlagen vorliegen, was die Vorhersage von Aufwand und Erträgen erschwert.

Aus den erwähnten Gründen läßt sich erkennen, daß übliche Verfahren der Wirtschaftlichkeitsrechnung häufig widersprechende Ergebnisse für die wirtschaftliche Bewertung einer Investition im CIM-Bereich liefern [EVER87]. Der Planer solch komplexer Anlagen muß sich darüber klar sein, welche Ziele (Bild 5.23) mit einer solchen Investition verfolgt werden. Denn nur eine gewollte Auswirkung des flexiblen Systems läßt sich zur Rechtfertigung der Investition heranziehen. Teuer erkaufte Auswirkungen, die aber eigentlich nicht benötigt werden, sind vergeudetes Kapital.

Die Zielsetzung für ein FFS bestimmt daher die für die Bewertung der Wirtschaftlichkeit zu berücksichtigenden Aufwendungen und Erträge [DANB86]. Hier tritt eine weitere Schwierigkeit auf: einige der Ziele und möglichen Vorteile einer Investition in CIM lassen sich nur schwer oder gar nicht in Geldbeträgen ausdrücken. Daher werden von verschiedenen Seiten neben einer finanzmathematischen Bewertung (z. B. Kostenvergleichsrechnung, dynamische Investitionsrechnung) noch andere Methoden (Sensitivitätsanalyse) vorgeschlagen.

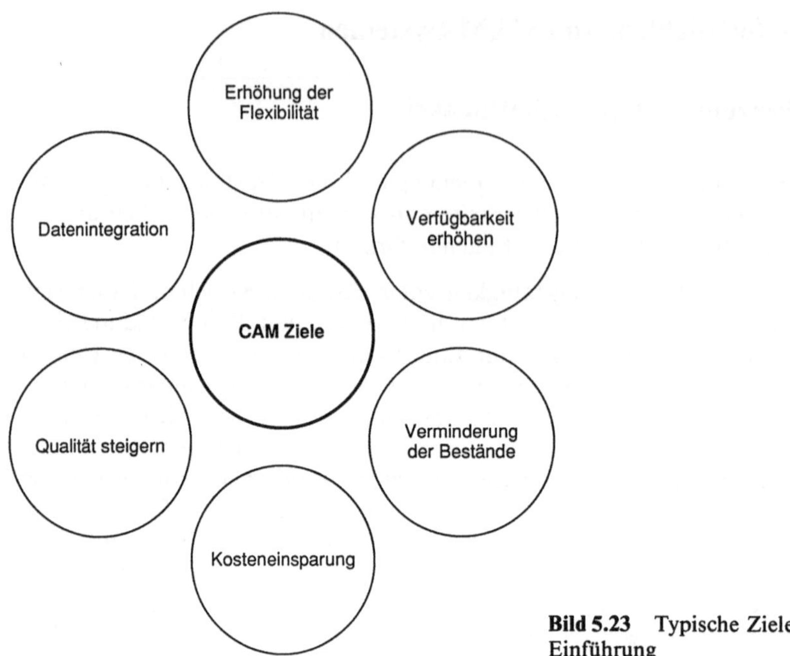


**Bild 5.23**   Typische Ziele der CAM-Einführung

## 5.6.2 Auftretende Kosten

Die Einführung eines FFS beeinflußt die Unternehmenssituation über lange Zeit. Der Vorbereitungsphase von 2 bis 3 Jahren steht eine erwartete Nutzungsdauer von 10 bis 15 Jahren gegenüber. Die Einschätzung der Kosten über einen so langen Zeitraum ist schwierig. Zunächst erfordert die Planungsphase einen hohen personellen Einsatz, der im Bereich von 2 bis 5 Mannjahren liegt. Es fallen zusätzlich noch Projektierungskosten für firmenexterne Institutionen an, die das eigene Projektteam bei der Arbeit unterstützen.

Bei der eigentlichen Investition treten zunächst die Kosten für die Fertigungsmaschinen auf. Die Maschinen für eine rechnerunterstützte Produktion sind meist teurer als die Standardmaschinen. Das liegt zum Teil an den notwendigen, leistungsfähigeren Steuerungen, deren Anbindung an einen Rechner für DNC-Betrieb und MDE-Erfassung zusätzliche Module in Soft- und Hardware erfordert.

Die weiteren Kosten für Gebäude und Rechnerhardware lassen sich gut aus den Angeboten bestimmen. Für die Inbetriebnahme sollten feste finanzielle Vereinbarungen mit den Lieferanten getroffen sowie ein nicht zu knapp bemessener Zeitplan ausgearbeitet werden. Bereits vor der Inbetriebnahme sollten die Lehrgänge für das Personal beginnen. Hier wird oft der Zeitaufwand für eine ausreichende Ausbildung unterschätzt, da man der Meinung ist, bei Problemen den Service rufen zu können. Fehlt dem Bedienpersonal aber der ausreichende Einblick in die komplexen Abläufe von Software und Maschinensystem, kommt es leicht zu folgenreichen Fehlbedienungen.

Um das Ziel mannarmer Schichten und automatischer, flexibler Durchläufe zu erreichen, muß in Transportsysteme, Pufferplätze und exakte Vorrichtungen investiert werden. Die Kosten für diese Einrichtungen sind von den Teilespektren und den Bearbeitungen abhängig. Hier sollten analytische Berechnungen oder Simulationen in der Planung durchgeführt werden, um die Anforderungen an Transportsystem und Puffer zu ermitteln. Dabei kann auch die Zahl der notwendigen Vorrichtungen für Serienteile bestimmt werden. Nur mit gesicherten Anforderungen läßt sich die Dimensionierung eines größeren Systems durchführen. Naturgemäß gelten die Ergebnisse nur für das zugrundegelegte Teilespektrum, starke Änderungen während einer langen Nutzungsdauer werden hier nicht berücksichtigt.

Weitere Investitionen fallen z. B. für Werkzeug-Messungen, Waschmaschinen und Qualitätskontrolle an, siehe Bild 5.24.

Die Kosten der benötigten Rechnersysteme für eine CAM-Lösung dürfen nicht vernachlässigt werden. Die ersten Informationen und Angebote betreffen meist nur das Grundsystem. Mit einer solchen Ausbaustufe lassen sich zwar die dringendsten Anforderungen des unterlagerten Fertigungssystems befriedigen, aber ein ‚CIM'-Ansatz ist es noch lange nicht. Die Integration des neuen Soft- und Hardwaresystems in die bestehende Betriebsumgebung erfordert Leistungen, die meist ‚nach Aufwand' angeboten werden. Hier ist es unabdingbar, diese betriebsspezifischen Anpassungen vorher in Form eines exakten Lastenhefts zu definieren und darauf aufbauend ein verbindliches Angebot einzuholen.

Bei allen Rechnersystemen können während des Betriebs noch Fehler auftreten. Für Hardwarewartung und Software-Updates (Weiterentwicklungen, Fehlerbeseitigungen) gibt es häufig feste Wartungsverträge. Der oft erhebliche Kostenumfang muß auch in die wirtschaftliche Betrachtung einfließen. Hier geht es um besondere Garantien, das Rechnersystem innerhalb einer vorgegebenen Zeit nach einem Absturz neu hochzufahren. Denn wenn hier an der falschen Stelle gespart wird, kann es im schlechtesten Fall zu einem mehrtägigen Systemstillstand kommen.

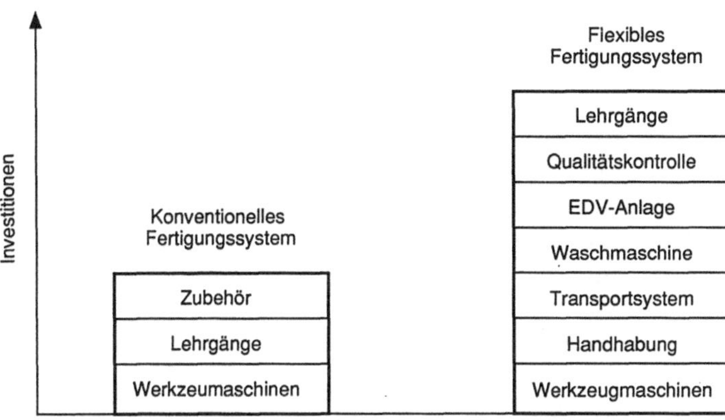



**Bild 5.24** Vergleich der Investitionskosten für konventionelle und flexible, rechnergeführte Fertigung

### 5.6.3 Erträge und Verbesserungen durch CAM

Niemand würde in eine rechnergeführte Fertigung investieren, wenn dadurch nicht auch Vorteile zu erwarten wären! Zunächst sind Verbesserungen im direkt betroffenen Fertigungsbereich zu erwarten [SCHU86].

Bei flexiblen Fertigungssystemen wird versucht, möglichst viele Rüstarbeiten parallel zur Hauptzeit auszuführen. Zusätzlich sorgt der automatische Ablauf dafür, daß zumindest für kurze Zeit (Pausen, Schichtwechsel) keine Stillstände auftreten. Bei zuverlässigen Systemen ist sogar eine Fertigung ohne Bedienung (sicher mit Überwachung) in einer zweiten oder dritten Schicht möglich. Dadurch steigt die Nutzungszeit des teuren Kapitals, die gleiche Fertigungskapazität wird aus weniger Maschinen bestehen.

Handelt es sich um eine Ersatzinvestition, so werden die neuen Maschinen leistungsfähiger sein als die bestehenden Produktionsanlagen. Durch den höheren Automatisierungsgrad und die Entkopplung des Personals vom eigentlichen Fertigungsrhythmus sind Einsparungen in der Maschinenbedienungszeit zu erwarten. Die mehr überwachenden Tätigkeiten bewirken also eine Besserung der Arbeitsbedingungen. Bei der Philosophie von FFS wird meist vorausgesetzt, daß es sich um ersetzende Maschinen handelt [HAMM87, SHAH85]. Dadurch wird im Gegensatz zu Spezialmaschinen eine bessere Verteilung der Auslastung erreicht. Es lassen sich größere Nachfrageschwankungen beim Produktabsatz auffangen. Die Abkehr vom Einsatz der Spezialmaschinen führt zu einer Straffung der Arbeitspläne. Durch die Tendenz zur Komplettbearbeitung auf einer Station werden Arbeitsgänge vermieden und so Übergangszeiten eingespart. Die Durchlaufzeit kann nochmals gesenkt werden [ROTH85].

Die Rüstzeiten und Kosten für einen bestimmten Arbeitsgang oder eine bestimmte Teileart haben einen entscheidenden Einfluß auf die minimale Losgröße. Da bei einer flexiblen Fertigung dieser Aufwand möglichst klein gehalten wird, lassen sich im Vergleich zur bisherigen Fertigung kleinere Lose zu vertretbaren Kosten herstellen. Gewisse Werkstückarten lassen sich sogar parallel fertigen. Dabei ist auch zu berücksichtigen, daß der Auftragswechsel öfter und schneller erfolgt, also die Durchlaufzeit eines Auftrags sinkt. Wenn bisher der größte Teil des Fertigungsloses über Wochen auf Lager gelegt werden mußte, bis der eigentliche Bedarfszeitpunkt kam, so lassen sich nun diese Zwischenlagerungen abbauen. Es entstehen Einsparungen, da weniger gebundenes Kapital verzinst werden muß und Lagerfläche frei wird. Beim Abbau der Lagerbestände wird zusätzlich einmalig Kapital frei, das anderweitig eingesetzt werden kann.

Die Einführung eines CAM-Systems betrifft aber nicht nur den eigentlichen Fertigungsbereich. Um die Vorteile vollständig zu berücksichtigen, müssen weitere Wirkungen betrachtet werden. Hierher gehören jene, die schwer finanziell bewertbar sind, wie die Straffung der Organisation und die sofortige Verfügbarkeit der aktuellen Fertigungsdaten für eine Auftragsverfolgung. Sie sind bereits bei der Zielsetzung als wünschenswert erkannt worden.

Durch die kürzeren Durchlaufzeiten läßt sich eine verläßliche Planung erreichen. Es bestehen nämlich weniger Möglichkeiten zur Planabweichung. Dadurch lassen sich Termine exakter und verläßlicher vorhersagen. Die den Kunden gegebenen Zusagen können häufiger eingehalten werden. Es kann erwartet

werden, daß die Kunden die erhöhte Zuverlässigkeit der Firma mit weiteren
Aufträgen honorieren. Hier kann auch das ggf. verbesserte Image einer Firma,
die modernste Technologien anwendet, Auswirkungen zeigen.

Ein wichtiger Punkt ist die lange Nutzungsdauer der neuen Anlagen. Es kann
meist nicht davon ausgegangen werden, daß die aktuelle Produktpalette über die
gesamte Einsatzzeit bestehen bleibt. In einer Zeit kurzer Produktlebensdauer ist
auch der Gesichtspunkt „was wäre, wenn" einzubeziehen. Dies erfordert die
Durchführung einer Sensitivitätsanalyse. Die Einführung neuer ähnlicher Produkte wird durch flexible Systeme erleichtert, da universelle Fertigungsmittel
vorhanden sind. Die Maschinen und Werkzeuge sind nämlich nicht oder nur
wenig spezialisiert. Außerdem erfordert ein neues Produkt einen gewissen Ein-
führungsaufwand innerhalb der Fertigungsorganisation. Dieser Aufwand wird
durch integrierte, rechnergeführte Systeme vermindert.

Im Einzelnen werden folgendermaßen Einsparungen erzielt:

- durch eine integrierte Datenhaltung und -erstellung. Es werden Übertragungs-
  fehler vermieden, da keine redundanten Datensätze vorliegen. Wichtig ist z. B.
  auch für neue Werkstücke die direkte Kopplung von CAD- und NC-Programmierung. Die NC-Programme für die neuen Teile können schnell erstellt und
  simuliert werden. Ungünstige Konstruktionen lassen sich ändern. Die Durchlaufzeit der Unterlagen von der Konstruktion bis zur Fertigung sinkt.
- durch direkt erfaßte Fertigungsdaten (BDE/MDE). Nachkalkulation und
  Rechnungserstellung werden auf eine aktuelle, zutreffende Basis gestellt. Es
  lassen sich schnell kostenintensive Arbeitsgänge ermitteln und gegebenenfalls
  optimieren.

## 5.6.4  Konsequenzen

Abschließend kann festgestellt werden, daß bei einer Investition in rechnerintegrierte Produktionseinrichtungen höhere Investitionskosten als bei konventionellen Fertigungsanlagen anfallen. Hier ist die unternehmerische Weitsicht und die
Entscheidungskraft gefordert, die erkennen und bestimmen müssen, welche
Ziele zu setzen sind und welche Anforderungen in Zukunft vom Markt gestellt
werden. Den höheren Investitionen kann ein großer Erfolg gegenüberstehen,
wenn die Anforderungen richtig erkannt wurden.

Allgemein kann jedoch davon ausgegangen werden, daß die rechnerunterstützten Anwendungen sich weiter entwickeln werden. Da jedoch die übergreifende Standardisierung der angebotenen Softwareprodukte in absehbarer Zeit
nicht stattfinden wird, ist die Schaffung kostengünstiger, kleiner Lösungen der
falsche Weg. Solche nicht integrierbaren Inseln verursachen durch ihre Über-
gangsprobleme insgesamt so hohe Kosten, daß sie die wirtschaftliche Seite aller
betroffenen Bereiche gefährden. Der Einsatz von CAM-Technologie erfordert
zunächst eine eingehende, übergreifende Planung [HEME87]. Nur so lassen sich
die Schnittstellenprobleme meistern.

Aber auch mit einer guten Einführungsstrategie läßt sich oft die Wirtschaftlichkeit der neuen Einrichtungen nicht direkt über die Stückkosten belegen. Die

Rechtfertigung der Entscheidung kann dann auch über Durchlaufzeitverminderungen und verbesserte Organisation durchgeführt werden.

## 5.7 Zusammenfassung

Schwerpunkt von Kapitel 5 ist die Beschreibung von Anforderungen und Konzepten zur Rechnerunterstützung des Fertigungsbereiches und dessen Integration zu einem Gesamtsystem. Die funktionale und ebenenorientierte Darstellung und Beschreibung der dazu notwendigen Informationsflüsse stehen dabei im Vordergrund der Betrachtung.

Parameter, welche die vielfältigen Ausprägungen im CAM-Bereich beschreiben, werden vorgestellt und erläutert.

Nach der Abgrenzung des Fertigungsbereiches vom betrieblichen Umfeld konzentrieren sich die weiteren Betrachtungen auf die Informationsflüsse im rechnerintegrierten Fertigungsbereich.

Ein hierarchisches Steuerungsmodell dient zur klaren Strukturierung der differenziert ausgeprägten Anforderungen an die Informationsflüsse. Auf jeder Ebene des hierarchischen Modells (operative Ebene, Zellenebene, Leitebene) werden Funktionskomponenten und Aspekte zur Steuerungstechnik erläutert. Dabei wird besonderer Wert auf die Darstellung der Informationsflüsse und deren Rechnerunterstützung gelegt.

Anforderungen an die Hard- und Softwarekomponenten der Rechnersysteme im Fertigungsbereich und Betrachtungen zur Wirtschaftlichkeit in rechnerunterstützten Fertigungssystemen werden abschließend erläutert.

Weiterführende Literatur zu den in diesem Kapitel behandelten Themen: [AUER82, BECK85, BEND86, FÄRB86, FELD87, FISC88, GEIT87, KIEF85, MEIE81, PRIT85, REIC86, STOR85, SUPP86, VOLL85, WECK80a], VDI-Richtlinie 2860.

## 5.8 Literatur zu Kapitel 5


[AUER82]    Auer, B. H.: Industrieroboter und ihr praktischer Einsatz, Expert Verlag, Grafenau 1982

[BECK85]    Beck, H.: Informationsverarbeitung und Datenkommunikation, VDI-Z *127* (1985) 979–984

[BEND86]    Benda, D.: Speicherprogrammierbare Steuerungen SPS, Frech Verlag, Stuttgart 1986

[BLEY88]    Bley, H., Löbel, G., Popp, M.: Software Verfahrensketten für die flexible Blechbearbeitung. Tagung der Deutschen Forschungsgesellschaft für Blechverarbeitung, 18. 2. 1988, Fellbach

[DANB86]    Danbeck, R.: Einführungsstrategie für ein FFS. In: H. Wildemann: Strategische Investitionsplanung für neue Technologien in der Fertigung, München 1986

[DIN87]     Deutsches Institut für Normung (Hrsg.): DIN-Fachbericht 15. Normung von Schnittstellen für die rechnerintegrierte Produktion (CIM). Beuth Verlag, Berlin Köln 1987

[EVER81]    Eversheim, W.: Organisation in der Produktionstechnik. Band 4 Fertigung und Montage, VDI-Verlag, Düsseldorf 1981

[EVER87]    Eversheim, W., Schmidt, H., Erkes, K. F.: Wirtschaftliche Bewertung komplexer Produktionssysteme, VDI-Z *8* (1987)

[FÄRB86]    Färber, G.: Entwicklungstrends der Mikroelektronik und Informationstechnik, atp *28* (1986) 411–422

[FELD87]    Feldmann, K., Eisele, R., Kleineidam, G.: Verfahrenskette zur Planung und Programmierung von Montagesystemen, ZwF *82* (1987) 521–527

[FISC86]    Fischer, H.: Entwurf eines hierarchischen Steuerungskonzeptes für FFS auf der Basis von FFZ (unveröffentlichter Arbeitsbericht). Universität Erlangen-Nürnberg. Lehrstuhl für Fertigungsautomatisierung und Produktionssystematik, Erlangen 1986

[FISC88]    Fischer, H.: Ein hierarchisch organisiertes Steuerungssystem für Flexible Fertigungssysteme. Prozeßrechensysteme '88 (1988) 728–737

[FRIE87]    Friedl, A., Völler, R.: Modulares Steuerungskonzept für flexible Fertigungssysteme. Werkstattstechnik *77* (8) (1987) 427–430

[GEIT87]    Geitner, U. W.: CIM-Handbuch, Vieweg, Braunschweig 1987

[HAMM86]    Hammer, H.: Flexible Fertigungssysteme in CIM-Lösungen, ZwF *81* (11) (1986) 637–644

[HAMM87]    Hammer, H.: Ausführungsbeispiele flexibler Fertigungssysteme, Werkstatt und Betrieb *10* (1987)

[HEME87]    Hemer, U., Vogt, H. P.: Strategien für die Einführung von CIM, VDI-Z *5* (1987)

[KAND87]    Kandziora, B.: CAD/CAM-System zur Planung und Simulation von Abläufen in Montagezellen. Unveröffentlichtes Promotionsmanuskript, Institut für Rechneranwendung in Planung und Konstruktion, Karlsruhe 1987

[KIEF85]    Kief, H.: NC-Handbuch 1985, NC-Verlag, Michelstadt 1985

[MEIE81]    Meier, H.: Werkstattprogrammierung mit CNC-Steuerungen am Beispiel der Drehbearbeitung, Hanser, München Wien 1981

[PRIT85]    Pritschow, G.: Die Flexible Fertigungszelle. FTK Stuttgart 1985

[REIC86]    Reichel, H.: Grundsätzliche Überlegungen zur Steuerung von flexiblen Drehzellen (unveröffentlichter Arbeitsbericht), Universität Erlangen-Nürnberg, Lehrstuhl für Fertigungsautomatisierung und Produktionssystematik, Erlangen 1986

[ROTH85]    Roth, H. P.: FFS - eine strategische Entscheidung, Flexible Automation *3* (1985)

[SCHU86]    Schulz, H., Meyer, A.: In welchem Umfang lassen sich die Gesamtkosten durch CAM senken? Werkstatt und Betrieb *2* (1986)

[SHAH85]    Shah, R.: Flexible Fertigungssysteme in Europa: Erfahrungen der Anwender, VDI-Z *17* (1985)

[SPUR86]    Spur, G., Stöferle, Th.: Handbuch der Fertigungstechnik, Band 5 „Fügen, Handhaben, Montieren", Hanser, München Wien 1986

[STEI83]    Steinhilper, R.: FFS im In- und Ausland, tz für Metallbearbeitung 77 (1983) 1+8

[STOR85]    Storr, A., Härdter, M., Möller, H.: Numerische Standardsteuerungen in verketteten Fertigungssystemen, wt-Z. ind. Fertig. 75 (1985) 367–370

[SUPP86]    Suppan-Borowka, J., Simon, Th.: MAP Datenkommunikation in der automatischen Fertigung. DATACOM Pulheim 1986

[TUFF85]    Tuffentsammer, K.: Flexible Fertigungssysteme, FTK Stuttgart 1985

VDI 2690    VDI-Richtlinie 2690: Blatt 1, Ausgabe 10/75. Material- und Datenfluß im Bereich von automatisierten Hochregallagern, Grundlagen; Blatt 2, Ausgabe 12/77. Material- und Datenfluß im Bereich von automatisierten Hochregallagern, Voraussetzungen für die Automatisierbarkeit; Blatt 3, Ausgabe 1/81. Material- und Datenfluß im Bereich von automatisierten Hochregallagern, Möglichkeiten der Automatisierbarkeit

VDI 2860    VDI-Richtlinie 2860 Blatt 1: Montage und Handhabungstechnik, Handhabungsfunktionen, Handhabungseinrichtungen, Begriffe, Definitionen, Symbole (Entwurf Oktober 1982)

VDI 3629    VDI-Richtlinie 3629, Ausgabe 11/85. Organisatorische Grundfunktionen im Lager

[VOLL85]    Vollmer, H.: NC-Organisation für Produktionsbetriebe, Hanser, München Wien 1985

[WARN84]    Warnecke, H. J.: Der Produktionsbetrieb, Springer, Berlin Heidelberg New York Tokyo 1984

[WARN85]    Warnecke, H. J., Steinhilper, R.: Flexible Manufacturing Systems and Cells. Proceedings of the 3rd International Conference, Böblingen 1985

[WECK80]    Weck, M.: Werkzeugmaschinen Band 1, VDI-Verlag, Düsseldorf 1980

[WECK80a]    Weck, M.: Werkzeugmaschinen Band 3, VDI-Verlag, Düsseldorf 1980

[WELL85]    Wellers, H., Wolff, D.: Speicherprogrammierbare Steuerungen, W. Giradet Buchverlag, Essen 1985

[ZIPS86]    Zipse, T.: Rechnergeführte flexible Fertigungsinseln, VDI-Z *128* (8) (1986) 249ff.

# Qualitätssicherung

## 6.1 Vorbemerkungen

Womit muß sich die Qualitätssicherung (QS) beim Thema CAM befassen? CAM behandelt im Kern die Fertigung, erstreckt sich allerdings auch über die gesamte Arbeitsplanung und ist verbunden mit CAD. Damit ist der Bereich umschrieben, in dem sich die Überlegungen zur Qualitätssicherung bewegen müssen, siehe Bilder 6.1 bis 6.4. Die Qualitätssicherung als Funktion begleitet die planenden und die operativen Phasen der Leistungserstellung. Als rechnerunterstützte Komponente „CAQ" (Computer Aided Quality Control = Rechnerunterstützte Qualitätssicherung) ist die Qualitätssicherung im Daten- und Informationsverbund der Abläufe integriert (Bilder 6.2 und 6.3).

„CAQ", die mit Rechnerunterstützung arbeitenden Bausteine der Qualitätssicherung, sind vorerst noch nicht mit „Qualitätssicherung" als Ganzes gleichzusetzen. Sie arbeiten einerseits im Qualitätssicherungs-System mit und sorgen für aktuelle Information und Steuerung. Andererseits sind sie eingebunden in den gesamten Datenfluß der Organisation des Unternehmens. CAQ kann derzeit leider noch nicht der oft als „CAQ-System" angepriesene Ersatz für Qualitätssicherung als Unternehmens- und Managementaufgabe sein.

Hierzu muß man folgendes wissen: CAQ ist ein Mittel zum Zweck. CAQ bietet die Maßnahmen und Einrichtungen einschließlich der Software, die eine sichere und weitgehend automatisierte Erfassung und Handhabung von qualitätsrelevanten Daten ermöglichen. Sie haben das Ziel, Qualitätsinformation zur Steuerung und zur Beurteilung des Qualitätsgeschehens im Unternehmen und in seinen Unterprozessen (Fertigungsschritten oder Prüfschritten) möglichst zeitnah zu gewinnen und zu gebrauchen. Der Inhalt von CAQ ist in diesem Sinne zu einem großen Teil eher ähnlich der Bedeutung des Begriffes BDE (Betriebs-Daten-Erfassung) als Erfassung von betrieblichen, qualitätsrelevanten Daten zu verstehen. Mit diesen wird u. a. das betriebliche Geschehen gesteuert. Mit CAQ sollen Qualitätsdaten und relevante Informationen direkt und möglichst in Echtzeit zur Verfügung gestellt werden. Für optimale Wirkung muß CAQ mit seinen Bausteinen in den Daten- und Informationsverbund des Unternehmens integriert werden. Es gibt wenig Sinn, CAQ als „außenstehendes System" an ein anderes System anzuhängen.

Voraussetzung für eine wirkungsvolle Qualitätssicherung beim Einsatz von CAM ist, daß die Organisationseinheit ein Qualitätssicherungs-System – in welchem Umfang und welcher Tiefe auch immer – besitzt und betreibt. Wirksame und anerkannte QS-Systeme folgen nationalen oder internationalen Regelwerken in ihrem Aufbau und Ablauf. Hierfür setzen die Normen DIN ISO 9000 bis 9004 einen neuen internationalen Standard. Sie enthalten praktisch alle Elemente der für die Qualitätssicherung allgemein anwendbaren Normen, sind übersichtlich und grundlegend zugleich. Daher sollte man sich im Zusammenhang mit CAM an dieser Stelle im wesentlichen mit den Anforderungen befassen, die auf DIN ISO 9000 bis 9004 zurückzuführen sind. Die Fachsprache der Qualitätssicherung oder Qualitätslehre ist in den verschiedenen Teilen der Norm DIN 55350 festgehalten, von denen hier vor allem die Teile 11, 12 und 16 Bedeutung haben.

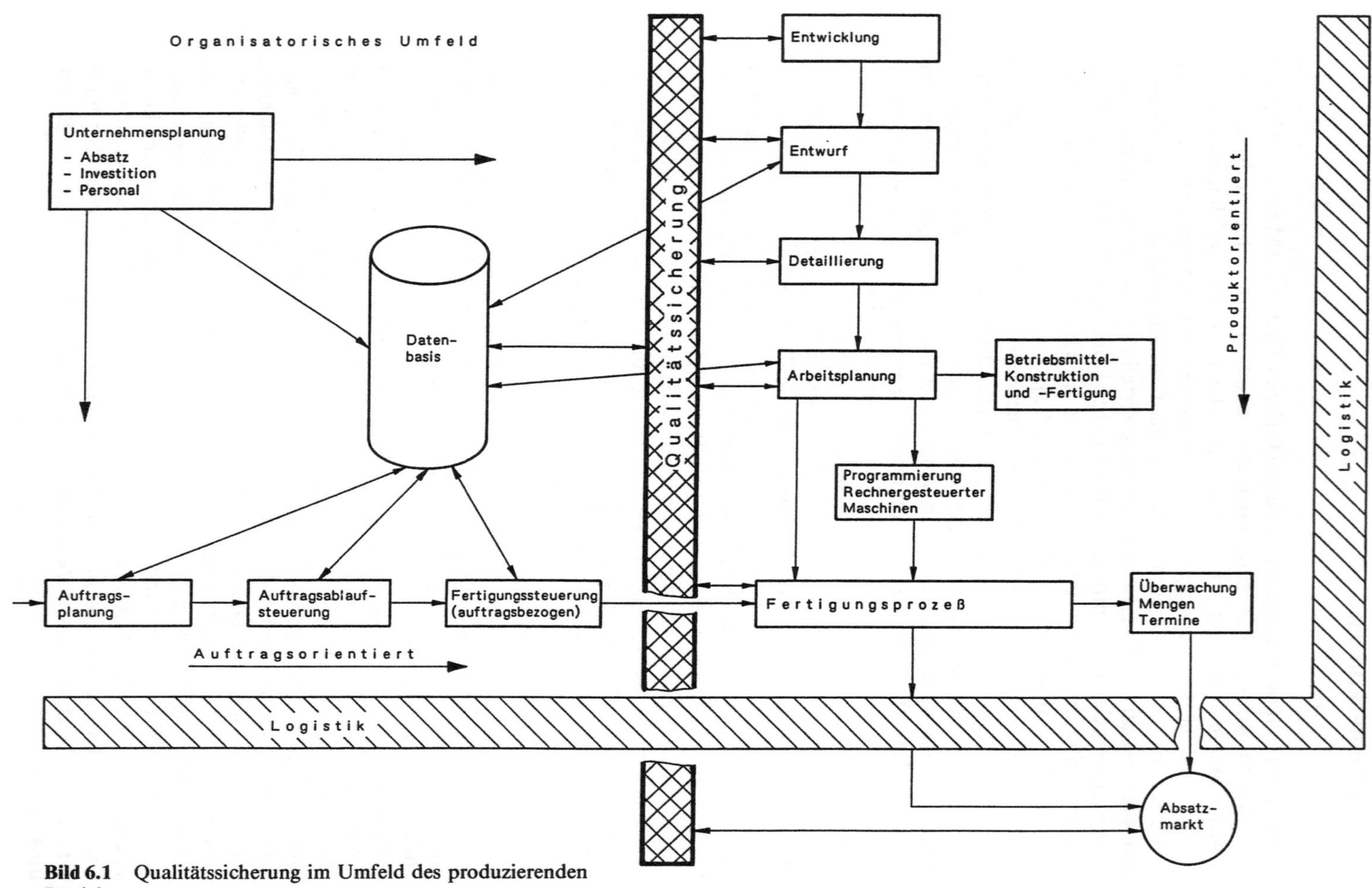



**Bild 6.1**  Qualitätssicherung im Umfeld des produzierenden
Betriebs

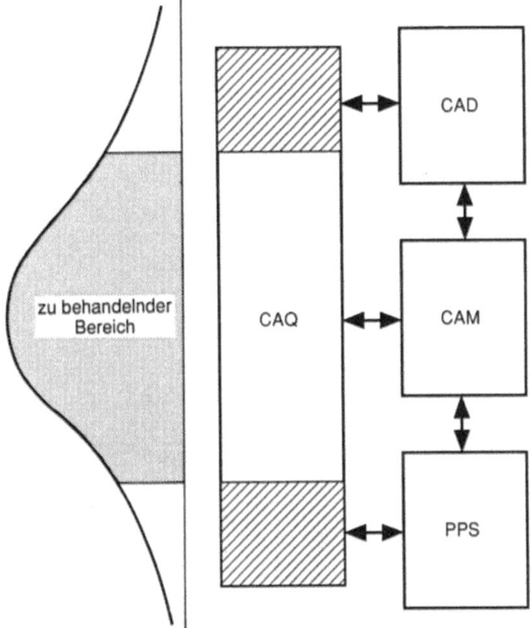


**Bild 6.2**  Themenabgrenzung

Für CAD/CAM treffen hauptsächlich zwei Phasen der Leistungserstellung zu, in denen Qualitätssicherung betrieben werden muß:

– QS in Entwicklung und Planung,
– QS bei der Beschaffung, Fertigung und Endprüfung.

Als weiterer Gesichtspunkt kommt noch hinzu, daß durch das rechnerunterstützte Abarbeiten der Aufträge die Qualitätssicherung sehr positiv beeinflußt wird und entsprechender Nutzen daraus gezogen werden sollte.

Wir haben mit dieser Einteilung schon eine Ablaufstruktur vorgegeben, die die Mittel und die Wege der Qualitätssicherung bei CAM grob umreißt. QS bei der Fertigung mit CAM wird daher einen Schwerpunkt ganz spezieller Art setzen. Ob das für CAM erforderliche Maß an Qualitätssicherung durch Rechner oder mit konventionellen Mitteln in die Tat umgesetzt wird, ist im Prinzip ohne Belang. Für eine schnelle, sichere und letztendlich kostengünstigere Bewältigung ist CAQ jedoch unerläßlich.

Die Aufgabenstellung lautet, Produkte fehlerfrei zu erstellen. Dabei ist es nicht nur das Ziel, Fehler zu entdecken, sondern sie von vornherein zu verhindern. Hier ist durch Einsatz der elektronischen Datenerfassung, -verarbeitung und -auswertung das Potential zu einer entscheidend verbesserten Wirkung von QS-Maßnahmen vorhanden. Es sollte richtig genutzt werden.

### a) Qualitätssicherung in Entwicklung und Planung

Wie bei jeder anderen Entwicklung oder größeren Änderung von Produkten oder Teilen muß das Qualitätsstreben von einem vorhandenen und umfassenden

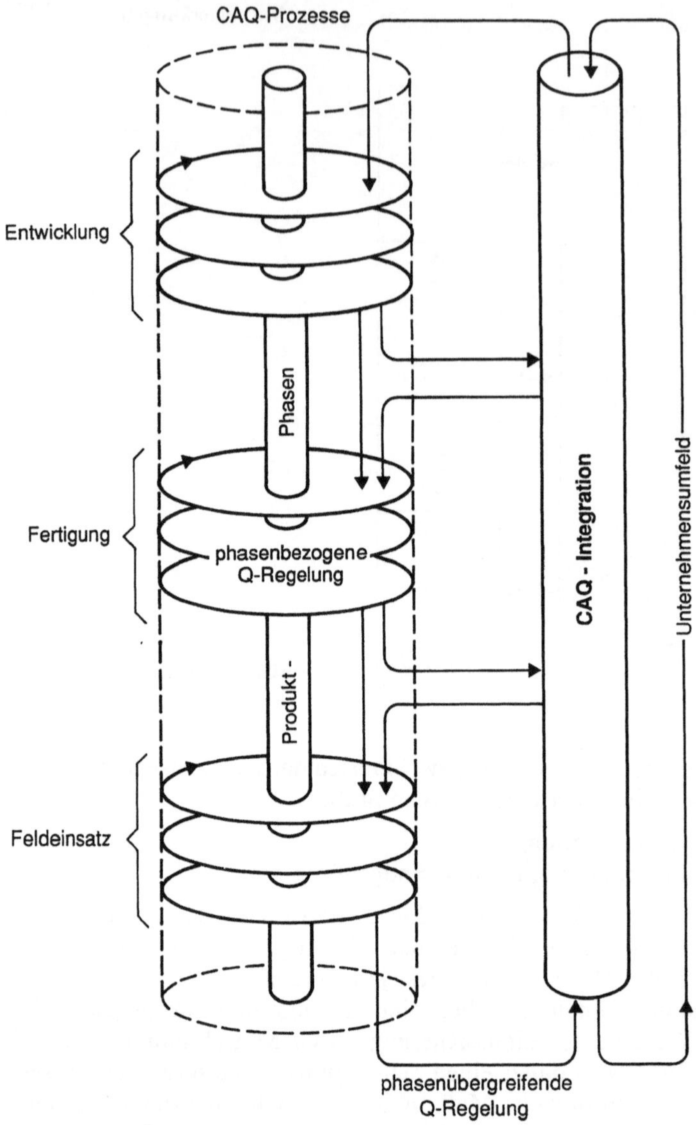

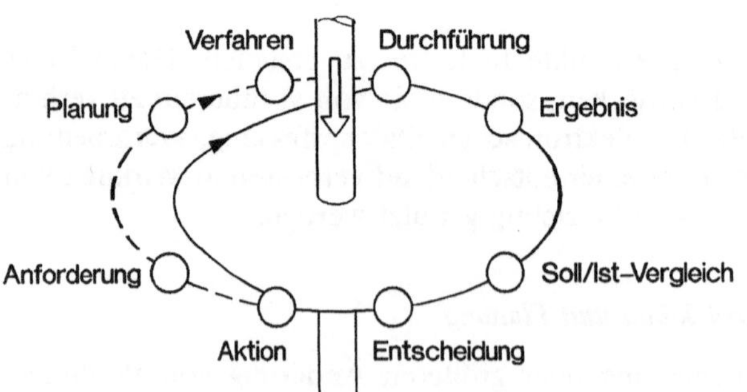



**Bild 6.3**  Integrierte Qualitätsregelung



**Bild 6.4**  Phasenorientierte Qualitätsregelung

Lastenheft ausgehen, d.h. der Auflistung der Anforderungen an das Produkt. Dieses Lastenheft wird vom Markt oder Auftraggeber maßgeblich beeinflußt oder gar erstellt. Daraus entsteht im Zuge der ersten Phase der Entwicklung das Pflichtenheft, das die Zielprojektion hinsichtlich Produktbeschaffenheit, Eigenschaften und Leistungen unter geplanten Einsatz-/Umgebungsbedingungen enthält. Das Pflichtenheft ist die Leitlinie für die gesamte weitere Entwicklung des Produktes über die Realisierung hinaus bis hin zum Feldeinsatz und möglichst bis zur Verschrottung/Entsorgung.

Bereits bei den ersten Entwicklungsschritten ist es notwendig, anhand der Anforderungen des Pflichtenhefts die Merkmale des zukünftigen Produktes festzulegen. Unter diesen Merkmalen sind diejenigen auszuwählen, die die Qualität bestimmen. Was ist die Qualität des Produktes? Qualität liegt vor, wenn die vereinbarten Qualitätsmerkmale in ihren Merkmalswerten die vorgegebenen Grenzwerte einhalten, wenn also die Qualitätsanforderungen erfüllt sind.

Wie werden diejenigen Merkmale, die die Qualität mitbestimmen, ermittelt? Hierzu gibt es mehrere Möglichkeiten:

- Zielwerte aus Konstruktion und Erprobung,
- Zielwerte bezüglich Qualität und Zuverlässigkeit aus den am Produkt meß- und beurteilbaren Eigenschaften und
- Werte, die aus Erfahrungen mit vergleichbaren eigenen und fremden Produkten gewonnen worden sind.

Während die Leistungs- und Zuverlässigkeitsdaten, wie beispielsweise Ausbeute, Drehmoment, Standzeiten, meist den Vorgaben des Pflichtenhefts direkt entnommen werden können, ist es bei den Qualitätsdaten nicht so einfach. Mit Rechnerunterstützung sollte dies jedoch einfacher werden. Wir haben hier die Chance, alle Erfahrungswerte aus der Vergangenheit mit ähnlichen Fertigungsprozessen, ähnlichen Einzelteilen und ähnlichen Produkten festzuhalten und in aufbereiteter Form in Entwicklung und Planung anzubieten. Dies ist eine zentrale Aufgabe der Qualitätssicherung. Idealerweise sollte dies im Zusammenhang mit CAM und CAD heute und in Zukunft nach möglichst kurzer Zeitspanne geschehen.

### b) Qualitätssicherung bei Beschaffung, Fertigung und Endprüfung

Die Beschaffung hat eine Schlüsselrolle für die Qualität und die Kosten, bedenkt man das Ausmaß der Beschaffungsvolumina in vielen Firmen von 50% bis zu außergewöhnlich hohen 95% des Umsatzes.

Der Einkauf muß sich in Fragen der Qualitätssicherung mit der Technik abstimmen. Das Personal des Einkaufs sollte in Qualitätsfragen so weit geschult sein, daß es ggf. selbst die richtigen Maßnahmen veranlassen kann. Letztlich ist die aktive Mitwirkung der Qualitätssicherung bei der Prüfung von beschafften Leistungen und Materialien notwendig.

Noch viel wichtiger wird die Qualitätssicherung beim Einkauf, wenn die Fertigung nach dem System „KANBAN" oder „JUST-IN-TIME" abläuft. Fertigungen, die auf einen kontinuierlichen Materialfluß angewiesen sind, lassen sich nicht einfach anhalten, wenn Qualitätsmängel an Einzelteilen oder Zulieferstoffen auftreten. Für solche Fertigungen, die enorme Kosteneinsparungen ermöglichen, sollen und dürfen die Risiken nicht nur auf den Zulieferer verlagert werden. Der Zulieferer muß in die Lage versetzt werden, Ware zur verlangten Qualität zu liefern. Dies kann oft nur geschehen, wenn der Abnehmer ihm dazu in der Anfangsphase die nötige Hilfestellung gibt. Eine Maßnahme, die notwendige Zuverlässigkeit beim Zulieferer zu erreichen, ist z. B. die Einführung von Statistischer Prozeßregelung (SPC). Zulieferer-Audits durch den Abnehmer oder durch beauftragte Dritte sind dabei meist unumgänglich, um das gesamte System der Qualitätssicherung beim Zulieferer zu bewerten. Der wesentliche Zweck dabei ist, sich voll auf die Lieferung verlassen zu können, ohne daß man im früher üblichen Umfang Eingangsprüfungen durchführt.

Die Fertigung mittels Rechnerunterstützung bietet die große Chance, das Erreichen der Ziele der Qualitätssicherung zu optimieren: Erzeugen qualitätssicherer Produkte mehr durch Überwachen und Regeln der Fertigungsparameter als durch Prüfen der Qualitätsmerkmale am Produkt selbst.

Mit einer rechnerunterstützten Fertigung besteht die Möglichkeit, Statistische Prozeßregelung direkt zu betreiben: Die direkt übernommenen Produkt- oder Prozeßdaten werden automatisch in Graphik (Qualitätsregelkarte) übersetzt und bereits weitgehend automatisch interpretiert, so daß nur noch ein Rest an Mitwirkung für den Werker bleibt. Durch Sensortechnik und Kontroll-Algorithmen kann sich der Prozeß weitgehend selbsttätig korrigieren. Dies ist jedoch mit gewissen Gefahren für die Beherrschung von Prozessen verbunden: z. B. wenn die Automatik zu oft eingreift und damit Störungseinflüsse unerkannt bleiben.

Bevor gefertigt wird, muß die „Maschinenfähigkeit" beurteilt werden. Diese Kurzzeit-Analyse ist für alle Prozesse obligatorisch. Sie soll nur diejenige Streuung ermitteln, die durch die optimal auf den Prozeß eingestellte Maschine/Anlage eingebracht wird. Alle weiteren Werte im Fortgang des Herstellungsprozesses sollten dann durch Stichproben ermittelt werden, die im einzelnen nach den Maßgaben für die Erstellung und Verwendung von Qualitätsregelkarten festgelegt werden.

Es ist selbstverständlich, daß im Laufe der Herstellung von Teilen einzelne Prüfschritte zugeschaltet werden müssen, die nicht an der Werkbank ausgeführt werden können. Dies gilt für komplizierte Qualitäts- und ganz besonders für Zuverlässigkeitsprüfungen. Hingegen lassen sich die Aussagen von rechnerunterstützten Meßgeräten direkt in die CAM-Systemwelt einbinden.

Im Prinzip unterscheiden sich qualitätssichernde Maßnahmen bei rechnerunterstützter Fertigung nicht von denen bei konventioneller Fertigung. Geändert sind allein die Gewinnung und Auswertung der Daten sowie die Speicherung und Weiterleitung der Informationen mit den Zielen:

- zeitgleich, zeitnah,
- einerseits umfassend, andererseits selektiv,
- fehlerfrei.

## 6.2  Ein idealisiertes Qualitätssicherungssystem

In allen Entstehungsphasen eines Produktes wird die Qualität des Endproduktes beeinflußt. Sämtliche Maßnahmen, die auf eine Verbesserung der Produktionsabläufe abzielen und damit auch zu anforderungsgerechten Produkten beitragen, haben so auch eine Wirkung auf die Qualität. Somit trägt jede Optimierung innerhalb der Produktphasen auch ohne Zutun der Qualitätssicherung zu einer optimalen Qualität bei (siehe Definition in Abschnitt 6.1). Das bedeutet, daß einerseits das Qualitätsniveau der Produkte durch einen gezielten Rechnereinsatz innerhalb aller Bereiche eines Unternehmens gehoben werden kann und andererseits die Qualitätssicherung spezifische QS-Maßnahmen zur Unterstützung aller Produktphasen anbieten sollte (Bild 6.3). Rechnerunterstützte Hilfsmittel zur Qualitätssicherung müssen mit dem Ziel einer ganzheitlichen Integration in den Produktionsprozeß eingebunden werden.

Im Rahmen der rechnerintegrierten Produktion mit ihren Komponenten CAD, CAP, CAM, CAQ und PPS ergibt sich als wesentliches Kennzeichen von CAQ-Systemen ihr Rückmelde- und Abstimmcharakter im Gesamtsystem. CAQ-Systeme liefern wesentliche Stellgrößen für einen optimalen Produktionsablauf.

Allen relevanten Bereichen des Unternehmens sind jederzeit aktuelle, problemgerechte Qualitäts-Informationen zur Verfügung zu stellen, damit diese Bereiche für qualitätsgerechte Abläufe und Ergebnisse sorgen können. Diese Qualitätsinformationen ergeben sich sowohl im Verlauf des gesamten Produktionsprozesses (vgl. Bild 6.1) als auch während der anschließenden Nutzung des Produktes. Somit lassen sich Qualitätsinformationen als „CIM-Informationen" und die QS-Maßnahmen in ihrer Gesamtheit als das Schließen eines „CIM-Kreises" [SCHA85] bezeichnen. Voraussetzung dafür ist, daß möglichst viele Möglichkeiten einer Rechnerunterstützung ausgeschöpft wurden. Anhand des Bildes 6.3 lassen sich die Komponenten einer integrierten Qualitätsregelung folgendermaßen verdeutlichen:

- *Phasenbezogene Qualitätsregelung*
  Zur kurzfristigen Einflußnahme und schnellen Reaktion im Produktionsprozeß dienen die phasenbezogenen Qualitätsregelkreise. Diese sind heute vor allem in der Fertigung anzutreffen. In den der Fertigung vorgelagerten Bereichen, wie z. B. Entwicklung, Konstruktion und Arbeitsplanung, wird eine Regelung implizit durchgeführt, etwa in Form einer Optimierung der Produktentwürfe. Sie ist allerdings bis auf wenige Ausnahmen noch nicht institutionalisiert. Somit läßt sich gerade in diesen Einsatzfeldern ein zusätzlicher Entwicklungs- und Handlungsbedarf der Qualitätssicherung erkennen. Das Ziel ist es, alle Abläufe im Produktionsprozeß qualitätsregelnd zu begleiten.

- *Phasenübergreifende Qualitätsregelung*
  Die phasenübergreifende Qualitätsregelung sorgt für die Koordination der eben beschriebenen Regelkreise. Hauptaufgabe ist hier die Informationsübermittlung. Dafür sind rechnerunterstützte Informationsflüsse zu gestalten, in denen

- relevante Daten verdichtet,
- zu übergreifenden Informationen zusammengefaßt,
- an die verantwortlichen Bereiche gesendet und
- zur Dokumentation produkt- und prozeßspezifischer Erfahrungen abgelegt und verwaltet

werden.

In den qualitätsorientierten Informationsfluß sind auch Anwendersysteme anderer Bereiche im Unternehmen einzubinden, um mit diesen schnell, problemgerecht und in übersichtlicher Form relevante Informationen auszutauschen.


## 6.2.1 Die integrierte Qualitätsregelung

Die integrierte Qualitätsregelung läßt sich, wie bereits dargestellt, in eine phasenorientierte und phasenübergreifende Regelung einteilen. Die phasenorientierte Qualitätsregelung ist in Bild 6.3 durch die horizontalen Regelkreise symbolisiert. Die Einteilung und Benennung dieser Phasen darf keinen Restriktionen unterliegen, um eine betriebsspezifische Beschreibung zu ermöglichen. Somit kann die Ebene der Betrachtung (Phase) z. B. ein Fertigungsverfahren, die gesamte Fertigung oder der Wareneingang sein. Grundsätzlich lassen sich jeder Phase bestimmte QS-Maßnahmen zuordnen, die dann gegebenenfalls einen vollständigen Regelkreis ausmachen oder nur Zulieferer von Informationen für vorangegangene oder folgende Regelkreise darstellen.

Jede QS-Maßnahme soll in einen Regelkreis eingebunden sein, damit die Produkt- und Prozeßqualität wirksam beeinflußt werden kann. Anhand der Qualitätsprüfung im Fertigungsprozeß wird im folgenden die phasenorientierte Qualitätsregelung (Bild 6.4) verdeutlicht.

Der Aufbau und die Aktivierung dieser Regelkreise ergeben sich aus der Notwendigkeit, bestimmte Merkmale mit festgelegten Ausprägungen am Produkt oder im Prozeß in einer Produktphase sicherzustellen. Dazu wird eine QS-Maßnahme – beispielsweise eine Prüfung – als notwendig erachtet und in einer Anforderung festgehalten. Diese Prüfung muß hinsichtlich Durchführung, einzusetzender Verfahren, Ergebnisverarbeitung und Integration in den Produktionsprozeß geplant werden. Mögliche Verfahren sind dazu festzulegen und in den Produktionsablauf zu integrieren. Die Prüfung wird dann durch die betroffene Fertigungsabteilung oder eine Qualitätsstelle automatisch oder manuell ausgeführt und liefert ihre Ergebnisse. Nach einem Soll/Ist-Vergleich mit den Vorgaben ist zu entscheiden, welche weiteren Aktionen durchzuführen sind. In der Fertigung selbst sollen schnell die notwendigen Maßnahmen ergriffen werden. Weitere, darüber hinausgehende Maßnahmen, wie eine Änderung des Prüfumfanges, des Prüfverfahrens, des Fertigungsverfahrens oder der Produktkonstruktion, sind ggf. mit den anderen Bereichen abzustimmen. Aktionen innerhalb des aktuellen Prozesses werden direkt durchgeführt und Anforderungen an vor- und nachgelagerte Regelkreise mit einer entsprechend zusammengefaßten Dokumentation weitergereicht. Dementsprechend können die verschiedenen Regelkreise aufeinander aufbauen. Das bedeutet, daß z. B. die verschiedenen Prüfmaßnahmen in

Wareneingang, Teilefertigung und Montage auf die Ergebnisse der vorangegangenen Prüfungen zurückgreifen können und Korrekturmaßnahmen aufeinander abgestimmt sind. So kann ein integriertes Qualitätssicherungssystem gestaltet werden. Zusätzlich werden Mehrfachprüfungen vermieden und Prüfkosten gesenkt.

Der Austausch von Informationen ist die Aufgabe der phasenübergreifenden Qualitätsregelung. Sie sorgt damit für die Rückmeldung und Koordination im Produktionsprozeß. Das wesentliche Gestaltungsobjekt für eine integrierte Qualitätsregelung ist also neben den QS-Maßnahmen der Informationsfluß. Für eine rechnerintegrierte Qualitätsregelung bedeutet dies, daß neben den CAQ-Subsystemen leistungsfähige Kommunikationsnetze zur Kopplung

- der Systeme innerhalb der Qualitätssicherung,
- zwischen CAQ-Systemen und den anderen, am Produktionsprozeß beteiligten CA-Systemen und
- zwischen CAQ-Systemen und einem übergreifenden Informationssystem

gestaltet und realisiert werden müssen.


## 6.2.2 Ein Fallbeispiel

In diesem Abschnitt wird versucht, die Architektur eines „idealen", umfassenden Qualitätssicherungssystems zu beschreiben. Diese Beschreibung soll eine Hilfestellung bei der Gestaltung eines QS-Systems geben.

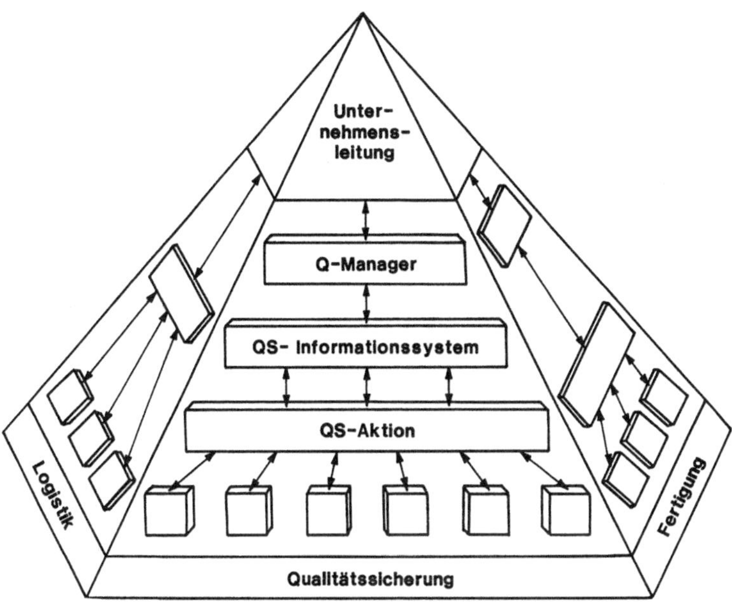


**Bild 6.5** Idealisiertes Qualitätssicherungssystem

Es wird jedoch weder der Anspruch erhoben, daß die Anregungen generell gültig sind, noch wird behauptet, daß ein QS-System immer in der beschriebenen Spannweite aufgebaut sein muß. Obwohl sich dieses Buch und auch dieses Kapitel im wesentlichen auf den Bereich CAM beschränken (siehe auch Bild 6.2), wird dieser Abschnitt einen Gesamtüberblick über die Einflußbereiche von CAQ geben. Es werden nicht nur die Bereiche CAD und PPS mit einbezogen, sondern auch das Vorfeld eines Produktzyklus mit Marketing und Vertrieb sowie die Verbrauchsperiode, wie es generell auch in Bild 6.1 angedeutet ist. Wie Bild 6.5 zeigt, kommt zu dieser mehr horizontalen Betrachtungsweise noch eine vertikale hinzu, wobei hier die Qualitätssicherung nur eine Facette einer vielseitigen Pyramide darstellt.

Die im idealen Fall vollständige Rechnerunterstützung ist bis heute wegen vieler fehlender Systembausteine noch recht theoretischer Natur. Um die potentiellen Möglichkeiten etwas anschaulicher zu gestalten, soll die Architektur eines solchen idealen QS-Systems am Beispiel der Herstellung eines einfachen Spiels, „Die Türme von Hanoi" (Bild 6.6), gezeigt werden. Betrachten wir den Werdegang dieses Spiels unter QS-relevanten Aspekten.

Die erste Phase ist die *Produktplanung.*

Nach der Entscheidung der Unternehmensleitung für dieses Erzeugnis, ist es Aufgabe des Marketing, erste Qualitätsanforderungen zu ermitteln. Hinweise dafür gibt der anzusprechende Kundenkreis. Erwachsene Käufer stellen andere Anforderungen als Kinder, bei denen beispielsweise das Material robuster und die Passung zwischen Stift und Scheibe mit größeren Toleranzen versehen sein muß. Auch der zu erzielende Marktpreis und mehr noch der angestrebte Gewinn geben Anhaltspunkte für die zu fertigende Qualität. Die so ermittelten Qualitätsanforderungen sind erste Grunddaten für eine Produkt-Datenbank, die auch dem QS-System zugänglich ist. Nach dieser Datensammlung unterstützt eine geeignete Software (z. B. ein wissensbasiertes Expertensystem, siehe auch Abschnitt 6.5.5) den Benutzer, die gewonnenen Informationen so weit zu verdichten und auszuwerten, daß Vorgaben für die zweite Phase, die *Entwicklung* gemacht werden können. Der Entwickler greift nun über sein System auf diese Informa-

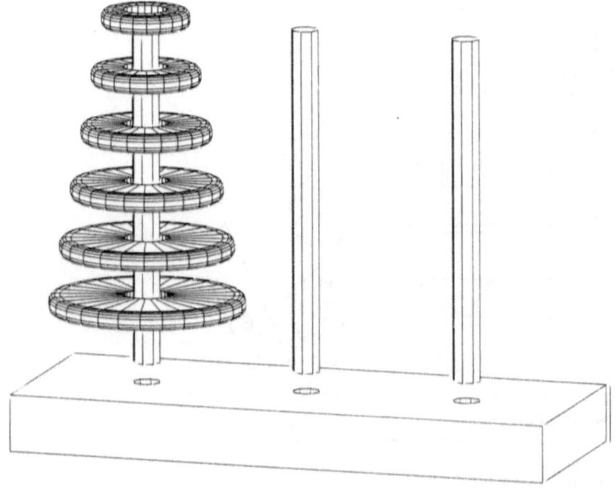

Bild 6.6   Türme von Hanoi

tionen zu und ist damit in der Lage, seine Vorgaben und Randbedingungen festzulegen.

Er kann jetzt beispielsweise die Qualitätsforderung „Stift steckt in der Grundplatte und muß durch erwachsene Kunden mehrfach demontierbar sein" in eine entsprechende Passung umwandeln. Auch hier könnte eine entsprechende Software eine Unterstützung bieten. Auch die Materialauswahl kann auf Basis der Grunddaten der Produkt-Datenbank erfolgen. Bei „Kundenkreis: Kinder" und „Preis < 10 DM" wird der Entwickler wahrscheinlich schlagfesten Kunststoff wählen, bei „Kundenkreis: versnobte Erwachsene" und „Preis > 1000 DM" eventuell Kristallglas. Stellt der Entwickler fest, daß die Produktanforderungen, z. B. „Material mit hoher Festigkeit" und „Preis < 5 DM", unvereinbar sind, so darf auf dieser Datenbasis die Entwicklung nicht weitergeführt werden. Über ein auf dem Rechnernetz installiertes Kommunikationssystem wird dem Bereich Marketing ein entsprechender Hinweis gegeben. Entweder werden nun die Vorgaben geändert oder das Projekt muß aufgegeben werden. Die in der Entwicklung gewonnenen Informationen vervollständigen die Produkt-Datenbank und stehen damit im direkten Zugriff für die dritte Phase, die *Arbeitsplanung.*

Der Arbeitsplaner gestaltet mit diesen Informationen für die geforderte Qualität geeignete Fertigungsverfahren. Er kann nun mit Rechnerunterstützung entscheiden, ob Stifte und Grundplatte einfache Spritzgußteile ohne Nachbearbeitung sein können, oder ob sie entsprechend der geforderten Qualität durch Schleifen, Polieren usw. zusätzlich bearbeitet werden müssen. Auch hier werden beim Erkennen von Widersprüchen entsprechende Sperrvermerke gesetzt und die vorgeordneten Stellen über das Rechnernetz benachrichtigt. So wird eine fertigungsgerechte Produktentwicklung sichergestellt.

Nach Abschluß der Planungsphase und Vervollständigung der Produktdatenbank mit den Planungsdaten kann über die Schnittstelle zum PPS-System die Materialwirtschaft über die Produktdaten verfügen. Sie stellt sicher, daß das richtige Material zum richtigen Zeitpunkt in der richtigen Menge am richtigen Ort vorliegt.

Ebenso könnte die Personalwirtschaft über eine entsprechende Datenschnittstelle auf die Produktdaten zugreifen.

Nun kann die vierte Phase beginnen, die *Fertigung.*

In dieser Phase werden, bezogen auf das Produkt, keine neuen Qualitätsvorgaben mehr ermittelt oder grobe Qualitätsvorgaben präzisiert, sondern es wird nur auf ihre Einhaltung geachtet. Die in der Produkt-Datenbank enthaltenen Daten dienen als Maßstäbe für die direkt in die Fertigungsverfahren integrierten QS-Systeme. QS-Systeme in das Fertigungsverfahren zu integrieren, gehört zu den Maßnahmen, die unter dem Begriff „Sicherer Prozeß" zusammengefaßt werden. Die während der Fertigung ermittelten Qualitätsdaten werden in die Produkt-Datenbank übernommen und stehen wieder für die vorgeordneten Phasen für Korrekturen zur Verfügung. Weiterhin dienen sie bei der vertikalen Betrachtungsweise den übergeordneten Stellen als Entscheidungsgrundlage für eventuell vorzunehmende Aktionen, wie kleinere oder größere Stichproben bei der Qualitätsprüfung in Wareneingang und bei Zwischenerzeugnissen (Stifte, Grundplatte, Scheiben).

Die letzte Phase, der *Feldeinsatz* liefert zusätzliche Daten an die Produkt-Datenbank. Hier wird das Erzeugnis, in unserem Fall das Spiel, durch unterschiedliche Maßnahmen wie Kundenbefragungen, Auswertung der Reklamationen u.ä. beobachtet und die gewonnenen Aussagen zu Qualitätsdaten aufbereitet. Diese helfen durch Rückkopplung in die vorgelagerten Phasen bis hin zum Marketing, auf das Marktgeschehen zu reagieren. So können Qualitätsmängel, wie „aus der Grundplatte herausfallende Stifte", durch entsprechende Meldungen über das Rechnernetz den relevanten Stellen (z. B. Entwicklung) sehr schnell bekannt gemacht und durch gezielte Maßnahmen abgestellt werden.

Die – sicher nicht vollständige – Beschreibung des QS-Systems für das einfache Spiel zeigt die wesentlichen Bestandteile eines „idealen" Qualitätssicherungssystems.

An zentraler Stelle steht eine Produkt-Datenbank, die allen am Produktionsprozeß beteiligten Stellen im direkten Zugriff zur Verfügung steht. Sie enthält auch alle relevanten Qualitätsdaten.

Um diese Zugriffe sicherzustellen, wird ein leistungsfähiges Rechnernetz benötigt, welches die Kommunikation zwischen den Stellen und zur Datenbank gewährleistet. Die Abstimmung zwischen den Nutzern erfolgt über ein Kommunikationssystem, ein im Rechnernetz implementiertes elektronisches Post- und Nachrichtensystem.

Die Auswertung der in der Datenbank enthaltenen Daten wird durch entsprechend leistungsfähige Anwendungs-Software übernommen. In vielen Fällen können wissensbasierte Expertensysteme in diesen Ablauf eingebunden sein.

Über allem steht jedoch weiterhin der Mensch, der die endgültigen Entscheidungen trifft, ein Erzeugnis mit einer bestimmten Qualität auf den Markt zu bringen – oder eben nicht.

## 6.3 Objekte der Qualitätssicherung

Der Qualitätsbegriff eines Produktes bezieht sich nicht nur auf seine Eigenschaften, sondern auch auf die Art und Weise seiner Herstellung und die dabei angewendeten Qualitätssicherungsmaßnahmen. Da bekanntlich eine Kette so stark ist wie ihr schwächstes Glied und diese Erkenntnis auch auf die Kette der qualitätssichernden Maßnahmen und Werkzeuge angewendet werden kann, ist das Augenmerk auf *alle* qualitätsbestimmenden Faktoren zu richten. Aus den daraus gewonnenen Erkenntnissen entsteht eine exakte Beschreibung des Produktes in Verbindung mit der Auswahl der unter Berücksichtigung des Qualitätsaspektes in Frage kommenden Fertigungsverfahren.

Im Stadium der Produktplanung sollten das Wissen über das zu produzierende Produkt sowie die in Frage kommenden Produktionsverfahren kritisch betrachtet worden sein. Insbesondere ist zu prüfen, wo am Produkt und wo im Fertigungsverfahren Fehler auftreten können und wie sie die Qualität des Produktes beeinflussen. So können schon im Vorfeld der Fertigung geeignete Maßnahmen z. B. bei Konstruktion oder Arbeitsplanung getroffen werden. Ein Verfahren zur Unterstützung dieser Maßnahme ist die *F*ehler-*M*öglichkeiten- und *E*influß-*A*nalyse (FMEA).

Bei den immer komplexer werdenden QS-Verfahren mit einer Vielzahl von Einflußgrößen ist dieser Vorgang wirtschaftlich nur mit Rechnerunterstützung durchführbar. Entsprechende Werkzeuge sind heute jedoch erst in Ansätzen verfügbar.

Unter Berücksichtigung der gestellten Zielsetzung und der Abgrenzung des Kapitels auf den Bereich CAM (Bild 6.2) beschreibt dieser Abschnitt die Qualitätssicherungsmaßnahmen am Produkt, am Fertigungsverfahren und am QS-System sowie Ansatzpunkte für eine Rechnerunterstützung.

## 6.3.1 Qualitätssicherung des Produktes

Messen und Prüfen von Qualitätsmerkmalen am Produkt bilden in den Unternehmen die Grundlage, den Qualitätsnachweis gegenüber dem Kunden zu führen. Die Prüfungen sollten dabei nicht wie in der Vergangenheit am Ende einer Fertigungslinie erfolgen, sondern bereits in den einzelnen Fertigungsstufen vorgenommen werden, um die Ausschuß- und Nacharbeitungskosten zu reduzieren. Die Prüfhäufigkeit und der Prüfumfang haben sich an der Komplexität und am Veredelungsgrad der Teile zu orientieren.

Der Prüfvorgang umfaßt die Ermittlung von physikalischen Größen mit Hilfe von Meß- und Prüfeinrichtungen, wie z.B. Koordinatenmeßgeräten, und den Vergleich der Ergebnisse mit den Vorgaben der Prüfplanung bzw. Konstruktion. Die Abweichungen geben Auskunft über das aktuelle Qualitätsniveau der Fertigung.

Entsprechend dem Materialfluß unterscheidet man folgende Arten der Prüfung:

- Wareneingangsprüfung,
- Teilefertigungsprüfung,
- Montageprüfung,
- Endprüfung.

Durch eine durchgängige und ausgewogene Prüfkonzeption können Mehrfachprüfungen vermieden und damit die Prüfkosten verringert werden.

### 6.3.1.1 Wareneingangsprüfung

Die meisten der im Fertigungsprozeß zu bearbeitenden Teile oder Materialien sind Fremdteile. Ihren fehlerfreien Zustand sicherzustellen und damit keine fehlerhaften Teile in den Fertigungsablauf einfließen zu lassen, ist Aufgabe der Wareneingangsprüfung. Grundlage des Prüfumfangs ist die mit den Lieferanten vereinbarte Spezifikation, die sich meist auf Stichprobensysteme, wie z.B. DIN 40080 und MIL STD 414 [OFFI57], abstützen. Darin wird der wahrscheinliche, noch zulässige Fehleranteil der Lieferung als AQL (Acceptable Quality Level) oder in DPM (Defects Per Million) festgelegt. Neben der Prüfung der Beschaffenheit und Maßhaltigkeit sind u.a. chemotechnische Analysen Bestandteil der Wareneingangsprüfung. Sie geben Aufschluß über die vereinbarte Zusammensetzung der Materialien.

Bei der Großserienfertigung werden zunehmend mit den Lieferanten sogenannte Qualitätsverträge abgeschlossen, die sich auf das QS-System des Lieferanten abstützen. Mit der Anlieferung der Teile stehen auch die Prüfergebnisse zur Verfügung, sodaß eine Prüfung im Unternehmen unter bestimmten Voraussetzungen entfallen kann. Der Datenaustausch läßt sich zukünftig auch über Datenfernübertragung realisieren.

### 6.3.1.2 Teilefertigungsprüfung

In der fertigungsbegleitenden Qualitätsprüfung besteht der Wunsch, die Meß- und Prüfeinrichtungen in den Materialfluß zu integrieren, um bei auftretenden Abweichungen möglichst kurze Reaktionszeiten zu erzielen. Der Prüfumfang orientiert sich an den Arbeitsschritten der Fertigung und ist in Prüfplänen festgelegt. Die Ergebnisse dienen dem Fertigungspersonal als Entscheidungshilfe für erforderliche Korrekturen oder bei automatischen Prozessen zur Änderung von Steuerparametern in einem internen Prozeßregelkreis. Schwerwiegende Fehler können auch eine völlige Unterbrechung des Fertigungsablaufes bewirken.

Bei Flexiblen Fertigungssystemen (FFS) erfolgt die Überwachung der Werkzeuge bzw. die Überprüfung der Werkstücke in verschiedenen Bearbeitungszyklen. Bild 6.7 zeigt eine mögliche Einteilung:

– Vor dem Bearbeitungsvorgang werden im Werkzeugbau die im FFS eingesetzten Werkzeuge auf Verschleiß oder Bruch untersucht sowie bei Bedarf nachgearbeitet.

| | vor<br>dem Prozess | Prozess | | nach<br>dem Prozess |
|---|---|---|---|---|
| | | während<br>eines<br>Bearbeitungsschrittes | zwischen<br>den<br>Bearbeitungsschritten | |
| Einsatzbeispiel | Werkzeugüberwachung | Maschinenüberwachung | Werkstückprüfung in der Maschine | Werkstückprüfung ausserhalb der Maschine |
| Verfahren/ Geräte | z.B. Lichtschnittverfahren | Sensoren für Leistung, Schnittkraft, Temperatur | Sensoren für Rauheit und Geometrie | o 1/2/3 D KMG<br>o Rauheitsmessgeräte |
| Vorteile | keine zusätzlichen Stillstandszeiten | o Angabe über aktuellen Verschleisswert<br>o schnelle Reaktionszeiten | o frühzeitige Fehlererkennung<br>o bedarfsgesteuerter Werkzeugwechsel | o geringe Messunsicherheit<br>o Integrationsfähigkeit<br>o Komplett–Prüfung |
| Nachteile | keine kontinuierliche Überwachung von<br>o Verschleiss<br>o Bruch<br>o Werkstück | o indirekte Messgrössen<br>o heutiger Stand der Sensorik nicht ausreichend | o Bearbeitungsvorgang muss für die einzelnen Messungen unterbrochen werden<br>o kurze Prüfzeiten | o hoher Programmieraufwand<br>o Korrekturdaten mit Totzeit<br>o hohe Investitionskosten |

**Bild 6.7**   Überwachungsfunktionen am Beispiel von Bearbeitungsmaschinen

- Eine Überwachung an der Bearbeitungsmaschine kann durch Sensoren wie etwa Drucksensoren erfolgen, die den Bruch des Werkzeugs registrieren und die sofortige Abschaltung der betroffenen Aggregate einleiten.
- Zwischen den Bearbeitungsschritten lassen sich mit Hilfe von Tastsystemen in der Bearbeitungsmaschine einzelne Funktionsmaße am Werkstück prüfen und bei Abweichungen die Steuerdaten der Bearbeitungsmaschine automatisch korrigieren. Dabei sind Einflüsse wie Temperatur, Materialbeschaffenheit und Verschmutzung des Werkstückes zu berücksichtigen.
- Die häufigste und derzeit sicherste Methode der Fertigungsüberwachung bei FFS stellt die Messung am Werkstück nach dem Bearbeitungsvorgang dar, wie z.B. durch Mehrstellenmeßgeräte oder Koordinatenmeßgeräte. Hierbei ist jedoch zu berücksichtigen, daß im Fehlerfall durch den Prüfvorgang außerhalb des FFS längere Reaktionszeiten entstehen.

Prozeßintegrierte und kontinuierlich ablaufende Prüfverfahren lassen sich bei entsprechender Aufbereitung und DV-Unterstützung zu automatischen Regelkreisen zwischen den Bearbeitungsmaschinen und der Prüfeinrichtung aufbauen, die nur bei der Überschreitung von Warn- bzw. Eingriffsgrenzen Aktionen hervorrufen. Diese Überwachungsmethode wird heute als SPC bezeichnet.

### 6.3.1.3 Montageprüfung

Die Forderung nach flexibel einsetzbaren, schnellen und möglichst universell arbeitenden Prüfverfahren hat speziell in der Montageprüfung die Entwicklung bildverarbeitender optoelektronischer Sensorsysteme gefördert [AHLE87]. Ansatzweise stehen Prüfsysteme zur Verfügung, die das Prüfpersonal bei der Beurteilung von einzelnen Komponenten unterstützen oder mittels Analyse von Bildmerkmalen die Beschaffenheit komplexer Teile selbständig bewerten.

In Bild 6.8 ist der prinzipielle Aufbau eines derartigen Meß- und Prüfsystems mit seinen wesentlichen Komponenten dargestellt; damit ist das Erfassen von Ist-Bildern und das Vergleichen mit Soll-Bildern möglich [KEFE87]. Bild 6.9 zeigt ein zur Qualitätssicherung produktiv eingesetztes Bilddatenverarbeitungssystem.

Bei einer Anordnung gemäß Bild 6.8 wird das Objekt mit Hilfe eines Handhabungssystems auf einen Koordinatentisch abgelegt und mit einer Kamera erfaßt. Über die Auswertesoftware der Bilddatenverarbeitung wird das Objekt in den 3 Achsen solange verschoben, bis die Korrelation mit dem abgespeicherten Sollbild ein Optimum bildet. Daraufhin wird über die Bildauswertung die Vollständigkeit bzw. die Beschaffenheit des Objektes ausgewertet.

In den nächsten Jahren wird sich der Trend zum Einsatz von Bilddatenverarbeitungssystemen verstärken. Wirtschaftliche Lösungen konnten bis heute nur vereinzelt realisiert werden.

### 6.3.1.4 Endprüfung

Die Endprüfung umfaßt alle Funktionsprüfungen, die in der Produktspezifikation festgelegt sind und erst am fertigen Produkt geprüft werden können. Sie erfolgt meist anwendungsbezogen und wird zunehmend mit rechnergesteuerten

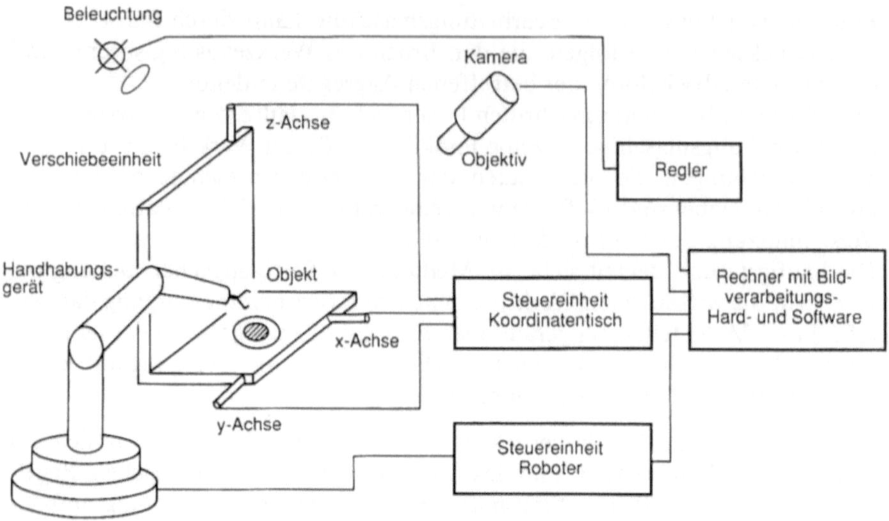



**Bild 6.8**  Prinzipieller Aufbau eines Bilddatenverarbeitungssystems mit Roboter zur Handhabung des zu untersuchenden Objektes

**Bild 6.9**  Nutzung eines Bilddatenverarbeitungssystems zur Sichtprüfung an einem Werkstück

Prüfautomaten ausgeführt. Mit dieser Prüfung erfolgt der Nachweis der Erfüllung der Qualitätsanforderung, wie sie z. B. in DIN ISO 9000 bis 9004 festgelegt ist.

### 6.3.1.5 Produktaudit

Aufgabe des Produktaudits ist die Prüfung versandfertiger Produkte auf Übereinstimmung mit technischen Unterlagen, Zeichnungen, Spezifikationen, Normen und gesetzlichen Vorschriften. Damit soll die Wirksamkeit der Qualitätssicherung am Produkt auch aus Sicht des Anwenders geprüft werden. Festgestellt werden vorrangig systematische Fehler, Fehlerschwerpunkte und längerfristige Qualitätstrends. Der Prüfumfang richtet sich nach der Komplexität des Produktes und seiner Fertigungsstückzahl [GAST84].

### 6.3.1.6 Flankierende Prüfungen

Verschiedene QS-Normen, wie z. B. AQAP (Allied Quality Assurance Publication) oder CSA (Canadian Standard Association), fordern die regelmäßige Überwachung der Meß- und Prüfmittel. Der Aufbau und die Ausführung dieser Systeme zur Prüfmittelüberwachung ist sehr aufwendig und kann durch Rechnereinsatz wirksam rationalisiert werden.

Die im Unternehmen nachweispflichtigen Meßmittel sind durch einen Kalibrierdienst zu überwachen. Die verwendeten Geräte und Normale können über den Deutschen Kalibrierdienst (DKD) an die Normale der Physikalisch-Technischen Bundesanstalt (PTB) in Braunschweig angeschlossen werden.

## 6.3.2 Qualitätssicherung des Fertigungsverfahrens

Die Qualität eines Produktes wird durch die Vorgaben von Produktentwicklung und Prozeßplanung bestimmt und im Fertigungsprozeß schrittweise realisiert. Daraus ergibt sich, daß die Qualität der eingesetzten Fertigungsverfahren direkt die Produktqualität beeinflußt.

Fertigungsverfahren können allgemein als eine Umwandlung von Material in ein Zwischen- oder Endprodukt angesehen werden. Menschen führen mit Hilfe von Maschinen (Betriebsmittel) diesen Umwandlungsprozeß nach einer festgelegten Methode und durch Informationen gelenkt durch. Dabei wird auf Störeinflüsse möglichst unmittelbar im Prozeß reagiert. Somit ergeben sich als Einflüsse auf die Prozeß- oder Verfahrensqualität die 4 M's Mensch, Maschine, Methode, Material und zusätzlich Informationen in Form von Steuerparametern. Auf diese Einflüsse können QS-Maßnahmen in Planung, Durchführung und Überwachung der Fertigungsverfahren wirken.

Nach dem Prinzip

*„Mach's gleich richtig"*

sind QS-Maßnahmen, die fehlerverhütend auf die Planung des Fertigungsverfahrens wirken, ein wesentlicher Schritt zur sicheren Fertigung [CROS72].

Unter dem Stichwort „Mensch" sind innerhalb der Planung die Gesichtspunkte Qualifikation und Schulungsmaßnahmen, der Handlungsspielraum und die Verantwortlichkeiten der Menschen im Prozeß zu gestalten und zu optimieren. Gerade der Rechnereinsatz verlangt neue Qualifikationsprofile, die es ermöglichen, daß der Mensch den nötigen Handlungsspielraum ausfüllen kann.

Maschinenfähigkeitsanalysen unterstützen die Maschinenauswahl. Dabei ist zu beachten, daß sich die heute verfügbaren Verfahren auf

ein Maß oder Merkmal

an einem Werkstück,

gefertigt auf einer Maschine oder in einem Prozeß,

beziehen. Sie sind somit nicht einfach auf andere Prozeßkonstellationen übertragbar. In diesem Zusammenhang ist die Fähigkeit der Bearbeitungs-, Transport- und Handhabungseinrichtungen, sämtlicher Vorrichtungen, Werkzeuge und sonstiger Hilfsmittel, die für den Prozeß eingeplant werden, sowie der Meß- und Prüfgeräte zu beurteilen, um die vorgegebenen Anforderungen zu erfüllen (Qualitätsfähigkeit). Aus der Variation der Einflußgrößen (Merkmale, Werkstück, Maschinen, Verkettung) ergibt sich eine derartige Vielzahl möglicher Prozeßanordnungen, daß die Qualitätsfähigkeit nur noch für spezifische Konfigurationen quantifizierbar ist. Allgemeingültige Aussagen sind nur noch qualitativ möglich.

Die Erfahrung der Arbeitsplaner stellt somit die Basis für eine qualitätsgerechte Prozeßgestaltung und Maschinenauswahl dar. Zur Dokumentation und Unterstützung dienen Methoden der qualitativen Fehleranalyse, die gerade in letzter Zeit eine zunehmende Verbreitung finden. Sie dienen zur a-priori-Beurteilung systematischer Fehler, die möglicherweise im Prozeß auftreten können. Gerade die Fehler-Möglichkeits- und Einfluß-Analyse (FMEA) [VDA86] bedient sich einer systematisierten Vorgehensweise, die den Verhältnissen in der Fertigungstechnik angemessen ist und für Konstruktions- und Prozeßbeurteilungen eingesetzt werden kann. Sie soll vor allem bei neuen Entwicklungen, neuen Technologien und problemanfälligen Teilen und Prozessen durchgeführt werden [VWAG86].

Die Auswahl des unter den verfügbaren Fertigungsverfahren am besten geeigneten kann sich auf betriebliche Erfahrung stützen. Hier stellt sich wieder die Forderung nach einer Dokumentation der Erfahrungen mit qualitativ guten oder eher anfälligen Verfahren. Zur Gestaltung sicherer Prozesse gehört eine kontinuierliche Marktbeobachtung bezüglich neuer Fertigungsmöglichkeiten. Daraus ergibt sich gerade für das Gebiet CAQ, daß Anforderungen, die aus der betrieblichen Situation gestellt werden, ständig mit dem Leistungsprofil marktfähiger Lösungen in Vergleich zu setzen sind. Weitergehend können hierzu auch unternehmensinterne Entwicklungsaktivitäten auf diesem Sektor gehören.

Im Fertigungsablauf kommen die verschiedenen Produktprüfungen zum Einsatz, die bereits im Abschnitt 6.3.1 beschrieben wurden. Die dort gewonnenen Daten können mit Hilfe der statistischen Prozeßregelung direkt als Einflußgrößen zur Steuerung der QS-Maßnahmen am Fertigungsverfahren benutzt werden. Darüber hinaus fließen sie in Maschinen- und Prozeßfähigkeitsanalysen ein. Heutige Methoden der Prozeßfähigkeitsanalyse ermitteln aus den gewonnenen Prozeßdaten statistische Kennwerte (sicher oder unsicher), die – wie bereits angesprochen – nur für die untersuchte Prozeßanordnung gelten.

Verfahrensaudits dienen zur Beurteilung der Wirksamkeit des QS-Systems, indem sie die Fertigungsverfahren oder Arbeitsabläufe auf Einhaltung vorgegebener Spezifikationen sowie auf Zweckmäßigkeit überprüfen [GAST84]. Darunter fällt auch die Beurteilung der Qualifikation des Personals.

Verfahrensaudits werden auf der Basis existierender Unterlagen, wie Wartungs- und Instandhaltungsvorschriften oder Vorschriften für das Ergreifen bestimmter Korrekturmaßnahmen, durchgeführt. Dazu stellt man Checklisten zusammen, anhand derer die Vollständigkeit aller notwendigen Verfahrensdefinitionen unter qualitätsbezogenen Gesichtspunkten überprüft werden kann. Dabei ist eine entsprechende Dokumentation wiederum Basis der aus dem Audit abzuleitenden QS-Maßnahme.

## 6.3.3 Qualitätssicherung des QS-Systems

Die Qualität eines Produktes hängt wesentlich von der Qualität der Fertigungsverfahren ab, welche wiederum in ein Gesamtsystem eingebettet sind.

Eine weitere Aufgabe der Qualitätssicherung im Produktionsprozeß ist somit die Sicherstellung der Qualität des übergeordneten CAQ-Systems.

Qualitätssichernde Maßnahmen greifen hier sowohl bei der Hardware (eingesetzte Rechnersysteme, Netzhardware) als auch bei der Software (Systemsoftware, unterstützende Software, QS-Software).

Während bei den Hardwarekomponenten prinzipiell die gleichen Methoden der Qualitätssicherung eingesetzt werden können, wie sie in Abschnitt 6.3.2 beschrieben wurden, bestehen immer noch sehr unterschiedliche Auffassungen darüber, was Software-Qualitätssicherung bedeutet, und wie man sie am besten betreibt. Dies gilt nicht nur für CAQ-Software, sondern für Software allgemein.

Einer der Gründe ist, daß die Informatik noch eine sehr junge Wissenschaft ist und es für ihre Produkte noch keine ausgereiften Qualitätssicherungsmethoden gibt wie in den traditionellen Ingenieurwissenschaften.

Zum anderen liegt es an den Schwierigkeiten, die Aufgaben und Tätigkeiten der Qualitätssicherung aus älteren Ingenieurdisziplinen, z. B. der Fertigungstechnik, analog auf die Softwaretechnik zu übertragen [HESS87].

Es fehlen für Funktionen der Qualitätssicherung anerkannte Modelle, nach denen Software entwickelt werden könnte. Die Maßhaltigkeit eines bestimmten Werkstückes oder die Biege- und Bruchfestigkeit eines Trägers kann in Zahlen definiert und am fertigen Produkt durch Messen geprüft werden. Für Software existieren noch keine entsprechenden – und prüfbaren – Meßzahlen.

Software als Produkt menschlicher Tätigkeit muß jedoch ähnlichen Qualitätsmaßstäben genügen wie industrielle Erzeugnisse (Hardware).

Die folgenden Ausführungen sollen weniger unter dem Aspekt der Software-Entwicklung gesehen werden, sondern hauptsächlich unter dem Blickwinkel der Anwender.

Die Qualitätssicherung des CAQ-Systems kann nach zwei verschiedenen Aspekten unterschieden werden.

Zum einen ist dies die funktionelle Qualität der Softwarepakete, zum anderen die Qualität der erzeugten und verarbeiteten Daten. Dies ist eine direkte Analogie zu Fertigungsprozeß und Produkt.

Was ist überhaupt „Software-Qualität"?

Selbstverständlich greift auch hier wieder die oben zitierte Definition der Qualität nach DIN 55350. Sie reicht aber zur Festlegung und Feststellung konkreter Softwareeigenschaften nicht aus. Anforderungen an das Produkt müssen so spezifisch sein, daß sie prüfbar und meßbar sind. Und genau hier liegen die Probleme bei der Bestimmung der Software-Qualität, da zumindest die Meßbarkeit (z. Z.) stark eingeschränkt bzw. gar nicht vorhanden ist. Dies wird auch bei der Beschreibung der einsetzbaren DV-Werkzeuge für die Software-Qualitätssicherung (Abschnitt 6.5.3) sichtbar.

Betrachtet man Bild 6.10, so können bei einer Systementwicklung fünf Grobschritte unterschieden werden, nämlich die Durchführung der

- Fachkonzeption,         - Systemintegration,
- DV-Konzeption,          - Wartung.
- Programmentwicklung,

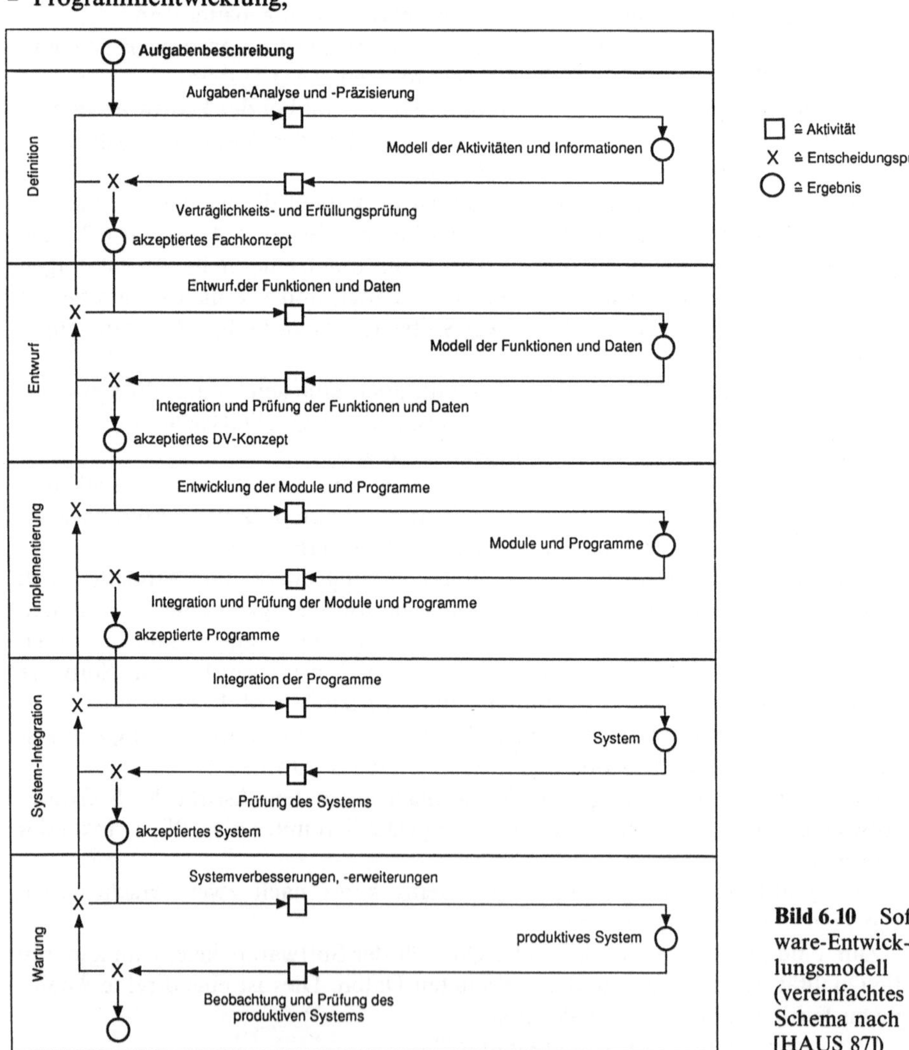


**Bild 6.10** Software-Entwicklungsmodell (vereinfachtes Schema nach [HAUS 87])

In der Literatur findet man eine Reihe anderer Definitionen dieses „Phasenmodells", die sich jedoch nur in der Detaillierung der Entwicklungsstufen und ihrer jeweiligen Bezeichnung unterscheiden.

In der Fachkonzeption wird festgelegt, welche Aufgaben der Fachabteilung – hier der Qualitätssicherung – Gegenstand der Software-Entwicklung sind.

In der DV-Konzeption wird das zu entwickelnde System nach DV-technischen Gesichtspunkten entworfen.

Die Programme beschreiben, wie das DV-System die DV-Leistungen erbringt, mit denen die Fachaufgaben erfüllt werden.

Bei der Systemintegration werden alle für die Erfüllung der Fachaufgabe entwickelten Module und Programme auf ihr korrektes Zusammenspiel geprüft.

In der Wartung werden alle auftretenden Programmfehler beseitigt und (kleinere) Modifikationen der DV-Konzeption durchgeführt.

Die Qualität der Software setzt sich aus der Qualität der Ausführung aller fünf Schritte zusammen.

Ein zusätzlicher wichtiger Aspekt für die Qualität des Systems ist die Qualität der systembegleitenden Dokumentation. Da die Dokumentation für den Systemanwender meist der erste Kontakt zum System und oft die einzige Information über das System ist, sollte ihrer Qualität besonderes Augenmerk geschenkt werden.

Welche Maßnahmen können nun vom Anwender unternommen werden, um die Qualität eines (Software-) Systems bestimmen zu können? Von den einsetzbaren QS-Methoden

- Prüfen,
- Messen und
- Bewerten

ist oft nur das Bewerten von Software möglich.

Die Prüfung wird eingesetzt bei der Erstellung der Software und ist daher dem Anwender nicht zugänglich. Wertvoll wäre es hier, vom Software-Anbieter zu erfahren, nach welchen Verfahren und mit welchen Werkzeugen die Software entwickelt wurde, und welche Prüfverfahren zur Anwendung gekommen sind. Dies kann einen ersten Eindruck von der Qualität der Software geben.

Obwohl das Messen sowohl historisch als auch methodisch gesehen eine der Grundlagen der Qualitätssicherung ist, sind auf dem Gebiet der Software-QS noch große Anstrengungen notwendig, um auch diese QS-Methode einsetzbar zu machen. Es ist notwendig, operationale Kenngrößen für Software abzuleiten, die einer Messung leicht zugänglich sind und so auf Zahlen und Maßstäbe abgebildet werden können. Erste Bemühungen in diese Richtung werden unter dem Begriff „Software-Metrie" zusammengefaßt.

Beim Bewerten von Software wird festgestellt, inwieweit eine oder mehrere vereinbarte, vorgeschriebene oder erwartete Bedingungen für ein Objekt erfüllt sind.

Wichtig ist es deshalb, sowohl für das Gesamtsystem als auch für die einzelnen Untersysteme/Module Pflichtenhefte zu erstellen und die darin niedergeschriebenen Anforderungen und Bedingungen mit dem realisierten Software-System zu vergleichen.

Der Aspekt der „Daten-Qualität" befaßt sich mit Begriffen wie „Datenintegrität" und „Datenkonsistenz". Es ist hier der Zustand und der Informationsgehalt der Qualitätsdaten gemeint. Qualitätsdaten sind alle Daten, die notwendig sind, um eine Qualitätssicherung durchführen zu können. Dies beginnt bei einfachen Meßergebnissen, erfaßt von Meßwerkzeugen/-geräten, und geht über Daten, die durch Verdichtung oder Umwandlung erzeugt wurden, bis zu qualitätsrelevanten Informationen über Lieferanten sowie Erkenntnissen aus dem Feldeinsatz des Produktes.

Hier sind Fragen zu stellen wie

- sind die Daten
  - relevant?
  - korrekt?
  - ausreichend?
- werden die Daten
  - korrekt empfangen?
  - korrekt weitergegeben?
  - korrekt interpretiert?

Die Instrumente zur Sicherung der Qualität der Daten sind teilweise bekannt, wie etwa die Anwendung von gesicherten Datenübertragungsprotokollen und die Datensatz-Definition in Pflichtenheften, teilweise sind sie, wie bei der QS des Software-Systems, noch zu erarbeiten.


## 6.4 Schnittstellen der rechnerunterstützten Qualitätssicherung

In jedem Datenverarbeitungsmodul werden Daten eingegeben, mit Hilfe eines Algorithmus verarbeitet und an nachfolgende Module weitergegeben (Bild 6.11). Der Datenaustausch, d. h. die Informationsweitergabe geschieht über Schnittstellen, in denen definiert ist, welche Daten in welchem Format auf welche Weise ausgetauscht werden.

Die Notwendigkeit von exakt definierten Schnittstellen ergibt sich aus der Forderung nach

1. flexibler Anpassung an Veränderungen in der Fertigung,
2. Verzweigung des Datenflusses in andere Betriebsstätten,
3. Austauschbarkeit von Systemkomponenten, wie z.B. Meßmitteln oder auch ganzen CAQ-Bausteinen,

unter Gewährleistung der Datenkonsistenz.

Dieser Abschnitt beschäftigt sich im wesentlichen mit den Anwender- und Datenschnittstellen, die Kommunikationsschnittstellen sind in Kapitel 7 beschrieben.

Unterschieden wird zwischen den externen Schnittstellen, die den Informationsaustausch zwischen dem CAQ-System und der Umwelt gewährleisten, und den internen Schnittstellen, welche den Informationsfluß innerhalb des CAQ-Systems sicherstellen.

Der Schwerpunkt der Betrachtungen wird hierbei auf der Beschreibung der Datenquellen und Datensenken, der Qualität und der Quantität der im System fließenden Daten und der Organisation des Datenflusses liegen.

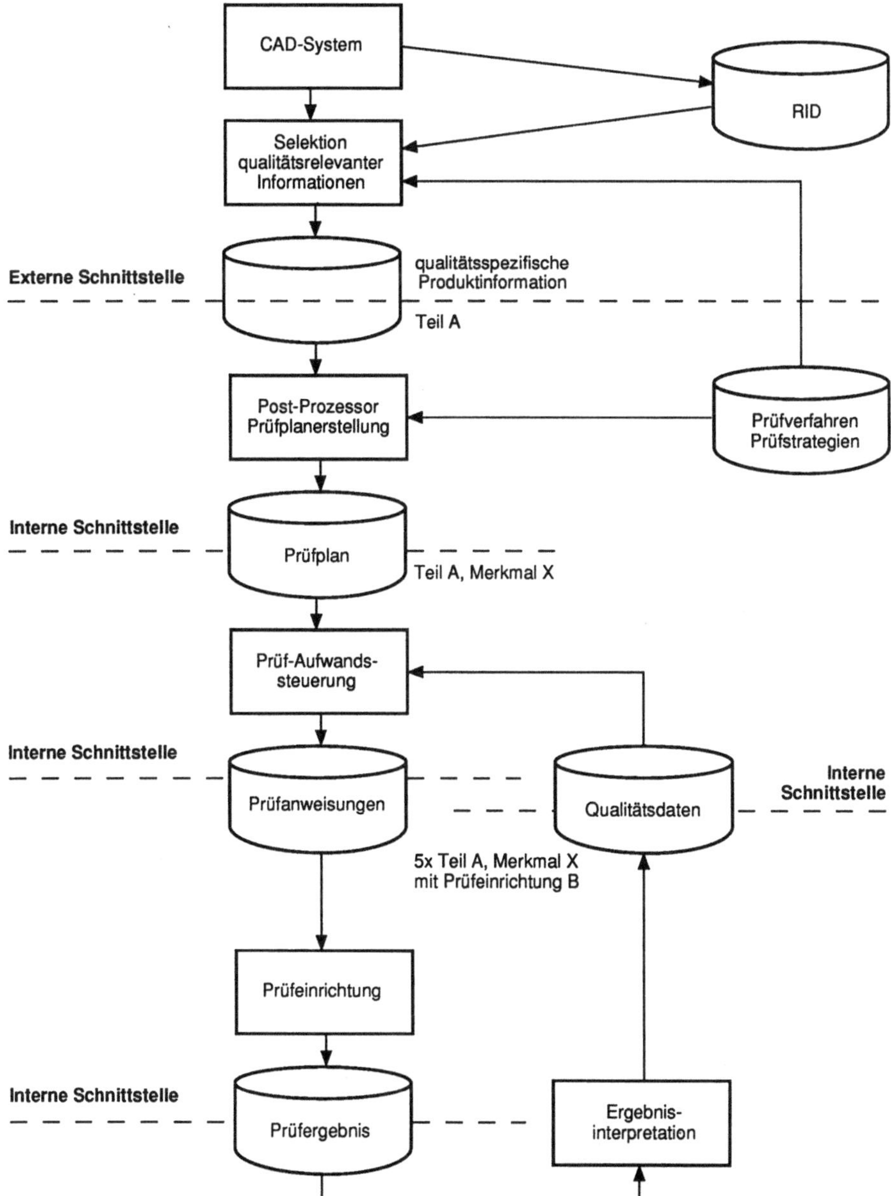



**Bild 6.11**    Schnittstellen der Qualitätssicherung am Beispiel CAD/CAQ

## 6.4.1 Externe Schnittstellen

Gemäß Abschnitt 6.2.2 ist der Einflußbereich eines Qualitätssicherungssystems nicht auf die Fertigung beschränkt, sondern erstreckt sich über alle Produktphasen. Als Folge davon existieren eine Anzahl unterschiedlicher Stellen und Funktionen außerhalb des CAQ-Systems, die qualitätsrelevante Informationen erzeugen und dem CAQ-System zur Verfügung stellen können. Dies geschieht über die externen Schnittstellen.

Eine wichtige Datenquelle für ein CAQ-System sind die in der Entwicklung benutzten CAD-Systeme mit deren rechnerinternen Darstellungen (RID). Aber auch Materialdatenbanken, PPS-Systeme, CAP-Systeme und Funktionen innerhalb von CAM können als Informationsquellen genutzt werden. Zur Verdeutlichung der externen Schnittstellen wird im folgenden das Beispiel der Schnittstelle CAD-System/CAQ-System gewählt (Bild 6.11).

Die erste wichtige Funktion innerhalb eines Qualitätssicherungssystems im Fertigungsablauf ist die Prüfplanerstellung. Bei einer (rechnerunterstützten) Prüfplanerstellung ist die vorrangige Planungsaufgabe die Auswahl der Prüfmerkmale. Es müssen hier umfangreiche geometrische und technologische Werkstückdaten verarbeitet werden.

Eine der Hauptaufgaben besteht darin, qualitätsbezogene Zeichnungsinhalte wie Toleranzen und Oberflächenbearbeitungszeichen in das rechnerunterstützte Qualitätssicherungssystem zu überführen. Abgespeicherte Werkstückdaten sind unbedingt notwendig, um Prüfmerkmale daraus zu erkennen, mit den in der Zeichnung eingetragenen Toleranzangaben vollständig zu definieren und in einem Werkstückmodell für weitere Planungstätigkeiten eindeutig zu kennzeichnen [RELE87].

Im Sinne der Schnittstelle zum CAQ-System ergeben sich für die rechnerunterstützte Prüfmerkmal-Auswahl zwei Anforderungsgruppen an die Produkt-Entwicklung. Sie beziehen sich auf die Konstruktionstätigkeit selbst und den Einsatz von Rechnersystemen als Hilfsmittel.

Die Tätigkeitsanforderungen nach [RELE87] sind:

- Vollständige Umsetzung der Anforderungen des Pflichtenheftes,
- Eintrag von Prüfhinweisen,
- Kennzeichnung von Anschlußmaßen,
- Prüfgerechte Vermaßung,
- Gewichtung der Teilebedeutung,
- Funktionale Merkmalgewichtung,
- Dokumentation von Prüfergebnissen der Entwicklung,
- Bereitstellung aktueller und vollständiger Unterlagen.

Im Hinblick auf die Rechnerunterstützung der Prüfplanerstellung ergeben sich folgende Anforderungen [RELE87]:

- Integrierbarkeit der rechnerinternen Werkstückdarstellung,
- Erkennbarkeit und eindeutige Zuordnung von Attributen,
- Bereitstellung der Hilfsmittel zur Anpassung der rechnerinternen Werkstückdarstellung an den Bearbeitungsfortschritt,
- Zugang zu produktrelevanten Dateien (z. B. Stücklisten).

Da neben der Entwicklung auch die Arbeitsplanung wesentliche Eingangsinformationen für die Prüfmerkmal-Auswahl liefert, soll hier eine weitere externe Schnittstelle, die zum CAP-System, kurz erläutert werden.

Die Anforderungen an die Arbeitsplanergebnisse lassen sich nach [RELE87] unterteilen in die Gruppen

- Geometrie,
- Organisation der Unterlagenverwaltung und
- Fertigungstechnik.

Da nach jedem Arbeitsgang neue technologische und/oder geometrische Werkstückzustände vorliegen, müssen diese Informationen über entsprechende Schnittstellen aktuell dem CAQ-System zur Verfügung stehen. Nur so können auch für Zwischenzustände prüfbare Merkmale erkannt werden.

In den organisatorischen Bereich fällt die Anforderung, die Tätigkeiten von Prüfplanung und Arbeitsplanung eng zu verzahnen und den Prüfplan in den Arbeitsplan einzubeziehen. Die Planungsergebnisse, die die anzuwendende Fertigungstechnik beschreiben, wirken sich stark auf die Beurteilung der Prüfnotwendigkeit aus. Je detaillierter die Arbeitsplanergebnisse in dieser Hinsicht ausfallen, desto besser läßt sich die Entscheidung über die Prüfnotwendigkeit differenzieren. Dazu müssen über die Schnittstelle allerdings zusätzlich aufbereitete Prüfergebnisse aus dem CAQ-System zurückfließen.

So wie für die Bereiche CAD und CAP sind noch für eine Reihe weiterer Produktphasen Datenquellen für die rechnerunterstützte Qualitätssicherung erkennbar, deren qualitätsrelevante Informationen über die für CAQ externen Schnittstellen ausgetauscht werden müssen. Ein weiteres Beispiel für eine solche Schnittstelle ist der Datenaustausch zwischen der Prüfaufwandssteuerung und dem Bereich Logistik.

Wesentlich für einen Schnittstellendesigner sind aber immer die Fragen:

- Welche Daten werden gebraucht?
- Welche Daten können erzeugt werden?

Bei vollständiger und gewissenhafter Beantwortung dieser Fragen ist gewährleistet, daß über die jeweilige Schnittstelle ein vollständiger und minimaler Satz von Informationen übertragen wird. Die Vollständigkeit muß aus Sicherheitsgründen gefordert werden und das Datenminimum aus ökonomischen (Datenübertragungszeiten), Konsistenz- und Integritätsgründen (Mehrfachspeicherung).

## 6.4.2 Interne Schnittstellen

In ähnlicher Weise, wie Schnittstellen zwischen dem CAQ-System und weiteren im Unternehmen eingesetzten CA-Systemen existieren, gibt es auch CAQ-interne Schnittstellen, d.h. Stellen im Datenfluß, an denen Informationen übergeben bzw. verzweigt werden. Dieser Sachverhalt ist exemplarisch für Prüfungen im Anschluß an den Postprozessor in Bild 6.11 dargestellt.

Ein Postprozessor extrahiert qualitätsrelevante Produktinformationen aus der teilebezogenen Datei und paßt sie der ersten internen Schnittstelle des Qualitätssicherungssystems an, d.h., es entsteht ein Prüfplan, der in diesem Stadium ausschließlich teilespezifisch ist. Er beschreibt nur die zu prüfenden Merkmale am Prüfling sowie die Prüfstrategie. Er macht weder eine Aussage über die einzusetzenden Prüfmittel (z. B. Rachenlehre oder 3D-Koordinatenmeßgerät) noch über die zu prüfende Losgröße. Dadurch ist dieser teilespezifische Prüfplan sowohl für unterschiedliche Fertigungsprozesse in unterschiedlichen Betriebsstätten als auch für unterschiedliche Prüfeinrichtungen einsetzbar. Ebenso ist er unabhängig vom derzeitigen Qualitätsstand der Fertigung des betrachteten Produktes.

Der bisher beschriebene Arbeitsschritt der Generierung des Prüfplans kann auch manuell erfolgen.

Die Informationen über das konkret einzusetzende Prüfmittel sowie die Anzahl der zu prüfenden Teile werden im nachfolgenden Schritt durch die Prüfaufwandssteuerung hinzugefügt, d. h. aus dem Prüfplan entstehen mittels der Prüfaufwandssteuerung Prüfanweisungen. Diese werden mit Hilfe der jeweils festgelegten Prüfeinrichtung ausgeführt.

Das auf diese Weise erzeugte Prüfergebnis stellt nun die Schnittstelle zur Ergebnisinterpretation dar. Diese wird heute üblicherweise von einem entsprechend qualifizierten Mitarbeiter übernommen. Für die Zukunft könnte man sich vorstellen, sie zunehmend aus der Verantwortung des Prüfers auf Expertensysteme zu verlagern, so daß ein konsistenter Datenfluß innerhalb des DV-Systems gewährleistet sein wird.

Die interpretierten und eventuell verdichteten Prüfergebnisse können einer Qualitätsdatenbank zugeführt werden und stehen beispielsweise der Prüfaufwandssteuerung als Eingangsgrößen für eine statistische Prozeßkontrolle zur Verfügung. Die Qualitätsdatenbank kann sowohl eine Schnittstelle innerhalb des Qualitätssicherungssystems darstellen als auch eine externe Schnittstelle zu anderen Systemen des Unternehmens.

Als Beispiel einer internen Schnittstelle ist in Bild 6.11 die Verknüpfung zur Prüfaufwandssteuerung dargestellt. Mit dieser Rückkopplung wird die Verringerung der Prüfaufwendungen durch eine dynamische Steuerung der Stichprobenentnahme unter Berücksichtigung der Qualitätsgeschichte je Prüfposition vorgenommen. Die Änderung des Prüfaufwands erfolgt nach Strategien, die der Anwender festlegt, z. B. nach dem Stichprobensystem gemäß DIN 40080. Wird auf eine Prüfposition im Prüfablauf verzichtet, so spricht man von „SKIP LOT", wobei nach festgelegten Prüfintervallen die Position wieder in den Prüfturnus aufgenommen wird.

Da über die hier beschriebenen Schnittstellen Daten nicht nur innerhalb eines Betriebes, sondern auch in mehrere Fertigungsstätten bzw. andere Unternehmen im Falle von Zulieferern verzweigt werden können, muß ihrer Definition besondere Aufmerksamkeit und Sorgfalt gewidmet werden. Unter Berücksichtigung der Tatsache, daß es sich bei diesen Schnittstellen um extrem prozeßbezogene und auch firmenspezifische Auslegungen handeln muß, können kaum allgemeingültige Festlegungen getroffen werden.

Von eminenter Bedeutung für den späteren Datenfluß ist nicht nur die Konsistenz der Daten, sondern auch die Abstimmung mit den späteren Anwendern über den Umfang der weiterzugebenden und zu speichernden Informationen. Einerseits ist in vielen Fällen das aktuelle Neuerzeugen einer Information wirtschaftlicher als das Speichern über längere Zeiträume.

Aber andererseits gilt:

*Nicht jeder erzeugte Meßwert darf zwangsläufig in der Qualitätsdatenbank eingelagert werden.*

Bei Nichtbeachtung dieser Regel kann die zu bewältigende Datenflut sehr schnell nicht mehr handhabbare Ausmaße annehmen. Diese Befürchtungen dürfen jedoch nicht dazu führen, daß im anderen Extremfall die archivierten Daten durch Unvollständigkeit ihre Aussagekraft verlieren. Die Kunst des Systemplaners liegt hier im

*so wenig wie möglich,*
*aber so viel wie nötig.*

Die frühzeitige Einbindung der Anwender und Nutzer in die Systemplanung kann späteren Änderungen und Anpaßarbeiten vorbeugen, sie jedoch meist nicht vollständig ausschließen.

Dieser Beschränkung der abzuspeichernden Daten stehen jedoch teilweise (z. B. legislative bzw. vertragliche) Auflagen für eine Pflichtabspeicherung und Archivierung entgegen, die vorrangig erfüllt werden müssen.

## 6.5 CAQ-Bausteine

Nach den bisherigen mehr theorieorientierten Überlegungen sollen im folgenden Abschnitt konkrete CAQ-Bausteine vorgestellt und beschrieben werden.

Eine Analyse des Softwaremarktes zeigt, daß im Vergleich zu anderen Anwendungen nur sehr wenige CAQ-Produkte verfügbar sind. Industrielle Großbetriebe haben auf diesem Gebiet den größten Bedarf. Üblicherweise ist jedoch die Fragestellung bei diesen Unternehmen so firmen- und themenspezifisch, daß meist „Einzwecklösungen" die besten Erfolgsaussichten für die Problemlösung bieten. Diese werden dann in Eigenregie oder im Auftrag erstellt und stehen dem freien Markt nicht zur Verfügung. Daher ist das Angebot an universell einsetzbaren, nicht firmen- und/oder problemspezifischen CAQ-Bausteinen derzeit noch äußerst dürftig.

Der Bedarf mittlerer und kleinerer Unternehmen an CAQ-Bausteinen oder -Paketen wird jedoch in Zukunft stark zunehmen. Dadurch wird sich ein wachsender Markt für standardisierte Bausteine bzw. Programmpakete mit (hoffentlich!) genormten Schnittstellen ergeben. Die Integration dieser Bausteine in eine bereits vorhandene oder gerade entstehende Firmen-DV-Welt wird die hauptsächliche Herausforderung der zuständigen Fachleute sein.

Eine detailliertere Beschreibung der am Markt verfügbaren Systeme ist an dieser Stelle nicht sinnvoll, da das vom Anwender benötigte Leistungsspektrum stark von firmenspezifischen Gegebenheiten und Randbedingungen abhängt. Konkrete Systemvergleiche können nur durch eigene Untersuchungen auf der Basis der entsprechenden Firmenschriften bzw. nach Gesprächen mit den jeweiligen Anbietern vorgenommen werden.

Speziell durch das rasche Anwachsen der relativ jungen Disziplin der Künstlichen Intelligenz (KI) und der Expertensysteme sind in Zukunft interessante Impulse bei Generatoren für teilespezifische Prüfprogramme oder auch Ergebnisinterpreter zu erwarten.


## 6.5.1 CAQ-Bausteine für Maßnahmen am Produkt

Die im folgenden beschriebenen CAQ-Bausteine beziehen sich auf qualitätssichernde Maßnahmen an einem Produkt während der einzelnen Phasen der Fertigung.

Diese Maßnahmen werden unterteilt in die Schritte

- Prüfplanung,
- Prüfdurchführung,
- Prüfdatenanalyse und
- Qualitätsberichterstattung.

Die ersten drei Punkte werden nach DIN 55350, Teil 11 unter dem Begriff Qualitätsprüfung zusammengefaßt.


### 6.5.1.1 Prüfplanung

Eine Darstellung der Leistungsfähigkeit rechnerunterstützter Prüfplanungssysteme orientiert sich an den notwendigen Funktionen innerhalb der Prüfplanung (Grad der Rechnerunterstützung) sowie den Möglichkeiten der Einbindung in den Produktionsprozeß (Integrierbarkeit).

Betrachtet man die Prüfplanung als „Black Box", so sind die wesentlichen Eingangsinformationen:

- *Die Anforderung zur Erstellung eines Prüfplans.*
  Diese ergibt sich aus dem Wareneingang, wenn dort eine Lieferung eingeht und bislang kein Prüfplan vorliegt, oder aus der Fertigungs- und Montageplanung, wenn neue Prozeßabläufe geplant und optimiert werden.

- *Die Prozeßbeschreibung.*
  Die Prüfplanung muß sich an dem geplanten Fertigungs- oder Montageprozeß orientieren. Die einzelnen Arbeits- und Prüfvorgänge werden aufeinander abgestimmt. Nur so wird gewährleistet, daß fehlerhafte Teile rechtzeitig erkannt und nicht weiterverarbeitet werden.

- *Die Produktbeschreibung.*
  Sie stellt die eigentliche Informationsbasis zur Prüfplanung dar, da sämtliche Merkmale eines Produktes hier dokumentiert und ihre Ausprägungen mit den zugehörigen Grenzwerten beschrieben sind. Die Konstruktion liefert der Prüfplanung die Produktbeschreibung in herkömmlicher Form als Zeichnung und Stückliste oder auch als rechnerinterne Information.

Zur Unterstützung der Prüfplanung dienen hauptsächlich qualitätsbezogene Informationen wie

- Prüfmitteldateien,
- ähnliche Prüfpläne und
- Schadens- oder Fehlerhistorien.

Als Ausgabeinformationen werden neben dem eigentlichen Prüfplan auch Prüfskizzen und Dokumentationsunterlagen für die Prüfung erzeugt. Teilweise wird der Prüfplan untergliedert in losabhängige und -unabhängige Teile, so daß aus dem Prüfplan eine losabhängige Prüfanweisung erzeugt werden kann.

Der Prüfplanungsablauf beginnt mit der Auswahl der prüfrelevanten Merkmale am Produkt [VDI85]. Nachdem alle Prüfmerkmale festgelegt worden sind, beginnt die Abarbeitung jedes einzelnen Prüfmerkmals bezüglich der

- Prüfhäufigkeit,
- Prüfmethode und
- Prüfdatenverarbeitung.

Im einzelnen ist dabei folgendes festzulegen:

| | |
|---|---|
| - wann soll geprüft werden: | Prüfzeitpunkt |
| - wie soll geprüft werden: | attributiv<br>variabel |
| - wieviel soll geprüft werden: | Prüfumfang<br>Prüfintervalle<br>Stichprobenanweisung |
| - wo soll geprüft werden: | Prüfort |
| - wer soll prüfen: | Prüfer |
| - womit soll geprüft werden: | Prüfmittel |
| - welche Merkmalsausprägungen sind akzeptabel: | AQL-Werte (Acceptable Quality Level)<br>Eingriffsgrenzen |
| - was hat mit den erhobenen Prüfergebnissen zu geschehen: | Statistiken<br>Q-Dokumentationen<br>Herstellerbewertungen<br>Prozeßanalysen<br>Prozeßregelungen |

Die einzelnen Funktionen zur Prüfplanung zeigen starke Interdependenzen untereinander und zum Herstellungsprozeß, so daß nur ein iteratives, von Erfahrungen geprägtes Vorgehen zu einem Optimum führt.

Heute verfügbare Systeme zur rechnerunterstützten Prüfplanung bieten im Hinblick auf den Grad der Rechnerunterstützung und auf ihre Integrierbarkeit jeweils einen Ausschnitt aus dem idealen Leistungsspektrum.

Frühe Hochschulentwicklungen wie PREPLA [BABI76] und der Modul zur Prüfplanung in CAPSY [HEIN81] dienen zur Generierung der Prüfpläne im Dialog, wobei eine zusätzliche Unterstützung bei der Prüfmittelauswahl angeboten wird. Diese wird auf der Basis geometrischer Verträglichkeiten zwischen Prüfmitteln, Prüfmerkmalen und Prüfaufgaben durchgeführt. CAPSY bietet dabei eine Übernahme der Idealgeometrie über eine spezifische Schnittstelle aus CAD-Systemen an.

Marktfähige Prüfplanungssysteme wie AQUA [BINK81] oder MOQUISS [VOGE84] unterstützen eine Variantenplanung auf der Basis von Standarddateien, aus denen relevante Informationen für eine aktuelle Planung übernommen werden. Vorhandene Prüfpläne lassen sich in einer komfortablen Benutzerumgebung ändern. Der Benutzer wird vor allem bei der Festlegung des Prüfaufwands unterstützt. Die Prüfanweisungen werden automatisch auf der Basis von Qualitätshistorien generiert, so daß eigenständige Systeme zur Prüfaufwandssteuerung für eine kostenoptimale Qualitätsprüfung verfügbar sind. Besondere Verbreitung finden diese Systeme vor allem bei der Wareneingangsprüfung. Außerdem bieten sie gute Kopplungsmöglichkeiten mit PPS-Systemen. Verbindungen zu CAD-, CAP- und CAM-Systemen sind erst in der Vorbereitung. Die erste Realisierungsstufe ist dabei das Einblenden einer CAD-Darstellung des Prüflings am Bildschirm des Prüfplaners. Eine automatische Übernahme prüfrelevanter Merkmale aus dem CAD-Daten-File ist zur Zeit noch nicht möglich; sie erfolgt in einem manuellen Zwischenschritt durch Ablesen der relevanten Daten aus der CAD-Darstellung und Übertragen derselben in das Prüfplanungssystem.

Gerade das Auswählen der Prüfmerkmale wird bislang von keinem System am Markt unterstützt. Die Integration von Prüfplanung und Arbeitsplanung ist zwar angedacht und von ihrer Bedeutung erkannt, aber ebenfalls noch nicht verfügbar.

### 6.5.1.2 Prüfdurchführung

In der Prüfdurchführung werden die in der Prüfplanung festgelegten Ausprägungen der Prüfmerkmale ermittelt. Bei der Prüfung kann es sich von einfachen Sichtprüfungen bis hin zu Messungen mit CNC-Prüfautomaten handeln. Das Prüfergebnis wird in jedem Fall mit den Sollwerten oder einem Toleranzbereich verglichen und – bei Abweichungen – dokumentiert. Der Prüfablauf ist in einer Prüfanweisung festgelegt und wird manuell oder automatisch abgewickelt. Er ist sehr stark von der Komplexität des Prüfmittels abhängig und wird beispielsweise in Verbindung mit einem CNC-Koordinatenmeßgerät (siehe Kapitel 4) von einem teilespezifischen Steuerprogramm durchgeführt.

Die in den CAQ-Verfahren verwendeten Bausteine unterstützen zur Prüfdurchführung folgende Funktionen:

- Erstellen von Meß- bzw. Steuerprogrammen für Meßgeräte,
- Verwaltung und Archivierung der Steuerprogramme,
- Überwachung der rechnerunterstützten Prüfabläufe,
- Meßwertverarbeitung aus den integrierten Sensorsystemen,
- Vergleich der Ist-Werte mit den Vorgaben des Prüfplans,
- Warnung des Prüf- bzw. Fertigungspersonals bei Überschreitung von Warngrenzen,
- Verdichten der Meßergebnisse mit Methoden der Statistik und Verwaltung der Ergebnisse,
- Ausgabe von Protokollen bzw. Zertifikaten.

Die Benutzeroberfläche zeichnet sich überwiegend durch eine strukturierte, dialoggeführte Menütechnik aus und sollte mit graphischen Darstellungen unterstützt werden.

Die Prüfdurchführung (Bild 6.12) ist Teil der Qualitätsprüfung und führt den Prüfauftrag aus. Dieser setzt sich zusammen aus:

- den Prüfplandaten (Merkmal, Prüfmittel, Prüfort),
- dem Stichprobenumfang, (z. B. Stichprobenplan nach DIN 40080),
- der Prüffolge (zeitliche bzw. numerische Folge der Stichprobenentnahme).

Der Prüfablauf läßt sich am besten am Beispiel einer Dimensionsprüfung im Wareneingang darstellen. Als Meßmittel stehen eine Anzahl von Längenmeßgeräten (Taster, Mikrometerschrauben, Schieblehren) mit digitalem Datenausgang

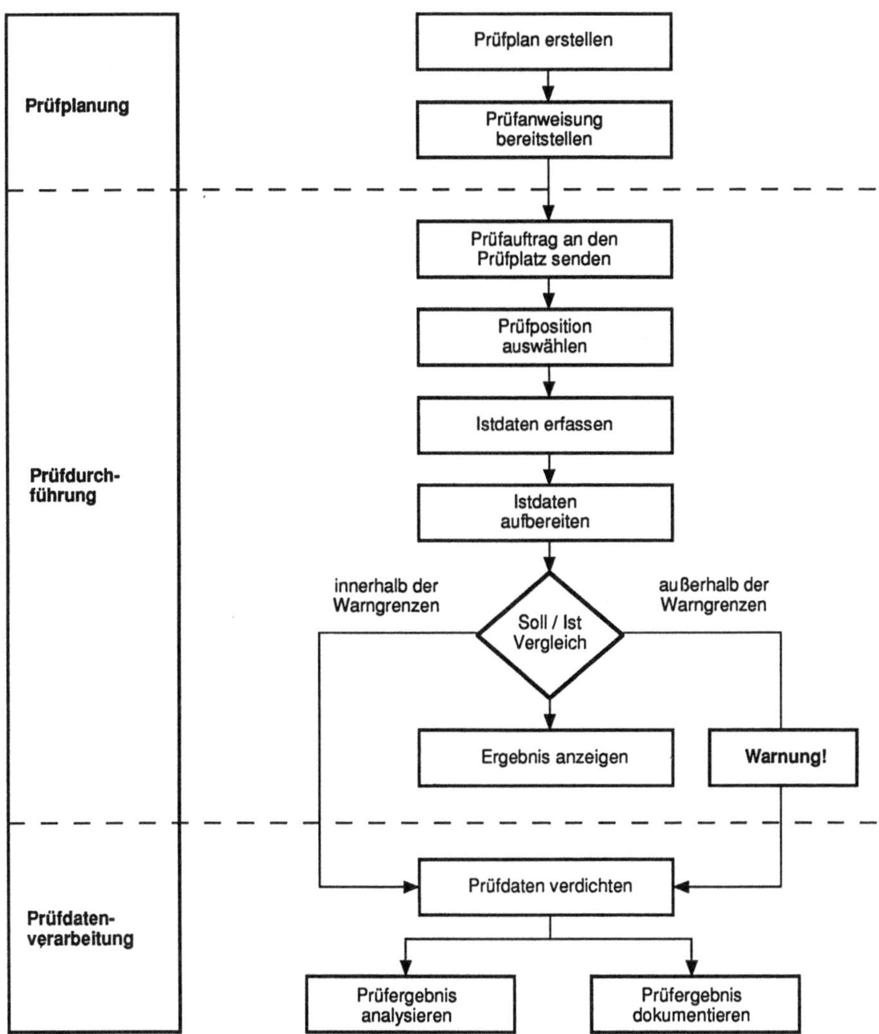


**Bild 6.12**  Phasen der Qualitätsprüfung

zur Verfügung, die über eine möglichst genormte Schnittstelle mit einem Prüfplatzrechner gekoppelt sind.

Mit Eintreffen der Ware und des Lieferscheins werden die Teilenummer, der Name des Lieferanten und die Menge der gelieferten Ware in das CAQ-System eingegeben. Daraufhin wird der dazugehörige Prüfplan aktiviert, die aktuelle Prüfschärfe aufgrund der Ergebnisse früherer Lieferungen in die Prüfmerkmalposition eingesetzt und der jeweilige Stichprobenumfang je Prüfposition errechnet.

Im Dialog fordert der Prüfer den Prüfauftrag am Prüfplatzrechner an. Anschließend werden in einer Übersichtsmaske alle relevanten Prüfmerkmale angezeigt. Der Prüfer holt sich daraufhin die angegebene Stichprobe aus der Lieferung und arbeitet die Prüfmerkmale nacheinander ab. Die einzelnen Ist- und Sollmaße werden ihm mit den Toleranz-, Warn- bzw. Eingriffsgrenzen ggf. graphisch dargestellt. Bei der Überschreitung erfolgt eine akustische oder optische Warnung. Nach Abschluß der Meßreihe werden die Prüfergebnisse mit der Berechnung des Mittelwertes ($\bar{x}$), der Standardabweichung (s) und des Fehlerprozentsatzes (p) statistisch ausgewertet und zusammen mit der Wareneingangsnummer gespeichert. Sie stellen die Grundlagen für die Prüfaufwandssteuerung, die Qualitäts-Berichterstattung und die Lieferantenbeurteilung dar. Damit ist die Prüfdurchführung des Prüfauftrages abgeschlossen. Verfügbare CAQ-Bausteine sind in den Abschnitten 6.5.1.1 und 6.5.1.3 erwähnt.


### 6.5.1.3 Prüfdatenanalyse

Die Prüfdatenanalyse bietet die Möglichkeit, aus den Prüfergebnissen der laufenden Fertigung oder von Versuchsreihen die Einflußgrößen mit Methoden der technischen Statistik zu ermitteln. Das Ziel ist, die Ursachen von Schwachstellen aufgrund der Ergebnisse möglichst frühzeitig zu erkennen und entsprechende Maßnahmen einzuleiten.

Die CAQ-Bausteine zur Prüfdatenanalyse bauen auf objektspezifisch gespeicherten Daten auf, die beispielsweise in einer Datenbank abgelegt sind. Dadurch ist es möglich, den Zusammenhang zwischen Ursache und Wirkung über mehrere Prozeßschritte hinweg festzuhalten und Rückwirkungen auf den Prozeßverlauf zu ermitteln.

Die Programme zur Prüfdatenanalyse sind entweder Bestandteil von CAQ-Systemen, wie bei den Programmpaketen AQUA (IBM), MOQUISS (HP), QUISS (MTU), SIQUISS (SIEMENS), oder die Programme bieten Datenschnittstellen, die eine Übertragung der Meßergebnisse auf ein externes Speichermedium zur Weiterverarbeitung ermöglichen. Für die Auswertung dieser Meßreihen stehen Programme wie STATGRAPHICS (Fa. STSC, Rockville), MICROSTA, ABSTAT und STATPAC (Markt und Technik, München) zur Verfügung.

Die Programme umfassen folgende Funktionen (Bild 6.13):

- Häufigkeitsanalyse,
- Varianzanalyse,
- Test auf Verteilungstyp,
- Regressionsanalyse.

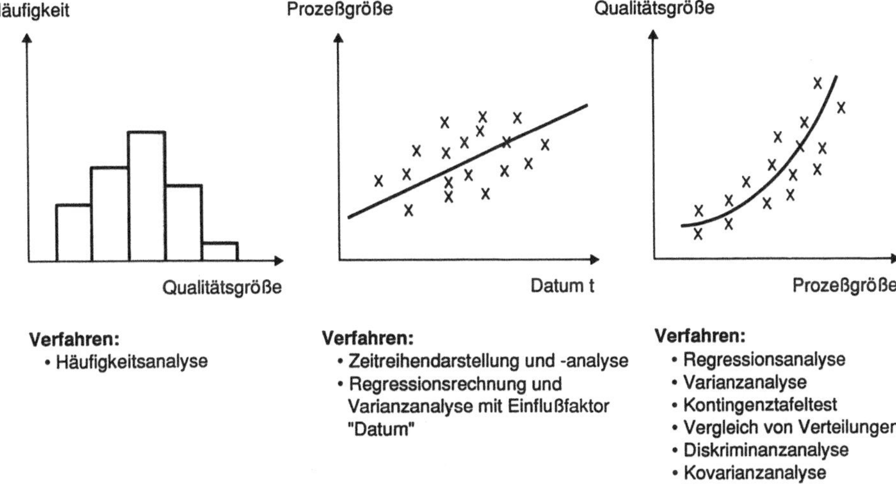


**Bild 6.13**    Typische statistische Methoden zur Prüfdatenanalyse

Einsatzmöglichkeiten und Anwendungen sind der Fachliteratur, z. B. [BOSC86a, JOHN79], zu entnehmen.

Um ein aussagefähiges Ergebnis zu erhalten, müssen ggf. vor dem Prüfablauf die Einfluß- und Zielgrößen sowie deren Wertigkeit festgelegt werden. Nur so lassen sich aus den Ergebnissen der CAQ-Bausteine systematische und zufällige Einflüsse ermitteln.

Die Auswertung erfolgt in mehreren Schritten:

1. Ermittlung der Gesamtstreuung über alle durchgeführten Prüfungen. Untersuchung der Ergebnisse auf Normalverteilung.
2. Darstellung der zeitlichen Abfolge der einzelnen Meßreihen. Ableitung von Aussagen über den Grad der Prozeßbeherrschung.
3. Ermittlung von systematischen Einflüssen durch mathematische Einflußgrößenanalysen.

Müssen viele Parameter beobachtet werden, so ist der Prüfaufwand sehr zeitintensiv. Darüber hinaus lassen die Ergebnisse meist mehrere Schlußfolgerungen zu. Daher werden in Zukunft verstärkt Prozeßsimulationen eingesetzt, die eine systematische Veränderung von Einflußgrößen ermöglichen. Aus den Erkenntnissen der Simulation kann die Prozeßbeherrschung erhöht und die Anzahl der Prüfungen verringert werden.

### 6.5.1.4 Qualitätsberichterstattung

Die Aufgabe des Qualitätsberichtswesens besteht in der periodischen themenbezogenen Fortschreibung von Qualitätskenngrößen, die das aktuelle Qualitätsniveau, aufgeteilt z. B. nach Produktgruppen oder Fertigungslinien, darstellt. Aus der daraus abgeleiteten Dokumentation lassen sich kurz-, mittel- und langfristige

Trends erkennen und somit Qualitätseinbrüche weitgehend ausschließen. Sie dient unter anderem auch dem Management als Entscheidungshilfe.

Die Basis der Qualitäts-Berichterstattung ist ein möglichst umfassendes Qualitäts-Informationssystem, das sich auf verschiedene bereichsorientierte Datenbanken im Unternehmen abstützt. Das Problem der Auswertung liegt einmal in der Menge der zu verarbeitenden Informationen. Zum anderen führen nicht aufeinander abgestimmte Datenbasen bzw. Berechnungsgrundlagen zu nicht vergleichbaren Ergebnissen. CAQ-Bausteine leisten in diesem Zusammenhang einen koordinierenden Beitrag. Sie sind in der Lage, sowohl die Datenmengen in vertretbarer Zeit zu bewältigen als auch die Informationen zu verdichten und die Dokumentation zu harmonisieren.

Die in den Unternehmen eingesetzten Programme für die Qualitäts-Berichterstattung sind meist auf Großrechnern implementiert und Bestandteil von umfangreichen CAQ-Verfahren der Wareneingangs-, Fertigungs- und Endprüfung.

Das Prinzip der Informationsverdichtung kann durch eine hierarchische Ebenenstruktur erreicht werden, die sich an der Organisation des Unternehmens orientiert. Dabei erhält jede Abteilung nur den Informationsgehalt, der zur Bewältigung ihrer Aufgaben erforderlich ist. Bild 6.14 soll dies verdeutlichen.

Die Leistungsmerkmale der CAQ-Bausteine liegen in einer möglichst flexiblen, benutzerfreundlichen Bedienoberfläche am Terminal, einer überschaubaren Verarbeitungsgeschwindigkeit und in der Form der Darstellung, wobei eine graphische Auswertung in vielen Fällen umfangreichen Zahlenkolonnen vorzuziehen ist.

Um eine umfassende Qualitäts-Berichterstattung durchführen zu können, sind folgende Informationen miteinander zu verknüpfen:

| | |
|---|---|
| – technische Daten | Produkt und Prozeßdaten |
| – Kennzeichnungsdaten | Typenbezeichnung, Los- oder Chargen-Nr., Serien-Nr. |
| – betriebswirtschaftliche Daten | Mengen, Prüfzeit, Kostenstelle |
| – Qualitätsdaten | Meß- und Prüfergebnisse mit Angaben von Ort und Zeitpunkt, Ausfall- bzw. Ausschußraten |

| Ebene | Information z.B. |
|---|---|
| Unternehmensleitung | Auswertungen von Qualitätskennzahlen bezogen auf Produktgruppen (Q-Report) |
| Leitung der Qualitätssicherung | Wochen-, Monats-, Jahresauswertungen Fehlerschwerpunkte (Pareto-Diagramme) bezogen auf Fertigungslinien |
| Meisterbüro Q-Beauftragter | Auswertungen der Prüfergebnisse je Schicht und Fertigungslinie; Trenduntersuchungen von Q-Merkmalen (SPC); Prozeßfähigkeitsauswertungen |

**Bild 6.14**   Ebenenstruktur bei der Qualitätsberichterstattung

Für eine durchgehende produkt- bzw. prozeßbezogene Qualitäts-Berichterstattung ist es unabdingbar, daß die Datenhaltung in allen Prüfstufen nach abgestimmten, vergleichbaren Grundsätzen erfolgt.

## 6.5.2 CAQ-Bausteine für Maßnahmen am Fertigungsverfahren

In Anlehnung an Abschnitt 6.3.2 lassen sich mögliche CAQ-Bausteine zur Unterstützung von QS-Maßnahmen nach den zwei Wirkungsbereichen

- Prozeßplanung und
- Prozeßdurchführung und -überwachung

unterscheiden.

Eine qualitätsgerechte Prozeßplanung kann vor allem durch die Bereitstellung planungsrelevanter QS-Informationen unterstützt werden. CAQ-Bausteine zur Unterstützung dieser Aufgaben haben den Charakter von Informationssystemen. Diese müssen dafür sorgen, daß benötigte Informationen problemgerecht, in entsprechendem Umfang und Detaillierungsgrad, am gewünschten Ort und zum richtigen Zeitpunkt angeboten werden können. Die Prozeßplanung wird so in ihren indirekten Tätigkeiten (Informationen beschaffen und auswerten) unterstützt, und zwar gerade unter dem Gesichtspunkt einer sicheren und qualitätskonformen Fertigung. Aus dieser Aufgabenbeschreibung geht hervor, daß gerade solche CAQ-Bausteine unternehmensspezifisch konzipiert und entwickelt werden müssen.

Ein erster Schritt für eine planungsbegleitende Verarbeitung von QS-Informationen ist die Anwendung der Prozeß-FMEA (Fehler-Möglichkeits- und Einfluß-Analyse [VDA86]). Eine rechnerunterstützte FMEA setzt einen geregelten Ablauf dieser neuen Methode voraus. Das bedeutet, daß sich alle zukünftigen Anwender mit ihr vertraut machen müssen und die Methode in den Planungsablauf integriert werden muß.

Es ist in der nächsten Zeit zu erwarten, daß FMEA-Pakete marktfähig angeboten werden. Erste Prototypen unterstützen das Ausfüllen und Verwalten der FMEA-Formblätter [GFMT87].

Die Unterstützung der Prozeßgestaltung und Maschinenauswahl durch Prozeß- und Maschinenfähigkeitskennwerte setzt statistische Methoden in der Prozeßdurchführung und -überwachung voraus. Das Schlagwort dafür ist „statistische Prozeßregelung" oder „*St*atistical *P*rocess *C*ontrol (SPC)".

Die statistische Prozeßregelung ist in ihrem Ablauf systematisiert. Ein sich immer weiter durchsetzender Standard ist die Ford-Richtlinie Q101 [FORD85].

Zusammengefaßt stellt sich der Ablauf folgendermaßen dar:

1. Festlegen einer Regelkarte,
2. Ermitteln der Eingriffsgrenzen,
3. Aufnehmen der Prozeßdaten,
4. Interpretieren der Prozeßdaten,
5. Ergreifen von Maßnahmen zur Abstellung von Fehlern,

6. Ermitteln von Fähigkeitskennwerten des Prozesses,
7. Ergreifen von Verbesserungsmaßnahmen.

In Qualitätsregelkarten werden charakteristische Werte der Qualitätsmerkmale im zeitlichen Verlauf aufgenommen. Es gibt grundsätzlich Regelkarten für variable und für attributive Merkmale bezogen auf das zu produzierende Werkstück. Diese unterscheiden sich weiter nach der Art der einzutragenden statistischen Kennwerte (z. B. $\bar{x}$-R, $\bar{x}$-S oder x-Median-Karten). In einem Produktionsvorlauf werden Eingriffsgrenzen berechnet, die in der nachfolgenden Fertigung einen Orientierungspunkt dafür bieten, im Prozeß signifikante Veränderungen zu erkennen. Diese Eingriffsgrenzen müssen immer mit einem Sicherheitsabstand unterhalb der geforderten Toleranzgrenzen liegen.

Nachdem die Prozeßdaten in die Regelkarten aufgenommen wurden, können die Daten regelkartenspezifisch nach verschiedenen Gesichtspunkten wie

- Überschreiten der Eingriffsgrenzen,
- Trends innerhalb der Eingriffsgrenzen,
- nicht zufällige Kurvenverläufe oder
- systematische Streuungseinflüsse

interpretiert werden.

Anhand dieser Informationen können – sofern erforderlich – kurzfristige Maßnahmen ergriffen werden, wie Nachstellen oder Abschalten der Bearbeitungsmaschine.

Über einen längeren Zeitraum erhobene Prozeßdaten bilden die Grundlage für die Berechnung von Fähigkeitskennwerten, die Anhaltspunkte zum Ergreifen von Verbesserungsmaßnahmen ergeben. In Bild 6.15 können folgende Prozeßzustände unterschieden werden:

Situation A: Durch systematische Störeinflüsse ist der Prozeß außer Kontrolle. Es sind Maßnahmen zur Eliminierung dieser Einflüsse notwendig.

Situation B: Der Prozeß ist unter Kontrolle. Die relativ große Streuung aufgrund zufälliger Störeinflüsse erfordert eine weitere Optimierung.

Situation C: Der Prozeß ist unter Kontrolle. Streuungen durch Zufallseinflüsse sind stark reduziert.

Eine Reihe solcher Systeme ist heute am Markt verfügbar. Es werden auch Systeme auf Kleinrechner- oder PC-Basis angeboten, wobei die Richtlinie Q101 ein Standard ist.

Ein sinnvoller Einsatz dieser CAQ-Bausteine ist vor allem dann gegeben, wenn eine integrierte Regelung (vgl. Bild 6.16) prozeßnah installiert werden kann. Das setzt voraus, daß die Prozeßdaten bereits rechnerunterstützt erfaßt vorliegen und für die Datenschnittstelle exakt definiert sind. Der Einsatz der statistischen Prozeßregelung für Fertigungsprozesse, deren wesentliche Einflußparameter bekannt und beherrscht sind, erspart eine 100%-Prüfung und minimiert Nacharbeit und Ausschuß. Eine signifikante Änderung der Einflußparameter wird schnell erkannt, so daß die Bereinigung der Symptome wie Nacharbeit, Ausschuß und 100%-Prüfung den Ausnahmefall bildet.

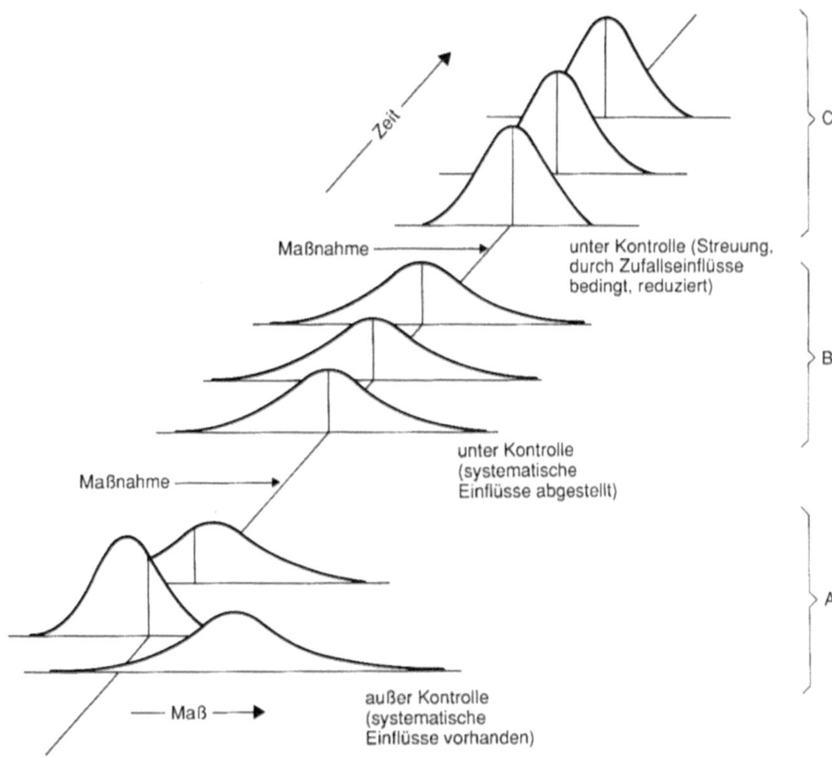


**Bild 6.15**  Charakteristische Prozeßzustände

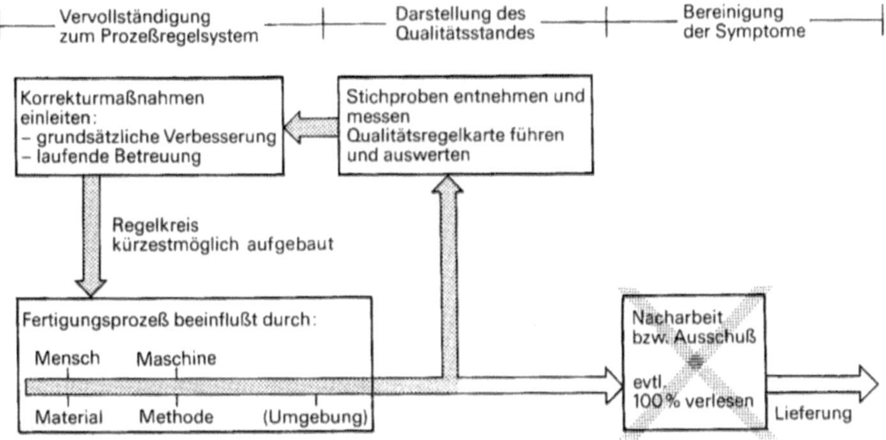


**Bild 6.16**  Prozeßregelsystem [nach BOSC86]

### 6.5.3 CAQ-Bausteine für Maßnahmen am CAQ-System selbst

Da Software für den Benutzer nur eine Komponente beim Einsatz der Informationsverarbeitung darstellt, muß zwischen der Qualität der Informationsverarbeitung und der Softwarequalität unterschieden werden.

Für bestimmte Qualitätsanforderungen gibt es alternative Möglichkeiten. Sie können in der Hardware, in der Software oder in der Organisation realisiert sein. Es ist daher zweckmäßig, die Qualität von Hardware, Software und Organisation aufeinander abzustimmen und als Bestandteil eines Systems anzusehen [AWV87]. Ein Softwareprodukt soll nach seiner Fertigstellung bestimmte Anforderungen erfüllen und bestimmte Qualitätsmerkmale aufweisen. Während die Qualität von Hardware relativ gut beurteilt werden kann, gibt es bei der Softwarebeurteilung noch erhebliche Schwierigkeiten. Eine gesicherte Meinung besteht inzwischen in der Bestimmung von Qualitätsmerkmalen. Prüfbare Qualitätsmerkmale sind:

- *Brauchbarkeit*
  Sie beschreibt den Nutzen des Softwareproduktes mit den Aspekten hinreichender Zuverlässigkeit, Effizienz und Benutzerfreundlichkeit.
  - Zuverlässigkeit ist die Wahrscheinlichkeit, mit der die Software unter festgelegten Bedingungen während eines Zeitintervalls die Funktion erfüllt und die spezifischen Leistungen erbringt.
  - Effizienz ist ein Maß für das Verhältnis der Ausnutzung vorhandener Ressourcen zur Erfüllung der gestellten Aufgabe.
  - Benutzerfreundlichkeit ist die Eigenschaft der Software, mit einem Minimum an Zeit und Aufwand des Benutzers und Erhaltung seiner Motivation die Aufgabe zu erfüllen.

- *Wartbarkeit*
  Der Benutzer muß mit vertretbarem Aufwand die Software verstehen, ändern und testen können.
  - Verständlichkeit ist der Grad, in dem Zweck und Arbeitsablauf der Software einem Außenstehenden bei der Durchsicht der Unterlagen klar werden.
  - Änderbarkeit ist der Grad, in dem die Software den Einbau von Verbesserungen, Ergänzungen und Anpassungen ermöglicht.
  - Testbarkeit ist der für eine Software erforderliche Prüfaufwand, der sicherstellt, daß die geforderten Funktionen richtig ausgeführt werden.

- *Portabilität*
  Dies ist die Fähigkeit eines Software-Produktes, auf ein anderes Rechnersystem übertragen zu werden.


Auch die Maßnahmen zur Software-Qualitätssicherung kosten Zeit und Geld. Der Nutzen ist selten unmittelbar zu sehen. Die Auswahl der QS-Maßnahmen hängt von der Software und den Qualitätsanforderungen ab. Daher sind zur kritischen Prüfung der angewendeten QS-Maßnahmen Personal- und Zeitaufwand und die Ergebnisse systematisch zu dokumentieren, um eine Kosten-/Nutzenbetrachtung zu ermöglichen.

Werkzeuge, die ausschließlich der Software-Qualitätssicherung dienen, werden heute auf dem Markt nur in geringem Umfang angeboten. Es werden hier, teilweise in modifizierter Form, die Werkzeuge der Software-Entwicklung wie Struktogramm- und Flußdiagramm-Editoren, Compiler, Programm-Analysatoren, Simulatoren und ähnliches verwendet.

Für die Qualitätssicherung lassen sie sich allgemein einteilen in:

- Werkzeuge zur Unterstützung der Phasen im Software-Lebenszyklus,
- Werkzeuge zur Automatisierung der Phasenübergänge im Software-Lebenszyklus,
- Werkzeuge zur Unterstützung der Versionshaltung und zur Zugriffsregelung,
- Werkzeuge zur Projektsimulation und zur Managementinformation.

Beispiele für Methoden, Verfahren und Werkzeuge für die Qualitätssicherung im Software-Lebenszyklus zeigt Bild 6.17.

| Phase | | Dokumente | Methoden, Verfahren, Tools zur Qualitätssicherung (Beispiele) |
|---|---|---|---|
| Definition | Analyse | | Baumhierarchie<br>Top-Down<br>Reviews<br>Checklisten |
| | Spezifikation | Projektplan<br>Pflichtenheft<br>Spezifikation<br>Benutzerhandbuch<br>Testpläne<br>Entwicklungshandbuch | Aufgabenbaum<br>SADT<br>SDL<br>PROMOD |
| Entwurf | Systementwurf | Grobentwurf<br>Schnittstellenentwurf<br>Netzplan | SW-Entwicklungsprinzipien<br>Checklisten<br><br>Netzplantechnik<br>Walk through<br>SDL |
| | Modulentwurf | Feinentwurf<br>MA.-Auslastungsplan<br>Struktogramme | HIPO usw.<br>EPOS<br>Walk through |
| Implementierung | Codierung und Einzeltest | Listings<br>Testprotokolle | Top Down<br>Compiler usw.<br>Walk through<br>Review<br>EPOS |
| | Integration | Testprotokolle | Review |
| | Inbetriebnahme | Protokoll | Review |
| | Wartung | Handbücher<br>Wissensbasen | Eigen- und Ferndiagnose |

**Bild 6.17**   Qualitätssicherung im Software-Lebenszyklus

## 6.5.4 Integration der CAQ-Bausteine

In einer modernen Fertigungsumgebung, in der die Fertigungsprozesse und die Qualität der eingekauften und eigengefertigten Erzeugnisse immer stärker überwacht werden, wird eine Vielzahl von Prüf- und Überwachungssystemen eingesetzt. Teile der Qualitätssicherung sind eingebettet in die organisatorischen und technischen Abläufe der Fertigungsprozesse.

Eine moderne CAQ-Konzeption hat diese Bedingungen zu beachten, die vielen Automatisierungsinseln zu berücksichtigen und muß sich in eine Konzeption der rechnerintegrierten Fertigung einbinden lassen [HARB87].

Die Funktionen eines CAQ-Systems sind aufs engste untereinander und mit den Funktionen anderer rechnerunterstützter Systeme verbunden. Über geeignete Schnittstellen ist ein Daten- und Informationsaustausch vorzusehen (siehe Abschnitt 6.4).

Die Notwendigkeit von Datenschnittstellen bedeutet jedoch nicht, daß alle Anwendungssysteme auf einem zentralen Rechner ablaufen müssen. Moderne Konzeptionen gehen im Gegenteil in die Richtung dezentraler, miteinander vernetzter verteilter Systeme. Meist werden hier hierarchische Rechnerstrukturen verwendet (siehe Bild 6.18).

Vorteile von verteilten Rechnersystemen bei gleichzeitiger Einbindung in eine gemeinsame Rechnerhierarchie sind:

- hoher Systemdurchsatz,
- auf jeder Ebene werden im wesentlichen nur die Daten verwendet, die auf dieser Ebene wichtig sind,

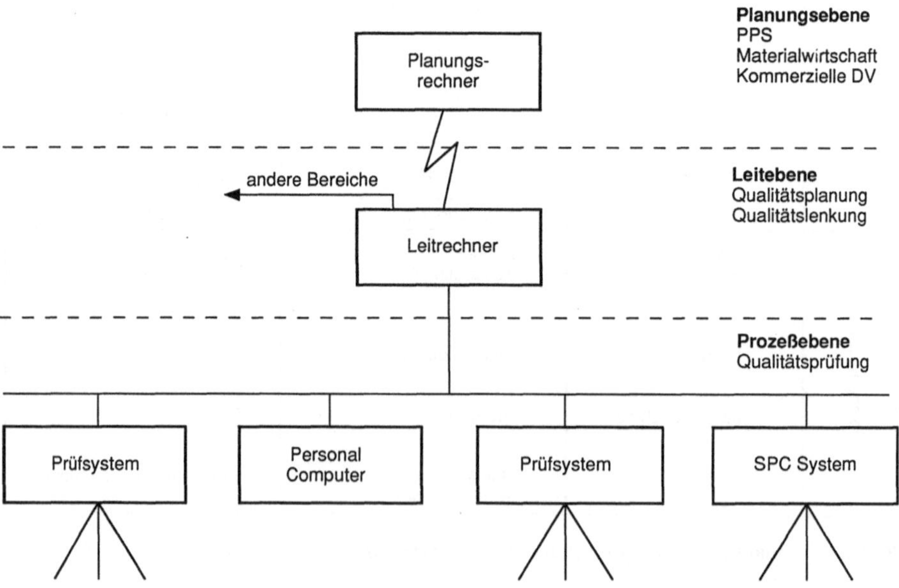


**Bild 6.18**    CAQ im Mehrebenen-Rechnerkonzept

- keine Überlastung mit Funktionen und Daten anderer Anwendungssysteme und Hierarchieebenen,
- hohe Betriebssicherheit durch möglichst autarke Rechner.

Zwischen den einzelnen Hierarchieebenen ist der Informations- und Datentransfer durch Vernetzung zu organisieren. Von oben nach unten, also von der planenden Ebene zur operativen Ebene, werden die Vorgabedaten, z. B. die Prüfpläne, transportiert und durch die steuernde Ebene auftragsbezogen als Prüfanweisung für die Prozeßebene verändert.

In der anderen Richtung, von der operativen zur planenden Ebene, durchlaufen die Istdaten, beispielsweise Meß- und Fehlerdaten, verschiedene Verdichtungs-, Speicherungs- und Dokumentationsstufen [BLÄS87].

Für die Implementierung eines Qualitätssicherungssystems in einer solchen Technik sind einige Randbedingungen vorgegeben. Wie in Abschnitt 6.2 beschrieben, besteht der gesamte Qualitätssicherungsprozeß aus einer Reihe von Regelkreisen. Um in diesen Kreisen möglichst unmittelbar reagieren zu können, werden Prüfungen direkt in den Fertigungsprozeß eingebunden. Wegen der erhöhten Aussagekraft, der Möglichkeit der frühzeitigen Fehlererkennung und der breiten Anwendbarkeit statistischer Methoden wird in verstärktem Maße zu messender Prüfung und direkter Verarbeitung der Meßdaten übergegangen. Dieser Trend führt zu einem verstärkten Einsatz von automatischen Prüf- und Testsystemen. All dies läßt die Menge der Qualitätsdaten aus den verschiedensten Bereichen stark anwachsen.

Daraus folgt für ein modernes CAQ-System, daß sein operatives Kernstück ein Leitsystem für die Qualitätssicherung sein muß, das insbesondere die Abwicklung der manuellen und automatischen Prüfung unterstützt. Ein wesentlicher Bestandteil dieses CAQ-Leitsystems ist die Integration der dedizierten Prüfsysteme und Datenerfassungsinseln auf der Prozeßebene [HARB87]. Bild 6.19 zeigt schematisch den Informationsfluß zwischen Leitrechner und einem autonomen Prüfsystem.

Wesentlich für ein korrektes Zusammenspiel der einzelnen Hierarchieebenen ist die zwischen und auf ihnen installierte Netzwerkstruktur. Nur eine gesicherte und schnelle Datenübertragung gewährleistet die geforderten CAQ-Funktionen. Der Einsatz von LAN's (Local Area Networks) wie Ethernet, Token Ring und Token Bus ist inzwischen Industriestandard. Diese Techniken sind auch für die Vernetzung von CAQ-Systemen einsetzbar. Auf der untersten Ebene, den Meß- und Prüfgeräten, werden auch Verbindungen mit Hilfe der an den meisten Rechnern vorhandenen IEC-Bus-Schnittstelle oder der V24-Schnittstelle verwirklicht.

Die Sicherung der Datenübertragung übernehmen Hardware- und Software-Protokolle, in denen in einer normierten Form die Art und Weise der Datenübertragung beschrieben ist. Für die Zukunft verspricht das von der internationalen Normenorganisation ISO definierte OSI (Open Systems Interconnection) 7-Schichten-Modell eine gesicherte und genormte Datenübertragung zwischen Rechnern und peripheren Geräten der verschiedensten Hersteller. Basierend auf diesem Modell wird z. Z. von Anwendern sowie Rechner- und Netzwerkproduzenten das Manufacturing Automation Protocol MAP entwickelt. Dies wird in

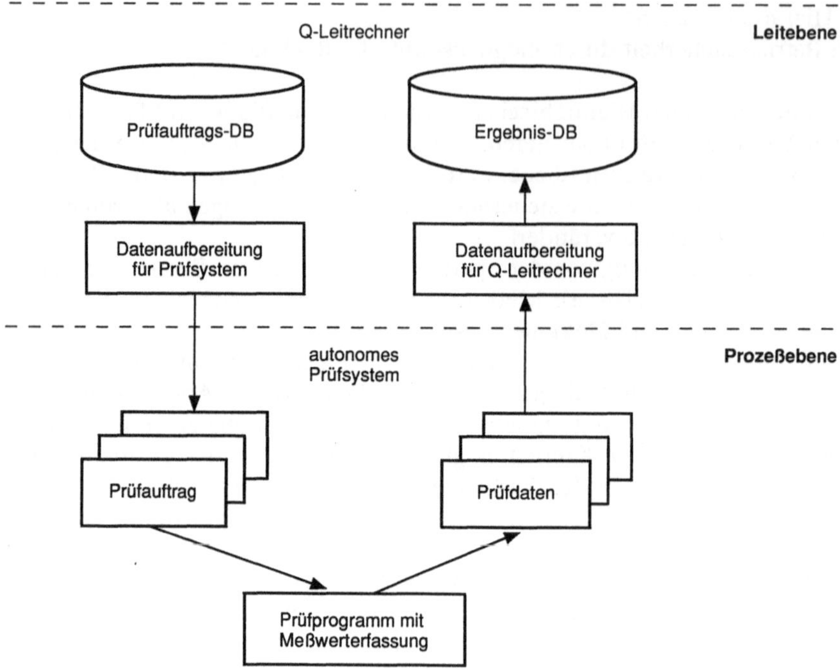


**Bild 6.19**    Beispiel für Datenfluß zwischen Leitrechner und Prüfsystem

der Zukunft auch für die Integration von CAQ-Systemen die gesicherte Vernetzung der Einzelkomponenten gewährleisten.

Eine grundlegende Voraussetzung für eine Integration von CAQ-Bausteinen ist die Installation einer logischen Datenbasis (eine oder mehrere Datenbanken) für Qualitätsdaten. Nur so ist gewährleistet, daß kein Datum verloren geht und alle Daten ab dem Entstehungszeitpunkt allen relevanten Stellen zur Information und Auswertung zur Verfügung stehen.

Nach heutigen Erkenntnissen ist die Trennung der Qualitätsdaten im CAQ-System in drei zu unterscheidende Formen, nämlich die

- Vorgabedaten (Solldaten im Prüfplan),
- Prüfdaten (Istdaten durchgeführter Prüfungen) und
- Ergebnisdaten (bewertete und verdichtete Prüfdaten)

Voraussetzung für die Funktionsfähigkeit der rechnerintegrierten Qualitätssicherung [BLÄS87].

Aus wirtschaftlichen Gründen empfiehlt es sich häufig, für ein CAQ-System Rechner und Netzwerke der Planungs- und Leit-Ebene anderer Anwendungen in der Fabrik mit zu benutzen. Hardware-, Software- und Systembetreuungskosten lassen sich dadurch erheblich senken bzw. minimieren.

Alle beschriebenen Maßnahmen zur Integration von CAQ-Bausteinen sind jedoch nicht exklusiv nur für diese einsetzbar. Sie sind ebenso für die Integration des Gesamtsystems CAM nutzbar. Aus diesem Grund wurden sie in diesem Abschnitt nicht detailliert, da sich Kapitel 7 der Gesamtproblematik widmet und Einzelheiten dort nachgelesen werden können.

### 6.5.5 Zukünftige Entwicklungen

Neben dem Ausbau und der Weiterentwicklung der schon heute verfügbaren Verfahren der rechnerunterstützten Qualitätssicherung (siehe Abschnitte 6.5.1 bis 6.5.4) verspricht vor allem der Einsatz von Verfahren der künstlichen Intelligenz (KI) eine wesentliche Unterstützung der Arbeit der QS-Fachleute. Dieses sehr weit gefächerte Forschungsgebiet der Informatik umfaßt unter anderem Mustererkennung (pattern-recognition) und Bilddatenverarbeitung, das Verstehen von natürlicher Sprache und die Expertensysteme. Alle diese Verfahren beruhen darauf, daß im Rechner eine Wissensbasis aufgebaut wird, in der das Wissen zur Lösung ganz bestimmter Probleme gespeichert werden kann [SCHI86]. Der Inhalt dieser Basis kann dann genutzt werden, um Lösungsalternativen für ein beschriebenes Problem zu finden. Durch Bewerten der Alternativen und Beachten der Randbedingungen (Eingabeparameter) kann eine Auswahl der für das Problem optimalen Lösung erfolgen.

Der Hauptantrieb für die Entwicklung und den Einsatz solcher wissensbasierter Systeme ist der Wunsch – oder der Zwang –, vorhandenes Wissen über komplexe Systeme für Anwender aus unterschiedlichen Bereichen eines Unternehmens verfügbar zu machen.

Bevor Einsatzmöglichkeiten dieser noch sehr neuen und noch nicht zum Durchbruch gekommenen Technik beschrieben werden, wird in knapper Form der Begriff „Expertensystem" definiert.

Grundsätzlich sind allen Methoden der künstlichen Intelligenz, und damit auch den Expertensystemen, zwei Eigenschaften gemeinsam:

- Es existiert keine algorithmische Beschreibung für einen Lösungsweg, und
- der Schwerpunkt liegt hier im Gegensatz zur herkömmlichen Datenverarbeitung bei der Manipulation von Symbolen und weniger bei der Verarbeitung von numerischen Daten.

Letzteres führt dazu, daß die Softwarewerkzeuge, speziell die Programmiersprachen, Symbolverarbeitung unterstützen müssen. Die bekanntesten Sprachen für die Programmierung von Expertensystemen sind LISP und PROLOG, jedoch lassen sich auch mit konventionellen Sprachen wie FORTRAN oder PASCAL wissensbasierte Systeme implementieren.

Ein voll ausgebautes Expertensystem besteht im allgemeinen aus drei Teilen, die über eine möglichst komfortable Dialogkomponente mit dem Benutzer kommunizieren (Bild 6.20):

1. Eine Wissensbasis, in der das Fachwissen von Experten in Form von Fakten und Regeln abgelegt wird.
   Eng verbunden damit ist die Wissensakquisition zur Aufnahme von Expertenwissen. Hier liegt unter anderem ein Problem in der psychologischen Komponente. Wissen kann dann sicher und präzise erfaßt werden, wenn für den Wissensgeber ein persönlicher Vorteil erkennbar ist.

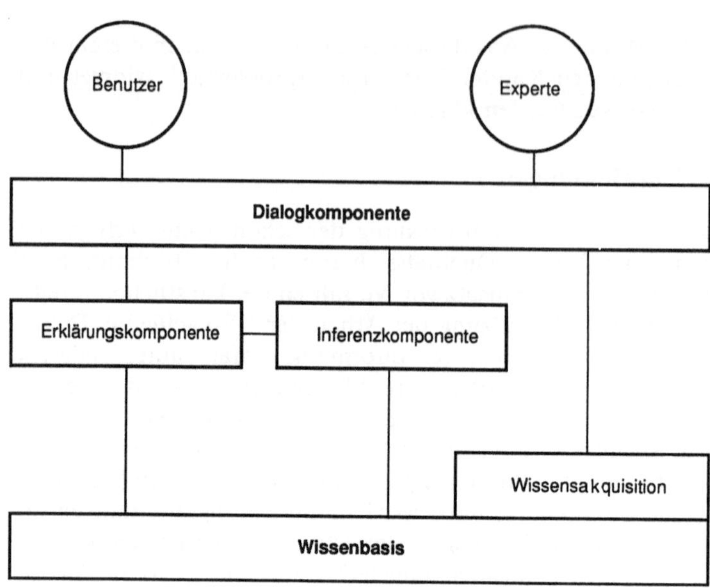


**Bild 6.20**    Komponenten eines Expertensystems

2. Ein Inferenzmechanismus (Schlußfolgerungsverfahren), der den Inhalt der Wissensbasis (vorhandenes Wissen) nach verschiedenen Strategien verknüpft, Schlußfolgerungen daraus zieht und Problemlösungen vorschlägt.
3. Eine Erklärungskomponente zur Erklärung der Problemlösung.

Expertensysteme bieten Lösungen für solche Probleme, die konventionell, wenn überhaupt, nur mit sehr hohem Programmieraufwand gelöst werden können. Beherrscht man die Werkzeuge zur Expertensystementwicklung (Expertensystem-Shells, Sprachen der künstlichen Intelligenz), kann man über die auf einer höheren Abstraktionsebene mögliche Problembeschreibung relativ schnell eine Problemlösung finden.

Interessante Einsatzgebiete für Expertensysteme in der Qualitätssicherung sind die Analyse und die Interpretation von Prüfergebnissen, die Diagnose von Fehlern und die Erarbeitung von Maßnahmen zur Fehlerbehebung. Weiterhin kann die Konfiguration von Produkten durch Nutzung von Expertensystemen einen vorteilhaften Einfluß auf die Qualität dieser Erzeugnisse ausüben.

Expertensysteme wurden zur Deutung medizinischer Befunde eingesetzt, z. B. das System MYCIN zur Diagnose von Blutinfektionen, MED2 als allgemeine Diagnose-Shell. Firmen, die innerhalb der Qualitätssicherung rechnerunterstützte Testsysteme einsetzen, erweitern diese um Expertensystemkomponenten, die die vorliegenden Testergebnisse für Diagnosezwecke nutzen. So wurden in der Turbinenfertigung bei Westinghouse wissensbasierte Diagnosesysteme eingesetzt wie auch bei der Motorenfertigung von Daimler Benz und BMW. Die beiden letztgenannten Firmen benutzen das System IXMO [MERT86].

IXMO läuft auf einem Prüffeldrechner und berät einen Arbeiter bei der Nacharbeit von Teilen (Bild 6.21). Das Expertensystem stellt anhand der vom Prüf-

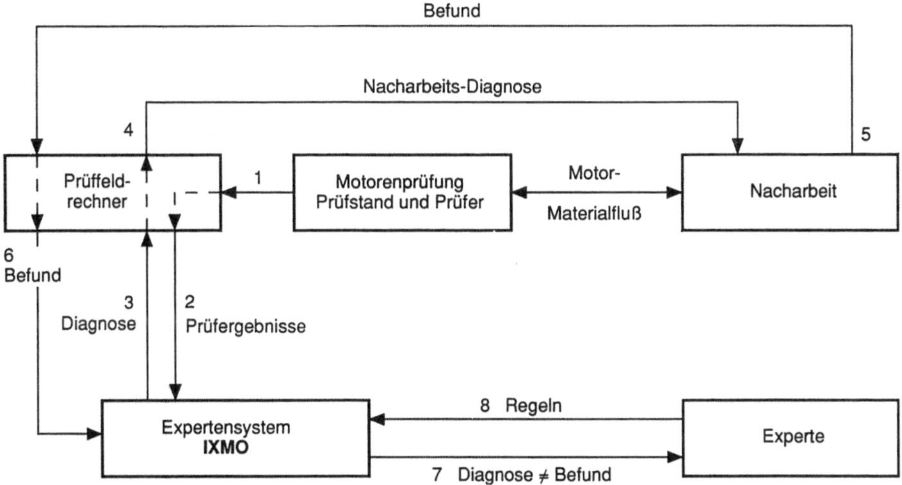


**Bild 6.21**   Integration des Expertensystems IXMO (nach [ERNS87]

feldrechner übertragenen Daten und der ihm aus der Wissensbasis bekannten Regeln eine Diagnose. Diese wird vom Nacharbeiter per Bildschirm angefordert und um den Befund ergänzt. Im Rechnersystem wird durch Vergleich von Diagnose und Befund festgestellt, bei welchen Motoren die Diagnose nicht eindeutig oder falsch war. Der Experte analysiert diese Vorgänge genauer und erarbeitet neue Regeln, die in das System eingegeben werden, um damit den Wissensumfang zu erweitern [ERNS87]. Die Zahlen in Bild 6.21 geben die Reihenfolge im Prüfablauf an.

Systeme wie XCON zur Konfiguration von Rechnersystemen (Digital Equipment Corp.) oder KONFIX zur Konfiguration von Telefonanlagen (TELE-NORMA [AUTE88]) haben für die Qualitätssicherung wichtige Vorteile:

- Zum einen enthalten alle Konfigurationen, die bestimmte Funktionen erfüllen sollen, gleiche Einzelkomponenten. Dies erleichtert die Erstellung von Wartungsanweisungen und führt zu verbesserten Serviceleistungen.
- Zum anderen können durch das Konfigurationssystem für komplizierte Anlagenaufbauten automatische Testprozeduren generiert werden. Dadurch reduzieren sich die Prüfzeiten.

Die Einsatzmöglichkeiten der Mustererkennung und Bilddatenverarbeitung sind zum heutigen Zeitpunkt in ihrer Tragweite kaum überschaubar, sie versprechen jedoch entscheidende Verbesserungen für die Qualitätssicherung.

Zusammenfassend kann man feststellen, daß die Qualitätssicherung ein weites Feld für den Einsatz der Methoden der künstlichen Intelligenz darstellt. Nicht allein die Diagnosesysteme können hier wichtige Beiträge leisten. Vor allem bieten die Expertensysteme und die wissensbasierte Methode die Möglichkeit, abteilungsübergreifend, beispielsweise bei der Konstruktion, qualitätssichernde Gesichtspunkte zu berücksichtigen. Genauso ist es möglich, das Wissen der Experten aus der Qualitätssicherung per Expertensystem dem Servicetechniker vor Ort zugänglich zu machen.

## 6.6 Beitrag von CAQ zur Wirtschaftlichkeit vom CAM

Der Einsatz von rechnerunterstützten Fertigungsmethoden (CAM) führt nicht zwangsläufig zu einer höheren Qualität der Produkte. Die Kombination von CAM mit herkömmlichen Methoden der Qualitätssicherung ist in vielen Fällen sehr wirksam. Wenn man aber CAM einsetzt, dann sollten in der Qualitätssicherung die Chancen genutzt werden, ebenfalls die Rechnerunterstützung weitgehend anzuwenden. In beiden Extremfällen,

- Fertigung und Qualitätssicherung mit herkömmlichen Methoden und Mitteln,
- CAM und CAQ in optimalem Zusammenwirken,

werden sich die Anstrengungen, bestimmte Qualität zu liefern, stark unterscheiden. Damit unterscheiden sich auch die wirtschaftlichen Grundlagen für die Erzeugung von Qualität.

Der Beitrag der Qualitätssicherung zur Wirtschaftlichkeit von CAM kommt aus zwei Richtungen:

(1) Entwicklungs- und Fertigungsmethoden mit CAM verursachen besondere Kosten bei der Qualitätssicherung, haben aber auch Vorteile.
(2) Das Qualitätssicherungssystem sollte sich dem DV-Charakter von CAM anpassen und die Vorteile weitmöglichst nutzen. Ein CAQ-System der Art, wie es in den vorangehenden Abschnitten beschrieben wurde, hat aber auch seine Vorteile.

Beide Punkte haben ihre speziellen Wirkungen auf die Wirtschaftlichkeit, die nur bedingt voneinander abhängen. Es ist daher sinnvoll, zuerst getrennte Betrachtungen durchzuführen und dann einen Vergleich vorzunehmen.

Dieser Abschnitt befaßt sich ausschließlich mit dem Kosten-Nutzen-Vergleich unter Qualitätsaspekten nach (1). Wie die Wirtschaftlichkeit der Investition von CAQ-Bausteinen und CAQ-Systemen nach (2) ermittelt werden kann, ist von vielen Randbedingungen abhängig und wird in der Literatur beschrieben [DGQ87]. Für begrenzte Anwendungsbreite und -tiefe ist eine Investitionsrechnung oft durchführbar. Für komplexe Systeme ist eine solche Betrachtung mit den gleichen Schwierigkeiten behaftet wie für jede andere komplexe DV-Anwendung. Sie würde den Rahmen dieses Handbuches sprengen.

Nach DIN 55350 Teil 11 sind Qualitätskosten definiert als „Kosten, die vorwiegend durch Qualitätsforderungen verursacht sind". Sie werden in vier Kategorien eingeteilt und verteilen sich üblicherweise auf diese im Rahmen der nachstehenden Prozentsätze (von den gesamten Qualitätskosten):

| | |
|---|---:|
| 1. Fehlerverhütungskosten | 2– 5% |
| 2. Kosten für Qualitätsprüfungen | 20–40% |
| 3. Kosten durch intern festgestellte Fehler | 30–50% |
| 4. Kosten durch extern festgestellte Fehler | 10–30% |

Die genannten Prozentsätze hängen von der Branche, der Komplexität des Produktes und dem Produkteinsatz sowie vom Sicherheitsrisiko und von behördlichen Vorschriften ab.

Untersuchungen über Qualitätskosten dienen zu deren Optimierung: es wird versucht, eine Qualitätssteigerung bei gleichzeitiger Kostensenkung zu erzielen. Die absolute Höhe der Einsparungen hängt von den getroffenen Maßnahmen ab und ist für eine Organisationseinheit spezifisch. Die gesamten Qualitätskosten kann man in der geschäftlichen Kostenrechnung nicht direkt ablesen. Sind sie definiert, dann kann man sie erfassen und optimieren. Dazu müssen aus den Kostenstellen und Kostenträgern die entsprechenden Kosten ausgesondert und in geeigneter Weise zusammengefaßt werden.

Es ist sicher, daß Einführung und Gebrauch von CAM die Qualitätskosten verändern. Häufig zeigt sich, daß die Qualitätskosten hinter den Personal- und Materialkosten die drittgrößte Kostengruppe sind. Oft übersteigen sie die Forschungs- und Entwicklungskosten beträchtlich. Es werden Qualitätskosten von Unternehmen genannt, die zwischen 4% und 25%, in Extremfällen bei 40% vom Umsatz bzw. von den Gesamtprojektkosten liegen [SPIT87, BECK87]. Die einzelnen Bestandteile der Qualitätskosten müssen daraufhin untersucht werden, welche Einflüsse die Rechnerunterstützung in den Erstellungsphasen eines Produktes auf sie hat.


## 6.6.1 Fehlerverhütungskosten bei Einsatz von CAM

Fehlerverhütungskosten entstehen durch vorbeugende Maßnahmen zur Sicherung der Qualität. Es sind dies die Kosten

- für die Qualitätsplanung vor und in der Entwicklung,
- für die Beurteilung der Qualitätsfähigkeit von Produktionsanlagen,
- für interne und externe Beratung sowie
- für zusätzliche CAQ-bedingte Einrichtungen.

Besondere Beiträge durch die Einführung der rechnerunterstützten Fertigung zu den Fehlerverhütungskosten sind:

- Die anteiligen Kosten für die Qualitätssicherung der Hard- und Software des CAM-Systems und die Kosten für die Ergänzung durch CAQ-Bausteine oder durch ein sogenanntes CAQ-System (Programm, Qualitätssicherung der Software, Eingabe, Überprüfung).
- Die Kosten für die erstmalige Aufnahme von Qualitätsdaten in das CAQ-System, die erhebliche Zusatzinvestitionen in Hard- und Software ausmachen können. (Sie sind entschieden höher als bei konventioneller Erfassung). „Erstmalig" gilt in beschränktem Maße auch noch bei jedem Neuteil und jeder Änderung, solange zusätzliche Maßnahmen für die Erfassung der Daten getroffen werden müssen.
- Das Einrichten eines On-line-Abfragesystems (Datenbanken) für die Fehlererkennung (nach Fehlerart, -ort, -ursache) und Abhilfemaßnahmen. Sie verursachen anfänglich hohe Kosten, während die Kosten für die routinemäßige

Pflege dieser Datenbanken im Normalfall von untergeordneter Bedeutung sind.
- Das Implementieren und Einführen von Methoden der Statistischen Prozeßregelung in das CAQ-System, die direkt an der Maschine wirksam sind, ohne Umweg über die Bedienperson.

Es sind also im wesentlichen die zusätzlich in der DV-Abteilung anfallenden oder bei der DV-Implementierung notwendigen Investitionen und Dienstleistungen im weitesten Sinne, die die Fehlerverhütungskosten gegenüber der konventionellen Abwicklung erhöhen. Bei sachgemäßer Bewältigung der Aufgaben sollten jedoch die in späteren Zeitabschnitten anfallenden Fehlerverhütungskosten geringer werden.

## 6.6.2 Prüfkosten bei Einsatz von CAM

Prüfkosten sind die Kosten, die bei der (planmäßigen) Überwachung und Lenkung der Qualität entstehen. Hierzu gehören im wesentlichen Kosten für:

- Wareneingangsprüfung,
- Zwischenprüfung in der Fertigung,
- Endprüfung am Fertigprodukt (Funktionsprüfung),
- Montageprüfung (Eigenabnahme beim Kunden),
- Abnahme- und Zulassungsprüfung durch externe Stellen,
- Prüfplanung,
- Qualitätslenkung,
- Prüfmittelentwicklung (einschl. Prüfverfahren),
- Prüfmittelinvestitionen,
- Prüfmittel-Instandhaltung einschl. Kalibrierung,
- Gutachten und Freigaben,
- die zusätzlichen Laboruntersuchungen in Eigen- oder Fremdleistung,
- Audits.

Niedrige Prüfkosten setzen voraus, daß die Maßnahmen zur Fehlerverhütung einschließlich der Schulung auch erfolgreich abgeschlossen wurden. Die Zwischenprüfungen und die Endprüfung von Teilen werden in der Regel bei guter Beherrschung der Prozesse mit CAM wesentlich geringeren Umfang und geringere Kosten ausweisen. Das gleiche gilt für die Qualitätslenkung, die automatisch durch die Maschinen ausgeführt wird, sofern sie überhaupt notwendig ist.

Verteuernd wirken Maßnahmen für Qualitätssicherung am Prozeß durch vermehrte Installation von Sensoren und entsprechenden Auswertungs-, Anzeige- und Regeleinrichtungen. Ähnliches gilt im Einzelfall auch für qualitätsbedingte zusätzliche Entwicklungskosten und Versuche, z. B. bei Änderungen in der Fertigung. Die höheren Wartungs- und Instandhaltungskosten der CAQ-Einrichtungen, die meist in den Ingenieur- und Werkstattabteilungen anfallen, sind auch Zusatzkosten. Langfristig wird bei beherrschten Prozessen eine Kostensenkung eintreten.

### 6.6.3 Interne Fehlerkosten bei Einsatz von CAM

Fehlerkosten entstehen durch schlechte Qualität des Produktes und die dadurch verursachten Korrekturmaßnahmen. Sie werden in interne und externe Fehlerkosten eingeteilt. Interne Fehlerkosten werden durch in der Fabrik festgestellte und beseitigte Fehler verursacht. Sie entstehen durch:

- Ausschuß (Material- und Fertigungs-Kosten),
- Materialabfall durch nicht qualitätsgerechte Fertigungsverfahren,
- abgewertete Erzeugnisse durch Sortierung (2. Wahl),
- Nacharbeit,
- Sortieren und Wiederholungsprüfungen,
- qualitätsbedingte Ausfallzeiten (unproduktive Zeiten),
- Problemuntersuchungen,
- Nachfertigung,
- zusätzliche Transporte usw.,
- neue Entwicklungen (Änderungen, Versuche).

Mit CAM lassen sich viele fehlerverhütende Maßnahmen einführen, und somit kann der Prozeß besser beherrscht werden. Die Fehler in der Fertigung können drastisch reduziert werden. Ausschuß und Nacharbeit werden minimiert. Abgewertete Erzeugnisse, Sortierung, Wiederholungsprüfungen, Neufertigung, Beschleunigungskosten bei eiligen Terminen und sonstige terminabhängige Kosten werden reduziert. Qualitätsbedingte Stillstände bei Anlagen und Ausfällen von qualitätsrelevanten Anlagen- oder Softwarekomponenten können in den Anfangsphasen die Fehlerkosten erhöhen.

### 6.6.4 Externe Fehlerkosten bei Einsatz von CAM

Dies sind außerbetriebliche, beim Kunden entstandene Qualitätskosten. Sie umfassen:

- Garantie,
- Gewährleistung,
- Nachbesserung einschl. Reklamations-Folgekosten,
- externe Nacharbeit,
- externen Ausschuß,
- fehlerbedingte Wertminderungen.

Diese Kosten sind nur in dem Maße quantifizierbar, als sie dem Lieferer bekannt werden. Meist sind noch erheblich höhere Folgekosten vorhanden, die nicht quantifizierbar sind, wie zukünftige Umsatzverluste durch Reklamationen oder Produktschäden, Ärger, Unzufriedenheit und sekundäre Folgekosten, die wegen eines unsicheren Nachweises nicht in Rechnung gestellt werden. Externe Fehlerkosten können mit einem wirksamen CAQ-System wesentlich reduziert werden.

### 6.6.5 Erfassen der Qualitätskosten

Es ist wichtig, die Kosten der Qualitätssicherung zu wissen und diese aufzuschlüsseln. Laut [SPIT87] sind 70–80% der Qualitätskosten in der Kostenrechnung zu erkennen. Der Rest wird häufig nicht in Geldbeträgen ausgewiesen und ist zu schätzen. Hierbei sollte es aber nicht auf absolute Vollständigkeit, sondern auf die mit der Erfassung und Senkung dieser Kosten beabsichtigte Wirkung ankommen.

### 6.6.6 Die Summe der Qualitätskosten bei Einsatz von CAM

Die Qualitätskosten nach Punkt 6.6.1 bis 6.6.4 sind in den Phasen der Implementierung eines CAQ-Systems wesentlich höher als in den späteren Zeiträumen unter weitgehend routinemäßigem Betrieb. In dieser Phase sind die Qualitätskosten vermutlich auch höher als bei der konventionellen Fertigung.

Rechnerunterstützte Fertigung und Qualitätssicherung bieten gute Chancen, die Qualitätskosten – möglicherweise schon mittelfristig, mit Sicherheit aber langfristig – drastisch zu senken. Der Schwerpunkt der Aufgaben wird sich stärker mit Verhütungskosten beschäftigen, als dies bereits der allgemeine Trend anzeigt.

## 6.7 Literatur zu Kapitel 6


[AHLE87]    Ahlers, R. J.: Musterverarbeitung in der Qualitätssicherung. 4. Europäische Kongress-Messe für technische Automation. KOMM TECH 87 S. 23.8.01–18

[AUTE88]    Autenrieth, K., Thomann, G.: Expertensystem zur Konfiguration von ISDN-Nebenstellenanlagen. PIK II/88 (Praxis der Informationsverarbeitung und Kommunikation)

[AWV87]    AWV-AK4.2, Softwarequalität. Beurteilungsmerkmale aus Anwendersicht. AWV - Arbeitsgemeinschaft für wirtschafliche Verwaltung e. V., Eschborn 1987

[BABI76]    Babic, H., Bläsing, J. P., Lang, H.: Prepla, ein Baustein zur rechnergestützten Prüfplanung. wt-Z. ind. Fertigung *66* (1976) S 155–158

[BECK87]    Beck, J. W., Schütz, H. A.: Sicherung von Qualität und Zuverlässigkeit für europäische Raumfahrtprojekte. In: Qualitätssicherungs-Kolloquium des TÜV-Rheinland, 1986. Verlag TÜV Rheinland, Köln 1987, 35–49

[BINK81]    Binkert, I.: Qualitätsprüfung. Systemdokumentation AQUA. Firmenschrift der IBM Deutschland, 1981

[BLÄS87]    Bläsing, J. P.: CIQ - Computer Integrated Quality Assurance. CIM – Management *2/87*

[BOSC86]        BOSCH Qualitätssicherung. Firmenschrift der Robert Bosch GmbH, Stuttgart 1986

[BOSC86a]       Bosch, K.: Angewandte Statistik. Vieweg Verlag, Braunschweig 1986

[CROS72]        Crosby, P. B.: Qualität kostet weniger (Cutting the cost of quality). Handbuch der Fehlerverhütung für Führungskräfte. Holz Verlag, Hof/Saale, 2. Aufl. 1972

[DGQ87]         DGQ: Rechnerunterstützung in der Qualitätssicherung (CAQ), DGQ-Schrift *14-20*, 1. Auflage 1987, Berlin 1987

DIN 40080       Verfahren und Tabellen für Stichprobenprüfung anhand qualitativer Merkmale (Attributprüfung) (1979)

DIN 55350       Begriffe der Qualitätssicherung und Statistik Teil 11 (Mai 1987), Teil 12 (September 1988) Teil 16 (Entwurf Juni 1983)

DIN ISO 9000    Leitfaden zur Auswahl und Anwendung der Normen zu Qualitätsmanagement, Elementen eines Qualitätssicherungssystems und zu Qualitätssicherungs-Nachweisstufen (Mai 1987)

DIN ISO 9001    Qualitätssicherungs-Nachweisstufe für Entwicklung und Konstruktion, Produktion, Montage und Kundendienst (Mai 1987)

DIN ISO 9002    Qualitätssicherungs-Nachweisstufe für Produktion und Montage (Mai 1987)

DIN ISO 9003    Qualitätssicherungs-Nachweisstufe für Endprüfungen (Mai 1987)

DIN ISO 9004    Qualitätsmanagement und Elemente eines Qualitätssicherungssystems, Leitfaden (Mai 1987)

[ERNS87]        Ernst, G.: Einsatz eines Expertensystems im Bereich der Motordiagnose. CIM-Mangement *4* (1987)

[FORD85]        Statistische Prozeßregelung, Leitfaden. Firmenschrift der Ford AG Deutschland, 1985

[GAST84]        Gaster, D.: Qualitätsaudit. System-Verfahren-Produkt DGQ-Schrift *12-28*, 3. Auflage Beuth, Berlin 1984

[GFMT87]        FMEA F: Failure Mode and Effects Analysis. Analyse potentieller Fehler und Folgen. US QS-Modul 12: Hilfsmittel zur PE-unterstützten FMEA. Gfmt, München 1987

[HARB87]        Harbach, G. R.: CAQ - Ein Baustein von CIM. CIM-Management *2* (1987)

[HAUS87]        Hausen, H. L., Müllerburg, M., Schmidt, M.: Über das Prüfen, Messen und Bewerten von Software. Informatik-Spektrum *10* (1987)

[HEIN81]        Hein, E.: Ergebnisse zur rechnerunterstützten Prüfplanung. BMFT Forschungsbericht, Fertigungstechnik TU Berlin: IWF, 1981.

[HESS87]        Hesse, W.: Software-Qualitätssicherung. Informatik-Spektrum *10* (1987)

[JOHN79]        John, B.: Statistische Verfahren für Technische Meßreihen. Hanser, München Wien 1979

[KEFE87]        Keferstein, C. P., Rank, W.: Einsatzmöglichkeiten der Bildverarbeitung in der Qualitätssicherung. QZ (6) *32* (1987) 297-302

[MERT86]    Mertens, P.: Betrifft: Expertensysteme in deutschsprachigen Ländern. Versuch einer Bestandsaufnahme. Arbeitsberichte des Instituts für mathematische Maschinen und Datenverarbeitung. Friedrich Alexander Universität, Erlangen *19* (Juli 1986)

[OFFI57]    Office of the Assistant Secretary of Defense: Sampling Procedures and Tables for Inspection by Variables for Percent Defective. MIL-STD-414, U.S. Government Printing Office. Washington, 1957

[RELE87]    Reles, T.: Systematische Auswahl von Prüfmerkmalen. ZwF *82* (1987) 8

[SCHA85]    Schaffer, G. H.: Integrated QA: Closing the CIM loop. Amer. Mach., *129* (4) (1985) 137–160

[SCHI86]    Schieferle, D.: Der Einsatz von Expertensystemen in der Qualitätssicherung. QZ 32 (2) (1986)

[SPIT87]    Spitzner, W.: Qualitätskosten und ihre Bewertung für das Unternehmen. Qualitätssicherungs-Kolloquium des TÜV-Rheinland, 1986. Verlag TÜV Rheinland, Köln 1987, 106–115

[VDA86]    Sicherung der Qualität vor Serieneinsatz. Schriftenreihe: VDA Qualitätskontrolle in der Automobilindustrie. 2. grundlegend überarbeitete Auflage, Frankfurt: Verband der Automobilindustrie (VDA), 1986

[VDI85]    VDI, VDE, DGQ 2619: Prüfplanung. VDI-Verlag, Düsseldorf 1985

[VOGE84]    Vogeley, M.: Rechnerunterstützte Qualitätssicherung im Wareneingang und in der Fertigung. Teil 1: QZ *29* (4) (1984), 115–118, Teil 2: QZ *29* (6) (1984), 200–204, Teil 3: QZ *29* (7) (1984), 230–231

[VWAG86]    Volkswagen AG: Unternehmensaufgabe Qualität. Sicherung der Qualität beim Volkswagen-Konzern. Firmenschrift der Volkswagen AG, 1986

Kapitel 7

# *Integration*

# 7.1 Vorbemerkungen

Die voranstehenden Kapitel beschreiben die Informationsflüsse, insbesondere deren rechnerunterstützte Ausprägung, in den jeweiligen Anwendungsbereichen. Jedem Kapitel ist zudem eine Beschreibung der Umgebung und der Schnittstellen zu dieser beigestellt. In diesem Kapitel werden Problemstellungen angesprochen, die sich aus der übergreifenden Aufgabe ergeben, Datenverarbeitungssysteme in der Produktion einzusetzen.

Im Vordergrund stehen dabei die technischen Konzeptionen zur Lösung der sichtbar gewordenen Probleme bezüglich der Durchgängigkeit zwischen realisierten Einzellösungen sowie konkrete Ansätze in den Bereichen Kommunikation, Datenhaltung und Modellierung. Die Machbarkeit und der Erfolg solcher technischen Lösungen in den Betrieben ist in hohem Maße abhängig von der bestmöglichen Einbettung in die Umgebung, in die Organisation und in die Welt der handelnden Menschen.

Der Begriff „menschenleere Fabrik" ist und war immer eine falschverstandene, weil unzulässige Extrapolation des Sachverhalts der zunehmenden Produktivität durch Mechanisierung, Automatisierung und Rechnereinsatz. Der Markt hat gezeigt, daß nicht immer das billigere Angebot von Massenware, sondern das flexible Anpassen an Markttrends und Kundenwünsche der Schlüssel zum Erfolg ist. Die extrem arbeitsteiligen und spezialisierten Gliederungen der Betriebe sind dadurch herausgefordert zu mehr Flexibilität, zu schnellerer Reaktion ohne Verlust von Produktivität.

Diese Ziele können nicht auf „harte" Weise erreicht werden, sondern nur über eine abgestimmte Strategie für Technik, Organisation und Personaleinsatz. Bild 7.1 symbolisiert die gegenseitige Beziehung dieser drei Aspekte. Die Gliederung des vorliegenden Kapitels übernimmt diese Dreiteilung und stellt innerhalb der folgenden Abschnitte methodische Ansätze, Mittel, Realisierungsaspekte und Folgerungen bezüglich dieser Gesichtspunkte dar. Nicht enthalten sind Wirtschaftlichkeitsbetrachtungen, diese folgen in Schlußkapitel 8.

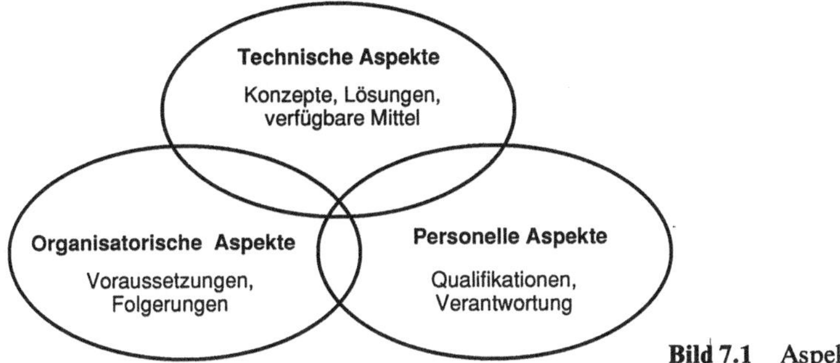


Bild 7.1   Aspekte der Integration

## 7.2 Technische Aspekte

### 7.2.1 Konzepte, Modelle und Sichten

Die Schwierigkeit der Integration im Produktionsbereich ist nicht dadurch hervorgerufen, daß es sich vorwiegend um schwer durchschaubare Einzelaktivitäten – im Sinne von kompliziert – handelt. Im allgemeinen sind die Prozesse beherrscht, sowohl was die Materialflüsse anbelangt als auch die Hauptfunktionen der Informationsverarbeitung, die voranstehenden Kapitel belegen dies.

Die Schwierigkeit liegt in der Unterschiedlichkeit bezüglich

– der Prozesse und Funktionen
– und der eingesetzten DV-Mittel und DV-Konzepte.

Mit dem ersten muß man sich abfinden, obwohl auch hier immer wieder Ansätze zu beobachten sind, wie z. B. Komplettbearbeitung oder Gruppentechnologie, die zu homogenen Abläufen führen sollen. Das zweite, die Unverträglichkeit der entstandenen Inseln infolge Heterogenität der DV-Welt, sollte nicht hingenommen werden.

Diese Inselwelt ist das Resultat des weitgehend praktizierten Bottom-up-Ansatzes, wie er für jede wachsende Technologie typisch ist. Man nimmt sich die Rosinen heraus, man realisiert was augenblicklich technisch möglich und auch wirtschaftlich ist, Infrastrukturmaßnahmen unterbleiben. Massenproduktion von Automobilen führt ohne gleichzeitigen Ausbau des Verkehrsnetzes – Autobahnen einschließlich guter Zugänglichkeit derselben – zum Chaos. Der massive Einsatz von Rechnersystemen wurde viel zu spät ergänzt durch leistungsfähige Kommunikationsnetze und geeignete Zugangsmöglichkeiten und Protokolle. Es herrscht derzeit vielfach Sprachverwirrung, sowohl zwischen den Anwendungssystemen mangels geeigneter und verfügbarer Protokolle und Schnittstellen als auch unter den Anwendern selbst bezüglich der Kommunikations-Standards. Es wird diskutiert über Referenzmodelle, Architektur-Schichten, Verfügbarkeit und Eignung einzelner Standards, daneben liegt die schwer durchschaubare Welt der De-facto-Standards von Institutionen und einzelnen Anbietern. All dieses muß verstanden werden, damit Integration Realität werden kann. Eine Übersicht hierzu findet sich in Abschnitt 7.2.4.

Die Kommunikation ist dabei nur eine Komponente der Integration; Datenhaltung, Daten- und Informationsdarstellung, Produktmodelle – übergreifend von der Konstruktion bis zur Montage –, Einbettung der Anwendungssoftware in die Systemumgebung von Soft- und Hardware sind weitere Komponenten. Es wird deutlich, daß Integration einer besonderen Anstrengung bedarf, nicht nur finanziell als Infrastrukturmaßnahme, sondern auch konzeptionell, um alle diese Komponenten in ihren gegenseitigen Beziehungen zu verstehen und einen machbaren und durchsetzbaren Weg aus der heutigen Inselwelt heraus zu einer integrierten, flexiblen Produktion und deren Umgebung zu finden.

Ein solches Konzept kann nur aus einer ganzheitlichen Betrachtung erwachsen, es muß die verschiedenen Komponenten im Sinne eines mehrdimensionalen Raumes zusammenziehen und gleichzeitig verschiedene „Sichten" zulassen.

Bild 7.2 zeigt eine mögliche Darstellung dieses Raumes, begrenzt auf drei Dimensionen, um die Anschaulichkeit zeichnerisch und begrifflich zu wahren. Jeweils zwei der drei Dimensionen bilden eine Ebene, die als Sicht bezeichnet ist und im folgenden der Einteilung dieses Abschnitts dient.

Die Komponenten oder Koordinatenachsen stellen dar:

- Prozedurales Wissen – welche Strategien liegen zugrunde, welche Verfahren und Methoden werden benutzt.
- Faktenwissen – welche Informationen und Daten beschreiben die Objekte, das sind Produkte und Prozesse.
- Realisierungswissen – wie und mit welchen Mitteln wird realisiert.

Die aufgespannten Ebenen oder Sichten lassen sich am besten durch bewußtes Weglassen der jeweils nicht enthaltenen Koordinate verstehen.

Die *logische Sicht* stellt die Modellierung in den Vordergrund ohne die konkrete Realisierung einzubeziehen. Die größte Bedeutung hat die logische Sicht als Leitlinie zur Bewältigung des schnellen Wandels der Realisierungsmittel, sie schafft Unabhängigkeit von der jeweils aktuellen DV-Technologie und sollte vor Beginn jedes Realisierungsschrittes stehen. Die Schwierigkeit ihrer Beschreibung liegt vor allem im Anspruch einer geschlossenen Darstellung, die Lücken in den derzeit vorhandenen Verfahrensketten und -netzen überwinden muß.

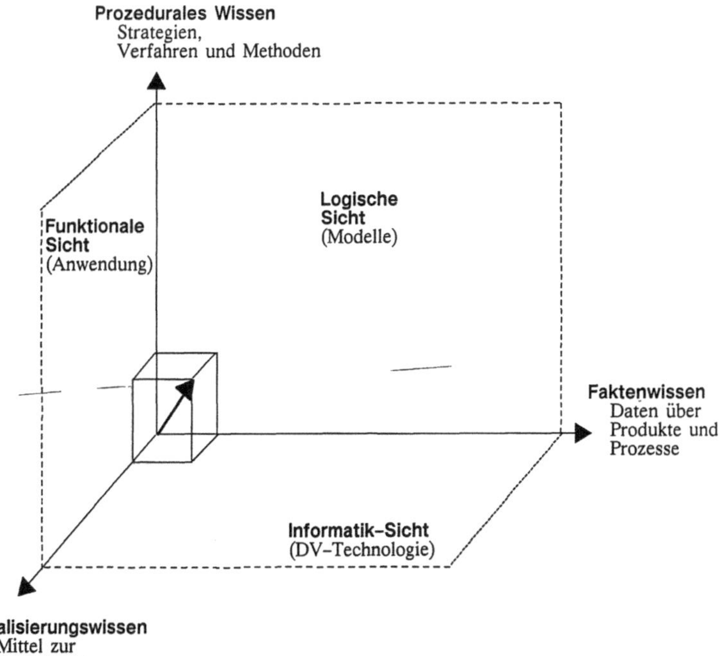


**Bild 7.2**   Komponenten und Sichten zur Integration

Ein besonders erfolgreiches Beispiel aus der Kommunikation ist das OSI-Referenzmodell, das nach jahrelangen Vorarbeiten als ISO-Standard 7498 weltweit akzeptiert wurde. Die Umsetzung in konkrete Spezifikationen und deren Implementierung als Produkte ist seit fast einem Jahrzehnt im Gange und zeigt, wie langfristig die Umsetzung solcher Modelle in die Praxis zu sehen ist.

Die *Informatik-Sicht* umfaßt die Strukturierung der Objekte, ohne konkrete Verfahren und Methoden in der Fertigung zu berücksichtigen. Ihre Bedeutung liegt vor allem in der generalisierten Bereitstellung von Basismitteln und in der Implementierungsphase selbst.

Typische DV-Projekte im CAM-Bereich haben gegenwärtig Laufzeiten von zwei bis drei Jahren zwischen Planungsbeginn und Inbetriebnahme. In dieser Zeit hat sich bezüglich der eingesetzten DV-Systeme bereits wieder ein Generationswechsel vollzogen. Das in Betrieb genommene System ist also teilweise schon wieder „veraltet", eine unmittelbare Nutzung der erbrachten Leistungen für weitere Projekte ist fraglich. Die Langzeitstabilität der Schnittstellen und eingesetzten Software-Werkzeuge ist unter dem Gesichtspunkt der Wirtschaftlichkeit von überragender Bedeutung.

Für die Integration wird als Teilaspekt die *Kommunikation* wichtig. Sie stellt in den Mittelpunkt, wie Informationen und Daten zwischen den DV-Systemen bzw. den darauf ablaufenden Anwendungen ausgetauscht werden.

Die *funktionale Sicht* berücksichtigt nicht die spezifischen Daten und Informationen, sondern beschreibt, wie die Anwendung auf den DV-Mitteln implementiert ist. Sie beschreibt die Anwendungssoftware und deren Strukturen, sowohl was die Implementierung durch den Entwickler als auch die Nutzung durch den Anwender anbelangt.

Für das Verständnis dieses Konzepts der Sichten ist wesentlich, daß die Sichten durch Kombinieren von jeweils zwei Komponenten eines mehrdimensionalen Raums entstehen. Bewußte Abstraktionen konzentrieren das Verständnis auf das jeweils Wesentliche. So können durch Hinzufügen weiterer Komponenten neue Sichten entstehen. Beispielsweise ergibt eine Komponente „Wirtschaftlichkeit" zusammen mit der Komponente „Realisierungswissen" die Sicht auf reale Rechner- und Systemkonfigurationen.

Die hier dargestellten Sichten sind geeignet, die Aufgabe der Integration in ihren wesentlichen Zügen zu erfassen. Sie werden im folgenden detailliert beschrieben.

## 7.2.2 Logische Sicht

Die logische Sicht umfaßt das Faktenwissen über Produkte und Prozesse sowie Methoden und Verfahren in der Produktion (Bild 7.2).

Auslösend für die Entwicklung der Methoden sind Strategien, die in übergreifenden Konzepten zur Definition von Vorgehensweisen in der Produktion ihren Ausdruck finden. Methoden wirken in eng umgrenzten Teilbereichen der Aufgabenbearbeitung im Rahmen von integrierten Gesamtkonzepten und bilden die Mittel zur Realisierung der Strategien. Im folgenden werden daher

- abbildungsbezogene Methoden,
- die Konzeption eines Produktmodells und
- verarbeitungsbezogene Methoden

behandelt.


### a) Abbildungsbezogene Methoden

Abbildungsbezogene Methoden können verstanden werden als Vorgehensweisen, um Informationen geeignet zu strukturieren. Die Entwicklung solcher Vorgehensweisen setzt die umfassende Kenntnis der späteren Nutzung voraus.

Eine Vorgehensweise zur Bewältigung komplexer, integrativer Aufgabenbearbeitung in Entwicklungs- und Fertigungsprozessen ist die Nutzung von Produktmodellen. Ihren integrativen Charakter betonend kann auch von Integrationsmodellen gesprochen werden. Modelle sind definiert durch Daten, Struktur und Algorithmen. Produktmodelle haben die Aufgabe, alle Informationen, die im Entwicklungs-, Fertigungs- und Nutzungsprozeß eines Produktes von Relevanz sind, abzuspeichern und bereitzustellen. Dabei können unter Produkt sowohl Gesamterzeugnisse wie auch Baugruppen oder Einzelteile verstanden werden. Geometrisch betonte Aufgabenstellungen können es darüber hinaus notwendig machen, geometrische Teilbereiche von Werkstücken als Differenzierungsebene eines Produktmodells zu verwenden.

Die im Produktmodell abgelegten Informationen können unterschiedlichen Teilbereichen zugeordnet werden [BART80]. Im wesentlichen können

die funktionale Ausprägung,
die gestaltorientierte Ausprägung und
die fertigungsprozeßorientierte Ausprägung

des Produktmodells unterschieden werden.

Die funktionale Ausprägung des Produktmodells umfaßt neben den Haupt- und Nebenfunktionen, die das Produkt zu erfüllen hat, auch die vorgelagerten Informationen der Produktspezifikation und die nachgelagerten Informationen wie Nutzungs- oder Reparaturhinweise. Relationen zu Elementen der gestaltorientierten Ausprägung stellen den Zusammenhang zwischen Funktion und Funktionsträger her.

Die gestaltorientierte Ausprägung des Produktmodells enthält die Abbildung der Geometrie und Topologie. Zusätzliche Informationen über Toleranzen und Oberflächengüte oder -beschaffenheit erlauben die Nutzung der gestaltorientierten Ausprägung für Planungsaufgaben. Relationen fassen Einzelgeometrien zu Geometriekomplexen zusammen, die fertigungs-, montage- oder prüfrelevante Informationszusammenhänge abbilden.

Die fertigungsprozeßorientierte Ausprägung des Produktmodells definiert den Entwicklungs- und Herstellungsprozeß des Produktes. Sie kennzeichnet die angewandte Konstruktions- oder Planungslogik und beschreibt den Ablauf zur Herstellung des Produktes.

Produktmodelle werden während eines Produktentwicklungsprozesses aufgebaut und dienen dazu, die zur Fertigung eines Produktes notwendigen Informationen zur Verfügung zu stellen. Sie können zugleich dazu genutzt werden, die

Historie eines Produktes über die ganze Produktlebenszeit zu protokollieren. Bei dieser Nutzung wird das Produktmodell zu einem produktbezogenen Erfahrungsspeicher und kann die Entwicklung neuer ähnlicher Produkte wirkungsvoll unterstützen.

### b) Konzeption eines Produktmodells

Aufgabe der Produktmodellierung ist es, eine semantische Einordnung der Informationen über das Produkt zu erlauben und deren Verbindung in bestimmten Informationsschichten zu gewährleisten [KRAU85]. So werden zum Beispiel gestaltorientierte Informationen in einer Geometrieschicht abgelegt, die auch Toleranzen und Oberflächengüten als gestaltkennzeichnende Größen enthält. Zwischen den allgemeinen Informationsschichten erlauben Verbindungsschichten Informationen verschiedener Semantik zu verbinden, wobei Verbindungsschichten innerhalb einer Schicht ähnliche Informationen verknüpfen. So bildet die Beschreibung der geometrischen Gestalt eines Produktes eine allgemeine Informationsschicht und die Beschreibung der zur Herstellung notwendigen Fertigungsprozesse eine weitere Schicht. In einer Verbindungsschicht werden Operationen und geometrische Teilbereiche des Produktes miteinander in der Weise verknüpft, daß die zur Fertigung notwendigen Informationen aus beiden Informationsschichten präsentiert werden können. Alle Informationsschichten werden durch eine Organisationsschicht kontrolliert und verwaltet. Darüber hinaus gibt es für jede Informationsschicht spezifische Aufbauregeln, die die Syntax der jeweiligen Schicht beschreiben. Die Elemente des beschriebenen Schichtenkonzeptes zeigt Bild 7.3

Ein Vorteil des Schichtenkonzeptes ist die weitgehende Redundanzfreiheit der abgespeicherten Daten [AUTO87]. Eine, wenn auch nicht vollständige Liste möglicher Informationsschichten ist in Bild 7.4 dargestellt. Die dargestellten In-

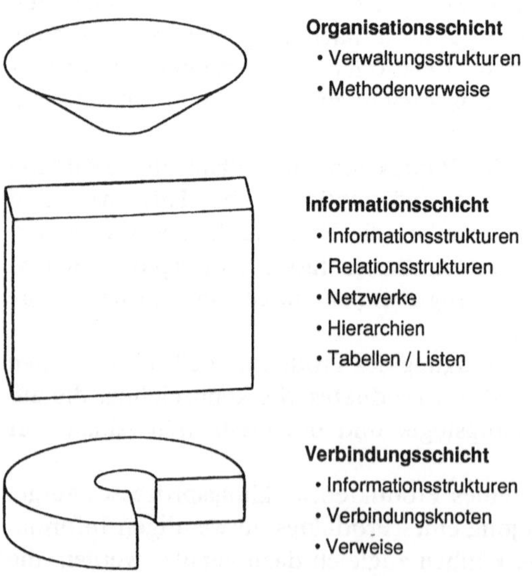


**Bild 7.3**   Schichtenkonzept eines Produktmodells (Quelle: IPK Berlin)

| Art der Schichten | Art der Information |
| --- | --- |
| Geometrie | 2D, 3D, verschiedene Modellstrukturen |
| Attribut | Geometrie, Funktion, Technologie |
| Funktion | Kinematik, Dynamik, Prinzipien |
| Variation | Regeln, Vorgehensweisen, Parameter |
| Klassifikation | Beschreibungsschlüssel, Gewichtung |
| Planung | Prozeß, Werkstoff, Mittel, Personal |
| Statistik | Fertigung, Markt, Organisation |
| Text | Beschreibung, Kommentare |
| Geschichte | Konstruktion, Anwendung |
| Extern | Normen, Gesetze |
| Produktion | Zellen, Roboter, NC-Programme |

**Bild 7.4**    Informationsschichten im Produktmodell (Quelle: IPK Berlin)

formationstypen zeigen die möglichst allgemein gehaltene semantische Ausprägung der Schichten. Die Möglichkeit zur Verbindung von Informationen ist durch das Konzept der Informationsverbindungsschichten gewährleistet, wobei die Verbindung durch die Definition von Relationen zwischen verschiedenen Einträgen realisiert wird.

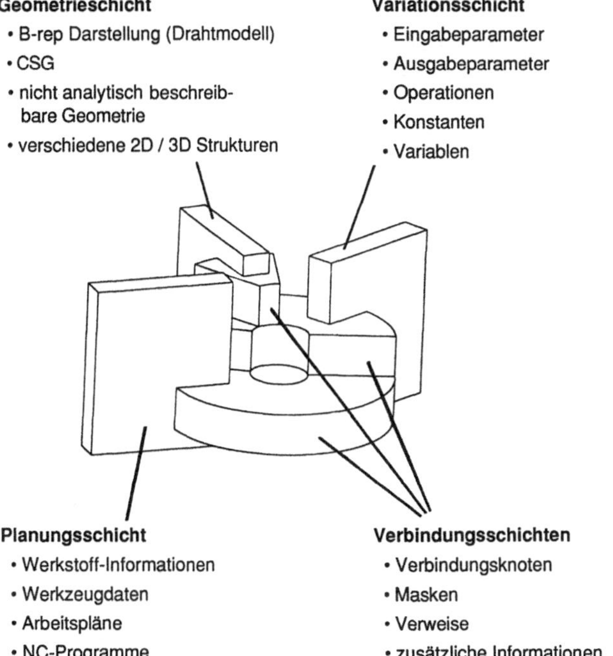


**Bild 7.5**    Beispielhafte Ausprägung eines Produktmodells (Quelle: IPK Berlin)

Das in Bild 7.5 dargestellte Beispiel eines Produktmodells besteht aus den Informationsschichten Geometrie, Variation und Planung. In der Geometrieschicht sind alle geometrischen Informationen des Produktes abgelegt. Dabei können je nach Art des geometrischen Modellierers B-rep (Drahtmodell) oder CSG-Darstellungen verwendet werden. Je nach Anwendung ist auch die Abspeicherung von abgeleiteten Zeichnungsdaten in dieser Schicht vorstellbar. In der Variationsschicht werden die Informationen zur Variation des Produktes abgelegt. Hier werden die variablen Größen der Geometrie, die Konstanten und zulässige Operationen gespeichert. Die Planungsschicht enthält Informationen, die zur Herstellung des Produktes notwendig sind.

In den dargestellten Verbindungsschichten werden Relationen zwischen den Daten der Informationsschichten abgebildet. Die untere Verbindungsschicht definiert die Zusammenhänge zwischen der Geometrie, den möglichen Variationen und den zur Herstellung notwendigen Fertigungsprozessen. Dabei können sowohl die Informationen einzelner geometrischer Bereiche am Produkt und deren Fertigungsinformationen als auch die Auswirkung einer Variation geometrischer Größen auf das anzuwendende Fertigungsverfahren zueinander in Beziehung gesetzt werden. Die mittlere Verbindungsschicht bildet die Zusammenhänge zwischen erzeugter Geometrie in der Geometrieschicht und den Parametern und Operationen der Variationsschicht ab. Sie besteht daher nur zwischen den Informationsschichten Geometrie und Variation. Die obere Verbindungsschicht definiert Zusammenhänge innerhalb der Geometrieschicht, wie etwa die Verknüpfung zwischen den Elementareinheiten (Entities) verschiedener rechnerinterner Darstellungen.

Die Organisationsschicht repräsentiert die logische Sicht auf das beschriebene Objekt. Sie enthält sowohl Verweise zu den von ihr verwalteten Informationsschichten als auch zu den Organisationsschichten anderer Produktmodelle. Wenn eine Variationsschicht existiert, so sind in der Organisationsschicht Parameterinformationen und Eingaberegeln enthalten. Da jede Informationsschicht ihre eigene Bedeutung enthält, kann sie flexibel von allen Komponenten der Anwendungssoftware benutzt werden.

Ein Produktmodell muß nicht notwendigerweise alle Informationen in allen Informationsschichten enthalten. Bestimmte Schichten können unvollständig sein, da sie noch in der Entwicklung sind. Die Organisationsschicht enthält dann entsprechende Einträge über den Bearbeitungsstatus der Informationsschichten.

Wesentliches Element bei der Nutzung von Produktmodellen ist die Sicht des Produktes als logische Einheit. Unabhängig von der Art und dem Ort der Abspeicherung in einem Unternehmen sind die Produktdaten zueinander in Beziehung gesetzt, wodurch zum einen die Verfügbarkeit von Informationen jederzeit gewährleistet ist und zum anderen die Konsistenz der Daten einfacher sichergestellt werden kann.

Durch die Anwendung von Methoden und Techniken der Wissensverarbeitung wird der Produktmodellansatz auf die Strukturierung und Abspeicherung von allgemeinem Wissen über die im Produktmodell dargestellten Objekte erweitert [MAJO88]. Ausgehend von der Annahme, daß das Produktspektrum eines Unternehmens über bestimmte Zeiträume konstant ist, sammelt sich Wissen über das Fertigungsprozeß- und Nutzungsverhalten der Produkte an. Dieses Wissen ist personengebunden und derzeit nicht rechnerintern verfügbar. Der Aufbau von allgemeinen Wissensbasen hat deshalb zum Ziel, Produkte in abstrakten Produktklassen zu klassifizieren und diesen gemeinsame Eigenschaften zuzuweisen. Dabei können diese Eigenschaften organisatorischer Art sein, wie die Beschreibung der bei der Produktdefinition angewandten Konstruktions- und Planungsmethoden, oder funktionaler Art, wie allgemeine Aussagen über das erwartete Schwingungsverhalten in einer Produktklasse.

In ähnlicher Weise werden die anderen Informationsbereiche des Produktmodells strukturiert und in Wissensbasen abgelegt.

So können z.B. im Bereich der Betriebsmittel Aussagen über die Anwendbarkeitskriterien bestimmter Maschinen, Spannmittel- oder Werkzeugtypen abgespeichert werden. Für Fertigungsprozesse und Operationen sind die von ihnen benutzten Betriebsmittel und ihre bevorzugten Ablauffolgen repräsentiert. Bild 7.6 zeigt ein Produktmodell in wissensbasierten Systemen.

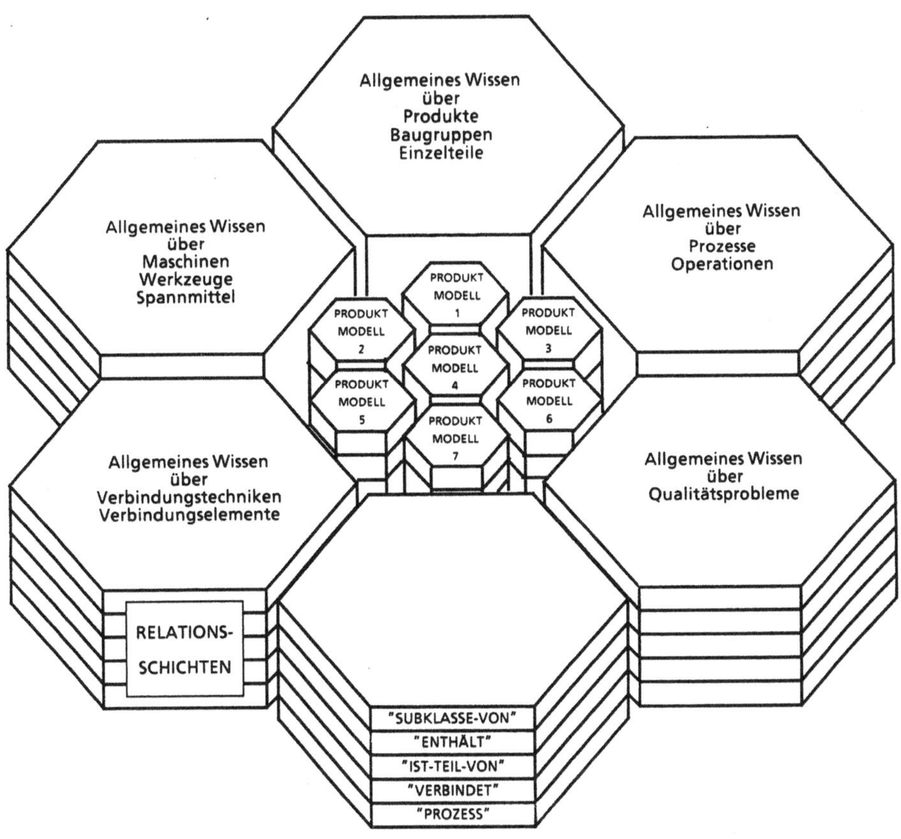


**Bild 7.6**  Anwendung von Produktmodellen in wissensbasierten Systemen (Quelle: IPK Berlin)

Die Erweiterung des Produktmodellansatzes bietet somit Möglichkeiten, heute noch vorwiegend personengebundenes Wissen rechnerintern verfügbar und verarbeitbar zu machen.

### c) Verarbeitungsbezogene Methoden

Verarbeitungsbezogene Methoden sind Vorgehensweisen, um auf der Grundlage der gespeicherten Produktdaten gegebene Aufgabenstellungen zu bearbeiten. Sie können unterteilt werden in

- Modellbasismethoden, wie Zugriffs- oder Modifikationsmethoden,
- problemfeldspezifische Methoden, die bezogen auf ein spezifisches Problemfeld firmenunabhängig die Bearbeitung von Konstruktions- und Planungsaufgaben unterstützen und
- anwenderspezifische Methoden, die sich in speziellen aufgaben- und firmenangepaßten Programmen, wie betriebspezifischen Berechnungsmodule oder Benutzerschnittstellen ausdrücken.

Modellbasismethoden basieren direkt auf den im Produktmodell abgelegten Daten und Strukturen. Über sie wird der gezielte Zugriff auf die abgelegten Informationen gewährleistet. Durch die genaue Kenntnis der Strukturen des Modells ermöglichen diese Methoden den Aufbau und die Modifikation einzelner Elemente des Modells unter Wahrung der Konsistenz des Gesamtmodells. Durch die Verschiedenheit der in unterschiedlichen Programmsystemen eingesetzten Modelle sind diese Methoden nur für das jeweilige Anwendungssystem einsetzbar und nicht untereinander austauschbar.

Problemfeldspezifische Methoden benutzen die Modellbasismethoden, um für ein bestimmtes Anwendungsgebiet, wie z. B. für den Schaltungsentwurf oder den Anlagenbau, höherintegrierte Methoden zu realisieren. Da diese Methoden weitgehend firmenunabhängig sind, werden sie vielfach schon kommerziell angeboten, wobei Schnittstellen zu unterschiedlichen Modellbasismethoden bereitgestellt werden. Beispiele solcher Methoden sind FEM-Programmpakete, Betriebsmittelverwaltungssysteme oder Systeme zum Leiterplattenentwurf, die vordefinierte elektronische Elementdarstellungen enthalten. Für den Bereich der CAD-Systeme gibt es Bestrebungen von der Anwendervereinigung CAM-I eine sogenannte Anwendungsschnittstelle (Application Interface) zu entwickeln, welche notwendige Methoden zur Bearbeitung beliebiger geometrischer Modelle enthalten soll. Eine Standardisierung des Ergebnisses wird angestrebt.

Anwenderspezifische Methoden werden weitgehend firmenabhängig definiert und spiegeln bestimmte, auf die Anwendung ausgerichtete Vorgehensweisen wider. Beispiele solcher Methoden sind spezielle Berechnungen zur Auslegung von Bauteilen, zur Schnittwertermittlung oder angepaßte Zeichnungsprogramme.

## 7.2.3 Funktionale Sicht

Jeder systematische Ansatz führt bei konsequenter Anwendung auch in ansonsten bekannter Umgebung zu neuen Sichtweisen. Die Verbindung von Realisierungswissen der DV-Welt und des prozeduralen Wissens über die einzusetzenden Verfahren und Methoden des Anwendungsfeldes bildet die funktionale Sicht auf die DV-Anwendung, vielfach auch als Applikationssoftware bezeichnet.

Die konventionelle Strukturierung einer Anwendung berücksichtigt drei Elemente:

- das Anwendungsprogramm,
- die zugehörigen Daten,
- die Ein-/Ausgabeoperationen,

welche sämtlich auf die zu realisierende Anwendung abgestimmt sind. Eine Folge derartiger Anwendungen führt zur Notwendigkeit, die jeweils spezifischen Ausgaben der ersten Anwendung und die Eingaben der zweiten Anwendung über sogenannte Interfaces zu verbinden. Interfaces realisieren die Anpassung nicht konformer Ausgaben als Eingaben sowohl hinsichtlich der Daten und Datenstrukturen als auch hinsichtlich der prozeduralen Bedingungen. Die datentechnische Seite wird in Abschnitt 7.2.4.1 c) Schnittstellen mit Darstellung der gegenwärtig aktuellen Standards beschrieben. In Abschnitt 7.2.4.2 Kommunikation wird auf Stand und Fortschritte der Kommunikationsmittel und -prozeduren eingegangen.

Der weitaus komplexere Teil der Aufgabe, nämlich die prozedurale Abstimmung zwischen den jeweiligen Anwendungen, ist heute noch nicht so weit formalisiert, daß daraus bereits Standards ableitbar wären. Ganz allgemein ist festzustellen, daß unabhängig voneinander spezifizierte Anwendungssoftware nur mit erheblichem Aufwand nachträglich gekoppelt werden kann und die volle Breite der jeweiligen Anwendungen in der Regel nicht über die Schnittstelle zugänglich ist.

Diese Erfahrung führte zum Ansatz der Verfahrensketten. Dabei werden Einzelanwendungen, die, nicht unbedingt zeitlich, sondern bezüglich der Ablauflogik unmittelbar aufeinanderfolgen sollen, so konzipiert, daß sie hinsichtlich der einzelnen Schritte und Tätigkeiten aufeinander abgestimmt sind und insbesondere die jeweils notwendigen Interaktionen des Benutzers nicht mehrfach und eventuell inkonsistent erfolgen müssen. Dabei ergeben sich zwangsläufig Veränderungen im Ablauf der Einzelanwendungen, die sich dann auch in der Ablauforganisation niederschlagen (vgl. Abschn 7.3.1). Weiterhin wird eine solche Vorgehensweise eine Vereinheitlichung der Interaktionsmechanismen befördern: Vereinheitlichung der Benutzerschnittstellen ist eine oft geforderte und wenig erreichte Zielsetzung. Als Beispiel sei die Interaktion am Konstruktionsplatz, am Arbeitsvorbereitungsplatz (NC-Programmierung) und in der Werkzeugbereitstellung genannt. Nur unter der Voraussetzung einer gleichförmigeren Benutzeroberfläche für CAD, CAP und CAM können flexibel je nach den technologischen Anforderungen die produkt- und prozessbezogenen Daten und Informationen in die Verfahren einfließen bzw. gepflegt werden.

Verfahrensketten sind außerordentlich anwendungsspezifisch, ihre Implementierung deshalb in der Regel durch hohen Aufwand mit geringer Wiederverwendbarkeit erbrachter Leistungen gekennzeichnet. Dies gilt nicht nur für technologisch bestimmte Verfahrensketten (wie im Beispiel), sondern auch für die

PPS mit CAM verbindende Werkstattsteuerung. Die produkt- und unternehmensspezifischen Besonderheiten der Auftragsabwicklung und -verfolgung sind auch hier ein Hemmnis für den wirtschaftlichen und schließlich auch rechenbaren Weg zur Integration.

Ein in der industriellen Produktionsweise seit langem verankertes Prinzip ist die Nutzung spezialisierter Zulieferungen. Sie haben in die DV-Welt Eingang gefunden unter der etwas irreführenden Bezeichnung Tools. Gemeint ist damit nicht in erster Linie ein Werkzeug zur Entwicklung von Anwendungen, sondern mehr eine als flexible Komponente in einer Anwendung nutzbare Basisanwendung. Bezogen auf den Rechner und das Betriebssystem sind sie schon eine Anwendung; für bestimmte Tools, z. B. im Zusammenhang mit Expertensystemen, hat sich der Ausdruck Shell verbreitet. Eine Shell ist für einen weiten Anwendungsbereich einsetzbar und deshalb auch als integrierendes Element geeignet.

In ähnlicher Weise sind die neueren Tendenzen in der DV-Welt (z. B. objektorientierte Programmierung), wie sie in Abschnitt 7.2.4.1 beschrieben werden, zu nutzen. Die Strukturierung der eigentlichen Anwendung (im Unterschied zu den Tools) muß auf die Struktur der Software-Entwicklungsmethoden abgebildet werden. Dies gilt auch umgekehrt, indem gezielt Softwaremittel für die Einbettung der Anwendungen entworfen werden.

Die DV-Anwendungen selbst können dann, entlastet von den DV-technischen und systemnahen Aspekten, unter dem Gesichtspunkt der benutzten Verfahren aus der Fertigungstechnik konzipiert werden. Dabei treten mehrere Vorteile zutage. Der aus wirtschaftlicher Sicht bedeutendste ist die damit eröffnete Möglichkeit der portierbaren und herstellerunabbhängigen Anwendungssoftware. Ein erster Weg in diese Richtung ist die Gründung der „Open Software Foundation" (OSF), die, unterstützt von der Mehrzahl der international tätigen Rechnerhersteller, die Förderung und Standardisierung des Betriebssystems UNIX V als Basis für viele technische und kommerzielle Anwendungen zum Ziel hat.

Aus Sicht der Integration ist damit vor allem der Vorteil verbunden, künftig über eine homogene Basis für die Anwendungsprogramme zu verfügen, mit der Chance, die jeweils zu implementierenden Verfahrensabschnitte leichter zu kombinieren und schrittweise auf längerfristiger Basis auszubauen.

Diese in die Zukunft gerichteten Projektionen sollen nicht so verstanden werden, daß Integration nur in solcher Weise möglich ist. Ein kritischer Rückblick auf das Erreichte muß jedoch die allzu optimistischen Einschätzungen der Vergangenheit korrigieren. Ohne die erläuterte Basisarbeit sind aber die Aussichten geringer, Integration in der Produktion nicht nur anzustreben, sondern auch wirtschaftlich in der Breite zum Durchbruch zu verhelfen.

## 7.2.4 Informatik-Sicht

### 7.2.4.1 Datenverarbeitung

Dieser Abschnitt beschreibt, durch welche Mittel, sowohl hinsichtlich der einzusetzenden Hardware als auch der anzuwendenden Software, die gewählten Methoden und Strategien umgesetzt werden können.

Die Entwicklung und Anwendung integrierter Gesamtkonzepte erfordert, bedingt durch die hohe Komplexität, die geforderte große Anwendungsbreite und die zu bewältigende große Datenmenge, den Einsatz flexibler Hard- und Softwarestrukturen. Die Verbindung unterschiedlicher Rechnerwelten, die Anpassung und Kopplung von Programmsystemen und die Erstellung spezieller Softwarelösungen sind kennzeichnende Anforderungen für den Integrationsprozeß. Neuere Softwareentwicklungsmethoden, die Anwendung von Programmentwicklungswerkzeugen und die Benutzung von Datenbanksystemen bieten Möglichkeiten bei der Erstellung integrierter Gesamtkonzepte. Darüber hinaus hat die Definition und teilweise Standardisierung von Schnittstellen dazu beigetragen, unterschiedliche Anwendungen miteinander zu verknüpfen.

Im folgenden werden daher behandelt

- Softwareentwicklungsmethoden (a),
- Datenbanksysteme (b) und
- Schnittstellen (c).


### a) Softwareentwicklungsmethoden

Im folgenden sind einige Methoden aufgeführt, die die Entwicklung komplexer Softwaresysteme erleichtern:

- Strukturierte Programmierung,
- Entscheidungstabellentechnik,
- Symbolische Datenverarbeitung,
- objektorientierte Programmierung,
- regelbasierte Programmierung und
- Projektmanagementwerkzeuge.

Existierende Entwicklungswerkzeuge greifen die beschriebenen Methoden in unterschiedlichem Umfang auf und integrieren sie in einer einheitlichen Entwicklungsumgebung.

### Strukturierte Programmierung

Während durch die Modularisierung von Programmpaketen eine grobe Strukturierungsmöglichkeit genutzt wird, erlaubt die Anwendung der strukturierten Programmierung eine weitere Gliederung der Programme in überschaubare Einheiten. Programmiersprachen wie PASCAL und MODULA unterstützen diese Art der Programmierung. Der Vorteil der beschriebenen Vorgehensweise liegt in der überschaubaren Aufbereitung komplexer Programmsysteme.

### Entscheidungstabellentechnik

Bei der Entscheidungstabellentechnik wird die Verarbeitungslogik von der Abarbeitungslogik getrennt gespeichert. Die Abarbeitungslogik kann dadurch flexibler modifiziert werden und ist für den Benutzer besser handhabbar. Bei der Anwendung dieser Technik werden Entscheidungen durch ihre Bedingungen und die daraus ableitbaren Aktionen in Tabellen codiert. Die Entscheidungstabellen stellen dann den Eingang für das datenunabhängige Verarbeitungssystem dar, welches aufgrund der definierten logischen Struktur die gewünschten Resultate automatisch erzeugt.


*Symbolische Datenverarbeitung*
Programmiersysteme der konventionellen numerischen Datenverarbeitung dienen in erster Linie der Umsetzung von Algorithmen („Berechnungsvorschriften") in Programme. Für eine Reihe von Aufgabenstellungen, insbesondere in der künstlichen Intelligenz, werden aber keine Algorithmen angegeben. Hier verwendet man vielfach heuristische Verfahren bei der Problemlösung, für die keine strenge mathematische Begründung möglich ist und die auch nicht in jedem Fall das Finden einer Lösung garantieren. Für die Programmierung solcher Probleme haben sich „symbolische" Programmiersprachen wie LISP und PROLOG bewährt. Die Bezeichnung „symbolisch" kommt daher, daß bei diesen Sprachen die Manipulation von Symbolen statt Zahlen (wie bei der numerischen Datenverarbeitung) im Vordergrund steht. So ist z.B. das Mathematik-Programm MACSYMA [WINS77] in der Lage, mathematische Funktionen umzuformen, zu differenzieren und zu integrieren. Die folgenden Haupteigenschaften von LISP verdeutlichen noch besser die Unterschiede zu konventionellen Programmiersprachen:

- es sind Datenstrukturen beliebiger Größe möglich,
- es ist beliebige Rekursion von Funktionen möglich (d.h. Funktionen können sich selbst aufrufen),
- es gibt in LISP keinen formalen Unterschied zwischen Daten und Programmen (d.h. z.B. Programme können Programme erzeugen oder modifizieren und unmittelbar zur Ausführung bringen).


*Objektorientierte Programmierung*
Unter objektorientiertem Programmieren versteht man einen Programmierstil unter Verwendung von Objekten (sog. „Frames"), die sowohl Daten als auch die auf diesen Daten definierten Operationen („Methoden") in sich vereinen. Die Datenorganisation und die Realisierung der Operationen werden nach außen nicht sichtbar. Die Programmierung erfolgt u.a. durch das Senden von Nachrichten zwischen Objekten, die die Objekte zum Ausführen von Operationen auf ihren Daten simulieren. Beim objektorientierten Programmieren wird dadurch die für die Softwareentwicklung wichtige Forderung nach Datenabstraktion (= Definition eines Objektes durch die auf ihm definierten Operationen) erfüllt. Ein weiteres wichtiges Kennzeichen dieses Programmierstils ist die Definition von Vererbungsbeziehungen zwischen Objekten, über die ein Objekt sowohl Daten als auch Operationen von anderen Objekten erben kann.

Dadurch erhält der Programmierer ein ausgezeichnetes Mittel zur Strukturierung großer Systeme, das auch Erweiterungen und Änderungen sehr gut unterstützt. Objektorientierte Programmiersysteme sind häufig in LISP realisiert, darüber hinaus gibt es aber auch Sprachen außerhalb des KI-Bereichs wie z.B. Smalltalk.

*Regelbasierte Programmierung*
Für die regelbasierte Programmierung wurden Systeme entwickelt, die den Benutzer in die Lage versetzen, durch Eingabe von Wenn-Dann-Regeln eine gewünschte Funktionalität des Anwendungssystems zu erreichen. Unter der Annahme, daß Wenn-Dann-Beziehungen die Vorgehensweise von Experten am besten abbilden, wurden regelverarbeitende Systeme wie OPS5 entwickelt und für unterschiedliche Aufgabenstellungen eingesetzt. Die Möglichkeit der zunächst umgangssprachlichen Formulierung von Regeln wird als Instrument angesehen, komplexe Sachverhalte ohne Kenntnis des Programmsystems darzustellen. Die Ermittlung derartiger Regeln erfordert die Zusammenarbeit der Experten mit einem sogenannten Wissensingenieur. Dieser setzt die Kenntnisse der Experten in formalisierbare Regeln um und gibt diese in ein Expertensystem ein. Dazu bedient er sich wiederum sogenannter Expertensystemshells, die als anwendungsunabhängiges Hilfsmittel allgemein einsetzbar sind. Die Nutzung der so vorformulierten Regeln kann anschließend ohne tiefe Kenntnis des Anwendungsgebietes vorgenommen werden.

Bekannte Expertensystemshells sind KEE oder KNOWLEDGE-CRAFT als Vertreter für den Bereich der Künstlichen Intelligenz-Werkzeuge; sie vereinigen in sich die Möglichkeiten der regelbasierten und der objektorientierten Programmierung. Darüber hinaus werden auch vordefinierte Elemente zur Konzeption geeigneter Benutzerschnittstellen angeboten. Die Anwendung von Entwicklungswerkzeugen erlaubt dem Entwickler sich stärker mit der zu lösenden Aufgabenstellung als mit den Mitteln ihrer Realisierung zu befassen.

*Projektmanagementwerkzeuge*
Heute verfügbare Projektmanagementwerkzeuge, wie BOIE, EPOS, PRADOS, CADOS, haben Repräsentationsformalismen, die den Benutzer bei der Formulierung und Strukturierung der Problemstellung, aber auch der durchzuführenden Aufgaben unterstützen. Diese Werkzeuge wurden speziell entwickelt, um komplexe Softwareprojekte durchzuführen. Dazu wurden unterschiedliche Ebenen innerhalb des Systems eingerichtet, die die Dokumentation, die Definition der Funktionalität und die Terminplanung des Projektes verarbeiten. Endziel solcher Systeme ist die weitgehend automatische Erstellung von Programmen in FORTRAN, PASCAL oder in anderen Sprachen, die durch die parallel durchgeführte Spezifikation und Beschreibung geeignet dokumentiert sind.

### b) Datenbanksysteme

Für die Strukturierung von Informationen haben sich im wesentlichen drei Grundkonzepte herausgebildet, nach denen existierende Datenbanksysteme klassifiziert werden können:

- das hierarchische Konzept,
- das Netzwerk-Konzept und
- das relationale Konzept.

Es ist bisher nicht möglich, allgemein akzeptierte Kriterien dafür anzugeben, wann eines der Konzepte besser ist als ein anderes. Deshalb sind diese Konzepte zunächst als gleichberechtigt anzusehen. Bewertende Aussagen über die Eignung dieser Konzepte sind immer im Zusammenhang mit der zu lösenden Problemstellung und den daraus resultierenden Anforderungen zu sehen.

Im hierarchischen Konzept werden die Informationen streng hierarchisch in Form von Bäumen strukturiert. Die Objekte der Realität werden als Knoten eines Baumes definiert, die Datensatztypen repräsentieren. Hierarchische Beziehungen zwischen Objekten werden durch Kanten zwischen den Baumknoten dargestellt, die Beziehungen sind durch die Anordnung der Objekte im Baum gegeben. Die Beziehungen sind unbenannt. Eigenschaften können nur den Objekten zugefügt werden, die durch einzelne Felder in den Datensatztypen repräsentiert werden.

Nachteile des hierarchischen Konzeptes sind die größeren Datenmengen, die durch die explizite Abbildung von Datenbeziehungen erforderlich werden, und der erhebliche Aufwand beim Verändern der Daten. Dies kann nur teilweise durch die Einführung logischer Beziehungen aufgehoben werden.

Der Zugriff auf alle Objekte kann nur über einen vordefinierten Einstieg (Wurzel) erfolgen, da Beziehungen in einer Hierarchie nur eine Richtung haben.

Eine wesentliche Einschränkung des hierarchischen Konzeptes besteht darin, daß ein Knoten nur einen Vorgängerknoten haben darf. Dies macht das Konzept für viele Anwendungen, insbesondere im technischen Bereich, ungeeignet. Weitergehende Möglichkeiten bieten hier Netzwerke. Ein wichtiges Datenbankkonzept, das auf Netzstrukturen basiert, wurde durch CODASYL (Conference on Data Systems Languages) zwischen 1967 und 1971 entwickelt.

Das CODASYL-Konzept sieht vor, daß Objekte auf benannte Knoten eines Netzwerkes, den Records, abgebildet werden. Anders als bei Hierarchien können die Beziehungen zwischen Objekten in einem Netzwerk nicht durch eine relative Ebene in einer Hierarchie eindeutig bestimmt werden, deshalb werden gerichtete und benannte Beziehungen, die Sets, verwendet. In einem Set wird der übergeordnete Knoten als Owner und der untergeordnete Knoten als Member bezeichnet. Eigenschaften können lediglich den Objekten zugeordnet werden. Der ein Objekt repräsentierende Record wird aus einzelnen Datenelementen (Data Items) oder Gruppen von Datenelementen (Data Aggregates) zusammengesetzt.

Das CODASYL-Konzept wurde als Grundlage für viele Datenbankrealisierungen verwendet, wobei zur Unterstützung bestimmter Anwendungsgebiete auch Erweiterungen des Konzeptes und der Datenmanipulationsmöglichkeiten vorgenommen wurden. Eine Einschränkung für viele Anwendungen aus dem technischen Bereich besteht darin, daß den Sets direkt keine Eigenschaften zugeordnet werden können.

Eines der Ziele der Entwicklung relationaler Datenbanken war, ein Konzept zur Datenorganisation zu schaffen, das unabhängig von Aspekten der programmtechnischen Realisierung und der physikalischen Datenspeicherung ist.

Im relationalen Konzept von E. F. Codd [CODD71] wird bei der Modellbildung nicht zwischen Objekten und Beziehungen unterschieden. Die Abbildung erfolgt für beide auf die Codd'sche Relation, die man als zweidimensionale Tabelle darstellen kann. Eine Relation kann vergleichbar zu den Baum- oder Netzknoten Objekte repräsentieren, wobei die Spalten der Tabelle die Eigenschaften der Objekte aufnehmen. Zu den Eigenschaften müssen eindeutige Identifikatoren gehören.

Die Beziehungen zwischen Objekten werden durch Einführung von Beziehungsrelatoren dargestellt, die als Eigenschaften die eindeutigen Identifikatoren der Objekte enthalten. Als Vorteil gegenüber dem hierarchischen und dem netzartigen Konzept können den Beziehungsrelationen weitere Eigenschaften durch Vereinbarung zusätzlicher Spalten zugefügt werden.

### c) *Schnittstellen*

Schnittstellen stellen ein wesentliches Element für die Einbettung existierender Programmsysteme in integrierte Gesamtkonzepte dar. Besondere Bedeutung haben dabei Schnittstellen

- zu CAD-Systemen,
- zu graphischen Ausgabegeräten,
- zu Datenbanksystemen und
- zu NC-Maschinen oder Industrierobotern.

Einen guten Überblick über diese verschiedenen Schnittstellen geben [DIN 87] und [VDI 87]. Gegenwärtig verwendete Schnittstellen zu CAD-Systemen sind:

- IGES, Initial Graphics Exchange Specification (USA) [ANDE84, IGES85],
- SET, Standard d'Echange et de Transfert (Frankreich) [STIL86],
- VDAFS, Flächenschnittstelle des Verbandes deutscher Automobilhersteller [RAUS85],
- CAD*I, von einem ESPRIT-Projekt derzeit erarbeitetes CAD-Interface [SCHL86],
- STEP, Standard for the Exchange of Product Model Data [DIN87].

IGES 1.0 wurde 1979 eingeführt und die Version 2.0 fand bereits breite Anwendung besonders in der amerikanischen Industrie. 1986 wurde die auch heute noch aktuelle Version 3.0 eine National Bureau of Standards (NBS)-Norm. Nachteile von IGES sind die aufwendige Handhabung auch einfacher Elemente, die großen Transferdatenvolumen und unhandliche Datenstrukturen. IGES erlaubt die Übertragung von 2D-Informationen, und die meisten der heute verfügbaren CAD-Systeme bieten Pre- und Postprozessoren zur Definition des IGES-Datenformates. Als Nachfolger von Version 3.0 wird gegenwärtig IGES 4.0 entwickelt.

Die französische Spezifikation SET ist IGES sehr ähnlich und wird hauptsächlich von der europäischen Flugzeugindustrie im Rahmen des AIRBUS-Programms verwendet. Vorteil von SET ist eine kompaktere Datenstruktur.

Die VDAFS ist in Deutschland als DIN 66301 genormt. Sie konzentriert sich hauptsächlich auf wenige geometrische Grundelemente für den Austausch von Daten. Diese sind Punkte, Folgen von Punkten, Punkt-Vektor Folgen, Kurven und Flächen. Ein Vorteil der VDAFS ist ihre einfache Realisierbarkeit. Die VDAFS findet hauptsächlich Anwendung in der Automobilindustrie zur Beschreibung von Freiformflächen.

CAD*I ist die Bezeichnung eines ESPRIT-Projektes mit dem Ziel, eine Schnittstelle zwischen CAD-Systemen zum Austausch von geometrischen Daten zu entwicklen. Der Hauptunterschied zu z. B. IGES ist, daß in CAD*I auch Volumenmodelle berücksichtigt werden.

Ziel der Entwicklung von STEP ist die Definition einer internationalen Norm zur Beschreibung und für den Austausch produktdefinierender Daten. Neben der Geometrie beinhaltet STEP auch topologische, technologische und weitere nicht geometrische Produktinformationen.

Schnittstellen zu graphischen Ausgabegeräten sind (siehe z. B. auch [IEEE86])

- GKS, graphisches Kernsystem [GKS84, ENCA87, KANS86],
- PHIGS, Programmers Hierarchical Interactive Graphics Standard [PHIG85],
- PHIGS+, Weiterentwicklung von PHIGS,
- CGI, Computer Graphics Interface [CGI85],
- CGM, Computer Graphics Metafile (ISO8632).

GKS definiert Hilfen für die Übergabe graphischer Daten, unter anderem auch das GKS-Metafile. Über Postprozessoren ist dieses Datenformat von den meisten angebotenen graphischen Ausgabegeräten verarbeitbar. Die Benutzung eines Postprozessors erfordert unterschiedlich lange Antwortzeiten des Ausgabegerätes, was insbesondere bei zeitsensibler Aufgabenstellung zu Engpässen führen kann.

PHIGS ist ein graphisches System, welches hierarchische Datenstrukturen von 2D- und 3D-Geometrien handhaben kann und das direkte Editieren der Graphikstruktur erlaubt. Dabei integriert PHIGS den Host-Prozessor, die zentrale Datenbasis und das graphische Ausgabegerät. Der Vorteil von PHIGS liegt in der hierarchischen Strukturierung der Daten, wodurch eine gute Übersichtlichkeit erreicht wird.

Vertreter namhafter Unternehmen des Graphikmarktes arbeiten an PHIGS+, einer Erweiterung von PHIGS um Lichtmodelle und Schattierungen mit hierfür adäquaten Attributen. Zusätzlich sind polyedrische Körper (Vermeidung der Mehrfachdefinition von Eckpunkten und Kanten), Freiformflächen und B-Spline-Kurven/Flächen als Ausgabeprimitive vorgesehen.

CGI hat die Definition der Schnittstelle zwischen graphischen Programmiersystemen (GKS, PHIGS+) und den graphischen Geräten zum Ziel. Mit CGI sollen die Funktionen der graphischen Geräte einheitlich festgelegt werden. CGI ist derzeit noch kein Graphikstandard, doch die Vielzahl an Gerätetreibern und Geräteschnittstellen zeigt die Notwendigkeit einer Normung in diesem Bereich.

CGM definiert eine geräte- und rechnerunabhängige Bildbeschreibung zum Austausch von Graphiken zwischen unterschiedlichen graphischen Programmiersystemen und graphischen Ausgabegeräten. CGM ist seit 1987 internationaler Standard (ISO 8632).

Für den Zugriff auf Datenbanken gibt es derzeit keine genormten Schnittstellen. Die Standard Query Language (SQL) [KRAU87] für die Kommunikation mit relationalen Datenbanken kann als Quasistandard angesehen werden, obgleich nicht alle Hersteller relationaler Datenbanken diesem Konzept folgen.

CLDATA (Cutter Location Data) ist eine nach DIN 66215 genormte Sprache, die als Schnittstelle zwischen NC-Prozessoren und NC-Postprozessoren Verwendung findet. Vergleichbar dazu soll die IRDATA (Industrial Robot Data)-Schnittstelle ein herstellerunabhängiges Format für die Datenübergabe bei der Programmierung von Industrierobotern definieren (VDI-Richtlinie 2863).

### 7.2.4.2 Kommunikation

Kommunikation wird, wie viele andere Schlagwörter auch, sehr häufig mißverstanden – gerade weil jeder mit Kommunikation Erfahrungen hat und deshalb aus seiner Sicht zu wissen glaubt, worum es geht. Die Spannweite der Begriffsinhalte reicht von Datenübertragung – typisch ist hier die Gleichsetzung mit Schnittstellen wie V24 bzw. RS232 – bis hin zum Einschluß generischer[1] Anwendungen – wie z. B. Filetransfer. Eine Präzisierung des Begriffsfeldes Kommunikation soll hier nur insoweit erfolgen, als es im Rahmen der Integration notwendig erscheint.

### a) Schichtenmodell

Der entscheidende Fortschritt bezüglich der begrifflichen Gliederung wurde mit dem bereits erwähnten OSI-Referenzmodell geleistet. Bild 7.7 zeigt den grundsätzlichen Schichtenaufbau. Jede höhere Schicht benützt die jeweils niedere Schicht als Service – schließt sie also funktionell ein. Die Bilder 7.8 und 7.9

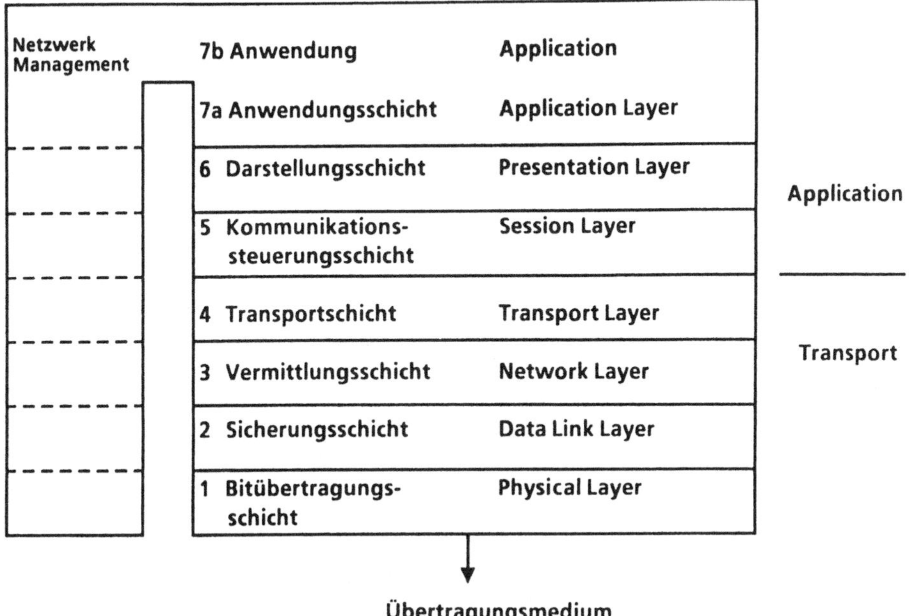


**Bild 7.7**  OSI-Definition (Quelle: Siemens)

---

[1] Der Begriff „generic" wird in der englisch-sprachigen Literatur zunehmend benützt. Er bezeichnet Basiskomponenten, die als „erzeugende" Elemente für höhere Baueinheiten zu verstehen sind, obwohl sie selbst schon komplexer Natur sein können.

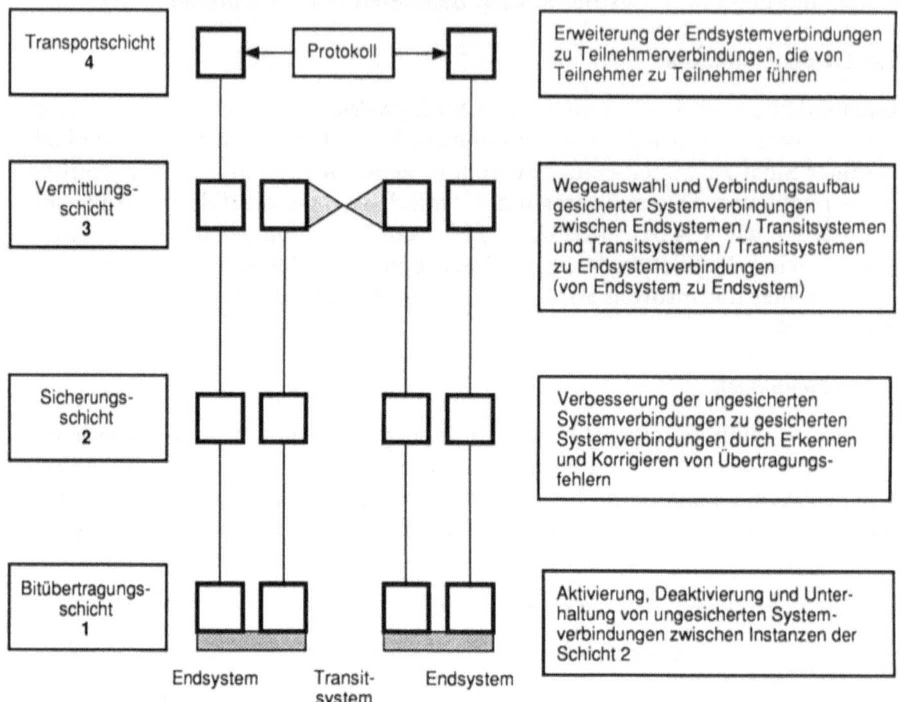


**Bild 7.8**   Transportschichten (Quelle: Siemens)

geben eine stichwortartige Erläuterung der Service-Inhalte der jeweiligen
Schichten. Unterstellt ist dabei eine Systemstruktur, wie in Bild 7.10 dargestellt.
Zwei Endsysteme (Träger der jeweiligen Anwendungen) verkehren über ein
Transitsystem, das zwei unterschiedliche Übertragungsmedien verbindet. Im ein-
fachsten Fall sind beide Endsysteme am gleichen Übertragungsmedium ange-
schlossen, ein Transitsystem entfällt dann.

Die Bilder 7.8 und 7.9 führen zusätzlich den Begriff Protokoll ein. Ein Protokoll umfaßt alle Absprachen zwischen gleichrangigen Schichten zweier Endsysteme. Die Implementierung einer Schicht n muß somit vor allem zwei Komponenten erbringen:

- den Service n, den die Schicht $n+1$ erwartet, unter Nutzung dessen was
  Schicht $n-1$ zur Verfügung stellt,
- die Protokollabsprachen gleichrangiger Schichten (peer-to-peer), damit die In-
  stanzen beider Endsysteme oder dazwischenliegender Transitsysteme die
  übertragenen Bitfolgen richtig interpretieren.

Eine Nachricht eines Anwenders im Endsystem des Senders, gegeben in Form
eines parametrisierten Aufrufs, wird in der Schichtenhierarchie von oben nach

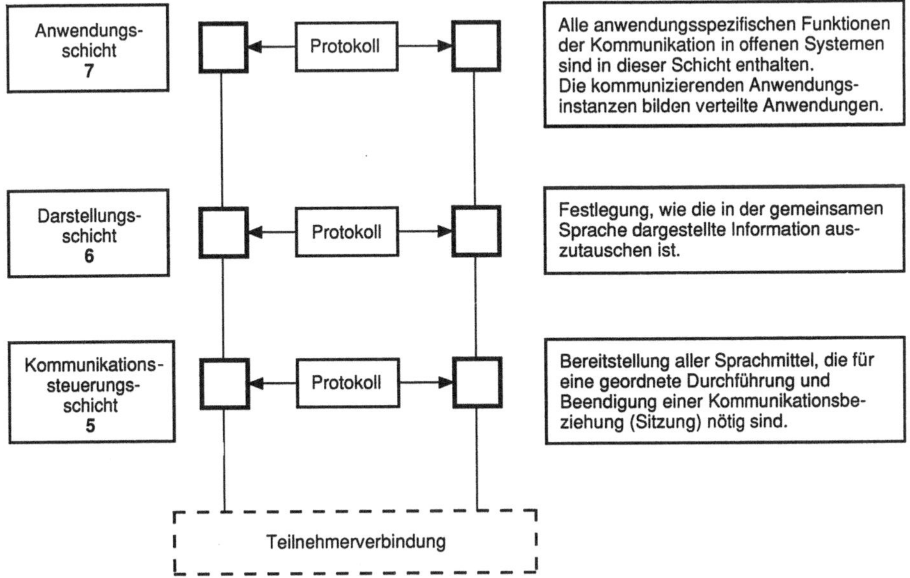


**Bild 7.9**   Anwendungsschichten (Quelle: Siemens)

unten so formatiert und somit protokollgerecht aufbereitet, daß die gesamte Bit-
folge als sogenannter Frame über das Medium übertragen wird und schließlich
einem Anwender im Endsystem des Empfängers als parametrisierte Information
zur Verfügung steht.

Je nach Einsatzbereich, Anwendungsklasse und Komfortwünschen gibt es unterschiedliche Protokollabsprachen, die entweder standardisiert sind (national
oder international) oder private Vereinbarungen (z. B. hersteller- oder nutzerbe-
zogen) darstellen. In einer Grauzone zwischen Standard- und Privatprotokollen
liegen die „De-facto-standards" marktbeherrschender Firmen oder Firmengrup-
pen. Solche De-facto-standards können Wegbereiter für breit akzeptierte Standards werden. Dies gilt z. B. für das bekannte Ethernet der Firmen DEC, Intel,
XEROX, das in IEEE 802.3 überführt wurde. Bild 7.11 zeigt eine „Auffüllung"
der sieben Schichten mit derartigen Standards; man nennt eine solche Zusam-
menschau aufeinander abgestimmter und die Gesamtheit der Schichten über-
deckender Standards auch Protokollarchitektur. Solche Architekturen beschreiben dann z. B. das Gesamtangebot eines Herstellers oder auch, wie in Bild 7.12,
spezifische Anwendungsgebiete. Man nennt solche Darstellungen auch Reference Shells. MAP und TOP z. B. sind Architekturen für Automatisierung und
Büro, SINEC und SBA firmenspezifische Erweiterungen bzw. Vorläufer (hier
der Firma Siemens).

Das OSI-7-Schichten-Referenzmodell ist im ganzen ein sehr zukunftsorientier-
tes und mittlerweile sehr erfolgreiches Konzept. Allerdings ist darauf hinzuwei-

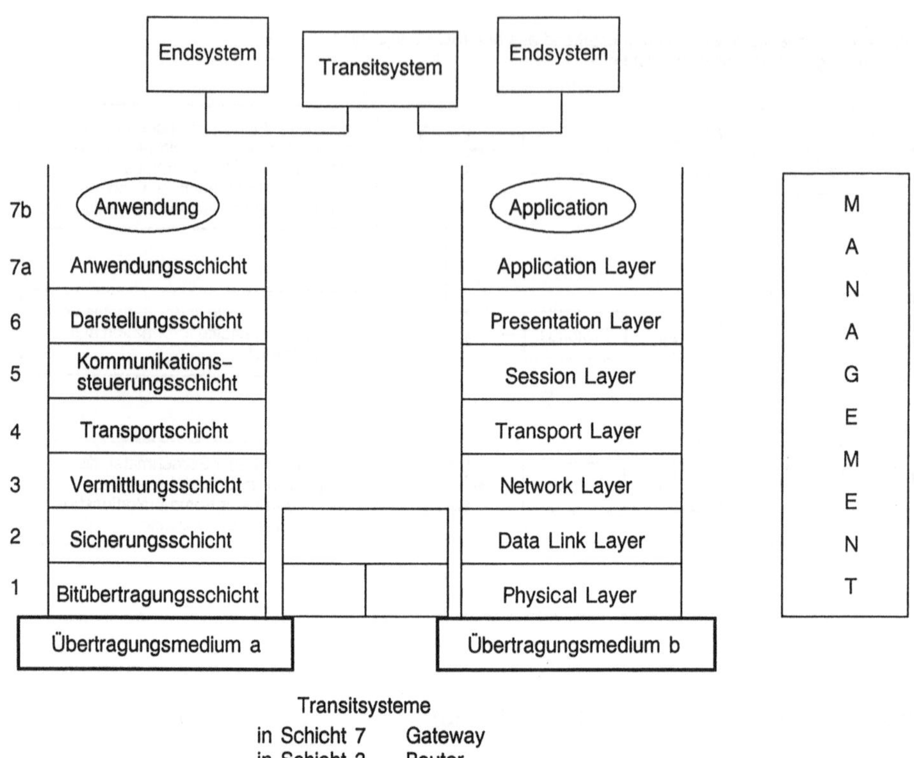


**Bild 7.10**    OSI Systemstruktur (Quelle: Siemens)

sen, daß einige Punkte nicht zufriedenstellend behandelt worden waren. Dies wurde inzwischen erkannt und hat zu weiteren Aktivitäten geführt. Schwächen liegen vor allem im Bereich der Einbettung in administrierende Funktionen – Stichworte sind Network-Management und Directory – und im wenig präzisen Begriff der Application (Anwendung).

Ein Directory ist der Funktion Auskunft oder dem Telefonbuch vergleichbar, im wesentlichen handelt es sich um Konventionen zur Identifikation der erreichbaren Anwender und Dienste. Das Network-Management ermöglicht die Generierung und laufende Pflege der Netze, insbesondere die Aufnahme weiterer Teilnehmer, was ohne Beeinträchtigung vorhandener Verbindungen geschehen muß. Die weltweite Verkopplung der Netze – auch solcher mit zunächst lokalem Charakter – wirft zudem eine Fülle von Problemen auf, die Sicherheit, den Datenschutz, die Zuverlässigkeit und Verfügbarkeit betreffend. Ein schon etwas älteres Bonmot bezeichnete das internationale Telefonnetz als die bei weitem komplexeste bekannte Maschine. Um so mehr gilt dies für die in naher Zukunft verkoppelten Netze.

Der gravierendste Mangel aus der Sicht der Anwendungen ist aber der Begriff Anwendung selbst. Nimmt man das Referenzmodell wörtlich, ist die

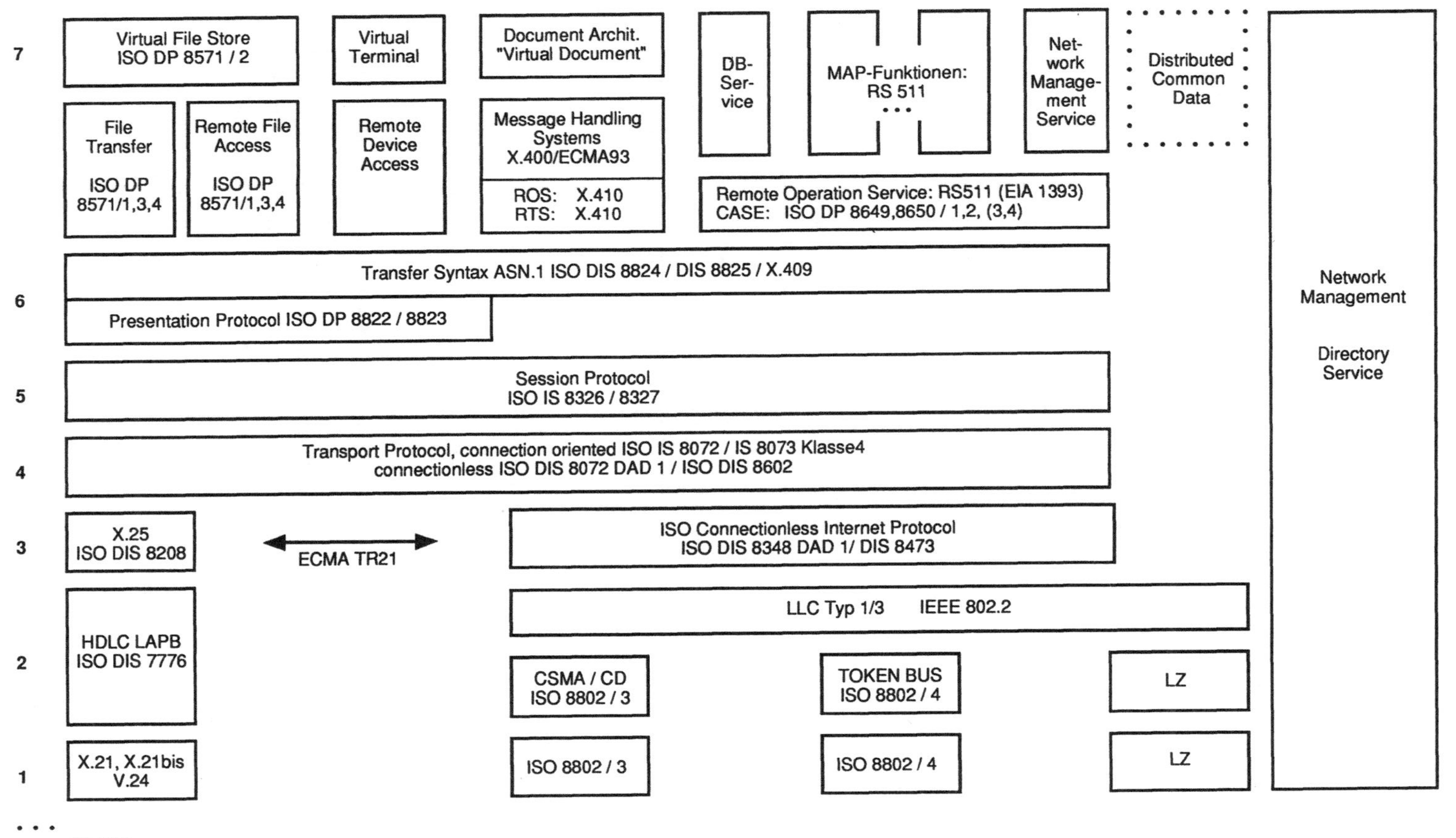


**Bild 7.11**  Protokollstandard im ISO-OSI-Referenzmodell (Quelle: Siemens)

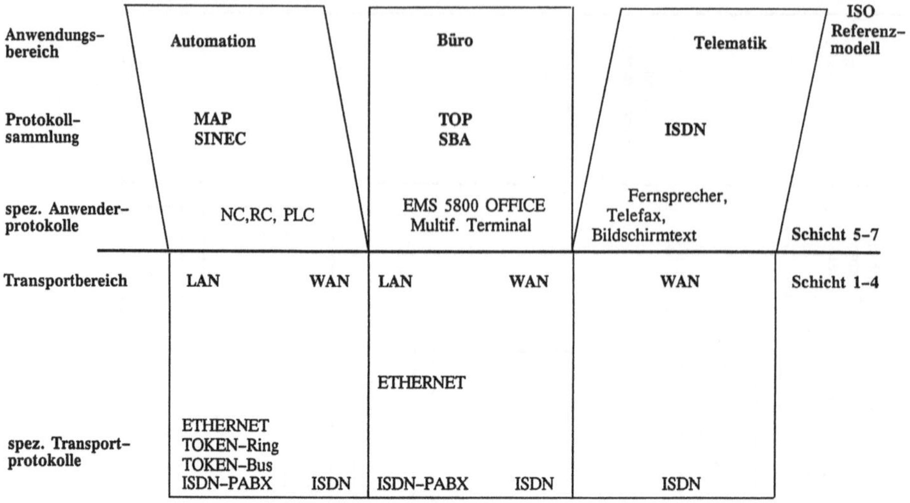

| | Automation | | Büro | | Telematik | ISO Referenz-modell |
|---|---|---|---|---|---|---|
| **Anwendungs-bereich** | Automation | | Büro | | Telematik | |
| **Protokoll-sammlung** | MAP SINEC | | TOP SBA | | ISDN | |
| **spez. Anwender-protokolle** | NC,RC, PLC | | EMS 5800 OFFICE Multif. Terminal | | Fernsprecher, Telefax, Bildschirmtext | Schicht 5–7 |
| **Transportbereich** | LAN | WAN | LAN | WAN | WAN | Schicht 1–4 |
| **spez. Transport-protokolle** | ETHERNET TOKEN–Ring TOKEN–Bus ISDN–PABX | ISDN | ETHERNET ISDN–PABX | ISDN | ISDN | |

**Bild 7.12**   OSI Reference Shells (Quelle: Siemens)

Schicht 7 die Anwendung. Mit anderen Worten: Kommunikation und Anwendung sind nicht voneinander unabhängig definiert. Das Referenzmodell beschreibt die Welt der DV-Systeme aus der Sicht des Mediums, des Drahts. Ein wenig erinnert das an die bekannte Darstellung „Die Welt aus der Sicht des New Yorkers": im Vordergrund die 9th Avenue, dahinter noch deutlich der Hudson River und New Jersey, dann der mittlere Westen, der Westen und die Rockies, Kalifornien, der Pazifik und schließlich Japan und ganz Asien mit China und Rußland.

Diese Überteibung kennzeichnet die starke perspektivische Verzerrung aus der Sicht der Kommunikation. Der gegenwärtige Stand definiert bereits Schicht 7A als Association Control Service Elements (ACSE), die von Services der Schicht 7B benutzt werden können. Schicht 7B enthält z. B. File Transfer Access & Management (FTAM)[1] und die als Bestandteil von MAP bedeutsame Manufacturing Message Specification (MMS).

Die eigentliche Anwendung liegt noch weiter darüber und wird Gegenstand weiterer Referenzmodelle sein, welche sich in noch stärker spezifischere Reference Shells von z. B. branchen-bezogenen Anwendungsfeldern aufspalten werden. Ein Ansatz hierzu ist das unter ESPRIT geförderte Projekt AMICE, das als Ziel die Definition und Pilotimplementierung einer offenen Systemarchitektur CIM OSA hat. Beteiligt unter ESPRIT I sind alle namhaften Hersteller im CIM-Bereich [AMIC88].

Die ursprünglich vorhandene Unschärfe des Begriffs Anwendung hat mit Sicherheit einiges zu den Akzeptanz-Problemen beigetragen, die insbesondere MAP, aber auch das generelle Konzept der offenen Kommunikation betrafen.

---

[1] oben zitiert als generische Anwendung

### b) Offene Kommunikation

Die Bedeutung der Offenheit bei Kommunikationskonzepten erschließt sich nicht sofort, da gerade Kommunikation häufig den Charakter der lokalen Gültigkeit innerhalb einer nur beschränkt zugänglichen Sphäre hat, ja manchmal sogar die Geheimhaltung von besonderer Bedeutung ist. Die Forderung nach Offenheit hat wenigstens zwei Ursachen:

- die freie Zugänglichkeit komplexer Anwendungssysteme für den Wettbewerb,
- die Verbindung zunächst unabhängiger Anwendungen, eben die Integration.

Werden n Anwendungssysteme jeweils jedes mit jedem verbunden, ergeben sich n*(n−1)/2 Schnittstellen. Geschieht dies nachträglich, sind n*(n−1) Umsetzer erforderlich. Einigt man sich nachträglich auf einen Schnittstellen-Standard (dies entspricht der Situation von IGES), sind immer noch n Umsetzer notwendig. Außerdem erleiden alle Verbindungen Leistungs-Einschränkungen.

Deshalb ist es wesentlich günstiger, Anwendungen auf Basis vorher definierter Kommunikationsstandards zu implementieren. Voraussetzung ist dazu die umfassende Absicherung und Orientierung am Stand der Technik mit der Möglichkeit der Migration – sowohl von vorher existierenden Anwendungen in den Standard als auch hin zu neueren Entwicklungen über den Standard hinaus. Die Implementierung solcher Standards birgt deshalb ebenfalls die Gefahr unzureichender Leistung, da sie sehr umfangreich sind.

Im Gegensatz zu den oben beschriebenen lokalen Schnittstellenumsetzern bieten aber anerkannte Standards die Chance, die Fortschritte der VLSI-Mikroelektronik voll zu nutzen. Für Schicht 1 und 2 sind heute allgemein Lösungen auf Chip-Ebene verfügbar (software in silicone), für die Schichten 1 bis 7B gibt es bereits Baugruppen-Lösungen. Häufig sind die Kommunikations-Boards mit leistungsstärkeren Prozessoren bestückt (z. B. bei PC).

Um die Wirtschaftlichkeit solcher standardisierter Kommunikationslösungen zu beurteilen, sollten allerdings Vergleiche mit konventionellen V24-Schnittstellen unterbleiben. Bildlich gesprochen ist das nicht der sprichwörtliche Vergleich von Birnen und Äpfeln, sondern des ganzen Apfelkuchens mit dem Apfelschnitz. Offenheit der Kommunikation ist also die Voraussetzung zukunftsorientierter und leistungsgerechter Anwendungsintegration.

Offenheit öffnet aber auch den Markt für den Wettbewerb. Das ist nicht nur unbequem für etablierte Hersteller, es fordert auch vom Nutzer mehr als früher Kenntnisse und Urteilsvermögen über Stand und zukünftige Trends. Insbesondere sind die Anwender – in ihrer Mehrzahl kleine und mittelgroße wirtschaftliche Einheiten – viel stärker aufgerufen, in der Standardisierung mitzuarbeiten, die bisher eine Domäne einiger großer Hersteller ist.

Das Resultat der Offenheit und des freien Wettbewerbs bei Kommunikationskomponenten werden Kosten- und Preissenkungen von großer Durchschlagskraft sein. Damit erst werden durchgehende Lösungen mit ihrem hohen Kommunikationsbedarf technisch in akzeptabler Zeit realisierbar und wirtschaftlich möglich.

# 7.3 Organisatorische Aspekte

Die Zielsetzungen der Integration im Hinblick auf Flexibilität und Durchgängigkeit der Verfahren bilden sich unmittelbar ab auf die Organisation, in der diese Verfahren ablaufen. Damit diese Zielsetzungen erreicht werden können, müssen zwangsläufig die Ablauforganisation verändert und die Aufbauorganisation angepaßt werden. Derartige Veränderungen müssen, abgesehen von Einzelfällen eines Aufbaus auf der „grünen Wiese", in einer existierenden Fabrik unter Erhaltung der Kontinuität der Produktlinien, der Einrichtungen, der räumlichen Gegebenheiten, des Standorts und der beteiligten Menschen geschehen. Der personelle Aspekt wird im nachfolgenden Abschnitt besonders berücksichtigt.

Die Aufzählung dieser Kontinuitätsbedingungen begründet klar, daß diese Veränderungen nur in einem evolutionären Prozeß erfolgreich in die Praxis eingeführt werden können. Nichtsdestoweniger ist aber eine Revolution der Konzepte die Grundlage dieser Prozesse. Die bestehenden Arbeits- und Organisationsstrukturen sind das Ergebnis langandauernder Spezialisierung und Differenzierung, begleitet von enormen Veränderungen des Volumens, sowohl als Wachstum als auch als Schrumpfung. Auf derartigen Strukturen unmittelbar aufzusetzen, kann nicht zum Ziel führen.

Im folgenden soll deshalb zunächst einiges über die konzeptionelle Basis dargestellt und darauf aufsetzend die sogenannte Migration und deren Probleme betrachtet werden. Im ersten Abschnitt sind organisatorische Abläufe, im zweiten die dadurch beeinflußte Aufbauorganisation Gegenstand der Darstellung.

## 7.3.1 Organisatorische Abläufe in der integrierten Produktion

Dieses Handbuch hat CAM zum Gegenstand und nicht CIM. Allein schon das oft starre Festhalten an Funktionsbereichen wie CAE, CAM, PPS ist aber hinderlich auf dem Weg zur Integration. Deshalb muß bei der Konzeption der Abläufe in der Fertigung, und soweit mit Rechnerunterstützung versehen eben in CAM, die Gesamtheit der Produktion mit ins Auge gefaßt werden.

Daraus folgt, daß Schnittstellen zur Umgebung der CAM-Anwendungen nicht vorab fixiert sind und auch von Anwendungsfall zu Anwendungsfall in unterschiedlicher Weise definiert werden müssen. Hier hat sich der Begriff Verfahrensketten verbreitet. Die Verfahrenskette sollte man nicht als ein Aneinanderfügen vorhandener Verfahrenselemente über eine Vielzahl unterschiedlicher Schnittstellen interpretieren – dies ist eher die gegenwärtige Situation –, sondern als eine auf den Anwendungsfall abgestimmte, nicht nur lineare, sondern auch vernetzte Abfolge von Verfahren. Angesichts der Stellung von CAM im sogenannten Y-Modell steht dabei die Ausprägung CAE-CAM oder alternativ die Ausprägung PPS-CAM im Vordergrund [SCHE87].

Die vorangehende Interpretation der Verfahrenskette zielt überwiegend auf die Integration der planerischen und der ausführenden Funktionen in der Produktion. Gleichberechtigt zu sehen sind die Verfahrensketten, die sich am Materialfluß orientieren. Dies sind zunächst die aufeinander abzustimmenden Fertigungstechnologien (nicht Gegenstand des Buches) und die diese begleitenden Informationsflüsse.

Die den Materialfluß begleitenden Informationen sind allgemein gesehen Betriebsdaten. Die vielfach noch als schlichtes Datensammelsystem angesehene Betriebsdatenerfassung muß aus Sicht der Integration eine Aufwertung erfahren. BDE müßte zukünftig zum Angelpunkt der CAM-Systeme werden. Die zu Beginn des Abschnitts 7.3 angeführten Ziele sind ohne aktuelle Daten aus der Fertigung nicht zu erreichen. Diese betreffen sowohl die Produkte und die Prozesse als auch die organisatorischen Mittel, nämlich die Aufträge, und die technischen Mittel, dies sind Einrichtungen und Hilfsmittel.

Die Aufzählung zeigt, daß BDE die gleiche Komplexität wie die Fertigung insgesamt hat – BDE soll ja das Abbild der Fertigung liefern –, also auch in ähnlich vielfältiger Weise in die einzelnen Verfahrensketten integriert werden muß. Das Zielkonzept für BDE in einer integrierten CAM-Umgebung wird daraus folgend aus zwei Komponenten bestehen,

- einer Infrastruktur für die gesamte Fertigung unter Einschluß der Prüfbereiche und mit Anschluß an Wareneingang und Auslieferung, evtl. sogar an den Feldeinsatz,
- und aus modular aufgebauten und objektorientiert strukturierten Komponenten als Teil der einzelnen Verfahrensketten.

Diese am Beispiel BDE gezeigte duale Struktur ist ein mögliches Modell für einen flexiblen und integrierbaren Aufbau von Verfahrensketten. Die Infrastrukturelemente müssen sich dabei zunehmend an der parallel dazu an Bedeutung gewinnenden Standardisierung orientieren. Die Standardisierung betrifft somit nicht die Abläufe selbst und immer weniger die Schnittstellen zwischen einzelnen Funktionskomponenten, sondern sie betrifft die Dienste, die die Infrastruktur den Anwendungen bietet.

Projiziert man dieses Client-Server-Konzept, welches sich zunehmend in der DV-Welt ausbreitet, in die Ablauforganisation eines Betriebs, so zeigt sich die allfällig zu beobachtende Tendenz zu einer Verstärkung des tertiären, d.h. dienstleistenden Sektors. Ähnlich wie früher die Aufgaben- und Personalverschiebung aus der Werkstatt in die Arbeitsvorbereitung und anschließend weiter in die Auftragszentren erfolgte, sind zukünftig Verschiebungen in die heute noch relativ kleinen Abteilungen Organisation und Datenverarbeitung zu erwarten.

Deren Aufgabe wird sich aber wandeln. Neben den unmittelbar produktiven Aufgaben der Anwendungsprogrammierung wird stärker der Aufbau und die Unterhaltung von Systemen der Infrastruktur vorangetrieben werden müssen. Nur dann existiert eine gemeinsame Basis für die Anwendungen, die dann zunehmend vom Anwender selbst implementiert werden.

Diese Infrastruktur bezieht sich heute auf Kommunikationsnetze und Grunddatenbestände einschließlich der Funktionen Datensicherung und Zugriffsberechtigung. Zukünftig liefert sie die gesamte Einbettung für die DV-Anwendungswelt.

Die traditionelle Art im Betrieb DV-Systeme für die Fertigung zu entwickeln, folgte vereinfacht dargestellt alternativ den zwei Modellen:

1. Der Anwendungsspezialist eignet sich DV-Kenntnisse an und macht alles selbst (früher häufig in BASIC, heute mit viel mehr Systemunterstützung auf PC).
2. Der Anwendungsspezialist übergibt seine Anforderungen an den DV-Spezialisten, und dieser realisiert sie, meist auf Großrechner, in Rechenzentrumsorganisation.

Im ersten Fall leistete die Software, was sie sollte, war aber weder portabel auf neue Systemgenerationen noch übertragbar auf andere Einsatzfälle und auch nicht über Schnittstellen mit anderen Anwendungen kommunikationsfähig.

Im zweiten Fall traten erhebliche Verständigungsprobleme auf. Performance und daraus folgend die Akzeptanz des Benutzers waren nicht immer zufriedenstellend.

Die zunehmende, fast explosionsartige Verbreitung der PC, sollte sie ohne eine entsprechende Abstützung auf derartige Infrastrukturen geschehen, würde im Sinne des ersten Modells Fakten schaffen, die einer Integration geradezu entgegenwirken.

Das zukünftige Modell sollte deshalb eher als gezielte Zusammenführung der Modelle 1 und 2 gesehen werden:

- der DV-kundige Anwender, und dies wird zunehmend der Normalfall sein, beteiligt sich am Entwicklungsprozeß der DV-Anwendung mit dem Ziel, die nach Übernahme notwendigen Tätigkeiten selbst auszuführen,
- die DV-Spezialisten konzentrieren sich auf die Infrastruktur,
- beide Partner stützen sich stärker auf Zulieferungen von Produkten und auch von Werkleistung interner und externer Anbieter ab.

Die damit im engeren CAM-Feld aufgezeigte Veränderung von Tätigkeiten, Arbeitsinhalten, Qualifikationen und Verantwortungsbereichen gilt bei integrierten Abläufen ganz allgemein auch für die mehr fachbezogenen Arbeitsfelder. Dies heißt nicht, daß ein Produkt-Designer oder Konstrukteur zum Arbeitsvorbereiter wird. Bei einzelnen Verfahrensketten sind aber sehr wohl bereits beim Produktdesign die Möglichkeiten der Fertigungs- und Montageprozesse und bei der Arbeitsvorbereitung die konkreten Werkstattgegebenheiten bezüglich Hilfsmitteln wie Werkzeuge und Vorrichtungen zu berücksichtigen. Dies sollte nicht durch universell ausgebildete Universalkönner geschehen – eine Rückkehr zum handwerklich geprägten Kleinbetrieb ist im heutigen Produktionsbetrieb nicht denkbar –, sondern durch breit eingeführtes Teamwork von Spezialisten mit Grundwissen aus mehreren Bereichen der Verfahrenskette.

In der aus amerikanischer Sicht geschriebenen Antwort auf die japanische Herausforderung „America Can Compete" [GOOC87] werden derartige Lösungen unter der Leitlinie „Continuous Flow Manufacturing" vorgestellt. Ein besonders interessanter Hinweis gilt der japanischen Praxis, Ingenieur-Absolventen für die ersten zwei Jahre in den Fertigungsbereichen zu beschäftigen anstatt, wie bei uns doch meist, in der Entwicklung. Dies schafft bessere Grundlagen für das Erreichen der Ziele „fertigungsgerechte Produkte" und „schnelle Durchläufe" als jede Schulung über diese Themen.

Das Voranstehende ist schon als Überleitung zum Problemkreis Migration zu sehen. Die Forderung nach einer Infrastruktur für integrierte Anwendungen darf nicht mißverstanden werden in der Weise, daß alle Anstrengungen jetzt ausschließlich auf deren Aufbau zu konzentrieren sind. Damit der Anwender schon frühzeitig integrierte Systeme nutzen kann – auch um die weitere Ausbreitung von DV-Inseln zu vermeiden –, muß der Aufbau der Infrastruktur mit ihrer Nutzung in ausgewählten und beispielhaften Verfahrensketten Hand in Hand gehen. Dies ist der wirtschaftlich vertretbare und auch überzeugende Weg zur Integration. Dabei wird auch der Unterschied zwischen dem Verbinden einzelner Funktions-Inseln und einer wirklichen CIM-Lösung deutlich und überzeugend.

Am Beginn stehen zwei Aktivitäten:

- die Auswahl geeigneter Verfahrensketten; Bedingung sind beherrschte Prozesse und Verfahren, die Eignung für Rechnerunterstützung und die Motivation aller Beteiligten,
- die Festlegung der erforderlichen Infrastruktur auf Basis von Standards oder De-facto-Standards mit Zukunftsperspektiven.

Durchgeführt werden sollte ein solches Vorhaben als besonders herausgestelltes Projekt durch ein Team aus den beteiligten Bereichen mit starker Unterstützung des Managements. Ein einzelner Funktionsbereich kann ein solches Projekt nicht durchstehen, weil angrenzende Funktionsbereiche beeinflußt und verändert werden, und weil die Wirtschaftlichkeit eines Integrationsprojektes, bezogen auf einen Einzelbereich, in der Regel nicht nur nicht rechenbar, sondern objektiv auch unter Einschluß der nicht quantifizierbaren Größen nicht gegeben ist.

## 7.3.2 Anpassung der Aufbauorganisation an die integrierte Produktion

In der Einleitung zum Abschnitt 7.3 wurde schon hingewiesen auf die heute extrem fortgeschrittene Differenzierung der Arbeits- und Organisationsstrukturen. Organisation ist Mittel für die Gestaltung der Arbeit und spiegelt damit ihre Struktur. In der Aufbauorganisation manifestiert sich aber auch Verantwortung und Einfluß, in ihr haben die handelnden Personen ihren Platz und ihre persönliche Perspektive. Damit dient die Aufbauorganisation nicht nur dem Zweck, die Arbeit ziel- und ergebnisorientiert zu führen, sondern ist auch Instrument zur Beherrschung des Unternehmensgeschehens. Jede Anpassung und Veränderung der Arbeitsstruktur erfordert früher oder später eine ebensolche der Aufbauorganisation. Die allfällig zu beobachtenden Umorganisationen in großen Unternehmen zeigen dies deutlich. Eine Aufbauorganisation für extrem arbeitsteilige und andererseits stark produkt-diversifizierte Betriebe ist nicht gerade ein optimaler Nährboden für Integrationsvorhaben. Eine in solcher Weise zweidimensional nach Produkt und nach Funktion aufgegliederte Organisation bildet eine vielstufige Pyramide mit großen Distanzen zwischen den Verantwortungsträgern angrenzender Funktionsbereiche, zunächst aufwärts und dann wieder abwärts im Organigramm.

Vorschläge zur Überwindung dieser Situation müssen zunächst aufsetzen auf den Ursachen. Zum Teil liegen diese in den durch Volumensteigerung und Wachstum immer größer werdenden Einheiten, zu einem anderen Teil in der

Heterogenität durch wachsende Produktvielfalt der angewandten Technologien und Verfahren. Noch vor kurzer Zeit bestand die Tendenz, größere Einheiten zu bilden, um die gesteigerte Produktivität automatisierter Linien und flexibler Fertigungssysteme besser zu nutzen.

Die Anpassung der Aufbauorganisation scheint nunmehr in die Gegenrichtung zu gehen. Kleinere Einheiten mit reduzierter Produktpalette und damit auch kleinerem Volumen mit reduzierter Fertigungstiefe und damit weniger Technologie-Vielfalt bieten auch eine bessere Basis für integrierte Produktion.

Die Modelle reichen von eigenständigen Produktbereichen über die gesamte Verfahrenskette hinweg in einem größeren Betrieb bis hin zur Neugründung kleinerer Betriebe außerhalb des Fabrikzauns des Stammbetriebs.

In jedem Fall ist eine Verstärkung der im Abschnitt 7.3.1 erläuterten Dienstleistungsgruppen zur Schaffung und Erhaltung einer Infrastruktur erforderlich. Deren Kosten müssen zunächst als Gemeinkosten von den produktiven Bereichen getragen werden, sie sollten aber später zu einer verrechnenden Einheit werden.


## 7.4 Personelle Aspekte

Die Einführung und Integration neuer Technologien in ein Unternehmen erfordert entsprechend qualifizierte Mitarbeiter, um die Möglichkeiten der am Markt zur Verfügung stehenden Technologiepotentiale effizient nutzen zu können.

Nur gezielte Qualifikationsmaßnahmen gewährleisten, daß

- die Beschäftigten die neuen „Hilfsmittel" akzeptieren,
- die Qualität der Arbeitsergebnisse maximiert wird,
- das Anlaufverhalten (Lernkurveneffekt) optimiert wird,
- die Anlagen und Verfahren sachgemäß betreut und genutzt werden.

Im Rahmen der komplexen Problemstellung „Integrierte Informationsverarbeitung" nehmen deshalb Qualifikationsfragen eine zentrale Rolle ein.

Bei der Erarbeitung von Qualifizierungskonzepten ist es wichtig, daß nicht nur in Form kurzfristiger Weiterbildungsprogramme auf Qualifikationsdefizite reagiert, sondern daß die Weiterbildung vorausschauend in die Planung zukünftiger integrierter Prozesse einbezogen wird.

Hierbei stellen sich folgende grundsätzliche Fragen [GRAB87]:

- Welche Anforderungsprofile ergeben sich durch eine integrierte Informationsverarbeitung?
- Welche Qualifikationsprofile sollen angestrebt werden?
- Welche Lehrinhalte mit welcher Priorität sollen vermittelt werden?
- In welchem Umfang und in welcher Form soll weitergebildet werden?

Der Produktionsbereich, dessen Gesamtfunktion in der Herstellung materieller Erzeugnisse besteht, läßt sich als soziotechnisches System auffassen, in dem menschliche und technische Funktionsträger bei der Ausführung der Gesamtfunktion zusammenwirken. Bezogen auf den Einsatz neuer Informationstechnologien ist hinsichtlich der Qualifikation von zwei grundsätzlich unterschiedlichen Anforderungsprofilen auszugehen, die sich in jeder betrieblichen Hierarchieebene wiederfinden [DIN 87].

- Zum einen sind die neuen Technologien zur Erledigung operativer, taktischer und strategischer Aufgaben anzuwenden.
- Zum anderen bedarf es der Planung, Realisierung und Aufrechterhaltung des sozio-technischen Systems.

## 7.4.1 Qualifikationsanforderungen an die Anwender neuer Technologien

Bei der Anwendung von CA-Systemen werden weiterhin die funktionalen Aufgabenstellungen und die damit verbundenen Qualifikationen im Vordergrund stehen. Der Weiterbildungsbedarf bzw. -inhalt ist abhängig von der betrieblichen Hierarchieebene (Abteilungsleiter, Gruppenleiter, Sachbearbeiter, Facharbeiter), vom fachlichen Bereich (Arbeitsvorbereitung, Teilefertigung, Montage) und von dem Tätigkeitsfeld in diesem Bereich.

Dies bedeutet, daß ein Teil neuer Qualifikationsanforderungen nicht durch völlig neue Tätigkeiten, sondern durch die Anwendung neuer „Hilfsmittel" zur Ausübung der Tätigkeit entstehen. Qualifikationsanforderungen entstehen durch:

- erforderliche Kenntnisse, um die Möglichkeiten neuer Mittel zur Informationsverarbeitung effektiv zu nutzen,
- notwendige Fähigkeiten und Fertigkeiten zur Handhabung der neuen Hilfsmittel.

Ein weiterer Teil neuer Qualifikationsanforderungen entsteht als Folge neuer Tätigkeitsfelder in der Anwendung der Informationstechnik. Neue Tätigkeitsfelder entstehen durch Neuentwicklungen informationstechnischer Methoden und Verfahren. Beispielsweise werden den Mitarbeitern in der Arbeitsvorbereitung zukünftig unterschiedliche rechnerunterstützte Verfahren zur Simulation, Lösungsfindung usw. zur Verfügung stehen, die den Mitarbeitern neue Denk- und Arbeitsweisen abfordern werden.

Überlegungen über neue Qualifikationsanforderungen der Anwender können jedoch nicht losgelöst von arbeitsorganisatorischen Umgestaltungen angestellt werden, wie z.B. Aufgabenerweiterung (job enlargement) oder Aufgabenbereicherung (job enrichment).

Unter Aufgabenerweiterung wird die Zusammenfassung von vor- und nachgeschalteten, gleichartigen und ähnlichen Arbeitsaufgaben zu größeren in sich abgeschlossenen Arbeitsabläufen verstanden. Der Einsatz rechnerunterstützter Verfahren fördert diese Bestrebungen. So wird ein Teil des notwendigen Know-Hows sowie das Fachwissen zur Ausführung einzelner Aufgaben z. B. auf Expertensysteme oder im einfacheren Fall auf Algorithmen übertragen werden können, so daß sie auch für den „Nicht-Spezialisten" lösbar werden. Der Anwender kann dadurch Tätigkeiten ausführen, die zuvor nicht in seinen Aufgabenbereich fielen. Die bisher übliche hohe Arbeitsteilung wird reduziert werden, Anforderungen an Fähigkeiten zum selbständigen Urteilen und Entscheiden sowie an das Verständnis integrierter Arbeitszusammenhänge werden zunehmen.

Eine weitere organisatorische Maßnahme ist die Aufgabenbereicherung, unter der das Anreichern einer Arbeitsaufgabe mit weiteren, möglichst andersartigen Tätigkeiten verstanden wird. Informationsverarbeitende Systeme entlasten den Anwender von manuell schematischen Tätigkeiten, so daß er höherwertige Aufgaben ausführen kann.

Höherwertige Aufgaben erfordern in der Regel ein breiteres Wissen hinsichtlich des Verständnisses komplexer Abläufe. Als Beispiel seien hier prozeßüberwachende Tätigkeiten im Teilefertigungs- und Montagebereich an Flexiblen Fertigungs- und Montagesystemen genannt.

## 7.4.2 Qualifikationsanforderungen an die Planer neuer Technologien

Voraussetzung für die Planung, Realisierung und Aufrechterhaltung integrierter Gesamtlösungen sind Fähigkeiten zur Bewältigung permanenter Veränderungen technischer, personeller und organisatorischer Faktoren.

Bezüglich der Planung und Realisierung der Informationsverarbeitung lassen sich folgende längerfristige Aufgabenschwerpunkte unterscheiden:

- Erfassung grundlegender Informationsverarbeitungsfunktionen zur Spezifizierung von prinzipiellen Verfahren und entsprechenden Mitteln zur Informationsverarbeitung,
- Anpassung der Qualifikationsprofile der Anwender durch die Planung unternehmensspezifischer Weiterbildungsprogramme,
- Veränderung bestehender Aufbau- und Ablauforganisationen zur qualitativen und quantitativen Verbesserung von Informations- und Kommunikationsprozessen.

Der zunehmende Einsatz und die Ausweitung der Informationstechnik im Unternehmen führen zu einem stetigen Anwachsen dieser Aufgabenstellungen.

Die Planung informationsverarbeitender Prozesse erfordert

- ein fundiertes informationstechnisches Grundwissen (Hard-, Software, Standards, Entwicklungstendenzen),
- ein Verständnis komplexerer Zusammenhänge sowie die Fähigkeit zum Systemdenken,
- Kenntnisse über Bedingungen, Formen und Folgen des Einsatzes informationsverarbeitender Systeme sowie
- Kenntnisse über charakteristische Realisierungsprobleme und Realisierungshilfsmittel.

Fachkräfte für die Realisierung neuer informationsverarbeitender Prozesse sind insbesondere in der Einführungsphase der neuen Technologien notwendig. Nach der Installation sind in der Regel Wartungsaufgaben durchzuführen, welche teilweise auch von technisch weniger qualifiziertem Personal vorgenommen werden können.

Durch die ständige Weiterentwicklung der Technik werden zukünftig Realisierungsaufgaben eine im Unternehmen andauernd zu erfüllende Funktion sein, für die unterschiedliche Qualifikationsprofile erforderlich sind.

Über die eigentliche Realisierungsproblematik hinaus entstehen zusätzliche anwendungsorientierte Aufgabenbereiche zur Aufrechterhaltung des sozio-technischen Systems.

Einerseits gilt es, den Leistungsumfang der technischen Systeme durch eine anwendungsorientierte Aufbereitung zu erhöhen, andererseits muß das Hard- und Softwaresystem in einer ständigen Betriebsbereitschaft gehalten werden.

Hier entstehen sog. Betreuungsaufgaben, die entweder anwendungsspezifisch (funktionsspezifisch) oder systemspezifisch auszurichten sind.

Die Bestimmung von Funktionen und die Erarbeitung von Qualifikationskonzepten stellen eine Hauptaufgabe im Rahmen der Planung von Konzepten zur integrierten Informationsverarbeitung dar.

Aus den Qualifikationskonzepten sind dann konkrete Weiterbildungsprogramme abzuleiten, die zu differenzieren sind in

- überbetriebliche Weiterbildungsprogramme und
- betriebliche Weiterbildungsprogramme.

Bei der Konzeption dieser Weiterbildungsprogramme ist sicherzustellen, daß sowohl für die Anwender als auch für die Planer neuer Technologien spezifische Lehrinhalte vorgesehen sind.


## 7.5 Literatur zu Kapitel 7


[AMIC88]    AMICE Consortium: CIMOSA Reference Architecture Specification, Brüssel 1988

[ANDE 84]    Anderl, R. et al.: IGES Review and Proposed Extensions, TAP Position Paper. DIN-NAM 96.4.1/ 12–84 (1984) (nicht veröffentlicht)

[AUTO 87]    Autorengemeinschaft: Rechnerunterstützte Konstruktionsmodelle im Maschinenbau. Forschungsbericht 1984–1987, Sonderforschungsbereich 203, TU Berlin

[BART 80]    Barth, H.: Grundlegende Konzepte von Methoden und Modellbanksystemen. Angewandte Informatik *22* (8) (1980) 301–309

[CGI 85]    International Organization for Standardization (ISO): Information Processing; Computer Graphics- Interfaces for the Dialogue with Graphical Devices (CGI). ISO TC 97/SC 21/WG 5.2 (1985) (nicht veröffentlicht)

[CODD 71]    Codd, E. F.: Relational Completeness of Data Base Sublanguages Symposium „Data Base Systems", R. Rustim (Hrsg.) 68–98, New York 1971

[DIN 87]    Deutsches Institut für Normung (Hrsg.): DIN-Fachbericht 15: Normung von Schnittstellen für die rechnerintegrierte Produktion (CIM) Beuth Verlag, Berlin Köln 1987

DIN 66215    Programmierung numerisch gesteuerter Arbeitsmaschinen
Blatt 1 CLDATA; Allgemeiner Aufbau und Satztypen (Aug. 1974),
Teil 2 CLDATA; Nebenteile des Satztyps 2000 (Febr. 1982)

DIN 66301    Industrielle Automation; Rechnergestütztes Konstruieren. Format zum Austausch geometrischer Informationen (Juli 1986)

[ENCA 87]    Encarnação, J. L., Encarnação, L. M., Herzner, W.: Graphische Datenverarbeitung mit GKS, Hanser, München Wien 1987

[GKS 84]    International Organization for Standardization (ISO): Graphical Kernel System for three Dimensions (GKS-3D). ISO TC 97/SC 1/WG 5.2 N 277 (1984) (nicht veröffentlicht)

[GOOC 87]    Gooch, J., George, M., Montgomery, D.: America Can Compete, The Institute of Business Technology, Dallas, 1987

[GRAB 87]    Grabowski, H., Schäfer, H., Schuler, J.: Ausarbeitung von Konzepten zur Aus- und Weiterbildung. In: VDI Fortschrittsberichte 20 (2): Integration von CAD/CAM-Technologien, VDI Verlag, Düsseldorf 1987

[IEEE 86]    IEEE Computer Graphics and Applications, Special Issue on Graphics Standards, 6 (8) August 1986

IEEE 802.3    IEEE Standards for local area networks; Carrier sense multiple access with collision detection (CSMA/CD). ISO Draft International Standard 8802/3, 1985

[IGES 85]    Initial Graphics Exchange Specification (IGES), Recommended Practices Guide Version 3.0. National Bureau of Standards, Juni 1985

ISO 7498    Information Processing Systems: Open Systems Interconnection – Basic Reference Model. First Edition, 1984-10-15

ISO 8632    Information Processing Systems: Computer Graphics – Metafile for the Storage and Transfer of Picture Description Information (CGM), Part 1, 2, 3, 4 (1987)

[KANS 86]    Kansy, K.: Das graphische Kernsystem GKS, seine 3D-Erweiterung und PHIGS; Standards der Graphik und Modellierung im DFN. DFN-Bericht 49 (1986) 27–46

[KRAU 87]    Kraus, J.: SQL – Der Standard. Computer Magazin 5/87

[KRAU 85]    Krause, F.-L., Armbrust, P., Bienert, M.: Methodbases and Product Models as a Basis for Integrated Design and Manufacturing. In: Proceedings of the second international conference on manufacturing science, technology and systems of the future. Ljubljana, September 1985

[MAJO 88]    Major, F. W., Koch, S.: Product Modelling and Knowledge Based Design Support. Proceedings ESPRIT, Technical Week, Brussels 1988

[PHIG 85]    International Organization for Standardization (ISO); Information Processing: Computer Graphics Programmer's Hierarchical Interactive-System (PHIGS). ISO TC 97/SC 21/WG 5.2 N 305 (1985) (nicht veröffentlicht)

[RAUS 85]    Rausch, W., De Marne, K. D.: Datenaustausch über die VDA-Flächenschnittstelle mit CAD/CAM-Systemen. CAD/CAM 4, 1985

[SCHE 87]    Scheer, A.-W.: CIM Computer Integrated Manufacturing, Springer, Berlin Heidelberg New York Tokyo 1987

[SCHL 86]    Schlechtendahl, E. G. (Ed.) Specification of a CAD*I Neutral File for Solids. Springer, Berlin Heidelberg New York Tokyo 1986

[STIL 86]    Stil, G.: SET: Characteristiques techniques et situation du programme. MICAD'86 Proceedings Vol. 2, 5th European Conference on CAD/CAM and Computer Graphics, Hermes 1986

[VDI 87]     Integration von CAD/CAM-Technologien – Ansätze zu einer flexiblen Produktionstechnik. VDI Fortschrittsberichte, *20:* Rechnerunterstützte Verfahren VDI Verlag, Düsseldorf 1987

VDI 2863     VDI-Richtlinie 2863 Blatt 1 (Entwurf Juli 1986): Programmierung numerisch gesteuerter Handhabungseinrichtungen. IRDATA; Allgemeiner Aufbau, Satztypen und Übertragung

[WINS 77]    Winston, P. H.: Artificial Intelligence, Addison-Wesley Publishing Company, Reading/Ma., 1977

Kapitel 8

# Auswirkungen der Integration auf die Wirtschaftlichkeit von Investitionen in eine rechnergesteuerte Produktion

Horst Wildemann[1]




[1] Univ. Prof. Dr. Horst Wildemann, Lehrstuhl für Betriebswirtschaftslehre mit Schwerpunkt Fertigungswirtschaft, Universität Passau.
An dieser Untersuchung waren meine wissenschaftlichen Mitarbeiter Herr Dr. Wolfgang Kersten und Herr Dipl. Wirtsch. Ing. Burkhard Bonsels beteiligt. Ich danke ihnen sehr herzlich für die tatkräftige Mitarbeit.

# 8.1 Vorbemerkungen

Neben der funktionsübergreifenden Integration einzelner Organisationsbausteine ist besonders die Integration von Rechnersystemen in den letzten Jahren unter dem Stichwort „Computer Integrated Manufacturing" (CIM) zur Zielvorstellung einer effizienten Produktion geworden. Bisher sind umfassende CIM-Konzepte noch nicht Stand der Technik. Teillösungen sind verfügbar, die als Teilintegration einzelne CIM-Komponenten datentechnisch miteinander verbinden. Hervorzuheben ist hier insbesondere die Integration von rechnerunterstützter Entwicklung, Arbeitsplanung, NC-Programmierung, Fertigung und Qualitätssicherung (vgl. Bild 8.1).

Eine Integration der oben genannten Komponenten findet bisher vorwiegend in großen Industriebetrieben Anwendung. Hauptgrund für den relativ langsamen Einsatz dieser Komponenten zur rechnerunterstützten Fabrikautomatisierung sind mangelnde Erfahrung hinsichtlich der wirtschaftlichen Bewertung funktionsübergreifender Systeme. Der Nutzen implementierter Komponenten, der durch die Integration in vor- und nachgelagerte Bereiche zu einer multiplikativen Steigerung von Rationalisierungseffekten führen kann, ist meist schwer

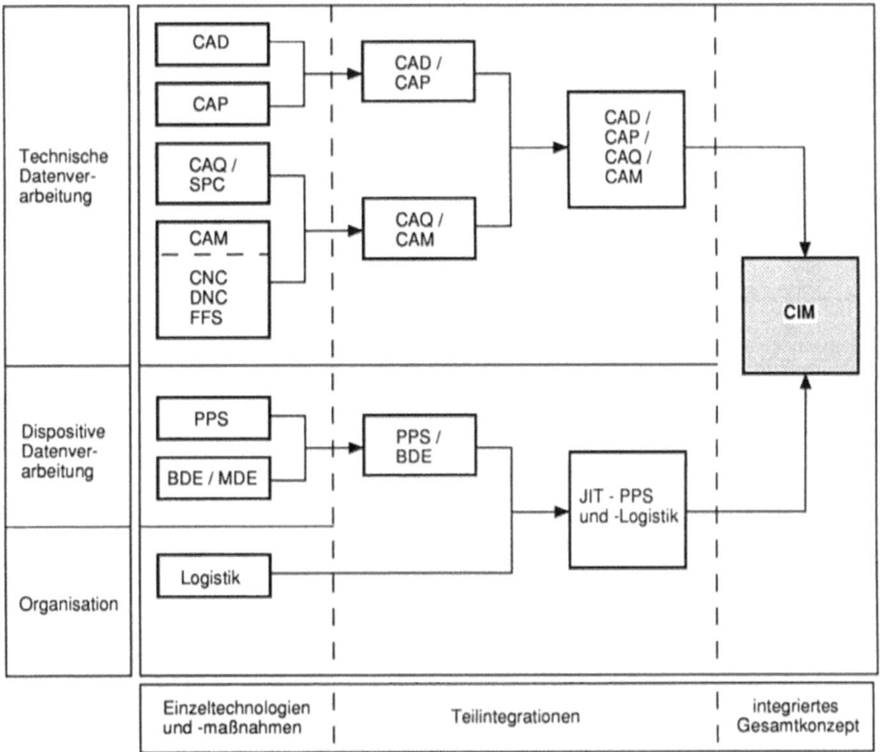


**Bild 8.1**  Schrittweise Integration von rechnerunterstützten Komponenten für CIM [JIT ≙ Just in Time]

quantifizierbar. Um diesen Nutzen aber erschließen zu können, sind Investitionen in die „weißen Flecken" der DV-Landschaft der Unternehmung erforderlich. Eine Wirtschaftlichkeitsbetrachtung von Einzelprojekten zeigt dabei häufig keinen zufriedenstellenden Kapitalrückfluß. Eine sich daraus ergebende Bewertungslücke kann für teilintegrierte Systeme nur durch die Berücksichtigung der funktionsübergreifenden Wirkungen im Rahmen einer strategisch orientierten Wirtschaftlichkeitsanalyse geschlossen werden.

Zur Bewertung der Wirtschaftlichkeit zukünftiger Investitionen in integrierte Systeme bieten sich zwei generelle Vorgehensweisen an.

Mit einer strategischen Bewertung lassen sich Nutzenpotentiale für das gesamte Unternehmen aufzeigen [SCHU85]. Hierbei läßt sich ein mögliches Kostensenkungspotential auf der Ebene der Gesamtkosten ermitteln. Für eine Projektauswahl ist dagegen eine Projektbetrachtung erforderlich. Diese setzt eine detaillierte Wirkungsanalyse voraus. Entgegen einer Gesamtkostenbetrachtung werden hierbei Veränderungen von Zeit-, Mengen- und Kostenanteilen in unmittelbaren und mittelbaren Einsatzbereichen der Technologie betrachtet.

Besonders in Klein- und Mittelbetrieben wird die wirtschaftliche Rechtfertigung von Investitionen zum überwiegenden Teil auf der Basis von Kostenvergleichen durchgeführt, ohne die strategischen Wettbewerbswirkungen von einzelnen CIM-Komponenten zu berücksichtigen. Die Integration verändert jedoch die betriebswirtschaftliche Wirkungsdimension einer Investition. Alle rechnerunterstützten Technologien zeichnen sich besonders durch Eigenschaften aus, die nicht nur Wirkungen auf die direkten Produktionskosten haben, sondern auch indirekt zu Kostenverschiebungen führen (Bild 8.2; siehe auch Abschnitt 8.3.4). Das aufgebaute Flexibilitätspotential ist darüber hinaus dazu geeignet, diskontinuierliche Entwicklungen am Markt und in der Technologie aufzufangen.


## 8.2 Wirtschaftlichkeitsrelevante Eigenschaften rechnerunterstützter Systeme in der Produktion

Einer einfachen Übertragung bekannter Vorgehensweisen zur Entscheidungsfindung für Sachinvestitionen in rechnerunterstützte Systeme stehen eine Reihe von Problemen entgegen. Diese resultieren aus den folgenden Eigenschaften, die allen derartigen Systemen inhärent sind:

- Integrationsfähigkeit,
- Automatisierungsgrad und
- Flexibilität.

Rechnerunterstützte Technologien eröffnen die Möglichkeit zur Integration in einen gemeinsamen Informationsfluß. Lösungsansätze hierzu bieten die Normierungsbestrebungen wie OSI und MAP, die als standardisierte Schnittstellen den Austausch von Daten zwischen Steuerungen und Rechnern unterschiedlicher Hersteller erlauben (siehe Kap. 7). Über die Integration auf Prozeßebene hinaus kann eine Verknüpfung der Informationsflüsse mit vor- und nachgelagerten Unternehmensbereichen wie z.B. Konstruktion, Produktionsplanung und -steue-

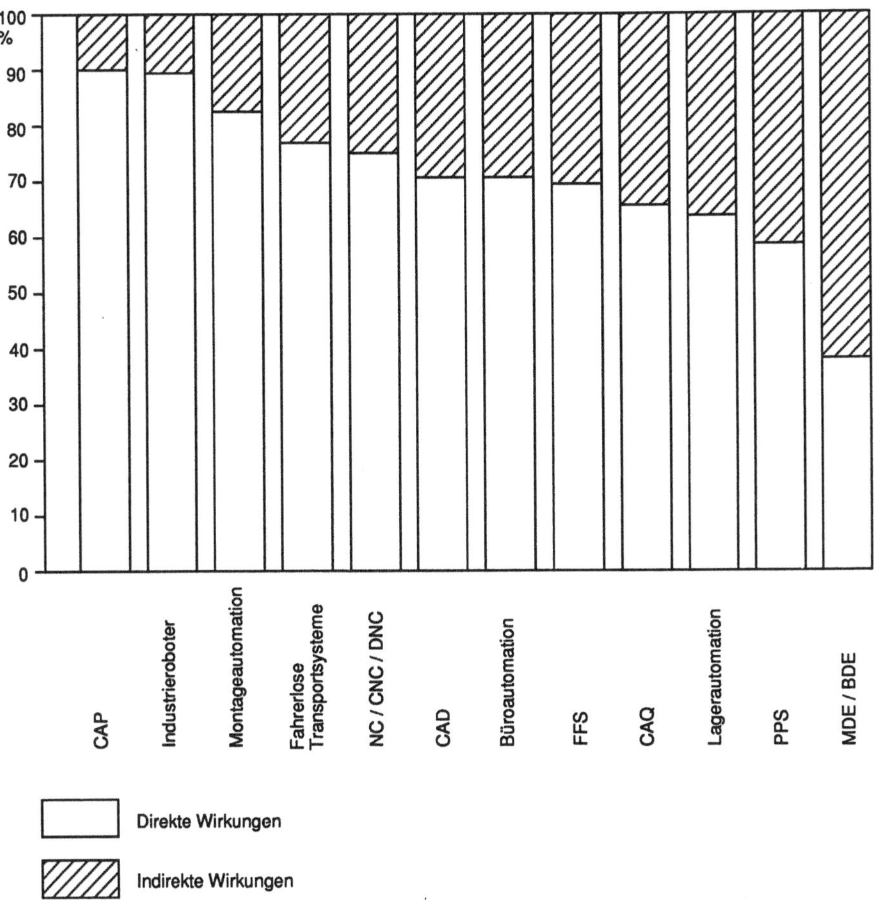


**Bild 8.2**    Anteil direkter/indirekter Wirkungen rechnerunterstützter Systeme

rung oder Rechnungswesen erfolgen, die eine schnellere und effizientere Bearbeitung von Kundenaufträgen gestattet.

Neben der Integration des Informationsflusses ist auch eine Integration der neuen und vorhandenen Fertigungstechnologien in einem durchgängigen Materialfluß erforderlich. Erst wenn entsprechend der Sequenz der Arbeitsvorgänge eine flußorientierte Anordnung der Betriebsmittel gewählt wird, sind wettbewerbswirksame Effekte von Investitionen in rechnerunterstützte Systeme zu erwarten. Diese resultieren aus einer Vermeidung von Doppelarbeit, einer Möglichkeit der simultanen Abarbeitung von Arbeitsaufgaben und einer erhöhten Datenkonsistenz.

Ein hoher Automatisierungsgrad führt neben einer Verkürzung der Transport-, Rüst- und Lagerzeiten zu einer Beschleunigung des eigentlichen Bearbeitungsvorganges. Weiterhin kann die Nutzungszeit der kapitalintensiven Anlagen durch Pausenüberbrückung und mannarme Schichten gesteigert werden, wenn sich mit steigender Automatisierung eine Entkopplung des Menschen vom Arbeitstakt der Maschine vollzieht [HAMM84]. Durch die Produktivitätssteigerung stehen dem Unternehmen zusätzliche Kapazitäten zur Verfügung.

Ein wesentlicher Aspekt für die Nutzung der Fertigung als Wettbewerbsinstrument ist die Flexibilität. Diese kann durch Einsatz von rechnerunterstützten Systemen gesteigert werden, indem ihre Eigenschaften Neuartigkeit, Integrationsfähigkeit und Automatisierungsgrad genutzt werden. Flexibilität hilft nicht nur zur Ausgleichung von Marktrisiken, sondern eröffnet auch die Möglichkeit, zusätzliche Chancen zu nutzen, die sich im Wettbewerb bieten. Quantitative Flexibilität ermöglicht die Anpassung an Mengensteigerungen. Die Einsetzbarkeit eines Produktionssystems zur Fertigung unterschiedlicher Teile wird hingegen durch seine qualitative Flexibilität bestimmt. Entsprechend der vom Unternehmen verfolgten Wettbewerbsstrategie sind zur Bildung von Flexibilität quantitative und qualitative Überkapazitäten aufzubauen, die die Auswahl der einzuführenden rechnerunterstützten Systeme mitbestimmen.

Im Mittelpunkt einer betriebswirtschaftlichen Wirkungsanalyse von rechnerunterstützten Systemen stehen folgende, die Flexibilität bestimmenden Eigenschaften:

- Kommunikationsfähigkeit aller Komponenten,
- Umkonfigurierbarkeit für neue Fertigungsaufgaben,
- Umrüstbarkeit bei geplanten unterschiedlichen Fertigungsaufgaben,
- Kompensationsfähigkeit von quantitativen Verschiebungen im Produktionsprogramm,
- Speicherfähigkeit zum Ausgleich von veränderlichen Bearbeitungszeiten und zur mannarmen Fertigung,
- Durchlauffreizügigkeit zur variablen Gestaltung des Materialflusses,
- Redundanz von Teilsystemen, um das Risiko des Ausfalls des Gesamtsystems zu senken.

## 8.3 Wirkungsanalyse rechnerunterstützter Systeme in der Produktion

Rechnerunterstützte Systeme als integrierte Funktionsträger stehen in gegenseitiger Abhängigkeit zu vor- und nachgelagerten Bereichen. Den funktionsübergreifenden Wirkungen entsprechend sind diese Systeme durch Gesamtausgaben und -einnahmen zu rechtfertigen. Häufig werden aber Investitionsentscheidungen anhand zu erwartender kurzfristiger Rationalisierungserfolge getroffen. Positive Auswirkungen wie Einsparungen im Materialbereich, Reduzierung der Gesamtdurchlaufzeit, Verbesserungen im Marketing sowie negative Auswirkungen wie höhere Schulungskosten und mangelnde Akzeptanz werden nur selten differenziert aufgeführt.

Im Modell der Wirkungsanalyse werden auch funktionsübergreifende Aspekte wie indirekte Wirkungen in der Wirtschaftlichkeitsrechnung berücksichtigt, womit die Kostenwirksamkeit eines zu verfolgenden Ziels in verschiedenen Funktionsbereichen aufgezeigt werden kann.

Bei der Analyse von Wirkungen wird davon ausgegangen, daß bei Investitionsentscheidungen für rechnerunterstützte Systeme die effiziente Bewältigung von Produktionsaufgaben im Vordergrund steht. Die Bewältigung dieser Aufgaben erfolgt im Verband mit dem im Unternehmen vorhandenen Produktionspotential. Die Wirkungsanalyse faßt deshalb die Freiheitsgrade bei der Gestaltung des Produktionssystems als Ursache für die Wirkung in den einzelnen Teilsystemen auf.

Das Netz der Wirkungen von rechneruntersützten Systemen ist in Bild 8.3 dargestellt. Darin werden die grundsätzlichen direkten und indirekten Wirkzusammenhänge aufgezeigt.

## 8.3.1 Wettbewerbswirkungen

Je später ein Unternehmen auf Veränderungen seiner Umwelt reagiert, desto geringer ist sein Handlungsspielraum. Häufig verbleibt nur noch die Möglichkeit zum operativen Krisenmanagement mit Hilfe von Crashprogrammen, für die überproportional hohe finanzielle Aufwendungen getätigt werden müssen. Günstiger sind daher frühzeitige Reaktionen oder besser noch „strategische Vorbereitung" der Unternehmen auf solche Veränderungen. Neue Fertigungstechnologien mit ihren oben angeführten charakteristischen Eigenschaften können hierzu einen wesentlichen Beitrag leisten. Die Entwicklung der Märkte führt einerseits

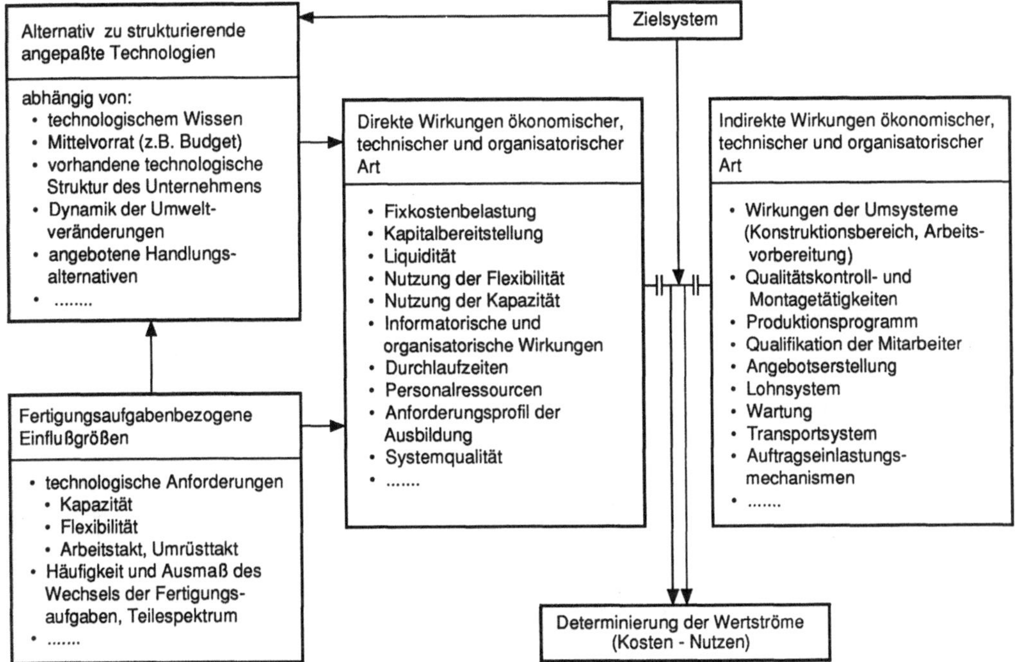


**Bild 8.3** Grundsätzliche Wirkungszusammenhänge rechnerunterstützter Systeme

zu einer Globalisierung und damit in vielen Bereichen zu einer weltweiten Standardisierung der Produkte; in gesättigten Märkten ergibt sich dagegen eine starke Zunahme von Varianten. Berücksichtigt man technische Weiterentwicklungen, die zu einer Veränderung des Produktes führen, und wechselnde Anforderungen auf der Kundenseite, weist der Einsatz von rechnerunterstützten Systemen Vorteile auf (vgl. Bild 8.4).

Investitionen in rechnerunterstützte Systeme sind vielfach produktunabhängige Investitionen. Durch eine Nutzung der Betriebsmittel für unterschiedliche Produkte und Varianten wird die Möglichkeit einer erfahrungsbedingten Reduzierung der Stückkosten für ein ganzes Produktspektrum geboten. Üblicherweise wird davon ausgegangen, daß mit einer steigenden kumulierten Produktionsmenge durch die gewonnene Erfahrung die Stückkosten sinken. Bei rechnerunterstützten Fertigungstechnologien ist die Kostensenkung aufgrund von Erfahrung nicht vorrangig an die kumulierte Produktionsmenge gebunden, sondern an die Dauer und Breite der Anwendung solcher Systeme. Erfahrungskurven beginnen deshalb nicht mehr mit der Einführung neuer Fertigungstechnologien. Die Herstellung neuer Produkte kann somit auf einem niedrigeren Stückkostenniveau beginnen [WILD87].

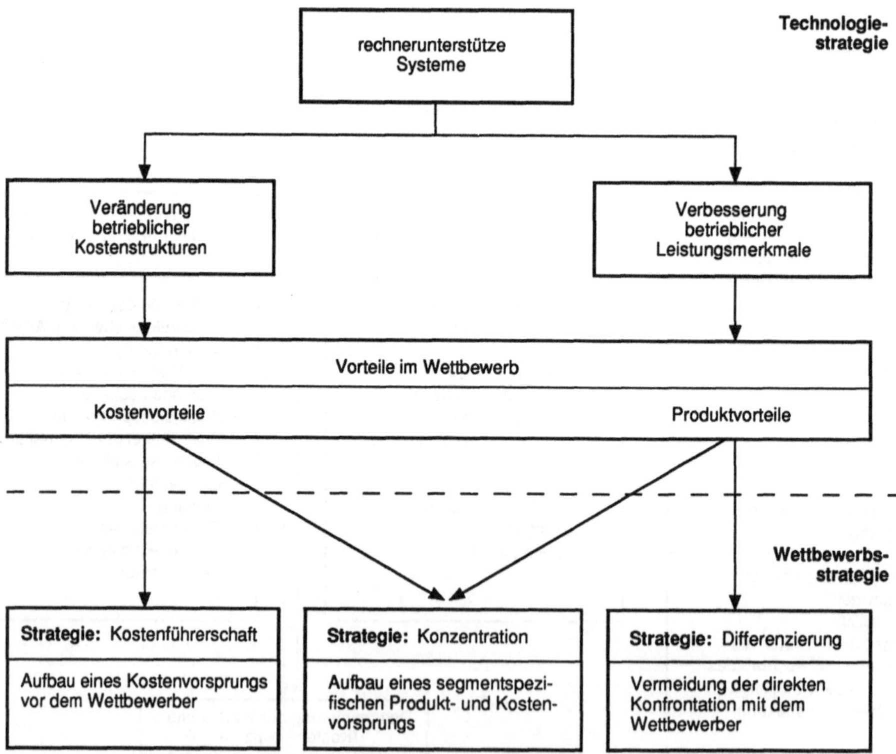


**Bild 8.4**    Wettbewerbswirkungen rechnerunterstützter Systeme

Ein direkter Informationsaustausch kann dabei nicht nur mit dem Kunden, sondern auch mit dem Zulieferanten erfolgen. Vertriebsseitig dient die informationstechnische Anbindung an Kunden der beschleunigten Auftragserfassung. Die Einplanung des Auftrages mit explizit definierten Kundenwünschen kann somit kurzfristiger erfolgen. Beschaffungsseitig ermöglicht die Integration mit dem Zulieferanten einen schnellen Transfer von entwicklungs- und fertigungsbedingten Daten. Änderungswünsche des Produzenten können somit unmittelbar und detailliert dem Zulieferer angezeigt werden.

Eine durchgängige Integration des Informationsflusses über alle Stufen der Auftragsabwicklung erlaubt eine kostengünstige Leistungserstellung durch zulieferantennahes und kundennahes Agieren der Unternehmungen. Durch die Integration von Entwicklung und Fertigung können Verkürzungen der Auftragsdurchlaufzeit realisiert werden und das Reaktionsvermögen gegenüber dem Kunden gesteigert werden.

Neue Fertigungstechnologien können auch als Wettbewerbsinstrument genutzt werden, um über das gesammelte Know-How Marktanteile zu sichern. Der Einsatz rechnerunterstützter Systeme läßt somit nicht nur positive Effekte auf der Kostenseite erwarten, sondern ist auch dazu geeignet, die Unternehmens- und Produktleistung erheblich zu steigern und im Leistungswettbewerb Vorteile zu erringen.

## 8.3.2 Direkte Wirkungen im Unternehmen

Zur Beurteilung rechnerunterstützter Systeme lassen sich nach dem Merkmal der Unternehmensbeeinflussung direkte und indirekte Wirkungen unterscheiden. Treten technische, ökonomische und soziale Wirkungen nur in den Teilsystemen des Unternehmens auf, in denen die Systeme installiert werden, so werden diese als direkte Wirkungen bezeichnet, andernfalls als indirekte Wirkungen. Mit der gesonderten Ermittlung der direkten und indirekten Wirkungen wird eine genaue Erfassung der Wertströme, die durch Rechnerunterstützung verursacht werden, angestrebt.

Die direkten Wirkungen treten im unmittelbaren Anwendungsbereich des rechnerunterstützten Systems auf. Die oben ausgeführten Eigenschaften verursachen direkte Veränderungen in den Stückkosten, der Kostenstruktur innerhalb der Kostenstelle und der Arbeitsanforderungen an die Mitarbeiter.

### 8.3.2.1 Stückkostenveränderungen

Wie in der Literatur angegeben, sind nach den Erfahrungen der Anwender und nach den Ergebnissen einer Befragung [WILD86, WILD87] durch den Einsatz integrierter Systeme Einsparungen in folgenden Kostenarten zu erwarten (Bild 8.5):

- Direkte Arbeitskosten, infolge des hohen erreichbaren Automatisierungsgrades der Anlagen und der Zeitreduzierung,
- Werkzeugkosten, infolge der automatischen Kontrolle, Standzeitoptimierung und Handhabung,

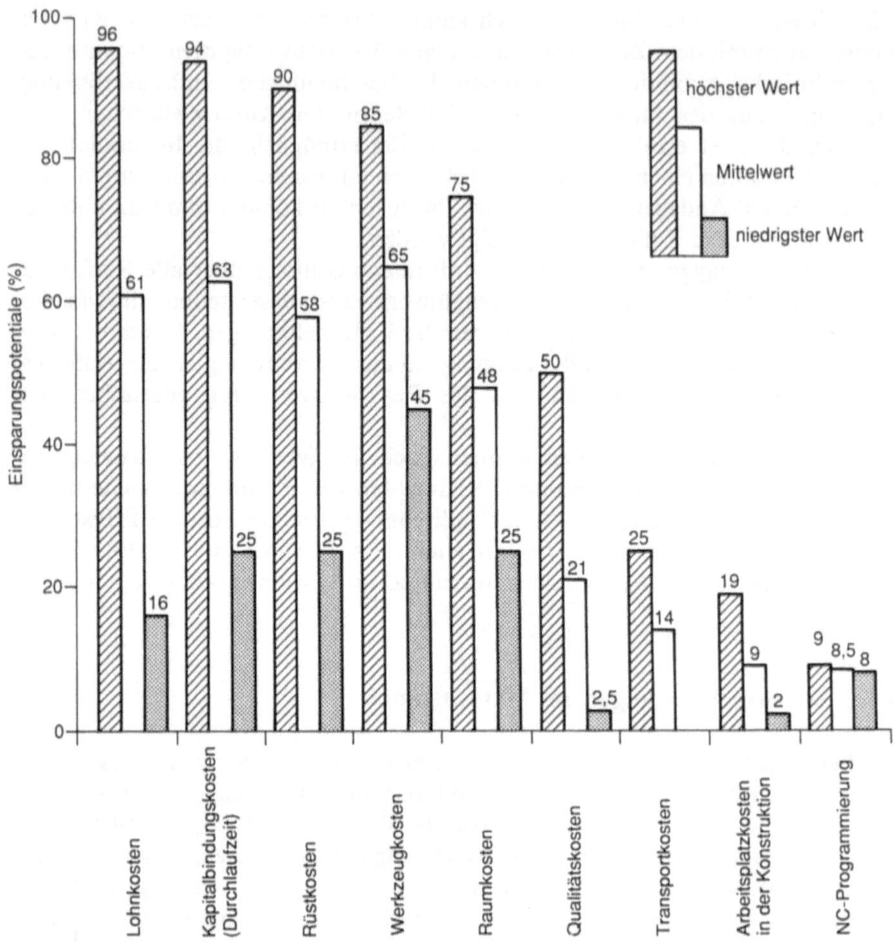


**Bild 8.5**   Einsparungspotentiale rechnerunterstützter Systeme

- Transportkosten, infolge der Automatisierung und der geringen Entfernungen,
- Rüstkosten, infolge des automatischen Rüstens und der Umrüstvorbereitung parallel zu der Hauptzeit,
- Qualitätskontroll-, Ausschuß- und Nacharbeitungskosten, infolge der gleichmäßigen Bearbeitung und der automatischen Messung im Prozeß,
- Gemeinkosten im Bereich der Arbeitsvorbereitung und im Betrieb, infolge der Rechnerunterstützung bei der Produktionsplanung und -steuerung,
- Raumkosten, infolge des geringeren Platzbedarfes für Maschinen und Transportwege,
- Kapitalbindungskosten im Umlaufvermögen, infolge der Fertigung kleinerer Lose und kürzerer Durchlaufzeiten,
- Kosten der Neuprodukteinführung, durch rechnerunterstützte Maschinenprogrammierung und Produktionsplanung, die durch Integration des Fertigungsprozesses die Zahl der Testläufe und Prototypen reduzieren,

– anteilige Kapitalkosten des Anlagevermögens, infolge längerer täglicher und dritter Schichten sowie infolge längerer wirtschaftlicher Nutzungszeit durch die Möglickeit der Erweiterung und Integration in eine rechnerunterstützte Fertigung.

Die Herstellkosten für das gesamte Produktionsprogramm können nur dann minimiert werden, wenn das Betriebsmittelpotential nach den spezifischen Produktanforderungen optimal aus flexiblen Anlagen und Einzweck-Anlagen kombiniert wird. Langfristig wird die integrierte Automatisierung eine Herstellkostensenkung von 25–30% ermöglichen, wovon bis 1990 ca. die Hälfte realisierbar ist [SCHU85]. Der gesamte Rationalisierungseffekt erfolgt jedoch nur zu 50% im direkten Anwendungsbereich der Rechnerunterstützung, die andere Hälfte wird erst durch die Integration von Automatisierungsinseln erreicht.

Hervorzuheben ist, daß es rechnerunterstützte Systeme ermöglichen, neue Produkte am Markt einzuführen, ohne gleichzeitig die Prozeßtechnologie langfristig an diese Produkte zu binden, z. B. Roboter in der Automobilindustrie. Der Investitionszeitpunkt für produktspezifische Anlagen kann hierdurch in die Zukunft, z. B. in die Wachstumsphase des Produktes verschoben werden. Auf diese Weise lassen sich die im Laufe des Produktlebenszyklus entstehenden Kosten senken.

### 8.3.2.2 Kostenstrukturveränderungen

Neben der Analyse der Stückkosten ist auch die Beurteilung der Kostenstrukturveränderungen durch den Einsatz von rechnerunterstützten Systemen von betriebswirtschaftlichem Interesse. Die Verschiebungen zwischen Einzel- und Gemeinkosten und zwischen variablen und fixen Kosten führen zu neuen Anforderungen an das System der Kostenrechnung als Entscheidungs- und Kontrollinstrument.

Ökonomische Wirkungen treten insbesondere bei

– Kapitalkosten (erhöhte Fixkosten),
– Arbeitskosten (hoher Anteil an Gemeinkostenlöhnen) und
– Sonstigen Kosten (Instandhaltung, Raum, Energie, Werkzeuge, Qualität)

auf. Die entscheidungsrelevanten Veränderungen sind in eine ganzheitliche Wirtschaftlichkeitsanalyse einzubeziehen. Die Kostenstrukturveränderungen sind ebenfalls bei der Kostenplanung und Kalkulation zu berücksichtigen.

### 8.3.2.3 Änderungen von Qualifikation und Organisation im direkten Einsatzbereich

In dem Systemverbund Mensch-Maschine wird der Mensch sich nicht beliebig anpassen können. Einerseits führt die Verknüpfung mehrerer Fachgebiete sowie verschiedener Funktionsbereiche zu einer Verbreiterung des Fachwissens des Anwenders. Andererseits werden die Anforderungen an den Einzelnen durch die verstärkte Hinwendung zu informationsverarbeitenden Technologien erhöht. Hierdurch treten im betrieblichen sozialen Gefüge wesentliche Auswirkungen auf, die bei der Planung erfaßt und berücksichtigt werden müssen.

Durch den Einsatz von rechnerunterstützten Systemen sind im sozialen Bereich folgende direkte Wirkungen festzustellen [BURD85]:

1. Durch deren Einsatz ergibt sich eine Strukturverschiebung der Qualifikationsanforderungen und Veränderung der Arbeitsinhalte. Es erfolgt eine Zunahme der höherwertigen technischen Fähigkeiten, während zur Routine gewordene, relativ anspruchslose Tätigkeiten entfallen. Arbeitselemente der Planungs-, Fertigungs- und Kontrollaufgaben werden so zusammengefaßt, daß der Mitarbeiter eine größere Anzahl unterschiedlicher Arbeitsgänge ausführt. Voraussetzung hierfür sind eine entsprechende Eignung der Mitarbeiter und eine transparente Gestaltung der Produktionsstruktur.

2. Entsprechend der Verschiebung der Qualifikationsanforderungen hat die Wahl der Schulungsmaßnahmen, die Wahl der Aus- und Weiterbildungsmethoden sowie die Bestimmung des Zeitpunktes der Weiterbildung zu erfolgen. Generell ist bei der Auswahl von Schulungsmaßnahmen die Zielgruppen-, Inhalts- und Zeitpunktadäquanz sicherzustellen. Entsprechende Schulungsinhalte und Schulungszeitpunkte sind auf die unterschiedlichen Zielgruppen (hierarchischen Ebenen) abzustimmen.

3. Ein unterstützendes Element bei der Integration der Mitarbeiter in den Fertigungsprozeß stellt die Bildung von Arbeitsgruppen dar. Diese können nach funktions- und produktbezogenen Gesichtspunkten zur Erreichung einer höheren Motivation der Mitarbeiter gebildet werden. Der Arbeitsgruppe sollte selbstverantwortlich eine Arbeitsaufgabe übertragen werden, wodurch sich die einzelnen Tätigkeiten der Mitarbeiter freier, abwechslungsreicher und verantwortungsvoller gestalten lassen. Neben der Befriedigung sozialer Bedürfnisse am Arbeitsplatz kann somit ein stärkeres Gruppen- und Zusammengehörigkeitsgefühl eine Leistungsmotivation für jedes Gruppenmitglied bewirken.

4. Mit dem Einsatz von rechnerunterstützten Systemen ändern sich auch die Anforderungen an die Entlohnungskonzepte. Ziel muß es sein, die Entlohnungssysteme so zu gestalten, daß die Leistungsbereitschaft der Mitarbeiter erhöht wird. Wesentliche Bedeutung kommt hierbei leistungsorientierten Entgeltsystemen zu, obwohl hinsichtlich ihrer Auswirkungen kaum empirisch gesicherte Erkenntnisse vorliegen.

5. Der Einsatz rechnerunterstützter Systeme kann zu einer Verflachung von Organisationsstrukturen im direkten Anwendungsbereich führen. Eine geringere Kontrollspanne des unteren Managements ermöglicht es häufig, eine Hierarchieebene entfallen zu lassen. Die integrative Wirkung von rechneruntersützten Systemen durch multifunktionale Arbeitsplätze kann ebenfalls zu einer Verflachung der Organisation beitragen. Kompetenz, Verantwortung und Entscheidungsspielraum müssen nahe an die Fertigungsprozeßebene delegiert werden. Hierzu ist es erforderlich, die Ablauforganisation zu verändern und auch die Arbeitsbedingungen vor Ort den Anforderungen hochqualifizierter Mitarbeiter anzupassen.

## 8.3.3 Indirekte Wirkungen im Unternehmen

Die Einführung rechnerunterstützter Systeme in der Fertigung bewirkt auch im Umfeld des Anwendungsbereichs erhebliche Veränderungen. Aus betriebswirtschaftlicher Sicht sind insbesondere die Aufgabenveränderungen in den Gemeinkostenbereichen und die sich daraus ergebenden Veränderungen in der Aufbau- und Ablauforganisation von Interesse.

### 8.3.3.1 Aufgabenveränderungen in Gemeinkostenbereichen

Die indirekten Wirkungen der Einführung von rechnerunterstützten Systemen in verschiedenen Teilbereichen des Unternehmens resultieren aus der Integration der Informationsflüsse der Teilsysteme zu einem Systemverbund. Zur optimalen Nutzung von kapitalintensiven Anlagen werden Maßnahmen notwendig, die vor- und nachgelagerte Bereiche zur Erreichung der Wirksamkeit verantwortlich mit einbeziehen, vgl. [WILD85]. Fallanalysen zeigen, daß neue Technologien keine ihren Bedürfnissen entsprechende Ablauf- und Aufbauorganisation gefunden haben. Dies läßt sich auf folgende Verhaltensweisen zurückführen:

- Durch mangelnde Systematisierung und organisatorische Einbeziehung der Technologien in die Umsysteme entstehen improvisierte personenabhängige Ablauforganisationen z. B. im Entwicklungs-, Steuerungs-, Transport- und Lagerwesen.
- Eine konsequente, bereichsübergreifende Einführungsstrategie wird selten verfolgt. Integrierte Systeme werden häufig nur mit dem Ziel eingesetzt, eine Funktionsoptimierung herzustellen.

Eine weitgehende Ausschöpfung des Rationalisierungspotentials läßt sich jedoch erst durch eine Integration von rechnerunterstützten Systemen zu einer durchgängigen Gesamtlösung erreichen.

Durch die Integration des Material- und Informationsflusses und die technischen Eigenschaften von rechnerunterstützten Systemen ergeben sich Aufgabenveränderungen insbesondere in den Bereichen Datenverarbeitung, Entwicklung, Logistik und Qualitätssicherung.

### 8.3.3.2 Anpassung der Unternehmensorganisation

Die Einführung von Rechnern erfordert auch eine Anpassung der Organisationsstruktur des Unternehmens. Die formale Organisation ist in der Regel nicht geeignet, zeitlich befristete Innovationsprozesse zu realisieren. Neben den Problemen der Projektrealisierung treten in der Betriebsphase Widerstände auf, die durch Organisationsentwicklung zu überwinden sind.

Im Rahmen der Organisation sind neben der Auswahl der Fach- und Machtpromotoren auch die Qualifikationsprobleme der Planer zu lösen. Die fachübergreifende Zusammensetzung des Projektteams aus Technologiespezialisten und fertigungserfahrenen Mitarbeitern ist so zu gestalten, daß das Team in die Lage versetzt wird, vor dem Hintergrund des ganzheitlichen Systemdenkens unter Berücksichtigung der organisatorischen, technischen und ökonomischen Implikationen zu planen [FRÖH81].

Die Integration des Informationsflusses führt zu einer Verschiebung von Bereichsgrenzen. Die konventionelle Aufgabenteilung zwischen Entwicklung, Betriebsmittelbau, Arbeitsplanung, Fertigungssteuerung und Fertigung verhindert die Nutzung der vollen Rationalisierungspotentiale [BELL84].

## 8.3.4 Empirische Wirkungsanalyse

Mit Hilfe einer empirischen Erhebung, die im Rahmen des Arbeitskreises „Einführungsstrategien für neue Technologien in Produktion und Logistik" vom Lehrstuhl für Fertigungswirtschaft der Universität Passau durchgeführt wurde, konnten Daten über die in der Praxis geplanten und realisierten Wirkungen von CAM-Technologien gewonnen werden. In die Befragung einbezogen waren 25 deutsche Unternehmen, von denen 19 Unternehmen in den vorliegenden Auswertungslauf einbezogen werden konnten. Mit einem überdurchschnittlich hohen Anteil neuer Technologien in der Produktion sind die befragten Unternehmen als Technologieführer einzustufen. Die Umsätze der betrachteten Werke liegen zwischen 50 Millionen DM und ca. 1,5 Mrd. DM. Nach den Kriterien „Komplexität des Produktes" und „Stabilität der Produktion" stellen die Unternehmen eine Befragungsbasis dar, die ein breites Spektrum industrieller Strukturen abdeckt.

Gefragt wurde, in welchem Umfang mit dem Einsatz rechnerunterstützter Systeme Wirkungen geplant und realisiert wurden. Dies führte zu folgenden Ergebnissen:

- *Wettbewerbswirkungen (vgl. Bild 8.6)*
  Geplante Wettbewerbswirkungen von CAM-Technologien zielen vor allem auf eine erhöhte Reaktionsfähigkeit am Markt sowie auf eine Steigerung des Prozeß-Know-Hows und damit verbunden auf ein verbessertes Image des Unternehmens. Bis auf das Image bleiben die realisierten Wirkungen bislang noch etwas hinter den Erwartungen zurück.
  Eine geringere Bedeutung bei den geplanten Wirkungen von CAM hatten Umsatz, Markteintrittsbarrieren und Produkt-Know-How. Interessanterweise gehen von CAM mehr Impulse auf das Produkt-Know-How aus als erwartet.

- *Personelle und organisatorische Wirkungen (vgl. Bild 8.7)*
  Hier wurde in erster Linie eine höhere Transparenz des Produktionsprozesses angestrebt und auch realisiert, um eine verbesserte Koordination zu ermöglichen. Personalseitig stand eine Steigerung von Qualifikation und Motivation im Vordergrund. Die etwas niedrigere Einstufung der Arbeitssicherheit wird von den befragten Unternehmen durch den bereits erreichten hohen Stand begründet.

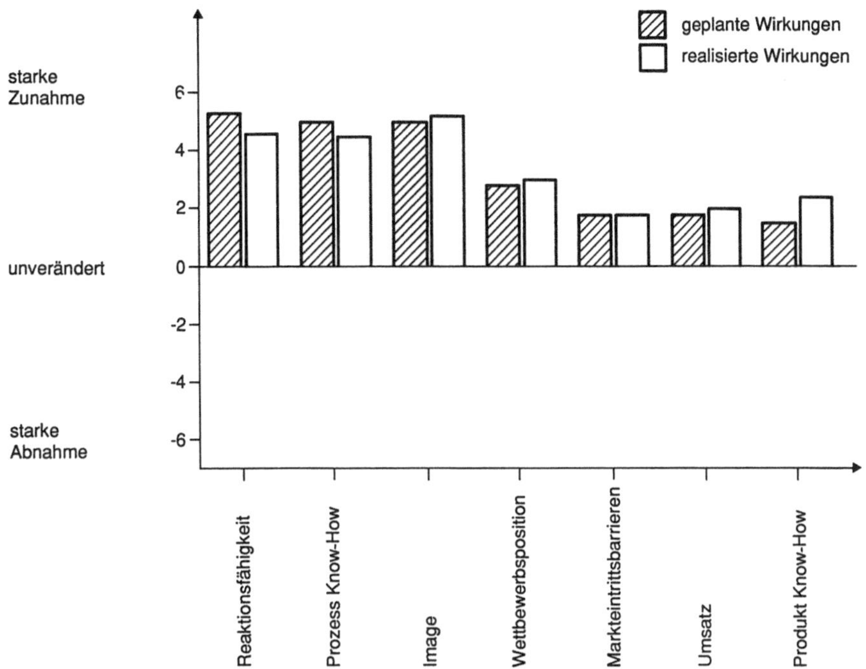


**Bild 8.6**   Wirkungen von CAM auf die Wettbewerbsposition

- *Kostenwirkungen (vgl. Bild 8.8)*
  Die höchsten Kostenwirkungen wurden bei den direkten Personalkosten geplant und auch in nahezu gleichem Umfang realisiert. Geringe Bedeutung hatten die Material-, Transport- und Raumkosten. Auch in den Personalkosten der Gemeinkostenbereiche wurden bislang nur wenig Einsparungen geplant und realisiert. Dieses Potential kann erst in Verbindung mit übergreifenden Integrationslösungen erschlossen werden. Wenig überraschend ist der Anstieg der Instandhaltungskosten, der bereits bei der Planung erwartet wurde.
  Insgesamt gesehen konnten durch CAM-Technologien deutliche Stückkostenreduzierungen erreicht werden. Ob aber mit CAM ein echter Sprung in der Stückkostenkurve möglich ist, der zu einer nachhaltigen Verbesserung der Wettbewerbsposition führt, konnte anhand der z. Zt. vorliegenden Daten noch nicht geklärt werden.

## 8.3.5 Wirkungsinterdependenzen

Im Rahmen der Wirkungsanalyse von rechnerunterstützten Systemen wurde gezeigt, daß durch die Einbeziehung des Informationsverarbeitungsprozesses verstärkt wechselseitige Beziehungen der Konstruktions- und Fertigungssysteme

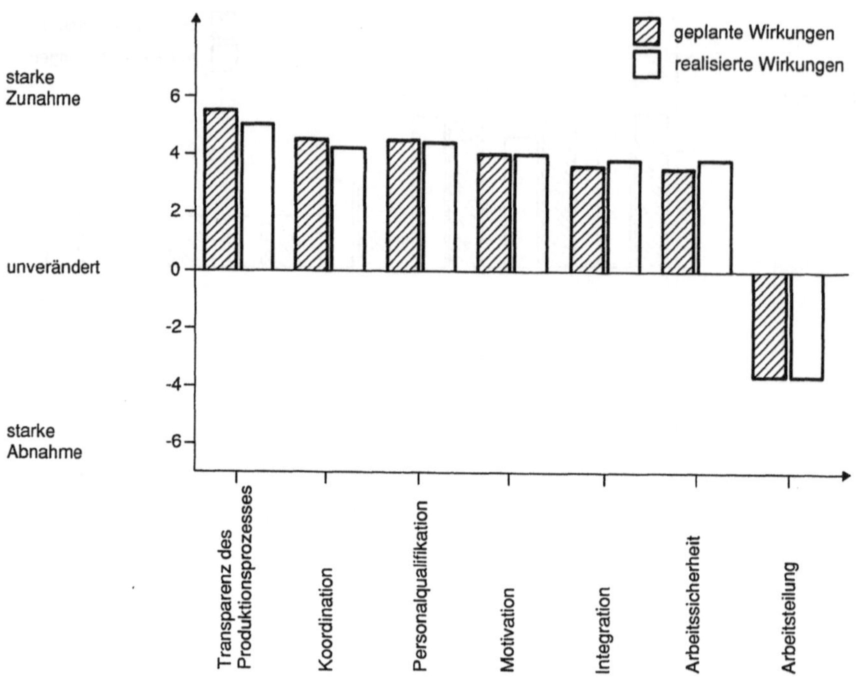


**Bild 8.7**   Wirkungen von CAM auf Personal und Organisation

zur Systemumwelt bestehen. Je nachdem, ob diese Beziehungen in der technischen Sphäre der Leistungserstellung oder in ökonomischen Tatbeständen liegen, sind andere Ergebnisse der Wirkungsinterdependenzen zu beachten.

Wird die freie Kombinierbarkeit rechnerunterstützter Systeme eingeschränkt, so spricht man von technischer Interdependenz. Mit wirtschaftlicher Interdependenz werden solche Beziehungen bezeichnet, bei denen die Ertragsbeiträge kombinierbarer Alternativen miteinander korrelieren. Aufgrund der Mehrstufigkeit der informationsverarbeitenden Prozesse resultiert eine wechselseitige technische Abhängigkeit der rechnerunterstützten Systeme, die sich in zeitlich-horizontale und zeitlich-vertikale Interdependenzen unterscheiden lassen. Als zeitlich-horizontale Interdependenz werden die wechselseitigen Beziehungen zwischen gegenwärtig durchzuführenden und bereits installierten Investitionsvorhaben bezeichnet [JACO63]. Liegen hingegen wechselseitige Beziehungen den gegenwärtigen und zukünftigen Vorhaben zugrunde, so spricht man von zeitlich-vertikaler Interdependenz.

Die grundsätzliche Problematik der verursachungsgerechten Zuordnung der wertbestimmenden Faktoren als Auswahlentscheidung bei Investitionsobjekten resultiert aus diesen technischen und ökonomischen Interdependenzen. Zu fragen ist, nach welchen Einsatzkriterien rechnerunterstützte Systeme ausgewählt werden können, wenn der Ertrag bzw. Nutzen je System schwer quantifizierbar ist. Zwei grundsätzliche Lösungswege lassen sich aufzeigen:

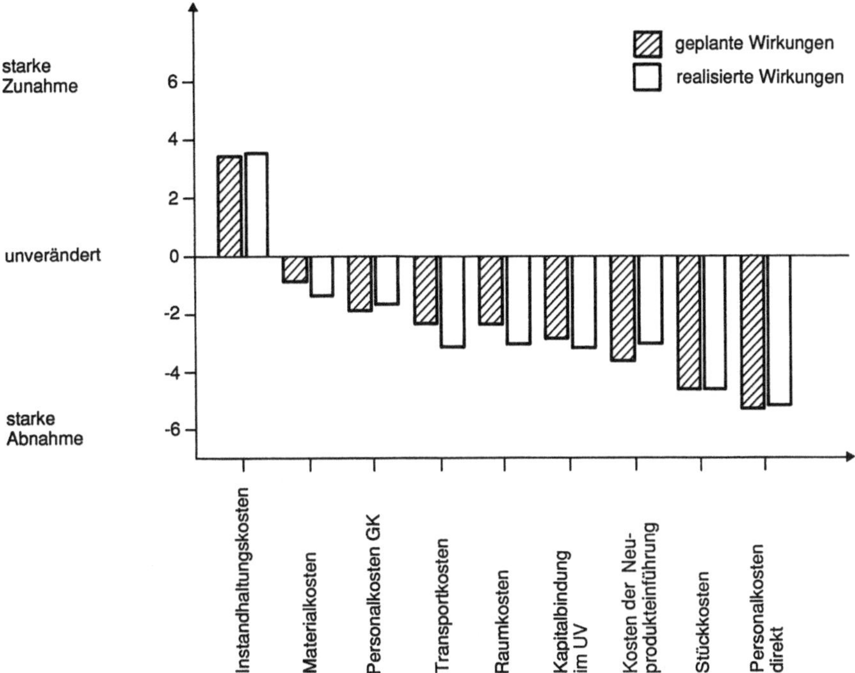


**Bild 8.8**   Wirkungen von CAM auf die Kosten

– Einer Einzelbewertung der Objekte wird eine Bewertung im Rahmen von Investitionsprogrammen vorgezogen, wobei versucht wird, bestehende Ertragsbzw. Nutzenwirkungen im Modell entsprechend abzubilden.
– Auf die Ermittlung des Gesamtbeitrages eines rechnerunterstützten Systems zur Zielerreichung aus der Addition der Ertrags- bzw. Nutzenbeiträge seiner Bestandteile wird verzichtet und andere Bezugsgrößen, die den Zielbetrag bestimmen, werden definiert (z. B. Reduzierfaktoren).

Besonders bei dynamischer Betrachtung (zeitlich-vertikale Interdependenzen) zeigt sich, daß Investitionsmaßnahmen bei CAM zu verschiedenen Zeitpunkten nur als Problem simultaner Bewertung und Kombination von Investitionsobjekten gelöst werden können.

## 8.4 Probleme der Investitionsrechnung

Zur Bestimmung der bestgeeigneten Alternative und zur wirtschaftlichen Rechtfertigung ist es erforderlich, die Zahlungsströme, die durch die Investition ausgelöst werden, auf der operativen Ebene zu erfassen und in der Investitionsrechnung vergleichend zu bewerten. Diese Bewertung muß jedoch konsistent auf den

Überlegungen der strategischen Planung aufbauen. Hieraus ergeben sich bei der Anwendung der Investitionsrechenmodelle mehrere Probleme.

**1. Das Problem der Ermittlung von relevanten Zahlungsstromveränderungen**
Eine mit Hilfe rechnerunterstützter Systeme flexibel automatisierte Fertigung wird geplant als Instrument der aktiven Marktbeeinflussung, u.a. um den Verlust von Marktanteilen zu vermeiden. Dennoch berücksichtigen die Investitionsrechenmodelle selten rückläufige Umsätze für den Fall der Nicht-Investition. Diese Prognoseprobleme sind u.a. darauf zurückzuführen, daß ausgearbeitete strategische Pläne nicht in die operative Ebene, die die Rechnung durchführt, übermittelt werden.

**2. Das Problem der Bestimmung des Kalkulationszinsfußes**
Problematisch ist die Festlegung der Mindestrendite unter Risiko- und Inflationsgesichtspunkten. Werden diese Kriterien in das Rechenmodell integriert, besteht die Gefahr der doppelten Beeinflussung der Investitionsentscheidung, wenn in die Interpretation der Ergebnisse diese Kriterien ebenfalls einfließen. Wird die Inflation in der Mindestrendite mit veranschlagt, so ist sie auch entsprechend in der Prognose der Zahlungsströme zu berücksichtigen. Häufig wird dies in der betrieblichen Praxis nicht gesehen.

Eine realitätsnahe und nicht mit Zuschlägen belastete Bestimmung des Kalkulationszinssatzes ist insbesondere dann notwendig, wenn langfristige Projekte bewertet werden müssen. Zu hohe Mindestrenditen führen zu einer Favorisierung von kleinen Projekten mit kurzfristigem Erfolg.

**3. Das Problem der Erfassung von Wirkungen der Investition auf Zahlungsströme in anderen Unternehmensbereichen**
Die Investitionsrechnung ist ein Verfahren, das die direkten, monetären Wirkungen einer Investition erfaßt. Bei kleinen Projekten ist es nicht erforderlich, die geringen Auswirkungen in vor- und nachgelagerten Bereichen zu bewerten. Der Aufwand zur Datenermittlung steht in keinem Verhältnis zum Ergebnis. Für die Bewertung eines integrierten Systems ist diese vereinfachende Annahme nicht zulässig. Dennoch werden in der Praxis bei der Bewertung die Systemgrenzen häufig eng gezogen.

**4. Das Problem der Erfassung von Wirkungen der Investition auf Projekte in der Zukunft**
Diese schwer erfaßbaren und bewertbaren Wirkungen auf Projekte in der Zukunft werden bei Investitionsentscheidungen nicht ausreichend berücksichtigt. Die Erfahrung, die an einer ersten System-Installation gewonnen wird, kann später auf andere Projekte übertragen werden. Diese Option, das Produktionssystem schneller und kostengünstiger zu modernisieren, ist in die Bewertung zu integrieren.

**5. Das Problem der Steuerung der Kapitalallokation mit Investitionsbudgets**
Die Bewilligung von begrenzten Investitionsbudgets für die einzelnen Unternehmensbereiche führt häufig dazu, daß viele Verbesserungen unabhängig vonein-

ander durchgeführt werden. Investitionen werden zur Beseitigung von Engpässen oder zur Realisierung klar abgegrenzter Bereiche eingesetzt. Die gleichmäßige Verteilung von Budgets, über die die Abteilungen eigenständig verfügen können, kann zu Fehlentwicklungen führen. Unterstützt wird dieser Trend durch die nach der Investitionssumme abgestufte Entscheidungskompetenz des Managements. Die Investitionen, die innerhalb eines Werkes oder einer Sparte eigenständig entschieden und realisiert werden können, sind von denen, die der Zustimmung und Beurteilung von der Geschäftsführung bedürfen, nach der Höhe der Investition getrennt. Hierdurch wird auf Werksebene der Trend zu vielen kleinen Investitionen verstärkt, deren Integration nicht gewährleistet ist.

Diese Probleme bei der Anwendung der Verfahren der dynamischen Investitionsrechnung führen dazu, daß keine hinreichend genaue Abbildung der ökonomischen Wirkungen von Investitionsalternativen in der praktischen Durchführung erfolgt. Dies liegt jedoch nicht an den Prinzipien des Investitionsrechenmodells, sondern an den getroffenen vereinfachenden Annahmen. Durch eine entsprechende Modifikation der dynamischen Investitionsrechnung kann diese für rechnerunterstützte Systeme angepaßt werden.

## 8.5 Modifiziertes Verfahren der dynamischen Investitionsrechnung

Eine Bewertung rechnerunterstützter Systeme muß sich an der Frage orientieren:

„Welche Rendite erwirtschaftet das Unternehmen in der Zukunft ohne die Investition in rechnerunterstützte Systeme?"

Die Beantwortung dieser Frage basiert auf dem Opportunitätskostenprinzip und hilft, eine ganzheitliche Betrachtungsweise in die Bewertung einfließen zu lassen.

Für eine Investitionsrechnung, die für die Auswahl von rechnerunterstützten Systemen geeignet sein soll, ergeben sich daraus folgende Anforderungen:

- Aufgrund der aktiven Marktbeeinflussung durch die Systeme sind zu erwartende Erlösveränderungen zu berücksichtigen.
- Zukünftige Produktionsänderungen sind durch die Systeme mit geringeren Folgekosten verbunden. Anpassungsaufwendungen für neue Produkte oder neue Technologien sind niedriger. Umbauaufwendungen sind für die Fertigungsalternativen im Rahmen von Investitionsketten zu bewerten.
- Rechnerunterstützte Systeme verursachen außerhalb ihres Anwendungsbereiches relevante Zahlungsstromveränderungen, die im Modell zu berücksichtigen sind.

Die Modelle der dynamischen Investitionsrechnung sind geeignet, monetäre Wirkungen dieser Systeme abzubilden, sofern die Analyse der Zahlungsströme marktorientiert erfolgt.

Ein dynamisches Investitionsrechenmodell, das dieser Forderung Rechnung trägt, läuft in 6 Stufen ab [WILD87a] (vgl. Bild 8.9).

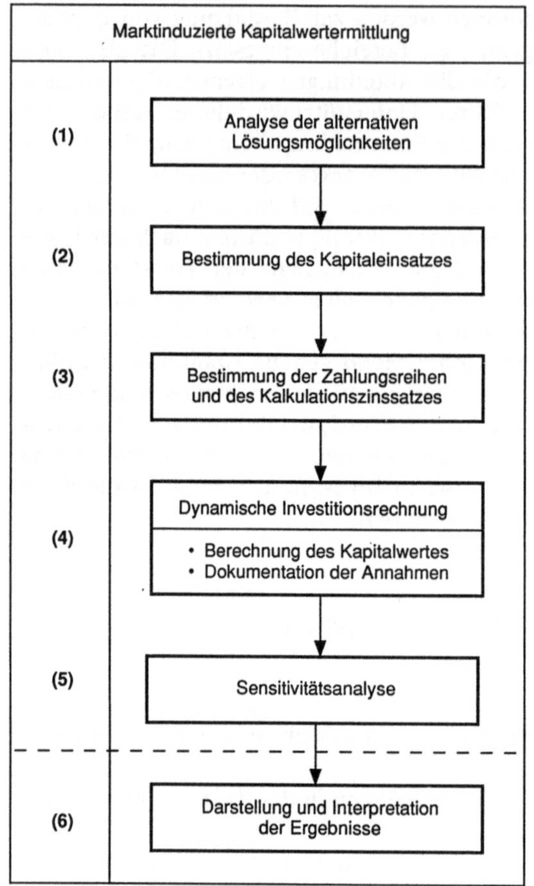


**Bild 8.9**  Dynamisches Investitionsrechnungsmodell

Schritt 1: Analyse der alternativen Lösungsmöglichkeiten
Es sind Alternativen für die Lösungen der quantitativen, qualitativen und zeitlichen Kapazitäts- und Flexibilitätsanforderungen zu ermitteln. Hierzu ist es erforderlich, nicht nur alternative Konzepte zu planen, sondern auch eine Veränderung des vorhandenen Produktionssystems oder den Fremdbezug mit in die Überlegungen zu integrieren. Die Alternativen werden in einem Formblatt mit ihren technischen Wirkungen beschrieben. Es sollten mehrere Alternativen generiert werden, da andernfalls keine optimale Lösung gefunden werden kann. Im folgenden werden drei Alternativen A, B, C beispielhaft herangezogen, siehe hierzu das in Bild 8.11 dargestellte Beispiel.

Schritt 2: Bestimmung des Kapitaleinsatzes
Die detaillierte Bestimmung des Kapitaleinsatzes jeder Alternative ist Grundvoraussetzung für eine richtige Entscheidungsfindung. Hierbei muß das Ziel sein, die Auszahlungen für das geplante Gesamtsystem zu erfassen. Wird z. B. das Sy-

stem stufenweise eingeführt, so ist es sinnvoll, die Ausbaustufen einzeln zu bewerten. Schulungs-, Software- und Planungskosten fallen zu einem früheren Zeitpunkt in der Investitionskette an. Die Leistungen, die diesen Kosten gegenüberstehen, können jedoch teilweise für alle Investitionsstufen genutzt werden. Die bereits getätigten Zahlungen sollten deshalb nur anteilig der ersten Investitionsstufe zugerechnet werden. Ein insgesamt wirtschaflicher Einführungsprozeß könnte sonst durch eine einzelne, in sich unwirtschaftliche Investitionsstufe verhindert werden.

In einigen der untersuchten Unternehmen wurden die Planungs- und Schulungsaufwendungen dem System nicht zugerechnet, sondern als Forschungs- und Entwicklungsaufwand bzw. Investition in human capital angesehen. Für diese Vorgehensweise spricht, daß das bei der Planung und durch die Schulung gewonnene Know-How für das Unternehmen als Ganzes von Bedeutung ist, und daß diese Zahlungen von der konkreten Investitionsentscheidung unbeeinflußt sind, da sie bereits vorher anfallen. Die Rechtfertigung dieser Aufwendungen erfolgt dann ausschließtlich auf Grundlage von strategischen Argumenten.

Im Rahmen einer dynamischen Betrachtung ist es notwendig, die unterschiedlichen Zahlungstermine für den Kapitaleinsatz zu berücksichtigen. Auch die Finanzierungsart muß in die Analyse des Kapitaleinsatzes einfließen.

Das Ergebnis der Analyse des Kapitaleinsatzes ist die exakte Darlegung der erforderlichen Investitionen in jeder Periode des Planungszeitraums (vgl. Bild 8.10). Die Aufteilung auf die unterschiedlichen Perioden ist erforderlich, da die Planungs-, Einführungs- und Anlaufzeiten komplexer Systeme sich auf mehrere Jahre kumulieren können.

Schritt 3: Bestimmung der Zahlungsreihen und des Kalkulationszinssatzes
Bei der Erfassung der Zahlungsreihen ist zunächst zu prüfen, ob dem Untersuchungsobjekt Einzahlungen zugerechnet werden können. In den meisten Fällen wird eine direkte Erlöszurechnung nicht möglich sein, so daß keine absolute Wirtschaftlichkeit berechnet werden kann. Stattdessen wird eine relative Wirtschaftlichkeit durch eine Differenzbetrachtung der Auszahlungsströme der Alternativen ermittelt.

Diese Vorgehensweise unterstellt jedoch absolut gleiche Leistungen der betrachteten Lösungsmöglichkeiten. Diese Prämisse kann bei dem Vergleich rechnerunterstützter Systeme mit konventionellen Alternativen nicht aufrechterhalten bleiben. Indirekte Wirkungen wie z. B. die Möglichkeit zur Erfüllung spezifischer Kundenwünsche, hoher Qualitätsstandard, schnelle Reaktionsfähigkeit schlagen sich in einer Erlössteigerung gegenüber konventionellen Alternativen ohne diese Wirkungen nieder. Diese Wirkungen fließen in Form von Nettoerlössteigerungen in das Rechenmodell ein.

In dem Zwang zur Prognose solcher Erlösveränderungen ist ein Ansatz zu sehen, die Frage zu beantworten, welche Rendite das Unternehmen in einigen Jahren ohne die Investition erwirtschaften würde. Unter Umständen zeigt die Analyse, daß die Marktposition mit dem alten Produktionssystem nicht verteidigt werden kann. Die entsprechenden Erlöswirkungen sind vom Vertrieb zu schätzen.

| | Zahlungs-termin | Preis per Stück (TDM) | Anzahl | Gesamt-preis (TDM) |
|---|---|---|---|---|
| **Bearbeitungssystem** | | | | |
| 1. Bearbeitungszentren | 1 | 1200 | 4 | 4800 |
| 2. CNC-Drehzentrum | 1 | 950 | 1 | 950 |
| 3. Bohrautomat | 1 | 55 | 2 | 110 |
| Summe Bearbeitungssystem | 1 | | | 5860 |
| **Materialflußsystem** | | | | |
| 1. Werkstücktransportsystem | 2 | | | 600 |
| 2. Rüstplätze | 2 | | | 30 |
| 3. Werkstückwechselsystem | 2 | | | 170 |
| Summe Materialflußsystem | 2 | | | 800 |
| **Programmiersystem** | | | | |
| 1. Hardware | 2 | | | 420 |
| 2. Software | 2 | | | 280 |
| Summe Programmiersystem | 2 | | | 700 |
| **Installation** | | | | |
| 1. Fundamente | 1 | | | 35 |
| 2. Anlieferung | 1 | | | 45 |
| 3. Aufstellung | 1 | | | 55 |
| 4. Energieanschlüsse | 1 | | | 70 |
| Summe Installation | 1 | | | 205 |
| **Einführung** | | | | |
| 1. Engineering | 1 | 330 | 0,3 | 110 |
| 2. Schulung/Ausbildung | 1 | 250 | 0,2 | 50 |
| 3. Schnittstellen zum Informationssystem | 1 | 20 | 1 | 20 |
| Summe Einführung | 1 | | | 180 |
| Gesamtauszahlung je Zahlungstermin | 1 / 2 | | | 6245 / 1500 |
| Gesamtauszahlung | | | | 7745 |

**Bild 8.10**   Erfassungsschema zur Ermittlung des Kapitaleinsatzes (dargestellt am Beispiel FFS)

An die Analyse der zurechenbaren Nettoerlösveränderungen schließt sich die Prognose der Ein- und Auszahlungsreihen jeder Alternative über den Planungs-zeitraum an. Einzahlungen, die auf den Einsatz neuer Technologien direkt zu-rückzuführen sind, lassen sich häufig nur schwer ermitteln. An ihre Stelle treten Kostensenkungspotentiale, die zur Prognose reduzierter Auszahlungsströme her-angezogen werden. Hierbei werden zunächst die direkten ökonomischen Wir-kungen betrachtet, die detailliert zu prognostizieren sind. Es wird von der Prä-misse ausgegangen, daß die Kostenveränderungen zahlungswirksam werden,

z. B. wird eine alternative Nutzung des freien Raumes unterstellt, was Investitionen in Fertigungsfläche erspart.

Die Erfassung von Zahlungsströmen kann jedoch nicht auf diesen engen Bereich der direkten Wirkungen begrenzt werden, da rechnerunterstützte Systeme indirekte Zahlungsstromveränderungen in den Bereichen Datenverarbeitung, Qualitätssicherung, Entwicklung und Logistik hervorrufen. Diese Veränderungen sind so erheblich, daß sie nicht vernachlässigt werden können. Im Bereich der Datenverarbeitung ergeben sich steigende Anforderungen an die Pflege der Hard- und insbesondere Software. Es müssen zur Optimierung des Systembetriebs Weiterentwicklungen der Software durchgeführt werden. Die hierfür erforderlichen Zahlungen sind für die Investitionsentscheidungen relevant und deshalb zu analysieren.

Auszahlungen für die Qualitätssicherung werden sich, wie die Analyse von Fallstudien zeigt, vermindern. In automatisierten Systemen ist häufig ein Meß- und Prüfsystem integriert, das Funktionen der Qualitätssicherung übernimmt (vgl. Abschnitt 6.6). Wenn keine Meßgeräte vorhanden sind, werden diese Aufgaben in der Regel vom Bedienungspersonal mit ausgeführt, so daß geringere Gemeinkosten für die Qualitätssicherung verursacht werden. Zusatzinvestitionen für integrierte Meß- und Prüfgeräte steht eine höhere und gleichbleibende Qualität der produzierten Teile gegenüber, die zu einer Verminderung der Ausschuß- und Nacharbeitungskosten führt.

Die Marktanforderungen werden es erforderlich machen, neue Varianten und neue Produkte anzubieten und spezifische Kundenwünsche zu berücksichtigen. Die Höhe der Einführungskosten für neue Produkte bei flexibel automatisierter und konventioneller Fertigung unterscheiden sich stark. In der entsprechenden Zahlungsreihe (Bild 8.11) wird die kurzfristige Flexibilität bewertet, d. h. es wird davon ausgegangen, daß die Hardware des Systems unverändert bleibt.

Durch rechnerunterstützte Systeme werden die Zahlungen für die Erstellung von Arbeitsplänen, die Produktion von Prototypen und Testläufe beeinflußt. In Verbindung mit CAP-Systemen ist z. B. die Erstellung von Arbeitsplänen für Flexible Fertigungssysteme (FFS) erheblich kostengünstiger. Prototypen können in einem auf kleinste Losgrößen ausgerichteten FFS schneller und billiger produziert werden als in konventionellen Systemen. Testläufe können durch Simulation am Rechner eingespart werden, so daß sich die Stillstandszeiten für die Anlagen vermindern. Dieser Kapazitätseffekt wird durch eine Opportunitätsrechnung in eine Zahlungsreihe übertragen. Aufbauend auf einer Marktanalyse sind Zahl und Zeitpunkte der Aufwendungen zu prognostizieren. Die Zahlungsauswirkungen dieser Anpassungsvorgänge sind abzuschätzen und in der Bewertung zu beachten, da hierdurch eine ansatzweise Bewertung der Flexibilität möglich wird. Im Erfassungsschema werden Kostenreduktionen je Neuprodukteinführung ermittelt.

In der Logistik ergeben sich erhebliche Aufwandsreduktionen für die Fertigungssteuerung sowie für die Kapitalbindung im Umlaufvermögen. Die kürzere Auftragsdurchlaufzeit ermöglicht es, die Flexibilität zur Reduktion der Fertigwarenbestände zu nutzen und so die Kapitalbindung erheblich zu senken.

In Bild 8.11 sind die oben erläuterten Zahlungsströme beispielhaft im Vergleich zweier Alternativen A und C dargestellt und in einer Differenzbetrach-

| Zu erfassende Zahlungsströme | Höhe der Veränderungen im Zahlungsstrom je Periode, Vergleich: A mit C | | | | | | | | | |
| --- | --- | --- | --- | --- | --- | --- | --- | --- | --- | --- |
| | 1 | 2 | 3 | 4 | 5 | 6 | 7 | 8 | 9 | 10 |
| Kapitaleinsatz | −2730 | −1500 | 0 | 0 | 0 | 927 | 0 | 0 | 0 | 0 |
| Rückflüsse | | | | | | | | | | |
| Arbeitskosten | 419 | 588 | 605 | 624 | 642 | 662 | 681 | 702 | 723 | 745 |
| Raumkosten | 82 | 85 | 87 | 90 | 93 | 96 | 98 | 101 | 104 | 108 |
| Instandhaltung | −111 | −115 | −118 | −122 | −125 | −129 | −133 | −137 | −141 | −145 |
| Energie | — | — | — | — | — | — | — | — | — | — |
| Werkzeuge | −5 | −5 | −5 | −5 | −5 | −5 | −5 | −5 | −5 | −5 |
| Vorrichtungen | −1050 | 0 | 0 | 0 | 0 | −525 | 0 | 0 | 0 | 0 |
| Transporte | 21 | 21 | 22 | 23 | 23 | 24 | 25 | 25 | 26 | 27 |
| Softwarepflege | 0 | −15 | −16 | −17 | −18 | −19 | −20 | −21 | −22 | −23 |
| Qualitäts-sicherung | — | — | — | — | — | — | — | — | — | — |
| Ausschuß | 70 | 71 | 73 | 75 | 77 | 79 | 82 | 85 | 88 | 91 |
| Nacharbeit | 90 | 93 | 96 | 99 | 103 | 106 | 109 | 111 | 114 | 117 |
| Fertigungs-steuerung | 9 | 13 | 13 | 14 | 14 | 14 | 15 | 15 | 16 | 16 |
| Kapitalbindung im UV | 100 | 100 | 100 | 100 | 100 | 100 | 100 | 100 | 100 | 100 |
| Neuprodukt-einführung <br> • Arbeitspläne <br> • Prototypen <br> • Testläufe | 0 | 0 | 15 | 18 | 15 | 15 | 15 | 15 | 15 | 15 |
| Umbau der Anlage für neue Produkte | 0 | 0 | 0 | 0 | 0 | −343 | 0 | 0 | 0 | 0 |
| Zurechenbare Nettoerlösver-änderungen | 42 | 44 | 46 | 49 | 51 | 54 | 56 | 59 | 62 | 65 |
| Restwerte der Anlagen am Ende des Pla-nungshorizonts | 0 | 0 | 0 | 0 | 0 | 0 | 0 | 0 | 0 | −464 |
| Rückflüsse je Periode | −3063 | −620 | 919 | 947 | 970 | 1055 | 1023 | 1052 | 1081 | 647 |
| Barwerte der Rückflüsse | −3063 | −582 | 810 | 784 | 754 | 770 | 701 | 677 | 653 | 367 |

— ≙ Zahlungsstrom nicht bewertet,
alle Angaben in TDM
Kalkulationszinssatz = 6,5 %

| | |
| --- | --- |
| Kapitalwert | : 1871 TDM |
| Annuität | : 260,29 TDM |
| Amortisationsdauer | : 6,75 Jahre |
| interner Zinsfluß | : 16,16 % |

**Bild 8.11**   Modifizierte dynamische Investitionsrechnung (Beispiel)

tung in das Erfassungschema eingetragen. Die Rückflüsse ergeben sich als geringere Ausgaben gegenüber dem Vergleichssystem. Diese können auch negativ sein. Die Zahlungsströme sind für jede Periode des Planungshorizontes einzeln zu prognostizieren. Der Planungszeitraum wurde im Beispiel auf zehn Jahre begrenzt. Da die Nutzungsdauer der Anlage oder von Komponenten länger sein kann, müssen eventuelle Restwerte der Anlagen am Ende des Planungshorizontes ergänzt werden. Nun kann unter Vorgabe des Kalkulationszinsfußes eine Kapitalwertermittlung unter Berücksichtigung der Marktwirkungen durchgeführt werden.

Die Bestimmung des Kalkulationszinsfußes sollte in enger Anlehnung an den Anleihezinssatz für langfristige Kredite erfolgen. Es ist ein Durchschnittswert abzuschätzen, der über den gesamten Planungshorizont zu erwarten ist. Die in der Literatur vorgeschlagenen Mindestrenditen zwischen 10 und 30% p.a. je nach Risikokategorie, z. B. [BLOH88], werden von der Praxis in einigen Fällen übernommen. Durch diese summarische Betrachtung des Risikos kann jedoch keine problemadäquate Investitionsentscheidung herbeigeführt werden. Die Abschätzung des Investitionsrisikos sollte analytisch über die Sensitivität und die Kapitalrückflußzeit erfolgen. In einigen realisierten Anwendungsfällen des Verfahrens wurde mit einem Kalkulationszinssatz von 6,5% gerechnet.

### Schritt 4: Dynamische Investitionsrechnung

Die Rechenalgorithmen für die jeweilige Entscheidungssituation sind in der Finanzierungsliteratur ausführlich erläutert und diskutiert worden. In der modifizierten Investitionsrechnung werden neben dem Kapitalwert der interne Zinsfuß, die Annuität und die dynamische Wiedergewinnungszeit berechnet [WILD87a].

Der dynamische Ansatz in der Investitionsrechnung ist in der Lage, die Anpassungsfähigkeit rechnerunterstützter Systeme im Zeitablauf zu berücksichtigen. Der dynamische Aspekt muß auch die veränderlichen Systemeigenschaften und Leistungen beachten. Dies stellt sehr hohe Anforderungen an die Ermittlung und Prognose der Daten.

### Schritt 5: Sensitivitätsanalyse

Im Rahmen einer Sensitivitätsanalyse sind Auswirkungen alternativer Annahmen auf den Kapitalwert zu ermitteln, um den Vertrauensbereich der Vorteilhaftigkeit der Investition abzuschätzen und kritische Annahmen erkennen zu können.

Die Sensitivitätsanalyse dient der Erreichung folgender Ziele:

- Ermittlung der Auswirkungen der Unsicherheiten in der Planung auf den Kapitalwert,
- Bestimmung der kritischen Einflußgröße, d.h. des Parameters, dessen Schwankung am stärksten auf den Kapitalwert wirkt, und
- Berechnung der zulässigen Schwankungsbreite der einzelnen Parameter.

Da die Prognose der Marktdaten über einen längeren Zeitraum nur mit großer Unsicherheit möglich ist, ist es erforderlich, die Wirkungen alternativer Eingangsdaten auf das Ergebnis zu ermitteln. Erst durch die Analyse der Ergebnisse hinsichtlich der Sensitivität auf Veränderung jeder eingegebenen Zahlungsreihe ist eine Abschätzung des Vertrauensbereichs der Ergebnisse möglich (Bild 8.12).

Schritt 6: Darstellung der Ergebnisse
Zur Entscheidungsfindung sind die ermittelten Daten in komprimierter Form aufzubereiten. Als Entscheidungskriterium kann jedoch nicht – wie bei kleinen Investitionen – der Kapitalwert bzw. die Kapitalwertrate allein dienen. Die Ergebnisse der Zahlungsstromanalyse, die im Erfassungsschema enthalten sind, sollten ebenso wie die Dokumentation der Annahmen als Entscheidungsgrundlage herangezogen werden. Ein wichtiges Instrument der Entscheidungsfindung stellt auch die Sensitivitätsanalyse dar, die kritische Parameter analysiert und die Stabilität der Planannahmen abschätzt. Durch die übersichtliche Darstellungsform des Sensitivitätsdiagramms kann direkt die Relevanz der einzelnen Parameter für den Kapitalwert angegeben werden (vgl. Bild 8.12): Je größer die Steigung der Geraden ist, desto größer ist der Einfluß auf den Kapitalwert. Dieses sechsstufige Investitionsrechenprogramm ist auf PC verfügbar [WILD87a].

Das beschriebene Verfahren ermöglicht es, die monetär quantifizierbaren ökonomischen Wirkungen rechnerunterstützter Systeme im Modell abzubilden. Da die Systemgrenzen des Modells den gesamten Betrieb umfassen, werden nicht – wie bei konventionellen Vorgehensweisen – einige relevante Aufwandsreduk-

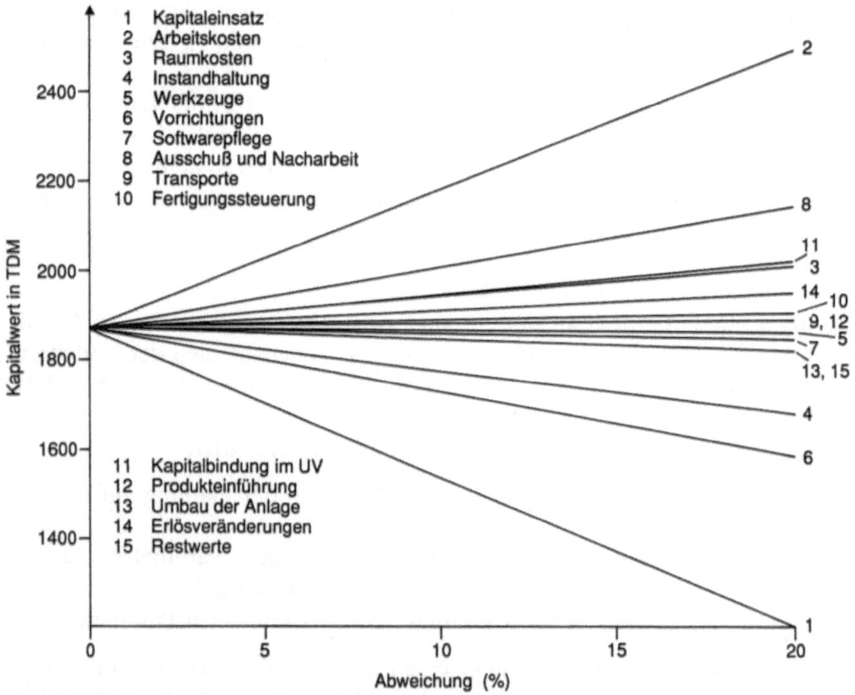


**Bild 8.12**   Beispiel einer Sensitivitätsanalyse für rechnerunterstützte Systeme

| Aktiva | Passiva |
|---|---|
| • Verbesserung der Wettbewerbsposition<br>  • höhere Flexibilität<br>  • verkürzte Produktanlaufzeiten<br>  • Durchlaufzeitreduzierung<br>  • Eröffnung von Kostensenkungspotentialen<br>  • höhere Qualität<br>• hohe Technologieattraktivität<br>• gute Technologieposition der Unternehmung<br>• hoher Nutzungsgrad<br>• Ausgleich von Marktrisiken<br>• attraktive Arbeitsplätze<br>• Baustein für die stufenweise Einführung<br>  eines CIM-Systems<br>• ....... | • hohes Investitionsvolumen<br>• unsichere Schätzungen von Investitionsvolumen<br>  und Kosteneinsparungen<br>• finanzielle Risiken<br>• Einführungs- und Anlaufrisiken<br>• Integrations- und Anpassungsprobleme<br>• höhere Personalabhängigkeit<br>• Technologiefixierung<br>• ....... |
| | Argumentengewinn für eine Kapitalallokation in rechner-unterstützte Systeme |

**Bild 8.13**   Argumentenbilanz

tionen vernachlässigt. Durch die dynamische Betrachtungsweise und die Integration veränderter Marktanforderungen ist eine Erfassung der Anpassungsfähigkeit im Zeitablauf möglich. Die Flexibilität kann somit teilweise in die Bewertung einfließen. Zeitlich-vertikale Interdependenzen und Optionen werden im Ansatz dadurch bewertet, daß nicht alle Aufwendungen für Planung, Schulung und Softwareentwicklung bereits der ersten Ausbaustufe zugerechnet werden.

Neben den im Rechenmodell erfaßbaren quantifizierbaren Wirkungen rechnerunterstützter Systeme verbleiben häufig noch schwer quantifizierbare Faktoren. Diese Faktoren können in einer „Argumentenbilanz" übersichtlich zusammengestellt und damit für die Investitionsentscheidung transparent gemacht werden (Bild 8.13).

Die Ergebnisse, die diese kombinierte Vorgehensweise dem Entscheidungsträger bereitstellt, eröffnen ihm einen Einblick in die Konsequenzen einer CAM-Investition. Er hat somit die Möglichkeit, die Investitionen im Zusammenhang mit strategischen Chancen und Risiken zu beurteilen.

# 8.6 Zusammenfassung

Viele Bausteine für „Computer-Integrated-Manufacturing" sind bereits verfügbar und werden derzeit von vielen Technologieführern in den Branchen Maschinen- und Fahrzeugbau sowie Elektronik genutzt. Die weitere Verbreitung rechnerunterstützter Systeme wird nur z.T. durch technische Probleme verhindert, hingegen in erheblichem Maße durch die Ungewißheit über die wirtschaftlichen Effekte dieser integrierten Systeme auf die Unternehmen.

Häufig erfolgt eine wirtschaftliche Rechtfertigung von Investitionen in rechnerunterstützte Systeme nur auf der Basis von Kostenvergleichen, ohne daß strategische Wettbewerbswirkungen berücksichtigt werden. Integration, Automatisierung und Flexibilität als Eigenschaften von rechnerunterstützten Systemen haben aber Langzeitcharakter, der in Wirtschaftlichkeitsrechnungen Berücksichtigung finden muß.

Zum Abbau der Ungewißheit über die Wirtschaftlichkeit dieser integrierten Systeme kann die Analyse der betriebswirtschaftlichen Wirkungen beitragen. Es wurde gezeigt, daß durch rechnerunterstützte Systeme eine Veränderung von Kostenstrukturen in der Entwicklung und Fertigung sowie eine Verbesserung von Leistungsmerkmalen der Produkte erzielt wird. Diese Vorteile in Kosten und Erzeugnissen initiieren gleichfalls einen Vorteil im Wettbewerb.

Weitere betriebswirtschaftliche Effekte treten besonders durch indirekte Wirkungen auf. Durch die gezielte Einbeziehung dieser Wirkungen in modifizierte betriebswirtschaftliche Verfahren ist eine ganzheitliche Bewertung der neuen integrierten Technologien möglich. Hierbei ist auch die strategische Wirkung der Technologie bei gegebener Produkt-Markt-Technologieorientierung zu berücksichtigen. Nur eine effiziente Unterstützung der gewählten Wettbewerbsstrategien trägt zum Aufbau von Erfolgspotentialen bei.

Jedoch erfordert die effiziente Nutzung rechnerunterstützter Systeme nicht nur eine wirtschaftliche Rechtfertigung, sondern auch eine Einführungsplanung unter Berücksichtigung sozialer und ökonomischer Effekte.

Schulungsmaßnahmen, Änderung der Entlohnungs- und Arbeitszeitmodelle, Reorganisationsprozesse und Projektmanagement sind Aufgaben, die im Rahmen des Einführungsprozesses simultan mit der technischen Planung erfolgen müssen.

Die Entscheidungsunterstützung bei der Einführungsplanung und der Bewertung rechnerunterstützter Systeme kann die Akzeptanz dieser Technologien bei der Unternehmensführung steigern, die Verbreitung erleichtern und in Verbindung mit optimierten Logistik- und Informationssystemen die Unternehmensposition langfristig verbessern.

## 8.7 Literatur zu Kapitel 8

[BELL84]    Bellingdale, L.: Examing the CAD/CAM Revolution. Computer Graphics World (May 1984) 69–78

[BLOH88]    Blohm, H., Lüder, K.: Investition, 6. Aufl., Vahlen, München Wien 1988

[BURD85]    Burdach, J.: Automatisierte und flexible Fertigung. VDI-Z *127* (7) (1985) 201–206

[FRÖH81]    Fröhlich, G.: Problematik bei der Einführung neuer Automatisierungstechnologien in der Produktion. Automobil-Industrie *4* (1981) 471–475

[HAMM84]    Hammer, H.: Neue Lösungen zur flexiblen Automatisierung der spanenden Bearbeitung. ZwF *79* (2) (1984) 66–73

[JACO63]    Jacob, H.: Investitionsentscheidungen bei Mehrproduktunternehmen. In: Angermann, W. (Hrsg.): Betriebsführung und Operations-Research, Frankfurt 1963

[SCHU85]     Schulz, H.: Erfolgreiche Nutzung des Potentials rechnergestützter Fabrikautomatisierung. Werkstatt und Betrieb *118* (9) (1985) 565–568

[WILD85]     Wildemann, H.: Investitionsentscheidungsprozeß für numerisch gesteuerte Fertigungssysteme (NC-Maschinen). CW-Publ., 2. Aufl., München 1985

[WILD86]     Wildemann, H.: Strategische Investitionsplanung für CAD/CAM. Fachverlage für Wirtschaft und Steuern Schäffer, Stuttgart 1986

[WILD87]     Wildemann, H.: Investitionsplanung und Wirtschaftlichkeitsrechnung für flexible Fertigungssysteme. Fachverlag für Wirtschaft und Steuern Schäffer, Stuttgart 1987

[WILD87a]     Wildemann, H.: MIKE – ein Werkzeug zur wirtschaftlichen Investitionsplanung. Technische Rundschau (28) (1987) 10–19


## Weiterführende Literatur zu Kapitel 8

[BEIE82]     Beier, F.: Anforderungen an ein CAM-System. VDMA-Informationstagung 30. 11./1. 12. 1982 Wiesbaden

[BEIE84]     Beier, H.-H.: CAD-CAM: Was fehlt noch zur tragfähigen Konzeption? Schweizer Maschinenmarkt *44* (1984) 33–35 und *47* (1984) 33–35

[BRAN83]     Brand, H., Glatz, R.: Methoden der technischen Beurteilung von CAD/CAM-Systemen. Kernforschungszentrum Karlsruhe, Karlsruhe. PFT-Bericht, KfK-PFT 61, Juli 1983

[FÜRS84]     Fürst, T.: CAD/CAM läßt sich rechnen, *5:* Verfahren zur Wirtschaftlichkeitsrechnung. KE (Juni 1984) 16–20

[GOLD84]     Gold, B.: CAM setzt neue Maßstäbe für die Produktion. Harvard Manager *1* (1984) 90–95

[GRAB80]     Grabowski, H., Eigner, M., Hahn, H.-D.: Auswahl und Einführung schlüsselfertiger CAD-Systeme, FB/IE 29 *3* (1980) 149–162

[GRAB83]     Grabowski, H.: CAD/CAM – Grundlagen und Stand der Technik. FB/IE *4* (1983) 224–233

[KRAU81]     Krause, F.-L., Meyer, B., Jansen, H.: CAD- und CAM-Anwendungen in Produktionsbetrieben. FB/IE 30 *1* (1981) 3–16

[LANG84]     Lang-Lendorff, G.: Stand und Perspektiven der CAD/CAM-Forschung und Anwendung in der Praxis. EDV in Konstruktion und Fertigung – CAD/CAM, FHBO Fachtagung (22. 3. 1984) 4–19

[MAIE85]     Maier-Rothe, C.: Wettbewerbsvorteile durch höhere Produktivität und Flexibilität. In: Arthur, D. Little Int. (Hrsg.): Management im Zeitalter der strategischen Führung, Wiesbaden 1985 126–164

[REIC84]     Reichl, M.: Grobanalyse einer Untersuchung im Hinblick auf den Einsatz von CAD-Systemen. Diss. TU Graz 1984

[SCHE87]     Scheer, A.-W.: CIM Computer Integrated Manufacturing. Springer, Berlin Heidelberg New York Tokyo 1987

[SCHW82]    Schweizer, H.-J.: Wirtschaftlichkeitsbetrachtung im Rahmen einer CAD/CAM-Einführung. ZwF 77 (8) (1982) 366–368

[SELL84]    Sellmer, U., Kupferschmitt, R.: Personelle Integration – Chance zur wirtschaftlichen CAD/CAM-Anwendung. ZwF 79 (1984) 206–208

[SPUR84]    Spur, G., Krause, F.-L.: CAD-Technik, Hanser, München Wien 1984

[WITT73]    Witte, E.: Organisation für Innovationsentscheidungen, Schwartz Verlag, Göttingen 1973

# Sachverzeichnis

# Mitarbeiterliste

Dipl.-Ing. A. Bien
Thyssen Industrie AG, Henschel
Henschelplatz 1
3500 Kassel

Dipl.-Wirtsch.-Ing. B. Bonsels
Lehrstuhl für Betriebswirtschaftslehre mit Schwerpunkt Fertigungswirtschaft
Universität Passau
Innstraße 22
8390 Passau

Dipl.-Ing. J. Bunten
mbp, Abt. ST-CC
Semerteichstraße 47
4600 Dortmund 1

Dipl.-Ing. R. Donn
ISW der Universität Stuttgart
Seidenstraße 36
7000 Stuttgart 1

Dipl.-Wirtsch.-Ing. R. Eisele
Lehrstuhl für Fertigungsautomatisie-
rung und Produktionssystematik
Universität Erlangen-Nürnberg
Egerlandstraße 7
8520 Erlangen

Dr. Ludwig Fehrle
Dompfaffstraße 132
8520 Erlangen

Dipl.-Inform. Herbert Fischer
Institut für Fertigungstechnik
Lehrstuhl für Fertigungsautomatisie-
rung und Produktionssystematik
Universität Erlangen-Nürnberg
Egerlandstraße 7
8520 Erlangen

V. Fuchs
Siemens AG, ZFA AUT 63
Otto-Hahn-Ring 6
8000 München 83

Dr. V. Gerbig
Siemens AG, ZFA AUT 52
Postfach 3240
8520 Erlangen

Dipl.-Ing. R. Hegelmann
Volkswagen AG
Koordination Qualitätssicherung
3180 Wolfsburg 1

Dipl.-Ing. G. Herrmann
Friedrich-Naumann-Straße 5
7410 Reutlingen

Dr. E. Hettesheimer
Robert-Bosch GmbH
Abt. EW/TDV
Max-Lang-Straße 40–46
7022 Leinfelden

Dipl.-Ing. H. Hildebrandt
Thyssen Industrie AG, Henschel
Henschelplatz 1
3500 Kassel

Dr. Klaus Hörmann
Institut für Prozeßrechentechnik
und Robotik
Universität Karlsruhe
Postfach 6980
7500 Karlsruhe 1

Dr.-Ing. habil. M. Jacksch
Ernst Leitz Wetzlar GmbH
Industrielle Meßtechnik
Postfach 2020
6330 Wetzlar

Dipl.-Ing. H. Kampa
BARTEC BARLIAN-TECHNIK
GmbH, Postfach 1166
6990 Bad Mergentheim

Dipl.-Ing. B. Kandziora
Institut für Rechneranwendung in
Planung und Konstruktion (RPK)
Universität Karlsruhe
Kaiserstraße 12
7500 Karlsruhe 1

Dipl.-Wirtsch.-Ing. W. Kersten
Lehrstuhl für Betriebswirtschaftslehre mit Schwerpunkt Fertigungswirtschaft
Universität Passau
Innstraße 22
8390 Passau

Dr.-Ing. H. König
Siemens AG
Zentralbereich Technik
Zentrale Fertigungsaufgaben
Otto-Hahn-Ring 6
8000 München 83

Dr. R. König
Agiplan Unternehmensberatung
GmbH, Hirschstraße 71
7500 Karlsruhe 1

Dipl.-Ing. H. R. Ludwig
Institut für Werkzeugmaschinen
und Betriebstechnik
Universität Karlsruhe
Kaiserstraße 12
7500 Karlsruhe 1

Dipl.-Ing. F. W. Major
Institut für Werkzeugmaschinen und
Fertigungstechnik
Technische Universität Berlin
Pascalstraße 1–9
1000 Berlin 9

Dipl.-Inform. Klaus Mally
TELENORMA
Telefonbau und Normalzeit GmbH
Abt. TE-S 3539
Mainzer Landstraße 128–146
6000 Frankfurt 1

Dipl.-Ing. B. Müller
Price-Waterhouse-Unternehmens-
beratung
Theodor-Heuss-Straße 11
7000 Stuttgart 1

Dipl.-Ing. M. Nehab
Die CAM Systeme für rechnergestützte Produktion GmbH
Rodacher Straße 24
8630 Coburg

Wirtsch.-Ing. P. Oltmanns
CAD/CAM-Partner Firnig + Hellwig
GmbH, Parkstraße 20
3380 Goslar-Hahnenklee

Dipl.-Ing. H. Reichel
Lehrstuhl für Fertigungsautomatik
und Produktionssystematik
Universität Erlangen-Nürnberg
Egerlandstraße 7
8520 Erlangen

Prof. Dr.-Ing. U. Rembold
Institut für Prozeßrechentechnik
und Robotik
Universität Karlsruhe
Postfach 6980
7500 Karlsruhe 1

Dipl.-Ing. Klaus Rohmer
AEG Aktiengesellschaft
Organisation und Informations-
verarbeitung
Technische Datenverarbeitung
Theodor-Stern-Kai 1
6000 Frankfurt 70

Dipl.-Ing. J. Rothley
Forschungszentrum Informatik
Haid-und-Neu-Straße 10–14
7500 Karlsruhe 1

Dipl.-Ing. H. Schäfer
Institut für Rechneranwendung in
Planung und Konstruktion (RPK)
Universität Karlsruhe
Kaiserstraße 12
7500 Karlsruhe 1

Dipl.-Ing. R. Schmid
Siemens AG
Zentralbereich Forschung
und Technik, Zentrale Fertigungs-
aufgaben Sensorensysteme und
Prüftechnik
Otto-Hahn-Ring 6
8000 München 83

Dipl.-Wirtsch.-Ing. M. Schneider
McDonnell Douglas Information
Systems GmbH
Ingolstädter Straße 20
8000 München 45

Dr. G. Schönbach
Ingenieur-Büro Schönbach
Goethestraße 26
6204 Taunusstein

Ing. grad. J. Sluis
Werkzeugtechnik Mayen GmbH
Paradiesstraße 82
5160 Düren

Dipl.-Wirtsch.-Ing. F. Sodha
Price-Waterhouse-Unternehmens-
beratung
Theodor-Heuss-Straße 11
7000 Stuttgart 1

E. Stein
MAHO AG
Tiroler Str. 85
8962 Pfronten

Prof. Dr.-Ing. A. Weckenmann
Universität der Bundeswehr Hamburg, Fachbereich Maschinenbau,
Laboratorium für Meß- und Fein-
werktechnik
Postfach 70 08 22
2000 Hamburg 70

Prof. Dr.-Ing. H. Weule
Institut für Werkzeugmaschinen
und Betriebstechnik
Universität Karlsruhe
Kaiserstraße 12
7500 Karlsruhe 1

Prof. Dr. H. Wildemann
Lehrstuhl für Betriebswirtschaftslehre mit Schwerpunkt Fertigungswirtschaft, Universität Passau
Innstraße 22
8390 Passau

E. Wörns
SAMPOH Meßgeräte Vertriebsgesellschaft mbH
Austraße 35
7238 Oberndorf/Neckar

Dipl.-Ing. (FH) H. Wohak
Daimler-Benz AG, Werk Untertürk-
heim, Prüfwesen Abt. PQM
Postfach 600202
7000 Stuttgart 60

Dipl.-Ing. R. Woll
Institut für Werkzeugmaschinen und
Fertigungstechnik
Technische Universität Berlin
Pascalstraße 8–9
1000 Berlin 10

Dr.-Ing. H.-R. Wollersheim
EXAPT NC Systemtechnik GmbH
Postfach 587
5100 Aachen

Dipl.-Ing. P. Wrba
Institut für Montageautomatisierung
der TU München
Außeninstitut Dornach
Karl-Hammerschmidt-Straße 5
8011 Dornach

J. Encarnação, H.-E. Hellwig, E. Hettesheimer,
W. F. Klos, S. Lewandowski, L. A. Messina,
W. Poths, K. Rohmer, H. Wenz (Hrsg.)

# CAD-Handbuch

## Auswahl und Einsatz von CAD-Systemen

1984. XXIII, 230 S. 102 z. Tl. farb. Abb.
(Informatik-Handbücher) Geb. DM 112,–
ISBN 3-540-13797-1

**Inhaltsübersicht:** Zur Einführung. – Einfluß
organisationsbezogener Randbedingungen. –
Integration von CAD-Systemen in die
DV-Umgebung. – Klassifizierung von
CAD-Systemen. – Ermittlung der Wirtschaftlich-
keit von CAD-Systemen. – Beispiele für die
Nutzen- und Kostenermittlung. – Literatur. –
Adressen. – Index.

Dieses Handbuch versteht sich als ein Leitfaden
zur Einführung von CAD-Systemen. Es nennt
die Kriterien für die Auswahl und Bewertung
von CAD-Systemen, untersucht die Integrations-
möglichkeiten von CAD-Systemen bei unterschiedlichen gegebenen Randbedingungen und
beschreibt die richtige Vorgehensweise bei der
Einführung des einmal gewählten, unterneh-
mensadäquaten CAD-Systems.
Befaßt mit der Einführung von CAD-Systemen
sind Fachleute aus den Bereichen Konstruktion,
Organisation und Datenverarbeitung. Sie vor
allem sind die Adressaten dieses Handbuchs.
Aus demselben Personenkreis stammen auch die
Handbuchautoren, die es sich zur Aufgabe
gemacht haben, eine an den Bedürfnissen des
Praktikers orientierte Anleitung zu entwickeln.

Springer-Verlag Berlin
Heidelberg New York London
Paris Tokyo Hong Kong

**P. C. Lockemann,** Universität Karlsruhe; **J. W. Schmidt,**
Universität Frankfurt (Hrsg.)

# *Datenbank-Handbuch*

Mit Beiträgen von A. Blaser, K. R. Dittrich,
Th. Härder, M. Jarke, H. Lehmann, P. C. Lockemann,
H. C. Mayr, G. Müller, A. Reuter, J. W. Schmidt

1987. XII, 690 S. 209 Abb. (Informatik-Handbücher)
Geb. DM 98,–  ISBN 3-540-10741-X

**Inhaltsübersicht:** Datenbankmodelle. – Architektur von
Datenbanksystemen. – Realisierung von operationalen
Schnittstellen. – Maßnahmen zur Wahrung von Sicher-
heits- und Integritätsbedingungen. – Datenbankentwurf. –
Datenbanksprachen und Datenbankbenutzung. –
Literatur. – Index.

Bei dem vorliegenden Datenbankhandbuch wurde eine
Darstellungsweise gewählt, die sich einerseits an den
neuesten Forschungserkenntnissen orientiert, andererseits
aber nicht unnötig formal ist, sondern einen intuitiven
Zugang zu den Problemlösungen vermittelt. Der Leser
wird also anschaulich und doch wissenschaftlich
anspruchsvoll mit dem weiten Spektrum von Datenbank-
problemen vertraut gemacht: von der Datenmodellierung
hin zu den Datenbanksystemen mit ihren Alternativen für
Architektur, Zugriffsalgorithmen, Speicherstrukturen und
Verfahren zur Parallelabwicklung und Fehlererholung.
Die gegenseitige Abhängigkeit unterschiedlicher Realisie-
rungstechniken wird ebenso behandelt wie die Frage,
welche Techniken unter welchen Bedingungen sinnvoll
sind. Ausführlich dargestellt werden auch die Methoden
des Datenbankentwurfs und die verschiedenen Endbenut-
zerschnittstellen zu Datenbanken.
Das Datenbankhandbuch ist von seinen in der einschlägi-
gen Forschung und Lehre erfahrenen Autoren zum einen
als Informationsquelle für diejenigen Praktiker geschrieben worden, die sich mit dem Entwurf und dem Einsatz
von Datenbanken oder mit der Bewertung und Auswahl
von Datenbanksystemen befassen. Zum anderen richtet es
sich als Lehrbuch für den Bereich Datenbanken auch an
den fortgeschrittenen Studenten, der sich in das Fachge-
biet vertiefen möchte und an neueren Forschungsergeb-
nissen und aktuellen Fragestellungen im Datenbankbe-
reich interessiert ist.

Springer-Verlag Berlin
Heidelberg New York London
Paris Tokyo Hong Kong